普通高等教育“十一五”国家级规划教材

曾获得国家教委优秀教材一等奖

（彩色版修订本 B）

大学物理

（上册）

U0435933

主编 吴百诗

修订 焦兆焕 刘丹东

西安交通大学出版社
XI'AN JIAOTONG UNIVERSITY PRESS

内容提要

本书是在总结了初版和前三次修订编写的经验，吸收了使用过本教材师生们意见和建议，并考虑了当前多数工科院校教学实际的基础上修订而成的。全书力图在切实加强基础理论的同时，突出训练和培养学生科学思维方法和分析问题解决问题的能力！

上册包括力学、热学等内容。

本书可供工科各专业，理科、师范各非物理专业，以及成人教育相关专业作为大学物理教材，也可供自学者使用 。

图书在版编目(CIP)数据

大学物理：彩色版修订本.B.上册/吴百诗主编. —西安：西安交通大学出版社，2019.1(2024.1 重印)

ISBN 978-7-5693-1072-6

Ⅰ.①大… Ⅱ.①吴… Ⅲ.①物理学-高等学校-教材 Ⅳ.①04

中国版本图书馆 CIP 数据核字(2019)第 007583 号

书　　名 大学物理(彩色版修订本 B)上册

主　　编 吴百诗

责任编辑 叶　涛　吴　杰　刘雅洁

出版发行 西安交通大学出版社
(西安市兴庆南路 1 号　邮政编码 710048)

网　　址 http://www.xjtupress.com

电　　话 (029)82668357　82667874(市场营销中心)
(029)82668315(总编办)

传　　真 (029)82668280

印　　刷 陕西思维印务有限公司

开　　本 850mm×1 168mm　1/16　**印张** 14.75　**字数** 413 千字

版次印次 2019 年 1 月第 2 版　2024 年 1 月第 7 次印刷

书　　号 ISBN 978-7-5693-1072-6

定　　价 48.00 元

如发现印装质量问题，请与本社市场营销中心联系、调换。

订购热线：(029)82665248　(029)82667874

投稿热线：(029)82664954

读者信箱：85780210@qq.com

序

物理学研究的是物质的基本结构及物质运动的普遍规律，它是一门严格的、精密的基础科学。物理学的新发现，它所产生的新概念及新理论常常发展为新的学科或学科分支。它的基本概念、基本理论与实验方法向其他学科或技术领域的渗透总是毫无例外地促成该学科或技术领域发生革命性的变化，或里程碑式的进步。历史上几次重要的技术革命都是以物理学的进步为先导的。例如，电磁学的产生与发展导致了电力技术与无线电技术的诞生，形成了电力与电子工业；放射性的发现导致原子核科学的诞生与核能的应用，使人类进入了原子能时代；固体物理的发展导致晶体管与集成电路的问世，进而形成了强大的微电子工业与计算机产业；激光器的出现导致光纤通信与光盘存储等一系列光电子技术与产业的诞生。微电子、光电子、计算机以及与之相匹配的软件正在使人类进入信息社会。

当今科学技术的发展以学科互相渗透交叉与综合为特征，这一特征在下一世纪将变得更为突出。物理学与技术科学的关系如此密切，以致工科大学生们物理基础的厚薄往往影响他们出校后工作的适应能力和发展的后劲。今天在校的工科大学生将成长为 21 世纪科学技术的生力军，投身祖国科技现代化与经济腾飞，学好物理课程更显得十分重要。

吴百诗教授主编的两卷本《大学物理》涵盖了工科大学生应当掌握的物理学各个部分。它是按国家教委颁布的工科“物理课程教学基本要求”，在多年教学实践的基础上，结合物理学的新进展编撰的，因而既全面系统又简明扼要地反映了物理学的主要进展。它不仅适合作工科大学生的物理教材，也适用于有志更新或强化自己物理知识的工程技术人员。研读本书，读者不仅会学到比较全面系统的物理知识，还将在思维方法与研究方法上受到训练与启迪。本书的出版无疑是对我国大学工科教育的一大贡献，特为之序。

中国科学院院士
西安光机所所长　侯洵

1994 年 12 月

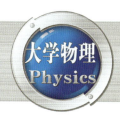

序

人类的科学发展史表明，物理学是一切自然科学的基础，它的基本概念和基本规律被广泛应用到所有的自然科学领域；当代高新技术的发展也都源于对其研究对象物理规律的探索。我们人类都生活在由物理学基本规律所约束的时空中，物理学的发展对人类的物质观、时空观、世界观，以及对整个人类的文化都产生了极其深刻的影响，因此，物理学是人类现代文明之源。

物理学的每一个新思想、新发现，甚至那些原本看来是“纯”基础的研究成就，都会发展成为高新技术和产业。例如，20 世纪 30 年代末，固体的能带理论的出现使得巴丁、布拉顿和肖克莱在 1947 年发明了晶体管，1958 年基尔比和诺伊斯又发明了锗、硅集成电路，从此，半导体集成电路迅猛发展，出现了一系列新技术、高技术和新产品，以计算机为代表的信息电子产业已成为世界上最大的产业。又例如，在爱因斯坦受激辐射理论基础上，60 年代初诞生了激光器，这又是一个划时代的物理技术应用成果，激光物理的进展为激光在制造工业、通信工业、国防工业以及医学等领域的发展提供了重要的技术基础。今天，物理学的研究仍在不断更新着人们对客观世界的认识。

“大学物理”课程是一门以研究和阐明物质的基本结构形态、基本运动规律和相互作用关系，为大学生提供全面系统的物理学基础为目标的基础课程。在学习“大学物理”课程时，不仅要掌握自然界的事实、定律、方程和解题技巧，更重要的要从整体上认识和掌握物理学。也就是说，通过物理学课程的学习，要认识物理学各个分支之间的关系，认识基本物理规律的普适性和适用范围，认识理论和应用之间的关系，认识物理思想和数学工具，从整体上准确地掌握物理学的基本内容，建立科学的物质观、时空观和世界观。

另外，在物理学课程的学习中，要关注物理学的基本概念、基本规律的产生和发现的历史过程，关注在物理学历史上曾经有过的实验和争论，学会举一反三、触类旁通的方法，如利用已掌握的物理学基本概念去理解和解释新的物理规律，增强学习的创新意识和创新能力的培养。在探讨科学的奥秘过程中，谁最有创新精神，敢于突破旧观念、旧理论的束缚，谁就能率先做出重要贡献。同时，创新也是深化学习的动力。因此，在学习中要勤于思考、善于提问、敢于尝试，多问几个为什么，使自己对物理学的内涵有深刻的理解，为将来做出创新性的工作打下良好的基础。

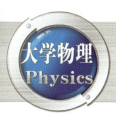

总之，要学好物理学，重要的是以学习物理基础知识为载体，系统掌握物理学的思维方式和研究方法，而不是死记硬背一些物理公式。因为这些基本知识、物理思想、思维方式和研究方法将会使学生在今后长期的学习工作中观察、分析和解决问题时得到重要的借鉴和应用。

吴百诗教授主持编写的大学物理教材，突出了在物理教育中知识传授和能力培养相结合的特色，集成了数名作者多年来丰富的教改研究和教学实践的经验，在打好学生必备的物理基础、激发学习兴趣、增强科学思考、分析和处理问题的能力、将现代科学技术成就融入基础课程教材等方面都下了很大功夫，为理工科学生全面掌握物理学提供了一个很好的范本。祝愿这本教材在教学实践中得到更加普遍的欢迎和推广，也祝愿读者从中深刻领悟到物理学的"伟大"。

中国工程院院士
西安交通大学校长 郑南宁

2004年5月

彩色版修订说明

大学物理是大学低年级学生的一门重要基础课，它的作用一方面是为学生打好必要的物理基础；另一方面是使学生初步学习科学的思维方法和研究问题的方法，这些都起着增强学生适应能力、开阔思路、激发探索和创新精神，提高人才科学素质的重要作用。打好物理基础不仅对学生在校学习起着十分重要的作用，而且对学生毕业后的工作和在工作中进一步学习新理论、新知识、新技术，不断更新知识都将产生深远的影响。

有一套便于教、便于学的好大学物理教材，是师生们共同的希望，对搞好教学过程也是十分重要的，因此也是教材编写者们的努力方向。

本书黑白版出版以来已经修订过两次，三个版本累计发行了二十多万套，几十所工科院校使用过，得到了不少师生的好评，并于 1996 年获得了国家教委优秀教材一等奖。彩色版出版后，更是受到肯定和欢迎，已累计发行了三十五万余套。

经较长时间的使用，普遍认为本书还是符合当前多数工科院校的教学实际，有利于为学生打好物理基础的。因此这次修订，注意保持了原有的风格和特点：重基本概念、重物理基础理论、重理论联系实际、重分析问题解决问题能力的训练和培养。

本次修订未对书的主体内容和体系，特别是经典物理部分内容和体系做大的改动。因为修订者们认为，经典物理不但是学习工科各专业知识的理论基础，而且也是学习近代科学技术新理论、新知识的理论基础。不仅如此，经典物理当今在科学和技术领域仍然是应用最广泛的理论，而且大学物理中经典物理部分对训练和培养大学低年级学生科学思维方法和分析问题解决问题能力的作用是其它课程所不能代替的，因此这部分内容必须切实保证。对于近代物理部分，则要保证那些学习新理论、新知识所必需的近代物理中的一些基本概念、基本物理基础理论，并在不增加教学负担情况下适当加强近代内容是恰当的。修订者们认为，本书中经典物理和近代物理部分内容选择和相对比例是合适的，是符合我们当前教学实际的。

为了帮助读者正确、深入、灵活、及时地掌握新的教学内容，提高学习效率，也为了帮助读者进一步培养科学思维方法，提高分析问题和解决问题的能力，在这次修订中我们专门编写了“想想看”“复习思考题”和“精选例题”。

(1)在“想想看”中，有紧密联系相关定理、相关定律、相关例题，引导读者深入分析的问题；有结合容易发生错误的物理概念，让读者判断对错——错的话，错在哪里——的问题；还有对相关内容进行扩展的问题。问题一般不包含复杂的计算。

(2)“复习思考题”是与某节内容相关，有一定综合性和带有复习性质的思考题，通常比“想想看”中的问题难度大，有的带有简单的计算。

(3)“精选例题”是一些较典型的并应该较深入掌握的例题，结合对这些例题的分析和求解，较详细地介绍了解题的一般思路和方法。为使“精选例题”与一般例题加以区分，书中在精选例题上加了“■”标记。

以上做法是首次尝试，特别对于“想想看”，无论在题型选择、内容深浅、数量和设置等方面都还缺乏经验，希望在使用中听取师生们的意见，以便进一步完善。

为扩大读者对新知识、新技术的眼界(如，我国玉兔号月球车、太阳系行星的新定义等)，补充教材和教学中不可能深入介绍的一些重要物理基础知识(如，时间、长度、质量基准等)，也为了使读者了解一些国内外新建设成就(如，青藏铁路、EAST 超导托卡马克核聚变实验装置等)，我们精选了一些有关内容的图片并附有相应的说明，放在各章的章前、章后。

一个高级科学技术人才，不仅应有扎实的基础理论知识和丰富的专业知识，而且应当具备较高的文化艺术修养，这已是大家的共识。钱学森先生就曾说：“一个有科学创新能力的人，不但要有科学知识，还要有文化艺术修养。没有这些是不行的，我觉得艺术上的修养对我后来的科学工作很重要，它开拓科学创新思维。”为帮助读者提高文化艺术素质，我们尝试利用书中空白来介绍国内外名字画，并配以简单的说明，供读者欣赏。这样做，对于长时间学习较枯燥的定律定理和做习题，也是一种调剂。

这次的修订本同时出 A 版和 B 版供大家选用。A 版和 B 版的内容是相同的，只是上下册的章节安排有所不同，以满足不同的教学计划安排。彩色版面临许多新的问题，例如：内容的表达，版式的设计，彩色插图的绘制，色彩的控制等等。对此西安交通大学出版社的编辑们和西安交通大学大学物理教学中心的李普选老师付出了巨大劳动，编者对他们深表谢意。

本次修订工作的具体分工为：第 1～5、9～12 章(焦兆焕)，第 6、7、13 章(吴百诗)，第 8、14～17 章(刘丹东)。

参加本书第一版编写的有焦兆焕、张国柱、李甲科、张云祥、周瑞云、石学儒、刘国华、李锦泉、姚国维等老师；其中部分老师参加了本书第一次的修订工作；焦兆焕、李甲科老师参加了本书第二次的修订工作。本书第一版编写过程中还得到王小力、王军、杨英民、孟红星、党福喜等同志的协助，在此表示感谢。

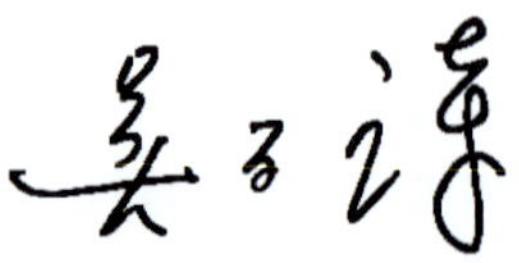

2019 年 1 月

物理量的量纲和单位

1. 国际单位制和量纲

本书根据我国计量法，物理量的单位采用国际单位制，即 SI。SI 以长度、质量、时间、电流、热力学温度、物质的量和发光强度这 7 个最重要的、相互独立的基本物理量的单位作为基本单位，称为 SI 基本单位。

物理量是通过描述自然规律的方程或定义新物理量的方程而彼此联系着的。因此，非基本量可根据定义或借助方程用基本量来表示，这些非基本量称为导出量，它们的单位称为导出单位。

某一物理量 Q 可以用方程表示为基本物理量的幂次乘积

$$\dim Q = \mathrm{L}^{\alpha}\mathrm{M}^{\beta}\mathrm{T}^{\gamma}\mathrm{I}^{\delta}\Theta^{\varepsilon}\mathrm{N}^{\zeta}\mathrm{J}^{\eta}$$

这一关系式称为物理量 Q 对基本量的量纲。式中 α、β、γ、δ、ε、ζ 和 η 称为量纲的指数，L、M、T、I、Θ、N、J 则分别为 7 个基本量的量纲。下表列出几种物理量的量纲。

量	量　纲	量	量　纲
速度	$\mathrm{LT^{-1}}$	磁通	$\mathrm{L^2MT^{-2}I^{-1}}$
力	$\mathrm{LMT^{-2}}$	亮度	$\mathrm{L^{-2}J}$
能量	$\mathrm{L^2MT^{-2}}$	摩尔熵	$\mathrm{L^2MT^{-2}\Theta^{-1}N^{-1}}$
熵	$\mathrm{L^2MT^{-2}\Theta^{-1}}$	法拉第常数	$\mathrm{TIN^{-1}}$
电势差	$\mathrm{L^2MT^{-3}I^{-1}}$	平面角	1
电容率	$\mathrm{L^{-3}M^{-1}T^4I^2}$	相对密度	1

所有量纲指数都等于零的量称为量纲一的量。量纲一的量的单位符号为 1。导出量的单位也可以由基本量的单位(包括它的指数)的组合表示。因为只有量纲相同的物理量才能相加、减；只有两边具有相同量纲的等式才能成立，故量纲可用于检验算式是否正确。对量纲不同的项相乘、除是没有限制的。此外，三角函数和指数函数的自变量必须是量纲一的量。

在从一种单位制向另一单位制变换时，量纲也是十分重要的。

2. 国际单位制中的词头

国际单位制中的词头用于构成倍数单位(十进倍数单位与分数单位)，但不能单独使用。

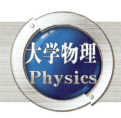

名　　称	符号	代表的因数	名　　称	符号	代表的因数
尧[它](yotta)	Y	10^{24}	分(deci)	d	10^{-1}
泽[它](zetta)	Z	10^{21}	厘(centi)	c	10^{-2}
艾[可萨](exa)	E	10^{18}	毫(milli)	m	10^{-3}
拍[它](peta)	P	10^{15}	微(micro)	μ	10^{-6}
太[拉](tera)	T	10^{12}	纳[诺](nano)	n	10^{-9}
吉[咖](giga)	G	10^{9}	皮[可](pico)	p	10^{-12}
兆(mega)	M	10^{6}	飞[母托](femto)	f	10^{-15}
千(kilo)	k	10^{3}	阿[托](atto)	a	10^{-18}
百(hecto)	h	10^{2}	仄[普托](zepto)	z	10^{-21}
十(deca)	da	10^{1}	幺[科托](yocto)	y	10^{-24}

3. 基本物理常数表(CODATA* 2014 年的推荐值)

物理量	符号	数　　值
真空中光速	c	299 792 458 m·s^{-1}
真空磁导率	μ_0	$4\pi\times10^{-7}=12.566\ 370\ 614\cdots\times10^{-7}$ N·A^{-2}
真空电容率	ε_0	$8.854\ 187\ 817\cdots\times10^{-12}$ F·m^{-1}
万有引力常数	G	$6.674\ 08(31)\times10^{-11}$ m^3·kg^{-1}·s^{-2}
普朗克常数	h	$6.626\ 070\ 040(81)\times10^{-34}$ J·s
元电荷	e	$1.602\ 176\ 620\ 8(98)\times10^{-19}$ C
磁通量子	Φ_0	$2.067\ 833\ 831(13)\times10^{-15}$ Wb
玻尔磁子	μ_B	$9.274\ 009\ 994(57)\times10^{-24}$ J·T^{-1}
核磁子	μ_N	$5.050\ 783\ 699(31)\times10^{-27}$ J·T^{-1}
里德伯常数	R_∞	10 973 731.568 508(65) m^{-1}
玻尔半径	a_0	$0.529\ 177\ 210\ 67(12)\times10^{-10}$ m
电子质量	m_e	$9.109\ 383\ 56(11)\times10^{-31}$ kg
电子磁矩	μ_e	$-9.284\ 764\ 620(57)\times10^{-24}$ J·T^{-1}
质子质量	m_p	$1.672\ 621\ 898(21)\times10^{-27}$ kg
质子磁矩	μ_p	$1.410\ 606\ 787\ 3(97)\times10^{-26}$ J·T^{-1}
中子质量	m_n	$1.674\ 927\ 471(21)\times10^{-27}$ kg
中子磁矩	μ_n	$-0.966\ 236\ 50(23)\times10^{-26}$ J·T^{-1}
阿伏加德罗常数	N_A	$6.022\ 140\ 857(74)\times10^{23}$ mol^{-1}
摩尔气体常数	R	8.314 459 8(48) J·mol^{-1}·K^{-1}
玻耳兹曼常数	k	$1.380\ 648\ 52(79)\times10^{-23}$ J·K^{-1}
斯特藩常数	σ	$5.670\ 367(13)\times10^{-8}$ W·m^{-2}·K^{-4}

4. 保留单位和标准值

名　　称	符号	数　　值
电子伏特	eV	$1.602\ 176\ 462(63)\times10^{-19}$ J
原子质量单位	u	$1.600\ 538\ 73(13)\times10^{-27}$ kg
标准大气压	atm	101 325 Pa
标准重力加速度	g_n	9.806 65 m·s^{-2}
康普顿波长	λ_C	$2.426\ 310\ 58(22)\times10^{-12}$ m

* CODATA:国际物理和化学常量委员会。

目 录

第1章 质点运动学

1927 年第 5 次索尔维会议

索尔维物理会议是著名的国际物理会议，创立于 1911 年，以后每 3～5 年举行一次，到 1982 年已举行过 18 次。前 17 次都在布鲁塞尔举行，第 18 次会议在美国举行，美籍华裔物理学家杨振宁应邀出席。

索尔维会议与传统的学术会议不同，索尔维会议致力于讨论物理学发展中有待解决的关键性问题，一般传统的学术会议只公布已经获得一定成果的科学研究工作。索尔维会议的另一个特点是参加会议的人数不多，但参加者都是来自世界各国最杰出的物理学家，他们在会议上就一个专题进行讨论。这张照片是 1927 年第 5 次索尔维会议参加者的合影。照片上 29 人中有 17 人先后获得过诺贝尔物理学奖，未获奖者也都在物理学中做出过重大贡献。

第 5 次索尔维会议讨论的主题是“电子和光子”。在这次会上，以玻尔为代表的哥本哈根派和以爱因斯坦为代表的一派，就量子力学有关概念和理论进行了十分激烈的争论，这一争论被称为玻尔-爱因斯坦争论。这次争论以爱因斯坦“惨败”而告终。

此次会议之后，尽管争论并未休止，但量子力学被迅速运用到各个微观领域，并获得极大成功。

（说明：原为黑白照片，彩色照片是瑞典艺术家桑娜·杜拉韦后期染色制作）

第 1 排左起：欧文·朗缪尔、马克斯·普朗克、玛丽·居里、亨得里克·洛伦兹、阿尔伯特·爱因斯坦、保罗·朗之万、Ch. E. Guye、C. T. R. 威尔逊、O. W. 里查森

第 2 排左起：彼得·德拜、马丁·努森、威廉·劳伦斯·布喇格、Hendrik Anthony Kramers、保罗·狄喇克、亚瑟·康普顿、路易·德布罗意、马克斯·玻恩、尼尔斯·玻尔

第 3 排左起：奥古斯特·皮卡尔德、E. Henriot、保罗·埃伦菲斯特、Ed. Herzen、Théophile de Donder、欧文·薛定谔、E. Verschaffelt、沃尔夫冈·泡利、沃纳·海森伯、R. H. 福勒、里昂·布里渊

运动学以几何观点来研究和描述物体的机械运动，而不考虑物体的质量及其所受的力。本章讨论质点运动学，在引入质点、参考系、坐标系等概念的基础上，介绍确定质点位置的方法及描述质点运动的重要物理量——位移、速度和加速度，并重点讨论质点匀变速直线运动和匀变速圆周运动等。

1.1 确定质点位置的方法

1.1.1 质点的概念

任何物体都有大小和内部结构。物体运动时，一般说来，其上各点的运动状态都是各不相同的。如果在所研究的问题中，物体上各点运动状态的差异只占很次要的地位，我们就可以忽略物体的大小和内部结构，把它看成一个有质量的几何点，叫做质点。例如在研究与地球绕太阳公转的有关问题时，地球的平均半径虽然大到 6370 km，但是比起地球和太阳之间的平均距离（约为1.5×10^8 km）来仍然是微不足道的，地球上各点运动状态的差别可以忽略不计，因而可以把地球看成质点。再如，原子大小的数量级只有 10^{-10} m，但在研究原子结构问题时，却不能把它当作质点。必须指出，**一个物体能否被看做质点，主要取决于所研究问题的性质。**

质点是一个十分有用的简化模型。在不少实际问题中，可以把所研究的对象近似地看做质点；而在另一些问题中，如研究刚体、流体、弹性体的运动时，一般说来不能把整个研究对象看作质点，但可以把它们当作是由大量质点组成的。这样，通过研究各质点的运动规律，就可以了解整个研究对象的运动规律，因此研究质点的运动规律也是研究一般物体运动规律的基础。

质点是从客观实际中抽象出来的理想模型，后面将要介绍的刚体、线性弹簧振子、理想气体、点电荷等都是理想模型。在科学研究中，常根据所研究问题的性质，突出主要因素，忽略次要因素，建立理想模型。这是经常采用的一种科学思维方法。这样做，可以使问题大为简化但又不失其客观真实性。值得注意的是，任何一个理想模型都有其适用条件，在一定条件下，它能否正确反映客观实际，还要通过实践来检验。

1.1.2 确定质点位置的方法

要确定一个质点的位置，或者要描述一个质点的运动，都必须选择一个或几个彼此没有相对运动的物体作为“参考”。这些被选来作为“参考”的物体称为参考系。离开参考系而谈质点的位置是毫无意义的。确定质点相对参考系位置的方法，通常有以下几种。

1. 坐标法

设某时刻质点在 P 点，建立一个固结在参考系上的三维直角坐标系 $Oxyz$，如图 1.1 所示，这样 P 点的位置就可用直角坐标(x,y,z)来确定。

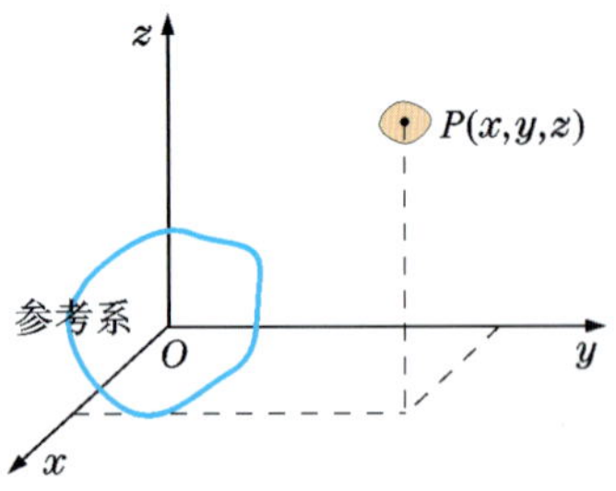

图 1.1

质点在平面上运动时，可在该平面上建立一个二维直角坐标系 Oxy，质点的位置可用两个坐标(x,y)来确定。

最简单的情况是质点沿直线运动，这时可在该直线上建立一个坐标轴，例如 x 轴，质点的位置只需一个坐标 x 就可确定了。

用坐标法确定质点的位置，不限于直角坐标系，根据问题的不同特点，也可以选用其他坐标系。如平面极坐标系、球坐标系、圆柱坐标系等，这里就不一一介绍了。

2. 位矢法

质点的位置，还可用一个矢量来确定。设某时刻质点在 P 点，我们在选定的参考系上任选一固定点 O，由 O 点向 P 点作一矢量 $\boldsymbol{r}$，如图 1.2 所示。$\boldsymbol{r}$ 的大小和方向完全确定了质点相对参考系的位置，称为位置矢量，简称位矢。

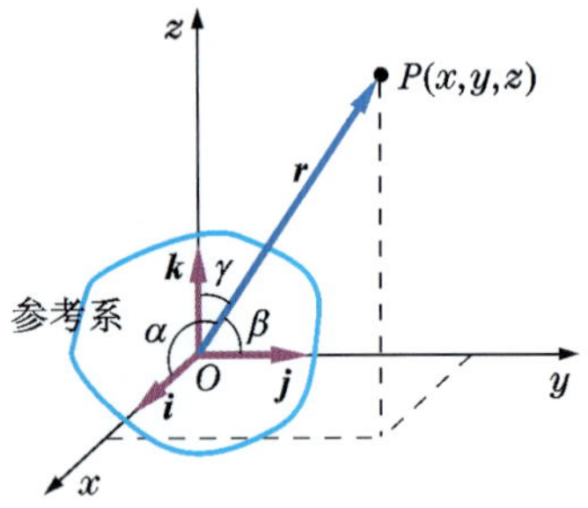

图 1.2

以位矢 $\boldsymbol{r}$ 的起点 O 为原点，建立直角坐标系 $Oxyz$，这样 P 点的直角坐标(x,y,z)也就是位矢 $\boldsymbol{r}$ 沿坐标轴 x、y、z 的投影。用 $\boldsymbol{i}$、$\boldsymbol{j}$、$\boldsymbol{k}$ 分别表示沿 x、y、z 三个坐标轴正方向的单位矢量，则位矢为

$$\boldsymbol{r}=x\boldsymbol{i}+y\boldsymbol{j}+z\boldsymbol{k} \tag{1.1}$$

例如，一质点 t 时刻的直角坐标为（-3 cm，2 cm，5 cm），则该质点在 t 时刻以坐标原点为起点的位矢为 $\boldsymbol{r}=-3\boldsymbol{i}+2\boldsymbol{j}+5\boldsymbol{k}$，位矢 $\boldsymbol{r}$ 沿 x、y、z 三坐标轴的投影分别为 $x=-3$ cm，$y=2$ cm，$z=5$ cm。

用 $|\boldsymbol{r}|$ 表示 $\boldsymbol{r}$ 的大小，则

$$|\boldsymbol{r}|=\sqrt{x^2+y^2+z^2} \tag{1.2}$$

令 α、β、γ 分别表示 $\boldsymbol{r}$ 与 x、y、z 三个坐标轴的夹角，则有

$$\left.\begin{aligned}\cos\alpha&=\frac{x}{|\boldsymbol{r}|}\\ \cos\beta&=\frac{y}{|\boldsymbol{r}|}\\ \cos\gamma&=\frac{z}{|\boldsymbol{r}|}\end{aligned}\right\} \tag{1.3}$$

3. 自然法

在有些情况下，质点相对参考系的运动轨迹是已知的，例如，以地面为参考系，火车（视为质点）的运动轨迹（铁路轨道）是已知的。在这种情况下，可以采用如下的方法确定质点的位置：首先在已知的运动轨迹上任选一固定点 O，然后规定从 O 点起，沿轨迹的某一方向（例如向右）量得的曲线长度 s 取正值，这个方向常称为自然坐标的正向；反之为负向，s 取负值，如图 1.3 所示。这样质点在轨迹上的位置就可以用 s 唯一地确定，这种确定质点位置的方法称为自然法。O 点称为自然坐标的原点，s 称为自然坐标。显然 s 和直角坐标 (x,y,z) 一样是代数量，其大小反映了质点与原点之间的曲线距离，其正负表明这个曲线距离是从轨迹上 O 点起沿哪个方向量得的。

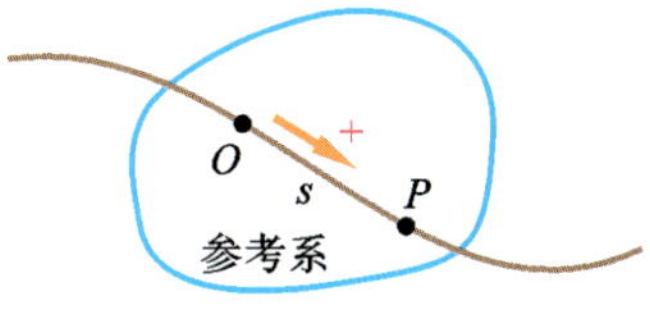

图 1.3

1.1.3　运动学方程

当质点相对参考系运动时，用来确定质点位置的直角坐标 (x,y,z)、位矢 $\boldsymbol{r}$、自然坐标 s 等都将随时间 t 变化，都是 t 的单值连续函数。

用直角坐标 (x,y,z) 表示质点的位置时，有

$$\left.\begin{aligned}x&=f_1(t)\\ y&=f_2(t)\\ z&=f_3(t)\end{aligned}\right\} \tag{1.4}$$

用位矢 $\boldsymbol{r}$ 表示质点的位置时，有

$$\boldsymbol{r}=\boldsymbol{r}(t) \tag{1.5}$$

用自然坐标 s 表示质点的位置时，有

$$s=f(t) \tag{1.6}$$

方程(1.4)、(1.5)、(1.6)从数学上确定了在选定的参考系中质点相对坐标系的位置随时间变化的关系，称为质点运动学方程。方程组(1.4)称为用直角坐标表示的质点运动学方程，方程(1.5)和(1.6)分别称为用位矢和用自然法表示的质点运动学方程。

知道了质点运动学方程，就可以确定质点在任意时刻的位置，因而也就知道了质点运动的轨迹。此外，利用已知的质点运动学方程，还可以确定质点在任意时刻的速度和加速度等。根据具体条件确定质点运动学方程，是研究质点运动学的一个重要环节。

例 1.1　一质点作匀速圆周运动，圆周半径为 r，角速度为 ω，如图所示。试分别写出用直角坐标、位矢、自然法表示的质点运动学方程。

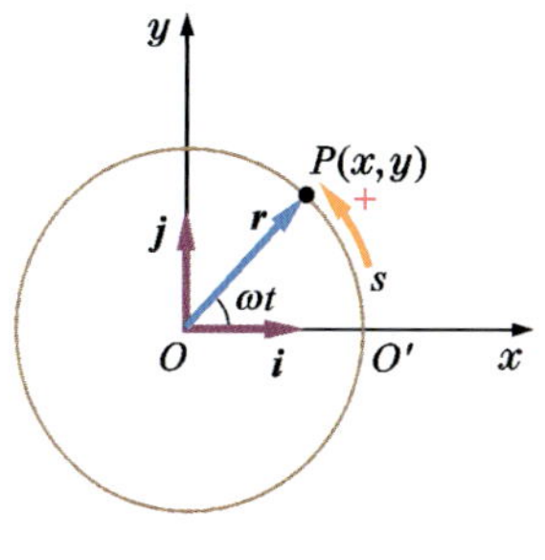

例 1.1 图

解　以圆心 O 为原点，建立直角坐标系 Oxy，取质点经过 x 轴上 O' 点的时刻为计时起始时刻，即 $t=0$。设 t 时刻质点位于 P，P 点的直角坐标为 (x,y)，见图。根据题设条件，质点作匀速圆周运动，$\angle O'OP=\omega t$，用直角坐标表示的质点运动学方程为

$$x=r\cos\omega t$$
$$y=r\sin\omega t$$

从圆心 O 向 P 点作位矢 $\boldsymbol{r}$，用位矢表示的质点运动学方程为

$$\boldsymbol{r}=x\boldsymbol{i}+y\boldsymbol{j}=r\cos\omega t\boldsymbol{i}+r\sin\omega t\boldsymbol{j}$$

取轨迹与 x 轴的交点 O' 为自然坐标原点，以逆时针方向为自然坐标正向，用自然法表示的质点运动学方程为

$$s=r\omega t$$

从本题求解中可以看出，为了正确写出质点运动学方程，先要选定参考系、坐标系，明确起始条件及题设其他条件等，找出质点坐标随时间变化的函数关系即得。

例 1.2　一只小田鼠在雪地里飞跑，身后留下一串清晰的脚印，如图。已知用直角坐标表示的小田鼠（看作质点）运动学方程为

$$x=-0.31t^2+7.2t+28$$
$$y=0.22t^2-9.1t+30$$

式中 t 的单位为 s；x、y 的单位为 m。试求 $t=15$ s 时小田鼠的位矢。

解　根据已知条件，小田鼠的位矢可写成

$$\boldsymbol{r}=(-0.31t^2+7.2t+28)\boldsymbol{i}+(0.22t^2-9.1t+30)\boldsymbol{j}$$

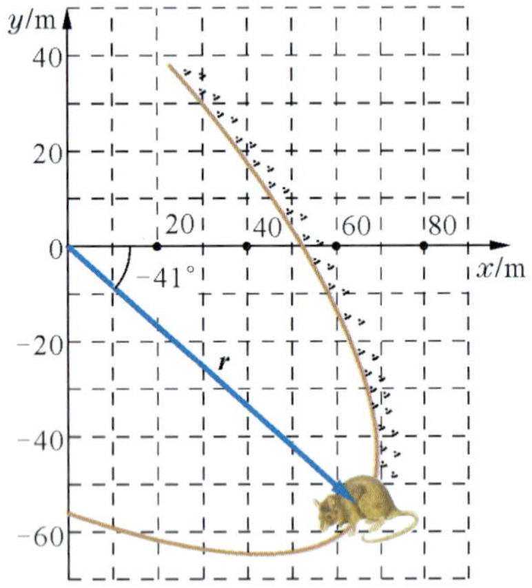

例 1.2 图

$t=15$ s时

$x=-0.31\times15^2+7.2\times15+28=66$ m

$y=0.22\times15^2-9.1\times15+30=-57$ m

$\boldsymbol{r}=66\boldsymbol{i}-57\boldsymbol{j}$

$\boldsymbol{r}$的大小为

$|\boldsymbol{r}|=\sqrt{x^2+y^2}=\sqrt{66^2+(-57)^2}=87$ m

$\boldsymbol{r}$的方向可用$\boldsymbol{r}$与x轴正方向的夹角表示为

$$\theta=\arctan\frac{y}{x}=\arctan\frac{-57}{66}=-41°$$

想想看

1.1 一个物体能否被看作质点，你认为主要由以下三个因素中哪个因素决定：①物体的大小和形状；②物体的内部结构；③所研究问题的性质。

1.2 一个质点在运动中，如果位矢的模（$|\boldsymbol{r}|$）为常量，则该质点的运动情况可能是：①在一直线上运动；②在一平面上作任意曲线运动；③在以位矢起点为中心的球面上作任意曲线运动。

1.3 由质点运动学方程，可以确定质点任意时刻的位置，也可以确定质点任意位置对应的时间。试给出例1.2中与小田鼠的位置$\boldsymbol{r}_1=56.25\boldsymbol{i}-10\boldsymbol{j}$所对应的时刻$t_1$，并在图上画出$\boldsymbol{r}_1$。

复 习 思 考 题

1.1 如果有人问你，地球与一粒小米哪个可以看作质点，你将怎样回答？

1.2 说人造地球卫星的轨迹形状近乎圆形，这是以什么为参考系的？若以太阳为参考系，人造地球卫星运行的轨迹大体上是什么样子？

1.3 什么是质点运动学方程？你学过几种形式的质点运动学方程？以地平面为参考系，以与水平面夹角为α、初速度为v_0抛出一质点，已知质点抛出后的轨迹为抛物线，试用坐标法和位矢法写出被抛出质点的运动学方程。

1.4 某电子的位置矢量为$\boldsymbol{r}=5.0\boldsymbol{i}-3.0\boldsymbol{j}+2.0\boldsymbol{k}$(m)。试求：(a) $\boldsymbol{r}$的大小；(b) 在直角坐标系中画出此矢量。

1.2 质点的位移、速度和加速度

1.2.1 位移

质点运动时，其位置将随时间变化。设质点沿轨迹LM运动，时刻t，质点位于P，位矢为$\boldsymbol{r}(t)$；时刻$t+\Delta t$，质点位于Q，位矢为$\boldsymbol{r}(t+\Delta t)$，如图1.4所示。在时间（时间间隔）$\Delta t$内质点位置的变化可用

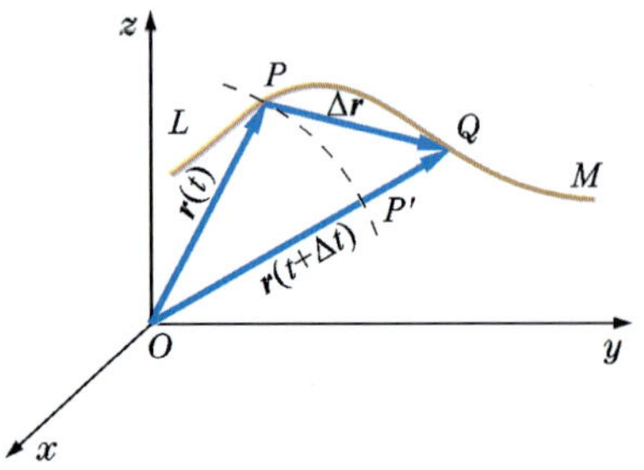

图 1.4

由P向Q所作的矢量$\overrightarrow{PQ}$来描述，$\overrightarrow{PQ}$的大小等于P点与Q点之间的直线距离，方向由起点P指向终点Q，矢量$\overrightarrow{PQ}$称为质点在时间Δt内的位移。

由图可知

$$\overrightarrow{PQ}=\boldsymbol{r}(t+\Delta t)-\boldsymbol{r}(t)=\Delta\boldsymbol{r} \qquad (1.7)$$

即**质点在某一段时间内的位移等于同一段时间内位矢的增量。**

位移和位矢不同，位矢反映某一时刻质点的位置，位移则描述某段时间内质点始末位置的变化。如图1.5所示，设西安火车站在O点，碑林和大雁塔分别在B点和D点，某游客于时刻t从碑林出发，经过时间Δt后于时刻t'到达大雁塔，现以O为原点，则矢量$\boldsymbol{r}_1$和$\boldsymbol{r}_2$分别表示t时刻和t'时刻游客的位置，它们都是位矢，而矢量$\Delta\boldsymbol{r}(=\boldsymbol{r}_2-\boldsymbol{r}_1)$表示的是$\Delta t(=t'-t)$内游客始末位置的变化，是位移。

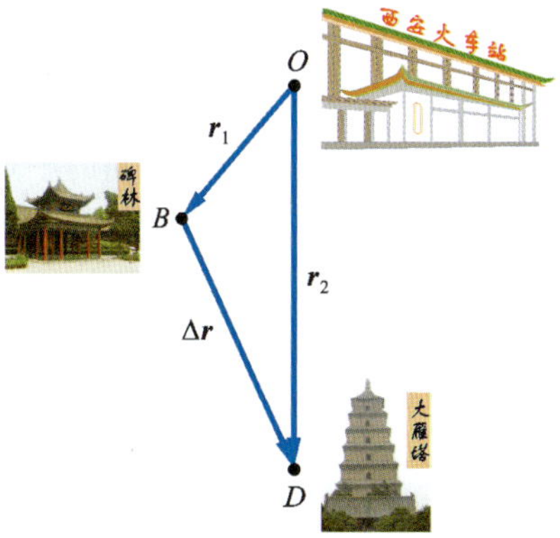

图 1.5

对于相对静止的不同坐标系来说，位矢依赖于坐标系的选择，而位移则与所选取的坐标系无关。对此读者可以自己绘图证明。

位移只反映出一段时间始末质点位置的变化，它不涉及质点位置变化过程的细节。在图 1.4 中，位移 $\Delta \boldsymbol{r}$ 的大小虽然等于由 P 到 Q 的直线距离，但这并不意味着质点是从 P 沿直线 $\overline{PQ}$ 移动到 Q。时间 Δt 内质点从 P 沿曲线 $\overset{\frown}{PQ}$ 移动到 Q 点所经历路径的长度，即弧线 $\overset{\frown}{PQ}$ 的长度，称为质点在该段时间内的路程。路程是算术量。一般情况下，某段有限时间内质点位移的大小不等于这段时间内质点所经过的路程。

还要指出的是，位移 $\Delta \boldsymbol{r}$（即位矢的增量）的大小 $|\Delta \boldsymbol{r}|$ 与位矢大小的增量 Δr 一般是不相等的。设时间 Δt 内位矢大小的增量为 Δr，即

$$\Delta r = |\boldsymbol{r}(t+\Delta t)| - |\boldsymbol{r}(t)| \tag{1.8}$$

在图 1.4 中，以 O 为圆心，以 $\boldsymbol{r}(t)$ 的长度为半径作圆弧，它与位矢 $\boldsymbol{r}(t+\Delta t)$ 相交于 P'，则 $\overline{P'Q}$ 即为 Δr，而位移的大小则为 $|\Delta \boldsymbol{r}| = \overline{PQ}$。因此一般情况下，$|\Delta \boldsymbol{r}| \neq |\Delta r|$。例如：一质点以半径 R 作匀速圆周运动，以圆心为原点，半个周期内质点位移的大小 $|\Delta \boldsymbol{r}| = 2R$，位矢大小的增量为 $\Delta r = R - R = 0$。

大小和方向随时间变化的任一矢量 $\boldsymbol{A}$（$\boldsymbol{A}$ 可以是位矢也可以是后面即将介绍的速度矢量 $\boldsymbol{v}$ 或加速度矢量 $\boldsymbol{a}$ 等）在某段时间 Δt 内增量的大小 $|\Delta \boldsymbol{A}|$ 与同一时间内该矢量大小的增量 ΔA，一般说来不相等。初学者对此往往容易搞错，故特别加以说明。

1.2.2 速度

1. 平均速度

设质点沿轨迹 LM 按运动方程 $\boldsymbol{r} = \boldsymbol{r}(t)$ 作一般曲线运动，时间 Δt 内质点的位移为 $\Delta \boldsymbol{r}$，如图 1.4 所示。质点的位移 $\Delta \boldsymbol{r}$ 与发生这个位移所经历的时间 Δt 之比，称为这一段时间内质点的平均速度，用 $\overline{\boldsymbol{v}}$ 表示，即

$$\overline{\boldsymbol{v}} = \frac{\boldsymbol{r}(t+\Delta t) - \boldsymbol{r}(t)}{\Delta t} = \frac{\Delta \boldsymbol{r}}{\Delta t} \tag{1.9}$$

平均速度是矢量，其方向与位移 $\Delta \boldsymbol{r}$ 的方向相同。它表示在时间 Δt 内位矢 $\boldsymbol{r}(t)$ 随时间的平均变化率。

平均速度的大小 $|\overline{\boldsymbol{v}}| = \left|\frac{\Delta \boldsymbol{r}}{\Delta t}\right|$。显然，一般情况下 $|\overline{\boldsymbol{v}}| \neq \left|\frac{\Delta r}{\Delta t}\right|$。

平均速度的大小与平均速率是不同的。平均速率等于质点经历的路程 Δs 与经历这段路程所用时间 Δt 之比，即

$$\overline{v} = \frac{\Delta s}{\Delta t}$$

平均速度只能对时间 Δt 内质点位置随时间变化的情况作一粗略地描述。

2. 瞬时速度

为了精确地描述质点的运动状态，可将时间 Δt 无限减小，并使之趋近于零，即 $\Delta t \to 0$，这样，质点的平均速度就会趋向于一个确定的极限矢量，见图 1.6，这个极限矢量称为 t 时刻的瞬时速度，简称速度，用 $\boldsymbol{v}$ 表示，即

$$\boldsymbol{v} = \lim_{\Delta t \to 0} \overline{\boldsymbol{v}} = \lim_{\Delta t \to 0} \frac{\Delta \boldsymbol{r}}{\Delta t} = \frac{\mathrm{d}\boldsymbol{r}}{\mathrm{d}t} \tag{1.10}$$

即**速度等于位矢对时间的一阶导数。只要知道了用位矢表示的质点运动学方程 $\boldsymbol{r} = \boldsymbol{r}(t)$，就可以求出质点的速度。**

从速度的定义式(1.10)可知，t 时刻质点速度 $\boldsymbol{v}$ 的方向就是当 $\Delta t \to 0$ 时平均速度 $\overline{\boldsymbol{v}}$ 的极限方向。由图 1.6 可以看出，当 $\Delta t \to 0$ 时，Q 点将趋近于 P 点，$\overline{\boldsymbol{v}}$ 将变得与轨迹上 P 点处的切线重合并指向运动一方，故 t 时刻质点速度沿着该时刻质点所在位置 P 点轨迹的切线方向，并指向质点运动的一方。质点在作曲线运动时，速度沿轨迹的切线方向，这在日常生活中经常可见，如转动雨伞，水滴将沿切线方向离开雨伞等。

速度的大小 $|\boldsymbol{v}| = \left|\frac{\mathrm{d}\boldsymbol{r}}{\mathrm{d}t}\right|$ 常称为速率，速率是算术量，恒取正值。一般情况下，$|\boldsymbol{v}| \neq \left|\frac{\mathrm{d}r}{\mathrm{d}t}\right|$。例如质点在作圆周运动时，$\frac{\mathrm{d}r}{\mathrm{d}t} = 0$，而 $|\boldsymbol{v}| \neq 0$。

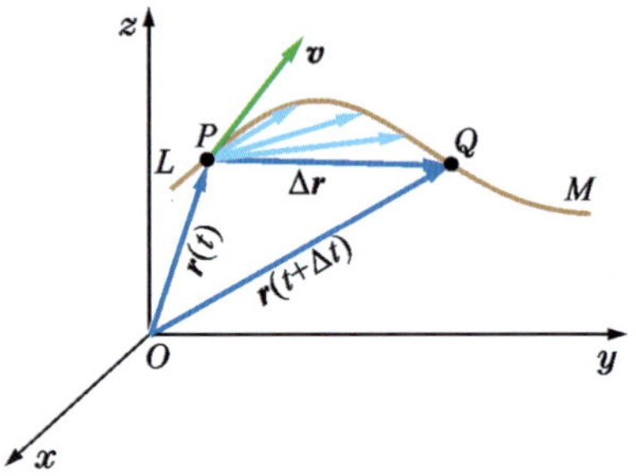

图 1.6

速度是矢量，其大小反映了 t 时刻质点运动的快慢，其方向就是 t 时刻质点运动的方向。

1.2.3　加速度

质点运动时，其速度大小和方向都可能随时间变化，加速度就是描述速度变化情况的物理量。

1. 速度增量

设质点沿轨迹 LM 作一般曲线运动。时刻 t，质点位于 P，速度为 $\boldsymbol{v}(t)$；时刻 $t+\Delta t$，质点位于 Q，速度为 $\boldsymbol{v}(t+\Delta t)$，如图 1.7 所示。用 $\Delta\boldsymbol{v}$ 表示时间 Δt 内质点速度的增量，有

$$\Delta\boldsymbol{v}=\boldsymbol{v}(t+\Delta t)-\boldsymbol{v}(t) \tag{1.11}$$

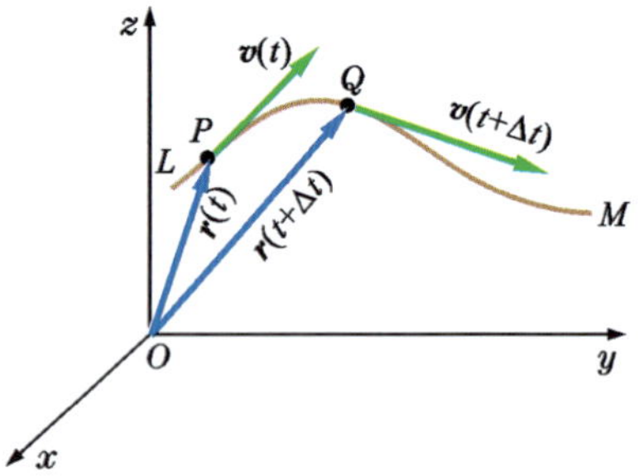

图 1.7

质点在时间 Δt 内的速度增量，表示出该段时间始末速度的变化。速度增量 $\Delta\boldsymbol{v}$ 和 $\boldsymbol{v}(t)$，$\boldsymbol{v}(t+\Delta t)$ 之间的关系如图1.8所示。

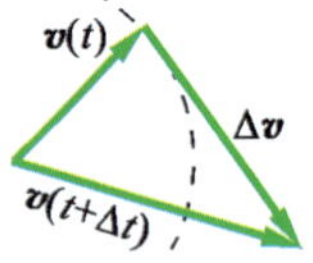

图 1.8

若用 Δv 表示时间 Δt 内质点速度大小的增量，则有

$$\Delta v=|\boldsymbol{v}(t+\Delta t)|-|\boldsymbol{v}(t)|$$

2. 平均加速度

质点速度增量 $\Delta\boldsymbol{v}$ 与其所经历的时间 Δt 之比，称为这一段时间内质点的平均加速度，用 $\bar{\boldsymbol{a}}$ 表示，即

$$\bar{\boldsymbol{a}}=\frac{\boldsymbol{v}(t+\Delta t)-\boldsymbol{v}(t)}{\Delta t}=\frac{\Delta\boldsymbol{v}}{\Delta t} \tag{1.12}$$

平均加速度是矢量，其方向与速度增量 $\Delta\boldsymbol{v}$ 的方向相同，大小为 $|\bar{\boldsymbol{a}}|=\left|\frac{\Delta\boldsymbol{v}}{\Delta t}\right|$ $\left(\text{一般情况下}\ |\bar{\boldsymbol{a}}|\neq\left|\frac{\Delta v}{\Delta t}\right|\right)$，它表示在时间 Δt 内速度 $\boldsymbol{v}(t)$ 随时间的平均变化率，只能对质点速度随时间变化的情况作一粗略的描述。

3. 瞬时加速度

为了精确地描述质点速度的变化情况，可将时间 Δt 无限减小，并使之趋近于零，即 $\Delta t\to 0$，这样，质点的平均加速度就会趋向于一个确定的极限矢量，这个极限矢量称为 t 时刻的瞬时加速度，简称加速度，用 $\boldsymbol{a}$ 表示，即

$$\boldsymbol{a}=\lim_{\Delta t\to 0}\bar{\boldsymbol{a}}=\lim_{\Delta t\to 0}\frac{\Delta\boldsymbol{v}}{\Delta t}=\frac{\mathrm{d}\boldsymbol{v}}{\mathrm{d}t} \tag{1.13}$$

考虑到 $\boldsymbol{v}=\frac{\mathrm{d}\boldsymbol{r}}{\mathrm{d}t}$，加速度还可以表示为

$$\boldsymbol{a}=\frac{\mathrm{d}^2\boldsymbol{r}}{\mathrm{d}t^2} \tag{1.14}$$

即**加速度等于速度对时间的一阶导数，或位矢对时间的二阶导数。只要知道了 $\boldsymbol{v}=\boldsymbol{v}(t)$ 或 $\boldsymbol{r}=\boldsymbol{r}(t)$，就可以求出质点的加速度。**

加速度是矢量，其方向就是当 $\Delta t\to 0$ 时平均加速度 $\bar{\boldsymbol{a}}$ 的极限方向。质点作曲线运动时，加速度的方向总是指向轨迹曲线凹的一面，与同一时刻速度的方向一般是不同的。加速度的大小为 $|\boldsymbol{a}|=\left|\frac{\mathrm{d}\boldsymbol{v}}{\mathrm{d}t}\right|$，一般情况下，$|\boldsymbol{a}|\neq\left|\frac{\mathrm{d}v}{\mathrm{d}t}\right|$。这些结论，读者只要结合匀速圆周运动情况思考，都是不难理解的。

想想看

1.4　在图 1.5 中，碑林与大雁塔之间的直线距离 $\overline{BD}=|\boldsymbol{r}_2-\boldsymbol{r}_1|=|\Delta\boldsymbol{r}|$ 表示游客在时间 Δt 内位移的大小，那么西安火车站到大雁塔的距离 $\overline{OD}=|\boldsymbol{r}_2|$ 与西安火车站到碑林的距离 $\overline{OB}=|\boldsymbol{r}_1|$ 以及二者之差 $\overline{OD}-\overline{OB}=|\boldsymbol{r}_2|-|\boldsymbol{r}_1|=\Delta r$ 所代表的物理意义是什么？$\overline{OD}-\overline{OB}$（即 Δr）与 $\overline{BD}$（即 $|\Delta\boldsymbol{r}|$）相等吗？

1.5　一质点沿半径为 R 的圆周匀速运动，其周期为 T。试给出时间间隔①$\frac{T}{2}$、②T、③$\frac{3}{2}T$、④$2T$ 内质点的平均速率和平均速度的大小。

1.6　你能通过作图说明质点作曲线运动时，加速度的方向总是指向轨迹曲线凹的一面吗？

复　习　思　考　题

1.5　一质点以恒定速率 v 在半径为 r 的圆周轨道上运动。已知时刻 t 质点在 A 点；时刻 $t+\Delta t$，质点运动到 B 点，如图所示。取圆心 O 为位矢 $\boldsymbol{r}$ 的原点，试写出时间 Δt 内 $|\Delta \boldsymbol{r}|$，$|\Delta r|$；$|\Delta \boldsymbol{v}|$，$|\Delta v|$ 以及任意时刻 t 时 $\left|\frac{\mathrm{d}\boldsymbol{r}}{\mathrm{d}t}\right|$，$\left|\frac{\mathrm{d}r}{\mathrm{d}t}\right|$；$\left|\frac{\mathrm{d}\boldsymbol{v}}{\mathrm{d}t}\right|$，$\left|\frac{\mathrm{d}v}{\mathrm{d}t}\right|$；$\left|\frac{\mathrm{d}^2\boldsymbol{r}}{\mathrm{d}t^2}\right|$，$\left|\frac{\mathrm{d}^2 r}{\mathrm{d}t^2}\right|$ 的值。

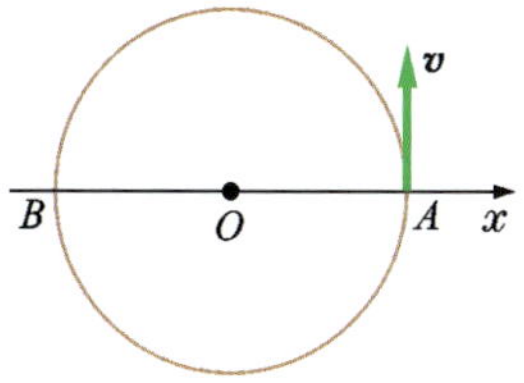

思 1.5 图

1.6　一质子的初位矢为 $\boldsymbol{r}_1=5.0\boldsymbol{i}-6.0\boldsymbol{j}+2.0\boldsymbol{k}$(m)，末位矢为 $\boldsymbol{r}_2=-2.0\boldsymbol{i}+6.0\boldsymbol{j}+2.0\boldsymbol{k}$(m)，试求：(a)此质子的位移矢量；(b)此矢量与哪个平面平行？

1.3　用直角坐标表示位移、速度和加速度

质点的位移、速度、加速度都是矢量。在理论分析和实际运算中，常用直角坐标系求出这些矢量沿坐标轴的投影，再由各投影求出该矢量的大小和方向，从而把矢量运算转换为代数运算，对于问题的研究带来一定的方便。

1.3.1　位移

设质点沿轨迹 LM 作一般曲线运动，时刻 t，质点位于 P，位矢为 $\boldsymbol{r}_1$；时刻 $t+\Delta t$，质点位于 Q，位矢为 $\boldsymbol{r}_2$，时间 Δt 内位移为 $\Delta\boldsymbol{r}=\boldsymbol{r}_2-\boldsymbol{r}_1$，见图 1.9。

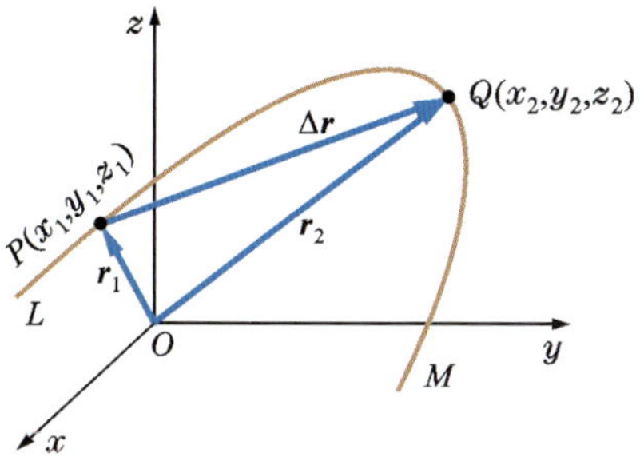

图 1.9

以位矢起点 O 为原点，建立直角坐标系 $Oxyz$，则有

$$\boldsymbol{r}_1=x_1\boldsymbol{i}+y_1\boldsymbol{j}+z_1\boldsymbol{k}$$

$$\boldsymbol{r}_2=x_2\boldsymbol{i}+y_2\boldsymbol{j}+z_2\boldsymbol{k}$$

时间 Δt 内质点的位移为

$$\Delta\boldsymbol{r}=(x_2-x_1)\boldsymbol{i}+(y_2-y_1)\boldsymbol{j}+(z_2-z_1)\boldsymbol{k}$$

令 Δx、Δy、Δz 分别表示 $\Delta\boldsymbol{r}$ 沿坐标轴 x、y、z 的投影，则有

$$\Delta\boldsymbol{r}=\Delta x\boldsymbol{i}+\Delta y\boldsymbol{j}+\Delta z\boldsymbol{k} \tag{1.15}$$

显然　$\Delta x=x_2-x_1$，$\Delta y=y_2-y_1$，$\Delta z=z_2-z_1$

位移的大小和方向可表示为

$$|\Delta\boldsymbol{r}|=\sqrt{\Delta x^2+\Delta y^2+\Delta z^2}$$

$$=\sqrt{(x_2-x_1)^2+(y_2-y_1)^2+(z_2-z_1)^2}$$

$$\cos\alpha=\frac{\Delta x}{|\Delta\boldsymbol{r}|},\quad \cos\beta=\frac{\Delta y}{|\Delta\boldsymbol{r}|},\quad \cos\gamma=\frac{\Delta z}{|\Delta\boldsymbol{r}|}$$

1.3.2　速度

设时刻 t 质点在 P 点，位矢为 $\boldsymbol{r}$，速度为 $\boldsymbol{v}$，加速度为 $\boldsymbol{a}$，如图 1.10 所示。

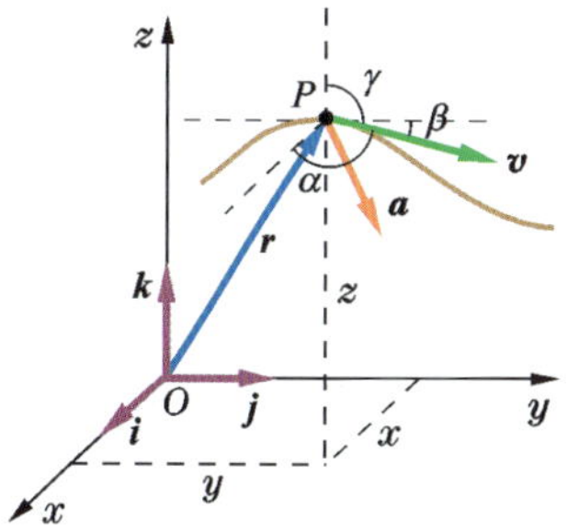

图 1.10

用 x、y、z 分别表示位矢 $\boldsymbol{r}$ 沿坐标轴 x、y、z 的投影，则有

$$\boldsymbol{r}=x\boldsymbol{i}+y\boldsymbol{j}+z\boldsymbol{k}$$

根据速度的定义，有

$$\boldsymbol{v}=\frac{\mathrm{d}\boldsymbol{r}}{\mathrm{d}t}=\frac{\mathrm{d}}{\mathrm{d}t}(x\boldsymbol{i}+y\boldsymbol{j}+z\boldsymbol{k})$$

考虑到所选用的是固定坐标系，单位矢量 $\boldsymbol{i}$、$\boldsymbol{j}$、$\boldsymbol{k}$ 的大小和方向都不随时间变化，即

$$\frac{\mathrm{d}\boldsymbol{i}}{\mathrm{d}t}=0,\qquad \frac{\mathrm{d}\boldsymbol{j}}{\mathrm{d}t}=0,\qquad \frac{\mathrm{d}\boldsymbol{k}}{\mathrm{d}t}=0$$

故有

$$\boldsymbol{v}=\frac{\mathrm{d}x}{\mathrm{d}t}\boldsymbol{i}+\frac{\mathrm{d}y}{\mathrm{d}t}\boldsymbol{j}+\frac{\mathrm{d}z}{\mathrm{d}t}\boldsymbol{k} \tag{1.16}$$

用 v_x、v_y、v_z 分别表示速度 $\boldsymbol{v}$ 沿坐标轴 x、y、z 的投影，则有

$$\boldsymbol{v}=v_x\boldsymbol{i}+v_y\boldsymbol{j}+v_z\boldsymbol{k} \tag{1.17}$$

比较式(1.16)和(1.17)，可得

$$v_x=\frac{dx}{dt},\quad v_y=\frac{dy}{dt},\quad v_z=\frac{dz}{dt}\tag{1.18}$$

即**速度沿直角坐标系中某一坐标轴的投影,等于质点对应该轴的坐标对时间的一阶导数。**

速度的大小和方向可表示为

$$v=\sqrt{v_x^2+v_y^2+v_z^2}=\sqrt{\left(\frac{dx}{dt}\right)^2+\left(\frac{dy}{dt}\right)^2+\left(\frac{dz}{dt}\right)^2}\tag{1.19}$$

$$\cos\alpha=\frac{v_x}{|\boldsymbol{v}|},\quad \cos\beta=\frac{v_y}{|\boldsymbol{v}|},\quad \cos\gamma=\frac{v_z}{|\boldsymbol{v}|}\tag{1.20}$$

如果已知用直角坐标表示的质点运动学方程 $x=f_1(t),y=f_2(t),z=f_3(t)$,就可以求出质点在任意时刻 t 速度的大小和方向。

例 1.3　求例1.2中的小田鼠在 $t=15$ s 时速度 $\boldsymbol{v}$ 的大小和方向。

解　根据题设条件,小田鼠的运动学方程为

$$x=-0.31t^2+7.2t+28$$
$$y=0.22t^2-9.1t+30$$

速度沿坐标轴 x、y 的投影为

$$v_x=\frac{dx}{dt}=\frac{d}{dt}(-0.31t^2+7.2t+28)=-0.62t+7.2$$

$$v_y=\frac{dy}{dt}=\frac{d}{dt}(0.22t^2-9.1t+30)=0.44t-9.1$$

速度为

$$\boldsymbol{v}=(-0.62t+7.2)\boldsymbol{i}+(0.44t-9.1)\boldsymbol{j}$$

将 $t=15$ s 代入上式,有

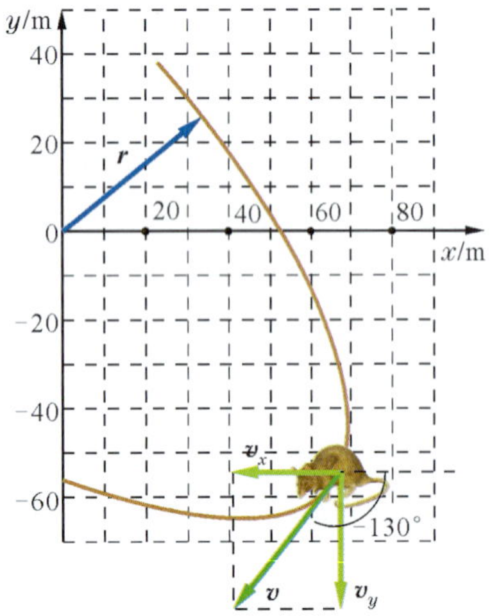

例 1.3 图

$$\boldsymbol{v}=-2.1\boldsymbol{i}-2.5\boldsymbol{j}$$

速度的大小和方向为

$$|\boldsymbol{v}|=\sqrt{v_x^2+v_y^2}=\sqrt{(-2.1)^2+(-2.5)^2}=3.3\ \text{m/s}$$

$$\theta=\arctan\frac{v_y}{v_x}=\arctan\frac{-2.5}{-2.1}=-130°$$

θ 为 $\boldsymbol{v}$ 与 x 轴的夹角。虽然 $50°$ 与 $-130°$ 有相同的正切值,但该时刻 v_x、v_y 均为负值,θ 应在第三象限,故取 $-130°$ 见图。

想想看

1.7　质点在 Oxy 平面内作圆周运动,如图。某时刻质点的瞬时速度为 $\boldsymbol{v}=4\boldsymbol{i}-4\boldsymbol{j}$(m/s),试表明该时刻质点正在通过哪个象限?并给出该时刻质点速度方向与 x 轴之间的夹角。①质点沿顺时针方向运动;②质点沿逆时针方向运动。

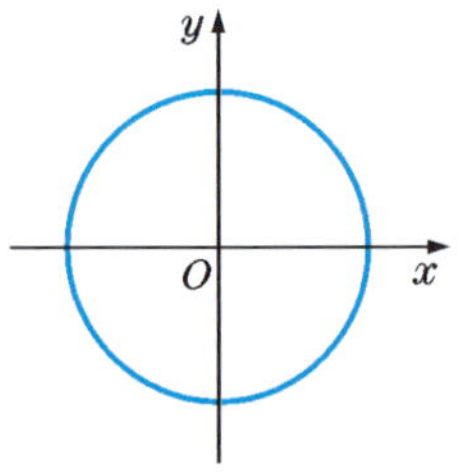

想 1.7 图

1.8　试给出本题中 $v_x=0$ 的时刻 t_1 和 $v_y=0$ 的时刻 t_2,并指明在时间间隔①$0<t<t_1$;②$t_1<t<t_2$;③$t>t_2$ 内小田鼠大体上向什么方向运动。

1.3.3　加速度

根据加速度的定义,可得

$$\boldsymbol{a}=\frac{d\boldsymbol{v}}{dt}=\frac{dv_x}{dt}\boldsymbol{i}+\frac{dv_y}{dt}\boldsymbol{j}+\frac{dv_z}{dt}\boldsymbol{k}\tag{1.21}$$

$$\boldsymbol{a}=\frac{d^2\boldsymbol{r}}{dt^2}=\frac{d^2x}{dt^2}\boldsymbol{i}+\frac{d^2y}{dt^2}\boldsymbol{j}+\frac{d^2z}{dt^2}\boldsymbol{k}\tag{1.22}$$

用 a_x、a_y、a_z 分别表示加速度 $\boldsymbol{a}$ 沿坐标轴 x、y、z 的投影,则有

$$\boldsymbol{a}=a_x\boldsymbol{i}+a_y\boldsymbol{j}+a_z\boldsymbol{k}\tag{1.23}$$

比较式(1.23)和式(1.21)与(1.22),可得

$$\left.\begin{aligned}a_x&=\frac{dv_x}{dt}=\frac{d^2x}{dt^2}\\a_y&=\frac{dv_y}{dt}=\frac{d^2y}{dt^2}\\a_z&=\frac{dv_z}{dt}=\frac{d^2z}{dt^2}\end{aligned}\right\}\tag{1.24}$$

即**加速度沿直角坐标系中某一坐标轴的投影,等于速度沿同一坐标轴的投影对时间的一阶导数,或等于质点对应该轴的坐标对时间的二阶导数。**

加速度的大小和方向可表示为

$$|\boldsymbol{a}|=\sqrt{a_x^2+a_y^2+a_z^2}=\sqrt{\left(\frac{dv_x}{dt}\right)^2+\left(\frac{dv_y}{dt}\right)^2+\left(\frac{dv_z}{dt}\right)^2}$$
$$=\sqrt{\left(\frac{d^2x}{dt^2}\right)^2+\left(\frac{d^2y}{dt^2}\right)^2+\left(\frac{d^2z}{dt^2}\right)^2}\tag{1.25}$$

$$\cos\alpha=\frac{a_x}{|\boldsymbol{a}|},\quad \cos\beta=\frac{a_y}{|\boldsymbol{a}|},\quad \cos\gamma=\frac{a_z}{|\boldsymbol{a}|} \qquad (1.26)$$

如已知用直角坐标表示的质点运动学方程 $x=f_1(t)$，$y=f_2(t)$，$z=f_3(t)$，或者已知速度作为时间的函数 $v_x=v_x(t)$，$v_y=v_y(t)$，$v_z=v_z(t)$，就能求出质点任意时刻 t 加速度的大小和方向。

■ **例 1.4** 求例 1.2 中小田鼠在 $t=15$ s 时加速度 $\boldsymbol{a}$ 的大小和方向。

解 由已知质点运动学方程，通过求导数得到质点速度和加速度等，这一类问题通常称为质点运动学第一类问题。例 1.3 和本题都属于这一类问题。求解这一类问题，一般可按以下步骤进行：

(1) 写出，或根据已知条件建立质点运动学方程；

(2) 通过求导数求出速度、加速度沿各坐标轴的投影；

(3) 写出用投影形式表示的速度、加速度的矢量表达式；

(4) 若有必要再分别表示出速度、加速度的大小和方向。

在例 1.3 中，由小田鼠的运动学方程，通过求导数已求得速度沿坐标轴 x、y 的投影为

$$v_x=-0.62t+7.2$$

$$v_y=0.44t-9.1$$

再分别求 v_x、v_y 对时间的一阶导数，可得加速度沿坐标轴 x、y 的投影，并将 $t=15$ s 代入得该时刻加速度沿 x、y 坐标轴的投影为

$$a_x=\frac{\mathrm{d}v_x}{\mathrm{d}t}=\frac{\mathrm{d}}{\mathrm{d}t}(-0.62t+7.2)$$

$$=-0.62\ \mathrm{m/s^2}$$

$$a_y=\frac{\mathrm{d}v_y}{\mathrm{d}t}=\frac{\mathrm{d}}{\mathrm{d}t}(0.44t-9.1)$$

$$=0.44\ \mathrm{m/s^2}$$

加速度为

$$\boldsymbol{a}=-0.62\boldsymbol{i}+0.44\boldsymbol{j}$$

加速度大小和方向分别为

$$|\boldsymbol{a}|=\sqrt{a_x^2+a_y^2}=\sqrt{(-0.62)^2+(0.44)^2}=0.76\ \mathrm{m/s^2}$$

$$\theta=\arctan\frac{a_y}{a_x}=\arctan\frac{0.44}{-0.62}=145^\circ$$

θ 为 $\boldsymbol{a}$ 与 x 轴的夹角，见图。

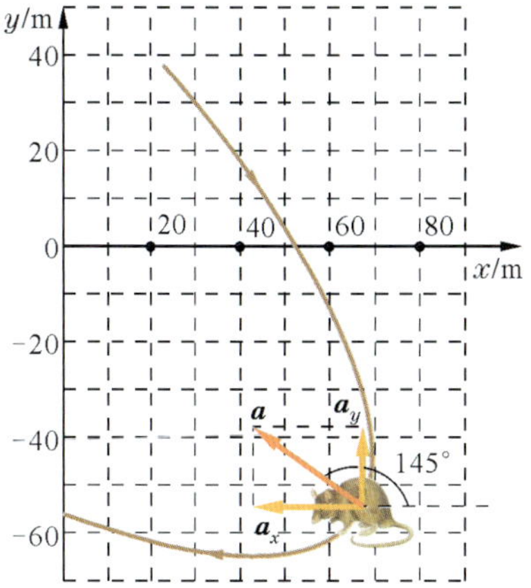

例 1.4 图

■ **例 1.5** 在地球表面附近，质点以初速度 $\boldsymbol{v}_0$ 被倾斜抛出。如果不计空气阻力、风力、地球自转等影响，则质点的加速度就等于重力加速度 g，通常把这种运动称为无阻力抛体运动。设质点在 Oxy 铅垂平面内作无阻力抛体运动，见图(a)。加速度沿 x、y 轴的投影分别为 $a_x=0$，$a_y=-g$。当 $t=t_0$ 时，$v_{0x}=v_0\cos\alpha$，$v_{0y}=v_0\sin\alpha$，$x_0=y_0=0$。g、v_0、α 均为常数。试求质点速度沿 x、y 轴的投影和质点的运动学方程。

想想看

1.9 从本题的求解结果可以看出，尽管在运动中，小田鼠速度的大小和方向时刻变化着，但加速度却是不随时间变化的常量。试就以下几组质点运动学方程，分析哪几组质点运动的加速度为常量。

① $x=2t^2$　　$y=-4t-3$

② $x=4t^3-2t$　　$y=3$

③ $\boldsymbol{r}=-(3t^2-4t+2)\boldsymbol{i}+(6t^2-4t)\boldsymbol{j}$

④ $\boldsymbol{r}=-(3t^2+4t)\boldsymbol{i}-(5t^2-6)\boldsymbol{j}$

解 设任意时刻 t，质点的坐标为 (x,y)，质点速度沿 x、y 轴的投影为 v_x、v_y。

根据题设条件

$$a_x=\frac{\mathrm{d}v_x}{\mathrm{d}t}=0$$

$$a_y=\frac{\mathrm{d}v_y}{\mathrm{d}t}=-g$$

积分上二式，有

$$\int \mathrm{d}v_x=0,\qquad \int \mathrm{d}v_y=-\int g\mathrm{d}t$$

于是

$$v_x=c_1,\qquad v_y=-gt+c_2$$

根据初始条件，$t=t_0$ 时，$v_{0x}=v_0\cos\alpha$，$v_{0y}=v_0\sin\alpha$，可以确定积分常量 $c_1=v_0\cos\alpha$，$c_2=v_0\sin\alpha+gt_0$，代入上式，有

$$\left.\begin{aligned}v_x&=v_0\cos\alpha\\ v_y&=v_0\sin\alpha-g(t-t_0)\end{aligned}\right\}\tag{1}$$

若 $t_0=0$，则有

$$\left.\begin{aligned}v_x&=v_0\cos\alpha\\ v_y&=v_0\sin\alpha-gt\end{aligned}\right\}\tag{2}$$

上式表明，无阻力抛体运动中，质点速度沿 x 轴的投影 v_x 始终保持常量，如图(a)中 O、M_1、M 等各点的速度 $\boldsymbol{v}_0$、$\boldsymbol{v}_{M_1}$、$\boldsymbol{v}_M$ 沿 x 轴的投影均相等，见图(b)。

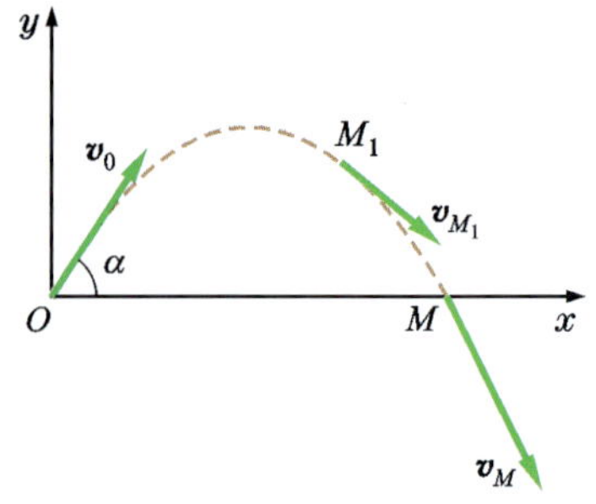

(a)

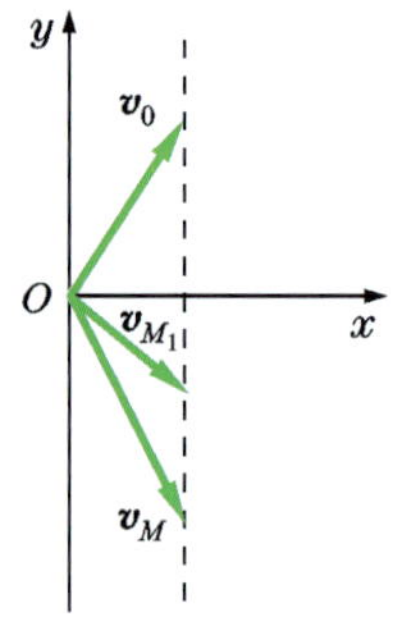

(b)

例 1.5 图

把式(1)改写成

$$\mathrm{d}x=v_0\cos\alpha\mathrm{d}t$$

$$\mathrm{d}y=[v_0\sin\alpha-g(t-t_0)]\mathrm{d}t$$

积分上二式，若使用定积分，则可根据初始条件 $t=t_0$ 时，$x_0=0$，$y_0=0$ 确定积分的下限，设时刻 t 质点的坐标为 (x,y)，则有

$$\int_0^x \mathrm{d}x=\int_{t_0}^t v_0\cos\alpha\mathrm{d}t$$

$$\int_0^y \mathrm{d}y=\int_{t_0}^t [v_0\sin\alpha-g(t-t_0)]\mathrm{d}t$$

积分得

$$\left.\begin{aligned}x&=v_0(t-t_0)\cos\alpha\\ y&=v_0(t-t_0)\sin\alpha-\frac{1}{2}g(t-t_0)^2\end{aligned}\right\}\tag{3}$$

若 $t_0=0$，则有

$$\left.\begin{aligned}x&=v_0t\cos\alpha\\ y&=v_0t\sin\alpha-\frac{1}{2}gt^2\end{aligned}\right\}\tag{4}$$

从式(4)中消去 t，可得

$$y=x\tan\alpha-\frac{g}{2v_0^2\cos^2\alpha}x^2\tag{5}$$

式(5)表明质点的运动轨迹为抛物线。

根据已知的加速度作为时间或坐标等的函数关系和必要的起始条件，通过积分的方法求出质点的速度和运动学方程等，这一类问题常称为质点运动学第二类问题。

通过对本题的求解过程可以看出，与求解质点运动学第一类问题不同，求解质点运动学第二类问题，是要根据已知的加速度，通过积分求出质点速度和运动学方程。求解中应注意利用起始条件确定积分常量或定积分上下限。

方程(1)、(3)表明，质点沿 x 轴的运动为匀速直线运动，沿 y 轴的运动为匀变速直线运动。可见质点的无阻力抛体运动可以看作是由沿 x 轴的匀速直线运动和沿 y 轴的匀变速直线运动这两个相互垂直的独立运动叠加而成。这个结论称为运动叠加原理。需要指出的是，在无阻力抛体运动中，把一个运动分解为两个沿相互垂直方向并相互独立的运动，并不是一个普遍适用的法则，即并不是质点的任意运动都可以看作两个(或三个)沿相互垂直方向、并相互独立运动的叠加。例如加速度大小与速度平方成正比，方向与速度相反 $\boldsymbol{a}=-kv\boldsymbol{v}$ 即属此种情况。对此，有兴趣的读者可自行研究。

想想看

1.10 试给出本题中质点到达抛物线最高点和落到与起抛点同一高度处所需的时间，以及质点的水平射程($\overline{OM}$ 的长度)。

直线运动是曲线运动的特例。研究质点直线运动时，总是选坐标轴(例如 x 轴)与直线轨迹相重合。由于运动总是沿着直线，因此质点的位移、速度、加速度均可看成代数量，它们为正时，表示方向沿着 x 轴正向；为负时，表示方向沿着 x 轴负向。

匀变速直线运动是直线运动的一个特例，其特点是加速度为常量。设质点沿 x 轴作匀变速直线运动，加速度为 a，$t=0$ 时，坐标为 x_0，速度为 v_0，见图 1.11，现研究其速度 v 和坐标 x 随时间 t 的变化规律。

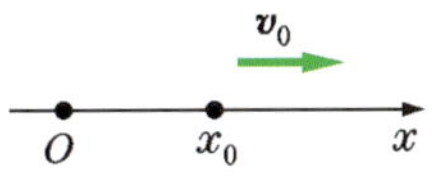

图 1.11

在直线运动中

$$a=\frac{dv}{dt}$$

可改写为

$$dv=a\,dt$$

对上式两端积分，有

$$\int_{v_0}^{v} dv=\int_0^t a\,dt$$

a 是常量，故有

$$v-v_0+at \tag{1.27}$$

这就是匀变速直线运动中速度随时间变化的规律。

在直线运动中

$$v=\frac{dx}{dt}$$

可改写为

$$dx=v\,dt$$

考虑到式(1.27)，有

$$dx=(v_0+at)dt$$

对上式两端积分有

$$\int_{x_0}^{x} dx=\int_0^t (v_0+at)dt$$

$$x=x_0+v_0t+\frac{1}{2}at^2 \tag{1.28}$$

这就是匀变速直线运动中位置坐标随时间变化的规律。

把 $a=\frac{dv}{dt}$ 改写为 $a=\frac{dv}{dx}\frac{dx}{dt}=v\frac{dv}{dx}$，于是有

$$v\,dv=a\,dx$$

对上式两端积分有

$$\int_{v_0}^{v} v\,dv=\int_{x_0}^{x} a\,dx$$

$$v^2=v_0^2+2a(x-x_0) \tag{1.29}$$

这就是匀变速直线运动中速度随坐标变化的规律。

若 $t=0$ 时，$x_0=0$，则有

$$x=v_0t+\frac{1}{2}at^2$$

$$v^2=v_0^2+2ax$$

这些关系式读者在中学虽已有所接触，但这里严格地采用了坐标法，式中 x、v、a 均为代数量，应用时需特别注意。这些关系只适用于质点作匀变速直线运动情况。质点作一般直线运动时，加速度不是常量，这时式(1.27)、(1.28)和(1.29)不再适用！

想想看

1.11 下面几个质点运动学方程，哪个是匀变速直线运动？

① $x=4t-3$ ② $x=-4t^3+3t^2+6$

③ $x=-2t^2+8t+4$ ④ $x=\frac{2}{t^2}-\frac{4}{t}$

给出这个匀变速直线运动在 $t=3$ s 时的速度和加速度，并说明该时刻运动是加速的还是减速的。(x 单位为 m，t 单位为 s)

例 1.6 设质点沿 x 轴作直线运动，加速度 $a=2t$，$t=0$ 时，质点的位置坐标 $x_0=0$，速度 $v_0=0$，试求 $t=2$ s 时质点的速度和位置。

解 根据题意 $a=\frac{dv}{dt}=2t$，可见加速度不是常量，故本题不能用匀变速直线运动公式求解。

把上式写成

$$dv = 2t\,dt$$

对等式两端积分，有

$$\int_0^v dv = \int_0^t 2t\,dt$$

可得

$$v = \frac{dx}{dt} = t^2 \qquad (1)$$

改写上式并积分，得

$$\int_0^x dx = \int_0^t t^2\,dt$$

$$x = \frac{1}{3}t^3 \qquad (2)$$

把 $t=2\text{s}$ 分别代入(1)、(2)两式，得

$$v = 4\ \text{m/s}, \qquad x = \frac{8}{3} = 2.67\ \text{m}$$

复 习 思 考 题

1.7　已知一质点在 Oxy 平面内运动，其运动学方程为

$$\boldsymbol{r} = 2t\boldsymbol{i} + (19 + 2t^2)\boldsymbol{j}$$

$\boldsymbol{r}$ 的单位为 m，t 的单位为 s，试求质点的位矢 $\boldsymbol{r}$、速度 $\boldsymbol{v}$、加速度 $\boldsymbol{a}$ 的大小。

1.8　已知质点运动学方程 $x=x(t)$，$y=y(t)$，当求质点速度和加速度时，有人采用了如下方法：先由 $r=\sqrt{x^2+y^2}$ 求出 $r=r(t)$，再由 $|\boldsymbol{v}| = \left|\frac{dr}{dt}\right|$ 和 $|\boldsymbol{a}| = \left|\frac{d^2 r}{dt^2}\right|$ 求出质点的速度和加速度的大小，你认为这种方法对吗？如果不对，错在什么地方？试结合本节例 1.3 加以说明。

1.9　同一物体从同一水平地面上以相同的初速度(大小、方向均相同)发射出去，而落地的情况却是不同的，如图所示。试就这三种情况，按落地时的瞬时速率从大到小排序。

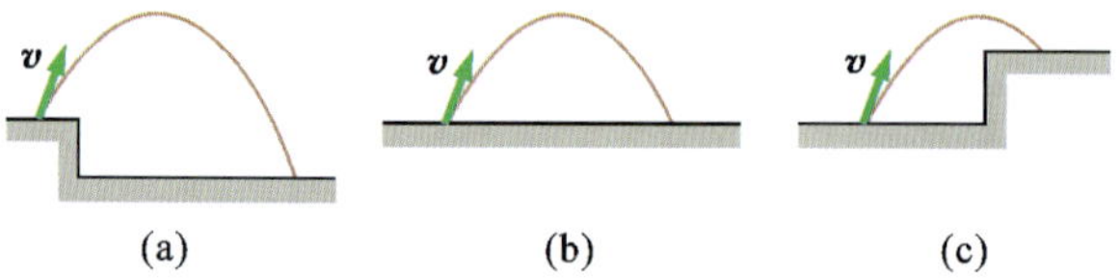

思 1.9 图

1.10　分别以下列初速度从地面发射一枚火箭，(a) $\boldsymbol{v}_0 = 20\boldsymbol{i} + 70\boldsymbol{j}$，(b) $\boldsymbol{v}_0 = -20\boldsymbol{i} + 70\boldsymbol{j}$，(c) $\boldsymbol{v}_0 = 20\boldsymbol{i} - 70\boldsymbol{j}$，(d) $\boldsymbol{v}_0 = -20\boldsymbol{i} - 70\boldsymbol{j}$。试按发射速率从大到小对这四个初速度排序。

1.11　由地面踢出一足球的三个飞行路径如图，忽略空气阻力，试对以下物理量从大到小排序：

(a) 初速度的竖直分量；(b) 初速度的水平分量；(c) 初速率。

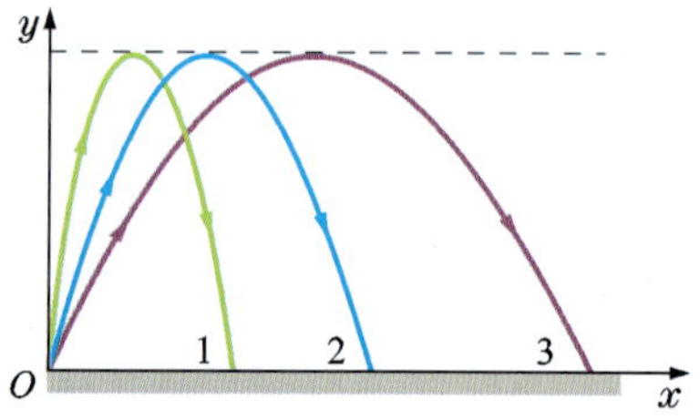

思 1.11 图

1.4　用自然坐标表示平面曲线运动中的速度和加速度

质点作曲线运动且轨迹为已知时，常用自然坐标来确定其位置、速度和加速度。

1.4.1　速度

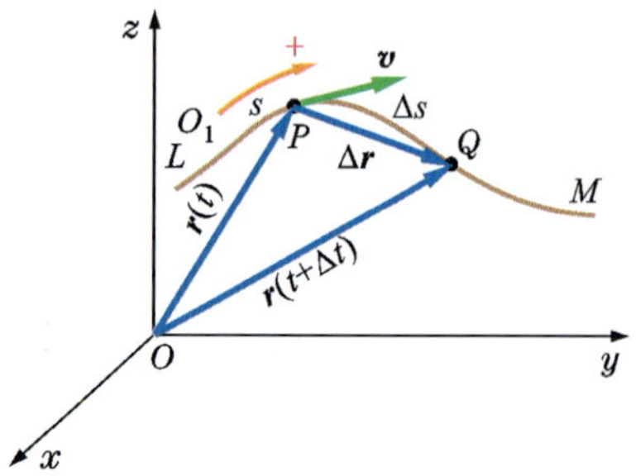

图 1.12

设质点沿曲线轨迹 LM 运动，见图 1.12。时刻 t 质点在 P 处，自然坐标为 $s(t)$，时刻 $t+\Delta t$ 质点在 Q 处，自然坐标为 $s(t+\Delta t)$，时间 Δt 内质点位移为 $\Delta\boldsymbol{r}$，自然坐标 s 的增量为 Δs，即

$$\Delta s = s(t+\Delta t) - s(t) \qquad (1.30)$$

Δs 为代数量。根据速度的定义，可得

$$\begin{aligned}\boldsymbol{v} &= \lim_{\Delta t\to 0}\frac{\Delta\boldsymbol{r}}{\Delta t} = \lim_{\substack{\Delta t\to 0\\ \Delta s\to 0}}\left(\frac{\Delta\boldsymbol{r}}{\Delta s}\,\frac{\Delta s}{\Delta t}\right)\\ &= \left(\lim_{\Delta s\to 0}\frac{\Delta\boldsymbol{r}}{\Delta s}\right)\left(\lim_{\Delta t\to 0}\frac{\Delta s}{\Delta t}\right)\\ &= \left(\lim_{\Delta s\to 0}\frac{\Delta\boldsymbol{r}}{\Delta s}\right)\frac{ds}{dt}\end{aligned}$$

由于当 $\Delta t\to 0$ 时，Q 点趋近于 P 点，故上式右边第一部分的绝对值

$$\lim_{\Delta s\to 0}\left|\frac{\Delta\boldsymbol{r}}{\Delta s}\right| = 1$$

当 $\Delta s\to 0$ 时，$\Delta\boldsymbol{r}$ 的方向与在 $\Delta t\to 0$ 时 $\Delta\boldsymbol{r}$ 的极限方向相同，即趋近于 P 点处轨迹的切线方向，若以 $\boldsymbol{\tau}$ 表示沿 P 点处切线正方向的单位矢量(切线正

方向的指向与自然坐标的正向相同），则上式右边第一部分可写成

$$\lim_{\Delta s\to 0}\frac{\Delta \boldsymbol{r}}{\Delta s}=\boldsymbol{\tau} \tag{1.31}$$

从而可得

$$v=\frac{\mathrm{d}s}{\mathrm{d}t}\boldsymbol{\tau} \tag{1.32}$$

由式(1.32)可知，质点速度的大小由自然坐标 s 对时间的一阶导数决定，方向沿着质点所在处轨迹的切线，指向则由 $\frac{\mathrm{d}s}{\mathrm{d}t}$ 的正负号决定。$\frac{\mathrm{d}s}{\mathrm{d}t}>0$，速度指向切线正方向；$\frac{\mathrm{d}s}{\mathrm{d}t}<0$，速度指向切线负方向。$v=\frac{\mathrm{d}s}{\mathrm{d}t}$ 是速度矢量沿切线方向的投影，它是一个代数量。

只要已知用自然法表示的质点运动学方程 $s=f(t)$，就可求出质点在任意时刻速度的大小和方向。

想想看

1.12　你认为 $\left|\frac{\mathrm{d}s}{\mathrm{d}t}\right|$ 与 $\left|\frac{\mathrm{d}\boldsymbol{r}}{\mathrm{d}t}\right|$ 有区别吗？如果有，区别在哪里？

1.13　质点作圆周运动，已知用自然法表示的质点运动学方程为 $s=t^3-2t^2$，选 O' 为自然坐标原点，自然坐标正向如图，试判断下列时刻质点运动是沿逆时针方向还是顺时针方向。① $t=1$ s；② $t=2$ s；③ $t=\frac{4}{3}$ s。

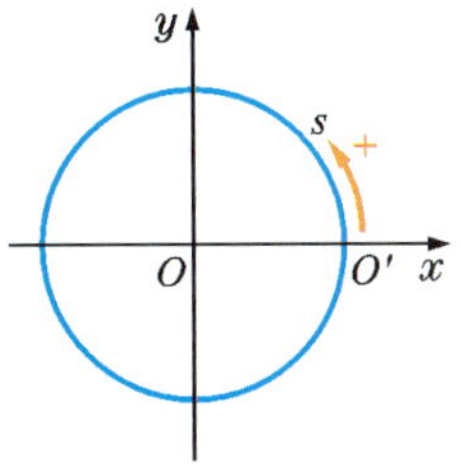

想 1.13 图

1.4.2　圆周运动中的加速度

用自然坐标研究质点的一般平面曲线运动时，加速度常用它在轨迹切线和法线方向上的投影来表示。下面我们先研究质点在圆周运动中的加速度。

设质点在以 O 点为圆心、以 r 为半径的圆周上运动，取圆心 O 为位矢的起点。设时刻 t，质点位于 P 点，位矢为 $\boldsymbol{r}_P$，自然坐标为 s_P，速度为 $\boldsymbol{v}_P$；时刻 $t+\Delta t$，位于 Q 点，位矢为 $\boldsymbol{r}_Q$，自然坐标为 s_Q，速度为 $\boldsymbol{v}_Q$，如图 1.13(a)所示。

在时间 Δt 内，质点位移为 $\Delta\boldsymbol{r}$，自然坐标增量为 Δs，速度增量为 $\Delta\boldsymbol{v}$，显然有

$$\Delta\boldsymbol{v}=\boldsymbol{v}_Q-\boldsymbol{v}_P$$

如图 1.13(b)所示。

在速度矢量三角形 $O'P'Q'$ 中，作矢量 $\overrightarrow{O'E}$ 并使其大小与 $\boldsymbol{v}_P$ 相等，即 $|\overrightarrow{O'E}|=|\boldsymbol{v}_P|$，方向与 $\boldsymbol{v}_Q$ 方向相同；再作矢量 $\overrightarrow{P'E}$ 和 $\overrightarrow{EQ'}$，令 $\overrightarrow{P'E}=\Delta\boldsymbol{v}_{\mathrm{n}}$，$\overrightarrow{EQ'}=\Delta\boldsymbol{v}_{\tau}$。这样就将速度增量 $\Delta\boldsymbol{v}$ 分解为 $\Delta\boldsymbol{v}_{\mathrm{n}}$ 和 $\Delta\boldsymbol{v}_{\tau}$ 两个部分，即

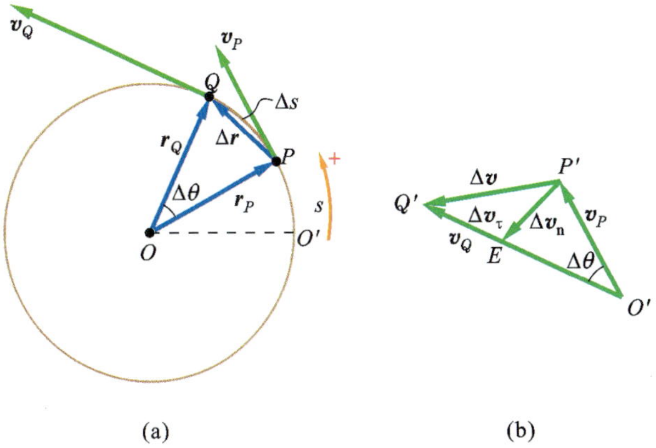

图 1.13

$$\Delta\boldsymbol{v}=\Delta\boldsymbol{v}_{\mathrm{n}}+\Delta\boldsymbol{v}_{\tau} \tag{1.33}$$

由图 1.13(b)可知，$\Delta\boldsymbol{v}_{\mathrm{n}}=\overrightarrow{O'E}-\boldsymbol{v}_P$（不要忘记 $|\overrightarrow{O'E}|=|\boldsymbol{v}_P|$！），$\Delta\boldsymbol{v}_{\tau}=\boldsymbol{v}_Q-\overrightarrow{O'E}$。可见，$\Delta\boldsymbol{v}_{\mathrm{n}}$ 只反映质点速度方向的变化，而 $\Delta\boldsymbol{v}_{\tau}$ 只反映质点速度大小的变化。根据加速度的定义，有

$$\boldsymbol{a}=\lim_{\Delta t\to 0}\frac{\Delta\boldsymbol{v}}{\Delta t}=\lim_{\Delta t\to 0}\frac{\Delta\boldsymbol{v}_{\mathrm{n}}}{\Delta t}+\lim_{\Delta t\to 0}\frac{\Delta\boldsymbol{v}_{\tau}}{\Delta t}$$

令 $\lim\limits_{\Delta t\to 0}\frac{\Delta\boldsymbol{v}_{\mathrm{n}}}{\Delta t}=\boldsymbol{a}_{\mathrm{n}}$，$\lim\limits_{\Delta t\to 0}\frac{\Delta\boldsymbol{v}_{\tau}}{\Delta t}=\boldsymbol{a}_{\tau}$，则有

$$\boldsymbol{a}=\boldsymbol{a}_{\mathrm{n}}+\boldsymbol{a}_{\tau} \tag{1.34}$$

下面分别讨论 $\boldsymbol{a}_{\mathrm{n}}$、$\boldsymbol{a}_{\tau}$ 的大小和方向。

$\boldsymbol{a}_{\mathrm{n}}$ 的方向与 $\Delta t\to 0$ 时 $\Delta\boldsymbol{v}_{\mathrm{n}}$ 的极限方向一致。由图 1.13(b)可知，$\Delta t\to 0$ 时，$\Delta\theta\to 0$，可见 $\Delta\boldsymbol{v}_{\mathrm{n}}$ 的极限方向与 $\boldsymbol{v}_P$ 垂直，因此质点位于 P 点时，$\boldsymbol{a}_{\mathrm{n}}$ 的方向沿着该处轨迹曲线的法线，在圆周运动中总是沿着半径 OP 并指向圆心。通常把加速度沿着法线的这个分量 $\boldsymbol{a}_{\mathrm{n}}$ 称为法向加速度。

由于等腰三角形 OPQ 与 $O'P'E$ 相似，故有

$$\frac{|\Delta\boldsymbol{v}_{\mathrm{n}}|}{v_P}=\frac{|\Delta\boldsymbol{r}|}{r_P}$$

上式两端同除以 Δt，并考虑到 $\Delta t\to 0$ 时 $\left|\frac{\Delta\boldsymbol{r}}{\Delta s}\right|\to 1$，同时注意到 P 点可以是圆周上任意一点，故省去 v_P 和 r_P 下标可得

$$|\boldsymbol{a}_{\mathrm{n}}|=\lim_{\Delta t\to 0}\frac{|\Delta\boldsymbol{v}_{\mathrm{n}}|}{\Delta t}=\frac{v}{r}\lim_{\Delta t\to 0}\frac{|\Delta s|}{\Delta t}=\frac{v^2}{r}$$

规定平面曲线在各点的法线正方向都指向曲线

凹的一面。对圆来说，各点的法线正方向均指向圆心。若用 $\boldsymbol{n}$ 表示沿法线正方向的单位矢量，则法向加速度可表示为

$$\boldsymbol{a}_n = a_n\boldsymbol{n} = \frac{v^2}{r}\boldsymbol{n} \tag{1.35}$$

式中 a_n 即加速度 $\boldsymbol{a}$ 沿法线方向的投影，其大小等于 $\frac{v^2}{r}$，恒为正，$\boldsymbol{a}_n$ 的方向始终与 $\boldsymbol{n}$ 相同。

$\boldsymbol{a}_\tau$ 的方向与 $\Delta t \to 0$ 时 $\Delta\boldsymbol{v}_\tau$ 的极限方向一致，当 $\Delta t\to 0$ 时，$\Delta\theta\to 0$，可见 $\Delta\boldsymbol{v}_\tau$ 的极限方向将沿着 P 点处圆周的切线，把加速度沿着切线的这个分量 $\boldsymbol{a}_\tau$ 称为切向加速度。$\boldsymbol{a}_\tau$ 的大小为

$$|\boldsymbol{a}_\tau| = \lim_{\Delta t\to 0}\left|\frac{\Delta\boldsymbol{v}_\tau}{\Delta t}\right| = \lim_{\Delta t\to 0}\left|\frac{\Delta v}{\Delta t}\right| = \left|\frac{\mathrm{d}v}{\mathrm{d}t}\right| = \left|\frac{\mathrm{d}^2 s}{\mathrm{d}t^2}\right|$$

用 $\boldsymbol{\tau}$ 表示沿切线正方向的单位矢量，则切向加速度可表示为

$$\boldsymbol{a}_\tau = a_\tau\boldsymbol{\tau} = \frac{\mathrm{d}v}{\mathrm{d}t}\boldsymbol{\tau} \tag{1.36}$$

式中 $a_\tau = \frac{\mathrm{d}v}{\mathrm{d}t}$，即加速度 $\boldsymbol{a}$ 沿切线方向的投影。它是一个代数量，如图1.14所示情况，$\frac{\mathrm{d}v}{\mathrm{d}t}>0$，表明 $\boldsymbol{a}_\tau$ 与 $\boldsymbol{\tau}$ 方向相同；反之，$\frac{\mathrm{d}v}{\mathrm{d}t}<0$，表明 $\boldsymbol{a}_\tau$ 与 $\boldsymbol{\tau}$ 方向相反。

综上讨论，可得质点在圆周运动中的加速度为

$$\boldsymbol{a} = a_n\boldsymbol{n} + a_\tau\boldsymbol{\tau} = \frac{v^2}{r}\boldsymbol{n} + \frac{\mathrm{d}v}{\mathrm{d}t}\boldsymbol{\tau} \tag{1.37}$$

即质点在圆周运动中的加速度等于质点法向加速度和切向加速度的矢量和，如图1.14所示。

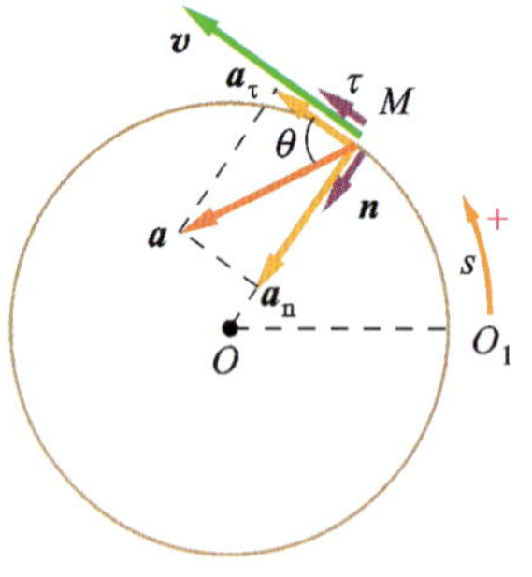

图1.14

加速度的大小为

$$|\boldsymbol{a}| = \sqrt{a_n^2 + a_\tau^2} = \sqrt{\left(\frac{v^2}{r}\right)^2 + \left(\frac{\mathrm{d}v}{\mathrm{d}t}\right)^2} \tag{1.38}$$

加速度的方向，可由下式确定

$$\tan\theta = \frac{a_n}{a_\tau} \tag{1.39}$$

式中 θ 是 $\boldsymbol{a}$ 和 $\boldsymbol{\tau}$ 之间的夹角，见图1.14。

当质点作匀速圆周运动时，由于速度仅有方向的变化，而无大小的变化，任何时刻质点的切向加速度均为零，故有 $\boldsymbol{a}=\boldsymbol{a}_n=a_n\boldsymbol{n}$，$|\boldsymbol{a}|=\frac{v^2}{r}$，$\theta=90°$，可见法向加速度只反映速度方向的变化。当质点作变速直线运动时，由于 $r\to\infty$，任何时刻质点的法向加速度均为零，故有 $\boldsymbol{a}=\boldsymbol{a}_\tau=a_\tau\boldsymbol{\tau}$，$|\boldsymbol{a}|=\left|\frac{\mathrm{d}v}{\mathrm{d}t}\right|$，$\theta=0°$ 或 $\theta=180°$，可见切向加速度只反映速度大小的变化。

如果某瞬时质点速度的大小随时间增大，则该瞬时质点的运动是加速的；反之，则是减速的。不难理解：当 $\boldsymbol{v}$ 与 $\boldsymbol{a}_\tau$ 同向时，质点的运动是加速的，这时 $\boldsymbol{v}$ 与 $\boldsymbol{a}$ 之间的夹角 θ 为锐角；当 $\boldsymbol{v}$ 与 $\boldsymbol{a}_\tau$ 反向时，质点的运动是减速的，这时 $\boldsymbol{v}$ 与 $\boldsymbol{a}$ 之间的夹角 θ 为钝角。图1.15(a)、(b)分别绘出了 $v>0$，$a_\tau>0$ 的加速运动情况和 $v>0$，$a_\tau<0$ 的减速运动情况。

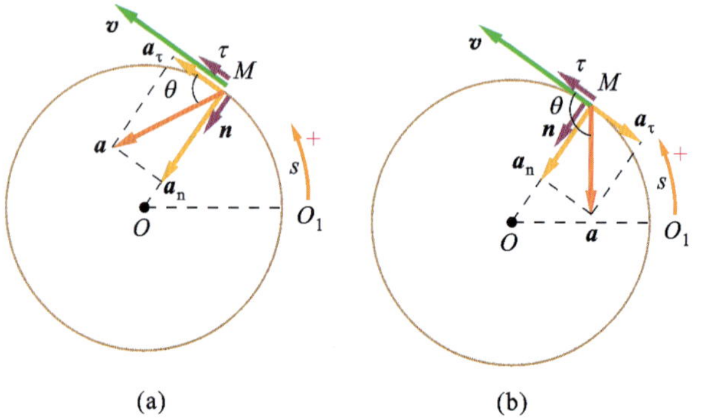

图1.15

想想看

1.14　质点在 Oxy 平面内作匀速率圆周运动，圆心在坐标原点。已知在 $x=-4$ m 处，质点速度为 $\boldsymbol{v}=-2\boldsymbol{j}$ m/s，试给出质点在①$y=4$ m 处，② $x=4$ m 处质点的速度、切向加速度、法向加速度和加速度。

1.15　质点作变速圆周运动，某瞬时运动到 M 点，速度方向如图。试就以下两种情况，在图上画出该瞬时质点的法向加速度、切向加速度和加速度。①质点的运动是加速的；②质点的运动是减速的。

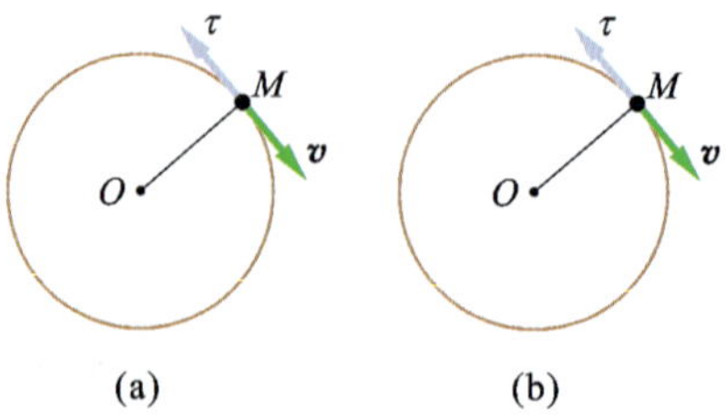

想1.15图

有了切向加速度和法向加速度的概念，在研究质点的圆周运动时，若已知用自然法表示的运动学方程 $s=f(t)$，则可通过 $v=\frac{ds}{dt}, a_\tau=\frac{dv}{dt}, a_n=\frac{v^2}{r}$ 等关系式求出质点的速度和加速度；另一方面，若已知 a_τ 为时间或坐标等的函数以及必要的初始条件或其他辅助条件，也可通过积分方法求出质点的速度及用自然法表示的运动学方程。

例 1.7 一辆汽车在半径 $R=200$ m 的圆弧形公路上行驶，其运动学方程为 $s=20t-0.2t^2$，其中 s 以 m 计，t 以 s 计，试求汽车在 $t=1$ s 时的速度和加速度。

解 根据速度和加速度在自然坐标系中的表示形式，有

$$v=\frac{ds}{dt}=20-0.4t$$

$$a_\tau=\frac{dv}{dt}=-0.4$$

$$a_n=\frac{v^2}{R}=\frac{(20-0.4t)^2}{R}$$

$$a=\sqrt{a_\tau^2+a_n^2}=\sqrt{(-0.4)^2+\left(\frac{(20-0.4t)^2}{R}\right)^2}$$

当 $t=1$ s 时

$$v=20-0.4=19.6 \quad \text{m/s}$$

$$a=\sqrt{(-0.4)^2+\left(\frac{(19.6)^2}{200}\right)^2}=1.96 \quad \text{m/s}^2$$

例 1.8 质点沿半径 $R=3$ m的圆周运动，见图。已知切向加速度$a_\tau=3$ m/s^2，$t=0$ 时质点在 O' 点，其速度 $v_0=0$，试求：(1)$t=1$ s 时质点速度和加速度的大小；(2)第 2 秒内质点所通过的路程。

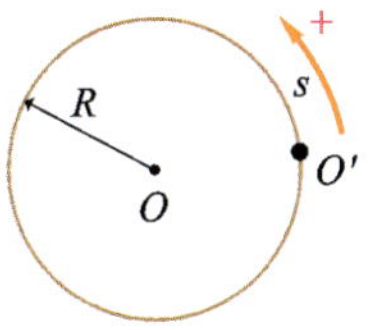

例 1.8 图

解 取 $t=0$ 时质点的位置 O' 为自然坐标原点，以质点运动的方向为自然坐标正向，并设任意时刻 t 质点的速度为 v，自然坐标为 s。

(1)把 $a_\tau=\frac{dv}{dt}$改写为

$$dv=a_\tau dt$$

根据题设条件 a_τ 为常量，对上式两端积分并利用初始条件，有

$$\int_0^v dv = a_\tau\int_0^t dt$$

积分得质点在时刻 t 的速度为

$$v=a_\tau t \tag{1}$$

质点法向加速度的大小为

$$a_n=\frac{v^2}{R}=\frac{a_\tau^2 t^2}{R} \tag{2}$$

质点加速度的大小为

$$a=\sqrt{a_n^2+a_\tau^2}=\sqrt{\left(\frac{a_\tau^2 t^2}{R}\right)^2+a_\tau^2} \tag{3}$$

把已知数据分别代入(1)、(3)两式，可得 $t=1$ s 时质点速度和加速度的大小分别为

$$v=a_\tau t=3\times1=3 \quad \text{m/s}$$

$$a=\sqrt{\left(\frac{a_\tau^2 t^2}{R}\right)^2+a_\tau^2}=\sqrt{\left(\frac{3^2\times1^2}{3}\right)^2+3^2}$$
$$=4.24 \quad \text{m/s}^2$$

(2)把 $v=\frac{ds}{dt}$改写为

$$ds=vdt$$

对上式两端积分并利用初始条件，有

$$\int_0^s ds = \int_0^t a_\tau t dt$$

积分得

$$s=\frac{1}{2}a_\tau t^2 \tag{4}$$

这就是用自然法表示的本题所给质点的运动学方程，代入已知数据可得第 2 秒内质点通过的路程为

$$\Delta s=\frac{1}{2}\times3\times(2^2-1^2)=4.5 \quad \text{m}$$

1.4.3 一般平面曲线运动中的加速度

质点沿轨迹 LN 作一般平面曲线运动，见图 1.16。不难证明，质点在任意位置 M 点的加速度 $\boldsymbol{a}$ 也可以分解为两个分量：法向加速度 $\boldsymbol{a}_n$ 和切向加速度 $\boldsymbol{a}_\tau$，且有

$$\boldsymbol{a}_n=a_n\boldsymbol{n}=\frac{v^2}{\rho}\boldsymbol{n} \tag{1.40}$$

$$\boldsymbol{a}_\tau=a_\tau\boldsymbol{\tau}=\frac{dv}{dt}\boldsymbol{\tau} \tag{1.41}$$

$$\boldsymbol{a}=\boldsymbol{a}_n+\boldsymbol{a}_\tau=\frac{v^2}{\rho}\boldsymbol{n}+\frac{dv}{dt}\boldsymbol{\tau} \tag{1.42}$$

式中 $\boldsymbol{n}$ 和 $\boldsymbol{\tau}$ 仍分别为沿轨迹曲线上 M 点法线正方向和切线正方向的单位矢量，ρ 为轨迹曲线在 M 点的曲率半径。

值得注意的是，与圆形曲线的情况不同，一般平面曲线上不同点处的曲率半径和曲率中心是不同的。但质点无论在哪一点，法向加速度 $\boldsymbol{a}_n$ 的大小总

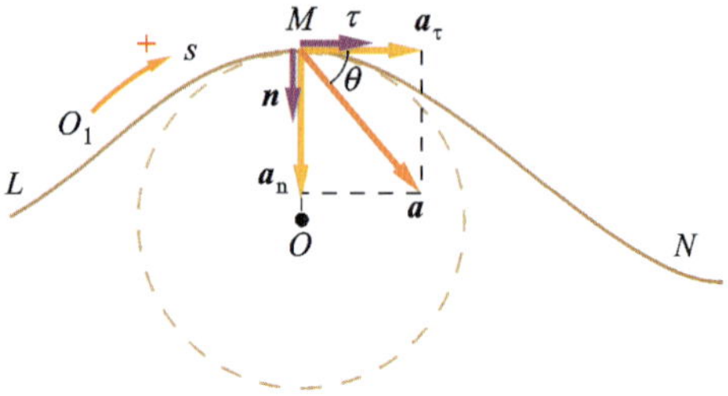

图 1.16

是与质点在该处的瞬时速率平方成正比，与该处的曲率半径成反比；其方向总是沿着该处曲率圆的半径，并指向曲率中心。

一般平面曲线运动中加速度的大小和方向可分别表示为

$$|\boldsymbol{a}|=\sqrt{a_n^2+a_\tau^2}=\sqrt{\left(\frac{v^2}{\rho}\right)^2+\left(\frac{dv}{dt}\right)^2} \quad (1.43)$$

$$\tan\theta=\frac{a_n}{a_\tau} \quad (1.44)$$

质点作圆周运动时，圆上各点的曲率半径均相等(即 ρ 为常量)，曲率中心均为圆心，可见圆周运动是一般平面曲线运动的特殊情况。

在一般平面曲线运动中，法向加速度和圆周运动中的法向加速度相似，它只反映速度方向的变化；切向加速度则和直线运动中的加速度相似，它只反映速度大小的变化。质点在一般平面曲线运动中同时有法向加速度和切向加速度，表示速度的大小和方向同时改变，见图 1.17。从另一个角度来说，如果法向加速度总为零，加速度就等于切向加速度，这时速度只有大小的变化，而没有方向的变化，即质点作直线运动；如果切向加速度总为零，加速度就等于法向加速度，这时速度只有方向的变化而没有大小的变化，即质点作匀速曲线运动。所以直线运动和匀速曲线运动也都可以看作一般曲线运动的特殊情况。

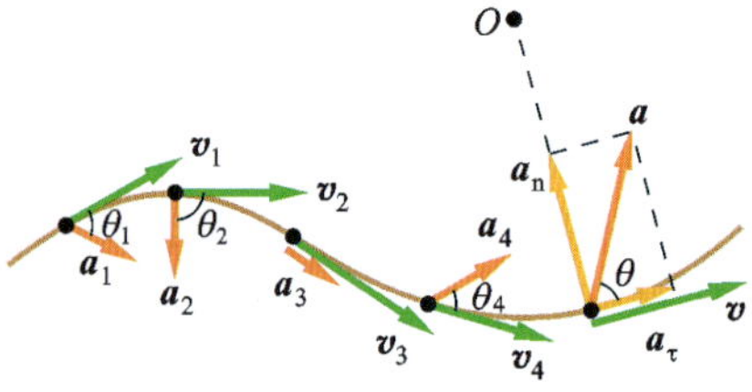

图 1.17

力学中常利用加速度与曲率半径的关系，求曲线轨迹上各点的曲率半径。例如，已知用直角坐标表示的质点运动学方程，$x=f_1(t)$，$y=f_2(t)$，则可求得

$$a=\sqrt{a_n^2+a_\tau^2}=\sqrt{\left(\frac{v^2}{\rho}\right)^2+\left(\frac{dv}{dt}\right)^2}$$

从而由 $\rho=v^2\bigg/\sqrt{a^2-\left(\frac{dv}{dt}\right)^2}$，即可求出曲率半径。

想想看

1.16　在例 1.7 中，$t=50$ s 以前汽车的运动是加速的还是减速的？$t=50$ s 以后汽车的运动又是加速的还是减速的？

1.17　在例 1.8 的求解结果中可以看出，当质点作切向加速度 a_τ 为常量的匀变速圆周运动时，其运动规律 $v=v_0+a_\tau t$，$s=v_0t+\frac{1}{2}a_\tau t^2$ 与质点作加速度 a 为常量的匀变速直线运动规律 $v=v_0+at$，$s=v_0t+\frac{1}{2}at^2$ 形式相同，这难道是偶然的吗？

1.18　在以下几种运动中，质点的切向加速度 a_τ、法向加速度 a_n，以及加速度 a 哪些为零哪些不为零？①匀速直线运动；②匀速曲线运动；③变速直线运动；④变速曲线运动。

复 习 思 考 题

1.12　切向加速度 $\boldsymbol{a}_\tau$ 沿轨迹切线的投影 a_τ 为负的含义是什么？有人说："某时刻 a_τ 为负，说明该时刻质点的运动是减速的。"你认为这种说法对吗？如何判断质点的曲线运动是加速的还是减速的？

1.13　已知质点在椭圆轨道上运动，任何时刻质点加速度的方向均指向椭圆的一个焦点 O，试分析质点通过 P、Q 两点时，其运动分别是加速的，还是减速的？

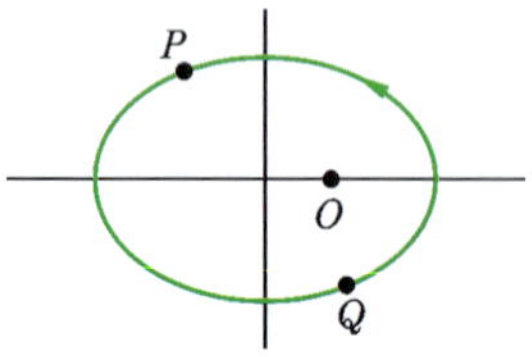

思 1.13 图

1.14　已知质点沿平面螺旋线自内向外运动，质点的自然坐标与时间的一次方成正比。试问质点切向加速度和法向加速度是越来越大还是越来越小？

1.15　一个质点在三种情况下的瞬时速度和瞬时加速度如图所示。试问该瞬时质点的速率在哪种情况中①增加；②减少；③不变。又问质点速度的方向在哪种情况下会改变？

1.16　一列匀速率运行火车的四种轨道(半圆或 1/4 圆)如图所示，按火车在转弯处加速度的大小，从大到小对这些轨道排序。

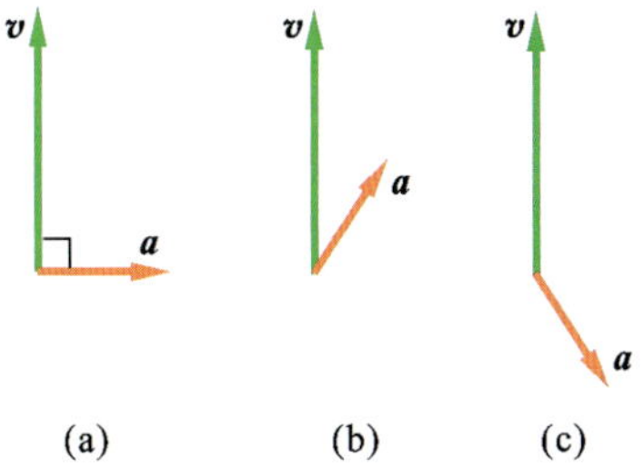

思 1.15 图

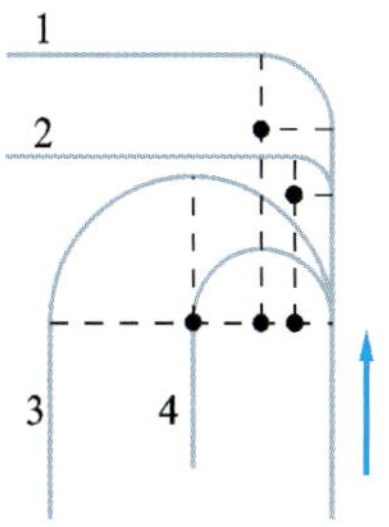

思 1.16 图

1.5 圆周运动的角量表示 角量与线量的关系

研究质点平面曲线运动时，有时选用平面极坐标系较为方便，如图 1.18 所示。在参考系上选一固定点 O 作为平面极坐标系的原点（常称极点），在质点运动的平面内作一通过极点的射线 OO' 作为极轴，连接极点和质点所在位置的直线 r 称为极径，极径总是取正值。极径与极轴的夹角 θ 称为角坐标。通常规定从极轴沿逆时针方向量得的 θ 角为正，反之为负，因而角坐标 θ 是一个代数量。这样质点的位置就可以用平面极坐标(r,θ)来确定，相应地可写出用极坐标表示的质点运动学方程、速度和加速度。对平面极坐标，本书将不作一般性的讨论。

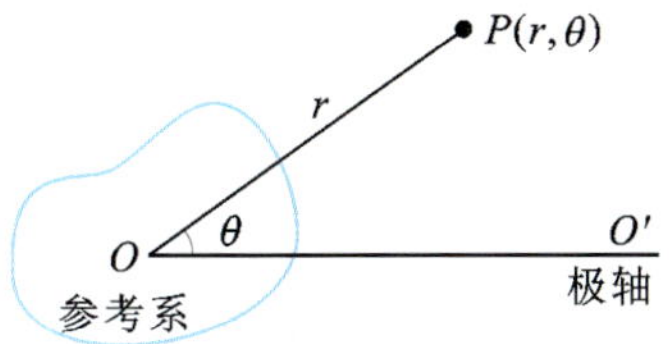

图 1.18

如图 1.19 所示，一质点绕 O 点作半径为 r 的圆周运动，选圆心 O 为极坐标的原点，OO' 为极轴，质点沿圆周运动时极径 r 是一个常量，任意时刻 t 质点的位置可用角坐标 θ 完全确定，这时 θ 是时间 t 的函数，可表示为

$$\theta=\theta(t) \tag{1.45}$$

这就是质点作圆周运动时以角坐标表示的运动学方程。

在时刻 t，质点位于 A，角坐标为 θ；在时刻 $t+\Delta t$，质点位于 B，角坐标为 $\theta+\Delta\theta$，$\Delta\theta$ 为质点在时间

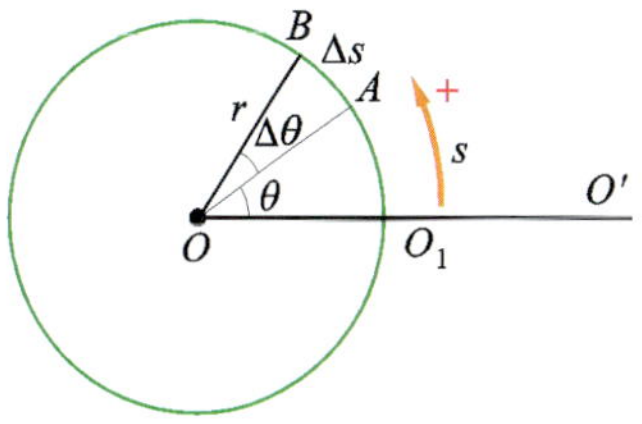

图 1.19

Δt 内的角位移。角位移也是代数量，它的正负号取决于 Δt 时间内质点角坐标变化的方向与选定的 θ 正方向相同还是相反。二者同向时取正号，反向时取负号。

角位移 $\Delta\theta$ 与发生这一角位移所经历时间 Δt 的比值，称为在这段时间内质点作圆周运动的平均角速度，用符号 $\bar{\omega}$ 表示，即

$$\bar{\omega}=\frac{\Delta\theta}{\Delta t}$$

当时间 Δt 趋近于零时，$\bar{\omega}$ 将趋近于一个确定的极限值 ω，即

$$\omega=\lim_{\Delta t\to 0}\frac{\Delta\theta}{\Delta t}=\frac{\mathrm{d}\theta}{\mathrm{d}t} \tag{1.46}$$

ω 称为质点在时刻 t 的瞬时角速度（简称角速度）。**角速度等于作圆周运动质点的角坐标对时间的一阶导数。**在圆周运动中，质点的角速度也可以看作代数量，它的正负取决于质点的运动方向。

设在时刻 t，质点的角速度为 ω，在时刻 $t+\Delta t$，质点的角速度为 ω'，则角速度增量 $\Delta\omega=\omega'-\omega$ 与发生这一增量所经历时间 Δt 的比值，称为在这段时间内质点的平均角加速度，用符号 $\bar{\alpha}$ 表示，即

$$\bar{\alpha}=\frac{\Delta\omega}{\Delta t}$$

当时间 Δt 趋近于零时，$\bar{\alpha}$ 将趋近于极限值 α，从而有

$$\alpha=\lim_{\Delta t\to 0}\frac{\Delta\omega}{\Delta t}=\frac{\mathrm{d}\omega}{\mathrm{d}t}=\frac{\mathrm{d}^2\theta}{\mathrm{d}t^2} \tag{1.47}$$

α 称为质点在时刻 t 的瞬时角加速度（简称角加速度）。**角加速度等于作圆周运动质点的角速度对时**

间的一阶导数，也等于角坐标对时间的二阶导数。在圆周运动中，角加速度也可以看作代数量。当质点沿圆周作加速（指速率随时间增大）运动时，ω 与 α 同号；作减速运动时，ω 与 α 异号；作匀速运动时，ω 为常量，α 等于零。当质点作匀变速圆周运动时，α 为常量；在一般情况下，α 不是常量。

综上所述，质点作圆周运动时，既可以用线量描述，也可以用角量描述。显然，线量与角量之间一定存在着某种联系，从图1.19可得

$$\Delta s = r\Delta\theta$$

Δs 就是作圆周运动质点在时间 Δt 内沿轨迹自然坐标的增量，因而质点的速度沿切线方向的投影 v 可以表示为

$$v=\lim_{\Delta t\to 0}\frac{\Delta s}{\Delta t}=\lim_{\Delta t\to 0} r\frac{\Delta\theta}{\Delta t}=r\omega \tag{1.48}$$

根据式(1.48)，并按照切向加速度和法向加速度的定义，可得

$$a_\tau=\frac{dv}{dt}=r\frac{d\omega}{dt}=r\alpha \tag{1.49}$$

$$a_n=\frac{v^2}{r}=\omega v=r\omega^2 \tag{1.50}$$

式(1.48)、(1.49)和(1.50)就是描述圆周运动的线量 v、a_τ、a_n 与角量 ω、α 之间的关系，在分析各种力学问题时经常用到。

当质点以角加速度 α 作匀变速圆周运动时，角坐标 θ、角速度 ω 和时间 t 之间的关系，与匀变速直线运动中相应线量间的关系相似，即

$$\theta=\theta_0+\omega_0 t+\frac{1}{2}\alpha t^2 \tag{1.51}$$

$$\omega=\omega_0+\alpha t \tag{1.52}$$

$$\omega^2=\omega_0^2+2\alpha(\theta-\theta_0) \tag{1.53}$$

式中 θ_0、ω_0 分别为在 $t=0$ 时，质点的角坐标和角速度；θ、ω 则为 t 时刻质点的角坐标和角速度。这一套公式在后面第5章的刚体绕定轴作匀变速转动问题中也是适用的。

例1.9　半径 $r=0.2$ m 的飞轮，可绕 O 轴转动，如图所示。已知轮缘上任一点 M 的运动学方程为 $\theta=-t^2+4t$，式中 θ 和 t 的单位分别为弧度和秒，试求 $t=1$ s 时 M 点的速度和加速度。

解　飞轮转动时，M 点将作半径为 r 的圆周运动，其角速度、角加速度分别为

$$\omega=\frac{d\theta}{dt}=-2t+4\quad \text{rad/s}$$

$$\alpha=\frac{d\omega}{dt}=-2\quad \text{rad/s}^2$$

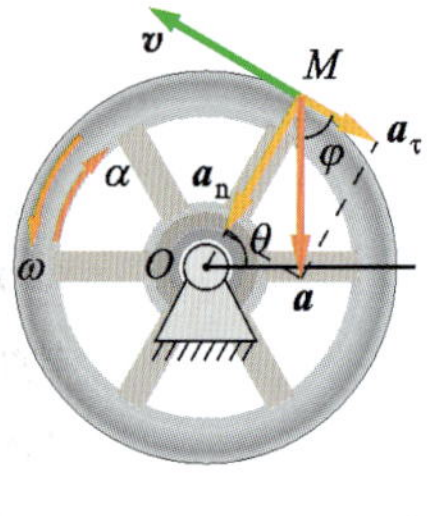

例1.9图

$t=1$ s 时，M 点的速度为

$$v=r\omega=r(-2t+4)=0.2\times(-2\times1+4)=0.4\quad \text{m/s}$$

v 的方向沿 M 点的切线，指向如图所示。M 点的切向加速度为

$$a_\tau=r\alpha=0.2\times(-2)=-0.4\quad \text{m/s}^2$$

法向加速度为

$$a_n=r\omega^2=0.2\times2^2=0.8\quad \text{m/s}^2$$

加速度为

$$a=\sqrt{a_\tau^2+a_n^2}=\sqrt{(-0.4)^2+(0.8)^2}=0.89\quad \text{m/s}^2$$

$$\tan\varphi=\left|\frac{a_n}{a_\tau}\right|=\frac{\omega^2}{|\alpha|}=\frac{4}{2}=2\qquad \varphi=63.4^\circ$$

从本题的计算中可以看出，飞轮转动时，M 点的 α、a_τ 均为常量，这表明 M 点作匀变速圆周运动。

想想看

1.19　根据例1.9的计算结果，判断在以下各段时间内，M 点是沿顺时针方向运动还是沿逆时针方向运动？M 点是加速运动还是减速运动？①$0\leqslant t<2$ s；②$t>2$ s。

复习思考题

1.17　质点沿顺时针方向作加速圆周运动，某时刻 t 质点的角坐标为 φ，角速度为 ω，角加速度为 α。如图所示。你能确定 φ、ω、α 的正负号吗？有人说"角加速度 α 为负，说明质点作减速运动。"你认为这种说法对吗？试述判断质点沿圆周运动是加速或减速的正确方法。

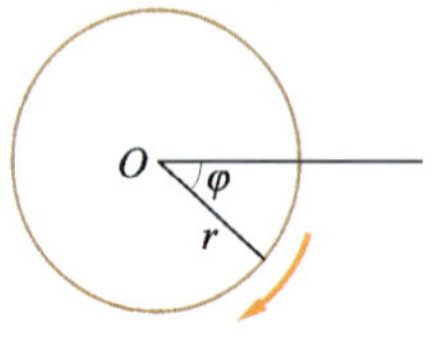

思1.17图

1.18　试求由于地球自转而引起的赤道上任意一点的加速度，考虑到这一加速度的影响，重力加速度 g 将随纬度的改变而改变，你认为从赤道算起，g 是随纬度的增大而增大呢还是减小？若已知北极的重力加速度为 $g=9.83$ m/s^2，试求赤道上的重力加速度。（设地球为均匀圆球）

1.6 不同坐标系中的速度和加速度变换定理简介

前面所研究的问题都是相对已选定的参考系进行的，参考系的选择在运动学中是任意的。我们已经知道，选用不同参考系研究同一质点的运动，结果是不一样的。现在来讨论，在相互运动的不同参考系中，同一运动质点的速度、加速度之间的关系。在此，只研究一个参考系相对于另一个参考系作平动的情况。

一个物体相对于另一个物体运动时，若在运动物体内任意作的一条直线始终保持与自身平行，即任意时刻物体内各点的速度、加速度都相同，我们就把这种运动称为平动。读者在中学物理中对平动已有所了解，在后面第 5 章中还将对平动作进一步讨论。

设想坐标系 Oxy 固结在地面上，称定坐标系(在工程上常把这样的坐标系称为绝对坐标系)；坐标系 $O'x'y'$ 相对定坐标系 Oxy 平动的速度为 $\boldsymbol{u}$，见图 1.20。

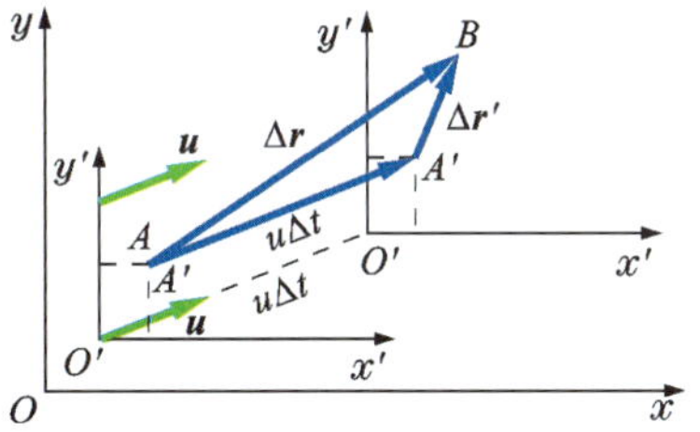

图 1.20

现有一质点，相对动坐标系 $O'x'y'$ 运动(可想象 $O'x'y'$ 固结在平动的车上，一质点在车内运动)，当 $t=0$ 时，质点位于 Oxy 坐标系中的 A 点，而在 $O'x'y'$ 坐标系中的位置用 A' 点表示。经微小时间间隔 Δt 后，动坐标系 $O'x'y'$ 运动了一段距离 $u\Delta t$，在同一时间间隔里，质点在动坐标系 $O'x'y'$ 中从位置 A' 运动到位置 B，位移用 $\Delta\boldsymbol{r}'$ 表示。在 Oxy 坐标系中，质点在 Δt 时间内的位移用矢量 $\Delta\boldsymbol{r}$ 表示。从图 1.20 看出

$$\Delta\boldsymbol{r}=\Delta\boldsymbol{r}'+\boldsymbol{u}\Delta t$$

将上式两边除以 Δt，并令 $\Delta t\to 0$，得

$$\lim_{\Delta t\to 0}\frac{\Delta\boldsymbol{r}}{\Delta t}=\lim_{\Delta t\to 0}\frac{\Delta\boldsymbol{r}'}{\Delta t}+\boldsymbol{u}$$

$$\frac{\mathrm{d}\boldsymbol{r}}{\mathrm{d}t}=\frac{\mathrm{d}\boldsymbol{r}'}{\mathrm{d}t}+\boldsymbol{u} \qquad (1.54)$$

$\frac{\mathrm{d}\boldsymbol{r}}{\mathrm{d}t}=\boldsymbol{v}_{\mathrm{a}}$ 就是在定坐标系 Oxy 中测得的质点瞬时速度(常称为绝对速度)，$\frac{\mathrm{d}\boldsymbol{r}'}{\mathrm{d}t}=\boldsymbol{v}_{\mathrm{r}}$ 就是在动坐标系 $O'x'y'$ 中测得的质点瞬时速度(常称为相对速度)，式(1.54)写成

$$\boldsymbol{v}_{\mathrm{a}}=\boldsymbol{v}_{\mathrm{r}}+\boldsymbol{u} \qquad (1.55)$$

即**质点相对坐标系 Oxy 的速度 $\boldsymbol{v}_{\mathrm{a}}$(绝对速度)等于质点相对动坐标系 $O'x'y'$ 的速度 $\boldsymbol{v}_{\mathrm{r}}$(相对速度)与动坐标系 $O'x'y'$ 相对坐标系 Oxy 的平动速度 $\boldsymbol{u}$(常称为牵连速度)的矢量和。**这一关系称为速度变换定理。

将式(1.55)对时间求导，得

$$\frac{\mathrm{d}\boldsymbol{v}_{\mathrm{a}}}{\mathrm{d}t}=\frac{\mathrm{d}\boldsymbol{v}_{\mathrm{r}}}{\mathrm{d}t}+\frac{\mathrm{d}\boldsymbol{u}}{\mathrm{d}t} \qquad (1.56)$$

$\frac{\mathrm{d}\boldsymbol{v}_{\mathrm{a}}}{\mathrm{d}t}=\boldsymbol{a}_{\mathrm{a}}$ 就是在定坐标系 Oxy 中测得的质点瞬时加速度(常称为绝对加速度)；当动坐标系作平动时，$\frac{\mathrm{d}\boldsymbol{v}_{\mathrm{r}}}{\mathrm{d}t}=\boldsymbol{a}_{\mathrm{r}}$ 就是在动坐标系 $O'x'y'$ 中测得的瞬时加速度(常称为相对加速度)，而 $\frac{\mathrm{d}\boldsymbol{u}}{\mathrm{d}t}$ 正是平动坐标系 $O'x'y'$ 相对坐标系 Oxy 的加速度，用 $\boldsymbol{a}_{\mathrm{e}}$ 表示(常称为牵连加速度)，则式(1.56)可写成

$$\boldsymbol{a}_{\mathrm{a}}=\boldsymbol{a}_{\mathrm{r}}+\boldsymbol{a}_{\mathrm{e}} \qquad (1.57)$$

即**质点相对坐标系 Oxy 的加速度 $\boldsymbol{a}_{\mathrm{a}}$ 等于质点相对动坐标系 $O'x'y'$ 的加速度 $\boldsymbol{a}_{\mathrm{r}}$ 与平动坐标系 $O'x'y'$ 相对坐标系 Oxy 的加速度 $\boldsymbol{a}_{\mathrm{e}}$ 的矢量和，**这就是两个相互作平动运动的坐标系间的加速度变换定理。

需要指出的是，上面得到的速度和加速度变换定理，普遍适用于相互间作平动运动的两个坐标系，文中把 Oxy 坐标系与地面固结，把 $O'x'y'$ 与车厢固结，只不过是使读者易懂罢了。对动坐标系相对定坐标系作转动情况下的速度和加速度变换定理等更一般的讨论，将在理论力学等课程中讲述。

想想看

1.20 滑块 A 沿置于水平面上斜面体 B 的斜面下滑，接触面均光滑。试以 A 为研究对象，水平面为定参考系，B 为动参考系，分析 A 的三种运动(即绝对运动、相对运动、牵连运动)，以及相应的三种速度、三种加速度，并画图表明 $\boldsymbol{a}_{\mathrm{a}}$、$\boldsymbol{a}_{\mathrm{r}}$、$\boldsymbol{a}_{\mathrm{e}}$ 三者之间的关系。

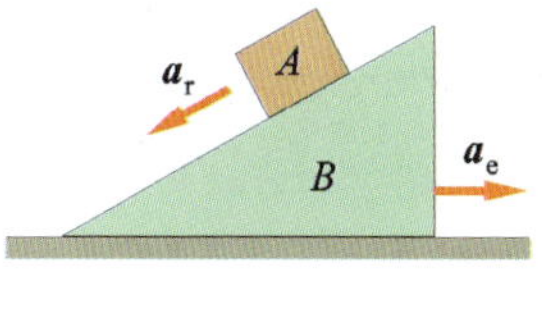

想 1.20 图

■ **例 1.10** 一人相对江水以 4.0 km/h 的速度划船前进，设江水的流动可以认为是平动。试问：(1)当江水流速为 3.5 km/h 时，他要从出发处垂直于江岸而横渡此江，应该如何掌握划行方向？(2)如果江宽 $l=2.0$ km，他需要多少时间才能横渡到对岸？(3)如果此人顺流划行了 2.0 h，他需要多少时间才能划回出发处？

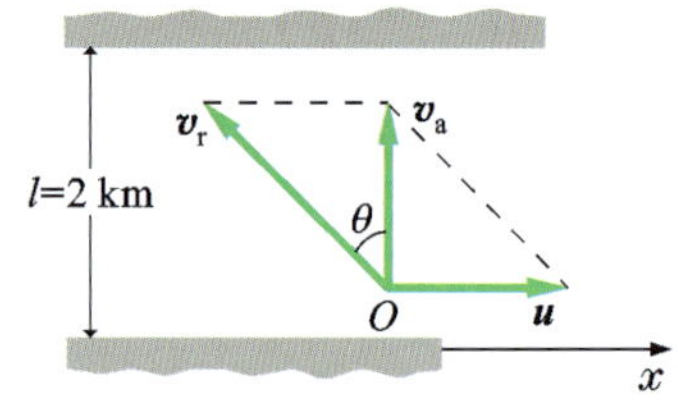

例 1.10 图

解 以船为研究对象，取与江岸固结的坐标系为定坐标系，与流动的江水固结的坐标系为动坐标系，根据本题给定的条件，动坐标系相对定坐标系的运动为平动，速度为 $\boldsymbol{u}$，且 $|\boldsymbol{u}|=3.5$ km/h，$\boldsymbol{u}$ 的方向与江水流动的方向一致。船相对江水的运动是相对运动，相对速度 $\boldsymbol{v}_r$ 的大小为 $|\boldsymbol{v}_r|=4.0$ km/h；船相对江岸的运动为绝对运动，绝对速度 $\boldsymbol{v}_a$ 待求。

(1)要使船垂直于江岸驶达对岸，则 $\boldsymbol{v}_a$ 必定与江岸垂直。根据速度变换定理，作速度四边形，如图所示，并有

$$\sin\theta=\frac{|\boldsymbol{u}|}{|\boldsymbol{v}_r|}=\frac{3.5}{4.0}=0.875$$

$$\theta=61^\circ$$

即人划船时，必须使船身与江岸垂直线间的夹角为 61°，逆流划行。

(2)由速度三角形，可以求出船的绝对速度的大小为

$$|\boldsymbol{v}_a|=|\boldsymbol{v}_r|\cos61^\circ$$

以此速度横渡宽 $l=2.0$ km 的江面需要的时间为

$$t=\frac{l}{|\boldsymbol{v}_a|}=\frac{2.0}{4.0\times\cos61^\circ}=1.03\ \text{h}$$

(3)顺流划行时，船的绝对速度的大小为

$$v_a=v_r+u=7.5\ \text{km/h}$$

经过 2.0 h，船在离出发点下游方向的 15 km 处。

要划回出发处，必须逆流划行，这时船的绝对速度的大小为

$$v_a=-v_r+u=-4.0+3.5=-0.5\ \text{km/h}$$

以这样的速度匀速划行，必须再经过 30 h 才能划过 15 km 回到出发处。

想想看

1.21 在本题中，如果划船者逆流划行 2.0 km 后返回，问他需要多少时间才能划回出发处？又如果希望在最短时间内到达对岸，他应该怎样掌握划行方向？

通过对本例的分析可以看出，用速度和加速度变换定理求解有关问题，一般可按以下步骤进行：

(1) 明确研究对象；

(2) 选好两个坐标系，区分三种速度或加速度；

(3) 根据速度或加速度变换定理投影形式列出方程，或根据定理画出三种速度或三种加速度之间关系的矢量图；

(4) 解方程、分析矢量图求结果。

复习思考题

1.19 雪花以 8.0 m/s 的速率竖直下落。在一名以速率 50 km/h在水平直路上行驶的司机眼中，飘落的雪花偏离竖直线多大的角度？

1.20 船相对于河水以 14 km/h 的速度逆流而上。河水相对于地面的速度是 9 km/h。一个孩子在船上以速度 6 km/h 从船头向船尾走去，问孩子相对于地面的速度是多少？

第 1 章小结

位矢

从所选参考系上的固定点 O 向质点位置 P 所作的矢量 $\boldsymbol{r}$ 称为位矢

$$\boldsymbol{r}=x\boldsymbol{i}+y\boldsymbol{j}+z\boldsymbol{k}$$

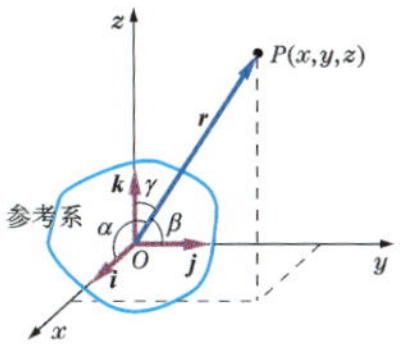

位移

从质点运动的起点 P 向终点 Q 所作的矢量 $\Delta\boldsymbol{r}$ 称为质点的位移

质点在某段时间内的位移等于同一段时间内位矢的增量

$$\Delta\boldsymbol{r}=\boldsymbol{r}(t+\Delta t)-\boldsymbol{r}(t)$$

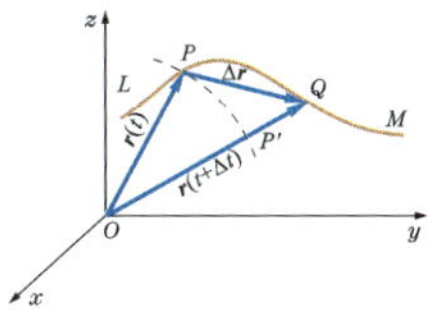

速度

$\Delta t\to 0$ 时，$\dfrac{\Delta\boldsymbol{r}}{\Delta t}$趋向一个确定的极限矢量 $\boldsymbol{v}$，$\boldsymbol{v}$ 称为 t 时刻的速度

速度等于位矢对时间的一阶导数，沿轨迹的切线方向

$$\boldsymbol{v}=\lim_{\Delta t\to 0}\frac{\Delta\boldsymbol{r}}{\Delta t}=\frac{\mathrm{d}\boldsymbol{r}}{\mathrm{d}t}$$

$$\boldsymbol{v}=\frac{\mathrm{d}x}{\mathrm{d}t}\boldsymbol{i}+\frac{\mathrm{d}y}{\mathrm{d}t}\boldsymbol{j}+\frac{\mathrm{d}z}{\mathrm{d}t}\boldsymbol{k}$$

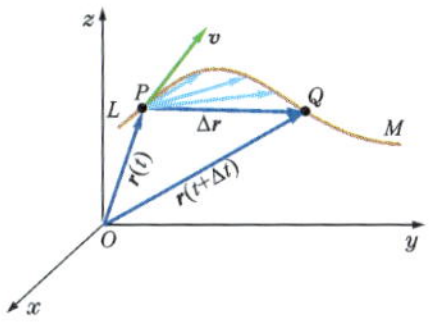

在平面曲线运动中，速度沿轨迹切线方向的投影，等于质点自然坐标对时间的一阶导数

$$v=\frac{\mathrm{d}s}{\mathrm{d}t}\boldsymbol{\tau}$$

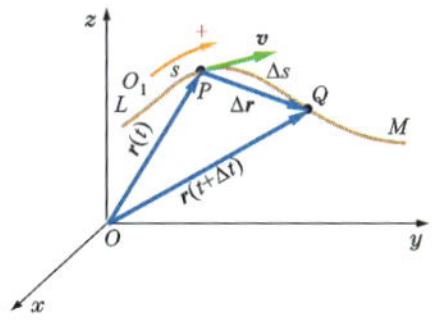

速度和加速度变换定理

在相互作平动运动的两个参考系间，质点相对于定参考系的速度 $\boldsymbol{v}_{\mathrm{a}}$（加速度 $\boldsymbol{a}_{\mathrm{a}}$）等于质点相对于动参考系的速度 $\boldsymbol{v}_{\mathrm{r}}$（加速度 $\boldsymbol{a}_{\mathrm{r}}$）与动参考系相对于定参考系的速度 $\boldsymbol{v}_{\mathrm{e}}$（加速度 $\boldsymbol{a}_{\mathrm{e}}$）的矢量和

$$\boldsymbol{v}_{\mathrm{a}}=\boldsymbol{v}_{\mathrm{r}}+\boldsymbol{v}_{\mathrm{e}}$$

$$\boldsymbol{a}_{\mathrm{a}}=\boldsymbol{a}_{\mathrm{r}}+\boldsymbol{a}_{\mathrm{e}}$$

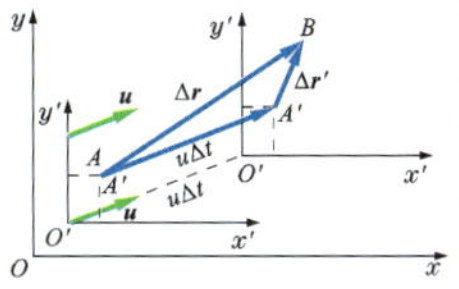

加速度

$\Delta t\to 0$ 时，$\dfrac{\Delta\boldsymbol{v}}{\Delta t}$趋向于一个确定的极限矢量 $\boldsymbol{a}$，$\boldsymbol{a}$ 称为 t 时刻的加速度

加速度等于速度对时间的一阶导数，或位矢对时间的二阶导数

$$\boldsymbol{a}=\lim_{\Delta t\to 0}\frac{\Delta\boldsymbol{v}}{\Delta t}=\frac{\mathrm{d}\boldsymbol{v}}{\mathrm{d}t}=\frac{\mathrm{d}^2\boldsymbol{r}}{\mathrm{d}t^2}$$

$$\boldsymbol{a}=\frac{\mathrm{d}v_x}{\mathrm{d}t}\boldsymbol{i}+\frac{\mathrm{d}v_y}{\mathrm{d}t}\boldsymbol{j}+\frac{\mathrm{d}v_z}{\mathrm{d}t}\boldsymbol{k}$$

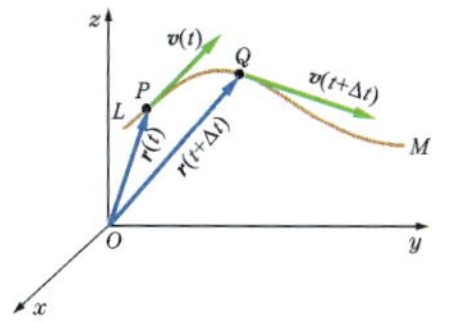

在平面曲线运动中，质点加速度 $\boldsymbol{a}$ 等于法向加速度 $\boldsymbol{a}_{\mathrm{n}}$ 与切向加速度 $\boldsymbol{a}_{\tau}$ 的矢量和

$$\boldsymbol{a}=\boldsymbol{a}_{\mathrm{n}}+\boldsymbol{a}_{\tau}=\frac{v^2}{\rho}\boldsymbol{n}+\frac{\mathrm{d}v}{\mathrm{d}t}\boldsymbol{\tau}$$

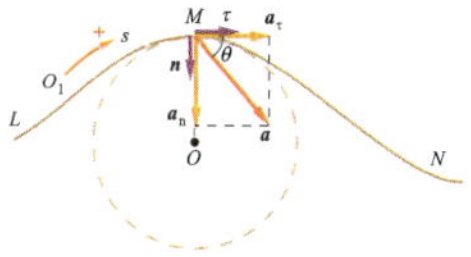

圆周运动中的角速度和角加速度

$\Delta t\to 0$ 时，$\dfrac{\Delta\theta}{\Delta t}$趋向于一个确定的极限值 ω，ω 称为 t 时刻的角速度

角速度等于圆周运动的角坐标对时间的一阶导数

$$\omega=\lim_{\Delta t\to 0}\frac{\Delta\theta}{\Delta t}=\frac{\mathrm{d}\theta}{\mathrm{d}t}$$

$\Delta t\to 0$ 时，$\dfrac{\Delta\omega}{\Delta t}$趋向于一个确定的极限值 α，α 称为 t 时刻的角加速度

角加速度等于圆周运动的角速度对时间的一阶导数，或角坐标对时间的二阶导数

$$\alpha=\lim_{\Delta t\to 0}\frac{\Delta\omega}{\Delta t}=\frac{\mathrm{d}\omega}{\mathrm{d}t}=\frac{\mathrm{d}^2\theta}{\mathrm{d}t^2}$$

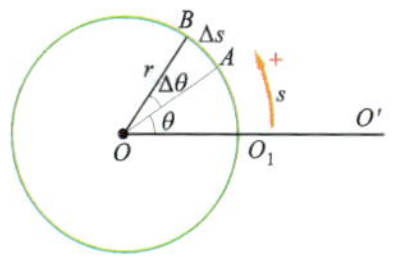

圆周运动的速度 v 等于圆周半径 r 与角速度 ω 的乘积，切向加速度 a_{τ} 等于圆周半径 r 与角加速度 α 的乘积，法向加速度 a_{n} 等于圆周半径 r 与角速度 ω 的平方的乘积

$$v=r\omega$$

$$a_{\tau}=r\alpha$$

$$a_{\mathrm{n}}=r\omega^2$$

习　题

1.1　选择题

(1)根据瞬时速度矢量 $\boldsymbol{v}$ 的定义，及其用直角坐标和自然坐标的表示形式，它的大小 $|\boldsymbol{v}|$ 可表示为[　　]。

(A) $\dfrac{\mathrm{d}r}{\mathrm{d}t}$　(B) $\left|\dfrac{\mathrm{d}\boldsymbol{r}}{\mathrm{d}t}\right|$　(C) $\dfrac{\mathrm{d}s}{\mathrm{d}t}$　(D) $\left|\dfrac{\mathrm{d}s}{\mathrm{d}t}\right|$

(E) $\dfrac{\mathrm{d}x}{\mathrm{d}t}+\dfrac{\mathrm{d}y}{\mathrm{d}t}+\dfrac{\mathrm{d}z}{\mathrm{d}t}$　(F) $\left|\dfrac{\mathrm{d}x}{\mathrm{d}t}\boldsymbol{i}+\dfrac{\mathrm{d}y}{\mathrm{d}t}\boldsymbol{j}+\dfrac{\mathrm{d}z}{\mathrm{d}t}\boldsymbol{k}\right|$

(G) $\left(\dfrac{\mathrm{d}x}{\mathrm{d}t}\right)^2+\left(\dfrac{\mathrm{d}y}{\mathrm{d}t}\right)^2+\left(\dfrac{\mathrm{d}z}{\mathrm{d}t}\right)^2$

(H) $\left[\left(\dfrac{\mathrm{d}x}{\mathrm{d}t}\right)^2+\left(\dfrac{\mathrm{d}y}{\mathrm{d}t}\right)^2+\left(\dfrac{\mathrm{d}z}{\mathrm{d}t}\right)^2\right]^{\frac{1}{2}}$

(2)根据瞬时加速度矢量 $\boldsymbol{a}$ 的定义，及其用直角坐标和自然坐标的表示形式，它的大小 $|\boldsymbol{a}|$ 可表示为[　　]。

(A) $\left|\dfrac{\mathrm{d}\boldsymbol{v}}{\mathrm{d}t}\right|$　(B) $\dfrac{\mathrm{d}v}{\mathrm{d}t}$　(C) $\left|\dfrac{\mathrm{d}^2\boldsymbol{r}}{\mathrm{d}t^2}\right|$　(D) $\dfrac{\mathrm{d}^2r}{\mathrm{d}t^2}$

(E) $\dfrac{\mathrm{d}^2s}{\mathrm{d}t^2}$　(F) $\dfrac{\mathrm{d}^2x}{\mathrm{d}t^2}+\dfrac{\mathrm{d}^2y}{\mathrm{d}t^2}+\dfrac{\mathrm{d}^2z}{\mathrm{d}t^2}$

(G) $\left[\left(\dfrac{v^2}{\rho}\right)^2+\left(\dfrac{\mathrm{d}v}{\mathrm{d}t}\right)^2\right]^{\frac{1}{2}}$

(H) $\left[\left(\dfrac{v^2}{\rho}\right)^2+\left(\dfrac{\mathrm{d}^2s}{\mathrm{d}t^2}\right)^2\right]^{\frac{1}{2}}$

(3)以下说法中，正确的是[　　]。

(A)质点具有恒定的速度，但仍可能具有变化的速率

(B)质点具有恒定的速率，但仍可能具有变化的速度

(C)质点加速度方向恒定，但速度方向仍可能在不断变化着

(D)质点速度方向恒定，但加速度方向仍可能在不断变化着

(E)某时刻质点加速度的值很大，则该时刻质点速度的值也必定很大

(F)质点作曲线运动时，其法向加速度一般并不为零，但也有可能在某时刻法向加速度为零

(4)能正确表示质点在曲线轨迹上 P 点的运动为减速的图是[　　]。

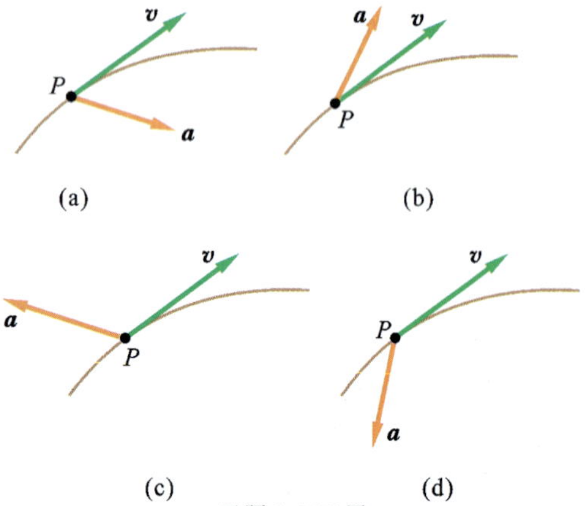

习题 1.1(4)图

(5)质点以速度 $v=4+t^2$ m/s 作直线运动，沿质点运动直线作 Ox 轴，并已知 $t=3$ s 时，质点位于 $x=9$ m 处，则该质点的运动学方程为[　　]。

(A) $x=2t$　(B) $x=4t+\dfrac{1}{2}t^2$

(C) $x=4t+\dfrac{1}{3}t^3-12$　(D) $x=4t+\dfrac{1}{3}t^3+12$

1.2　填空题

(1)质点沿 x 轴作直线运动，其速度 v 与时间 t 的关系如图，则 t_1 时刻曲线的切线斜率表示__________，时刻 t_1 与 t_3 之间曲线的割线斜率表示____________________，从 $t=0$ 到 t_4 时间内，质点的位移可表示为______________，从 $t=0$ 到 t_4 质点经过的路程可表示为______________。

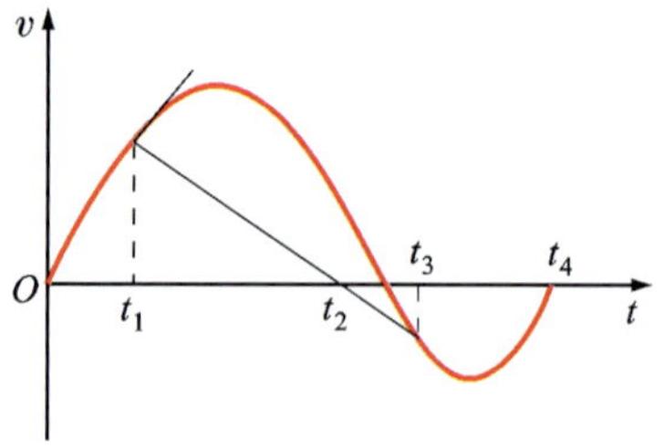

题 1.2(1)图

(2)质点在平面上运动，若 $\dfrac{\mathrm{d}r}{\mathrm{d}t}=0$，$\dfrac{\mathrm{d}\boldsymbol{r}}{\mathrm{d}t}$ 不为零，则质点作____________________；若 $\dfrac{\mathrm{d}v}{\mathrm{d}t}=0$，$\dfrac{\mathrm{d}\boldsymbol{v}}{\mathrm{d}t}$ 不为零，则质点作____________________。

(3)已知质点的运动学方程为 $x=x(t)$，$y=y(t)$，则 t_1 时刻质点的位矢 $\boldsymbol{r}(t_1)=$________________，时间间隔 (t_2-t_1) 内质点位移 $\Delta\boldsymbol{r}=$________________，该时间间隔内质点位移的大小 $|\Delta\boldsymbol{r}|=$________________，该时间间隔内质点经过的路程 $\Delta s=$________________。

(4)质点以速度 $v=v(t)$ 作直线运动，则质点运动的加速度为________________，在时间 t_2-t_1 内的位移为________________，路程为________________。

1.3　路灯距地面高度为 h，身高 l 的人以速度 v_0 在路上匀速行走，见图。求人影中头顶的移动速度，并求影长增长的速率。

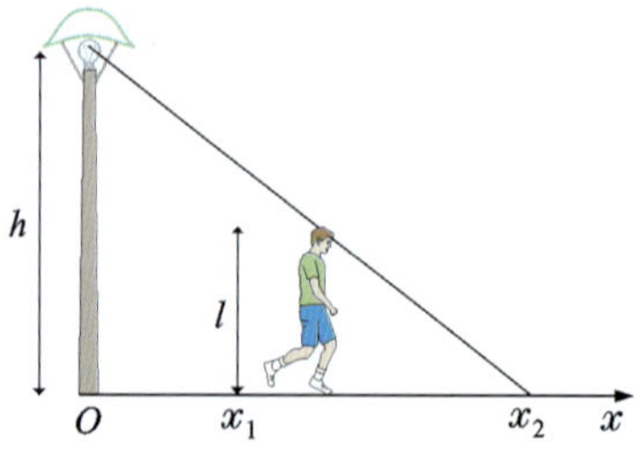

题 1.3 图

1.4　湖中有一小船，岸边有人用绳子通过一高处的滑轮拉船，如图所示，人收绳的速率为 v。问：

(1)船的运动速度 u(沿水平方向)比 v 大还是小?

(2)如果保持收绳的速率 v 不变,船是否做匀速运动?如不是,其加速度如何?

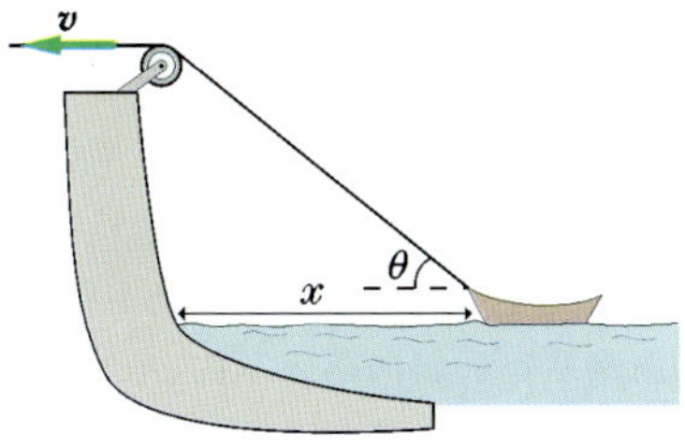

题 1.4 图

1.5 用雷达观测沿竖直方向向上发射的火箭,雷达与火箭发射台的距离为 l,如图。观测得 θ 的规律为 $\theta = kt$(k 为常量)。试写出火箭的运动学方程,并求出当 $\theta=\pi/6$ 时,火箭的速度和加速度。

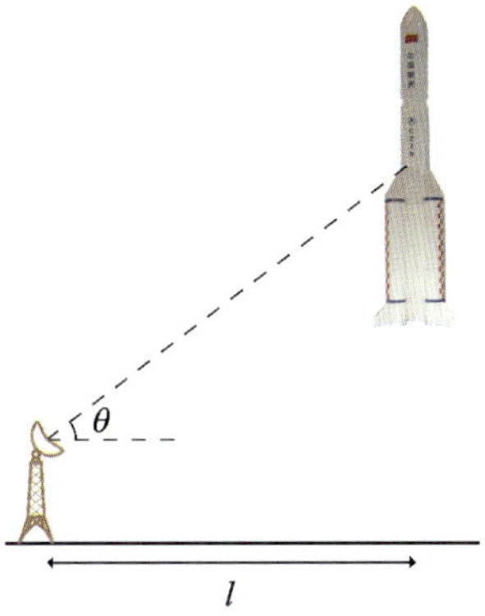

题 1.5 图

1.6 粒子按规律 $x=t^3-3t^2-9t+5$ 沿 x 轴运动,在哪个时间间隔它沿着 x 轴正向运动?在哪个时间间隔沿着 x 轴负向运动?在哪个时间间隔它加速?在哪个时间间隔减速?分别画出 x、v、a 以时间为自变量的函数图。

1.7 一质点的运动学方程为 $x=t^2$,$y=(t-1)^2$,x 和 y 均以 m 为单位,t 以 s 为单位,试求:

(1)质点的轨迹方程;

(2)在 $t=2$ s 时,质点的速度 $\boldsymbol{v}$ 和加速度 $\boldsymbol{a}$。

1.8 已知一质点的运动学方程为 $\boldsymbol{r}=2t\boldsymbol{i}+(2-t^2)\boldsymbol{j}$,其中,$r$、$t$ 分别以 m 和 s 为单位,试求:

(1)从 $t=1$ s 到 $t=2$ s 质点的位移;

(2)$t=2$ s 时质点的速度和加速度;

(3)质点的轨迹方程;

(4)在 Oxy 平面内画出质点的运动轨迹,并在轨迹图上标出 $t=2$ s 时,质点的位矢 $\boldsymbol{r}$、速度 $\boldsymbol{v}$ 和加速度 $\boldsymbol{a}$。

1.9 一粒子沿着抛物线轨道 $y=x^2$ 运动,粒子速度沿 x 轴的投影 v_x 为常量,等于 3 m/s,试计算质点在 $x=\frac{2}{3}$ m 处时,其速度和加速度的大小和方向。

1.10 一质点沿一直线运动,其加速度为 $a=-2x$,式中 x 的单位为 m,a 的单位为 m/s^2,试求该质点的速度 v 与位置坐标 x 之间的关系。设当 $x=0$ 时,$v_0=4$ m/s。

1.11 火箭沿竖直方向由静止向上发射,加速度随时间的变化规律如图所示。试求火箭在 $t=50$ s 时燃料用完那一瞬间所能达到的高度及该时刻火箭的速度。

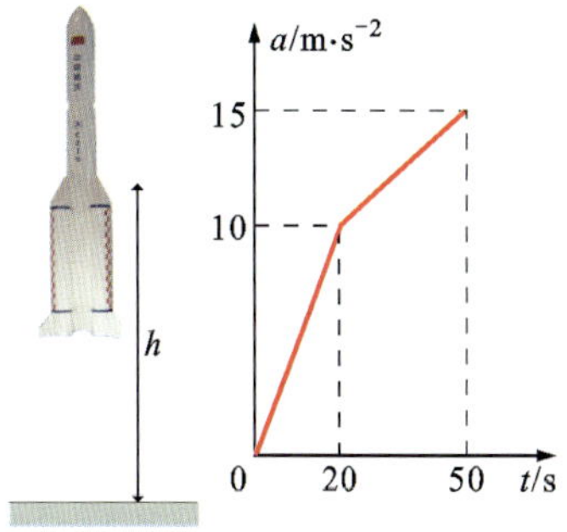

题 1.11 图

1.12 一质点沿半径 $R=1$ m的圆周运动。$t=0$ 时,质点位于 A 点,如图。然后沿顺时针方向运动,运动学方程为 $s=\pi t^2+\pi t$,其中 s 的单位为 m,t 的单位为 s,试求:

(1)质点绕行一周所经历的路程、位移、平均速度和平均速率;

(2)质点在第 1 秒末的速度和加速度的大小。

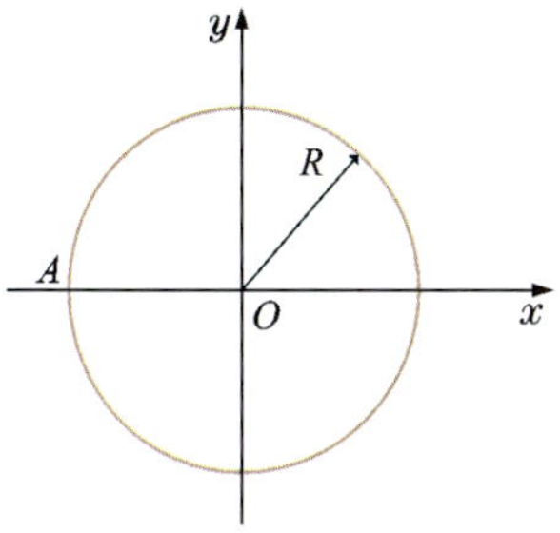

题 1.12 图

1.13 一质点沿半径为 R 的圆周运动,运动学方程为 $s=v_0 t-\frac{1}{2}bt^2$,其中 v_0、b 都是常量,试求:

(1)在时刻 t 质点的加速度 $\boldsymbol{a}$;

(2)在何时加速度的大小等于 b;

(3)到加速度大小等于 b 时质点沿圆周运行的圈数。

1.14 一质点按规律 $s=t^3+2t^2$ 在圆轨道上运动,s 为沿圆弧的自然坐标,以 m 为单位,t 以 s 为单位。如果当 $t=2$ s 时的总加速度为 $16\sqrt{2}$ m/s^2,求此圆弧的半径。

1.15 一质点沿半径为 0.1 m 的圆周运动,其用角坐标表示的运动学方程为 $\theta=2+4t^3$,θ 的单位为 rad,t 的单位为 s,试求:

(1)在 $t=2$ s 时,质点的切向加速度和法向加速度的大小;

(2)当 θ 等于多少时,质点的加速度与半径的夹角成 45°。

1.16 一圆盘半径为 3 m,它的角速度在 $t=0$ 时为 3.33π rad/s,以后均匀地减小,到 $t=4$ s 时角速度变为零。试计算圆盘边缘上一点在 $t=2$ s 时的切向加速度和法向加速度的大小,并在图上画出它们的方向。

1.17 一圆盘由静止开始加速,在 6 s 内,它的角速度均匀地增加到 6.67π rad/s。圆盘以这一角速度转一段时间后,制动装置使它在5 min内停止。如果圆盘的转动总圈数为3100转，试计算圆盘转动的总时间。

1.18　试写出以矢量形式表示的质点作匀速圆周运动的运动学方程，并证明作匀速圆周运动质点的速度矢量 $\boldsymbol{v}$ 和加速度矢量 $\boldsymbol{a}$ 的标积等于零，即 $\boldsymbol{v}\cdot\boldsymbol{a}=0$。

1.19　一质点运动学方程为 $x=t^2$，$y=(t-1)^2$，其中 x、y 以m为单位，t 以s为单位。

(1)试写出质点的轨迹方程，并在 Oxy 平面内示意地画出轨迹曲线；

(2)质点的速度何时取极小值？

(3)试求当速度大小等于10 m/s时，质点的位置坐标；

(4)试求时刻 t 质点的切向加速度和法向加速度的大小。

1.20　当飞行员投出雷达诱饵时，飞机正以290.0 km/h的速率及30°角俯冲，见图。已知投出点与诱饵落地点水平距离为700 m。试求诱饵在空中飞行的时间，及投出点离地面的高度。

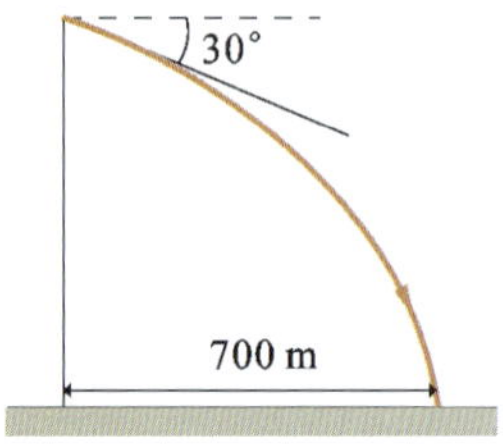

题1.20图

1.21　一人站在 Oxy 平面上的某点 (x_1, y_1) 处，以初速度 $\boldsymbol{v}_0$ 铅垂向上抛出一球。

(1)试以时间 t 为变量写出球的位矢 $\boldsymbol{r}$；

(2)求出球的速度矢量 $\boldsymbol{v}$ 和加速度矢量 $\boldsymbol{a}$。

1.22　一架飞机在水平地面的上方，以174 m/s的速率垂直俯冲，假定飞机以圆形路径脱离俯冲，而飞机可以承受的最大加速度为78.4 m/s^2，为了避免飞机撞到地面，求飞机开始脱离俯冲的最低高度。假设整个运动中速率恒定。

1.23　一个地球卫星沿离地球表面640km的圆形轨道运行，周期为98.0 min。求卫星的速率和卫星的向心加速度的大小各是多少。

1.24　地球同步卫星绕地球作圆周运动的周期与地球自转周期相同(地球自转周期准确值是23小时56分4秒，这里取为24小时)，因此它始终定点在地球赤道上空，已知它距赤道表面的高度为 $h=5.6\ R_e$，R_e 为地球半径，试求此同步卫星的速率和向心加速度。

1.25　一辆带篷的卡车，雨天在平直公路上行驶，司机发现：车速过小时，雨滴从车后斜向落入车内；车速过大时，雨滴从车前斜向落入车内。已知雨滴相对地面的速度大小为 v，方向与水平面夹角为 α，试问：(1)车速为多大时，雨滴恰好不能落入车内？(2)此时雨滴相对车厢的速度为多大？

1.26　(1)地球的半径为 6.37×10^6 m，求地球赤道表面上一点相对于地球中心的向心加速度。(2)地球绕太阳运行的轨道半径为 1.5×10^{11} m，求地球相对于太阳的向心加速度。(3)天文测量表明，太阳系以近似圆形的轨道绕银河系中心运动，半径为 2.8×10^{20} m，速率为 2.5×10^5 m/s，求太阳系相对于银河系的向心加速度。(4)求这些加速度每对的比值。

1.27　一子弹从水平飞行的飞机尾枪中水平射出，出口速度的大小为300 m/s，飞机速度大小为250 m/s。试描述子弹的运动情况：

(1)在固结于地面的坐标系中；

(2)在固结于飞机的坐标系中。

并计算射手必须把枪指向什么方向，才能使子弹在地面坐标系中速度的水平分量为零。

1.28　相对于地面静止的声源，可向各个方向发出声波。已知所发声波在静止的空气中以340 m/s的速度传播，一观察者相对于声源以20 m/s的速度运动，试按以下4种情况求出观察者所测得的声速：

(1)观察者运动方向与声波传播方向相同；

(2)观察者运动方向与声波传播方向相反；

(3)观察者运动方向与声波传播方向垂直；

(4)观察者测得声波沿垂直于自己的运动方向传来。

牛顿运动定律 第2章

你知道秒是怎样定义的吗

人们起初是在地球自转过程中，根据观测太阳的踪迹，确定出一天和 24 小时；接着用 60 等分法，将 1 小时细分成 60 分钟；再进一步，将 1 分钟细分成 60 秒；也就是将一昼夜 24 小时分成了 1440 分钟、86400 秒。后来人们利用单摆或石英晶体的振荡周期来计时，但是此种计时方式易受环境、温度、材质、电磁场等因素影响，并不稳定，须作复杂的校正。1960 年以前，世界度量衡标准会议正式以地球自转为基础，定义了以平均太阳日的 86400^{-1} 作为秒定义，即 1 秒＝1/86400 平均太阳日。然而地球自转并不稳定，会因其他星体引力的影响而改变。1960—1967 年改以地球公转为基础，定义公元 1900 年为平均太阳年，秒定义更改为：1 秒为平均太阳年的 31556925.9747^{-1}。

20 世纪中期，科学家发现原子会吸收或发射特定周期的光子，其周期非常稳定。在 1967 年的第 13 届国际计量大会上通过了以铯原子的跃迁作为秒的新定义，即以铯原子同位素 133 基态超精细能级跃迁的 9192631770 个周期所持续的时间为 1 秒，称为原子秒。新定义使得计时进入了原子时的时代。

铯原子钟是借助于铯原子与微波相互作用，以测量原子跃迁频率而达到实现秒定义的。喷泉式铯原子钟是目前最先进的铯原子钟，它的精度比传统铯原子钟高一百倍以上。1999 年美国国家标准与技术研究院研制的喷泉式铯原子钟每两千万年的误差为 1 秒(好的石英表 10 年误差为 1 秒)。我国计量科学研究院 2003 年研制的激光冷却-铯原子喷泉钟，精度达到了 350 万年误差 1 秒。精度高达 150 亿年才会有 1 秒误差的原子钟，已于 2001 年在美国问世。

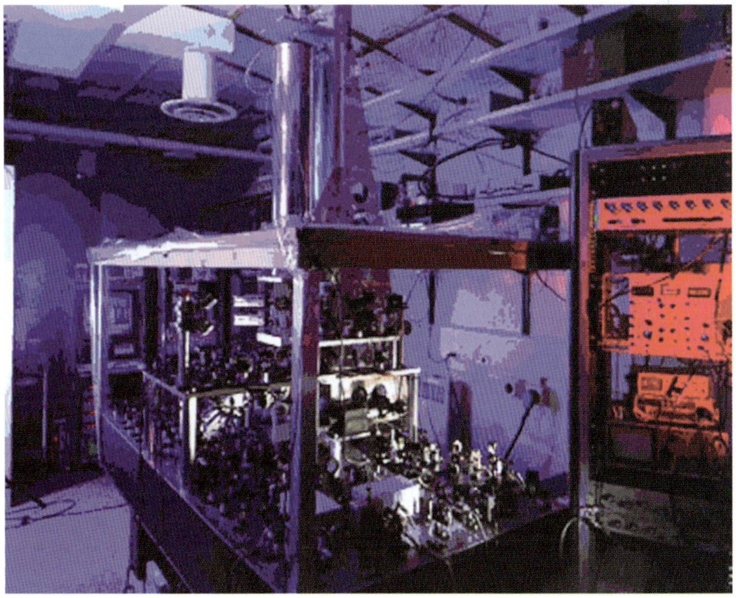

位于美国华盛顿特区国际标准局的铯原子钟

原子钟由于准确度和稳定度很高，已得到广泛的应用。对于人造卫星和导弹的制导，空间跟踪，数字通信，甚长基线射电干涉技术，相对论效应的验证，地球自转的不均匀性的研究，基本物理量的定义和测量，无线电波的传播速度的测量，以及电离层研究等方面，原子钟都是一种重要的仪器。

在第1章,我们讨论了质点运动学,从本章起转入动力学的研究。动力学研究作用于物体的力和物体机械运动状态变化之间的关系。本章还要介绍牛顿运动三定律。

牛顿运动三定律是经典力学的基础,而经典力学又是整个物理学的基础。因此,掌握好牛顿运动三定律,不仅对学好力学是十分必要的,对学习物理学的其他部分及某些后续课程也具有重要意义。

2.1　牛顿运动三定律

2.1.1　牛顿第一定律

牛顿第一定律(又称为惯性定律)可以陈述为:**任何质点都保持静止或匀速直线运动状态,直到其他物体对它作用的力迫使它改变这种状态为止。**

牛顿第一定律引进了惯性和力两个重要概念。该定律表明,当质点不受任何力作用时,都具有保持静止或匀速直线运动状态不变的性质,这种性质称为惯性,其大小用质量来量度。该定律还表明,力是一个物体对另一个物体的作用,这种作用能迫使物体改变其运动状态。这就是说,牛顿第一定律指出了作用于质点的力是质点运动状态发生改变的原因。

牛顿第一定律是从大量实验事实中概括总结出来的,但它不能直接用实验来验证,因为自然界中不受力作用的物体事实上是不存在的。我们确信牛顿第一定律的正确性,是因为从它所导出的其他结果都和实验事实相符合。从长期实践和实验中总结归纳出的一些基本规律(常称为原理、公理、基本假说或定律等),虽不能用实验等方法直接验证其正确性,但以它们为基础导出的定理等都与实践和实验相符合,因此人们公认这些基本规律的正确,并以此为基础研究其他有关问题,甚至建立新的学科。这种科学的、唯物的研究问题的方法,在科学发展史中屡见不鲜。如物理学中的牛顿第一定律、能量守恒定律、热力学第二定律、爱因斯坦狭义相对论的两条基本假设等都属这类基本规律。

观察表明,若质点保持其运动状态不变,这时作用在质点上所有力的合力必定为零。因此,在实际应用中,牛顿第一定律可以陈述为:**任何质点,只要其它物体作用于它的所有力的合力为零,则该质点就保持其静止或匀速直线运动状态不变。**

质点处于静止或匀速直线运动状态,统称为质点处于平衡状态。根据牛顿第一定律的上述陈述,质点处于平衡状态的条件为:作用于质点上所有力的合力等于零。

设作用在质点上的力有 $\boldsymbol{F}_1,\boldsymbol{F}_2,\cdots,\boldsymbol{F}_n$,用 $\boldsymbol{R}$ 来表示这些力的合力,则质点处于平衡状态的条件可以表示为

$$R=\sum_i \boldsymbol{F}_i=0 \tag{2.1}$$

其投影形式为

$$\left.\begin{aligned} R_x&=\sum_i F_{ix}=0\\ R_y&=\sum_i F_{iy}=0\\ R_z&=\sum_i F_{iz}=0\end{aligned}\right\} \tag{2.2}$$

即质点处于平衡时,作用在质点上所有的力沿直角坐标系三个坐标轴投影的代数和分别等于零。

2.1.2　牛顿第二定律

牛顿第一定律给出了质点的平衡条件,牛顿第二定律则研究质点在不等于零的合力作用下,其运动状态如何变化的问题。

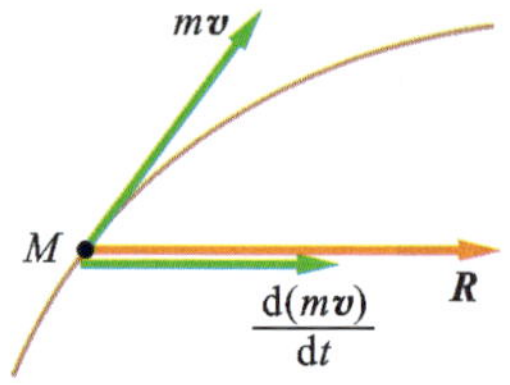

图2.1

设质量为 m 的质点 M,某时刻的速度为 $\boldsymbol{v}$,动量为 $m\boldsymbol{v}$,见图2.1。质点受到不为零的合力作用时,它的动量将会发生变化,设某时刻质点受到的合力为 $\boldsymbol{R}=\sum_i \boldsymbol{F}_i$,实验表明:

$$\boldsymbol{R}=\sum_i \boldsymbol{F}_i=\frac{\mathrm{d}(m\boldsymbol{v})}{\mathrm{d}t} \tag{2.3}$$

即**某时刻质点动量对时间的变化率等于该时刻作用在质点上所有力的合力。**式(2.3)正是牛顿第二定律的数学表达式。牛顿第二定律给出了力和动量变化之间的定量关系。

当质点的质量可以看作是常量时,上式可写为

$$\boldsymbol{R}=\sum_i \boldsymbol{F}_i=m\frac{\mathrm{d}\boldsymbol{v}}{\mathrm{d}t}=m\boldsymbol{a} \tag{2.4}$$

这就是大家熟悉的牛顿第二定律的表示形式,它表明质点受力作用时,在某时刻的加速度,其大小与质点在该时刻所受合力的大小成正比,与质点的质量成反比;加速度的方向与合力的方向相同。

实验表明,当质点的质量随时间变化时,式(2.4)已不再适用,但式(2.3)却仍然成立,由此可

见，用动量形式表示的牛顿第二定律具有更大的普遍性。

在一般工程实际问题中，质量都可以认为是常量。但在以下两类质点力学问题中，质量将不再被看作是常量：一类是被视为质点的物体，在运动过程中，其质量有所增加或减少。例如农业收割机旁接收粮食的汽车，质量不断地增加；航行的轮船，其壳体上结的冰层逐渐加厚，质量不断增加；火箭飞行中，不断喷出燃气，使其质量不断减少等，这类问题常称为经典力学中的变质量问题，本书不作专门研究。另一类是当运动质点的速率大到可以和光速相比拟的情况，根据狭义相对论理论，这时运动质点的质量将随速率的变化而发生明显的变化，这是一种相对论效应，这类问题将在本书第 14 章中作简要讨论。

牛顿第二定律表明：质点受力作用而获得的加速度，不仅依赖于所受的力，而且与质点的质量有关。如用同一力作用在具有不同质量的质点上，质量大的质点，获得的加速度小；质量小的质点，获得的加速度大。这就是说，质量大的质点，改变其运动状态较难；质量小的质点，改变其运动状态较易。

在牛顿第一定律中已讲过，任何物体都有惯性，惯性大的物体，难于改变其运动状态；惯性小的物体，易于改变其运动状态。由此可见，质量是物体惯性大小的量度。

力是力学中最基本的概念之一。牛顿第二定律指出，任何质点，只有在作用于它的不为零的合力的迫使下，才能获得加速度。这正像前面所指出的，作用于质点上的合力是质点运动状态改变，即产生加速度的原因，也就是说，**力是一个物体对另一个物体的作用，这种作用能迫使物体改变其运动状态，即产生加速度。**

应用方程(2.4)分析具体力学问题时，常常要根据问题的特点，选取适当的坐标系，写出它的投影形式。

取直角坐标系 $Oxyz$，用 $\boldsymbol{r}$ 表示质点 M 对坐标原点的位矢，如图 2.2 所示。根据加速度的定义知

$$\boldsymbol{a}=\frac{\mathrm{d}\boldsymbol{v}}{\mathrm{d}t}=\frac{\mathrm{d}^2\boldsymbol{r}}{\mathrm{d}t^2}$$

于是式(2.4)可以写成

$$\boldsymbol{R}=\sum_i \boldsymbol{F}_i=m\frac{\mathrm{d}\boldsymbol{v}}{\mathrm{d}t}=m\frac{\mathrm{d}^2\boldsymbol{r}}{\mathrm{d}t^2} \qquad (2.5)$$

式(2.5)称为质点运动微分方程，把式(2.5)投影到

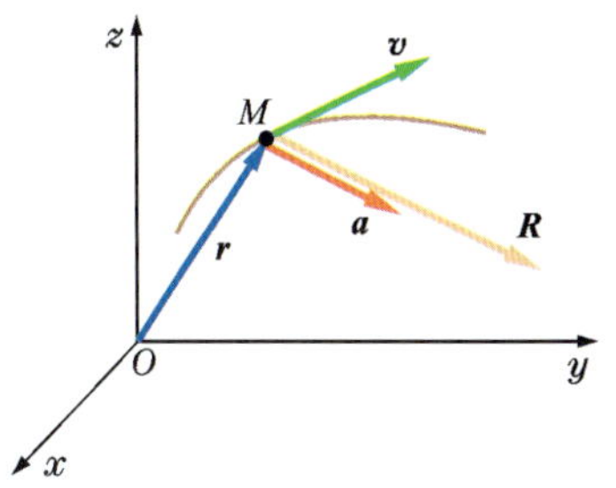

图 2.2

直角坐标系各坐标轴上，可得

$$\left.\begin{aligned} R_x &= \sum_i F_{ix} = m\frac{\mathrm{d}v_x}{\mathrm{d}t} = m\frac{\mathrm{d}^2x}{\mathrm{d}t^2}\\ R_y &= \sum_i F_{iy} = m\frac{\mathrm{d}v_y}{\mathrm{d}t} = m\frac{\mathrm{d}^2y}{\mathrm{d}t^2}\\ R_z &= \sum_i F_{iz} = m\frac{\mathrm{d}v_z}{\mathrm{d}t} = m\frac{\mathrm{d}^2z}{\mathrm{d}t^2} \end{aligned}\right\} \qquad (2.6)$$

研究质点平面曲线运动时，常采用自然坐标，把式(2.5)投影到轨迹的切线和法线方向，见图 2.3，可得

$$\left.\begin{aligned} R_\tau &= \sum F_{i\tau} = ma_\tau = m\frac{\mathrm{d}v}{\mathrm{d}t}\\ R_\mathrm{n} &= \sum F_{i\mathrm{n}} = ma_\mathrm{n} = m\frac{v^2}{\rho} \end{aligned}\right\} \qquad (2.7)$$

式(2.6)和(2.7)分别称为质点运动微分方程的直角坐标投影形式和自然坐标投影形式。

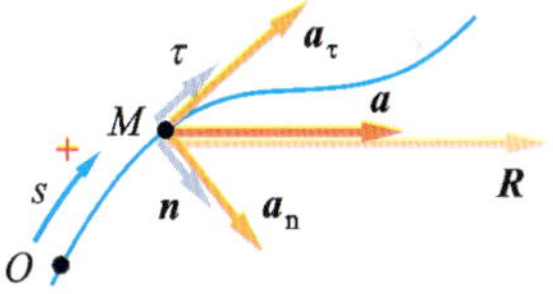

图 2.3

应当指出，牛顿第一、第二运动定律本身只适用于质点，或可视为质点的物体。

2.1.3　牛顿第三定律

牛顿第三定律，也称作用与反作用定律，其内容可陈述如下：

当物体 A 以力 $\boldsymbol{F}_1$ 作用于物体 B 时，物体 B 也同时以力 $\boldsymbol{F}_2$ 作用于物体 A 上，力 $\boldsymbol{F}_1$ 和 $\boldsymbol{F}_2$ 总是大小相等，方向相反，且在同一直线上。 见图 2.4。

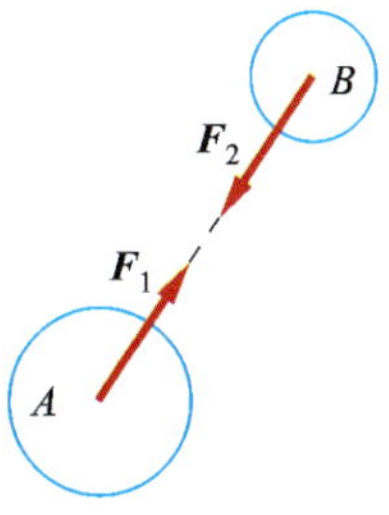

图 2.4

该定律可用数学式表示为

$$\boldsymbol{F}_1=-\boldsymbol{F}_2 \qquad (2.8)$$

牛顿第三定律指出，物体

之间的作用总是相互的。如果把物体 A 作用于物体 B 的力称为作用力，那么物体 B 作用于物体 A 的力就称为反作用力，或者反过来把后者称为作用力，前者称为反作用力亦可。值得注意的是，作用力与反作用力总是同时出现，同时消失，分别作用在相互作用着的两个物体上，而且属于同种类型。

想想看

2.1　你认为牛顿第二定律的两种表达式 $\sum_i \boldsymbol{F}_i=\dfrac{\mathrm{d}(m\boldsymbol{v})}{\mathrm{d}t}$ 和 $\sum_i \boldsymbol{F}_i=m\dfrac{\mathrm{d}\boldsymbol{v}}{\mathrm{d}t}$ 有区别吗？为什么说用动量形式表示的牛顿第二定律具有更大的普遍性？

2.2　如图，小球放在桌子上，桌子放在电梯中。问小球受到哪几个力的作用？分析这些力的反作用力。当电梯加速上升时：①每对作用力和反作用力是否仍然保持大小相等方向相反？②哪对作用力和反作用力的大小随着电梯加速上升而增大？③哪对作用力和反作用力的大小保持不变？

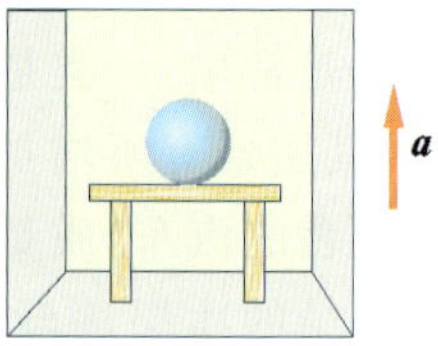

想 2.2 图

■　**例 2.1**　在光滑的水平面上放置着 A、B 两物体（A、B 靠在一起），其质量分别为 $m_A=6\ \mathrm{kg}$，$m_B=4\ \mathrm{kg}$，见图(a)。今在物体 A 上作用一水平向右的推力 $F=10\ \mathrm{N}$，试求两物体的加速度及物体 A 对物体 B 的作用力。

解　分别取物体 A 和物体 B 为研究对象。

A 共受 4 个力的作用：重力 $\boldsymbol{P}_A$，法向反力 $\boldsymbol{N}_A$，B 对 A 的作用力 $\boldsymbol{f}$ 和力 $\boldsymbol{F}$，如图(b)所示。

B 共受 3 个力作用：重力 $\boldsymbol{P}_B$，法向反力 $\boldsymbol{N}_B$，A 对 B 的作用力 $\boldsymbol{f}'$，如图(c)所示。

按题意 A、B 紧靠在一起运动，故它们的加速度应相同，设均为 $\boldsymbol{a}$，取直角坐标系 Oxy 如图。根据牛顿第二定律，有

$$F-f=m_Aa \tag{1}$$

$$f'=m_Ba \tag{2}$$

根据牛顿第三定律，$\boldsymbol{f}$ 和 $\boldsymbol{f}'$ 应为一对作用力与反作用力，它们的大小相等，故有

$$f=f' \tag{3}$$

解式(1)、(2)、(3)可得

$$a=\frac{F}{m_A+m_B}$$

$$f=\frac{m_B}{m_A+m_B}F$$

代入已知数据得

$a=1\ \mathrm{m/s^2}$，　$f=4\ \mathrm{N}$

根据牛顿第三定律，物体 A 对 B 的作用力 $\boldsymbol{f}'$ 的大小也是 4 N，方向与 $\boldsymbol{f}$ 相反。

本题的求解过程表明了一个解题的普适规律，即凡问题涉及到彼此相接触或相互关联的几个物体，且要求它们之间的相互作用时，必须把这些物体中的某个或某些物体，按解题需要分别选作研究对象，并把它们隔离出来，进行受力和运动分析，只有这样，才有可能达到预期的目的。例如研究本题时，如果题目仅要求求出两物

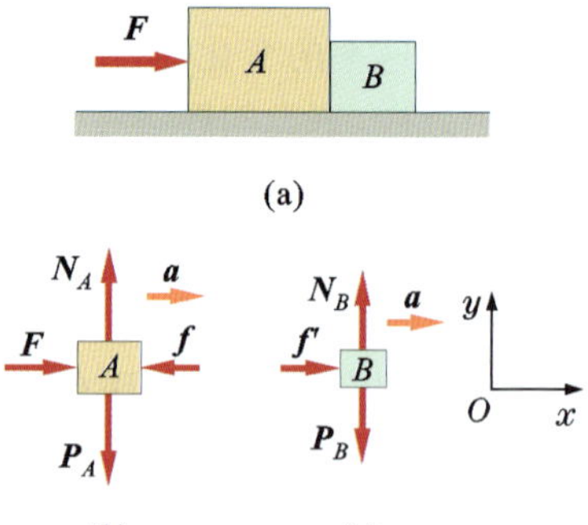

例 2.1 图

想想看

2.3　在研究本题时，有些读者可能认为当水平力 $F(=10\ \mathrm{N})$ 作用于物体 A 时，物体 A 作用于物体 B 上的力也是 10 N，即 $f'=10\ \mathrm{N}$，理由是通过物体 A 把力 $\boldsymbol{F}$“传给”物体 B，你认为这种看法对吗？从本题的求解中可以看出，A 作用于 B 的力大小 $f'=\dfrac{m_B}{m_A+m_B}F$，而 $\dfrac{m_B}{m_A+m_B}<1$，故 $f'<F$。这说明物体 A 并没有把力 $\boldsymbol{F}$ 大小不变地“传给”物体 B。一个物体上受的力和与这个物体相关联的另一个物体上受的力之间的关系，只能在通过对各物体进行受力和运动分析的基础上，通过运动定律确定。

体的加速度，把 A、B 当作一个整体，并选作研究对象，就可以求出结果。若还要求出 A、B 之间的相互作用力，那就必须再把 A、B 分别选作研究对象，并把它们隔离出来进行受力和运动分析。这种研究方法在力学中称为隔离体法。隔离体法是分析解决力学问题的一个非常重要的方法，在后面的某些例题中还会用到。

复习思考题

2.1 在下列情况下，说明质点所受合力的特点：

(1) 质点作匀速直线运动；

(2) 质点作匀减速直线运动；

(3) 质点作匀速圆周运动；

(4) 质点作匀加速圆周运动。

2.2 人推车的力和车推人的力是一对作用力与反作用力，为什么人可以推车前进呢？

2.3 当质点受到的力的合力为零时，质点能否沿曲线运动？为什么？

2.4 一个物体置于光滑的平面上，其受力的四种情形如图(俯视图)。如果适当选择力的大小，哪种情况物体有可能(a)静止；(b)匀速直线运动。

2.5 如图所示，一个箱子在力 $\boldsymbol{F}_1$、$\boldsymbol{F}_2$ 的作用下正以恒定的速度在光滑的水平地板上滑动，现保持 $\boldsymbol{F}_1$ 的大小不变而减小角度 θ。为保持箱子匀速运动，应该将 $\boldsymbol{F}_2$ 的大小增加、减少还是保持不变。

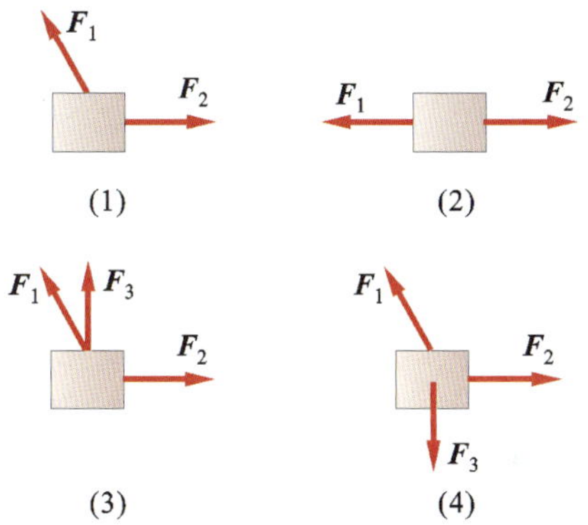

思 2.4 图

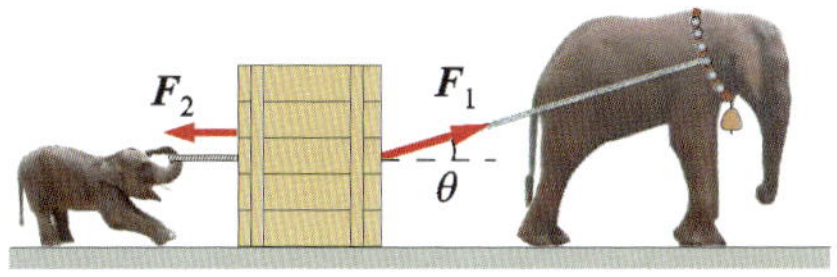

思 2.5 图

2.2 力学中常见的几种力

力学中常见的力有万有引力、弹性力和摩擦力等。

2.2.1 万有引力

宇宙之中，小到微观粒子，大到天体星系，任何有质量的物体与物体之间都存在着互相吸引的力，这种力称为万有引力。

设有两个质点，其质量分别为 m_1、m_2，相隔距离为 r，见图 2.5。实践表明，它们之间相互作用的万有引力 F 与两个质点质量的乘积 m_1m_2 成正比，与它们之间距离的平方 r^2 成反比；方向沿着两质点的连线，即

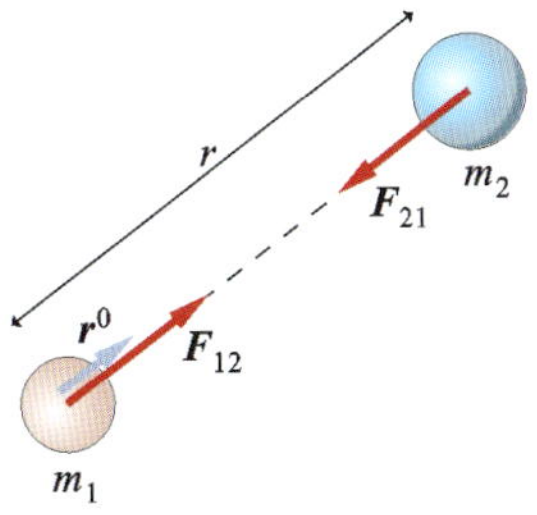

图 2.5

$$F=G\frac{m_1m_2}{r^2} \tag{2.9a}$$

式中 G 为比例常数，称为引力常量。式(2.9a)就是万有引力定律的数学表达式。

G 的数值与式中的力、质量及距离的单位有关。根据实验测定

$$G=6.67\times10^{-11}\quad \mathrm{m^3/(kg\cdot s^2)}$$

万有引力定律还可以用矢量形式表示。设质点 m_1 作用于质点 m_2 的万有引力为 $\boldsymbol{F}_{21}$，现以质点 m_1 为原点作一个由 m_1 指向 m_2 的单位矢量 $\boldsymbol{r}^0$，那么质点 m_1 对 m_2 的万有引力可表示为

$$\boldsymbol{F}_{21}=-G\frac{m_1m_2}{r^2}\boldsymbol{r}^0 \tag{2.9b}$$

负号表示 $\boldsymbol{F}_{21}$ 的方向与 $\boldsymbol{r}^0$ 的方向相反。

在一般工程实际中，物体之间的万有引力与其所受的其他力相比十分微小，故可忽略不计。

万有引力定律本身适用于质点之间的相互作用。但是通过微积分计算可以证明，一个质量均匀

分布的球体或质量分布是球形对称的物体与一个质点相互作用的万有引力，也可以用万有引力定律来计算。这时应该把球体的全部质量看作集中于球心，把式(2.9b)中 r 理解为质点到球心的距离。

例如计算地球与某质点 A 之间的万有引力时，通常把地球近似地看作质量均匀分布的球体，其质量集中于球心。设地球的质量为 M，质点 A 的质量为 m，质点与地球中心的距离为 x，见图2.6。根据万有引力定律，地球作用于质点 A 的万有引力的大小为

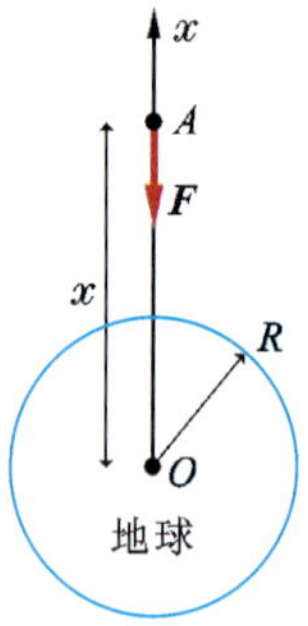

图2.6

$$F=G\frac{Mm}{x^2} \qquad (2.10)$$

方向沿 x 轴指向地心。

从式(2.10)可以看出，F 随 x 的变化而变化，当 $x\to\infty$ 时，$F\to 0$，这时质点将不受地球的作用。

地球对其表面附近尺寸不大的物体的万有引力被认为近似等于该物体的重力，重力的大小也就是物体的重量。设地球的半径为 R，按式(2.10)，一个处于地球表面附近、质量为 m 的物体的重量 P 为

$$P=G\frac{Mm}{R^2} \qquad (2.11)$$

重力的方向铅直向下。

若令式(2.11)中 $G\frac{M}{R^2}=g$（g 称为重力加速度），则有

$$P=mg \qquad (2.12)$$

把引力常量 G、地球质量 M 及半径 R 的量值代入式 $g=G\frac{M}{R^2}$，可得

$$g\approx 9.8\quad \mathrm{m/s^2}$$

事实上，由于地球并不是一个质量均匀分布的球体，还由于地球的自转，使得地球表面不同地方的重力加速度 g 的值略有差异，不过在一般工程问题中这种差异常可忽略不计。

2.2.2 弹性力

把一个物体放在桌面上，物体就要给桌面一个向下的压力 $\boldsymbol{N}$，桌面也要给物体一个向上的支承力 $\boldsymbol{N}'$，如图2.7所示。对于压力和支承力的产生原因，一般认为是由于物体和桌面的相互接触，彼此都发生了变形，变形了的物体力图恢复原状，从而彼此间有了力的作用，因此这种力具有弹性力的性质。

根据经验，压力（或支承力）的作用线垂直于两个物体的接触面，见图2.7。或更准确地说，通过两物体接触点并垂直于过接触点的公切面，见图2.8。正因为如此，常把压力称为正压力，而把支承力称为法向反力，或者把两者统称为法向力。法向力的指向从力的作用点指向受力物体，其大小由物体的受力情况和运动情况决定。

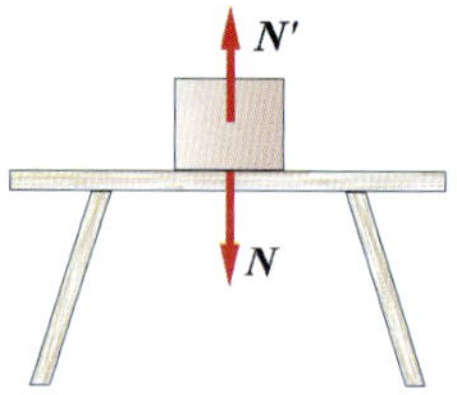

图2.7

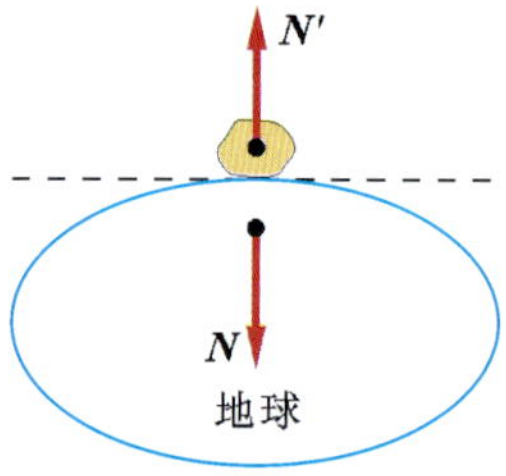

图2.8

物体和柔软的绳子相连结，在物体和绳子之间也常会有力的作用。这种力一般认为是由于物体和绳子彼此都发生了变形而引起的，因而也属于弹性力的范畴。

绳子与物体间相互作用的拉力的作用线沿着绳子，物体受到绳子拉力的指向为从力的作用点背离受力物体本身。绳子受到物体的拉力的指向总是使绳子拉紧，故这种力常称张力，见图2.9。

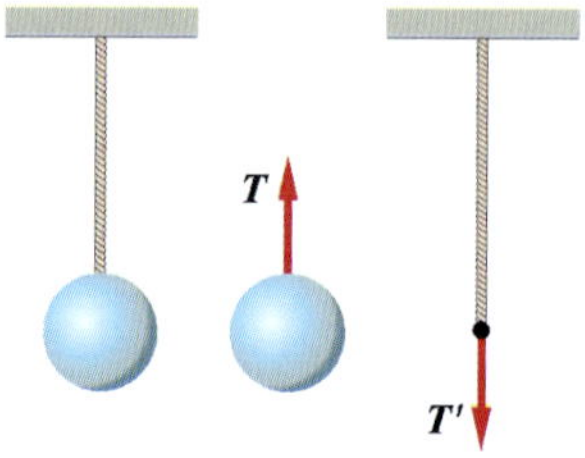

图2.9

绳子与物体之间有拉力相互作用时，绳子内部各段之间也有力的相互作用。设绳子 MN 两端分别受到的拉力为 $\boldsymbol{F}$ 和 $\boldsymbol{F}'$，想象把绳子从任意点 a 切开，使绳子分成 Ma 和 Na 两段，Ma 段对 Na 段的作用力为 $\boldsymbol{T}$，Na 段对 Ma 段的作用力为 $\boldsymbol{T}'$，见图2.10。显然 $\boldsymbol{T}$ 和 $\boldsymbol{T}'$ 是一对作用力与反作用力，它们的作用线均沿着绳子，并把绳子拉紧。我们把 $\boldsymbol{T}'$ 和 $\boldsymbol{T}$ 分别称为 Ma 和 Na 段绳子在 a 点处所受的张力。

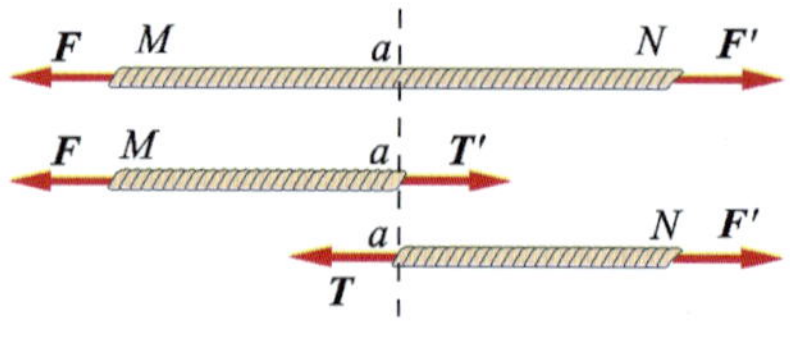

图2.10

一般情况下，绳子上各处的张力大小是不相等的，但是在绳子的质量可以忽略不计时（在本书所讨

论的问题中，绳子的质量一般忽略不计），绳子上各处的张力总是相等的，对此读者可自行分析。

物体与弹簧相连结，当弹簧处于拉伸或压缩变形时，物体和弹簧之间也会有弹性力的相互作用。

取弹簧原长时自由端点的位置为坐标原点 O，沿弹簧作 Ox 坐标轴，如图 2.11 所示。当弹簧变形量不大，处于弹性限度范围内时，根据胡克定律，弹簧作用于物体的弹性力 $\boldsymbol{F}$ 在 x 轴上的投影 F_x 可以表示为

$$F_x=-kx \tag{2.13}$$

式中 k 称为弹簧的劲度系数（曾称倔强系数），其值取决于弹簧本身的性质；x 表示弹簧的变形量。式中负号表示：当 x 为正，弹簧处于拉伸变形时，弹簧对物体的弹性力 F_x 为负，即该力的方向与 Ox 轴正方向相反；当 x 为负，弹簧处于压缩变形时，F_x 为正，即该力的方向与 Ox 轴正方向相同。由此可见，弹簧作用于物体的弹性力总是要使物体回至平衡位置 O，故通常把这种力称为弹性回复力。

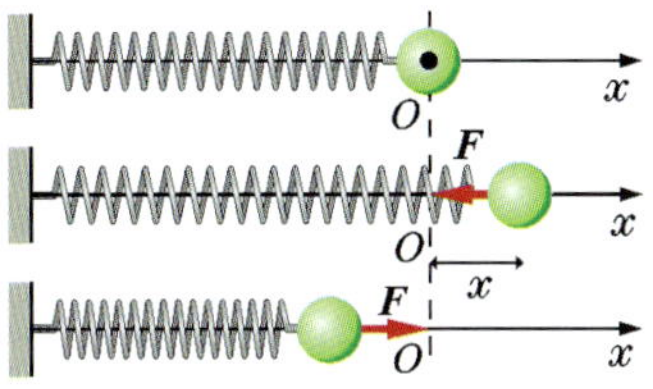

图 2.11

想想看

2.4 设地球为质量均匀分布的球体，其半径 $R=6.37\times10^6$ m，实验测得地球表面附近的重力加速度 $g=9.8\ \mathrm{m/s^2}$。根据这些条件，你能估算出地球的质量吗？

2.5 质量相同的三个物块，系在三条长短不等的轻绳上，在光滑水平面内作半径不同的匀速圆周运动。设绳的长度分别为 l_1、l_2、l_3 且 $l_1<l_2<l_3$，其中相应的张力分别为 T_1、T_2、T_3，试就以下情况对张力的大小由大到小排序：①物块运动速率相同；②物块运动周期相同。

2.2.3 摩擦力

1. 静摩擦力

两物体相互接触，彼此之间保持相对静止，但却有相对滑动的趋势时，两物体接触面间出现的相互作用的摩擦力，称为静摩擦力。

静摩擦力的作用线在两物体的接触面内，更确切地说，在两物体接触处的公切面内。静摩擦力的方向按以下方法确定：某物体受到的静摩擦力的方向总是与该物体相对滑动趋势的方向相反。假定静摩擦力消失，物体相对运动的方向即为相对滑动趋势的方向。

例如物体 A 与物体 B 相互接触，见图 2.12(a)，当用一水平向左的力 $\boldsymbol{F}$ 拉物体 A（尚未拉动）时，A 相对于 B 将有向左滑动的趋势，故 A 受到 B 作用于它的静摩擦力 $\boldsymbol{f}$ 的方向向右，见图 2.12(b)；与此同时，B 相对于 A 将有向右滑动的趋势，故 B 受到 A 作用于它的静摩擦力 $\boldsymbol{f}'$ 的方向向左，物体 B 的受力见图 2.12(c)。$\boldsymbol{f}$、$\boldsymbol{f}'$ 是一对作用力与反作用力。

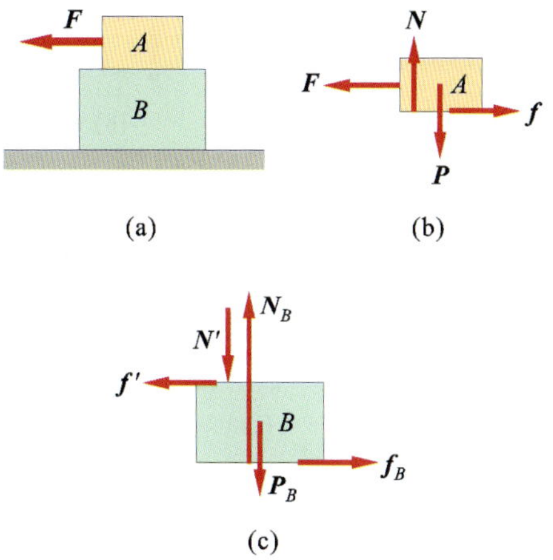

图 2.12

静摩擦力的大小需要根据受力情况来确定。图 2.12(b) 中，当拉力 $\boldsymbol{F}$ 一定时，静摩擦力 $\boldsymbol{f}$ 一定，且由平衡条件知 $\boldsymbol{F}$ 和 $\boldsymbol{f}$ 等值反向；当拉力增大或减小时，相应地，静摩擦力也随之增大或减小。当拉力增大到某一数值时，物体 A 将开始滑动，可见静摩擦力增加到这一数值后不能再增加，这时的静摩擦力称为最大静摩擦力，用 $f_{\max}$ 表示。由此可见，静摩擦力大小的变化范围是 $0\leqslant f\leqslant f_{\max}$。

实验表明，作用在物体上的最大静摩擦力的大小 $f_{\max}$ 与物体受到的法向力的大小 N 成正比，即

$$f_{\max}=\mu_0 N \tag{2.14}$$

μ_0 称为静摩擦系数，它与互相接触物体的表面材料、表面状况（粗糙程度、温度、湿度等）有关。

2. 滑动摩擦力

两物体相互接触，并有相对滑动时，在两物体接触处出现的相互作用的摩擦力，称为滑动摩擦力。

滑动摩擦力的作用线也在两物体接触处的公切面内，其方向总是与物体相对运动的方向相反。

例如物体 A 与物体 B 相互接触并在力 $\boldsymbol{F}$ 作用下

运动，见图2.13(a)。设某时刻A相对于地面的速度为$\boldsymbol{v}_A$，B相对于地面的速度为$\boldsymbol{v}_B$，且$v_B>v_A$。这时A、B之间有相对运动，A相对于B的运动方向(即以B为参考系时A的运动方向)向左，故A受到B作用于它的滑动摩擦力$\boldsymbol{f}$的方向向右；B相对于A的运动方向向右，故B受到A作用于它的滑动摩擦力$\boldsymbol{f}'$的方向向左。$\boldsymbol{f}$、$\boldsymbol{f}'$是一对作用力与反作用力。A、B的受力图见图2.13(b)，(c)。

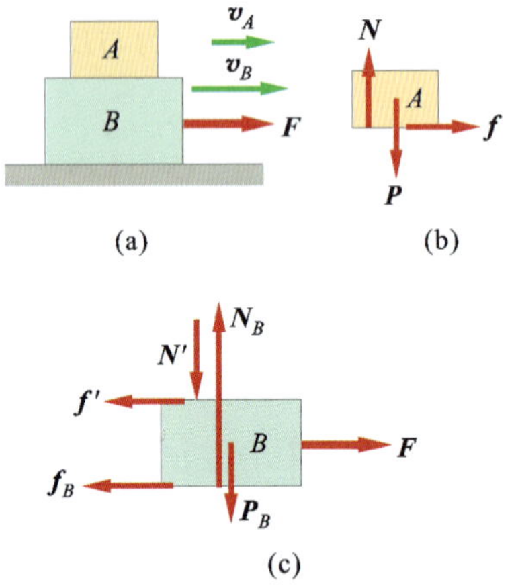

图2.13

实验表明，作用在物体上的滑动摩擦力的大小也与物体受到的法向力的大小N成正比，即

$$f=\mu N \tag{2.15}$$

式中μ称为滑动摩擦系数，它不仅与物体接触表面的材料和状况有关，而且与相对滑动速度的大小有关。通常μ随相对速度的增加而稍有减小，当相对速度不太大时，则μ可近似看作常量。

在其他条件相同的情况下，一般来说，滑动摩擦系数小于最大静摩擦系数。

摩擦力的规律是比较复杂的，式(2.14)、(2.15)都是由实验总结出的近似规律。至于摩擦力的起源问题，一般认为来自电磁相互作用，其形成的机理至今仍不很清楚。

例2.2　一物体置于水平面上，物体与平面之间的滑动摩擦系数为μ，见图(a)。试求作用于物体上的拉力$\boldsymbol{F}$与水平面之间的夹角θ为多大时，该力能使物体获得最大的加速度？

解　选物体为研究对象，物体受重力$\boldsymbol{P}$、支承力$\boldsymbol{N}$、滑动摩擦力$\boldsymbol{f}$、拉力$\boldsymbol{F}$等4个力的作用，如图(b)所示。设物体质量为m，加速度为a，取直角坐标系Oxy如图，根据牛顿第二定律，有

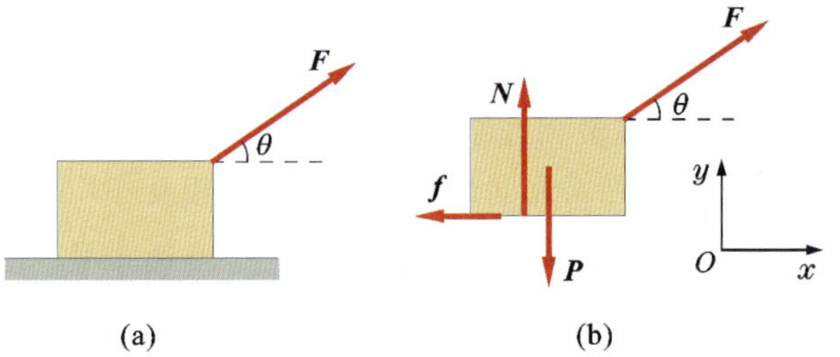

例2.2图

$$F\cos\theta-f=ma \tag{1}$$

$$N+F\sin\theta-P=0 \tag{2}$$

根据式(2.15)，有

$$f=\mu N \tag{3}$$

解式(1)、(2)、(3)可得

$$f=\mu(mg-F\sin\theta)$$

$$F\cos\theta-\mu(mg-F\sin\theta)=ma$$

$$a=\frac{F}{m}(\cos\theta+\mu\sin\theta)-\mu g$$

可见加速度a随θ变化而变化。求a对θ的一阶导数，并令其等于零，有

$$\frac{\mathrm{d}a}{\mathrm{d}\theta}=\frac{F}{m}(\mu\cos\theta-\sin\theta)=0$$

即

$$\mu\cos\theta-\sin\theta=0$$

$$\tan\theta=\mu$$

可见当$\theta=\arctan\mu$时，该力能使物体获得最大的加速度。

想想看

2.6　水平地面上放着一只箱子，水平向右的力$\boldsymbol{F}_1$作用于箱子，箱子仍保持静止。现有一竖直向下的力$\boldsymbol{F}_2$作用于箱子，且$\boldsymbol{F}_2$的大小慢慢增大，问以下各量是变大、变小还是不变：①地面对箱子的静摩擦力；②地面对箱子的法向力；③地面对箱子的最大静摩擦力。箱子最终会滑动吗？

2.7　箱子在力$\boldsymbol{F}$的作用下沿水平地面滑动。当角度θ慢慢增大时，问下列各量是增加、减小还是不变：①力$\boldsymbol{F}$的水平分量；②地面对箱子的法向力；③箱子受到的滑动摩擦力。

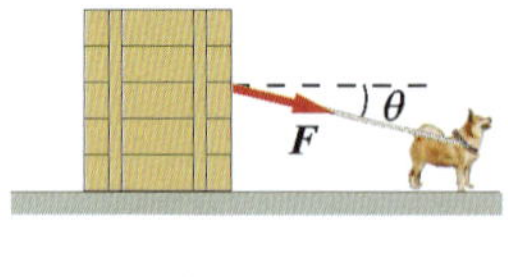

想2.7图

2.8　求解例2.2时，有人可能认为当$\theta=0°$时，力$\boldsymbol{F}$能使物体获得最大加速度，你认为这种看法对吗？从该题的求解过程可以看出，虽然$\theta=0°$时，力$\boldsymbol{F}$沿x轴投影有最大值，但式$f=\mu(mg-F\sin\theta)$表明，滑动摩擦力的大小也和θ有关，且随θ的减小而增大，当$\theta=0°$时，$f=\mu mg$。可见要全面分析各种因素，才能得出正确结论。

物体在流体(包括气体和液体)中运动时，要受

到流体阻力作用。一般说来，流体阻力产生的原因和规律是很复杂的，当速度不太大时，流体阻力主要是黏滞阻力。所谓黏滞阻力是指大小与速度一次方成正比，方向与速度方向相反的阻力，即

$$\boldsymbol{F}=-k\boldsymbol{v}$$

式中 k 为黏滞阻尼系数，它与物体的形状、流体的性质等因素有关。在工程实际中所遇到的阻力，有许多可归结为黏滞阻力。例如，有润滑剂薄层的两接触面的阻力，在一定条件下可认为是黏滞阻力。随着物体在流体中运动速度变大，流体阻力与物体运动速度间的关系远非线性的。这时研究物体在流体中的运动问题成为非线性问题。处理这类问题一般是很复杂的，但也是很有趣的。随着科学技术的发展，非线性问题变得越来越重要。在实际中有些非黏滞阻力对物体运动的影响，常将阻力等效为黏滞阻力来进行研究。因此，研究黏滞阻力对物体运动的影响不仅简化了问题的研究，而且也是有实际意义的。

如以一定大小的外力作用于静止在流体中的物体，物体将相对流体而运动，黏滞阻力也随即而产生，并随物体运动速度的增大而增大。当速度达到某一值时，黏滞阻力和所加外力大小相等，物体将保持这一速度而作匀速运动，这一速度称为终极速度，其大小与所加外力的大小有关。

复习思考题

2.6 举例说明以下两种说法是不正确的：

(1)物体受到的摩擦力的方向总是与物体的运动方向相反；

(2)摩擦力总是阻碍物体运动的。

2.7 水平力 $\boldsymbol{F}$ 将一质量为 m 的物体紧压在竖直的墙壁上，使物体保持静止，如图所示。问此时物体与墙壁之间的静摩擦力 $f=$?，若水平力的大小增加一倍，即为 $2\boldsymbol{F}$，物体仍保持静止，问此时物体与墙壁之间的静摩擦力 $f'=$?

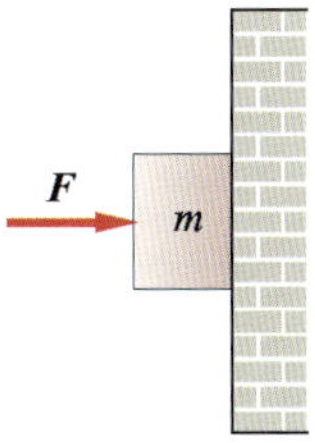

思 2.7 图

2.8 胡克定律 $F_x=-kx$ 中，负号所反映的物理意义是什么？

2.9 一物体在地球表面的重量与其在月球表面的重量相同吗？质量相同吗？不同的话两者之比各是多少？

2.10 一个物体用绳拴在一个固定在斜面上的柱子上。如果角度 θ 慢慢增大，试问下述各量是增大、减小还是不变：(a)重力沿斜面的分量；(b)绳中的张力；(c)重力垂直于斜面的分量；(d)斜面对物体的法向力。

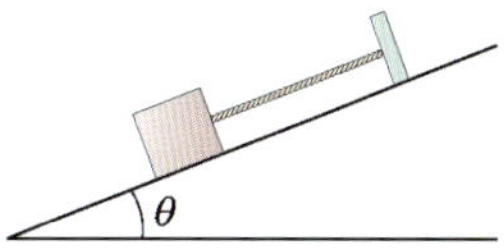

思 2.10 图

2.11 质量为 M 的物体，固定在水平面上，并与质量为 m 的物体接触。二者之间的静摩擦系数为 μ_0。问为保持 m 不从 M 上滑落，最小必须给 m 加多大的水平力？若 M 未固定在水平面上，且与水平面之间无摩擦，再回答上述问题。

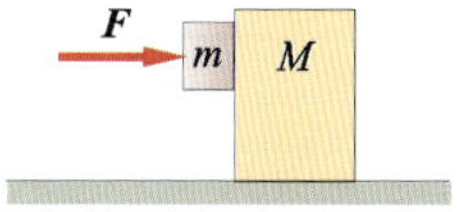

思 2.11 图

2.3 牛顿运动定律的应用

下面我们举例说明应用牛顿运动定律求解质点动力学问题的思路、方法与一般步骤。

例 2.3 狗拉着质量为 M 的雪橇，运载着质量为 m 的木箱，在水平的雪地上奔跑，见图(a)。已知木箱与橇板之间静摩擦系数为 μ_0，雪橇与雪地之间的滑动摩擦系数为 μ，作用于雪橇的水平拉力为 $\boldsymbol{F}$，试求雪橇的加速度、木箱与橇板间相互作用的静摩擦力。问：作用在雪橇上的水平力不超过多少才能保证木箱不致往后滑去。

解 分别选木箱和雪橇为研究对象，它们分别受重力 $m\boldsymbol{g}$、$M\boldsymbol{g}$，支承力 $\boldsymbol{N}$、$\boldsymbol{R}$，压力 $\boldsymbol{N}'$以及相互作用的静摩擦力 $\boldsymbol{f}$、$\boldsymbol{f}'$，除此之外，雪橇还受到滑动摩擦力 $\boldsymbol{f}_1$ 以及水平拉力 $\boldsymbol{F}$，见图(b)、(c)。

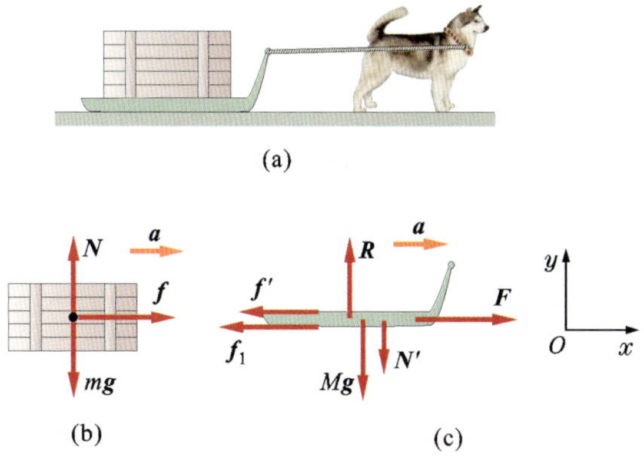

例 2.3 图

力 $\boldsymbol{F}$ 较小时，木箱和橇板之间的静摩擦力小于最大静摩擦力，这时它们之间无相对滑动。设它们

的加速度为 $\boldsymbol{a}$，取直角坐标系 Oxy，见图(c)。根据牛顿第二定律，对 m 有

$$f=ma \tag{1}$$

$$N-mg=0 \tag{2}$$

对 M 有

$$F-f_1-f'=Ma \tag{3}$$

$$R-N'-Mg=0 \tag{4}$$

解以上各式，并注意到 $f=f'$，$N=N'$，$f_1=\mu R$，可得

$$a=\frac{F-\mu(M+m)g}{M+m} \tag{5}$$

$$f=f'=ma=m\frac{F-\mu(M+m)g}{M+m} \tag{6}$$

当作用于雪橇的水平拉力越来越大时，由式(5)和式(6)知，雪橇和木箱共同运动的加速度，以及它们之间相互作用的静摩擦力也越来越大。设水平力增加到 F_0 时，加速度 $a=a_0$，静摩擦力 $f=f'=\mu_0 N=\mu_0 mg$，即达到最大静摩擦力，这时有

$$\mu_0 mg=ma_0 \tag{7}$$

$$F_0-\mu(M+m)g-\mu_0 mg=Ma_0 \tag{8}$$

解以上两式可得

$$a_0=\mu g \tag{9}$$

$$F_0=\mu(M+m)g+\mu_0(M+m)g \tag{10}$$

如果水平力继续增大，大于 F_0 时，木箱和橇板之间就要发生相对滑动，木箱相对于橇板将往后滑去。由此可见，要保证木箱不往后滑，作用于橇板的水平拉力必须不大于 F_0，或者加速度不大于 a_0，即

$$F\leqslant\mu(M+m)g+\mu_0(M+m)g$$

$$a\leqslant\mu_0 g$$

需要指出，如果只求系统的加速度，则以木箱和雪橇整体为研究对象也是可以的，但要求木箱和雪橇间相互作用的摩擦力以及确定什么情况下木箱不致后滑时，则必须分别选两者作为研究对象。对此，前面我们已提及，这里结合本例再次说明。

想想看

2.9 在例 2.3 中，如果开始时作用在雪橇上的水平拉力 $\boldsymbol{F}$ 较小，雪撬尚未拉动，即木箱、撬板与雪地均处于相对静止状态。现慢慢增大水平力 $\boldsymbol{F}$，问 $\boldsymbol{F}$ 至少增加到多大时，撬板就会从木箱下面抽出，即木箱就会相对撬板往后滑去。

例 2.4 质量为 M 的楔 B，置于光滑水平面上，质量为 m 的物体 A 沿楔的光滑斜面自由下滑，见图(a)。试求楔相对地面的加速度和物体 A 相对楔的加速度。

解 分别选 A、B 为研究对象，A、B 受力见图(b)。图中 $\boldsymbol{a}_r$ 为 A 相对 B 的加速度，$\boldsymbol{a}_e$ 为 B 相对地面的加速度。根据式(2.6)并应用两个相互作平动运动的参考系间的加速度变换定理：

对 A 有 $\quad -N\sin\theta=m(-a_r\cos\theta+a_e)$

$$N\cos\theta-mg=m(-a_r\sin\theta)$$

对 B 有 $\quad N'\sin\theta=Ma_e$

$$N_B-Mg-N'\cos\theta=0$$

解以上方程组，并注意到 $N=N'$ 可得

$$a_e=\frac{m\cos\theta\sin\theta}{M+m\sin^2\theta}g$$

$$a_r=\frac{(M+m)\sin\theta}{M+m\sin^2\theta}g$$

读者还可自行求出物体 A 相对地面的加速度以及 A、B 间相互作用的法向力等。

本题中物体 A 相对 B 以 $\boldsymbol{a}_r$ 运动，而 B 又相对地面以 $\boldsymbol{a}_e$ 运动。这里 B 是非惯性系，故应先应用加速度变换定理求出 A 相对惯性系(地面)的加速度，再根据牛顿运动定律列方程求解。

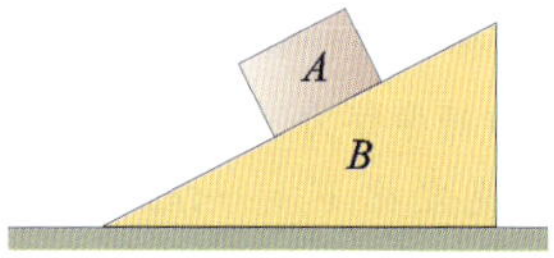

(a)

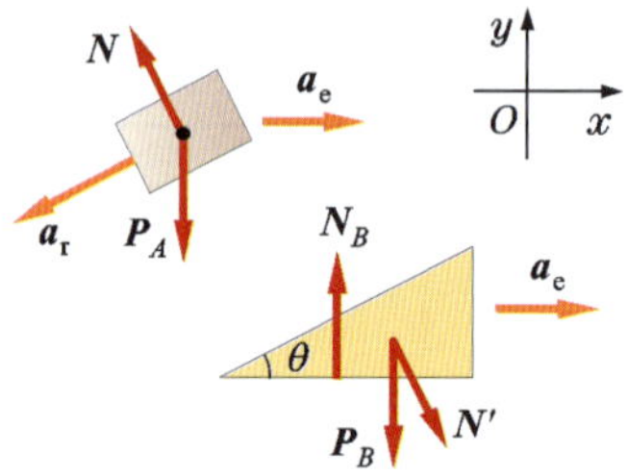

(b)

例 2.4 图

想想看

2.10 在本题中，如果有一个水平向左的力 $\boldsymbol{F}$ 作用于 B，并适当调节 $\boldsymbol{F}$ 的大小，你认为是否有可能使 A 与 B 保持相对静止并一起以共同的加速度运动？如可能，你能找出 $\boldsymbol{F}$ 所满足的规律吗？

总结例 2.3 和例 2.4 的解题过程，应用牛顿运动定理求解质点动力学问题的一般步骤为：

(1)选取研究对象　应用牛顿运动定律求解质点动力学问题时，首先必须选取研究对象。进行具体分析时，可以把研究对象从一切和它有牵连的其他物体中“隔离”出来，称之为隔离体，隔离体可以是几个物体的组合或某个特定物体，也可以是某个物体的一部分，这主要由所研究问题的性质决定。

(2)分析受力情况画出受力图　一个物体的运动状态和运动状态的改变取决于该物体的受力情况。因此，进行正确的受力分析是研究力学问题的关键。隔离体的受力情况，可用受力图来表示。受力图上应画出它受到的**全部**力。

(3)选取坐标系　根据题目具体条件选取坐标系是解动力学问题的一个重要步骤，坐标系选取得适当可使运算简化。

(4)列方程求解　根据选取的坐标系，写出研究对象的运动微分方程(通常取投影式)和其他必要的辅助性方程。列方程时，若力或加速度的方向事先不能判定，可先假定一个方向，然后按假定方向列出方程并进行演算，用演算结果与假定方向相比较确定其实际方向。解方程时，一般先进行文字运算，然后再以具体数值代入，求得结果。运算中应注意单位的正确选用。

(5)讨论　讨论结果的物理意义，判断其是否合理和正确。

例 2.5　由地面沿铅直方向发射质量为 m 的宇宙飞船，见图。试求宇宙飞船能脱离地球引力所需的最小初速度(不计空气阻力及其他作用力)。

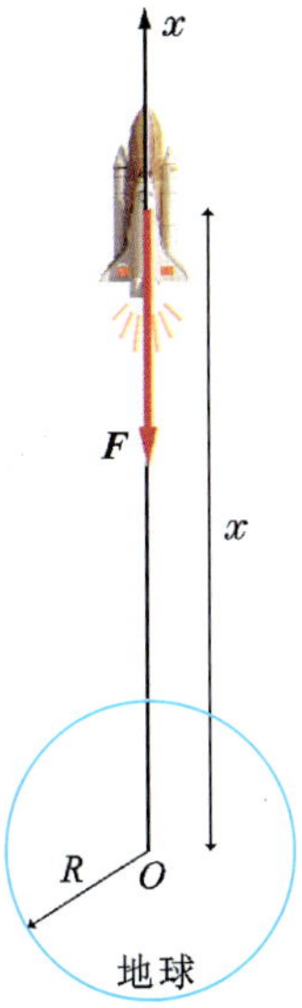

例 2.5 图

解　选宇宙飞船为研究对象，取坐标轴向上为正。飞船只受地球引力作用，根据万有引力定律，地球对飞船引力的大小为

$$F=G\frac{Mm}{x^2} \tag{1}$$

用 R 表示地球的半径，把 $G=\frac{gR^2}{M}$ 代入式(1)，得

$$F=\frac{mgR^2}{x^2} \tag{2}$$

根据质点运动微分方程，有

$$m\frac{dv}{dt}=-\frac{mgR^2}{x^2}$$

$$\frac{dv}{dt}=-gR^2\frac{1}{x^2} \tag{3}$$

将 $\frac{dv}{dt}$ 改写为

$$\frac{dv}{dt}=\frac{dv}{dx}\frac{dx}{dt}=v\frac{dv}{dx}$$

代入式(3)并分离变量得

$$v dv=-gR^2\frac{dx}{x^2}$$

设飞船在地面附近($x\approx R$)发射时的初速度为 v_0，在 x 处的速度为 v，将上式积分，有

$$\int_{v_0}^{v} v dv=\int_{R}^{x}-gR^2\frac{dx}{x^2}$$

故

$$v^2=v_0^2-2gR^2\left(\frac{1}{R}-\frac{1}{x}\right)$$

飞船要脱离地球引力的作用，这是一个物理条件，现要用数学关系式表示出来，这在处理各种实际问题时是经常遇到的，也是解决实际问题很关键的一步。这里要飞船脱离地球引力的作用，即意味着飞船的末位置 x 趋于无限大而 $v\geqslant 0$。把 $x\to\infty$ 时 $v=0$ 代入上式，即可求得飞船脱离地球引力所需的最小初速度(取地球的平均半径为 6370 km)。

$$v_0=\sqrt{2gR}=11.2\quad \text{km/s}$$

这个速度称为第二宇宙速度。

理论计算表明，物体从地球表面附近以 $v_0=\sqrt{gR}=7.9$ km/s 的速度沿水平方向发射后，它将沿地面而绕地球作圆周运动，成为一个人造地球卫星，这个速度称为第一宇宙速度。而物体从地球表面附近以 $v_0=16.7$ km/s 的速度发射时，物体不仅能脱离地球引力，而且还能脱离太阳引力(即逃出太阳系)，这个速度称为第三宇宙速度。

值得指出的是，宇宙速度随发射地点而异，如果发射不在地面附近而在与地心距离为 r 处，这时第一、第二宇宙速度的表达式中的 R 都应该换成 r，g 都应换成 r 处的引力加速度 $\frac{GM}{r^2}$，因而该处的第一、第二宇宙速度分别表示为

$$v_{\mathrm{I}}=\sqrt{\frac{GM}{r}},\quad v_{\mathrm{II}}=\sqrt{\frac{2GM}{r}}$$

例 2.6 质量为 m 的重物，吊在桥式起重机的小车上，小车以速度 $\boldsymbol{v}_0$ 沿横向作匀速运动，见图。小车因故急刹车，重物绕悬挂点 O 向前摆动。设钢绳长 l，试求刹车时钢绳拉力的变化。

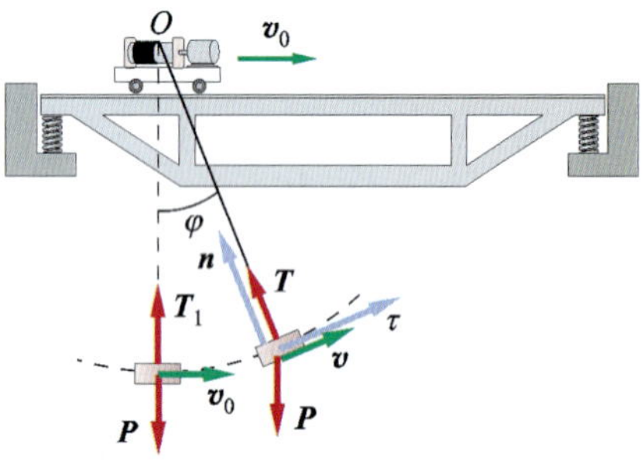

例 2.6 图

解 选重物为研究对象，重物受重力 $\boldsymbol{P}$、钢绳拉力 $\boldsymbol{T}$ 的作用。刹车前，重物处于平衡状态，设这时拉力为 T_0，于是有

$$T_0-mg=0 \tag{1}$$

刹车后，重物绕 O 点向前摆动，设任意时刻 t 钢绳与铅垂方向夹角为 φ，此时钢绳拉力为 $\boldsymbol{T}$，重力沿切线和法线的投影分别为 $P_\tau=P\sin\varphi$，$P_\mathrm{n}=P\cos\varphi$，根据式(2.7)，有

$$R_\tau=P_\tau=-mg\sin\varphi=m\frac{\mathrm{d}v}{\mathrm{d}t} \tag{2}$$

$$R_\mathrm{n}=T-mg\cos\varphi=m\frac{v^2}{l} \tag{3}$$

由式(2)知，重物绕 O 点的摆动为减速运动，故在初始位置重物开始摆动时其速度具有最大值 v_0；另一方面，在该位置时 $\varphi=0$，$\cos\varphi=1$，因此，重物在该位置时，钢绳拉力最大，设为 T_1，于是有

$$T_1-mg=m\frac{v_0^2}{l} \tag{4}$$

可见在刹车瞬间，钢绳拉力的变化为

$$\Delta T=T_1-T_0=m\frac{v_0^2}{l}$$

如取 $m=10000$ kg，$v_0=1$ m/s，$l=2$ m，则

$T_0=mg=98000$ N$=98$ kN

$T_1=mg+m\dfrac{v_0^2}{l}=103000$ N$=103$ kN

$\Delta T=5000$ N$=5$ kN

可见在急刹车时，钢绳拉力突然增加了 ΔT，这称为突加动拉力。为了避免出现过大的突加动拉力，在起重过程中应力求平稳。

本题的特点是受力质点沿曲线轨迹运动。求解这一类问题时，应特别注意对研究对象进行运动分析，并根据物理条件预先确定未知力的方向。列方程时，一般应选用牛顿运动定律的法向和切向投影形式。

表示牛顿第二定律的方程(2.4)也可写成

$$\boldsymbol{R}-m\boldsymbol{a}=\boldsymbol{0} \tag{2.16}$$

如将式中 $-m\boldsymbol{a}$ 项看作力，并用 $\boldsymbol{Q}$ 表示，称作质点的惯性力，则有

$$\boldsymbol{Q}=-m\boldsymbol{a} \tag{2.17}$$

即质点的惯性力 $\boldsymbol{Q}$ 的大小等于质点的质量与加速度的乘积，方向与加速度方向相反。有了惯性力的概念，方程(2.16)可以写成如下形式

$$\boldsymbol{R}+\boldsymbol{Q}=\boldsymbol{0} \tag{2.18}$$

上式表明，在质点运动中的任一时刻，作用在质点上所有力的合力 $\boldsymbol{R}$ 与假想作用在质点上的惯性力 $\boldsymbol{Q}$ 的矢量和总是为零。

将方程(2.17)和(2.18)投影在直角坐标系各坐标轴上，有

$$\left.\begin{aligned}R_x+Q_x=0,\quad & Q_x=-ma_x\\ R_y+Q_y=0,\quad & Q_y=-ma_y\\ R_z+Q_z=0,\quad & Q_z=-ma_z\end{aligned}\right\} \tag{2.19}$$

或将方程(2.17)和(2.18)投影到轨迹的切线和法线方向上，有

$$\left.\begin{aligned}R_\tau+Q_\tau=0,\quad & Q_\tau=-ma_\tau=-m\frac{\mathrm{d}v}{\mathrm{d}t}\\ R_\mathrm{n}+Q_\mathrm{n}=0,\quad & Q_\mathrm{n}=-ma_n=-m\frac{v^2}{\rho}\end{aligned}\right\} \tag{2.20}$$

质点的惯性力是一个假想的力，引入惯性力的概念可把动力学问题在形式上变为静力学问题来处理，这种方法称为动静法。用动静法求解某些动力学问题显得较为方便，它在工程实际中经常被采用。

例 2.7 一质量为 m 的小球(视为质点)，在离地面某高度处，由静止开始沿竖直下落。取开始时刻($t=0$)小球的位置为坐标原点，y 轴正方向竖直向下，见图。如不考虑空气阻力，则有 $v=gt$，$y=\dfrac{1}{2}gt^2$。现考虑空气阻力，并设阻力 f 与落体速度 v 成正比

例而反向，即 $f=-kv$，式中 k 为阻尼系数。试求小球速度随时间的变化关系和位置坐标随时间的变化关系。

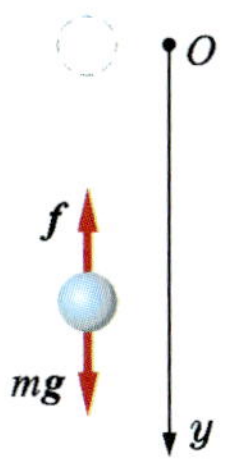

例 2.7 图

解　取小球为研究对象，小球下落中受重力和空气阻力作用，依题意 $t=0$ 时，$y_0=0$，$v_0=0$，根据牛顿运动定律，有

$$mg-kv=m\frac{dv}{dt} \tag{1}$$

式(1)两端除以 m 并分离变量，得

$$\frac{dv}{g-\frac{k}{m}v}=dt \tag{2}$$

积分上式，得

$$\int_0^v\frac{dv}{g-\frac{k}{m}v}=\int_0^t dt$$

$$\frac{m}{k}\ln\left(g-\frac{k}{m}v\right)\Big|_0^v=-t$$

$$\frac{g-\frac{k}{m}v}{g}=e^{-\frac{k}{m}t}$$

$$v=\frac{mg}{k}\left(1-e^{-\frac{k}{m}t}\right) \tag{3}$$

这就是小球下落中速度随时间的变化关系。由式(3)可知当 $t=\infty$ 时，$v=\frac{mg}{k}$。由于 $e^{-\frac{k}{m}t}$ 随时间增大而很快减小，故实际上经过一段时间后，小球即沿 y 方向作匀速直线运动，其速度大小为 $\frac{mg}{k}$，称为终极速度。

将式(3)再积分，可得小球下落过程中，位置坐标随时间的变化关系

$$y=\frac{mg}{k}t+\frac{m^2g}{k^2}\left(e^{-\frac{k}{m}t}-1\right) \tag{4}$$

这也就是考虑到空气阻力时，小球无初速下落的运动学方程。

当流体和物体相对运动速率较大时，流体阻力可以认为是与速率二次方成正比，即

$$\boldsymbol{F}=-C\rho Sv\boldsymbol{v}$$

式中 ρ 为流体密度，S 为物体在垂直于速度方向的横截面，C 为阻尼系数，其大小与速率大小有关。

想想看

2.11　你能用动静法求解例 2.6 吗？

2.12　一质量为 m 的物体，在阻力与速率二次方成正比的流体中下落，当落到重力与阻力相等时，物体的加速度为零，此后物体将以终极速率匀速下落。你能给出终极速率的数学表达式吗？快速骑自行车的人为什么使身体尽量向前弯曲？空中跳伞的人为什么要打开截面积足够大的降落伞？你能讲出其中的道理吗？

复习思考题

2.12　一根绳子悬挂着一个质量为 m 的小球，小球在水平面内作匀速圆周运动，绳子与铅垂方向的夹角为 θ，如图所示。在求绳子对小球的拉力 $\boldsymbol{T}$ 时，有人把 $\boldsymbol{T}$ 投影在铅直方位，得

$$T\cos\theta-mg=0$$

从而有

$$T=\frac{mg}{\cos\theta}$$

又有人把重力 mg 投影在绳子所在方位，得

$$T-mg\cos\theta=0$$

从而有

$$T=mg\cos\theta$$

以上两种做法中，你认为哪种做法是正确的，并说明其理由。

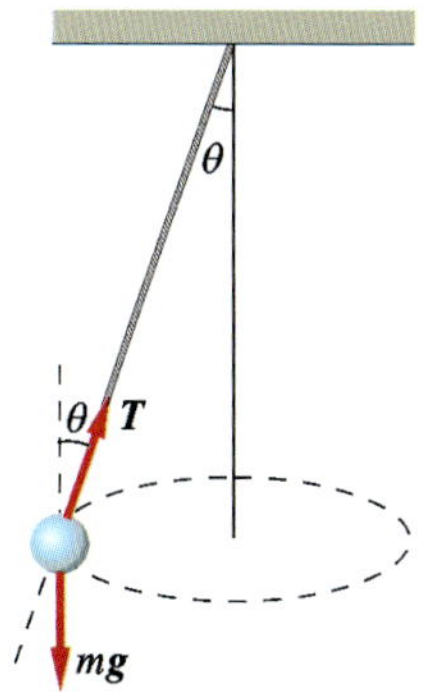

思 2.12 图

2.4 牛顿运动定律的适用范围

2.4.1 惯性系

在运动学中，研究质点的运动时，为研究问题的方便，参考系可以任意选择。在动力学中，应用牛顿定律研究问题时，参考系是否也可任意选择呢？也就是说，牛顿定律是否对任意参考系都适用呢？我们用下面的例子来说明这个问题。

在相对地面以加速度 $\boldsymbol{a}$ 运动着的车厢里，有一静止的物体。对静止在车厢中的观察者来说，物体的加速度是零；但对地球上的观察者来说，物体的加速度是 $\boldsymbol{a}$，如果牛顿定律在以地球为参考系时是适用的，则由此可以得出质点受到不为零的合力 $\boldsymbol{F}(=m\boldsymbol{a})$作用的结论；如果牛顿定律在以车厢为参考系时亦适用，则由此可以得出物体所受合力为零，即 $\boldsymbol{F}=\boldsymbol{0}$ 的结论。两种结论显然矛盾，这说明牛顿定律不能同时适用于上述两种参考系。也就是说，应用牛顿定律研究动力学问题时，参考系是不能任意选择的。

我们把**牛顿定律适用的参考系，称为惯性系**；否则，就叫非惯性系。一个参考系是否是惯性系，只能依赖实验确定。如果在所选参考系中，应用牛顿定律和从它得到的推论，所得结果在人们要求的精确度范围内与实践或实验相符合，那么我们就认为这个参考系是惯性系。天文学的研究结果表明：以太阳为原点，以从太阳指向恒星的直线为坐标轴，这样的参考系可以认为是惯性系。实验结果还表明，相对已知惯性系作匀速直线运动的参考系，牛顿定律也都适用。故**凡是相对惯性系作匀速直线运动的参考系也都是惯性系，**而相对惯性系作变速运动的参考系不是惯性系。

在解决工程实际中的一般问题时，可以认为地面或固定在地面上的物体是惯性系。显然，在地面上作变速运动的物体都不能看作惯性系。

2.4.2 牛顿运动定律的适用范围

牛顿定律像其他一切物理定律一样，有它一定的适用范围。

从上世纪末到本世纪初，物理学的研究领域开始从宏观世界深入到微观世界；由低速运动扩展到高速(与光速比拟)运动。在高速和微观领域里，实验发现了许多新的现象，这些现象用牛顿力学中的概念无法解释，从而显示了牛顿力学的局限性。

物理学的发展表明：牛顿力学只适用于解决物体的低速运动问题，而不适用于处理高速运动问题，物体的高速运动遵循相对论力学的规律；牛顿力学只适用于宏观物体，而一般不适用于微观粒子，微观粒子的运动遵循量子力学的规律。这就是说，牛顿力学只适用于宏观物体的低速运动，一般不适用于微观粒子和高速领域。

应该指出，目前遇到的工程实际问题，绝大多数都属于宏观、低速的范围，因此，牛顿力学仍然是一般技术科学的理论基础和解决工程实际问题的重要工具。

复习思考题

2.13 质点相对于某参考系静止，该质点所受的合力是否一定为零？

2.14 在惯性系中，质点受到的合力为零，该质点是否一定处于静止？

2.15 牛顿运动定律的适用范围是什么？

第 2 章小结

牛顿第一定律

任何质点，只要其他物体作用于它的合力为零，则质点就保持静止或匀速直线运动状态不变

$$\boldsymbol{R}=\sum_i \boldsymbol{F}_i=\boldsymbol{0}$$

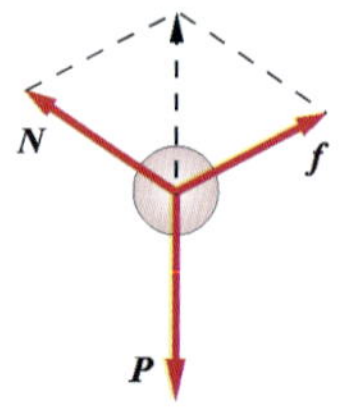

牛顿第三定律

当物体 A 以力 $\boldsymbol{F}_1$ 作用于物体 B 时，物体 B 也同时以力 $\boldsymbol{F}_2$ 作用于物体 A，$\boldsymbol{F}_1$ 和 $\boldsymbol{F}_2$ 大小相等，方向相反，且在同一直线上

$$\boldsymbol{F}_1=-\boldsymbol{F}_2$$

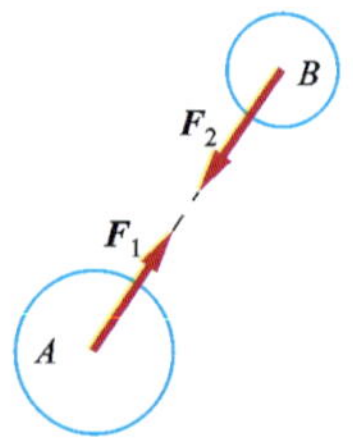

牛顿第二定律

某时刻质点动量对时间的导数等于该时刻作用于质点上的所有力的合力

$$\boldsymbol{R}=\sum_i \boldsymbol{F}_i=\frac{\mathrm{d}}{\mathrm{d}t}(m\boldsymbol{v})$$

$$R_x=\sum_i F_{ix}=\frac{\mathrm{d}(mv_x)}{\mathrm{d}t}$$

$$\vdots$$

$$R_\tau=\sum F_{i\tau}=ma_\tau=m\frac{\mathrm{d}v}{\mathrm{d}t}$$

$$R_n=\sum F_{in}=ma_n=m\frac{v^2}{\rho}$$

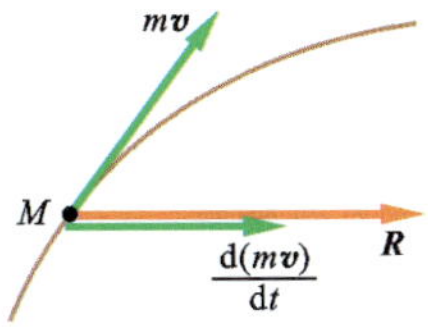

万有引力定律

质量分别为 m_1 和 m_2、相隔距离为 r 的两个质点间的万有引力 F，与两质点质量的乘积 $m_1 m_2$ 成正比，与它们之间距离 r 的平方成反比，方向沿两质点的连线

$$F=G\frac{m_1 m_2}{r^2}$$

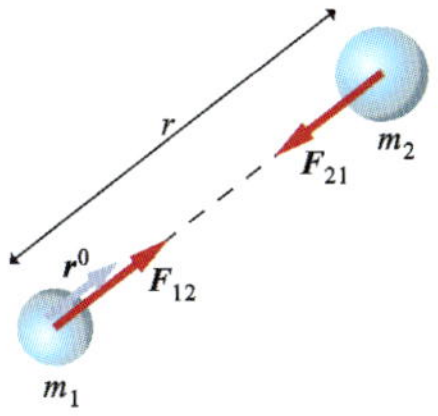

地球作用于质点的万有引力 F，与地球和质点质量 Mm 的乘积成正比，与质点到地球球心的距离 x 的平方成反比

$$F=G\frac{Mm}{x^2}$$

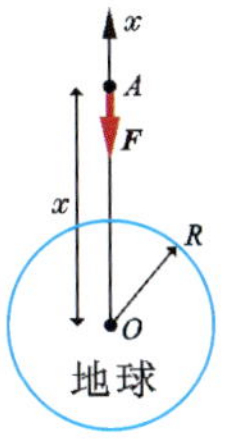

力学中常见的几种力

地球对其表面附近尺寸不大的物体的万有引力，近似等于该物体的重力

$$P=G\frac{Mm}{R^2}=mg$$

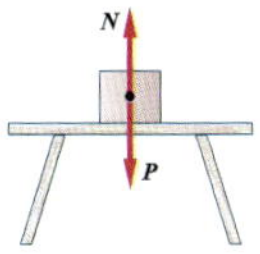

在弹性限度范围内，弹簧对物体的作用力在 x 轴上的投影 F_x 等于弹簧劲度系数 k 与弹簧变形量 x 乘积的负值

$$F_x=-kx$$

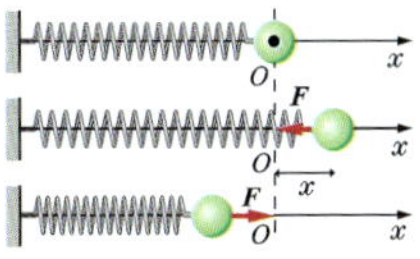

静摩擦力的大小介于零和最大静摩擦力 $f_{\max}$ 之间。最大静摩擦力与物体受到的法向力 N 的大小成正比

$$f_{\max}=N\mu_0$$

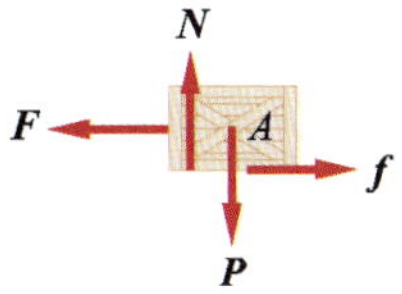

滑动摩擦力的大小与物体受到的法向力 N 成正比

$$f_{\max}=N\mu$$

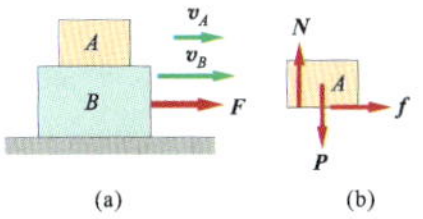

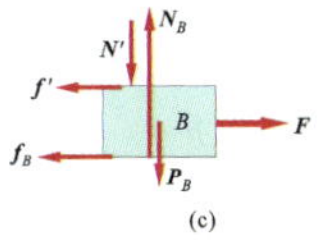

习　题

2.1　选择题

(1) 三个质量相等的物体 A、B、C 紧靠在一起，置于光滑水平面上，如图。若 A、C 分别受到水平力 $\boldsymbol{F}_1$、$\boldsymbol{F}_2$ $(F_1>F_2)$ 的作用，则 A 对 B 的作用力大小为[　　]。

(A) F_1　　(B) F_1-F_2

(C) $\frac{2}{3}F_1+\frac{1}{3}F_2$　　(D) $\frac{2}{3}F_1-\frac{1}{3}F_2$

(E) $\frac{1}{3}F_1+\frac{2}{3}F_2$　　(F) $\frac{1}{3}F_1-\frac{2}{3}F_2$

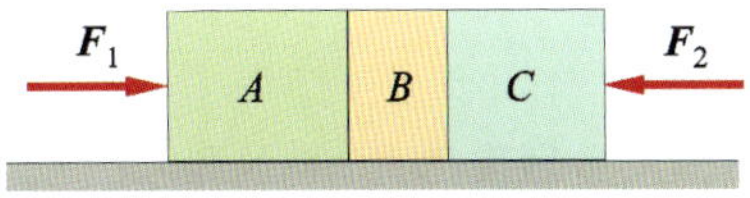

题 2.1(1)图

(2) 如图示两个质量分别为 m_A 和 m_B 的物体 A 和 B，一起在水平面上沿 x 轴正向作匀减速直线运动，加速度大小为 a，A 与 B 间的最大静摩擦系数为 μ，则 A 作用于 B 的静摩擦力 $\boldsymbol{F}$ 的大小和方向分别为[　　]。

(A) $\mu m_B g$，与 x 轴正向相反

(B) $\mu m_B g$，与 x 轴正向相同

(C) $m_B a$，与 x 轴正向相同

(D) $m_B a$，与 x 轴正向相反

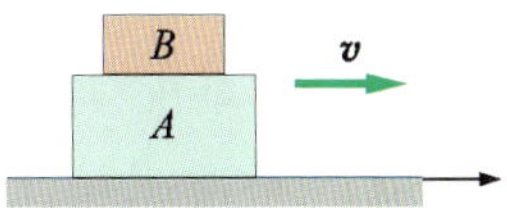

题 2.1(2)图

(3) 质量为 m 的物体，放在纬度为 φ 处的地面上，设地球质量为 M_e，半径为 R_e，自转角速度为 ω。若考虑到地球自转的影响，则该物体受到的重力近似为[　　]。

(A) $G\frac{M_e m}{R_e^2}$　　(B) $m\omega^2 R_e\cos\varphi$

(C) $m\left(\frac{GM_e}{R_e^2}+\omega^2 R_e\cos\varphi\right)$

(D) $m\left(\frac{GM_e}{R_e^2}-\omega^2 R_e\cos^2\varphi\right)$

2.2　填空题

(1) 质量为 m 的质点，置于长为 l、质量为 M 的均质细杆的延长线上，质点与细杆近端距离为 r，选图(a)所示坐标系，则细杆上长度为 $\mathrm{d}x$ 的一段与质点之间万有引力的大小为 $\mathrm{d}F=$ ________，细杆与质点之间万有引力的大小为 $F=\int$ ________ $=$ ________。选图(b)所示坐标系，则细杆上长度为 $\mathrm{d}x$ 的一段与质点之间万有引力的大小为 $\mathrm{d}F=$ ________，细杆与质点之间万有引力的大小为 $F=\int$ ________ $=$ ________。

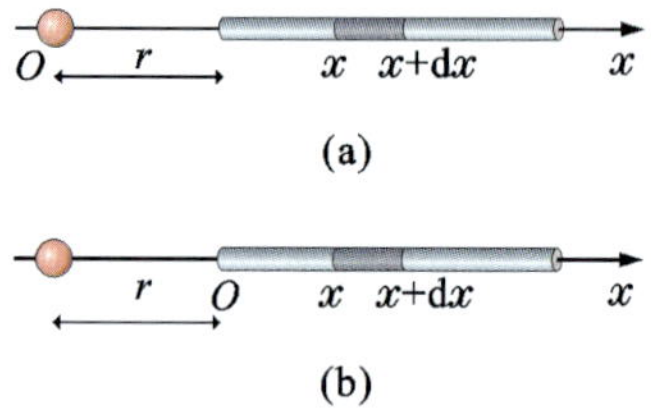

题 2.2(1)图

(2) 在光滑的水平桌面上，有一自然长度为 l_0，劲度系数为 k 的轻弹簧，一端固定，另一端系一质量为 m 的质点。若质点在桌面上以角速度 ω 绕固定端作匀速圆周运动，则该圆周的半径 $R=$ ________，弹簧作用于质点的拉力 $F=$ ________。

(3) 质量为 m 的小圆环，套在位于竖直面内半径为 R 的光滑大圆环上，如图。若大圆环绕通过其中心的竖直轴以恒定角速度 ω 转动，而小圆环相对于大圆环静止。则大圆环作用于小圆环的力大小为 $N=$ ________，小圆环相对静止的位置角 $\theta=$ ________。

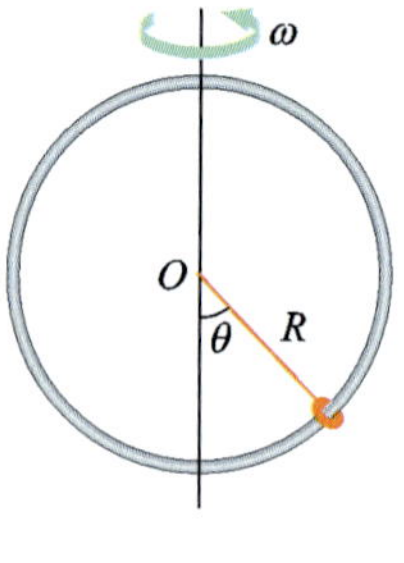

题 2.2(3)图

2.3　把一根均匀的棒 AC 放置在光滑桌面上，如图所示。已知棒的质量为 M，长为 L，今用一大小为 F_1 的力沿水平推棒的左端。设想把棒分成 AB 和 BC 两段，且 $\overline{BC}=\frac{1}{5}L$，求 AB 段对 BC 段的作用力。

题 2.3 图

2.4　在光滑的水平桌面上，放着 4 个完全一样的立方体，质量均为 $m=1.0$ kg，如图所示。有一恒力 $\boldsymbol{F}$($F=9.8$ N)作用在第 1 个立方体上，问第 3 个立方体共受几个力？其大小、方向如何？如果第 4 个立方体右端紧挨一堵墙，试重复上面的讨论。

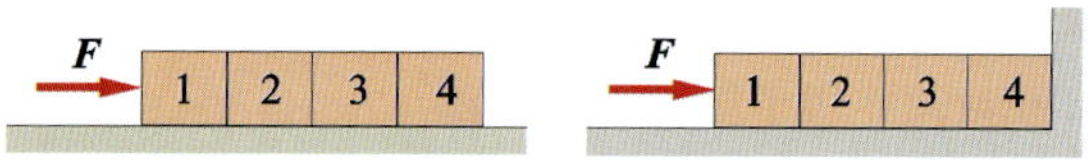

题 2.4 图

2.5　已知一个斜度可以变化但底边长 L 不变的斜面。

(1) 求石块从斜面顶端无初速度地滑到底所需时间与斜面倾角 α 之间的关系。设石块与斜面间的滑动摩擦系数为 μ。

(2)若斜面倾角分别为 $\alpha_1=60°$ 和 $\alpha_2=45°$时，石块下滑的时间相同，问滑动摩擦系数 μ 等于多大？

题 2.6 图

2.6　如图所示，人的质量 $m_1=60$ kg。升降机的质量 $m_2=30$ kg，站在升降机上的人要想拉住升降机使之不动，问他要用多大的力 $\boldsymbol{f}$ 作用在绳上？绳子和滑轮质量不计。

2.7　桌上有一质量 $M=1$ kg 的板，板上放一质量 $m=2$ kg 的物体，物体和板之间、板和桌面之间的滑动摩擦系数均为 $\mu=0.25$，静摩擦系数均为 $\mu_0=0.30$，以水平力 $\boldsymbol{F}$ 作用于板上，如图所示。

(1) 若物体与板一起以 $a=1\ \mathrm{m/s^2}$ 的加速度运动，试计算物体与板以及板与桌面之间相互作用的摩擦力。

(2) 若欲使板从物体下抽出，问力 $\boldsymbol{F}$ 至少要加到多大？

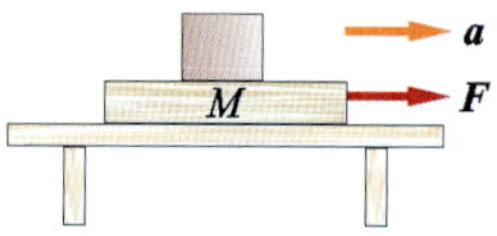

题 2.7 图

2.8　如图所示，升降机中有一质量为 m 的物体 A，它以绕过滑轮的绳索与质量也是 m 的物体 B 相连，物体 A 与台面之间无摩擦。当升降机以 $g/2$(g 为重力加速度)的加速度加速上升时，以升降机为参考系，A、B 两物体的加速度是多大？又以机外地面为参考系，A、B 两物体的加速度是多大？

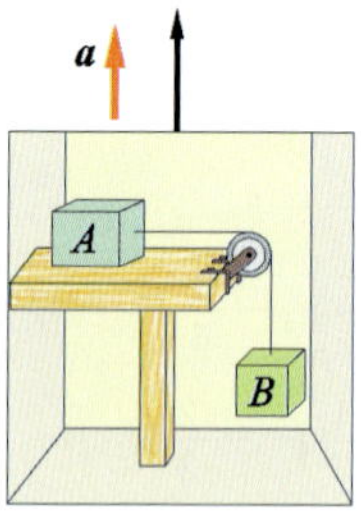

题 2.8 图

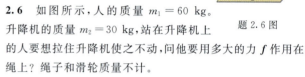

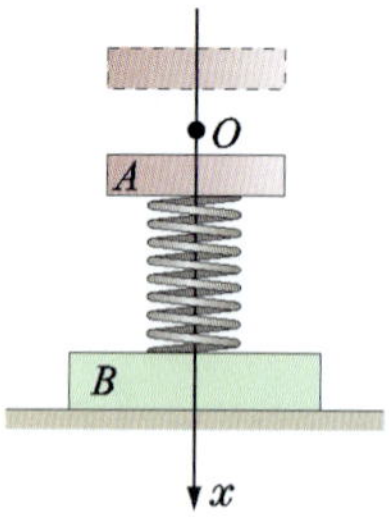

题 2.9 图

2.9　重物 A 和 B 分别重 $P_A=200$ N 和 $P_B=400$ N，并以弹簧相互连接，重物 A 沿铅垂线作简谐运动。以 A 的平衡位置为坐标原点，取坐标轴正方向向下，如图所示 A 的运动学方程为 $x=h\cos\omega t$，其中振幅 $h=1.0\times10^{-2}$ m，圆频率 $\omega=8\pi$ rad/s。弹簧的质量不计。求

(1) 弹簧对 A 的作用力 N 的最大值和最小值；

(2) B 对支承面的压力的最大值和最小值。

2.10　卡车本身连同所载人员、货物共重 4 t。车身在钢板弹簧上振动，其位移满足规律 $y=0.08\sin 4\pi t$ m，求卡车对弹簧的压力。

2.11　一桶内盛水，系于绳的一端，并绕 O 点以角速度 ω 在铅直平面内匀速旋转。设水的质量为 m，桶的质量为 M，圆周半径为 R，问 ω 应为多大时才能保证水不流出来？又问在最高点和最低点时绳中的张力多大？

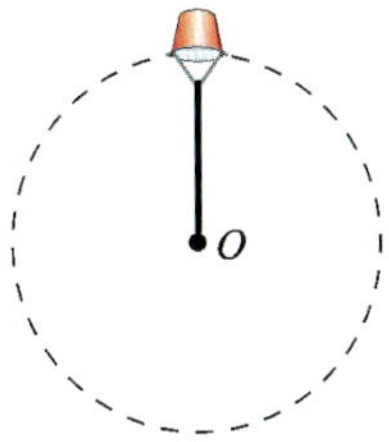

题 2.11 图

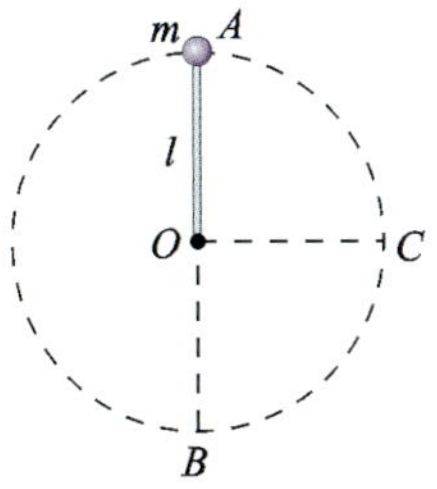

题 2.12 图

2.12　一根长为 l、质量可以忽略的细棒，可绕其端点在铅直面内匀角速度运动，棒的另一端附着一质量为 m 的小球，如图所示。

(1) 试分析在顶点 A 处的速率取什么值时，才能使棒对小球的作用力为零；速率分别满足什么条件才能使棒对小球的作用力为拉力或推力？

(2) 设 $m=500$ g，$l=50$ cm，小球以 $v=40$ m/s 的速率作匀速运动。求 A、B、C 三点处棒对小球的作用力。

2.13　如图所示，用一穿过光滑桌面上小孔的绳，将放在桌面上的质点 m 与悬挂着的质点 M 连接起来，m 在桌面上作匀速圆周运动。问 m 在桌面上作圆周运动的速率 v 和圆周半径 r 满足什么关系时，才能使 M 静止不动？

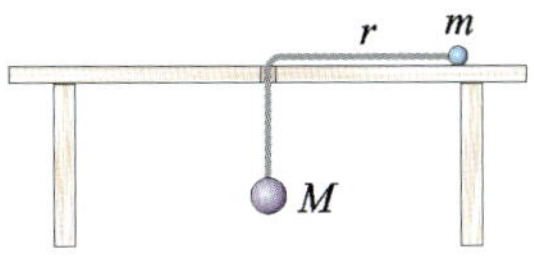

题 2.13 图

2.14　题 2.13 中若没有 M，而连接 m 的是弹簧，弹簧的另一端固定在中心，且弹簧的伸长满足胡克定律。假设质点 m 以转数 ν 旋转（ν 为单位时间内旋转的圈数），试证明：

(1) 匀速圆周运动的半径为 $kl_0/(k-4\pi^2 m\nu^2)$；

(2) 弹簧的张力 T 为 $4\pi^2 mkl_0\nu^2/(k-4\pi^2 m\nu^2)$。

式中 l_0 为弹簧原长，k 为劲度系数。

2.15　"太阳游艇"是一艘太空船，它有一个巨大的帆，太阳光光压可在其上产生推力。虽然这种推力非常微小，但它足以推动太空船在宇宙空间沿离开太阳的方向航行。假如太空船的质量是 900 kg，推动力是 20 N，问：(a) 太空船的加速度有多大？(b) 如果太空船从静止出发，它 24 h 能航行多远；(c) 那时它的运动有多快？

2.16　假想一个登陆舱接近了木星的一个卫星的表面。如果发动机提供一个 3260 N 的向上的力（推力），登陆舱以恒定速率下降；如果发动机仅提供 2200 N 的推力，登陆舱以 $0.39\ \text{m/s}^2$ 的加速度下降。试求：(a) 登陆舱在接近木星卫星表面时的重量是多少？(b) 登陆舱的质量是多少？(c) 靠近木星卫星表面的自由下落加速度的大小是多少？

2.17　地球同步卫星的发射精度比一般卫星要求高得多，技术也难得多。它在赤道上空运行的周期与地球自转周期 T_e 严格相等，试计算地球同步卫星的运行速率 v 及它距赤道表面的高度 h，见图。

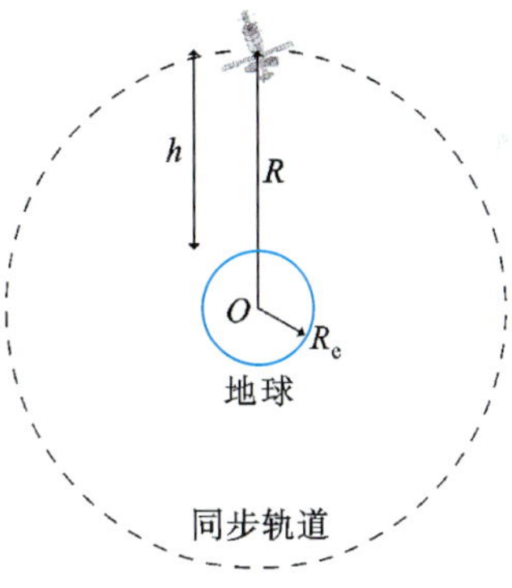

题 2.17 图

2.18　宇宙飞船沿地球与月球的中心连线从地球飞到月球。试求宇宙飞船飞到何处，地球对飞船的引力和月球对飞船的引力正好相互抵消。月球的质量为 $m_m=7.35\times10^{22}$ kg，月球的轨道半径为 $r_m=3.84\times10^8$ m。

2.19　如图所示，将一质量为 m 的物体 A，放在一个绕竖直轴以每秒 ν 转的恒定速率转动的漏斗中。漏斗的壁与水平面成 θ 角。设物体 A 与漏斗壁间的最大静摩擦系数为 μ_0，物体 A 与转轴的距离为 r。问物体 A 与漏斗保持相对静止时，ν 应该在什么范围之内。

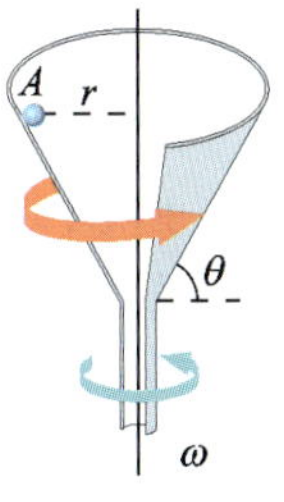

题 2.19 图

（右半幅）

（左半幅）

《流 民 图》——中国美术史上的不朽佳作

中国美术馆馆藏的中国画人物长卷《流民图》，被誉为“中国现代画史上现实主义的历史画卷”。这幅由我国20世纪著名人物画家蒋兆和创作、记录着日本侵略者给中华民族带来深重灾难、充满血和泪的作品，高2米、长12米，称得上是20世纪上半叶最大的一幅真实反映民族悲剧的人物画卷。

这幅画是1942—1943年在北京创作的巨幅长卷。当时日本侵略者已践踏我国的半壁河山，中国人民水深火热的遭遇是激发画家构思《流民图》创作的动机。1942年，蒋兆和曾去上海、南京等地搜集素材，画了许多素描、速写人物，但创作全图时，还是请了许多模特儿，其中包括画家的朋友如国画家邱石冥、木刻家王青芳等。画卷由右至左，起始是一位拄棍老人，他身边还有一位卧地老者，已经气息奄奄，两位妇女和一个牵驴人围着他，毫无办法；再往下，是抱锄头的青年农民和他的饥饿的家眷，抱着死去小女儿的母亲，在空袭中捂着耳朵的老人，以及抱在一起、望着天空的妇女、儿童。断壁稳如泰山垣、尸身横卧、路皆乞丐；再往下，是乞儿，逃难的人，受伤的工人，等待亲人归来的城市妇女，弃婴，疯了的女人，要上吊的父亲和哀求他的女儿，在痛苦中深思的知识分子……

《流民图》全以毛笔、水墨画出，其形象描绘之具体、深刻，在现代绘画史上是鲜见的。传统人物画由于一味追求写意性，加上公式化，近几百年来很少有深刻描绘现实的作品。蒋兆和把西画素描手法引入中国画、每画一个人物都必求有生活依据，有相应的模特儿作参考。他适当吸取光影法刻画人物面部，但又以线描为主要造型手段——这是自近现代倡导写实主义绘画以来，在人物画领域所获得的巨大成果。蒋兆和是一位着眼于现实的艺术家，他说自己的艺术不是“一杯人生的美酒”，而是“一碗苦茶”，以献给“灾黎遍野，亡命流离，老弱无依，贫病交集”的大众，《流民图》正体现了这一主张。

1943年，《流民图》首次在北平太庙公展，当天即遭到日本宪兵队查封。不久，上海方面又以借展为由，变相收走了原作。从此，《流民图》杳无音信，蒋兆和手中仅剩下成套的黑白图片。直到五十年代初，才意外地在上海一个银行的地下室里找到！失而复得的长卷被剥蚀掉了十余米，只有画卷中心部分还残存着。从此，人们所能看到的只是《流民图》幸存下来的一半。就是这一半，曾于1957年赴苏联展出，引起轰动。1994年《流民图》残卷及复制品在中国美术馆展出，当时，在观众中引起强烈共鸣。继而，法国、日本等国先后发出邀请外展。

蒋兆和（1904—1986），四川泸州人。早年自学绘画，1928年被徐悲鸿聘为南京中央大学图案系教员，后曾在上海美术专科学校、国立北平艺专、中央美术学院任教。蒋兆和在长期的艺术创作中，始终坚持现实主义人物画创作，还创作了《卖小吃的老人》《卖子图》《杜甫像》等作品。

第3章 功和能

physics 大学物理

你知道米是怎样定义的吗

1983 年第 17 届国际计量大会上正式通过了新的米定义：米是光在真空中 1/299792458 秒时间内所经过路程的长度。新的米定义将两个基本物理量——长度和时间——利用已定义的基本物理恒量（真空光速值）结合了起来。这样，长度测量便可通过精度很高的时间测量来实现，波长测量也可通过频率测量来实现。

国际计量大会在通过新的米定义的同时，通过了复现米定义的三个途径：

1. 飞行时间法　利用光在真空中的飞行时间测量长度。只要精确测出光在真空中行进的时间 t，就可利用关系式 $l=ct$ 求出长度 l，式中 c 是已定义的真空光速值。在天文与大地测量中，飞行时间法早已普遍采用。

2. 真空波长法　用频率为 f 的平面电磁波的真空波长来复现米。这个波长是通过测量平面电磁波的频率 f，然后应用关系式 $\lambda=c/f$ 得到的。用真空波长法复现米，在实际使用中仍可应用传统的光波干涉法。

3. 直接应用 1982 年第 7 届国际米定义咨询委员会（CCDM）推荐的五种饱和吸收稳频激光器的波长或频率值。1992 年第 8 届 CCDM 总结了稳频激光技术的进步，改善了五种稳频激光辐射标准谱线的标准不确定度，并根据发展需要又增加了三种新型稳频激光辐射谱线作为复现米定义的标准辐射谱线。这八种稳频激光器是：① 甲烷稳频 3.39 μm 氦氖激光器；② 碘稳频 576 nm 染料激光器；③ 碘稳频 633 nm、612 nm、543 nm、640 nm 氦氖激光器；④碘稳频 515 nm 氩离子激光器；⑤钙束稳频 657 nm 染料激光器。其中，碘稳频 640 nm 氦氖激光器的标准辐射是由中国计量科学研究院首创和申报的。我国在长度基准研究领域已跨入世界先进行列。

我国自制的具有自主知识产权的 532 nm 碘稳定固体激光器，其频率稳定度为 $10^{-15}\sim10^{-14}$ 量级，频率复现性为 8.9×10^{-12} 量级

稳频装置结构紧凑，易于搬运，并且可以得到较满意的频率稳定度和复现性。

利用上述三种途径复现米定义，必须进行以下三个影响因素的修正。

1. 折射率的修正　在地球表面按米新定义测量长度时，光总是在一定气压下进行的，并非真空条件，所以必须进行折射率的修正，修正量在 $\pm10^{-7}$ 数量级范围内。

2. 衍射效应的修正　按复现米定义的三种途径，都是利用光波建立在平面电磁波 $\exp(i(kz-\omega t))$ 的基础上。但是，在实际工作中，光波总是受到光学元件几何尺寸的限制，即没有真正的平面电磁波，所以要进行衍射修正。修正量在 $\pm10^{-9}$ 数量级范围内。

3. 引力场效应修正　新的米定义仅适用于没有引力场的空间或在恒定的引力场空间，但是这样的空间是很难找到的，所以要进行引力场或相对论效应的修正，实验证明，修正量小于 10^{-12}。

功和能是物理学中两个非常重要的概念。本章介绍功和功率的定义及其计算方法，讨论质点及质点系动能定理，介绍保守力做功的特点，引入势能概念，研究机械能守恒定律，并简要介绍能量守恒定律。

3.1 功

3.1.1 恒力的功

恒力 $\boldsymbol{F}$ 作用在沿直线运动的质点 M 上，见图3.1。质点从 a 点运动到 b 点的过程中，力 $\boldsymbol{F}$ 作用点的位移为 $\boldsymbol{s}$，力与位移之间的夹角为 θ，则力 $\boldsymbol{F}$ 在位移 $\boldsymbol{s}$ 上的功 A 定义为

$$A=Fs\cos\theta \tag{3.1}$$

即作用在沿直线运动质点上的恒力 $\boldsymbol{F}$，在力作用点位移 s 上所做的功，等于力的大小 F、质点位移的大小 s 以及力与位移之间夹角余弦 $\cos\theta$ 的乘积。

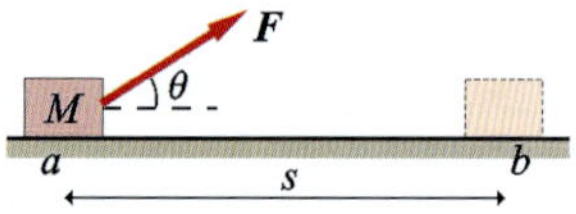

图 3.1

根据矢量标积的定义，式(3.1)可以改写为

$$A=\boldsymbol{F}\cdot\boldsymbol{s} \tag{3.2}$$

即作用在沿直线运动质点上的恒力 $\boldsymbol{F}$，在力作用点位移 $\boldsymbol{s}$ 上所做的功，等于力 $\boldsymbol{F}$ 和位移 $\boldsymbol{s}$ 的标积。

功是标量(代数量)，只有大小和正负，没有方向。

应当注意，式(3.1)及式(3.2)仅当作用在沿直线运动质点上的力为恒力时才适用。当作用在沿曲线运动质点上的力为变力时，就不能直接用式(3.1)和式(3.2)进行功的计算。但是正如下面要讲的，采用微积分的思想和方法，就能以上述功的定义为基础计算出质点沿任意曲线运动过程中变力的功。

3.1.2 变力的功

设作曲线运动质点 M 上作用有变力 $\boldsymbol{F}$，今考虑质点沿曲线轨迹由 a 运动到 b 一段，见图3.2。在计算变力 $\boldsymbol{F}$ 在路程 ab 上所做的功时，我们可把 ab 分割成许多微小路程 Δs_i，其中 $i=1,2,\cdots,n$，与 Δs_i 相应的微小位移为 $\Delta\boldsymbol{r}_i$。当 Δs_i 足够小时，每一段微小路程均可近似地看成直线，且与相应的微小位移 $\Delta\boldsymbol{r}_i$ 的大小相等；每一段微小路程上，力 $\boldsymbol{F}_i$ 的大小和方向均可近似地看作不变，即可近似地看作恒力，根据上述恒力功的定义，力 $\boldsymbol{F}_i$ 在 Δs_i 上的功可近似写成

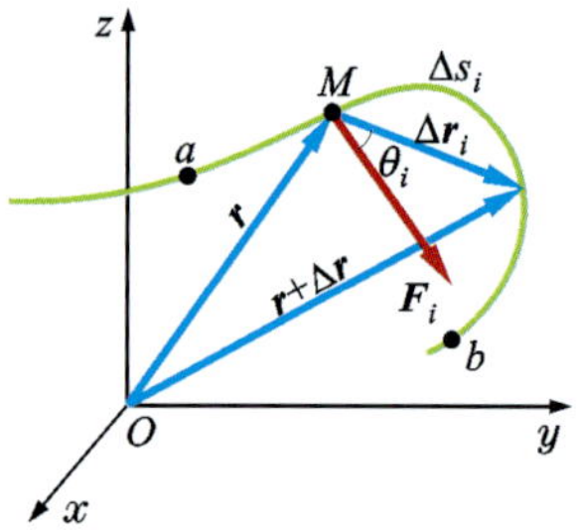

图 3.2

$$\Delta A_i=F_i\,|\Delta\boldsymbol{r}_i|\cos\theta_i \tag{3.3}$$

式中 θ_i 是 $\boldsymbol{F}_i$ 和 $\Delta\boldsymbol{r}_i$ 之间的夹角。

当取 $n\to\infty$，$\Delta s_i\to 0$ 时，上式变为

$$\mathrm{d}A=F\,|\mathrm{d}\boldsymbol{r}|\cos\theta \tag{3.4a}$$

或

$$\mathrm{d}A=\boldsymbol{F}\cdot\mathrm{d}\boldsymbol{r} \tag{3.4b}$$

$\mathrm{d}A$ 是力 $\boldsymbol{F}$ 在位移元 $\mathrm{d}\boldsymbol{r}$ 上的元功，式中 θ 是力 $\boldsymbol{F}$ 与位移元 $\mathrm{d}\boldsymbol{r}$ 之间的夹角。

当 $\Delta s\to 0$，路程元 $\mathrm{d}s$ 与位移元 $\mathrm{d}\boldsymbol{r}$ 的大小相等，即

$$|\mathrm{d}\boldsymbol{r}|=\mathrm{d}s$$

故表示元功的式(3.4a)也可以写为

$$\mathrm{d}A=F\mathrm{d}s\cos\theta \tag{3.5}$$

力 $\boldsymbol{F}$ 在路程 ab 上的功 A，等于力 $\boldsymbol{F}$ 在路程 ab 的各段上所有元功的和，即

$$A=\int_{a(L)}^{b}F\cos\theta\mathrm{d}s \tag{3.6}$$

或

$$A=\int_{a(L)}^{b}\boldsymbol{F}\cdot\mathrm{d}\boldsymbol{r} \tag{3.7}$$

在直角坐标系中，$\boldsymbol{F}$ 和 $\mathrm{d}\boldsymbol{r}$ 可以分别写成

$$\boldsymbol{F}=F_x\boldsymbol{i}+F_y\boldsymbol{j}+F_z\boldsymbol{k}$$

$$\mathrm{d}\boldsymbol{r}=\mathrm{d}x\boldsymbol{i}+\mathrm{d}y\boldsymbol{j}+\mathrm{d}z\boldsymbol{k}$$

故有

$$\mathrm{d}A=F_x\mathrm{d}x+F_y\mathrm{d}y+F_z\mathrm{d}z \tag{3.8}$$

$$A=\int_{a(L)}^{b}(F_x\mathrm{d}x+F_y\mathrm{d}y+F_z\mathrm{d}z) \tag{3.9}$$

式(3.6)、(3.7)、(3.9)中的积分是沿曲线路径 ab 进行的，称线积分。一般说来，线积分的值与积分路径有关。

式(3.6)是功的一般定义。若作用在质点 M 上的力 $\boldsymbol{F}$ 为恒力，且质点沿直线由 a 移动到 b，位移大小为 s，力 $\boldsymbol{F}$ 与位移 $\boldsymbol{s}$ 间的夹角为 θ，则力 $\boldsymbol{F}$ 在位移 $\boldsymbol{s}$ 上的功为

$$A=\int_{a(L)}^{b} F\cos\theta \mathrm{d}s = Fs\cos\theta$$

可见式(3.1)是式(3.6)的特殊情况。

例 3.1 质点 M 在力 $\boldsymbol{F}$ 作用下沿坐标轴 Ox 运动，见图。力 $\boldsymbol{F}$ 的大小和方向角 θ 随 x 变化的规律分别为：$F=6x$，$\cos\theta=0.70-0.02x$。其中 F 的单位为 N，x 的单位为 m。试求质点从 $x_1=10$ m 处运动到 $x_2=20$ m 处的过程中，力 $\boldsymbol{F}$ 所做的功。

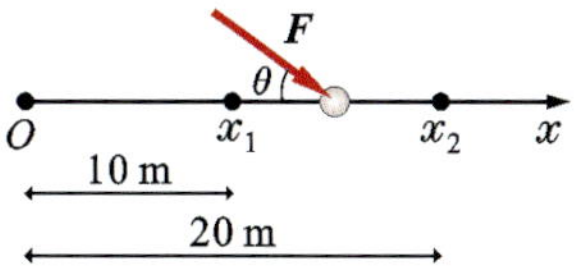

例 3.1 图

解 因力 $\boldsymbol{F}$ 的大小和方向都是变化的，根据式(3.8)，力 $\boldsymbol{F}$ 在位移元 $\mathrm{d}x$ 上的元功为

$$\begin{aligned}\mathrm{d}A &= F_x\mathrm{d}x = F\cos\theta\mathrm{d}x \\ &= 6x(0.70-0.02x)\mathrm{d}x\end{aligned}$$

在全部路程上的功为

$$\begin{aligned}A &= \int_{x_1}^{x_2} 6x(0.70-0.02x)\mathrm{d}x \\ &= \int_{10}^{20} 6x\times 0.70\mathrm{d}x - \int_{10}^{20} 6x\times 0.02x\mathrm{d}x \\ &= 350 \quad \mathrm{J}\end{aligned}$$

例 3.1 表明，如果作用在质点上的力是变力，就不能用式(3.1)和(3.2)求力所做的功，而应用式(3.9)通过积分来求。

若质点同时受到几个力 $\boldsymbol{F}_1,\boldsymbol{F}_2,\cdots,\boldsymbol{F}_n$ 的作用，且在这些力作用下由 a 点沿任意曲线运动到 b 点。用 $A_1,A_2,\cdots,A_n$ 分别代表 $\boldsymbol{F}_1,\boldsymbol{F}_2,\cdots,\boldsymbol{F}_n$ 在这一过程中对质点所做的功。由于功是代数量，故在这一过程中，这些力对质点所做的总功应等于这些力分别对质点所做功的代数和，即

$$\begin{aligned}A &= A_1+A_2+\cdots+A_n \\ &= \int_{a(L)}^{b}\boldsymbol{F}_1\cdot\mathrm{d}\boldsymbol{r}+\int_{a(L)}^{b}\boldsymbol{F}_2\cdot\mathrm{d}\boldsymbol{r}+\cdots+\int_{a(L)}^{b}\boldsymbol{F}_n\cdot\mathrm{d}\boldsymbol{r} \\ &= \int_{a(L)}^{b}(\boldsymbol{F}_1+\boldsymbol{F}_2+\cdots+\boldsymbol{F}_n)\cdot\mathrm{d}\boldsymbol{r}\end{aligned}$$

用 $\boldsymbol{R}$ 代表这些力的合力，即

$$\boldsymbol{R}=\boldsymbol{F}_1+\boldsymbol{F}_2+\cdots+\boldsymbol{F}_n$$

则有

$$A=\int_{a(L)}^{b}\boldsymbol{R}\cdot\mathrm{d}\boldsymbol{r} \tag{3.10}$$

这就是说，**当几个力同时作用在质点上时，这些力在某一过程中分别对质点所做功的总和，等于这些力的合力在同一过程中对质点所做的功。**

3.1.3 功率

有些实际问题，不仅要计算做了多少功，而且要考虑做功的快慢。为此，我们引入功率的概念。

力在单位时间内所做的功，称为功率。

设在时刻 t 到 $t+\Delta t$ 这段时间内，力 $\boldsymbol{F}$ 所做的功为 ΔA，则力在这段时间内的平均功率为

$$\overline{P}=\frac{\Delta A}{\Delta t}$$

当 $\Delta t\to 0$ 时，平均功率的极限值即为时刻 t 的瞬时功率，即

$$P=\lim_{\Delta t\to 0}\frac{\Delta A}{\Delta t}=\frac{\mathrm{d}A}{\mathrm{d}t} \tag{3.11}$$

由于 $\mathrm{d}A=\boldsymbol{F}\cdot\mathrm{d}\boldsymbol{r}$，故上式可写为

$$P=\frac{\boldsymbol{F}\cdot\mathrm{d}\boldsymbol{r}}{\mathrm{d}t}=\boldsymbol{F}\cdot\boldsymbol{v}=Fv\cos\theta \tag{3.12}$$

即瞬时功率等于力沿力作用点速度方向的投影和速度大小的乘积，或者说瞬时功率等于力矢量与力作用点的速度矢量的标积。

当力的方向和力作用点速度的方向一致时，则式(3.12)变为

$$P=Fv \tag{3.13}$$

即瞬时功率等于力的大小与力作用点速度大小的乘积。

想想看

3.1 作用于质点的恒力 $\boldsymbol{F}$，在质点沿直线位移 $\boldsymbol{s}$ 的过程中，对质点是做正功还是做负功？如果① $\boldsymbol{F}=2\boldsymbol{i}-3\boldsymbol{j}$，$\boldsymbol{s}=-4\boldsymbol{i}$；② $\boldsymbol{F}=-2\boldsymbol{i}+3\boldsymbol{j}$，$\boldsymbol{s}=4\boldsymbol{i}$。

3.2 力 $\boldsymbol{F}=3x^2\boldsymbol{i}$，作用在一质点上。试求质点沿 x 轴从 x_a 移动到 x_b 的过程中，该力所做的功。

3.3 一条质量忽略不计且不可伸长的细线，一端固定，另一端系一小球。小球自 A 点无初速释放后，在竖直面内摆动。试判断作用于小球的重力和细线的拉力在 a、O、b 三个位置的瞬时功率是正、是负，还是零。

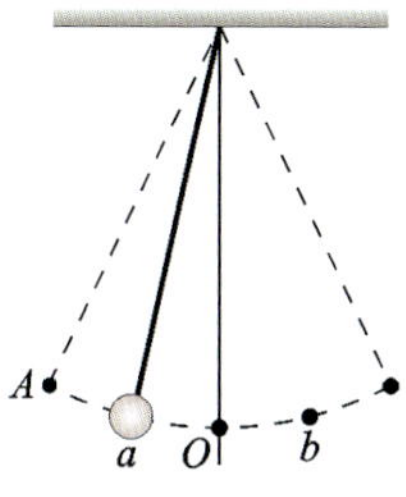

想 3.3 图

复习思考题

3.1 质点运动过程中,作用于质点的某力一直没有做功,这是否表明该力在这一过程中对质点的运动没有发生任何影响?

3.2 说"甲、乙两物体相互作用过程中,若甲对乙做正功,则乙对甲做负功,作用力的功在数值上恒等于反作用力的功,因而这一对力的功之和恒为零。"你认为这种说法对吗?试举例加以说明。

3.3 图示按同一标尺画出的四个图,分别给出了作用于质点的变力 $\boldsymbol{F}$ 沿 x 轴的投影 F_x 与受该力作用的质点的位置 x 之间的关系。按照从 $x=0$ 至 x_1 的过程中,$\boldsymbol{F}$ 对质点所做的功由正最大至负最大,对这四个图排序。

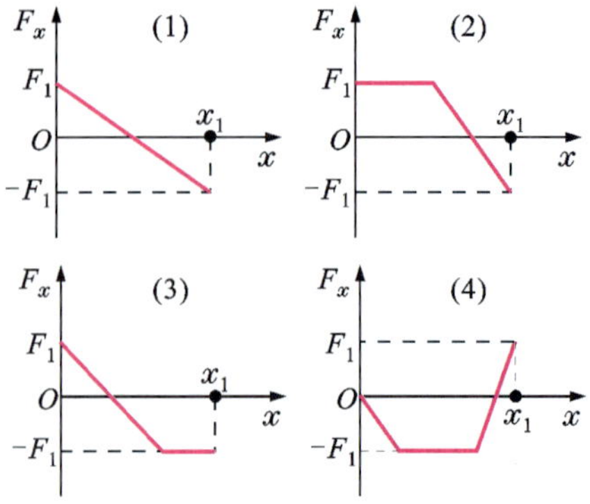

思 3.3 图

3.2 几种常见力的功

3.2.1 重力的功

质量为 m 的质点 M,在地面附近的重力场中,从起始位置 $M_1(x_1,y_1,z_1)$沿曲线路径Ⅰ运动到位置 $M_2(x_2,y_2,z_2)$。现计算重力在这段曲线路径 M_1M_2 上所做的功。

取直角坐标系 $Oxyz$,如图3.3所示。作用于质点的重力大小为 mg,方向铅垂向下,故有

$$F_x=0, F_y=0, F_z=-mg$$

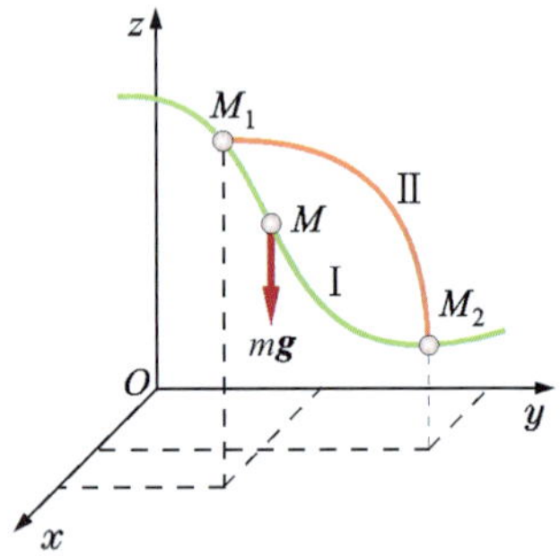

图 3.3

根据式(3.9),重力 mg 在曲线路径 M_1M_2 上的功为

$$\begin{aligned} A &= \int_{M_1(\text{I})}^{M_2} F_z \mathrm{d}z \\ &= \int_{Z_1(\text{I})}^{Z_2} (-mg)\mathrm{d}z \\ &= mg(z_1 - z_2) \end{aligned} \tag{3.14}$$

即重力所做的功等于重力的大小乘以质点起始位置与终末位置的高度差。

式(3.14)表明:

(1) 重力的功只与始、末位置有关,而与质点所行经的路径无关。如图3.3所示,质点从 M_1 沿曲线路径Ⅱ运动到 M_2 的过程中重力的功仍为 $A=mg(z_1-z_2)$。根据这个结论可以推知,质点沿任意闭合路径运动一周,如从 M_1 沿路径Ⅰ到 M_2,再沿路径Ⅱ回到 M_1 时,重力所做的总功必为零。

(2) 质点上升时($z_2>z_1$),重力做负功;质点下降时($z_2<z_1$),重力做正功。

3.2.2 万有引力的功

设有一质量为 M 的质点 O,可看作固定不动。另有一质量为 m 的质点 A,在质点 O 对它的万有引力 $\boldsymbol{F}$ 作用下,从起始位置 M_1(离 O 点的距离为 r_1)沿任意曲线Ⅰ运动到位置 M_2(离 O 点的距离为 r_2),见图3.4。现计算万有引力 $\boldsymbol{F}$ 在这个过程中所做的功。

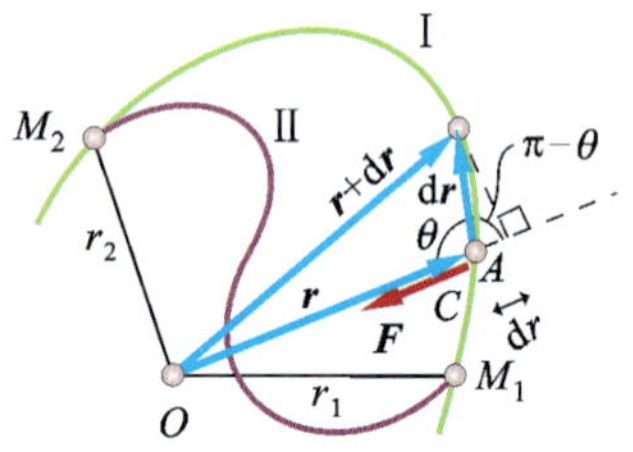

图 3.4

设 C 为曲线上任意一点,从 O 点向 C 作位矢 $\boldsymbol{r}$,根据万有引力定律,质点 A 在 C 点受到的万有引力大小为

$$F=G\frac{mM}{r^2}$$

$\boldsymbol{F}$ 的方向指向 O 点。力 $\boldsymbol{F}$ 在位移元 $\mathrm{d}\boldsymbol{r}$ 上的元功为

$$\mathrm{d}A=F\cos\theta|\mathrm{d}\boldsymbol{r}|$$

由图可以看出

$$\mathrm{d}r=|\mathrm{d}\boldsymbol{r}|\cos(\pi-\theta)=-|\mathrm{d}\boldsymbol{r}|\cos\theta$$

这一步很容易出错,希读者仔细研究。$\mathrm{d}A$ 可写为

$$dA=-G\frac{mM}{r^2}dr$$

万有引力 $\boldsymbol{F}$ 在全部路程中做的功为

$$A=\int_{r_1(L)}^{r_2}-G\frac{mM}{r^2}dr=GmM\left(\frac{1}{r_2}-\frac{1}{r_1}\right) \tag{3.15}$$

上式表明：

(1) 万有引力的功，只与始、末位置有关，而与质点所行经的路径无关。如图 3.4 所示，质点从 M_1 沿路径Ⅱ到 M_2 的过程中，万有引力 $\boldsymbol{F}$ 的功仍为

$$A=GmM\left(\frac{1}{r_2}-\frac{1}{r_1}\right)$$

根据这个结论也可以推知，质点沿任意闭合路径运动一周，如从 M_1 沿曲线Ⅰ到 M_2，再沿曲线Ⅱ回到 M_1 时，万有引力所做的总功必为零。我们看到，万有引力做功和重力做功有着共同的特点。按类似的方法，还可以分析库仑力的功。

(2) 质点 A 移近质点 O 时($r_2<r_1$)，万有引力做正功；质点 A 远离质点 O 时($r_2>r_1$)，万有引力做负功。

例 3.2 试求一质量 $m=100$ kg 的物体从离地心距离 $r_1=6.37\times10^6$ m 处移动到 $r_2=\infty$ 处(可以认为脱离了地球引力范围)的过程中，地球对物体的万有引力所做的功，见图。

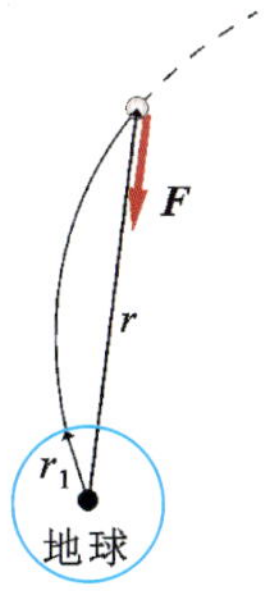

例 3.2 图

解 根据式(3.15)，万有引力 $\boldsymbol{F}$ 在这个过程中的功为

$$A=\int_{r_1}^{\infty}-G\frac{mM}{r^2}dr=-G\frac{mM}{r_1}$$

代入已知数据，并注意到地球质量 $M=5.98\times10^{24}$ kg，万有引力常量 $G=6.67\times10^{-11}\ \mathrm{m^3/(kg\cdot s^2)}$，可得

$$A=-6.26\times10^9\ \mathrm{J}$$

考虑到题设条件 $r_1=6.37\times10^6$ m 约等于地球的半径，因此本题中所计算的功，可看作是把该物体从地球表面移到无限远的过程中，地球对物体的万有引力所做的功。

3.2.3 弹性力的功

弹簧一端固定，另一端系一质点 M，弹簧原长为 l_0，劲度系数为 k，现计算当质点 M 在弹性力作用下沿水平直线由起始位置 M_1 移动到位置 M_2 的过程中弹性力所做的功，见图 3.5。

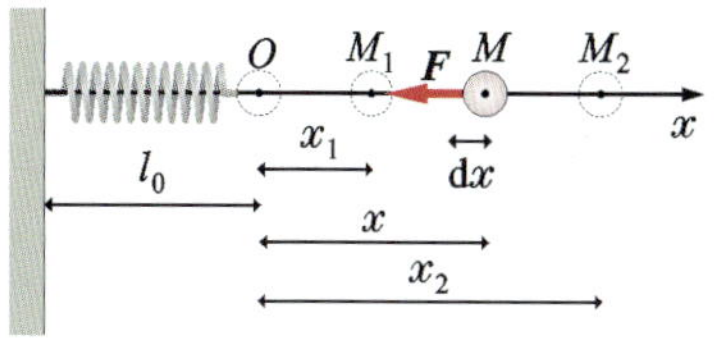

图 3.5

取弹簧原长时质点所在位置为坐标原点 O，沿质点运动直线作 Ox 坐标轴，如图 3.5 所示。质点始、末位置 M_1、M_2 点的坐标分别为 x_1 和 x_2，假定弹簧作用于质点的弹性力 F_x 服从胡克定律，可表示为 $F_x=-kx$，显然，力 F_x 在位移元 dx 上的元功为

$$dA=F_x dx=-kx dx$$

在由 M_1 到 M_2 的路程上的功为

$$A=\int_{x_1}^{x_2}-kx\,dx=\frac{1}{2}kx_1^2-\frac{1}{2}kx_2^2=\frac{1}{2}k\lambda_1^2-\frac{1}{2}k\lambda_2^2 \tag{3.16}$$

式中 λ_1 和 λ_2 分别表示质点在起始位置 M_1 和终末位置 M_2 时弹簧的变形量。

式(3.16)表明，**作用于质点的弹性力所做的功，等于弹簧劲度系数乘以质点始、末位置弹簧变形量平方之差的一半。**

有关弹性力做功的这个结论，不仅适用于质点沿直线运动的情况，而且还适用于质点沿任意曲线移动时弹性力做功的计算，这里就不再证明了。

从式(3.16)可以看出：

(1) 弹性力的功也是只与始、末位置有关，而与质点所行经的路径无关，质点沿任意闭合路径运动一周时，弹性力的功也必为零。我们注意到弹性力的功、万有引力的功和重力的功都有这个共同特点。

(2) 弹簧的变形减小时($|\lambda_2|<|\lambda_1|$)，弹性力做正功；弹簧的变形增大时($|\lambda_2|>|\lambda_1|$)，弹性力做负功。

例 3.3 当弹簧振子振幅较大，超过弹性范围时，弹性回复力随弹簧变形量按线性规律变化的胡克定律需加以修正。现假定如图所示的弹簧振子，弹性回复力随弹簧变形量变化规律为 $f=-kx-ax^3$，a 为常量，系一小的修正系数，试求弹簧从变形量为 x_1 恢复到原长的过程中作用在质点 M 上的弹性力所做的

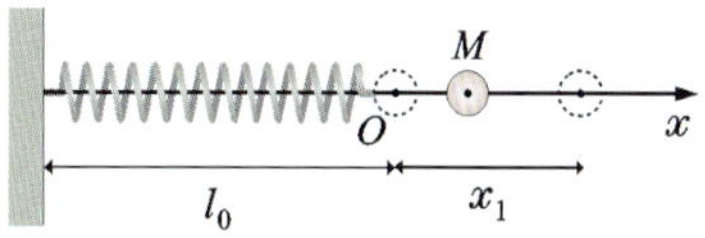

例 3.3 图

功。

解 取弹簧为原长时自由端的位置为坐标原点，沿弹簧作 Ox 轴如图，则弹性力在这个过程中所做的功为

$$A=\int_{x_1}^{0}(-kx-ax^3)\mathrm{d}x=\frac{1}{2}kx_1^2+\frac{1}{4}ax_1^4$$

在研究原子物理、天文以及工程技术问题中，有时应考虑弹性回复力非线性项的作用。

想想看

3.4 如图所示，滑轮质量及摩擦均忽略不计，所挂重物质量为 m。①要使重物匀速上升，在绳的自由端必须加多大的拉力？②重物匀速上升 h 的过程中，这个拉力做了多少功？重力做了多少功？

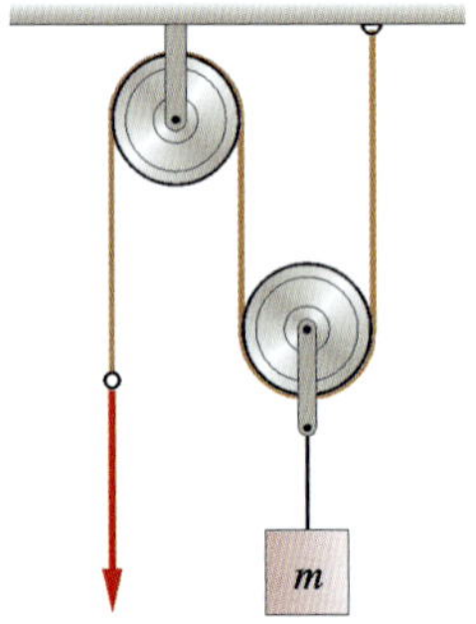

想 3.4 图

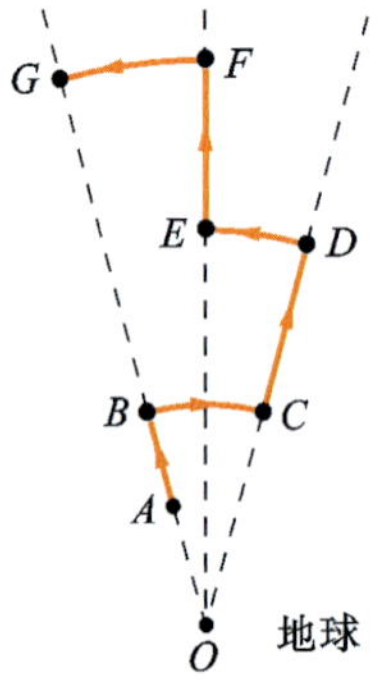

想 3.5 图

3.5 图示为以地球中心为圆心的三段圆弧和三段径向直线。一质点，(a)从 A 点沿直线直接移动到 G 点；(b)从 A 点沿 $\overline{AB}$、$\widehat{BC}$、$\overline{CD}$、$\widehat{DE}$、$\overline{EF}$、$\widehat{FG}$ 最后移动到 G 点。你能证明质点沿这两条不同路径从 A 到 G 的过程中，地球作用于它的万有引力所做的功是相同的吗？

3.6 如图所示，若质点 M 沿 x 轴运动的始、末位置坐标分别为：①-3 cm、2 cm；②2 cm、3 cm；③-2 cm、2 cm。试问在这三种情形中，弹簧力 F 对质点所做的功是正、负还是零？

3.7 一个劲度系数为 k 的轻弹簧，一端固定，另一端系一物块 M，如图(a)所示。开始时弹簧处于松弛状态，以此时物块位置 O 为坐标原点，试给出物块向右移动距离为 x 的过程中弹力所做的功；若再用一相同的弹簧与物块另一边相连，如图(b)所示。开始时两弹簧均处于松弛状态，试给出物块向右移动距离为 x 的过程中，两弹簧作用于物块弹力的合力所做的功。

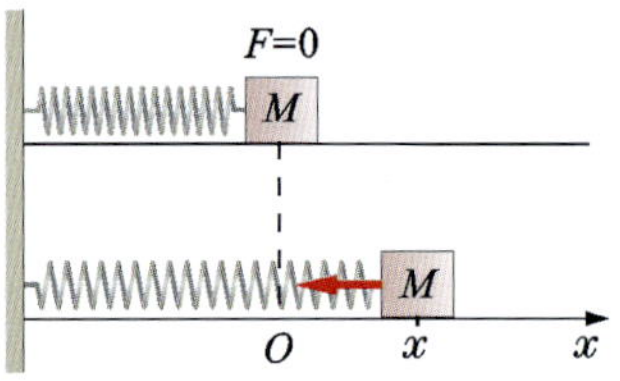

想 3.6 图

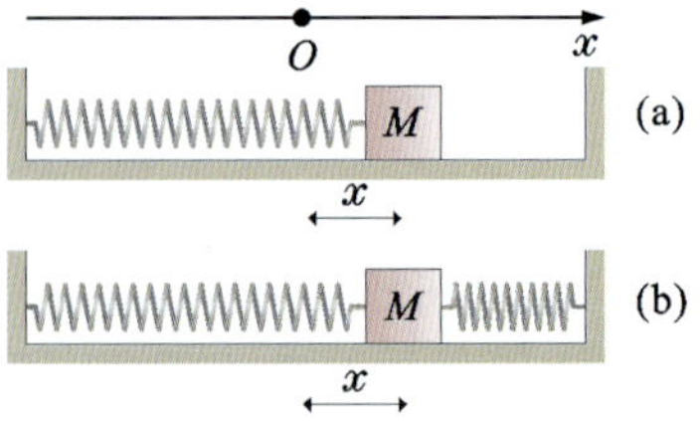

想 3.7 图

3.2.4 摩擦力的功

一质量为 M 的质点，在固定的粗糙水平面上，由起始位置 M_1 沿任意曲线路径移动到位置 M_2 所经路径的长度为 s，见图 3.6。作用于质点的摩擦力 $\boldsymbol{F}$ 在这个过程中所做的功为

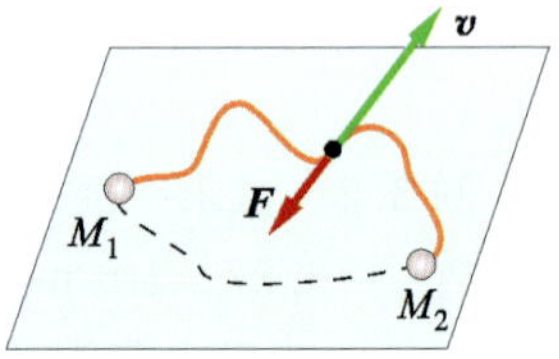

图 3.6

$$A=\int_{M_1(L)}^{M_2}F\cos\alpha\mathrm{d}s$$

这里，由于摩擦力 $\boldsymbol{F}$ 的方向始终与质点速度的方向相反，而力的大小为 $F=\mu mg$，μ 为滑动摩擦系数，故有

$$A=-\mu mgs$$

上式表明，摩擦力的功，不仅与始、末位置有关，而且与质点所行经的路径有关，质点从某位置沿任意闭合路径一周再回到原位置时，摩擦力所做的总功并不为零。

复习思考题

3.4 重力、万有引力、弹性力这三种力做功有些什么共同的特点？

3.5 光滑水平面上有 A、B 两个物体，在作用于 A 的水平恒力 $\boldsymbol{F}$ 作用下，使 A、B 一起移动了一段路程，试问在这个过程中 A 作用于 B 的静摩擦力对 B 做正功还是做负功？

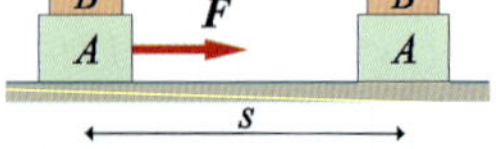

思 3.5 图

3.3 动能定理

3.3.1 质点动能定理

实验表明，当力对质点做功时，质点动能会发生变化。

设一质量为 m 的质点在合力 $\boldsymbol{R}$ 作用下，由 M_1 点（速度为 $\boldsymbol{v}_1$）沿曲线轨迹运动到 M_2 点（速度为 $\boldsymbol{v}_2$），见图 3.7。根据牛顿第二定律的切向投影式，有

$$R_\tau = ma_\tau = m\frac{\mathrm{d}v}{\mathrm{d}t}$$

或 $$R\cos\theta = m\frac{\mathrm{d}v}{\mathrm{d}t}$$

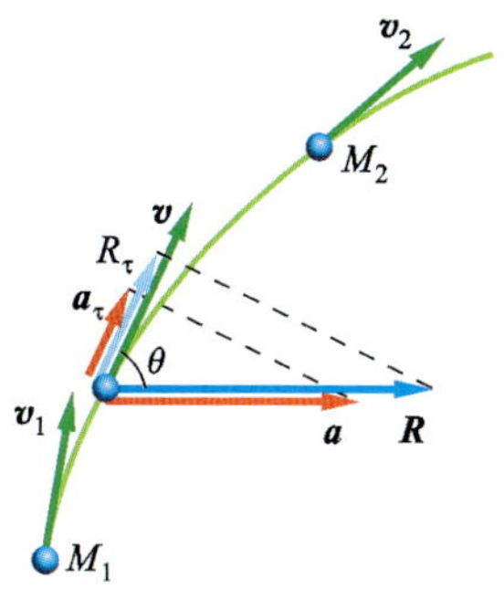

图 3.7

式中 θ 为合力 $\boldsymbol{R}$ 与速度 $\boldsymbol{v}$ 之间的夹角。上式两边同乘以路程元 $\mathrm{d}s$，可得

$$R\cos\theta\mathrm{d}s = m\mathrm{d}v\frac{\mathrm{d}s}{\mathrm{d}t}$$

上式左端是合力 $\boldsymbol{R}$ 在路程元 $\mathrm{d}s$ 上的元功 $\mathrm{d}A$，又 $\frac{\mathrm{d}s}{\mathrm{d}t}=v$，故有

$$\mathrm{d}A = mv\mathrm{d}v$$

或

$$\mathrm{d}A = \mathrm{d}\left(\frac{1}{2}mv^2\right) \quad (3.17)$$

上式表明，**质点动能的微分，等于作用于质点的合力的元功。**

将式(3.17)在质点行经的全部路程 M_1M_2 上进行积分，有

$$A = \int_{M_1}^{M_2}\mathrm{d}\left(\frac{1}{2}mv^2\right)$$

即

$$A = \frac{1}{2}mv_2^2 - \frac{1}{2}mv_1^2 \quad (3.18)$$

上式表明，**作用于质点的合力在某一路程中对质点所做的功，等于质点在同一路程的始、末两个状态动能的增量。**

式(3.17)和式(3.18)分别称为质点动能定理的微分形式和积分形式。

从质点动能定理可以看出：当合力做正功时($A>0$)，质点动能增加；反之，当合力做负功时($A<0$)，质点动能减少，这时，质点依靠自己动能的减少来反抗外力做功。

质点动能定理说明了做功与质点运动状态变化（动能变化）的关系，指出了质点动能的任何改变都是作用于质点的合力对质点做功所引起的，作用于质点的合力在某一过程中所做的功，在量值上等于质点在同一过程中动能的增量。也就是说，功是动能改变的量度。质点动能定理还说明了作用于质点的合力在某一过程中对质点所做的功，只与运动质点在该过程的始、末两状态的动能有关，而与质点在运动过程中动能变化的细节无关。只要知道了质点在某过程的始、末两状态的动能，就知道了作用于质点的合力在该过程中对质点所做的功。

质点动能定理是质点动力学中重要的定理之一，它建立了质点的速率与作用于质点的合力及质点行经的路程三者之间的联系。动能定理的表达式是一个标量方程，它为我们分析、研究某些动力学问题提供了方便。

3.3.2 质点系动能定理

由有限个或无限个质点组成的系统称为质点系。一个物体可以看成由无限个质点所组成的质点系，广义地说，一部机器也可以看成一个质点系。所以质点系既包含了单个物体，也包含了多个物体的组合；既包含了固体，也包含了流体。因此，质点系概括了力学中最普遍的研究对象。

下面我们把质点动能定理推广到质点系的情况。设质点系由 n 个质点组成，其中第 $i(i=1,2,\cdots,n)$ 个质点的质量为 m_i，在某一过程的初状态速率为 v_{i1}，末状态速率为 v_{i2}，见图 3.8，用 A_i 表示作用于该质点的所有力在该过程中所做功的总和，把质点动能定理应用于该质点，有

$$A_i = \frac{1}{2}m_iv_{i2}^2 - \frac{1}{2}m_iv_{i1}^2$$

把质点动能定理应用于质点系内所有质点并把所得方程相加，有

$$\sum_i A_i = \sum_i \frac{1}{2}m_iv_{i2}^2 - \sum_i \frac{1}{2}m_iv_{i1}^2$$

质点系内所有质点动能之和，称为质点系的动能，上式中 $\sum_i \frac{1}{2}m_iv_{i2}^2$ 和 $\sum_i \frac{1}{2}m_iv_{i1}^2$ 分别表示质点

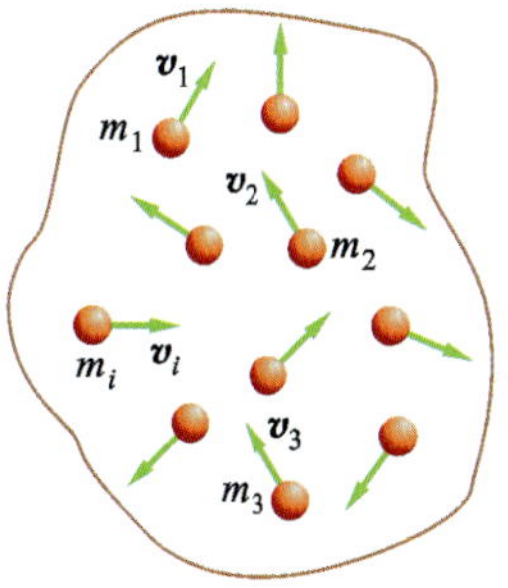

图 3.8

系末状态和初状态的动能。

令 $E_{k2}=\sum_i \frac{1}{2}m_i v_{i2}^2$，$E_{k1}=\sum_i \frac{1}{2}m_i v_{i1}^2$

则

$$\sum_i A_i = E_{k2}-E_{k1} \tag{3.19}$$

式(3.19)表明，**质点系从一个状态运动到另一个状态时动能的增量，等于作用于质点系内各质点上的所有力在这一过程中做功的总和。**这就是质点系动能定理。

应用质点系动能定理分析力学问题时，常把作用于质点系各质点的力分为内力和外力，质点系外的物体作用于质点系内各质点的力称为外力，质点系内各质点之间的相互作用力称内力。外力和内力的区分完全取决于质点系(即研究对象)的选取。

设 $\sum A^e$ 和 $\sum A^i$ 分别表示作用于质点系各质点的所有外力和所有内力的功的总和，则式(3.19)可改写成

$$\sum A^e + \sum A^i = E_{k2}-E_{k1} \tag{3.20}$$

即质点系从一个状态运动到另一个状态时动能的增量，等于作用于质点系各质点的所有外力和所有内力在这一过程中做功的总和。

由于内力总是成对出现的，且每一对内力都满足牛顿第三定律，故作用在质点系内所有质点上的一切内力的矢量和恒等于零。必须指出，尽管质点系内所有内力的矢量和恒等于零，但一般情况下，所有内力做功的总和 $\sum A^i$ 并不为零。例如两个彼此相互吸引的质点 M_1、M_2 组成一个质点系，见图 3.9。M_1 作用于 M_2 的力为 $\boldsymbol{F}_{21}^i$，M_2 作用于 M_1 的力为 $\boldsymbol{F}_{12}^i$。显然这一对内力的矢量和 $\boldsymbol{F}_{12}^i+\boldsymbol{F}_{21}^i=\boldsymbol{0}$，但当 M_1、M_2 相向移动 ds 时，这两个力都做正功，即这里一对内力的功的和不为零，可见内力做功的总和一般并不为零。炮弹爆炸时，把炮弹作为一个系统，爆炸中内力的功使炮弹系统的动能增大；荡秋千时，把人和秋千作为一个系统，则靠人的内力做功使系统的动能增大，秋千越荡越高。所有这些，都是内力做功的总和不等于零的例子。

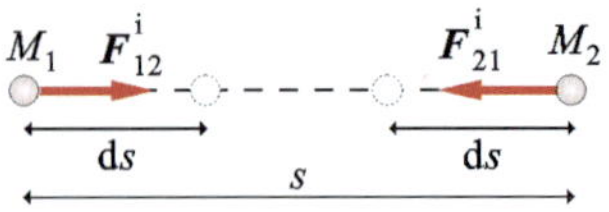

图 3.9

根据上述分析，在应用质点系动能定理分析力学问题时，不仅要考虑外力的功，而且还要考虑内力的功，外力和内力的功都可以改变质点系的动能。

想想看

3.8 一只质量为 m 的箱子，静止在水平面上，现用一缆绳分别沿三个不同长度的光滑斜面，拉到同一高度 h 处停下。试给出三种情况下绳中张力所做的功，并对它们由大到小排序。

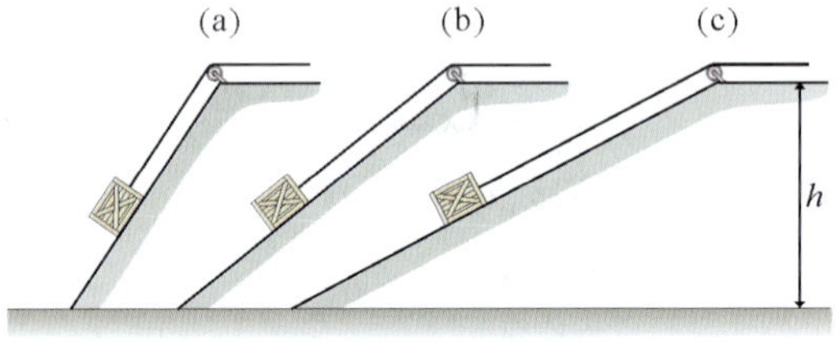

想 3.8 图

3.9 已知弹性蹦极绳的原长为 L，遵守胡克定律。一质量为 m 跳蹦极的人，从顶端由静止跳下后，蹦极绳伸长 d 而到达最低点。试给出这个过程中①重力对人所做的功；②弹力对人所做的功；③弹性蹦极绳的劲度系数。

3.3.3 动能定理的应用

下面我们举例说明应用动能定理求解动力学问题的思路方法与一般步骤。

例 3.4 如图所示，物体 M 的质量为 m，弹簧劲度系数为 k，板 A 及弹簧质量均可忽略不计，求自弹簧原长 O 处，突然无初速地加上物体 M 时，弹簧的最大压缩量。

解 选物体 M 为研究对象，物体只受重力 $\boldsymbol{P}$ 和支承力 $\boldsymbol{N}$ 的作用；取板 A 为研究对象，板 A 只受压力 $\boldsymbol{N}'$ 及弹性力 $\boldsymbol{F}$ 的作用。由于板 A 的质量不计，故 $N'=F$，又根据牛顿第三定律，有 $N=N'$，故 $N=F$。若以弹簧原长 O 处为坐标原点并铅直向下作 Ox 轴。设弹簧最大压缩量为 λ_{max}，显然物体从起始位置 $x_1=0$，移动到终末位置 $x_2=\lambda_{max}$

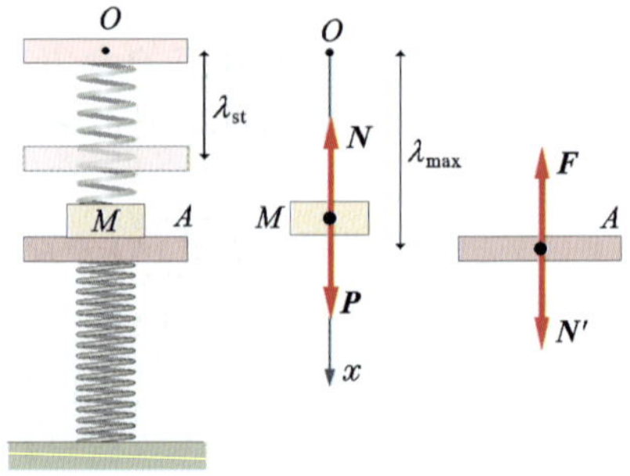

例 3.4 图

的过程中，重力和支承力的功分别为

$A_1 = mg\lambda_{\max}$

$A_2 = \int_0^{\lambda_{\max}} (-kx)\mathrm{d}x = -\frac{1}{2}k\lambda_{\max}^2$

可见重力对物体做正功，支承力对物体做负功。按题意物体在起始位置 $x_1=0$ 及终末位置 $x_2=\lambda_{\max}$ 处的速度均为零，根据动能定理，有

$$mg\lambda_{\max} - \frac{1}{2}k\lambda_{\max}^2 = 0-0$$

故

$$\lambda_{\max} = 2\frac{mg}{k}$$

如果将重物缓慢放下，使物体达到静平衡，这时所引起的弹簧压缩量设为 λ_{st}，则应有

$$k\lambda_{st} = mg$$

故

$$\lambda_{st} = \frac{mg}{k}$$

由此可见，把同一物体突然放下（称突加载荷）所引起的最大压缩量是缓慢放下（称静载荷）使物体达到静平衡时所引起的压缩量的两倍（$\lambda_{\max}=2\lambda_{st}$），这就是在许多工程实际中要尽量避免突加载荷的原因。

想想看

3.10 当弹簧压缩量达到最大，物体移动到终末位置 $x_2=\lambda_{\max}$ 时，物体的速度已减小到零。试问：① 物体是否会一直静止在该位置？为什么？② 物体从该位置再回到起始位置 $x_1=0$ 处时，其速度等于多少？

3.11 起重机驾驶员把货物吊到货车上去时，总是缓慢地将货物放在车上，试想想其中的道理。

应用动能定理求解力学问题，一般可按以下步骤进行：

(1) 确定研究对象。

(2) 分析研究对象受力情况和各力的做功情况 分析哪些力做功，哪些力不做功；哪些力做正功，哪些力做负功。

(3) 选定研究过程 明确过程的初状态和末状态，确定初、末状态的动能。

(4) 列方程 根据动能定理列出方程，并列出必要的辅助性方程。

(5) 解方程，求出结果，并对结果进行必要的讨论 演算中注意单位的正确选用。

例 3.5 把质量为 m 的物体从地球表面沿着与铅直方向夹角为 α 的方向发射出去，见图。试求能使物体脱离地球引力场而作宇宙飞行所需的最小初速度——第二宇宙速度。

解 选物体为研究对象，取地球中心为坐标原点，并假设地球是半径为 R_e，质量为 M_e 的均质球。根据例 3.2 中得出的结论，物体从初始位置（$r_1=R_e$）运动到终末位置（$r_2=\infty$）的过程中，万有引力的功为

$$A = -G\frac{mM_e}{R_e} = -G\frac{M_eR_e}{R_e^2}m = -mgR_e$$

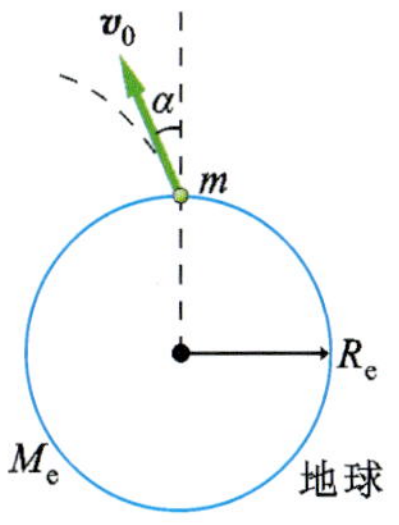

例 3.5 图

考虑到所求的是最小发射初速度，故当 $r_2\to\infty$ 时，应取物体的速度 $v=0$。根据动能定理，有

$$-mgR_e = 0 - \frac{1}{2}mv_0^2$$

故

$$v_0 = \sqrt{\frac{2GM_e}{R_e}} = \sqrt{2gR_e} = 11.2\times10^3 \quad \mathrm{m/s}$$

上述结果与例 2.5 结果一致，可见第二宇宙速度与发射方向无关。

需要指出，在上面的分析中忽略了空气阻力，同时也未考虑地球自转等影响。

把物体从地球表面沿任意方向发射出去，如果发射速度满足 $v_e=\sqrt{2GM_e/R_e}$，物体将脱离地球引力作用一去不复返，故 v_e 也称为地球的逃逸速度。不仅地球有逃逸速度，每个星体都有自己的逃逸速度，由于万有引力是普遍适用的，因此对于质量为 M、半径为 R 的任意星体来说，其逃逸速度为

$$v=\sqrt{\frac{2GM}{R}}$$

可见星体质量 M 越大，半径 R 越小，逃逸速度就越大。若某星体的质量为 M_B，半径为 R_B，其逃逸速度等于光速 c，则这个星体的质量 M_B 和半径 R_B 间的关系为

$$R_B=\frac{2GM_B}{c^2}$$

按照狭义相对论，任何物体的速度都不能超过光速，因此任何物体，包括光子都不能脱离这样的星体。不仅如此，任何靠近这样星体的物体，包括光子都将被吸收，这样的星体称为黑洞，通常把 R_B 称为引力半径，或史瓦西(K. Schwarzschild)半径。

黑洞具有极大的密度，如要把太阳压缩成为黑洞，必须将其质量压缩到半径只有 3 km 范围内，这时太阳的密度为现在的 10^7 倍，又如要把地球压缩成为黑洞，必须将其质量压缩到半径为 9 mm 范围内，这时"地球"的密度将为现在的 10^{12} 倍。

现代天文学有关星体演化过程的一种模型是，开始时一团巨大的主要成分为氢的云团，在万有引力作用下不断收缩，温度随之升高，当温度升高到 10^7 量级时，开始发生氢聚变为氦的热核反应，这时一颗恒星诞生了。恒星向外光辐射产生的压力，使收缩停止，恒星处于稳定的"壮年期"，它的温度、体积都无明显变化，到氢"燃烧"完后，恒星进入"老年期"，收缩重新开始，氦等较重元素聚变热核反应依次发生，直到最后形成 Fe 的核心，这时不再有热核反应提供能量，恒星宣告"死亡"。此后"死亡"的恒星在万有引力作用下，继续收缩，其最后的归宿有两种可能，一是经过一次超新星爆发而形成超新星；另一种是转变为白矮星、中子星或黑洞。白矮星和中子星现已在观测中确认。

复习思考题

3.6 式(3.18)和式(3.19)所示的动能定理是否对所有参考系都成立？

3.7 "由于作用于质点系内所有质点上的一切内力的矢量和恒等于零，所以内力不能改变质点系的总动能。"这句话对吗，你能否举出几个内力可以改变质点系总动能的例子？

3.8 如图所示，两个物体 A 和 B，质量相等，所受恒力 $\boldsymbol{F}$ 的大小相等，在水平面上移动的距离 s 相等，与水平面间的摩擦系数也相等。问两力对物体做的功是否相等？两物体的动能增量是否相等？

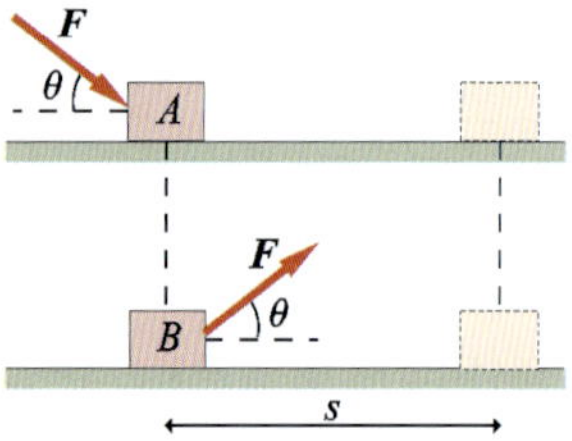

思 3.8 图

3.9 用绳将一水桶向上提了 h（单位：m），如图。表中给出了 6 组初速度 v_0 和末速度 v 的值（以 m/s 为单位）。试将绳对水桶的功，按正功最大排第一、负功最大排最后的次序排列出来。

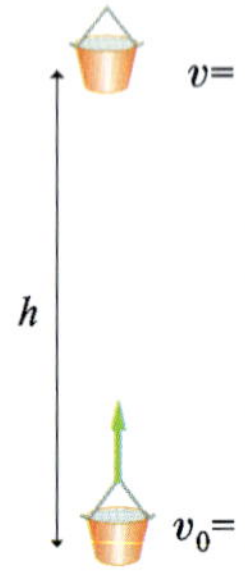

	1	2	3	4	5	6
$v=$	0	2	2	2	0	1
$v_0=$	0	2	0	1	2	2

思 3.9 图

3.10 作用在质点上的力 F 沿 x 轴变化如图所示，如果质点起始时位于 $x=0$ 处，在下列情况下试确定质点的位置：① 当质点具有最大动能时；② 当质点具有最大速率时；③ 质点的速率为零时，并确定当质点到达 $x=6$ m 时，质点的运动方向。

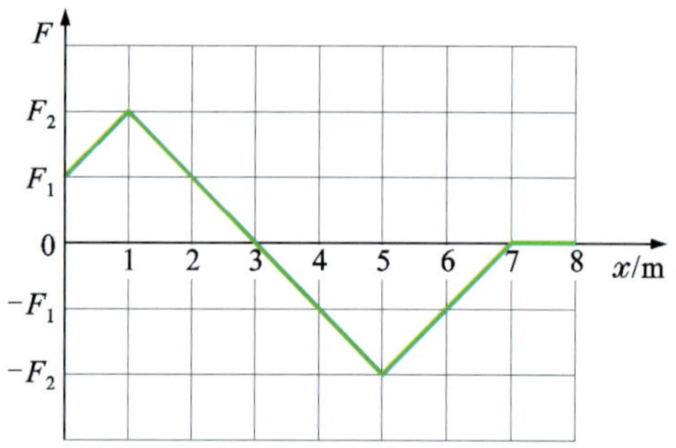

思 3.10 图

3.11 在光滑水平面上，沿 x 轴用力拉动一个行李箱。箱子位置坐标与时间关系的三种情形如图。其中 B 为直线，其他两条为曲线。试分别按照(a)箱子在时刻 t_1 的动能，(b)箱子在时刻 t_2 的动能，(c)在 t_1 至 t_2 的时间内，所加力对箱子所做的净功，对这三种情形从大到小排序。

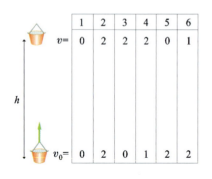

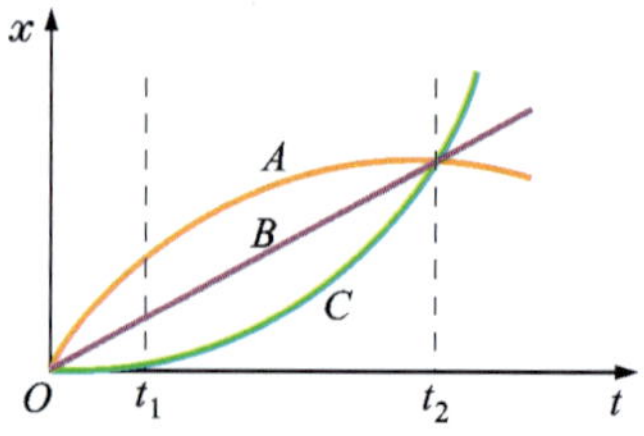

思 3.11 图

3.4　势能　机械能守恒定律

3.4.1　保守力

我们知道，重力、万有引力、弹性力的功都只与始、末位置有关，而与路径的长短和形状无关。做功只与始、末位置有关，而与路径无关的力，称为保守力。重力、万有引力、弹性力都是保守力。摩擦力不是保守力。

如果质点在某一部分空间内的任何位置，都受到一个大小和方向完全确定的保守力的作用，则称这部分空间中存在着保守力场。例如质点在地球表面附近空间中任何位置，都要受到一个大小和方向完全确定的重力作用，因而这部分空间中存在着重力场。重力场是保守力场。类似地还可以定义万有引力场和弹性力场，它们也都是保守力场。

3.4.2　势能

在保守力场中仅有保守力做功的情况下，质点从 M_1 点沿任意路径移动到 M_2 点时，其动能将发生确定的变化。例如，在重力场中，仅有重力做功的情况下，质点由 $M_1(x_1,y_1,z_1)$点沿任意路径移动到 $M_2(x_2,y_2,z_2)$点时(见图 3.10)重力对质点做正功，质点的动能增大；质点由 $M_3(x_3,y_3,z_3)$点沿任意路径移动到$M_4(x_4,y_4,z_4)$点时，重力对质点做负功，质点的动能减少。考虑到保守力做功仅与始、末位置有关，而与中间路径无关，因此，从另一种观点来看，也可以认为，质点在保守力场中与位置改变相伴随的动能增减，表明了在保守力场中的各点都蕴藏着一种能量，这种能量在质点位置改变时，有时释放出来，转变为质点的动能，表现为质点动能增大，例如质点在重力场中由 M_1 点移动到 M_2 点；有时储藏起来，表现为质点动能的减少，例如质点由 M_3 点移动到 M_4 点。这种蕴藏在保守力场中与位置有关的能量称为势能(位能)。

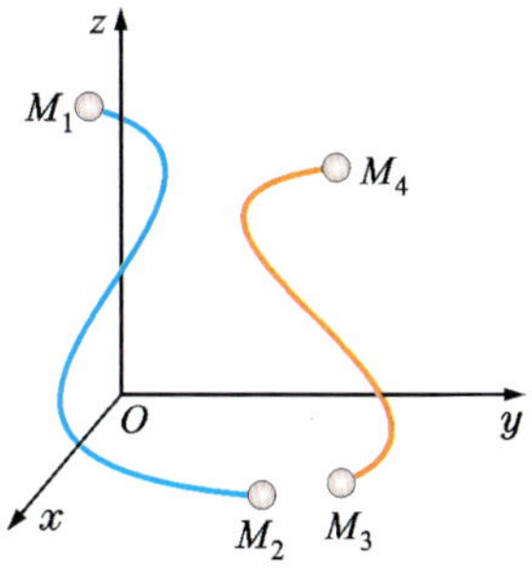

图 3.10

为了比较质点在保守力场中各点势能的大小，可在其中任意选定一个参考点 M_0，并令 M_0 点的势能等于零，把 M_0 点称为零势能点。我们定义：**质点在保守力场中某 M 点的势能，在量值上等于质点从 M 点移动至零势能点 M_0 的过程中保守力 $\boldsymbol{F}$ 所做的功。**如用 E_p 代表质点在 M 点时的势能，则有

$$E_p=\int_M^{M_0}\boldsymbol{F}\cdot d\boldsymbol{r}\qquad(3.21)$$

1. 重力势能

质点处于地球表面附近重力场中任一点时，都具有重力势能。设质量为 m 的质点，处于重力场中 M 点，见图 3.11。取坐标系 $Oxyz$，使 Oz 铅直向上为正，选 Oxy 平面内任意一点 M_0 为零势能点，则质点在 M 点的重力势能应等于把质点从 M 点移动到零势能 M_0 点的过程中重力所做的功，即

$$E_p=\int_z^0(-mg)dz=mgz\qquad(3.22)$$

即**重力势能等于重力 mg 与质点和零势能点间的高度差 z 的乘积。**

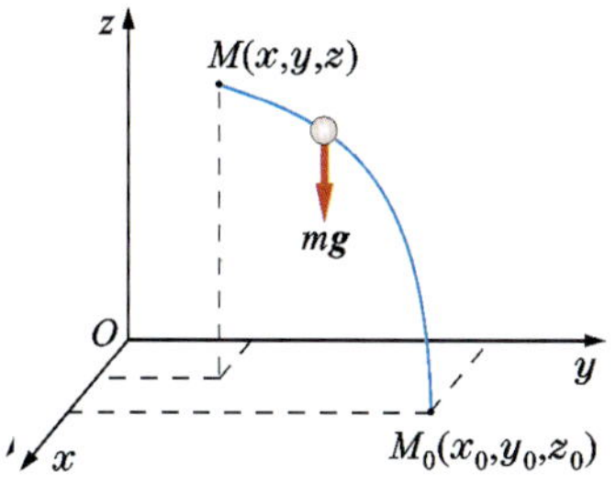

图 3.11

不难看出把质点从 M 点移动到 Oxy 平面内任何一点的过程中重力的功均相等，故 Oxy 平面可以看作零势能面。还可以看出，质点处在包含 M 点在内并与 Oxy 平面相平行的平面内任何一点所具有的重力势能均相等(均为 mgz)，故该平面是一个等势能面，显然与 Oxy 平面平行的其他平面，包括 Oxy 平面均是等势能面，见图 3.12。

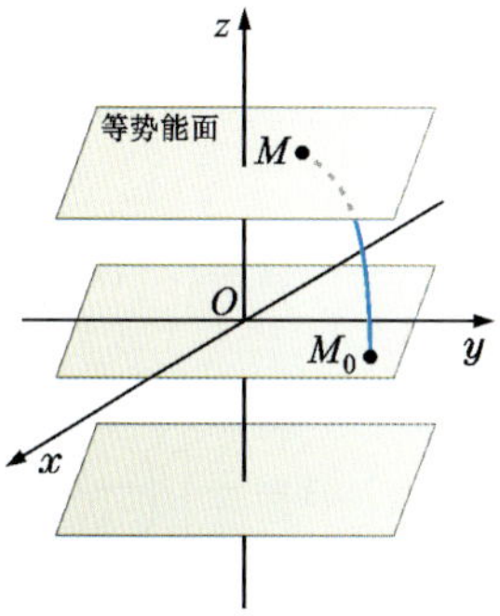

图 3.12

在本章 3.2 节中讨论重力的功时，曾经得出结论：质量为 m 的质点，在重力场中由起始位置 $M_1(x_1,y_1,z_1)$沿任意曲线移动到位置 $M_2(x_2,y_2,z_2)$的过程中(参见图

3.3)，重力的功为

$$A=mgz_1-mgz_2$$

或写成

$$A=-(mgz_2-mgz_1) \tag{3.23}$$

取 $z=0$ 的面为零势能面，根据重力势能的概念，质点在位置 M_1、M_2 的势能分别为 $E_{p1}=mgz_1$，$E_{p2}=mgz_2$。式(3.23)表明，**在重力场中，质点从起始位置移动到终末位置，重力的功等于质点在始、末两位置重力势能增量的负值。**重力做正功，重力势能减少；重力做负功，重力势能增加。

2. *万有引力势能*

质点处在万有引力场中任一点时，都具有万有引力势能。设固定点 O 处有一质量为 M 的质点，在它的万有引力场中的 C 点，有一质量为 m 的质点，C 点到 O 点的距离为 r，见图 3.13。习惯上选无穷远处为万有引力势能的零势能位置(这会使得万有引力势能及万有引力功的计算得以简化)。根据势能的定义，质点在 C 点具有的万有引力势能应等于把质点 m 从 C 点移动到无穷远的过程中万有引力所做的功，即

$$E_p=\int_r^{\infty}\left(-G\frac{mM}{r^2}\right)\mathrm{d}r=-G\frac{mM}{r} \tag{3.24}$$

负号表示在选定无穷远处万有引力势能为零的情况下，质点在万有引力场中任一点的万有引力势能均小于质点在无穷远处的万有引力势能。

不难看出，万有引力势能的等势能面是以 O 点为球心的一系列同心球面，见图 3.13。

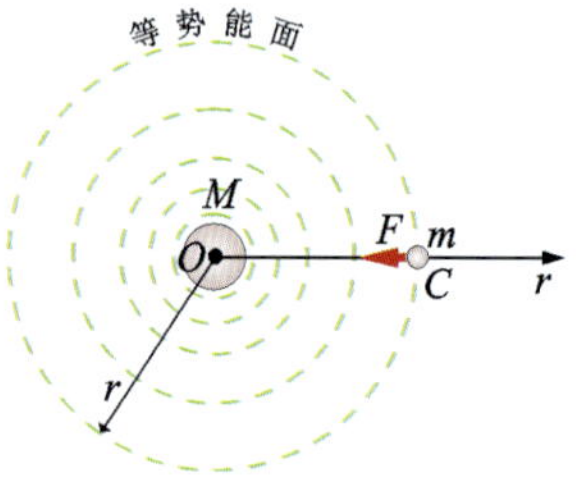

图 3.13

在万有引力场中，质点由起始位置 M_1(离 O 点的距离为 r_1)沿任意路径移动到终末位置 M_2(离 O 点的距离为 r_2)，见图 3.4，万有引力的功为

$$A=\left(-G\frac{mM}{r_1}\right)-\left(-G\frac{mM}{r_2}\right)$$

或写成

$$A=-\left[\left(-\frac{GmM}{r_2}\right)-\left(-\frac{GmM}{r_1}\right)\right] \tag{3.25}$$

取无穷远处为零势能位置，质点在位置 M_1、M_2 的万有引力势能分别为 $E_{p1}=-\dfrac{GmM}{r_1}$，$E_{p2}=-\dfrac{GmM}{r_2}$。上式表明，**在万有引力场中，质点从起始位置移动到终末位置，万有引力的功等于质点在始、末两位置万有引力势能增量的负值。**万有引力做正功，万有引力势能减少；万有引力做负功，万有引力势能增加。

3. *弹性势能*

质点处在弹性力场中任一点时，都具有弹性势能。对弹性势能来说，往往选弹簧原长处为零势能位置(这会使得弹性势能及弹性力功的计算得以简化)。设弹簧劲度系数为 k，以弹簧原长处 O 作为坐标原点，作 Ox 坐标轴，见图 3.14，则质点处在弹簧变形量为 x 的 M 点所具有的弹性势能等于把质点从 M 点移动到 O 点的过程中弹性力所做的功，即

$$E_p=\int_x^0(-kx)\mathrm{d}x=\frac{1}{2}kx^2 \tag{3.26}$$

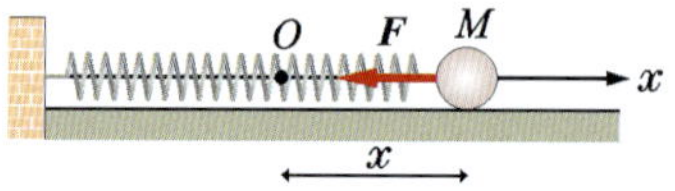

图 3.14

即弹性势能等于弹簧的劲度系数与其变形量平方乘积的一半。

根据式(3.16)，质点在弹性力场中，由起始位置 x_1 移到终末位置 x_2 的过程中弹性力的功为

$$A=\frac{1}{2}kx_1^2-\frac{1}{2}kx_2^2$$

或写成

$$A=-\left(\frac{1}{2}kx_2^2-\frac{1}{2}kx_1^2\right) \tag{3.27}$$

选弹簧原长处为零势能位置，上式表明，**在弹性力场中，质点从起始位置移动到终末位置，弹性力的功等于质点在始、末两位置弹性势能增量的负值。**弹性力做正功，弹性势能减少；弹性力做负功，弹性势能增加。

以上我们讨论了三种势能，需要指出的是，势能概念的引入是以质点处于保守力场这一事实为依据的。由于保守力做功仅与始、末位置有关，而与中间路径无关，因此，质点在保守力场中任一确定位置，相对选定零势能位置的势能值才是确定的、单值的。由于零势能位置的选取是任意的，所以势能的值总是相对的。当我们讲质点在保守力场中某点的势能

量值时，必须明确是相对于哪个零势能位置而言的。势能的量值虽然只有相对意义，但是不管零势能位置如何选取，质点在保守力场中确定的两个不同位置的势能之差是不变的。

综合(3.23)、(3.25)、(3.27)三式，保守力场中，质点从起始位置 1 到终末位置 2，保守力的功 A 等于质点在始、末两位置势能增量的负值，即

$$A=-(E_{p2}-E_{p1})=-\Delta E_p \qquad (3.28)$$

对于一个元过程来说，有

$$dA=-dE_p \qquad (3.29)$$

即**保守力在某一过程中的功，等于该过程的始、末两个状态势能增量的负值，这是一个很重要的有普遍意义的结论。**

想想看

3.12　作用于质点的某力 $\boldsymbol{F}$，在质点沿图示连接 a 点和 b 点各条不同路径上移动时所做的功，均标明在图中，试根据这些信息判断，力 $\boldsymbol{F}$ 是保守力吗？

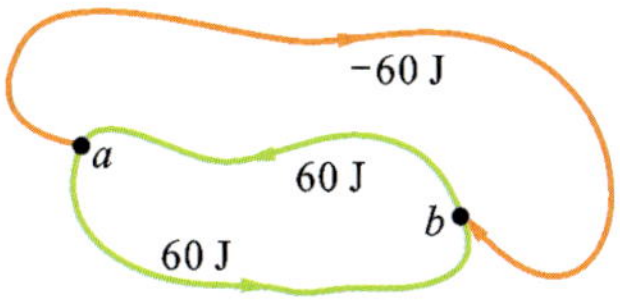

想 3.12 图

3.13　质量为 m 的光滑小车，在第一个山顶 O 点时速率为 v_0。试问：①当它从 O 点到 A 点、A 点到 B 点、B 点到 C 点、O 点到 B 点、O 点到 C 点的过程中，重力所做的功分别是多少？②若选包含 C 点在内的水平面为重力势能零参考面，则小车在 O 点、A 点、B 点、C 点重力势能的值分别是多少？③小车从 O 点到 A 点、A 点到 B 点、B 点到 C 点、O 点到 B 点、O 点到 C 点重力势能增量的值各为多少？把重力势能增量值与相应的重力的功加以比较，你能得出什么结论？④小车到达 C 点时速率是多少？

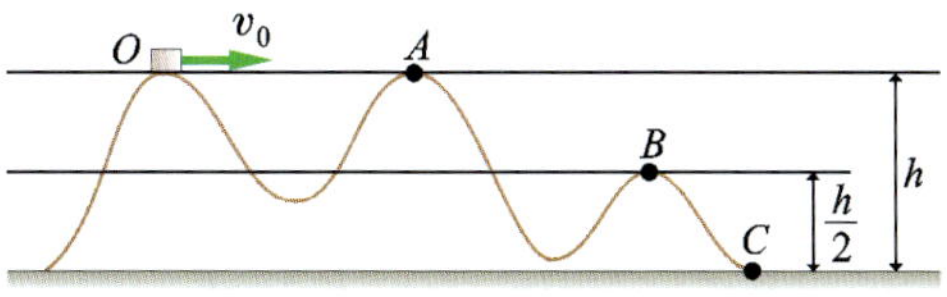

想 3.13 图

3.14　劲度系数为 k 的弹簧，其初状态是从原长起被拉长了 3.0 cm。下面给出了四种不同的弹簧末状态：①拉长 2.0 cm；②回到原长；③压缩 3.0 cm；④拉长 4.0 cm。试写出(1)从初状态到四种不同的末状态弹性力的功表达式，并对它们从大到小排序；(2)初状态及四个不同的末状态弹性势能的表达式，并对它们从大到小排序；(3)从初状态到四种不同的末状态弹性势能增量的表达式，并对它们从大到小排序。把弹性势能增量值与相应的弹性力的功加以比较，你能得出什么结论？

3.15　一质点在保守力作用下，沿 x 轴从位置 $x=0$ 运动到 $x=x_1$。保守力沿 x 轴投影 F_x 随 x 变化的三种情形如图。试把质点势能的增量从大到小排序。

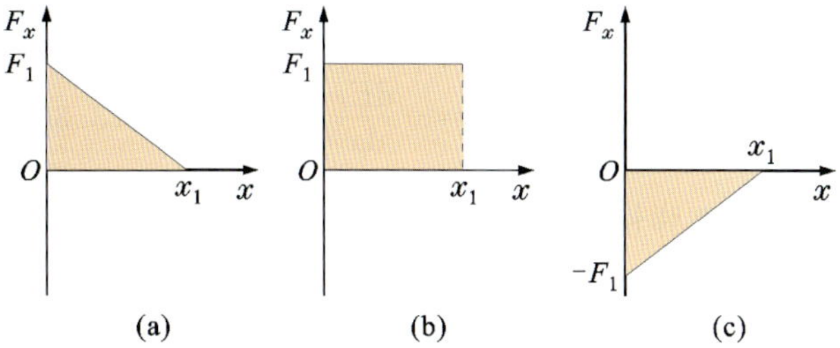

想 3.15 图

*3.4.3　势能曲线

质点在保守力场中所具有的势能是位置坐标的函数，质点的势能与位置坐标的关系可以用图线表示出来。图 3.15(a)、(b)、(c)分别给出了重力势能、万有引力势能、弹性势能曲线。

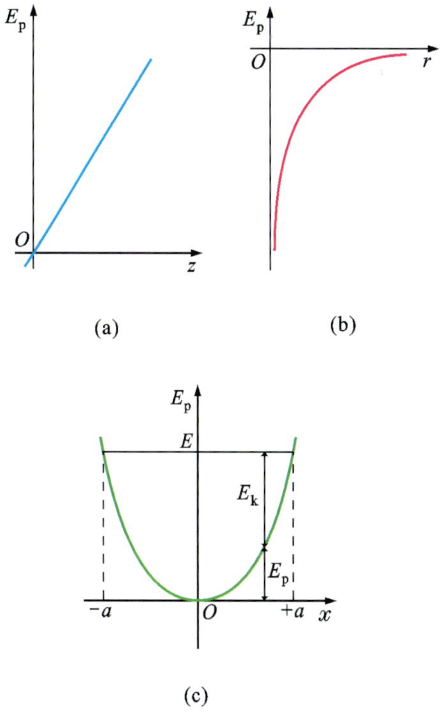

图 3.15

利用已知的势能曲线可以求出质点在保守力场中各点所受保守力的大小和方向，还可以定性地讨论质点在保守力场中的运动情况及平衡的稳定性等问题。例如图3.14所示的系统，质点M仅在弹性力场中沿x轴运动，总机械能（动能和弹性势能之和）为E，弹性势能曲线如图3.15(c)所示。设质点在弹性力$\boldsymbol{F}$作用下沿x轴从x到$x+\mathrm{d}x$有位移元$\mathrm{d}x$，则弹性力的元功$\mathrm{d}A=F_x\mathrm{d}x$，根据式(3.29)，有

$$F_x\mathrm{d}x=-\mathrm{d}E_\mathrm{p}$$

即

$$F_x=-\frac{\mathrm{d}E_\mathrm{p}}{\mathrm{d}x} \tag{3.30}$$

由于弹性势能$E_\mathrm{p}=\frac{1}{2}kx^2$，故由式(3.30)得：$F_x=-kx$，这一结果正是我们熟知的。式(3.30)表明，质点在x点处所受弹性力沿x轴的投影，等于质点在该处弹性势能沿该轴空间变化率的负值。

从势能曲线图3.15(c)来看，$\frac{\mathrm{d}E_\mathrm{p}}{\mathrm{d}x}$正是曲线$E_\mathrm{p}(x)$的斜率，由此可见，如果知道了势能曲线上各点的斜率，就可以求出质点在各相应点所受弹性力的大小和方向。

从弹性势能曲线可以看出，在$-a<x<0$的范围内，E_p随x增大而减小，势能曲线下降，曲线上各点的斜率$\frac{\mathrm{d}E_\mathrm{p}}{\mathrm{d}x}$为负，$\left|\frac{\mathrm{d}E_\mathrm{p}}{\mathrm{d}x}\right|$随$x$增大而减小，根据式(3.30)，在这个范围内，质点在各点所受弹性力F_x为正，即方向向右指向O点，且F_x随x增大而减小；在$0<x<a$的范围内，E_p随x增大而增大，势能曲线上升，曲线上各点的斜率$\frac{\mathrm{d}E_\mathrm{p}}{\mathrm{d}x}$为正，$\frac{\mathrm{d}E_\mathrm{p}}{\mathrm{d}x}$随$x$增大而增大，因此在这个范围内，$F_x$为负，即方向向左指向$O$点，且$|F_x|$随$x$增大而增大。势能曲线上的$O$点，$\frac{\mathrm{d}E_\mathrm{p}}{\mathrm{d}x}=0$，即$F_x=0$，该点称为平衡位置。当质点对该位置稍有偏离时，它所受到的弹性力将力图使它回到平衡位置，常把这个位置称为稳定平衡位置。

通过以上分析，可以看出质点在O点附近的运动情况是：从O点向a点的运动过程中，动能逐渐减小，势能逐渐增大，质点作减速运动，到a点加速度最大而速度减为零，运动方向将发生反转；用类似的分析方法知，质点从a点向O点的运动为加速运动，到O点加速度为零而速度最大；从O向$-a$的运动为减速，到$-a$点加速度最大而速度又减为零，运动方向又发生反转；而从$-a$向O加速运动，到O点时加速度又为零而速度最大，质点将从O向a继续减速运动……可见质点在稳定平衡位置O点附近作往复运动。这种运动称为振动，有关振动问题我们将在第11章中专门讨论。

以上我们以弹性势能曲线为例对一维情况进行了简单讨论。一般情况下，势能是位置坐标(x,y,z)的多元函数，在这种情况下，有

$$F_x=-\frac{\partial E_\mathrm{p}}{\partial x},\quad F_y=-\frac{\partial E_\mathrm{p}}{\partial y},\quad F_z=-\frac{\partial E_\mathrm{p}}{\partial z} \tag{3.31}$$

式中F_x、F_y、F_z分别是保守力$\boldsymbol{F}$在x、y、z三个坐标轴上的投影。式(3.31)也可写成

$$\begin{aligned}\boldsymbol{F}&=F_x\boldsymbol{i}+F_y\boldsymbol{j}+F_z\boldsymbol{k}\\&=-\left(\frac{\partial E_\mathrm{p}}{\partial x}\boldsymbol{i}+\frac{\partial E_\mathrm{p}}{\partial y}\boldsymbol{j}+\frac{\partial E_\mathrm{p}}{\partial z}\boldsymbol{k}\right)\end{aligned} \tag{3.32}$$

$$|\boldsymbol{F}|=\sqrt{\left(\frac{\partial E_\mathrm{p}}{\partial x}\right)^2+\left(\frac{\partial E_\mathrm{p}}{\partial y}\right)^2+\left(\frac{\partial E_\mathrm{p}}{\partial z}\right)^2} \tag{3.33}$$

式(3.31)、(3.32)是保守力与势能之间的微分关系。在已知势能$E_\mathrm{p}(x,y,z)$的情况下，根据上述关系即可求出质点在保守力场中所受的保守力。

势能曲线在原子物理、核物理、分子物理、固体物理等领域中有非常重要的应用。

3.4.4　机械能守恒定律

质量为m的质点，在保守力场中从M_1点（速度为v_1）运动到M_2点（速度为v_2），见图3.16，保守力所做的功A应为

$$A=-(E_{\mathrm{p}2}-E_{\mathrm{p}1})$$

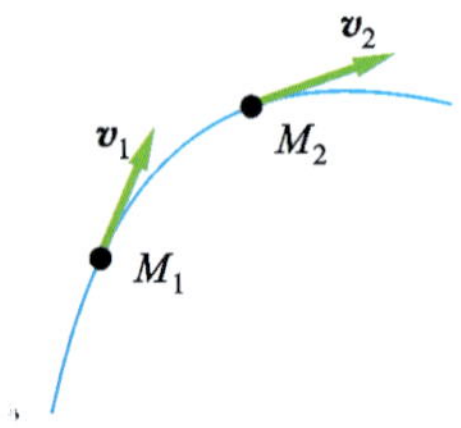

图3.16

如果质点在仅有保守力做功的条件下运动，根据动能定理，保守力的功A应为

$$A=\frac{1}{2}mv_2^2-\frac{1}{2}mv_1^2$$

故有

$$\frac{1}{2}mv_2^2-\frac{1}{2}mv_1^2=-(E_{\mathrm{p}2}-E_{\mathrm{p}1})$$

或

$$\frac{1}{2}mv_1^2+E_{\mathrm{p}1}=\frac{1}{2}mv_2^2+E_{\mathrm{p}2} \tag{3.34}$$

式(3.34)表明，**在仅有保守力做功时，质点的动能和**

势能可以相互转换，但动能和势能的总和保持不变。

质点的动能和势能的总和称为机械能，故上述结论称为质点的机械能守恒定律。

有必要指出的是，在质点受到几种保守力同时作用的情况下，式(3.34)中的 E_p 应理解为各种势能的总和。例如质点受到重力和弹性力同时作用时，式中 E_p 应理解为重力势能和弹性势能的总和。

上述机械能守恒定律不难推广到质点系的情况。设质点系由 N 个质点组成，其中第 $i(i=1,2,\cdots,N)$ 个质点的质量为 m_i，初态动能为$\frac{1}{2}m_i v_{i1}^2$，末态动能为$\frac{1}{2}m_i v_{i2}^2$。设作用于质点 i 的保守力和非保守力所做的功分别为 $A_i^{保}$ 和 $A_i^{非}$，根据质点动能定理有

$$\frac{1}{2}m_i v_{i2}^2-\frac{1}{2}m_i v_{i1}^2=A_i^{保}+A_i^{非}$$

对质点系内各个质点都应用动能定理，并把所有方程相加，有

$$\sum_i \frac{1}{2}m_i v_{i2}^2-\sum_i \frac{1}{2}m_i v_{i1}^2=\sum_i A_i^{保}+\sum_i A_i^{非}$$

令 $E_{k1}=\sum_i \frac{1}{2}m_i v_{i1}^2$，$E_{k2}=\sum_i \frac{1}{2}m_i v_{i2}^2$，则上式可写为

$$E_{k2}-E_{k1}=\sum_i A_i^{保}+\sum_i A_i^{非}$$

保守力做功将引起质点系势能的变化，用 E_{p1} 和 E_{p2} 分别表示质点系初状态和末状态的势能，则有

$$\sum_i A_i^{保}=-(E_{p2}-E_{p1})$$

故

$$(E_{k2}+E_{p2})-(E_{k1}+E_{p1})=\sum_i A_i^{非} \quad (3.35)$$

式中，E_k+E_p 称为质点系的总机械能。上式表明，质点系末状态与初状态的总机械能增量等于作用于质点系内各质点的所有非保守力的功的代数和。

若 $\sum_i A_i^{非}=0$，则上式变为

$$E_{k2}+E_{p2}=E_{k1}+E_{p1}$$

或

$$E_k+E_p=常量 \quad (3.36)$$

这就是说，**如果作用于质点系的所有非保守力都不做功，或元功之和恒为零，则运动过程中质点系内各质点间动能和势能可以相互转换，但它们的总和(即总机械能)保持不变。**这就是质点系机械能守恒定律。

想想看

3.16 质点系在某一运动过程中，作用于它的非保守力先做正功，后做负功，整个过程做功总和为零。问：质点系始、末两个状态的机械能相等吗？整个过程机械能守恒吗？

3.17 一物块沿光滑的弯曲表面从 A 滑到 B，再滑到 C，然后又由 C 通过粗糙水平面滑到 D。试分析在以下各路段中，物体的动能、重力势能、机械能是增加、减少还是不变？并说明各路段上的能量转换情况。

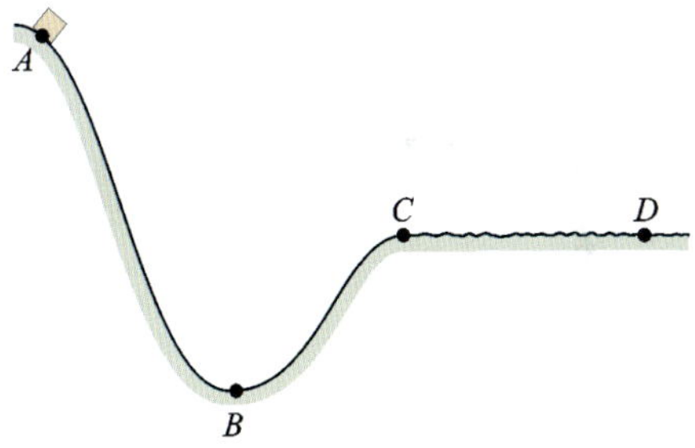

想 3.17 图

■ **例 3.6** 一重物 M，其重力为 P，悬挂于弹簧上，见图。弹簧的劲度系数为 k，其另一端固定在铅垂面内圆环的最高点 A 上。设弹簧的原长与圆环的半径 R 相等，求重物自弹簧原长 C 点无初速地沿着圆环滑至最低点 B 时所获得的动能。设摩擦略去不计。

解 以重物 M 为研究对象，重物受三个力：弹性力 $\boldsymbol{F}$、重力 $\boldsymbol{P}$ 和圆环对重物的支承力 $\boldsymbol{N}$。

重物在滑动过程中，支承力 $\boldsymbol{N}$ 不做功，只有重力和弹性力做功，而重力和弹性力又都是保守力，故重物在滑动过程中机械能守恒。取通过 B 点的水平面为重力场的零势能面；取以 A 为中心，以弹簧

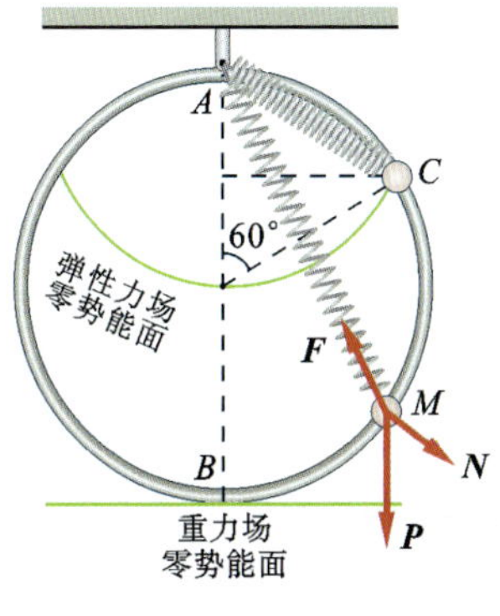

例 3.6 图

原长为半径的球面为弹性力场的零势能面。

重物处于 C 点时，动能为零，重力势能为 $P(R+R\cos 60^\circ)$，弹性势能为零。重物滑至 B 点时，动能为 E_{kB}，重力势能为零，弹性势能为 $\frac{1}{2}kR^2$。根据机械能守恒定律有

$$E_{kB}+\frac{1}{2}kR^2=P(R+R\cos 60^\circ)$$

由此得

$$E_{kB}=\frac{3}{2}PR-\frac{1}{2}kR^2$$

想想看

3.18 本题是否可以应用动能定理求解？你能列出应用动能定理求解本题的方程吗？

应用机械能守恒定律求解力学问题，一般可按以下步骤进行：

(1) 选取研究对象 如为质点系，则必须弄清所研究的质点系是由哪些质点组成的。

(2) 分析守恒条件 分析研究对象的运动过程是否满足机械能守恒条件。如不满足，则采用动能定理或其他方法求解。

(3) 明确过程的始、末状态 选定各种势能的零势能位置，写出始、末两状态研究对象的机械能。

(4) 列方程 根据机械能守恒定律列出方程并写出必要的辅助方程。

(5) 解方程，求出结果

复习思考题

3.12 劲度系数为 k、自然长度为 l_0 的轻弹簧，一端固定于天花板上，另一端挂一质量为 m 的重物，重物在 O 点处于平衡，如图所示。(1)试以弹簧原长处 O' 点为重力势能和弹性势能的零势能位置，写出重物的势能；(2)再分别以 O 和 O'' 为重力势能的零势能位置，弹性势能零点仍取在 O'，写出重物的势能。

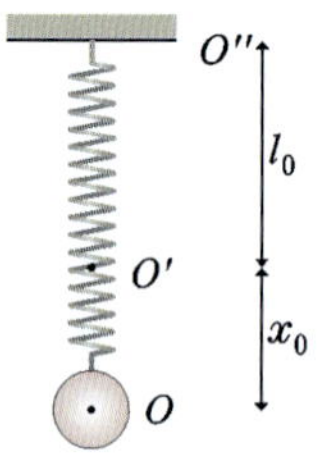

思 3.12 图

3.13 作用在质点系各质点上的非保守力在运动过程中所做功的总和为零，问该质点系的机械能是否一定守恒？

3.14 试判断在以下各过程中系统的机械能是否一定守恒：

(1) 忽略空气阻力和其他星体的作用力，卫星绕地球沿椭圆轨道运动。

(2) 一弹簧上端固定，下端悬一重物，重物在其平衡位置附近振动。空气阻力忽略不计。

(3) 一物体从空中自由落下，陷入沙坑。

3.15 观察一物体自由落下，并跳回到原来高度或原来高度的一半，从这观察中可以得出什么结论？

3.16 如图所示，一质点从 i 移动到 j 和从 k 移动到 j 保守力所做的功分别为 -30 J 和 30 J。问：当质点由 i 移动到 k，此保守力做的功是多少？

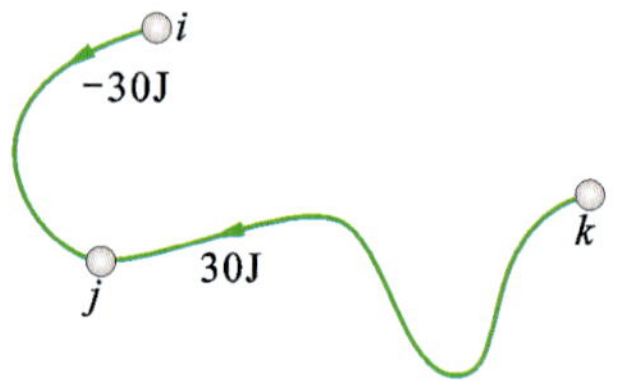

思 3.16 图

3.17 图示为一系统的势能曲线，一质点在其中作一维运动。(a)将质点在 AB、BC 和 CD 区域所受的力按大小排一顺序，最大的在最前头；(b)质点在区域 AB 中受力的方向如何？

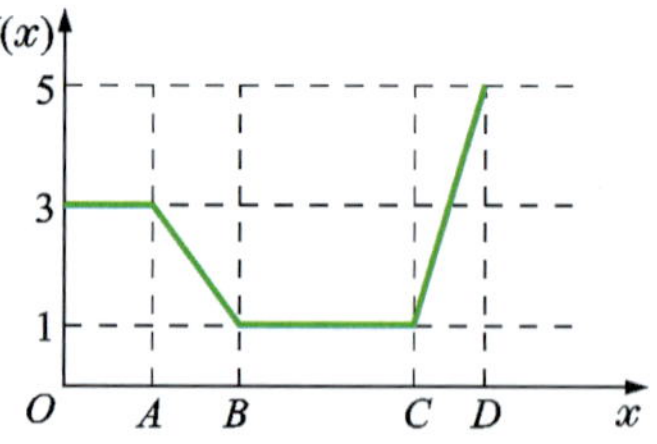

思 3.17 图

3.18 将一质量为 m 的冰块，从一光滑的半径为 R 的半球形碗边缘，无初速释放，如图。问：(a)冰块滑到碗底的过程中，重力的功等于多少？(b)冰块滑到碗底时，其速率等于多

少？(c)如果选碗底为重力势能零势能点，则冰块释放时重力势能为多少？冰块滑落到碗底过程中，始、末两状态间重力势能的增量是多少？(d)如果选碗边缘冰块释放点为零势能点，则冰块滑到碗底时其重力势能为多少？始、末两状态间重力势能的增量是多少？如果碗不光滑，则从(a)到(d)的答案是增大、减小还是不变？

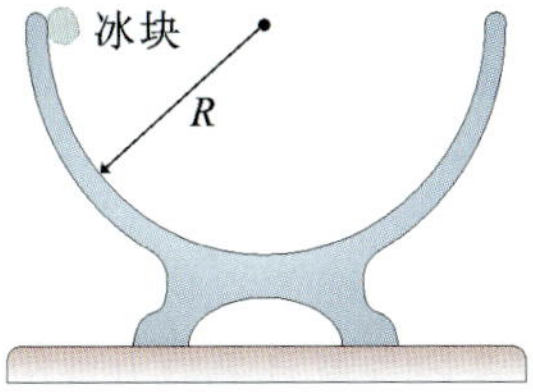

思 3.18 图

3.19 质量为 m 的小球，固定在一质量可以略去的长为 L 的细杆顶端。小球、细杆可绕细杆的另一端在竖直平面内作圆周运动，如图。开始时杆水平放置，小球在位置 A，然后用适当的力向下推它使小球向下绕圈，经过最低点 B 以及和 A 点等高点 C，并在刚好到达最高处 D 时速率为零。问：(a)小球从初始位置 A 分别到达 B、C、D 的过程中重力所做的功是多少？(b)如果取小球初始位置 A 为重力势能零势能点，则小球分别处在 B、C、D 各处时其重力势能为多少？(c)若开始时用力过大，使得小球在达到最高点 D 时速率并不为零，则从 B 到 C 重力势能的增量会更大、更小或不变吗？

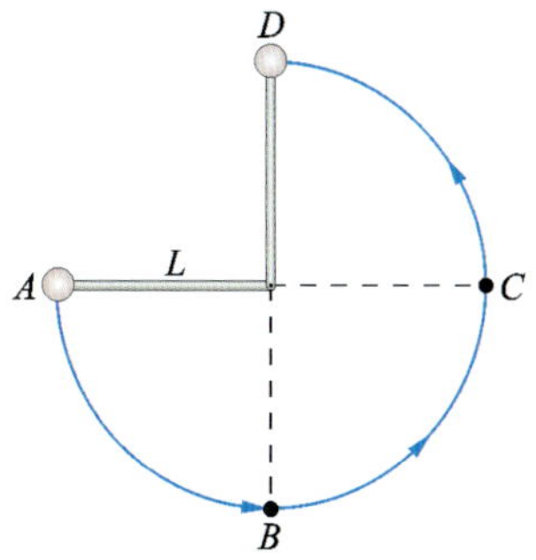

思 3.19 图

3.5 能量守恒定律

对一个运动系统，如果除了万有引力等保守力做功以外，尚有非保守力(例如摩擦力)做功，那么该系统的机械能就要发生变化。例如一个物体沿斜面下滑，下滑中，除了重力做功以外，尚有物体与斜面之间的摩擦力做功。摩擦力做功消耗了一部分机械能，因而物体的机械能不守恒(减少)了。但是实验发现，在物体机械能减少的同时，物体和斜面的温度均有所升高，这说明通过摩擦力做功，把物体的一部分机械能转换成热能。热能是区别于机械能的另一种形式的能量。自然界中除了机械能和热能以外，还有其他许多形式的能量，例如与电磁现象相联系的电磁能，与化学反应相联系的化学能，与原子核现象相联系的原子核能等。无数事实证明，各种形式的能量是可以相互转换的。例如利用水位差推动水轮机转动能使发电机发电，将机械能转换为电能；电流通过电热器能发热，把电能又转换为热能，等等。但对于一个与外界没有能量交换的系统(称为孤立系统)来说，若其内部某种形式的能量减少或增加，与此同时，必然有等量的其他形式的能量增加或减少，系统内部各种形式能量的总和仍然是一常量。这就是说，**能量不能消失，也不能创造，只能从一种形式转换为另一种形式。对一个孤立系统来说，不论发生何种变化，各种形式的能量可以互相转换，但它们的总和是一个常量。**这一结论称为能量守恒定律。

能量守恒定律是从大量事实中综合归纳得出的结论，它适用于任何变化过程，不论是机械的、热的、电磁的、原子和原子核的，还是化学的以至生物的，等等。它是自然界具有最普遍适用性的定律之一。

能量守恒定律能使我们更深刻地理解功的意义。这个定律表明，一个物体或系统的能量变化时，必然有另一物体或系统的能量同时也发生变化。以做功的方法使一个系统的能量变化，在本质上是这个系统与另一个系统之间发生了能量的交换，而这个能量的交换在量值上就用功来描述。所以功是能量交换或转换的一种度量。

这里有必要再次指出，绝不能把能和功看作是等同的。能量描述系统在一定状态时的特性，它的量值只取决于系统状态，系统在一定状态时就具有一定的能量，能量是系统状态的单值函数。功总是和系统能量的改变及转换过程相联系，只有在系统能量发生改变或转换的过程中，才有做功的问题。

第 3 章 小 结

恒力的功

恒力在直线路程上的功，等于力的大小、质点位移的大小以及力与位移间夹角余弦的乘积

$$A = \boldsymbol{F} \cdot \boldsymbol{s} = Fs\cos\theta$$

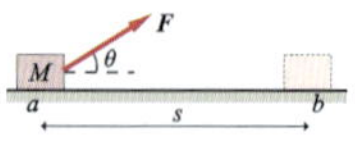

变力的功

变力 $\boldsymbol{F}$ 在曲线路径 ab 上的功，等于力 $\boldsymbol{F}$ 与位移元 $\mathrm{d}\boldsymbol{r}$ 的标积沿路径 ab 的线积分

$$A = \int_{a(L)}^{b} \boldsymbol{F} \cdot \mathrm{d}\boldsymbol{r}$$

$$= \int_{a(L)}^{b} F_x \mathrm{d}x + F_y \mathrm{d}y + F_z \mathrm{d}z$$

$$A = \int_{a(L)}^{b} F\mathrm{d}s\cos\theta$$

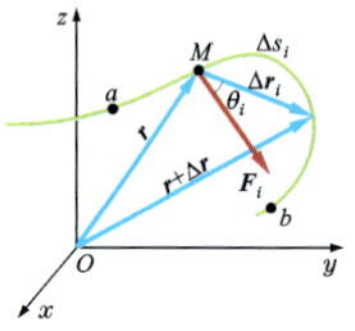

重力的功

重力的功等于重力的大小乘以质点起始位置与终末位置的高度差

$$A = mg(z_1 - z_2)$$

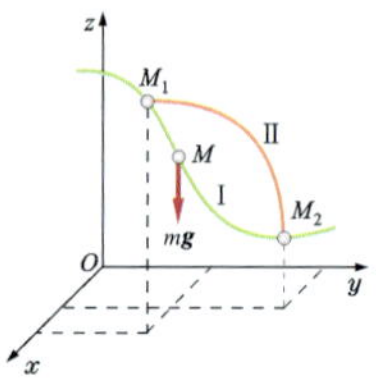

万有引力的功

质量为 M 的固定点对质量为 m 的质点所做用的万有引力的功，只与质点移动的始、末位置以及两者的质量有关

$$A = GMm\left(\frac{1}{r_2} - \frac{1}{r_1}\right)$$

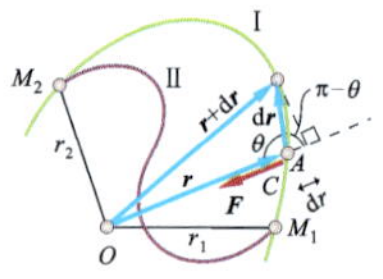

弹性力的功

弹性力的功等于弹簧劲度系数乘以质点始、末位置弹簧变形量平方之差的二分之一

$$A = \frac{1}{2}kx_1^2 - \frac{1}{2}kx_2^2$$

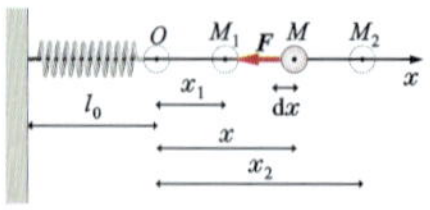

质点动能定理

作用于质点上的合力在某一过程中所做的功等于质点在同一过程中始、末两个状态动能的增量

$$A = \frac{1}{2}mv_2^2 - \frac{1}{2}mv_1^2$$

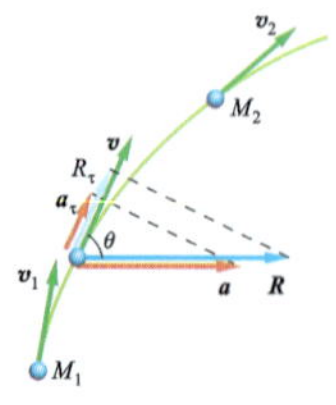

质点系动能定理

质点系动能的增量等于作用于质点系内各质点上的力做功的总和

$$\sum_i A_i = \sum_i \frac{1}{2}m_i v_{i2}^2 - \sum_i \frac{1}{2}m_i v_{i1}^2$$

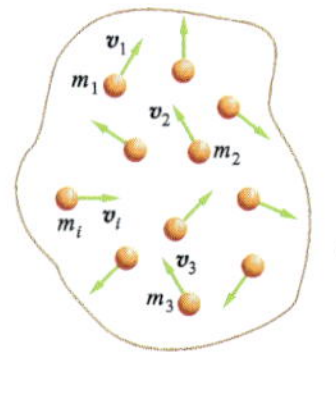

重力势能

重力势能等于重力与质点和零势能点间的高度差的乘积

$$E_\mathrm{p} = mgz$$

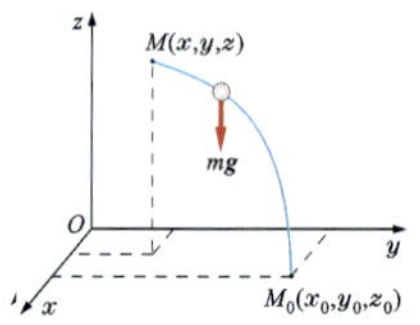

万有引力势能

在质量为 M 的固定质点的万有引力场中，距固定质点 r 处，质量为 m 质点的万有引力势能，等于把质点由该点移动到势能零点的过程中万有引力所做的功

$$E_\mathrm{p} = -G\frac{Mm}{r}$$

势能零点选在无穷远处

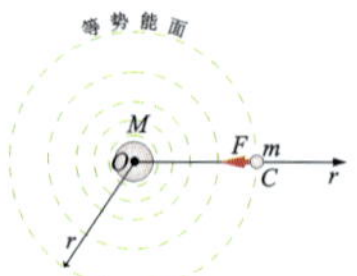

弹性势能

弹性势能等于弹簧劲度系数与其变形量平方乘积的一半

$$E_\mathrm{p} = \frac{1}{2}kx^2$$

势能零点在弹簧原长处

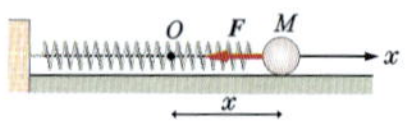

质点机械能守恒定律

在仅有保守力做功时，质点动能和势能可以相互转换，但动能和势能的总和保持不变

$$\frac{1}{2}mv_1^2 + E_{\mathrm{p}1} = \frac{1}{2}mv_2^2 + E_{\mathrm{p}1}$$

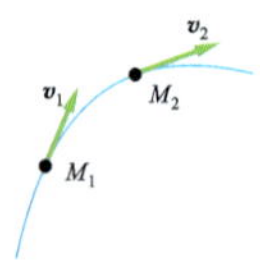

质点系机械能守恒定律

如果作用于质点系的所有非保守力不做功，或元功之和恒为零，则运动过程中质点系内各质点间动能和势能可以相互转换，但它们的总和（即总机械能）守恒

$$E_\mathrm{k} + E_\mathrm{p} = 常量$$

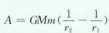

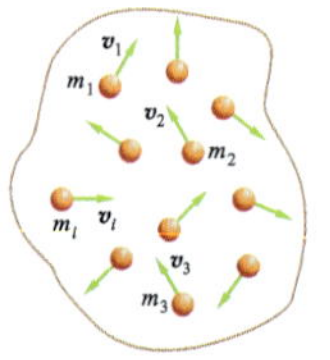

习　题

3.1　选择题

(1) 把一质量为 m，各边长均为 $2a$ 的均质货箱，由位置(Ⅰ)翻转到位置(Ⅱ)，则人力所做的功为[　　]。

(A) 0　　(B) $2mga$

(C) mga　　(D) $(\sqrt{2}-1)amg$

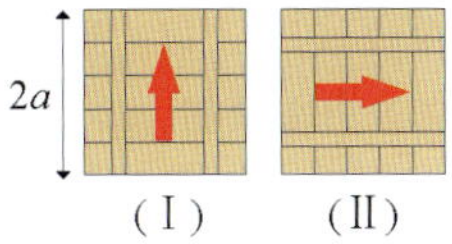

题 3.1(1)图

(2) 宇宙飞船关闭发动机返回地球的过程，可以认为是仅在地球万有引力作用下运动。若用 m 表示飞船质量，M 表示地球质量，G 表示引力常量，则飞船从距地球中心 r_1 处下降到 r_2 处的过程中，动能的增量为[　　]。

(A) $\dfrac{GmM}{r_2}$　　(B) $\dfrac{GmM}{r_2^2}$

(C) $GmM\dfrac{r_1-r_2}{r_1r_2}$　　(D) $GmM\dfrac{r_1-r_2}{r_1^2r_2^2}$

(3) 质点 M 与一固定的轻弹簧相连接，并沿椭圆轨道运动，如图。已知椭圆的长半轴和短半轴分别为 a 和 b，弹簧原长为 $l_0(a>l_0>b)$，劲度系数为 k，则质点由 A 运动到 B 的过程中，弹性力所做的功为[　　]。

(A) $\dfrac{1}{2}ka^2-\dfrac{1}{2}kb^2$

(B) $\dfrac{1}{2}k(a-l_0)^2-\dfrac{1}{2}k(l_0-b)^2$

(C) $\dfrac{1}{2}k(a-b)^2$

(D) $\dfrac{1}{2}k(l_0-b)^2-\dfrac{1}{2}k(a-l_0)^2$

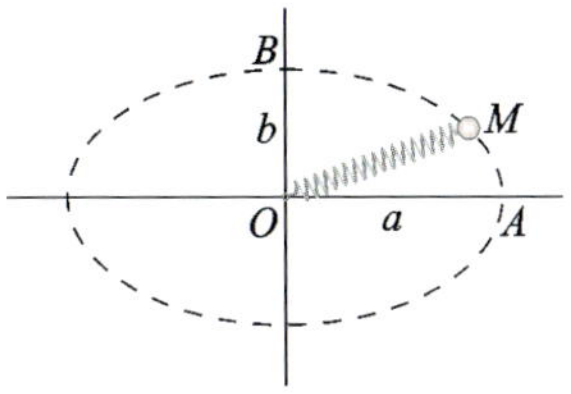

题 3.1(3)图

(4) 质量为 10 kg 的物体，在变力 F 作用下沿 x 轴作直线运动，力随坐标 x 的变化如图。物体在 $x=0$ 处，速度为 1 m/s，则物体运动到 $x=16$ m 处，速度大小为[　　]。

(A) $2\sqrt{2}$ m/s　(B) 3 m/s　(C) 4 m/s　(D) $\sqrt{17}$ m/s

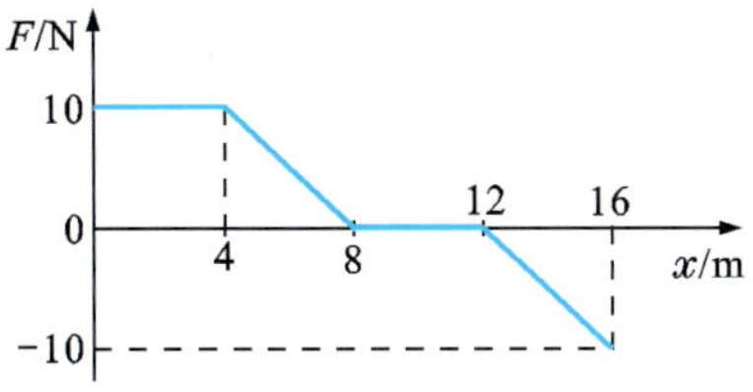

题 3.1(4)图

(5) 关于质点系内各质点间相互作用的内力做功问题，以下说法中，正确的是[　　]。

(A) 一对内力所做的功之和一定为零

(B) 一对内力所做的功之和一定不为零

(C) 一对内力所做的功之和一般不为零，但不排斥为零的情况

(D) 一对内力所做的功之和是否为零取决于参考系的选择

3.2　填空题

(1) 质量为 m 的质点，自 A 点无初速沿图示轨道滑动到 B 点而停止。图中 H_1 与 H_2 分别表示 A、B 两点离水平面的高度，则质点在滑动过程中，摩擦力的功为________，合力的功为________。

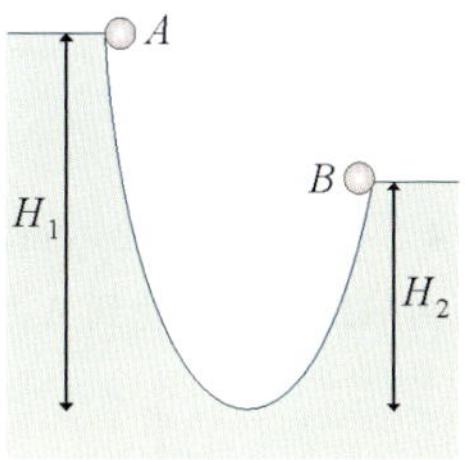

题 3.2(1)图

(2) 人从 10 m 深的井中提水，桶离水面时装水 10 kg。若每升高 1 m 要漏掉 0.2 kg 的水，则把这桶水从水面提高到井口的过程中，人力所做的功为________。

(3) 质点在力 $\boldsymbol{F}=2y^2\boldsymbol{i}+3x\boldsymbol{j}$ 作用下沿图示路径运动。若 F 的单位为 N，x 和 y 的单位为 m，则力 $\boldsymbol{F}$ 在路径 Oa 上的功 $A_{Oa}=$_____，在 ab 上的功 $A_{ab}=$_____，在 Ob 上的功 $A_{Ob}=$______，在 $OcbO$ 上的功 $A_{OcbO}=$______。

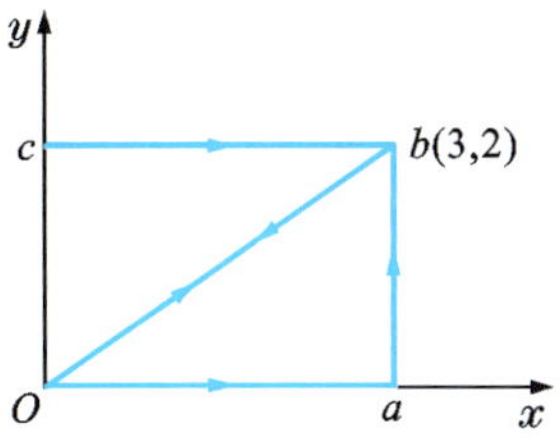

题 3.2(3)图

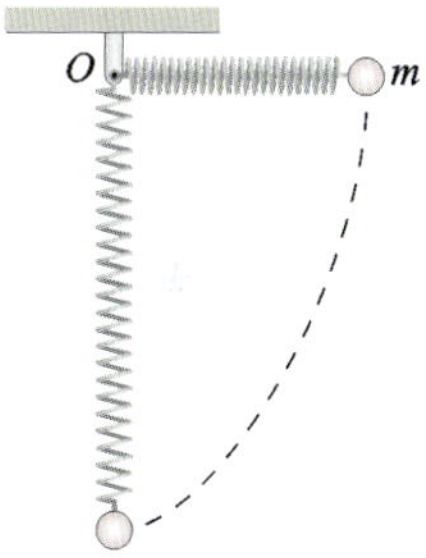

题 3.2(4)图

(4) 劲度系数为 k、原长为 l_0 的轻弹簧，一端固定于 O 点，另一端系一质量为 m 的物体如图。现将弹簧置于水平位置，并保持原长，然后无初速释放。若物体在铅直面内摆至最低位置时，弹簧伸长量为原长的 $1/n$，则此时物体速度的大小为________。

(5) 质量为 m 的子弹，水平射入质量为 M、置于光滑水平面上的沙箱，子弹在沙箱中前进距离 l 而静止，同时沙箱向前运动的距离为 s，此后子弹与沙箱一起以共同速度 v 匀速运动，则子弹受到的平均阻力 $F=$________，子弹射入时的速度 $v_0=$________，沙箱与子弹系统损失的机械能 $\Delta E=$________。

3.3　某物块质量为 P，用一垂直于墙的压力 $\boldsymbol{N}$ 使其压紧在墙上，墙与物块间的滑动摩擦系数为 μ。试计算物块沿图示

的不同路径：弦 AB、圆弧 AB、折线 AOB，由 A 移动到 B 时，重力的功和摩擦力的功。已知圆弧半径为 r。

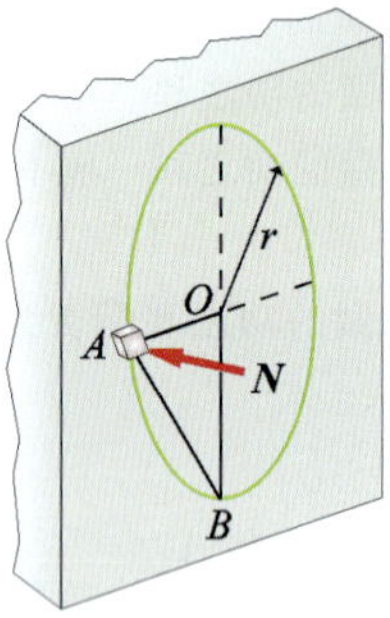

题 3.3 图

3.4 一弹簧原长 20 cm，劲度系数 $k=2940$ N/m。问将该弹簧由 AB 位置移动到 $A'B'$ 位置时，弹性力的功等于多少？

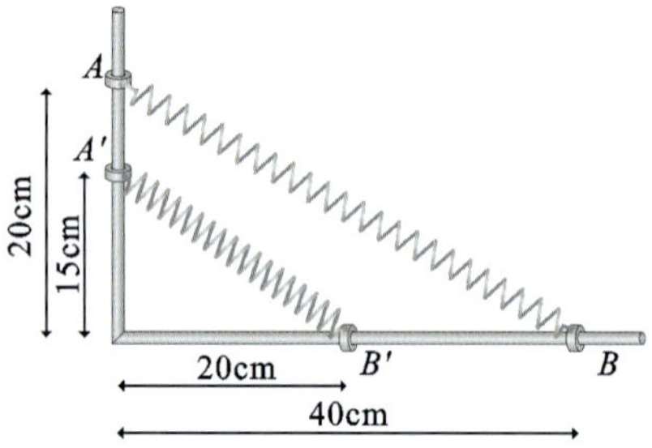

题 3.4 图

3.5 求把水从面积为 50 m^2 的地下室中抽到地面上来所需做的功。已知水深为 1.5 m，水面至地面的距离为 5 m。

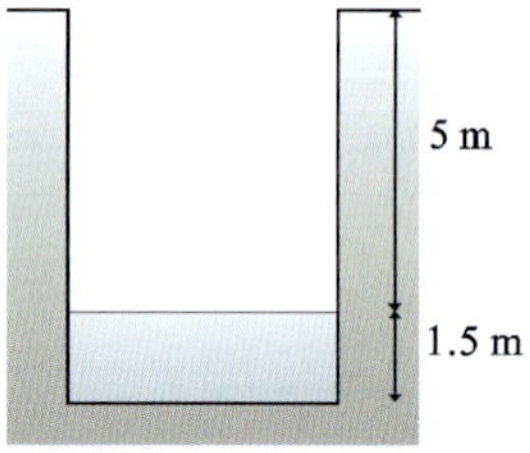

题 3.5 图

3.6 计算沿 x 方向的力 $F(x)=\alpha x^2-\beta$ 在从 x_1 到 x_2 这段位移中所做的功。设 $\alpha=3$ N/m^2，$\beta=2$ N，$x_1=1$ m，$x_2=3$ m。

3.7 一质量为 m、总长为 l 的铁链，开始时有一半放在光滑的桌面上，而另一半下垂，如图所示。试求铁链滑离桌面边缘时重力所做的功。

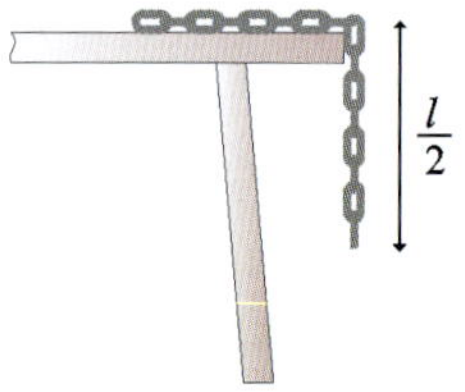

题 3.7 图

3.8 长为 l、质量为 M 均匀分布的柔绳，一端挂在天花板下的钩子上，将另一端缓慢地垂直提起，并挂在同一钩子上，试通过直接积分(即用 $A=\int_a^b \boldsymbol{F}\cdot d\boldsymbol{r}$)，求出该过程中对绳子所做的功。

3.9 一沿 x 轴正方向的力作用在一质量为 3.0 kg 的质点上。已知质点的运动学方程为 $x=3t-4t^2+t^3$，这里 x 以 m 为单位，时间 t 以 s 为单位。试求：

(1) 力在最初 4.0 s 内做的功；

(2) 在 $t=1$ s 时，力的瞬时功率。

3.10 把登月舱构件从地面先发射到地球同步轨道站，再由同步轨道站装配起来发射到月球表面上。已知登月舱构件质量共计为 $m=10.0\times10^3$ kg，同步轨道半径 $r_1=4.22\times10^7$ m，地心到月心的距离 $r_2=39.0\times10^7$ m，地球半径 $R_e=6.37\times10^6$ m，月球半径 $R_m=1.74\times10^6$ m，地球质量为 $M_e=5.97\times10^{24}$ kg，月球质量 $M_m=7.35\times10^{22}$ kg。同时考虑到地球和月球的引力，试求上述两步发射中火箭推力各应做多少功。

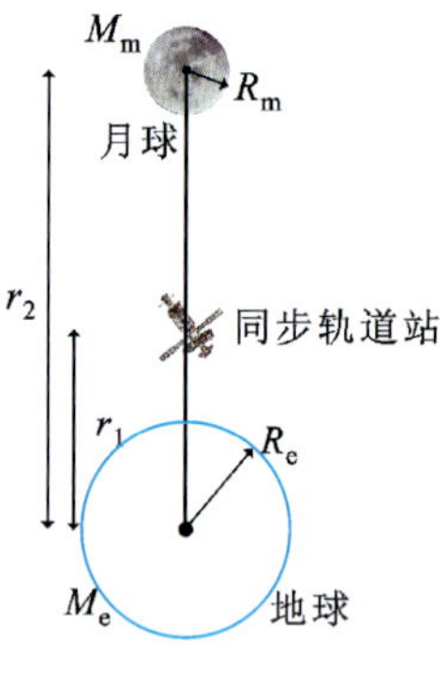

题 3.10 图

3.11 从地面上以一定角度发射地球卫星，发射速度 v_0 应为多大才能使卫星在距地心半径为 r 的圆轨道上运转？

3.12 质量为 m 的滑块 M，在半径为 R 并处于铅直面内的光滑圆环上无摩擦地滑动，见图。滑块 M 上系有一弹性线 MOA，此线穿过圆环上的光滑小孔 O 固定于 A 点。已知弹性线的劲度系数为 k，滑块处于 O 点时线对滑块的弹性力为零，弹性力服从胡克定律。试求当滑块 M 从 B 点沿圆环无初速滑下的过程中，滑块的速度 v 与角 φ 的关系(φ 是 OM 与水平线的夹角)。

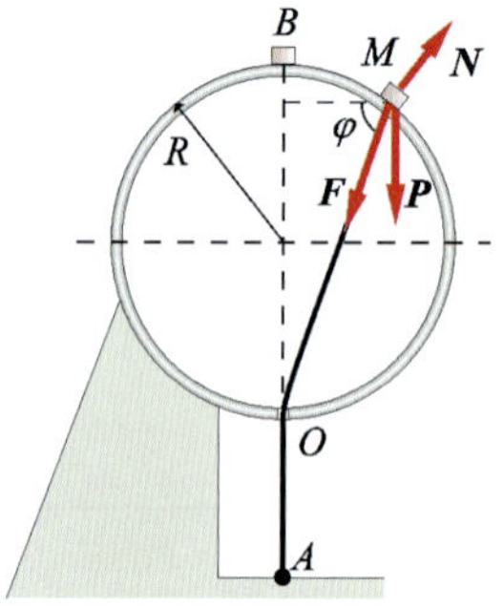

题 3.12 图

3.13 一轻弹簧的劲度系数为 $k=100$ N/m，用手推一质量 $m=0.1$ kg的物体 A 把弹簧压缩到离平衡位置为 $x_1=0.02$ m 处，如图所示。放手后，物体沿水平面移动距离 $x_2=0.1$ m 而停止。求物体与水平面间的滑动摩擦系数。

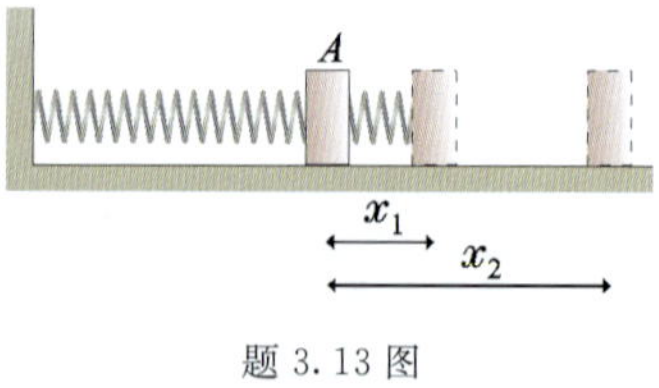

题 3.13 图

3.14 一质量 $m=80$ kg 的物体 A 自 $h=2$ m 处落到弹簧上，

如图所示。当弹簧从原长向下压缩 $x_0=0.2$ m 时，物体再被弹回。试求弹簧下压 0.1 m 时物体的速度。如果把该物体静置于弹簧上，求弹簧将被压缩多少？

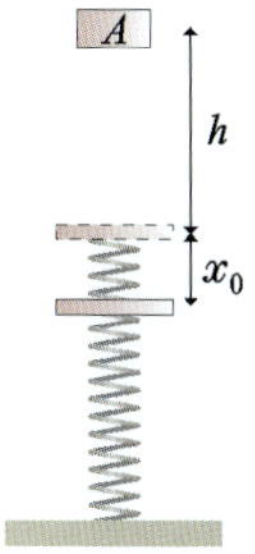

题 3.14 图

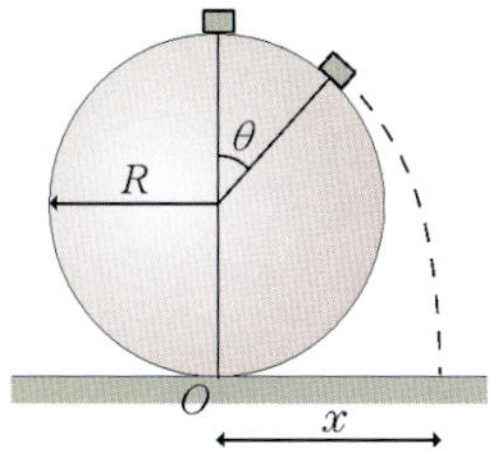

题 3.15 图

3.15　一物体从固定的光滑圆球顶端由静止开始下滑，如图所示。问：

(1) 物体在何处($\theta=?$)脱离圆球沿切线飞出？

(2) 物体飞出时的速度多大？

(3) 当物体到达地面时，离开 O 点的距离为多少？(设 $R=1$ m)

3.16　质量为 5.0 kg 的木块，仅受一变力的作用，在光滑的水平面上作直线运动，力随位置的变化如图所示。试问：

(1) 木块从原点运动到 $x=8.0$ m 处，作用于木块的力所做之功为多少？

(2) 如果木块通过原点的速率为 4.0 m/s，则通过 $x=8.0$ m 时，它的速率为多大？

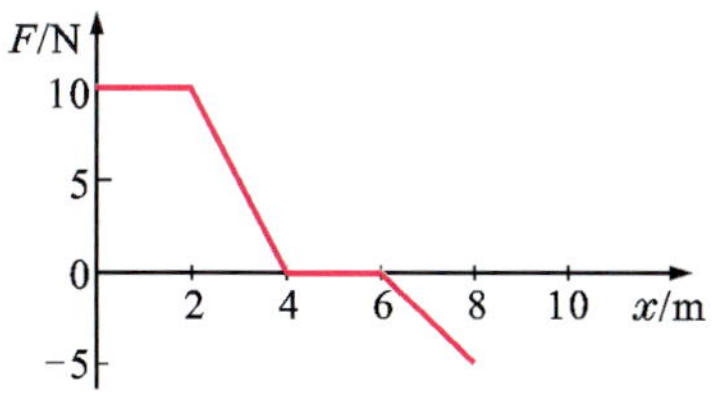

题 3.16 图

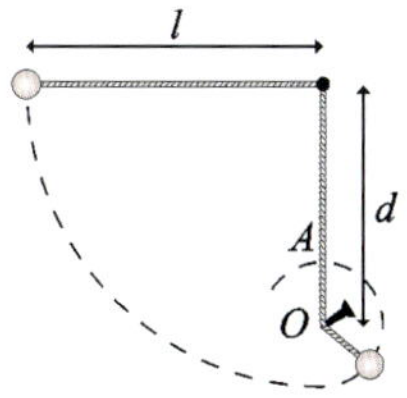

题 3.17 图

3.17　如图所示，长度为 l 的轻绳一端固定，一端系一质量为 m 的小球，绳的悬挂点下方距悬挂点的距离为 d 处有一钉子。小球从水平位置无初速释放，欲使球在以钉子为中心的圆周上绕一圈，试证 d 至少为 $0.6l$。

3.18　把弹簧的一端固定在墙上，另一端系一物体 A，当把弹簧压缩 x_0 之后，在 A 的后面再放一个物体 B，如图。求撤去外力后：

(1) A、B 分开时，B 以多大速度运动？

(2) A 能移动的最大距离是多少？

(设 A、B 放在光滑的水平面上，A 和 B 的质量分别为 m_A 和 m_B，弹簧的劲度系数为 k)

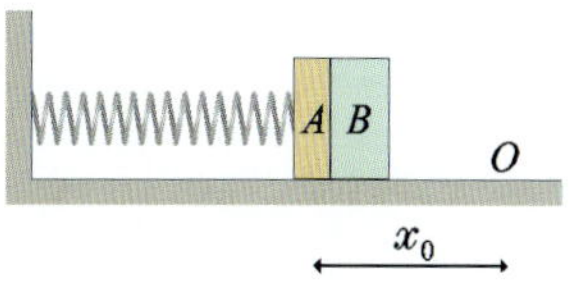

题 3.18 图

3.19　一质量为 m_1 的质点与一质量为 m_2 的固定质点相互作用，它们之间的万有引力的大小由式 $F=G\dfrac{m_1m_2}{x^2}$ 给定。式中，G 为引力常量，x 为两质点间的距离。试求使两质点间的距离由 $x=x_1$ 增加到 $x=x_1+d$ 时所需之功。

3.20　如图所示，一质量为 m 的小木块，沿光滑环形轨道滑下。

(1) 如果木块从 P 点由静止滑下，问其在 Q 点时受到的合力为多少？

(2) 欲使木块在轨道圆环部分的顶点对轨道的压力恰好等于它的重量，问木块应在什么高度由静止下滑？

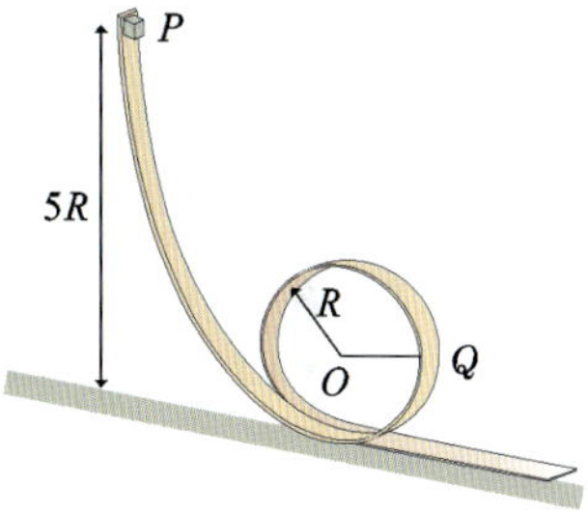

题 3.20 图

3.21　150 kg 的卫星在半径为 7.3 Mm 的圆周轨道上绕地球运行。试计算：

(1)动能、势能和机械能；

(2)轨道速率；

(3)该高度的逃逸速率。

3.22　水星的质量为 3.3×10^{23} kg，以半径为 5.8×10^{10} m 绕太阳近似作圆周运动，太阳的质量为 2.0×10^{30} kg。

(1)求水星的机械能；

(2)假定水星移到半径为 15×10^{10} m 圆周轨道上运动，相当于地球绕太阳运动，必须提供多少能量？

3.23　水力发电设备通过使水流经涡轮发电机系统可以 100 MW 的功率产生电能。

(1)如果水垂直下落 100 m 到达涡轮发电机，估算单位时间内流出的水量；

(2)水从 1 km×1 km的水库下落，水平面的下落速率多少(水的密度为 10^3 kg/m^3)？

玉兔号月球车

2013年12月15日，玉兔号月球车抵达月面，开始了对人类从未涉足过的月海虹湾的探测。

玉兔号月球车重约140千克，由移动、导航控制、电源、测控数传等8个分系统组成。它以太阳能为能源，能够耐受月球表面真空、强辐射、极限温度等极端环境，具备爬坡、越障能力。月球车携带了全景相机、探月雷达、成像光谱仪和X射线光谱仪等主要科研装备。

玉兔号月球车底部的测月雷达，根据被反射回来的电磁波，便能知道月壤和浅表月岩的分层结构。搭载在月球车机械臂上的粒子激发X射线光谱仪，用于探测月壤和分析月岩的化学成分。安装在玉兔号月球车的前端的可视-近红外成像光谱仪，根据所获取样品表面的可视-近红外光谱，计算其主要矿物组成。

首次使用测月雷达对月壤及下覆岩层的结构进行了探测，发现月壤的平均厚度约5米，明显大于此前估算的2～4米。这将对赋存在月壤中的重要资源如氢和氦3储量的估算产生较大影响。测月雷达还探测到月壤下覆的三层玄武岩。最上一层很年轻，约25亿年。这说明晚至约25亿年前仍有大规模的火山喷发活动，而通常认为月球在30亿年前岩浆活动趋于停止。

玉兔号月球车还对月壤展开了化学组成和光谱分析，获得了月壤镁、铝、钾等12种元素的含量。对比分析显示，“玉兔”着陆区月壤铁和钛含量高，铝含量低。月球车所获的的较高精度、准确度的就位探测数据，能够为轨道遥感测量数据提供校正依据，可提高全月球化学成分矿物组成的解译精度。

玉兔号月球车是40年来在月球上踏足的唯一月面巡视探测器。它返回的探测数据对我们更深入地了解月球及其演化具有重要意义。

第4章 冲量和动量

千克新定义——用普朗克常数 h 定义千克

2018 年 11 月 16 日，在法国巴黎第 26 届国际计量大会(CGPM)上，来自 60 个成员国的代表投票通过了永久性改变千克、安培、开尔文和摩尔的定义，结束用物理实体定义测量单位的历史。就是说，所有测量单位全部由自然界的常数定义。“千克”130 年来一直是使用铂铱合金铸造的国际千克原器定义。但即便铂铱合金具有膨胀率低、不易氧化的特点，它的质量仍然会随着时间发生变化，千克的最新定义使用普朗克常数 h。

质量是物理学中最基本的概念之一，它的内涵随着科学的发展而不断完善。大至天体和星系的宏观世界，小至原子和基本粒子的微观世界，凡是物质都具有质量。

根据国际计量委员会单位制委员会(CCU)的建议，千克的新定义为：千克，符号 kg，SI 的质量单位。它采用普朗克常数 h 的固定数值 $6.626\ 070\ 15\times10^{-34}$ 定义，其单位为 J·s，等于 $kg\cdot m^2\cdot s^{-1}$，其中米和秒是依据 c 和 $\Delta\nu_{Cs}$ 定义。即：1 千克为“对应普朗克常数为 $6.626\ 070\ 15\times10^{-34}$ J·s 时的质量”。

用恒定不变的量——普朗克常数重新定义千克后，使质量基本单位更加稳定，量值传递更加可靠，不再担心国际千克原器丢失、损坏给全球质量量值统一带来毁灭性的灾难。重新定义“千克”，意味着科学技术的发展可使质量测量变得更科学、更合理、更精确。

基布尔秤(Kibble balance)(见图)是一种通过电流和电压的强度精确测量测试对象质量的仪器。由于测量的质量与电流和电压的乘积(即功率，单位为瓦特)成正比，所以该仪器又被称为瓦特秤。基布尔秤可以将对质量的测量等效为对电磁力的测量。而这个电磁力又可以借助于 1962 年英国物理学家布赖恩·约瑟夫森(Brian Josephson)提出的约瑟夫森效应，和 1980 年德国物理学家克劳斯·冯·克利青(Klaus von Klitzing)提出的量子霍耳效应，同普朗克常数关联起来。这样，从 1 千克质量出发，基布尔秤最终可以确定一个普朗克常数。有了这个准确的普朗克常数，就可以用基布尔秤来称量质量，无须再借助任何物理实体。

位于美国国家标准技术研究所
编号为 NIST－4 的基布尔秤

国际计量委员会(CIPM)于 2005 年起草了关于采用基本物理常数定义部分 SI 基本单位的框架草案，建议采用普朗克常数 h、玻尔兹曼常数 k、阿伏加德罗常数 N_A 等基本物理常数定义质量单位 kg、温度单位 K 和物质的量单位 mol，从而改变基本单位自有定义以来，依赖于实物的历史。第 24 届国际计量大会正式批准 7 个基本单位定义在基本常数上的建议。

动量是描述物体机械运动的一个重要物理量。本章在引进动量概念的基础上，讨论质点及质点系动量定理和动量守恒定律。

4.1　质点动量定理

在力学中，把力和力作用时间的乘积称为力的冲量，力的冲量是矢量。质点受变力 $\boldsymbol{F}$ 作用时，可把力的作用时间分成许多微小间隔 Δt，在每个微小间隔内，力 $\boldsymbol{F}$ 均可近似看作恒力，力 $\boldsymbol{F}$ 与微小作用时间 Δt 的乘积 $\boldsymbol{F}\cdot\Delta t$ 称为该力的元冲量。

在第 2 章里我们曾经讲过，牛顿第二定律可以表示为

$$\frac{\mathrm{d}(m\boldsymbol{v})}{\mathrm{d}t}=\boldsymbol{F}$$

式中 $\boldsymbol{F}$ 为质点受到的合力。把上式改写为

$$\mathrm{d}(m\boldsymbol{v})=\boldsymbol{F}\mathrm{d}t \tag{4.1}$$

式中 $\boldsymbol{F}\mathrm{d}t$ 即为合力 $\boldsymbol{F}$ 的元冲量。

式(4.1)称为质点动量定理的微分形式，它可以表述为：**质点动量的微分等于作用在质点上合力的元冲量。**这个定理告诉我们：质点动量的变化，只有在冲量的作用下才有可能，也就是说，要使质点动量发生变化，仅有力的作用是不够的，力还必须累积作用一定时间。

如图 4.1 所示，设质点在变力 $\boldsymbol{F}$ 作用下沿一曲线轨迹运动，在 t_1 时刻速度为 $\boldsymbol{v}_1$，动量为 $m\boldsymbol{v}_1$；t_2 时刻速度为 $\boldsymbol{v}_2$，动量为 $m\boldsymbol{v}_2$。将式(4.1)在时间 t_2-t_1 内积分可得

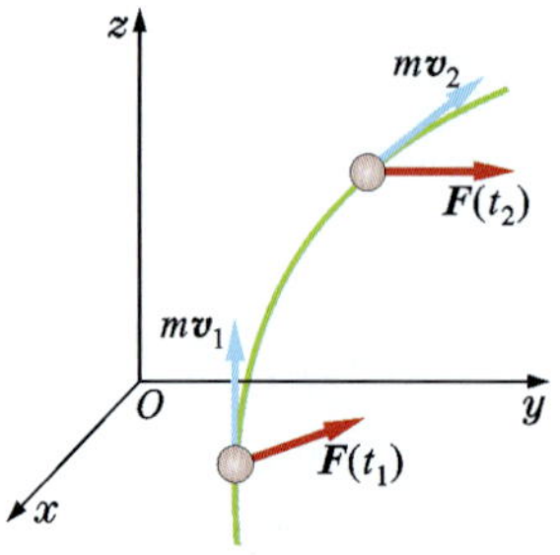

图 4.1

$$m\boldsymbol{v}_2-m\boldsymbol{v}_1=\int_{t_1}^{t_2}\boldsymbol{F}\mathrm{d}t \tag{4.2}$$

式中 $\int_{t_1}^{t_2}\boldsymbol{F}\mathrm{d}t$ 是变力 $\boldsymbol{F}$ 在时间 t_2-t_1 内所有元冲量的矢量和，称为力 $\boldsymbol{F}$ 在时间 t_2-t_1 内的冲量，常用 $\boldsymbol{I}$ 表示，有

$$\boldsymbol{I}=\int_{t_1}^{t_2}\boldsymbol{F}\mathrm{d}t \tag{4.3}$$

式(4.2)表明：**某段时间内质点动量的增量，等于作用在质点上的合力在同一时间内的冲量。**这就是质点动量定理的积分形式。

式(4.2)在直角坐标系各轴上的投影为

$$\left.\begin{aligned}mv_{2x}-mv_{1x}&=\int_{t_1}^{t_2}F_x\mathrm{d}t\\ mv_{2y}-mv_{1y}&=\int_{t_1}^{t_2}F_y\mathrm{d}t\\ mv_{2z}-mv_{1z}&=\int_{t_1}^{t_2}F_z\mathrm{d}t\end{aligned}\right\} \tag{4.4}$$

式(4.4)表明：**在某一段时间内，质点动量沿某一坐标轴投影的增量，等于作用在质点上的合力沿该坐标轴的投影在同一时间内的冲量。**

如果作用在质点上的合力为一恒力 $\boldsymbol{F}$，则该力在作用时间 t_2-t_1 内的冲量为

$$\boldsymbol{I}=\int_{t_1}^{t_2}\boldsymbol{F}\mathrm{d}t=\boldsymbol{F}(t_2-t_1) \tag{4.5}$$

可见恒力的冲量等于力与其作用时间的乘积，方向与恒力的方向相同。在这种情况下，式(4.2)将变为

$$m\boldsymbol{v}_2-m\boldsymbol{v}_1=\boldsymbol{F}(t_2-t_1) \tag{4.6}$$

一般情况下，式(4.2)右端是对变矢量的积分。为进一步说明冲量积分的意义，并引进平均力的概念，下面研究在时间 t_2-t_1 内，作用在质点上沿 x 方向的变力的冲量 $I_x=\int_{t_1}^{t_2}F_x\mathrm{d}t$。设想 F_x 为恒力，则图 4.2(a)中矩形阴影面积 $F_x(t_2-t_1)$ 就表示恒力 F_x 在作用时间 t_2-t_1 内的冲量。当 F_x 为变力时，用图 4.2(b)中的曲线表示在作用时间 t_2-t_1 内，力 F_x 随时间变化的情况。t_1 时刻，F_x 为零，以后逐渐增大，过最大值后，又逐渐减小，到 t_2 时刻减为零。图中两直线所夹狭条面积 $F_x\Delta t$ 表示在 t 到 $t+\Delta t$ 微小时间内力 F_x 的元冲量。我们可以设想把整个曲线下阴影面积分成许多这样的小狭条，在 $\Delta t\to 0$ 的极限情况下，这许多小狭条面积的总和等于曲线下阴影的面积。所以曲线下阴影面积就等于力 F_x 在作用时间 t_2-t_1 内的冲量。如果图 4.2(b)中虚线所示矩形面积与曲线下阴影面积相等，那么我们就把 $\overline{F_x}$ 称为变力 F_x 在时间 t_2-t_1 内的平均力。

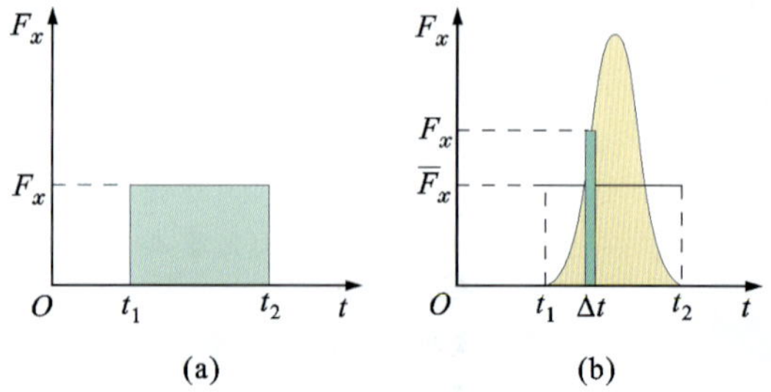

图 4.2

一般地，在力的整个作用时间 t_2-t_1 内，平均力 $\overline{\boldsymbol{F}}$ 的冲量等于变力的冲量，即

$$\boldsymbol{I}=\int_{t_1}^{t_2}\boldsymbol{F}\mathrm{d}t=\overline{\boldsymbol{F}}(t_2-t_1) \tag{4.7}$$

平均力的概念在碰撞、打击等问题中是很有用的。

质点动量定理式(4.2)表明，作用在质点上的合力在某一段时间内的冲量，只与该段时间末了与初始两时刻动量之差有关，而与质点在该段时间内动量变化的细节无关。因此，动量定理在打击、碰撞等类问题中特别有用。在这类问题中，物体相互作用的时间极短(如两个钢球相碰撞的作用时间仅为 10^{-5} s的数量级)，但力的峰值却很大，而且变化很快，如图4.2(b)所示的那样。这种力通常称为冲力，冲力随时间变化的规律很难测定，然而我们能够很容易地测出物体在冲力作用下动量的增量，再根据动量定理计算出冲力的冲量。如果我们知道碰撞所经历的时间，就可以求出平均冲力来。应该指出的是，和牛顿定律一样，质点动量定理只适用于惯性系。

想想看

4.1　沿 x 轴运动的质点，在方向沿 x 轴的合力 F 作用下，其动量 $P(P=mv)$ 随时间 t 变化规律如图。①质点在哪段时间加速？在哪段时间减速？②F 哪段时间沿 x 轴正方向？哪段时间沿 x 轴负方向？③试给出 F 随 t 变化规律的图像。

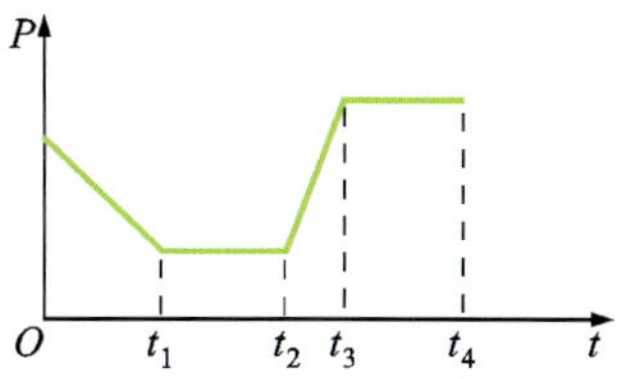

想4.1图

4.2　质量为 m 的小球，以速率 v 与竖直墙面碰撞后又以原速率弹回，如图。试给出碰撞过程始、末：①小球动量沿 x 轴投影的增量；②小球动量沿 y 轴投影的增量；③小球动量的增量；④小球受到的力的冲量；⑤墙壁受到的力的冲量。

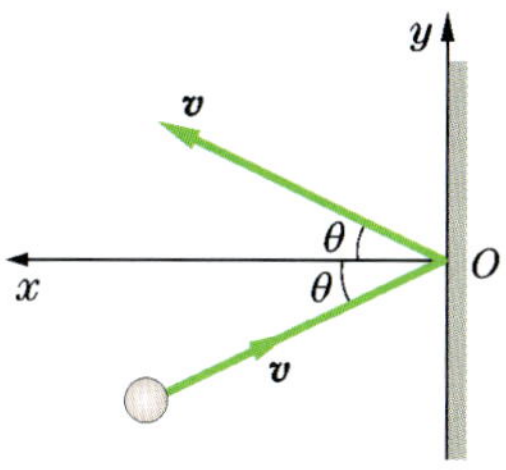

想4.2图

4.3　两个均未能打开降落伞的伞兵，一个落在青石板上，险些丧命；另一个落在厚厚的雪地上，只受了轻伤，试问：由于雪的存在，使下列各物理量的值增大、减小还是保持不变？①伞兵动量增量；②伞兵受到的合力冲量；③伞兵与地面碰撞时间；④伞兵受到的平均力。

例4.1　质量 $m=1$ kg 的质点 M，从 O 点开始沿半径 $R=2$ m 的圆周运动，见图。以 O 点为自然坐标原点，已知 M 的运动学方程为 $s=\frac{1}{2}\pi t^2$ m。试求从 $t_1=\sqrt{2}$ s 到 $t_2=2$ s 这段时间内作用于质点 M 的合力的冲量。

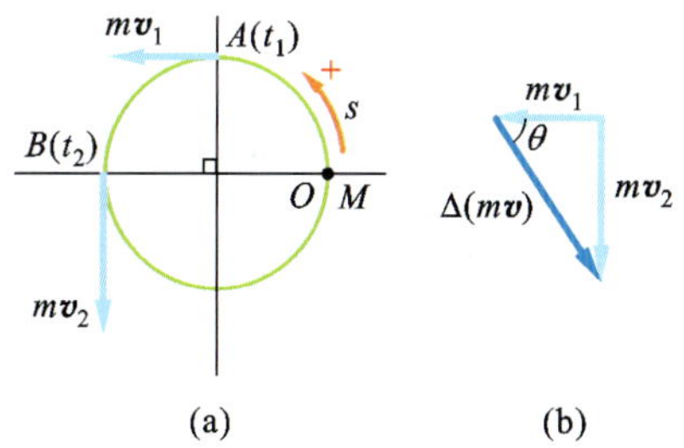

例4.1图

解　应用质点动量定理求解力学问题时，如果质点所受合力为恒力，或虽为变力，但其变化规律较简单且易于找到，这时我们可以根据冲量的定义，求出合力在其作用时间内的冲量。如果质点所受合力为变力，且变化规律较复杂，例如在碰撞、冲击等问题中，这时如果用冲量的定义，即力对时间的积分 $\boldsymbol{I}=\int_{t_1}^{t_2}\boldsymbol{F}\mathrm{d}t$ 求合力在其作用时间内的冲量，将是非常麻烦的，通常是不可能的。但是我们可以设法找出始、末两个时刻质点动量的增量，根据质点动量定理再找出该段时间内合力的冲量，进而还可估算出这段时间内的平均力。本题就是根据上述思路和方法求解的。

取质点 M 为研究对象。质点速度随时间的变化规律为

$$v=\frac{\mathrm{d}s}{\mathrm{d}t}=\pi t$$

依题意，$t=0$ 时质点的自然坐标 $s_0=0$，$t_1=\sqrt{2}$ s 时质点的自然坐标 $s_1=\pi$ m，即此时质点沿圆周已绕过1/4周长而处在 A 点，该时刻质点速率为

$$v_1=\sqrt{2}\pi \quad \text{m/s}$$

动量大小为

$$mv_1=\sqrt{2}\pi \quad \text{kg}\cdot\text{m/s}$$

动量方向如图。

$t_2=2$ s时，$s_2=2\pi$ m，即此时质点沿圆周已绕过1/2周长而处在B点，其速率为

$$v_2=2\pi \quad \text{m/s}$$

动量大小为

$$mv_2=2\pi \quad \text{kg}\cdot\text{m/s}$$

动量方向如图。

根据动量定理，时间t_2-t_1内作用于质点M的合力的冲量为

$$\boldsymbol{I}=m\boldsymbol{v}_2-m\boldsymbol{v}_1=\Delta(m\boldsymbol{v})$$

由图可知

$$|\Delta(m\boldsymbol{v})|=\sqrt{(mv_1)^2+(mv_2)^2}$$
$$=\sqrt{2\pi^2+4\pi^2}=\sqrt{6}\pi \quad \text{kg}\cdot\text{m/s}$$

故

$$|\boldsymbol{I}|=\sqrt{6}\pi=7.69 \quad \text{kg}\cdot\text{m/s}$$

冲量$\boldsymbol{I}$的方向可由θ角确定

$$\tan\theta=\frac{mv_2}{mv_1}=\frac{2}{\sqrt{2}}, \qquad \theta=54°44'$$

想想看

4.4 本题也可以用质点动量定理的投影形式求解，即建立直角坐标系Oxy，根据式(4.4)分别求出合力冲量沿x、y轴的投影I_x、I_y，然后再求出$\boldsymbol{I}$。请试试看。

从本例的计算可以再次看出，某段时间内合力的冲量，只与该段时间末了与初始两时刻的动量之差有关，而与动量变化过程的细节无关。

例4.2 质量为m的均质柔软链条，长为L，上端悬挂，下端刚和地面接触，见图。现由于悬挂点松脱使链条自由下落，试求链条落到地面上的长度为l时，对地面的作用力。

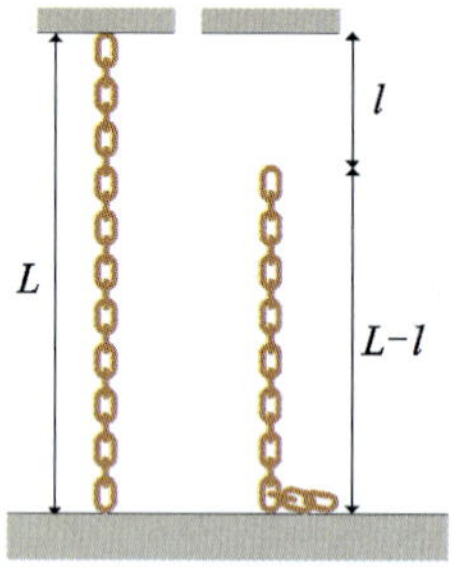

例4.2图

解 依题意，链条每单位长度的质量$\lambda=\frac{m}{L}$，落到地面上长度为l的一段链条质量为$\Delta m=\lambda l=\frac{m}{L}l$，$\Delta m$受重力$\boldsymbol{P}$、地面支承力$\boldsymbol{N}_1$的作用而处于平衡，取铅垂向下为坐标轴正方向，有

$$P-N_1=0$$

$$N_1=P=\frac{m}{L}lg$$

Δm对地面的作用力$\boldsymbol{N}_1'$与$\boldsymbol{N}_1$大小相等，方向相反，即$N_1'=N_1=\frac{m}{L}lg$，$\boldsymbol{N}_1'$方向向下。

另外，由于链条正在下落过程之中，当下落在地面上的链条长度为l时，未落地部分仍在继续向下运动，此时其速度大小为$v=\sqrt{2lg}$，所以在$\mathrm{d}t$时间内，将有长度为$\mathrm{d}l=v\mathrm{d}t$的一小段链条继续落地。设该小段链条的质量为$\mathrm{d}m$，则有

$$\mathrm{d}m=\lambda\mathrm{d}l=\frac{m}{L}v\mathrm{d}t$$

$\mathrm{d}m$刚接触地面时，速率为v，动量大小为$\frac{m}{L}v^2\mathrm{d}t$，在$\mathrm{d}t$时间内由于受地面冲量作用而动量变为零。设地面作用于$\mathrm{d}m$的平均冲力为$\boldsymbol{N}_2$，忽略$\mathrm{d}m$所受重力，根据动量定理，有

$$-N_2\mathrm{d}t=0-\frac{m}{L}v^2\mathrm{d}t$$

$$N_2=\frac{m}{L}2gl$$

$\mathrm{d}m$对地面的作用力$\boldsymbol{N}_2'$与$\boldsymbol{N}_2$大小相等、方向相反，即$N_2'=N_2=\frac{2m}{L}lg$，$\boldsymbol{N}_2'$方向向下。

综上所述，当链条落到地面上长度为l时，链条

对地面总作用力的大小为

$$F=N_1'+N_2'=\frac{m}{L}lg+2\frac{m}{L}lg=3\frac{m}{L}lg$$

通过本题的讨论可以看出，在链条下落过程中，由于链条和地面之间的“碰撞”，链条对地面将产生附加作用力，这个附加作用力比链条静止在地面上时对地面的作用力还要大。

想想看

4.5 例4.2中的链条全部落到地面上的瞬时$(l=L)$，对地面的作用力有多大？试把链条静止在地面上时对地面作用力与链条全部落到地面上的瞬时对地面作用力二者加以比较，体会在动态情况下，附加作用力的存在。

从动量定理可知，为使质点动量发生一定的改变，只要求作用于质点一定的冲量。我们可以在保持力方向不变的前提下用较大的力作用较短的时间，也可以用较小的力作用较长的时间使质点动量发生同样的变化。例如一个质量为m的篮球以速度$\boldsymbol{v}$向你飞来，你可以用手迎上去给球以较大的力迅速把球接住，使球的动量在较短时间内由$m\boldsymbol{v}$变为零；你也可以一面接球一面将手回缩，给球以较小的力，使球的动量在较长的时间内由$m\boldsymbol{v}$变为零，以免手指碰伤。跳高用的沙坑或泡沫塑料，运送贵重仪器用的松软包装，都是为了延长力的作用时间，以免人受伤或仪器损坏。

复习思考题

4.1 质量为m的小球以速度v水平地向墙壁碰去，碰后又以相同的速率沿水平方向弹回，在碰撞过程中小球动量的增量是多少？小球施于墙壁的冲量是多少？方向如何？

4.2 质量为m的质点，作无阻力抛体运动，如图所示。已知初速度$\boldsymbol{v}_0$与水平面的夹角$\alpha=45^\circ$，试求质点从O点运动到O'点的过程中作用于质点的合力的冲量。

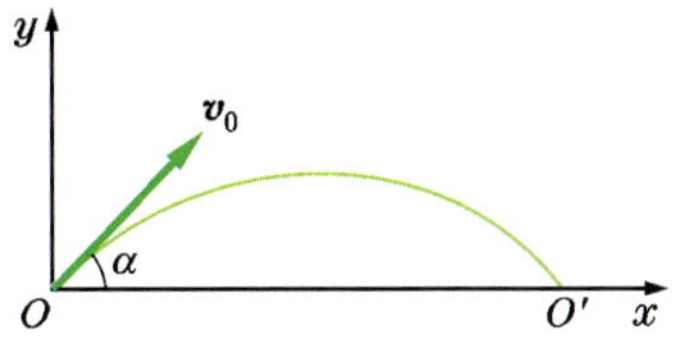

思4.2图

4.3 一个沿x轴运动的质点，受到方向沿x轴的合力F的作用，F随时间t变化规律如图。试根据质点动量增量的大小对三种情况排序。

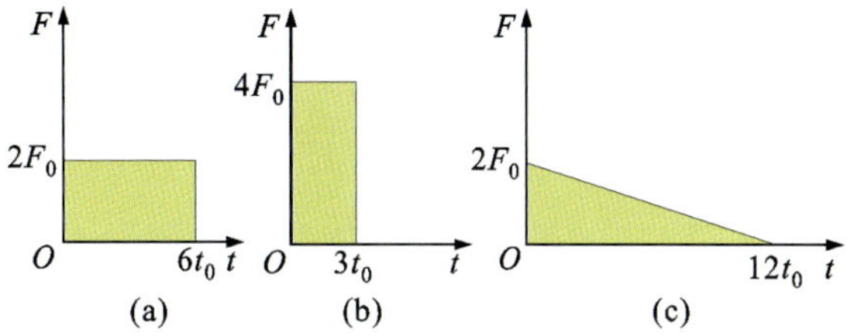

思4.3图

4.2 质点系动量定理

质点系内各质点动量的矢量和称为该质点系的动量。

设质点系由n个质点组成，各质点的质量分别为$m_1,m_2,\cdots,m_n$，在时刻t的速度分别为$\boldsymbol{v}_1,\boldsymbol{v}_2,\cdots,\boldsymbol{v}_n$，若用$\boldsymbol{P}$表示质点系在时刻$t$的动量，则

$$\boldsymbol{P}=\sum_i m_i\boldsymbol{v}_i \tag{4.8}$$

我们先以两个质点组成的系统为研究对象进行讨论。如图4.3所示，质点m_1和m_2所受的外力的合力分别为$\boldsymbol{F}_1$和$\boldsymbol{F}_2$，它们彼此间相互作用的内力分别为$\boldsymbol{f}_{12}$和$\boldsymbol{f}_{21}$。设质点m_1和m_2在时刻t_0的速度分别为$\boldsymbol{v}_{10}$和$\boldsymbol{v}_{20}$，在时刻t的速度分别为$\boldsymbol{v}_1$和$\boldsymbol{v}_2$。对质点m_1应用质点动量定理，根据式(4.1)有

$$\mathrm{d}(m_1\boldsymbol{v}_1)=(\boldsymbol{F}_1+\boldsymbol{f}_{12})\mathrm{d}t$$

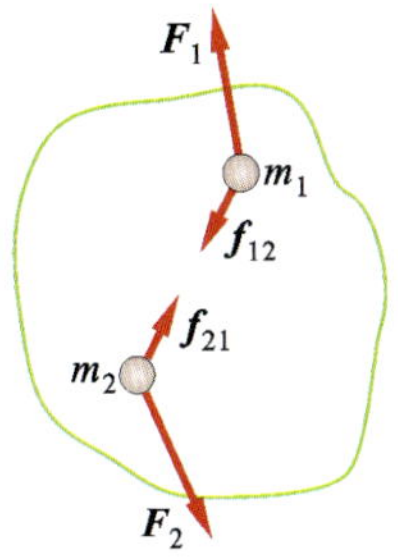

图4.3

同理对质点m_2有

$$\mathrm{d}(m_2\boldsymbol{v}_2)=(\boldsymbol{F}_2+\boldsymbol{f}_{21})\mathrm{d}t$$

对于质点m_1和m_2组成的系统来说，把上面两式相加，并考虑到$\boldsymbol{f}_{12}+\boldsymbol{f}_{21}=\boldsymbol{0}$，可得

$$\mathrm{d}(m_1\boldsymbol{v}_1)+\mathrm{d}(m_2\boldsymbol{v}_2)=\boldsymbol{F}_1\mathrm{d}t+\boldsymbol{F}_2\mathrm{d}t \tag{4.9}$$

这个结果不难推广到由任意多个质点所组成的质点系，由于质点系内所有内力的矢量和为零，故

$$\sum_i\mathrm{d}(m_i\boldsymbol{v}_i)=\sum_i\boldsymbol{F}_i\mathrm{d}t$$

或写为

$$\mathrm{d}\left(\sum_i m_i \boldsymbol{v}_i\right) = \sum_i \boldsymbol{F}_i \mathrm{d}t \qquad (4.10)$$

这就是质点系动量定理的微分形式，可以表述为：**质点系动量的微分，等于作用在质点系上所有外力元冲量的矢量和。**

把式(4.10)投影到直角坐标系各坐标轴上可得

$$\left.\begin{aligned} \mathrm{d}\left(\sum_i m_i v_{ix}\right) &= \sum_i F_{ix} \mathrm{d}t \\ \mathrm{d}\left(\sum_i m_i v_{iy}\right) &= \sum_i F_{iy} \mathrm{d}t \\ \mathrm{d}\left(\sum_i m_i v_{iz}\right) &= \sum_i F_{iz} \mathrm{d}t \end{aligned}\right\} \qquad (4.11)$$

式(4.11)表明：质点系动量沿某一坐标轴投影的微分，等于作用在质点系上所有外力在同一轴上投影的元冲量的代数和。

把式(4.10)在时间 $t-t_0$ 内积分，可得

$$\sum_i m_i \boldsymbol{v}_i - \sum_i m_i \boldsymbol{v}_{i0} = \sum_i \int_{t_0}^{t} \boldsymbol{F}_i \mathrm{d}t \quad (4.12\mathrm{a})$$

或写成

$$\boldsymbol{P} - \boldsymbol{P}_0 = \sum_i \boldsymbol{I}_i \qquad (4.12\mathrm{b})$$

即**在某段时间内，质点系动量的增量，等于作用在质点系上所有外力在同一时间内的冲量的矢量和。**这就是质点系动量定理的积分形式。

把式(4.12b)投影到直角坐标系各坐标轴上可得

$$\left.\begin{aligned} P_x - P_{0x} &= \sum_i I_{ix} \\ P_y - P_{0y} &= \sum_i I_{iy} \\ P_z - P_{0z} &= \sum_i I_{iz} \end{aligned}\right\} \qquad (4.13)$$

式(4.13)表明，**在某段时间内，质点系动量沿某一坐标轴投影的增量，等于作用在质点系上所有外力在同一时间内的冲量在该坐标轴上投影的代数和。**

如果外力均为恒力，则由式(4.12)可得

$$\sum_i m_i \boldsymbol{v}_i - \sum_i m_i \boldsymbol{v}_{i0} = \sum_i \boldsymbol{F}_i (t - t_0) \qquad (4.14)$$

从质点系动量定理可以看出：内力不能改变质点系的动量，只有外力才能改变质点系的动量。

想想看

4.6　一个质量均匀分布的圆盘，绕垂直于盘面的中心轴转动，若把圆盘看作一个质点系，问它的动量是多少？

4.7　坐在静止的车上的人，依靠自己推车的力能使车和人都前进吗？如果不能，试想想其中的道理。

例 4.3　容器中有大量气体分子，为简单起见，假想每个分子都以速度 $\boldsymbol{v}$ 碰到铅直的器壁上，$\boldsymbol{v}$ 与器壁法线 $\boldsymbol{N}$ 方向的夹角为 α，又以同样大小的速度，与器壁法线成同样夹角 α 的方向反射回来。若单位体积内的分子数为 n，每个分子的质量为 m，试求分子对器壁的压强。

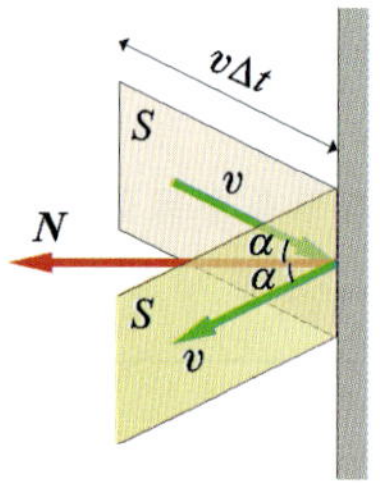

例 4.3 图

解　如图所示，取 Δt 时间内碰到器壁上的气体分子系统为研究对象，这是大量气体分子组成的质点系，该质点系的质量等于以 S 为底、以 $v\Delta t$ 为斜高的柱体内包含的所有分子质量的总和，即

$$M = mnSv\Delta t\cos\alpha$$

所研究的质量为 M 的气体分子系统在与器壁碰撞的 Δt 时间内共受两个力：重力 Mg 及器壁对它的平均冲力 $\overline{\boldsymbol{F}}$，重力的方向垂直于法线 $\boldsymbol{N}$。

气体分子系统在与器壁碰撞前后，其动量沿 $\boldsymbol{N}$ 方向的投影分别为

$$P_{N0} = -Mv\cos\alpha = -mnSv^2\cos^2\alpha\Delta t$$

$$P_N = mnSv^2\cos^2\alpha\Delta t$$

根据质点系动量定理式(4.13)，有

$$\overline{F}_N \Delta t = P_N - P_{N0} = 2mnSv^2\cos^2\alpha\Delta t$$

故

$$\overline{F}_N = 2mnSv^2\cos^2\alpha$$

分子作用于器壁的平均冲力与 $\overline{F}_N$ 大小相等。

作用在器壁单位面积上的法向力，即压强为

$$P = \frac{\overline{F}_N}{S} = 2mnv^2\cos^2\alpha$$

由此可见，气体分子作用在器壁上的压强与单位体积内的分子数 n、每个分子的质量 m 及分子速度沿法向投影 $v\cos\alpha$ 的平方成正比。这种求气体对器壁压强的方法在后面气体动理论中将会用到。

复习思考题

4.4 内力可以改变质点系的动能，但不能改变质点系的动量，为什么？

4.5 如图所示，河流转弯处的堤坝要比平直部分修得更为坚固，为什么？

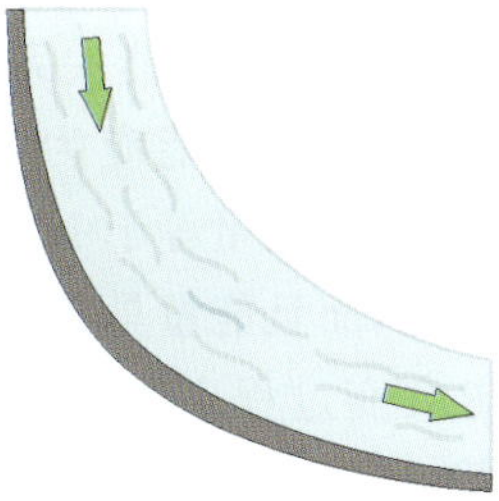

思 4.5 图

4.3 质点系动量守恒定律

对于质点系来说，如果所受外力的矢量和为零，即

$$\sum_i \boldsymbol{F}_i = \boldsymbol{0}$$

那么由式(4.10)可知

$$\mathrm{d}\left(\sum_i m_i \boldsymbol{v}_i\right) = \boldsymbol{0}$$

则

$$\sum_i m_i \boldsymbol{v}_i = \text{常矢量} \tag{4.15}$$

式(4.15)表明：**如果作用在质点系上所有外力的矢量和为零，则该质点系的动量保持不变。**这称为质点系动量守恒定律。

如果作用在质点系上所有外力沿某一坐标轴(例如 x 轴)投影的代数和为零，即

$$\sum_i F_{ix} = 0$$

则由式(4.11)可知

$$\sum_i m_i v_{ix} = \text{常量} \tag{4.16}$$

即**当作用在质点系上所有外力沿某一坐标轴投影的代数和为零时，该质点系的动量沿同一坐标轴的投影保持不变。**这称为质点系动量沿坐标轴投影的守恒定律。

动量守恒定律表明：质点系内不论运动情况如何复杂，相互作用如何强烈，只要质点系不受外力(这样的系统称为孤立系统)或作用于质点系外力的矢量和为零，则该质点系的动量守恒。应该指出，质点系内各质点相互作用的内力虽然不能改变整个质点系的动量，但却能改变质点系内各质点的动量，即能使质点系内各质点的动量发生转移。在转移过程中，某一质点或某些质点获得动量的同时，质点系内其他质点必然失去与之相等的动量。质点动量的转移，反映了质点机械运动的转移。动量守恒反映了机械运动守恒。当系统和外界有相互作用时，从外界获得动量或向外界转移动量，反映了系统和外界机械运动的交换。所以，我们说动量是质点或质点系机械运动的一种量度。

在质点系动量守恒定律的推导过程中，我们曾应用了牛顿定律，但是绝不能认为动量守恒定律是牛顿定律的推论，实际上不一定要根据牛顿定律来推导动量守恒定律(详细论证超出本书范围)。动量守恒定律是独立于牛顿定律的自然界中更普遍适用的定律之一。实践表明，在有些问题中，牛顿定律已不成立，但动量守恒定律仍然是适用的。动量守恒定律不仅适用于宏观物体的机械运动过程，而且适用于分子、原子以及其他微观粒子的运动过程。

动量和动能都是用来描述物体机械运动的物理量，但是动量和动能对物体机械运动描述的角度不同。动量的变化是与力在时间上累积作用相关的，动量是矢量；而动能的变化则是与力在空间中累积作用相关的，动能是标量。例如一个绕过中心轴转动的均质飞轮，其动量为零，而动能却不为零。要使一个物体的动量发生变化，必须对它施加冲量的作用；要使一个物体的动能发生变化，必须对它做功。动量是以机械运动来量度机械运动的物理量；而动能则除了可以在机械运动范围内量度机械运动外，还可以以机械运动与其他形式运动的相互转换来量度机械运动。

在物理学发展中，有许多事例能充分说明基础理论对科学技术发展的重要指导作用，这里介绍的中微子发现过程就是一例。

大家知道，有些原子核是不稳定的，有的放射 α 粒子(He 核)，称 α 衰变；有的放射 β 粒子(正、负电

子），称 β 衰变。后者例如

$$ {}^{14}_{6}\mathrm{C} \xrightarrow{\beta\text{衰变}} {}^{14}_{7}\mathrm{N} + \mathrm{e} $$

根据能量守恒定律和质能关系计算可知，这一 β 衰变中发射的电子的动能应为 156 keV。但实验测定，除极少数电子能量等于 156 keV 外，其余电子的能量都小于它，而且能量具有连续分布的特征，这似乎表明在 β 衰变过程中能量不守恒。不仅如此，实验表明由静止 ${}^{14}_{6}\mathrm{C}$ 核衰变而放射的电子和反冲核 ${}^{14}_{7}\mathrm{N}$ 的动量并不等值反向，这似乎表明在 β 衰变过程中动量也不守恒。但是能量和动量守恒定律的正确性已为长期实践所证明，于是物理学家们预言，在 β 衰变过程中除放射电子外，必定还同时放射出一个电荷为零、静止质量为零的粒子——后来称为中微子，中微子带走了一部分能量和动量，这样上述 ${}^{14}_{6}\mathrm{C}$ 的 β 衰变反应应写成

$$ {}^{14}_{6}\mathrm{C} \xrightarrow{\beta\text{衰变}} {}^{14}_{7}\mathrm{N} + \mathrm{e} + \tilde{\nu} $$

$\tilde{\nu}$ 表示反中微子，这一假设是泡利（W. Pauli）于 1930 年首次提出的。在泡利概念的基础上，费密（E. Fermi）于 1934 年建立了 β 衰变理论，成功地解释了 β 衰变现象的许多特点。但由于中微子质量为零，电荷也为零，它与其他物质间的相互作用极弱，直到 1954 年以前，实验中从未观察到中微子，1954 年通过在反应堆上做的一个很复杂的实验，才令人信服地探测到了中微子，从而也有力地证明了能量、动量守恒定律在 β 衰变过程中都是成立的。熟悉这样的历史，有助于我们认识学习基础理论的必要性和重要性。

想想看

4.8　一只企鹅，站在雪橇上，雪橇在光滑冰面上以速度 v_0 向前运动，如图。试就以下两种情况判断雪橇的速度 v 变得小于、大于还是等于 v_0：①企鹅从雪橇后端正向前端走去；②企鹅从雪橇前端正向后端走去。

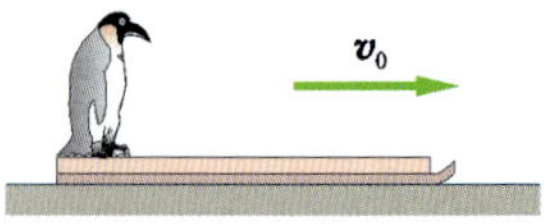

想 4.8 图

4.9　一个正在外太空沿 x 轴飞行的航天器，突然分裂成仍沿 x 轴运动的两部分。问：哪些图可能正确反映出航天器及分裂成两部分的位置随时间变化的关系。

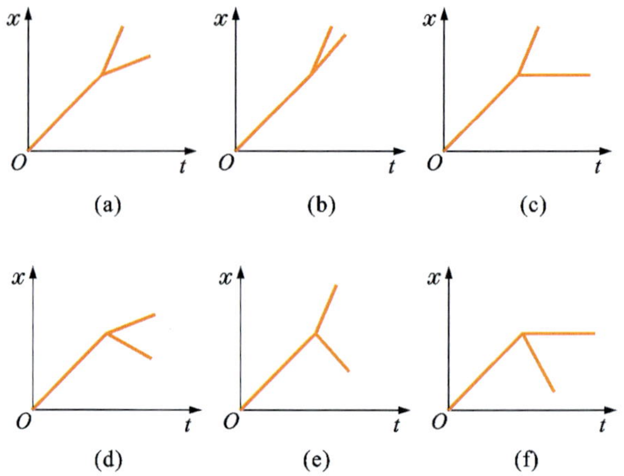

想 4.9 图

4.10　一冰球 A，沿 x 轴正方向运动，其动量 $P_A=5\ \mathrm{kg\cdot m/s}$，与另一个原来静止的冰球 B 相碰撞，如图。已知碰撞后 B 球的动量沿 x 轴投影 $P_{B_x}>5\ \mathrm{kg\cdot m/s}$。你认为图中给出的 A 球碰撞后的三种路径，哪一种是可能的？

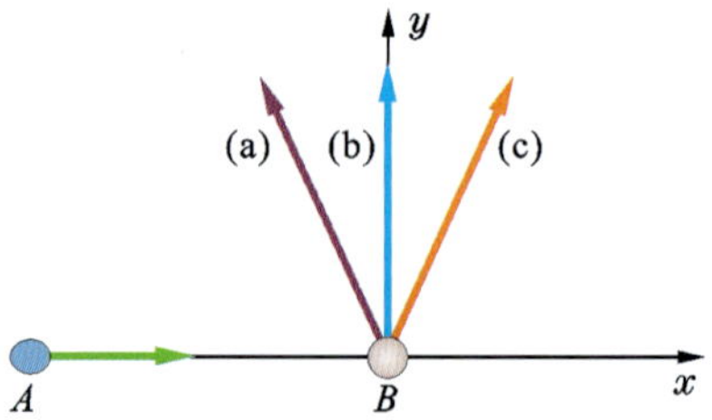

想 4.10 图

例 4.4　一长 $l=4$ m，质量 $M=150$ kg 的船，静止浮在湖面。今有一质量 $m=50$ kg 的人，从船头走到船尾，如图所示。求人和船相对于湖岸各移动的距离，设水对船的阻力忽略不计。

解　选人和船组成的系统为研究对象，由于水对船的阻力不计，故系统在水平方向不受外力作用，因而水平方向动量守恒。

设以 $\boldsymbol{V}$ 和 $\boldsymbol{v}$ 分别表示任一时刻船和人相对于湖岸的速度，选如图所示的 x 坐标轴，根据动量守恒定律，有

$$ mv-MV=0 \tag{1} $$

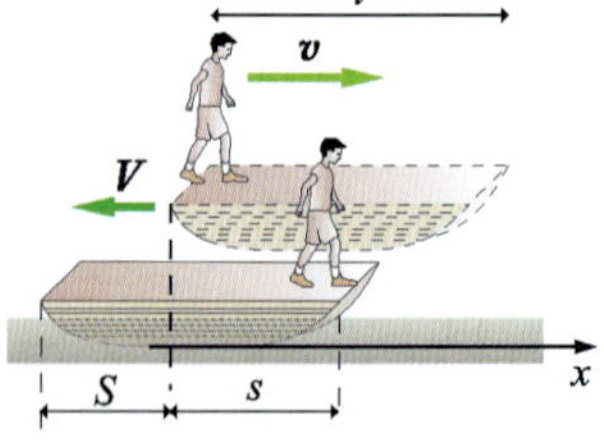

例 4.4 图

或

$$mv=MV$$

此式在任何时刻都成立。设$t=0$时人在船头，t时刻到达船尾，对上式积分，有

$$m\int_0^t v\mathrm{d}t = M\int_0^t V\mathrm{d}t$$

用S和s分别表示船和人相对于湖岸移动的距离，则有

$$S=\int_0^t V\mathrm{d}t,\qquad s=\int_0^t v\mathrm{d}t$$

于是有

$$ms=MS \tag{2}$$

由图可知

$$S+s=l \tag{3}$$

解(2)、(3)两式可得

$$S=\frac{m}{M+m}l=\frac{50}{150+50}\times 4=1\quad \text{m}$$

$$s=l-S=4-1=3\quad \text{m}$$

想想看

4.11 若开始时，设人相对于船的速度为v_r，船相对于湖岸的速度为V，本题如何求解？求解中可否选船为参考系写出沿水平方向的动量守恒方程式？为什么？

通过对例4.4以及前面几道例题的分析，可以看出，应用动量定理和动量守恒定律求解力学问题，一般可按以下步骤进行：

(1) 选取研究对象 首先要根据题意确定选取哪个物体或物体系作为研究对象。这里我们再一次强调选取研究对象对解决力学问题，乃至一切物理问题的重要性。

(2) 分析受力 对所选研究对象进行受力分析，如果研究对象所受外力的矢量和不为零，或者找不到一个方向能使外力在该方向投影的代数和为零，就应用动量定理或其他有关定理、定律求解。动量定理往往用于解决与力、速度、时间有关的问题。如果研究对象所受外力的矢量和为零，或者外力沿某一方向投影的代数和为零，满足动量守恒定律条件，就应用动量守恒定律求解。

(3) 确定过程 在应用与动量有关的定理（定律）时，常需要考虑一定的时间间隔或一个过程，如果过程比较复杂，则对经历的各个阶段都应分析清楚。

(4) 列方程求解 首先是选取适当的坐标系，然后根据定理（定律）列方程。在所列的方程中，所有动量都应是相对同一惯性参考系而言的。有时需要根据投影式来进行计算。

例4.5 一架战斗机水平飞行，发现目标后，以相对于机身$v_r=570$ m/s的速度向正前方发射出一枚炮弹。问：飞机的飞行速度因此而减小了多少？设机身质量$M=15000$ kg，炮弹质量$m=7$ kg。

解 以机身和炮弹组成的系统为研究对象，系统受到的外力（重力）沿水平方向投影为零，火药爆炸力为内力，故系统沿水平方向动量守恒。

设发射前后飞机的飞行速度分别为V和V'，根据动量守恒定律，有

$$(M+m)V=MV'+m(v_r+V')$$

$$V-V'=\frac{mv_r}{M+m}=\frac{7\times 570}{15000+7}$$

$$=0.266\quad \text{m/s}$$

例4.6 竖直轻弹簧的上端放置着质量为m的平板B，静平衡时弹簧压缩量为δ_{st}，如图所示。今有一与平板质量相同的泥块A，从高于平板h处，由静止下落到平板上，并和平板粘合在一起以共同的速度运动。已知轻弹簧的劲度系数为k，求弹簧被压缩的最大长度。

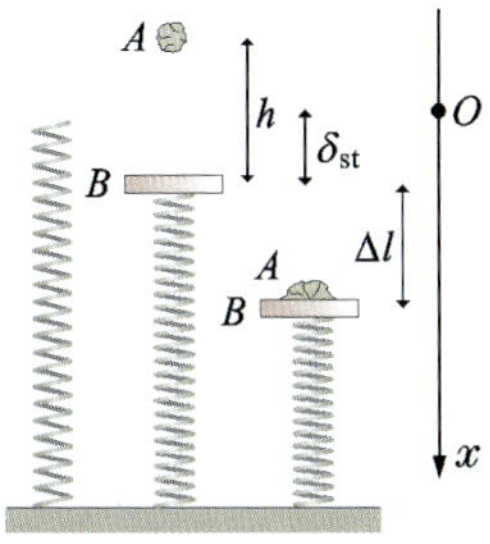

例4.6图

解　本题所述的运动过程可以分为三个阶段。取铅垂向下的方向为 x 轴正方向。

第一阶段：泥块 A 自由下落过程。选 A 为研究对象，A 落到平板上时的速度为

$$v=\sqrt{2gh} \tag{1}$$

第二阶段：A 和 B 的碰撞过程。选 A、B 组成的系统为研究对象，由于 A、B 碰撞中彼此相互作用的冲力(内力)远大于系统所受外力(重力等)，以致在碰撞过程中可将这类为非碰撞冲力的一般力忽略不计，故可以认为该过程系统动量守恒。设 A、B 粘合在一起共同运动的速度为 V，根据动量守恒定律，有

$$mv+0=(m+m)V \tag{2}$$

第三阶段：A、B 共同下降过程。选 A、B 和弹簧组成的系统为研究对象。由于该阶段中只有重力、弹性力做功，故系统机械能守恒。取弹簧原长处 O 为重力势能和弹性势能的零参考位置，用 Δl 表示泥块落到 B 板上后弹簧被压缩的长度，根据机械能守恒定律，有

$$\frac{1}{2}(2m)V^2-2mg\delta_{\mathrm{st}}+\frac{1}{2}k\delta_{\mathrm{st}}^2=0-2mg(\delta_{\mathrm{st}}+\Delta l)+\frac{1}{2}k(\delta_{\mathrm{st}}+\Delta l)^2 \tag{3}$$

解方程(1)、(2)和(3)，同时注意到 $mg=k\delta_{\mathrm{st}}$，可得

$$\Delta l=\frac{2mg}{k}-\delta_{\mathrm{st}}+\sqrt{\left(\frac{mg}{k}\right)^2+\left(\frac{mg}{k}\right)h}$$

所以，弹簧被压缩的最大长度为

$$\delta_{\max}=\delta_{\mathrm{st}}+\Delta l=2\frac{mg}{k}+\sqrt{\left(\frac{mg}{k}\right)^2+\left(\frac{mg}{k}\right)h}$$

本题第二阶段 A 和 B 的相互作用过程是一个碰撞过程。碰撞问题在生产实际和科学研究中普遍存在，它的特点之一是物体相互作用的时间极短。由于物体的运动速度是有限的，所以碰撞过程中物体的位移是非常微小的，一般可以认为碰撞过程中物体来不及发生位移。其二是碰撞过程中物体间相互作用的碰撞力极大，其他非碰撞力，如重力、摩擦力等与之相比可以忽略不计。

碰撞过程一般可分为完全弹性碰撞、完全非弹性碰撞和非完全弹性碰撞三种。对完全弹性碰撞和完全非弹性碰撞读者是较熟悉的，这里只作简要的回顾。

完全弹性碰撞中，除碰撞系统的动量守恒外，碰撞过程的始末系统的动能不变。例如光滑水平面上有两个小球1、2(视为质点)，发生完全弹性碰撞，设小球质量分别为 m_1、m_2，碰撞开始时刻速度分别为 $\boldsymbol{v}_{10}$、$\boldsymbol{v}_{20}$，结束时刻速度分别为 $\boldsymbol{v}_1$、$\boldsymbol{v}_2$。利用系统动量守恒和碰撞始末系统动能相等可以证明：

$$v_1=\frac{(m_1-m_2)v_{10}+2m_2v_{20}}{m_1+m_2} \tag{4.17}$$

$$v_2=\frac{(m_2-m_1)v_{20}+2m_1v_{10}}{m_1+m_2} \tag{4.18}$$

(a)若两小球质量相等，即 $m_1=m_2$，则有 $v_1=v_{20}$，$v_2=v_{10}$，即两小球碰撞后速度相互交换。若碰撞前小球2静止，即 $v_{20}=0$，则碰撞后 $v_1=0$，$v_2=v_{10}$。

(b) 若碰撞前小球2静止，即 $v_{20}=0$，由上式可得

$$v_1=\frac{(m_1-m_2)v_{10}}{m_1+m_2},\qquad v_2=\frac{2m_1v_{10}}{m_1+m_2}$$

当 $m_1\ll m_2$ 时，$v_1\approx-v_{10}$，$v_2\approx0$，即碰撞后，质量为 m_1 的小球将以同样大小的速率反弹回来，而小球2几乎保持静止。皮球对墙壁的碰撞，以及气体分子和容器壁的碰撞都可以认为属这种情况；当 $m_1\gg m_2$ 时，$v_1\approx+v_{10}$，$v_2\approx2v_{10}$，即质量很大的球，当它与质量很小的球相碰时，它的速度不发生明显的变化，而质量很小的球却以近于两倍大球的速度向前运动。

完全非弹性碰撞的特点是，碰撞后两个碰撞物体不再分开，而以相同的速度运动。碰撞过程中系统的动量仍守恒，但系统的动能要损失，所损失的动能一般转化为热能、变形能等。例4.6中 A 和 B 的碰撞即为完全非弹性碰撞，在第二阶段中系统所损失的动能为

$$\frac{1}{2}mv^2-\frac{1}{2}(2m)V^2=\frac{1}{2}mgh$$

非完全弹性碰撞中，两个碰撞物体碰撞后彼此分开，碰撞过程中系统动量仍守恒，但系统动能有损失。

实验证明，对于材料一定的两个球，碰撞前相互接近的速度越大，碰撞后分离的速度也越大，而且是成正比的，即

$$e=\frac{v_2-v_1}{v_{10}-v_{20}} \tag{4.19}$$

比例系数 e 称为恢复系数，由两个球的材料性质决定，一般用实验方法测定。

如果 $e=1$，则 $v_2-v_1=v_{10}-v_{20}$，即 $v_{10}+v_1=v_2$

$+v_{20}$，两球碰撞前后总动能无损失，两球作完全弹性碰撞；如果 $e=0$，则 $v_1=v_2$，碰撞后两球具有相同的速度，两球作完全非弹性碰撞；如果 $0<e<1$，两球作非完全弹性碰撞。

仍以上述两个小球碰撞为例，当它们作非完全弹性碰撞时，根据动量守恒方程及式(4.19)可求得碰撞后两小球的速度分别为

$$v_1=v_{10}-m_2\frac{(1+e)(v_{10}-v_{20})}{m_1+m_2} \quad (4.20\text{a})$$

$$v_2=v_{20}+m_1\frac{(1+e)(v_{10}-v_{20})}{m_1+m_2} \quad (4.20\text{b})$$

不难算出，非完全弹性碰撞过程中，动能损失为

$$\Delta E_k=\frac{1}{2}\frac{m_1m_2}{(m_1+m_2)}(1-e^2)(v_{10}-v_{20})^2 \quad (4.20\text{c})$$

对以上结果有兴趣的读者可以自己验算。

想想看

4.12 在光滑的水平面上，一个台球正沿 x 轴向另一个原来静止的台球冲去，并发生了一维碰撞。两球碰撞前、后动量随时间变化规律如图。你认为哪些情况是可能发生的？哪些情况是不可能的？

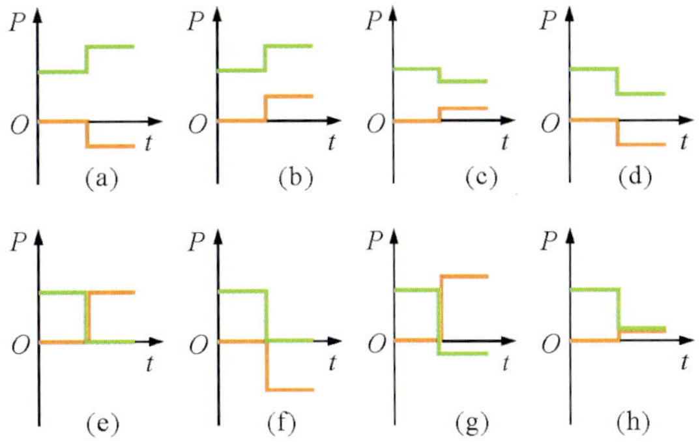

想 4.12 图

复习思考题

4.6 有人说，质点系在某一运动过程中，如果机械能守恒，则动量一定也守恒；或者如果动量守恒，则机械能一定也守恒。这个说法对吗？你能举出同一运动过程中机械能守恒，但动量不守恒；或动量守恒，但机械能不守恒的例子吗？

4.7 一个物体可否具有能量而无动量？可否具有动量而无能量？举例说明。

4.8 为什么在碰撞、爆炸、打击等过程中可以近似地应用动量守恒定律？

4.9 有一锥摆，其摆球质量为 m，以速率 v 在水平面内作匀速圆周运动，如图所示。问：(1)小球的动能和动量各为多少？(2)小球绕圆运动一周，绳的张力和重力的功是多少？张力与重力的冲量是多少？(3)在任一段路程中，小球的动量是否守恒？在任一段时间内，小球的动量是否守恒？

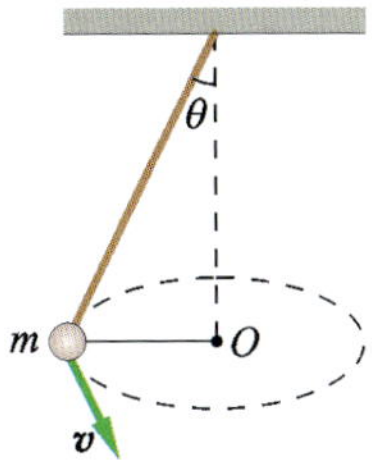

思 4.9 图

4.10 一静止在无摩擦地面上的物体，在平面内爆炸后，射出 6 个质点，如图。各质点动量的大小(单位为 kg·m/s)和方向标在图上，问：(1)是否还有更多质点在爆炸中射出？(2)如果有，请给出它们的动量大小和方向。

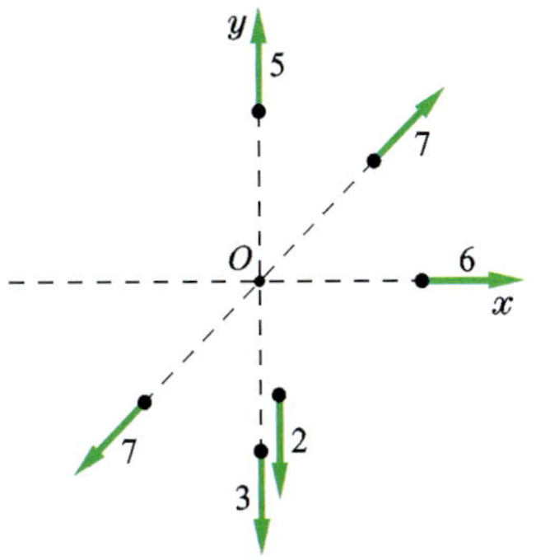

思 4.10 图

4.11 小球 A 和 B 发生碰撞，碰撞前它们动量如图，且 $|\boldsymbol{P}_A|>|\boldsymbol{P}_B|$。问：(a)如果碰撞中两个小球合在一起，它们向什么方向运动？(b)如果碰撞后小球 A 向左运动，则它的动量的大小是小于、大于还是等于小球 B 的？

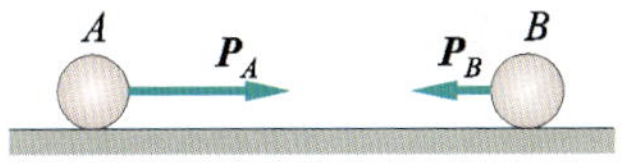

思 4.11 图

4.12 一个集装箱在光滑水平面上沿 x 轴滑动，突然爆裂为三块。三块碎片沿 x 轴运动的方向如图所示。下表给出了四组三个碎片动量的绝对值(kg·m/s)。试按照集装箱爆裂前初动量绝对值的大小由大到小排序，并分别指出爆裂前集装箱动量的方向。

	P_1	P_2	P_3		P_1	P_2	P_3
(a)	10	2	6	(b)	10	6	2
(c)	2	10	6	(d)	6	2	10

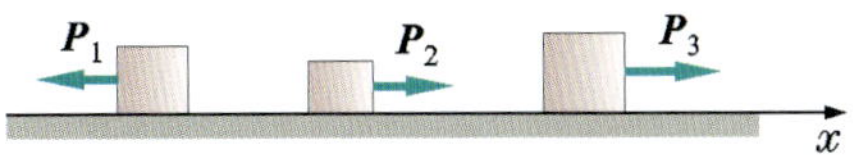

思 4.12 图

*4.4　质心　质心运动定理

4.4.1　质心的概念

我们在观察物体的一般运动时发现，尽管物体上各点的运动规律很复杂，但总有一个与它相关联的特殊点的运动规律比较容易找到。例如，由两个质量分别为 m_1 和 $m_2(m_1>m_2)$ 的小球及一根刚性轻杆连接成的系统，如图4.4所示。我们把它平放在两个桌面之间，用力向上敲击杆的不同位置。当力的作用点接近 m_1 时，系统在向上平动的同时，还将沿顺时针方向转动，见图4.4(a)；当力的作用点接近 m_2 时，系统在向上平动的同时，还将沿逆时针方向转动，见图4.4(b)；当力的作用点移到一个特殊点 C 时，发现只有向上的平动而没有转动，见图4.4(c)。经过仔细研究，可发现 C 点的运动规律就像是两个小球的质量都集中在 C 点，同时全部外力也都集中作用在 C 点，而引起的点的上抛运动一样。这个特殊点 C 称为系统的质量中心，简称质心。如果我们把这个系统斜抛出去，虽然它的运动很复杂，但是质心的轨迹在忽略空气阻力的情况下，总是一条抛物线，如图4.4(d)所示。

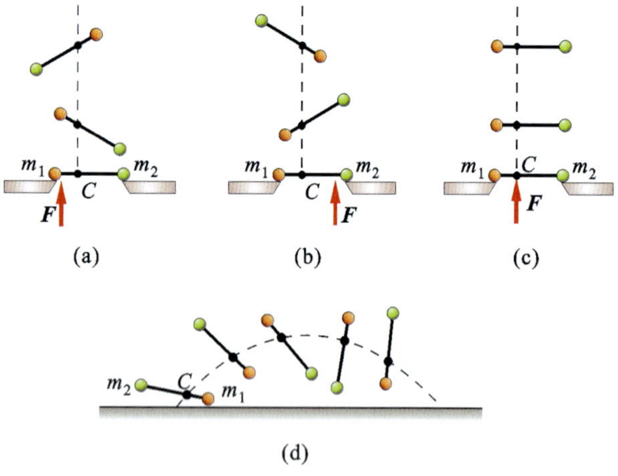

图 4.4

在研究刚体的一般运动时，质心的概念非常有用。如果刚体原来静止，当合力的作用线通过刚体的质心时，则该刚体只作平动而不转动；当合力的作用线不通过质心时，刚体一方面随质心平动，一方面绕质心转动。有了质心的概念，会给我们研究质点系和刚体力学问题带来很大的方便。

4.4.2　质心位置的确定

我们仍以上述系统为例，设两个小球都可视为质点，取沿杆的方向为 x 轴，如图4.5所示，则质点的坐标 x_C 为

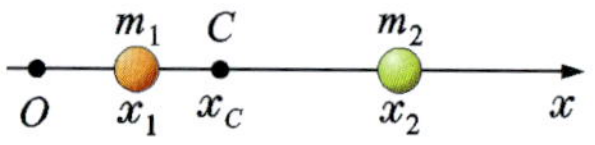

图 4.5

$$x_C=\frac{m_1x_1+m_2x_2}{m_1+m_2}$$

x_C 与两个球的位置坐标 x_1、x_2 及质量 m_1、m_2 有关。

以上结果可以推广到在一条线上分布的任意多个质点所组成的系统，即

$$x_C=\frac{\sum\limits_i m_ix_i}{\sum\limits_i m_i}=\frac{\sum\limits_i m_ix_i}{M} \tag{4.21}$$

其中 $M=\sum\limits_i m_i$ 为质点系的质量。

对于分布在空间的质点系 $m_i(x_i,y_i,z_i)$ 来说，如图4.6所示，质心的三个坐标为

$$\left.\begin{aligned} x_C&=\frac{\sum\limits_i m_ix_i}{M}\\ y_C&=\frac{\sum\limits_i m_iy_i}{M}\\ z_C&=\frac{\sum\limits_i m_iz_i}{M}\end{aligned}\right\} \tag{4.22}$$

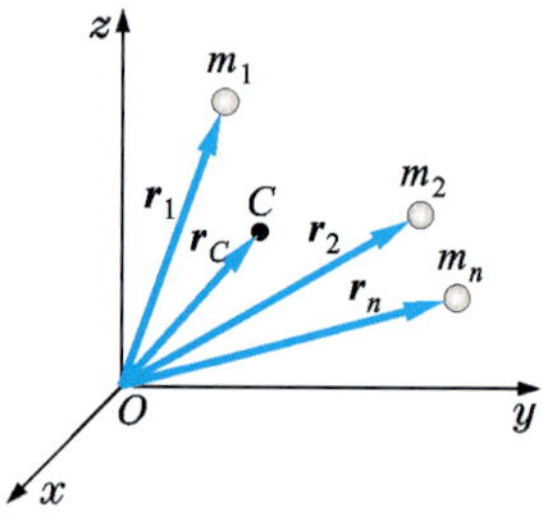

图 4.6

如果 $\boldsymbol{r}_i$ 表示质点 m_i 相对坐标原点的位矢，$\boldsymbol{r}_C$ 表示质心相对坐标原点的位矢，则确定质心位置的式(4.22)可以写为矢量的形式

$$\boldsymbol{r}_C=\frac{\sum\limits_i m_i\boldsymbol{r}_i}{M} \tag{4.23}$$

对质量连续分布的物体，我们可以把它分割成无限多个质量元，质量为 $\mathrm{d}m$ 的质量元坐标为 (x,y,z)，如图4.7所示。那么，质心坐标就可通过积分求得

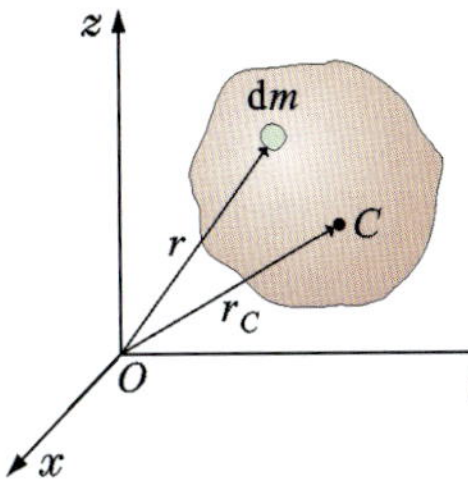

图 4.7

$$\left.\begin{aligned} x_C &= \frac{\int x\mathrm{d}m}{\int \mathrm{d}m} = \frac{\int x\mathrm{d}m}{M} \\ y_C &= \frac{\int y\mathrm{d}m}{\int \mathrm{d}m} = \frac{\int y\mathrm{d}m}{M} \\ z_C &= \frac{\int z\mathrm{d}m}{\int \mathrm{d}m} = \frac{\int z\mathrm{d}m}{M} \end{aligned}\right\} \tag{4.24}$$

式中的积分遍及整个质量分布区域，其中 $M=\int \mathrm{d}m$ 为物体的质量。式(4.24)也可以写成矢量式

$$\boldsymbol{r}_C = \frac{\int \boldsymbol{r}\mathrm{d}m}{M} \tag{4.25}$$

对于确定的质点系来说，选取不同的坐标系，虽求得质心坐标的数值不同，但质心相对质点系的位置是不变的。质心位置只取决于质点系的质量和质量分布情况，与其他因素无关。

例 4.7 已知一质量为 M、长为 L 的均质细棒，试证明棒的质心在棒的中点。

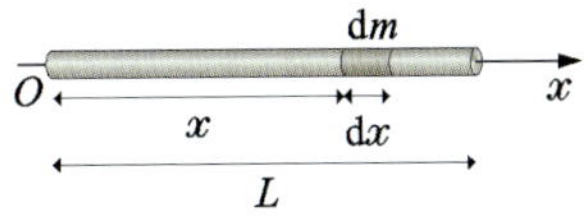

例 4.7 图

解 取棒的一端为坐标原点，沿棒长方向取 x 轴，如图所示。在棒上离原点 x 处取一段 $\mathrm{d}x$，则 $\mathrm{d}x$ 段的质量为

$$\mathrm{d}m = \frac{M}{L}\mathrm{d}x$$

根据式(4.24)，有

$$x_C = \frac{\int x\mathrm{d}m}{M} = \frac{\int_0^L x\frac{M}{L}\mathrm{d}x}{M} = \frac{\frac{M}{L}\cdot\frac{1}{2}x^2\Big|_0^L}{M} = \frac{1}{2}L$$

如果把坐标原点取在棒的中点，则计算出质心坐标 $x_C=0$。以上两种坐标原点的取法所得质心坐标虽然不同，但是质心相对于棒的位置仍然是棒的中点。

当物体的质量分布均匀且具有对称性时，可以证明，其质心必在相应的对称轴、对称面或对称中心上。例如一个均质圆柱体的质心在其中心线上；均质球体的质心在球心上等等。一个物体的质心不一定在物体内，如均质圆环的质心并不在环圈上，而是在环心处。这时可以设想质心在物体的延拓部分上。

在实际问题中，如果一个物体可以分割为几个简单的、已知质心的部分，为求整个物体质心，我们就不必从头做起，只要把各部分的质量集中在各部分的质心上，然后再根据式(4.22)来求即可。如图 4.8 所示，整个均质物体可以分为一个质量为 m_1 的矩形和一个质量为 m_2 的三角形，而矩形和三角形的质心 C_1 和 C_2 是很容易确定的，所以只要求出质点 m_1 和 m_2 的质心位置 C，则 C 点就是整个物体的质心。

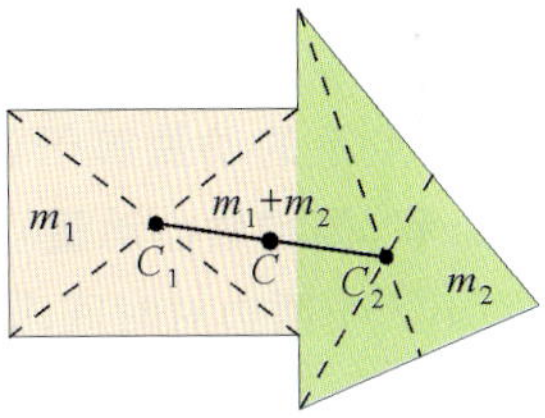

图 4.8

质心和重心是两个不同的概念。物体质心的位置只与其质量和质量分布有关，而与作用在物体上的外力无关。重心是作用在物体上各部分重力的合力的作用点。当物体远离地球，以致地球的引力可以忽略时，就谈不上重心，但质心还是存在的。通常我们说一个物体的质心和重心重合是有条件的，即满足：①作用在物体上各部分的重力都是平行的；②重力加速度可以视为常数，即在地球表面附近的局部范围内，且物体与地球相比非常小。不过，在通常研究的问题中，一般都可以认为质心和重心是重合的。

想想看

4.13 一块质量均匀分布的正方形平板，它的四个角处有相同的四个正方形，如图。如剪去①正方形 1；②正方形 1 和 2；③正方形 1 和 3；④正方形 1、2 和 3。它的质心位置大致在何处？（用质心所在处的象限、轴、点来回答）

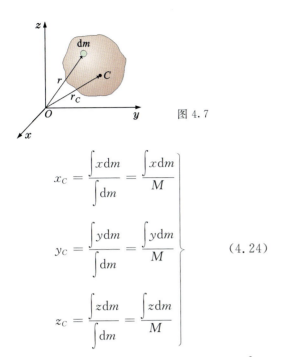

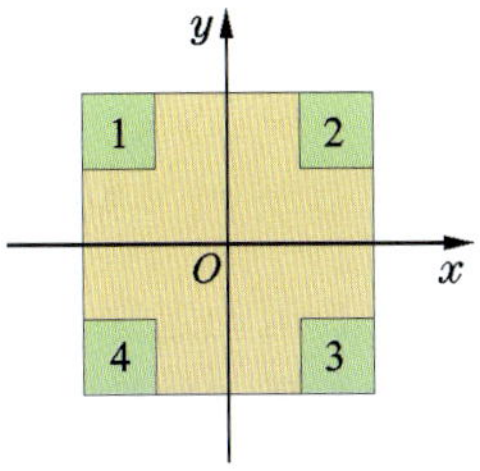

想 4.13 图

4.14　图示为四个质量相等的质点以恒定速度滑过光滑平面时的俯视图。其速度大小相等，方向如图。现将质点配对，问哪对质点形成的系统的质心是①静止的，②静止在原点，③运动中通过原点。

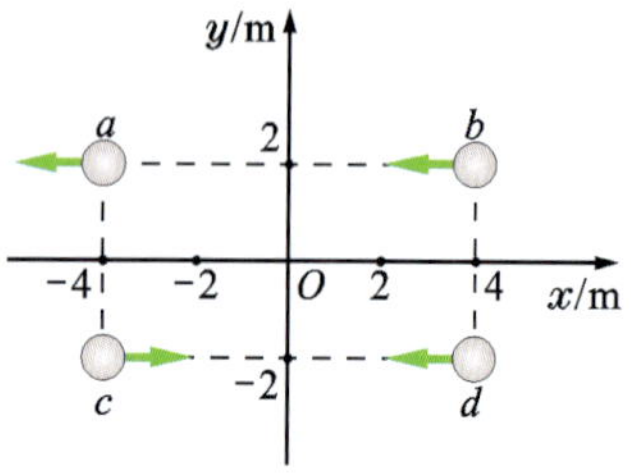

想 4.14 图

4.4.3　质心运动定理

当质点系运动时，一般来说，质心的位置也随时间变化，将式(4.23)对时间求导，即

$$\boldsymbol{v}_C=\frac{\mathrm{d}\boldsymbol{r}_C}{\mathrm{d}t}=\frac{\mathrm{d}}{\mathrm{d}t}\left(\frac{\sum\limits_i m_i\boldsymbol{r}_i}{M}\right)=\frac{\sum\limits_i m_i\frac{\mathrm{d}\boldsymbol{r}_i}{\mathrm{d}t}}{M}=\frac{\sum\limits_i m_i\boldsymbol{v}_i}{M}$$

于是可以得到

$$\sum_i m_i\boldsymbol{v}_i=M\boldsymbol{v}_C \tag{4.26}$$

上式表明：**质点系的动量等于该质点系的质量与质心速度的乘积(简称质心动量)。**

将式(4.26)两边对时间求导，得

$$\frac{\mathrm{d}\left(\sum\limits_i m_i\boldsymbol{v}_i\right)}{\mathrm{d}t}=\frac{\mathrm{d}(M\boldsymbol{v}_C)}{\mathrm{d}t} \tag{4.27}$$

根据质点系动量定理，得

$$\frac{\mathrm{d}(M\boldsymbol{v}_C)}{\mathrm{d}t}=\sum_i\boldsymbol{F}_i$$

或写作

$$M\boldsymbol{a}_C=\sum_i\boldsymbol{F}_i \tag{4.28}$$

其中 $\sum\limits_i\boldsymbol{F}_i$ 为作用在质点系上所有外力的矢量和。

式(4.28)表明：**质点系的质量与其质心加速度的乘积等于作用在质点系上所有外力的矢量和。**这称为质心运动定理。

式(4.28)在直角坐标系中的投影为

$$\left.\begin{aligned}Ma_{Cx}&=\sum_i F_{ix}\\Ma_{Cy}&=\sum_i F_{iy}\\Ma_{Cz}&=\sum_i F_{iz}\end{aligned}\right\} \tag{4.29}$$

质心运动定理表明：**质点系质心的运动，可以看成为一个质点的运动，这个质点集中了整个质点系的质量，也集中了质点系受到的所有外力。**根据质心运动定理，很容易解释本节前面图 4.4(d)所示的例子。在忽略空气阻力的情况下，系统所受的外力只有重力。因此，其质心的运动就和一个质点在重力作用下的运动一样，轨迹是一条抛物线。一般说来，刚体质心的运动规律比刚体上任何一点的运动规律都容易确定。用质心运动定理来研究刚体运动时，如刚体作平动，则刚体上各点的运动和质心的运动完全相同，因而用质心运动定理确定的运动规律就能完全确定整个刚体的运动。如刚体作复杂运动时，可以将它的运动分解为随同质心的平动和绕质心的转动，而平动部分就可用质心运动定理完全确定。

质心运动定理还表明：质心的运动状态完全取决于质点系所受的外力，内力不能使质心产生加速度。

想想看

4.15　把人和人穿的衣服、鞋等看作一个质点系，人在水平地面上行走，靠什么力使质点系的质心获得水平方向的加速度？一个静止在光滑的(摩擦力不计)结冰湖面上的人，能否依靠自己，使自己向湖岸靠去？

例 4.8　用质心运动定理求解例 4.4。

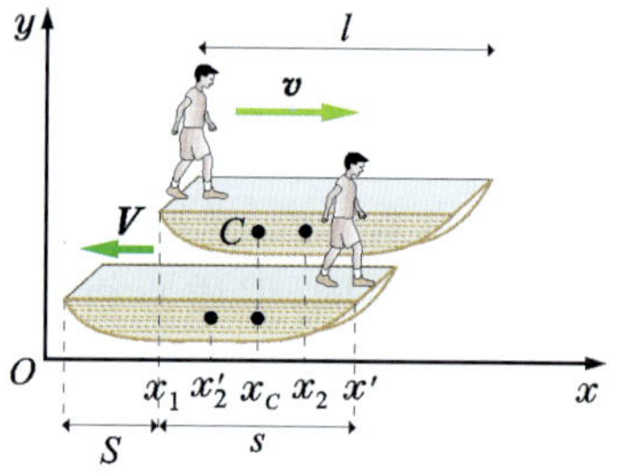

例 4.8 图

解　取人和船组成的质点系为研究对象，如图所示。人在船上走动时，人与船间的作用力是内力。作用在质点系上的外力，有它们的重力 $M\boldsymbol{g}$、$m\boldsymbol{g}$ 和水的浮力 $\boldsymbol{F}$。这些力在 x 轴上的投影均为零，水的阻力又忽略不计，所以质点系所受外力沿 x 轴投影的代数和为零，即 $\sum\limits_i F_{ix}=0$。根据质心运动定理，质点系质心的加速度沿 x 轴的投影

$$a_{C_x}=\frac{\mathrm{d}v_{C_x}}{\mathrm{d}t}=0$$

因此，质心速度沿 x 轴投影 $v_{C_x}=$常量。由于整个质点系原来是静止的，所以 $v_{C_x}=\frac{\mathrm{d}x_C}{\mathrm{d}t}=0$，则 $x_C=$常量，也就是说质心位置坐标在人走动过程中保持不变。

在人走之前，相对湖岸人的位置坐标为 x_1，船的质心坐标设为 x_2。这时人船系统质心的坐标为

$$x_C=\frac{mx_1+Mx_2}{m+M}$$

当人走到船尾时，船相对于湖岸向左移动了一段距离 S，这时，相对湖岸人的位置坐标为 x_1'，船的质心坐标为 x_2'，人船系统质心的坐标为

$$x_C'=\frac{mx_1'+Mx_2'}{m+M}=\frac{m(x_1+l-S)+M(x_2-S)}{m+M}$$

因为 $x_C'=x_C$，故可得

$$S=\frac{ml}{m+M}=\frac{50\times 4}{50+150}=1\ \mathrm{m}$$

人相对于湖岸移动的距离

$$s=l-S=\frac{Ml}{m+M}=\frac{150\times 4}{150+50}=3\ \mathrm{m}$$

这和例 4.4 所得结果完全相同。

复 习 思 考 题

4.13 一颗手榴弹沿一抛物线运动，在中途爆炸成碎片，碎片向四面八方飞散。问碎片质心的轨迹是否还是原来的抛物线？

4.14 质心运动定理和牛顿第二定律在形式上相似，试比较它们所代表的意义有何不同。

4.15 质心和几何中心这两个概念有无关系？在什么情况下两者不重合？试举例说明。

第 4 章 小 结

力的冲量

变力在某段时间内的冲量等于力对时间的积分

$$\boldsymbol{I}=\int_{t_1}^{t_2}\boldsymbol{F}\mathrm{d}t$$

$$I_x=\int_{t_1}^{t_2}F_x\mathrm{d}t$$

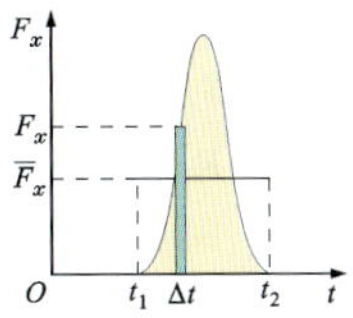

质点动量定理

某段时间内质点动量的增量等于作用在质点上的合力的在同一段时间内的冲量

$$m\boldsymbol{v}_2-m\boldsymbol{v}_1=\int_{t_1}^{t_2}\boldsymbol{F}\mathrm{d}t$$

质点动量沿某一坐标轴投影的增量，等于作用在质点上的合力冲量在同一坐标轴上的投影

$$mv_{2x}-mv_{1x}=\int_{t_1}^{t_2}F_x\mathrm{d}t$$

……

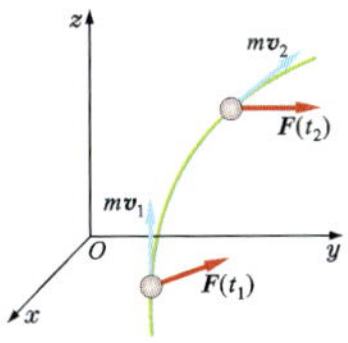

质点系动量定理

某段时间内质点系动量的增量等于作用在质点系上的所有外力在同一段时间内的冲量的矢量和

$$\boldsymbol{P}-\boldsymbol{P}_0=\sum\boldsymbol{I}$$

质点系动量沿某一坐标轴投影的增量，等于作用在质点系上的所有外力冲量在同一坐标轴上投影的代数和

$$P_x-P_{0x}=\sum I_x$$

……

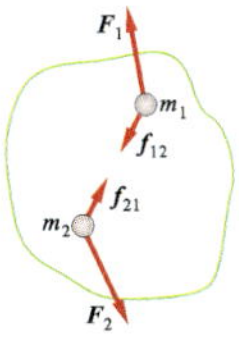

质点系动量守恒定律

如果作用在质点系上的所有外力的矢量和为零，则质点系动量守恒

$$\sum_i m_i\boldsymbol{v}_i=\text{常矢量}$$

如果作用在质点系上的所有外力沿某一坐标轴投影的代数和为零，则质点系的动量沿同一坐标轴的投影守恒

若 $\quad\sum_i F_{ix}=0$

则 $\quad\sum_i m_i v_{ix}=\text{常量}$

……

$$\boldsymbol{F}_1=-\boldsymbol{F}_2$$

质心运动定理

质点系质量与质心加速度的乘积等于作用于质点系上的所有外力的矢量和

$$M\boldsymbol{a}_C=\sum_i\boldsymbol{F}_i$$

质点系质量与质心加速度沿某一坐标轴投影的乘积等于作用于质点系上所有外力沿同一坐标轴投影的代数和

$$Ma_{C_x}=\sum_i F_{ix}$$

……

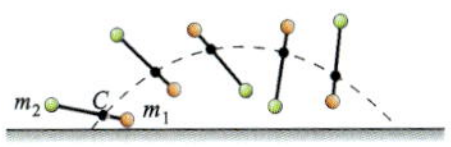

习　题

4.1　选择题

(1) 质点在恒力 $\boldsymbol{F}$ 作用下由静止开始作直线运动，如图。已知在时间 Δt_1 内，速率由 0 增加到 v；在 Δt_2 内，由 v 增加到 $2v$。设该力在 Δt_1 内，冲量大小为 I_1，所做的功为 A_1；在 Δt_2 内，冲量大小为 I_2，所做的功为 A_2，则[　　]。

题 4.1(1)图

(A) $A_1=A_2$　$I_1<I_2$　　(B) $A_1=A_2$　$I_1>I_2$

(C) $A_1>A_2$　$I_1=I_2$　　(D) $A_1<A_2$　$I_1=I_2$

(2) 一轻弹簧，竖直固定于水平桌面上，如图。弹簧正上方离桌面高度为 h 的 P 点的一小球以初速度 v_0 竖直落下，小球与弹簧碰撞后又跳回 P 点时，速度大小仍为 v_0，以小球为系统，则小球从 P 点下落到又跳回 P 点的整个运动过程中，系统的[　　]。

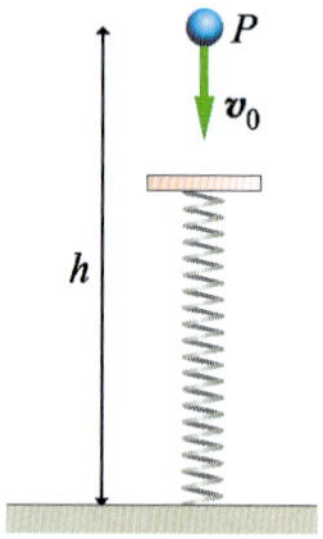

题 4.1(2)图

(A) 动能不守恒，动量不守恒

(B) 动能守恒，动量不守恒

(C) 机械能不守恒，动量守恒

(D) 机械能守恒，动量守恒

(3) 质量分别为 m_1 和 m_2 的两个小球，连接在劲度系数为 k 的轻弹簧两端，并置于光滑的水平面上，如图。今以等值反向的水平力 $\boldsymbol{F}_1$、$\boldsymbol{F}_2$ 分别同时作用于两个小球上，若把两个小球和弹簧看作一个系统，则系统在运动过程中[　　]。

(A) 动量守恒，机械能守恒

(B) 动量守恒，机械能不守恒

(C) 动量不守恒，机械能守恒

(D) 动量不守恒，机械能不守恒

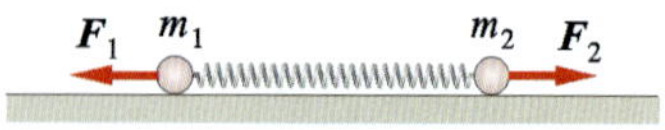

题 4.1(3)图

(4) 对质点系有以下几种说法：

① 质点系总动量的改变与内力无关；

② 质点系总动能的改变与内力无关；

③ 质点系机械能的改变与保守内力无关；

④ 质点系总势能的改变与保守内力无关。

在上述说法中[　　]。

(A) 只有①是正确的　　(B) ①和③是正确的

(C) ①和④是正确的　　(D) ②和③是正确的

4.2　填空题

(1) 质量 $m=2.0$ kg的木块，受合力 $\boldsymbol{F}=12t\boldsymbol{i}$ N 的作用，沿 Ox 轴作直线运动，如图。已知 $t=0$ 时 $x_0=0, v_0=0$，则从 $t=0$ 到 $t=3$ s这段时间内，合力 $\boldsymbol{F}$ 的冲量为 $\boldsymbol{I}=$__________，3 s 末木块的速度为 $\boldsymbol{v}=$______。

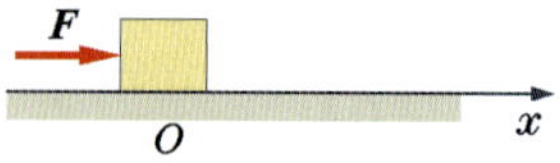

题 4.2(1)图

(2) 质量为 m 的小球，以水平速度 $\boldsymbol{v}$ 与竖直放置的钢板发生碰撞后，以同样大小的速度反向弹回，选如图所示的坐标系，则碰撞过程中，钢板受到的冲量为 $\boldsymbol{I}=$________。

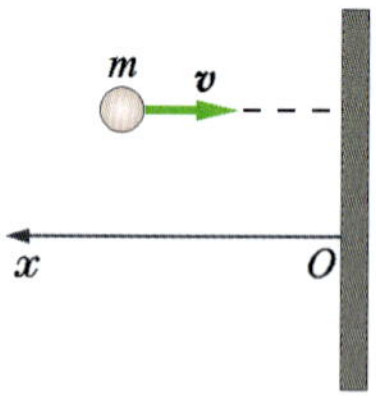

题 4.2(2)图

(3) 质量 $m=1$ kg 的质点，以速度 $\boldsymbol{v}=\left(-3\sin\frac{\pi}{2}t\,\boldsymbol{i}+3\cos\frac{\pi}{2}t\,\boldsymbol{j}\right)$ m/s 运动，该质点在从 $t=0$ 到 $t=4$ s 这段时间内所受到的合力的冲量大小为________，在从 $t=1$ s 到 $t=2$ s 这一运动过程中，动量的增量大小为________。

(4) 质量 $m=50$ kg 的物体，静止在光滑水平面上，今有一水平力 $\boldsymbol{F}$ 作用在物体上，力 $\boldsymbol{F}$ 的大小随时间变化的规律如图。在$t=60$ s的瞬时，物体速度的大小 $v=$__________。

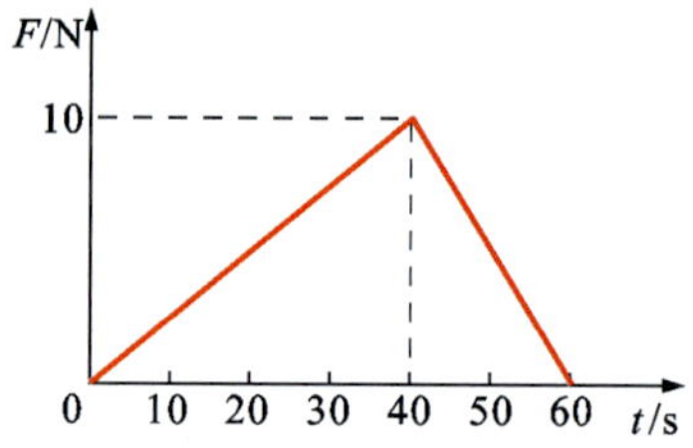

题 4.2(4)图

4.3　如图所示，已知绳能承受的最大拉力 $T_0=9.8$ N，小球质量 $m=0.5$ kg，绳长 $l=0.3$ m，求水平冲量 $\boldsymbol{I}$ 等于多大时才能把绳子拉断(小球原来静止)？

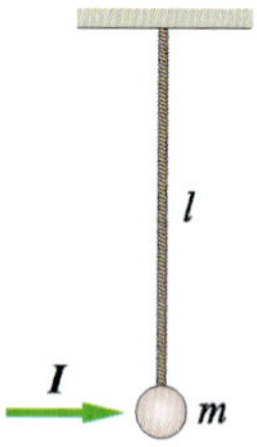

题 4.3 图

4.4　一粒子弹水平地穿过并排静止放置在光滑水平面上的木块，如图所示。已知两木块的质量分别为 m_1、m_2，子弹穿过两木块的时间各为 Δt_1、Δt_2，设子弹在木块中所受的阻力为恒力 F，求子弹穿过后，两木块各以多大速度运动。

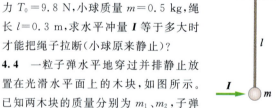

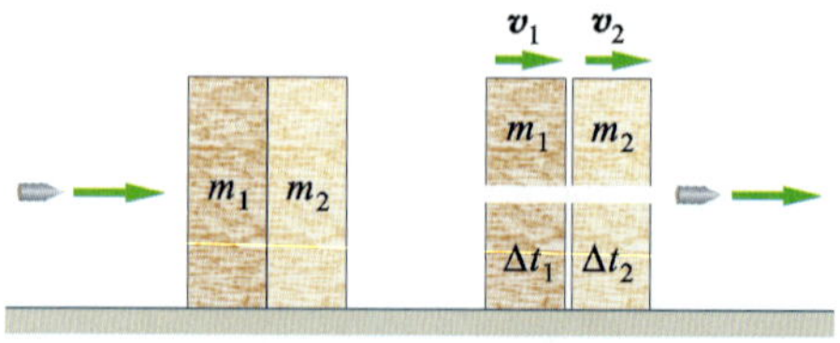

题 4.4 图

4.5　铀 238 的核（质量为 238 原子质量单位），放射一个 α 粒子（氦原子核，质量为 4 原子质量单位）后蜕变为钍 234 的核。设铀核原来是静止的，α 粒子射出时的速度大小为 1.4×10^{7} m/s，求钍核反冲的速度。

4.6　质量为 m 的质点在 Oxy 平面内运动，运动学方程为 $\boldsymbol{r}=a\cos\omega t\boldsymbol{i}+b\sin\omega t\boldsymbol{j}$。试求：(1) 质点的动量；(2) 从 $t=0$ 到 $t=2\pi/\omega$ 这段时间内质点受到的合力的冲量大小，并说明在上述时间内，质点的动量是否守恒？为什么？

4.7　质量为 M 的木块静止在光滑的水平桌面上，质量为 m、速度为 $\boldsymbol{v}_0$ 的子弹水平地射入木块，并陷在木块内与木块一起运动。求：

(1) 子弹相对木块静止后，木块的速度和动量；

(2) 子弹相对木块静止后，子弹的动量；

(3) 在这个过程中，子弹施于木块的冲量。

4.8　质量为 60 kg 的人以 8 km/h 的速度从后面跳上一辆质量为80 kg，速度为 2.9 km/h 的小车，试问小车的速度将变为多大？如果人迎面跳上小车，结果又怎样？

4.9　如图所示的水力采煤法，是用水枪在高压下喷出沿水平方向的强力水柱来冲击煤层的。设水柱直径为30 mm，水速 $v=56$ m/s，水柱垂直射在煤层表面上，冲击煤层后水沿煤层流去，试求水柱对煤层沿水平方向的平均冲力。

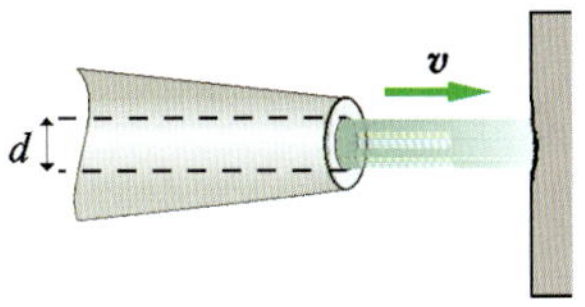

题 4.9 图

4.10　质量为 M、长为 L 的木块，放在水平地面上。今有一质量为 m 的子弹以水平初速度 $\boldsymbol{v}_0$ 射入木块，问：

(1) 当木块固定在地面上时，子弹射入木块的水平距离为 $L/2$。欲使子弹水平射穿木块（刚好射穿），子弹的速度 $\boldsymbol{v}_0$ 最小应是多少？

(2) 木块不固定，且地面是光滑的。当子弹仍以速度 $\boldsymbol{v}_0$ 水平射入木块，相对木块进入的深度（木块对子弹的阻力视为不变）是多少？

(3) 在(2)中，从子弹开始射入到子弹与木块无相对运动时，木块移动的距离是多少？

4.11　一质量为 200 g 的砝码盘悬挂在劲度系数 $k=196$ N/m 的弹簧下，现有质量为 100 g 的砝码自 30 cm 高处落入盘中，求盘向下移动的最大距离（假设砝码与盘的碰撞是完全非弹性碰撞）。

4.12　跳伞者的质量 $m=70$ kg，自悬停在高空中的直升飞机中跳出，当速度达到 $v_1=55$ m/s时，把伞打开，经过时间 $\Delta t=1.25$ s后，速度减到 $v_2=5$ m/s。试求这段时间内绳索作用于人的平均拉力。

题 4.12 图

4.13　一行李质量为 m，垂直地轻放在传送带上，传送带的速率为 v，它与行李间的摩擦系数为 μ。试计算：

(1) 行李在传送带上滑动多长时间？

(2) 行李在这段时间内运动多远？

(3) 有多少能量被摩擦所耗费？

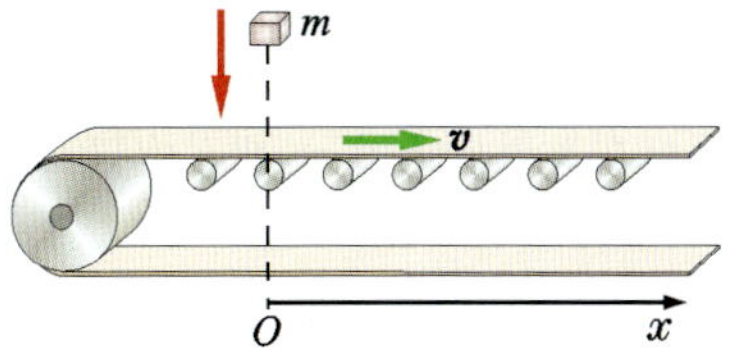

题 4.13 图

4.14　体重为 P 的人拿着重为 p 的物体跳远，起跳仰角为 φ，初速度为 $\boldsymbol{v}_0$。到达最高点时，该人将手中的物体以水平向后的相对速度 $\boldsymbol{u}$ 抛出，问跳远成绩因此增加多少？

4.15　一绳跨过一定滑轮，两端分别栓有质量为 m 及 M 的物体，如图所示，M 静止在桌面上（$M>m$）。抬高 m，使绳处于松弛状态。当 m 自由落下 h 距离后，绳才被拉紧，求此时两物体的速度及 M 所能上升的最大高度。（提示：分三阶段考虑）

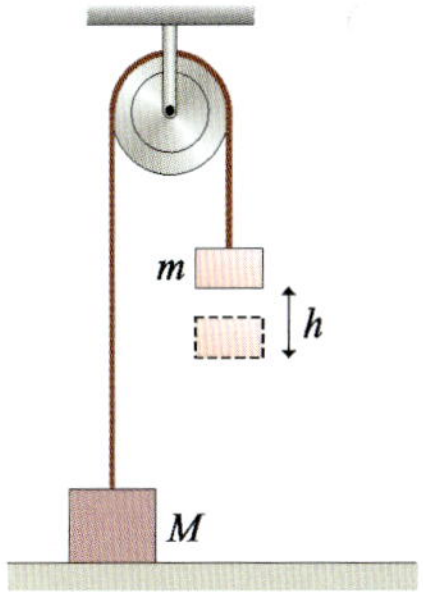

题 4.15 图

4.16　一木块质量 $M=1$ kg，置于水平面上，一质量 $m=2$ g 的子弹以 500 m/s 的速度水平击穿木块，速度减为 100 m/s，木块沿水平方向滑行了 20 cm。求：

(1) 木块与水平面间的摩擦系数；

(2) 子弹的动能减少了多少。

4.17　一质量 $M=10$ kg 的物体放在光滑的水平桌面上，并与一水平轻弹簧相连，弹簧的劲度系数 $k=1000$ N/m。今有一质量 $m=1$ kg 的小球以水平速度 $v_0=4$ m/s飞来，与物体 M 相撞后以 $v_1=2$ m/s 的速度弹回。试问：

(1) 弹簧被压缩的长度为多少？

(2) 小球 m 和物体 M 的碰撞是完全弹性碰撞吗？

(3) 如果小球上涂有黏性物质，相撞后可与 M 粘在一起，则(1)、(2)所问的结果又如何？

4.18　装有一光滑斜面的小车，原来处于静止状态，小车质量为 M，斜面倾角为 α。现有一质量为 m 的滑块沿斜面滑下，滑块的起始高度为 h，如图所示。当滑块到达斜面底部时，试问：

(1) 小车移动的距离为多少？

(2) 小车的速度多大（假定小车与地面之间的摩擦可略去不计）？

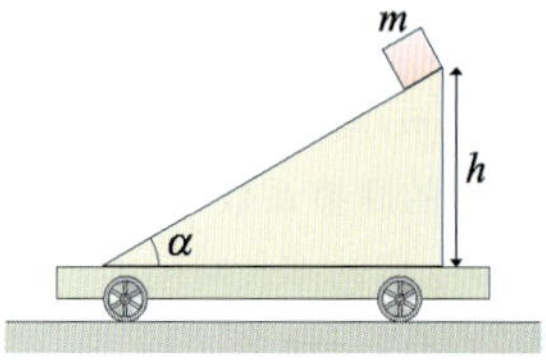

题 4.18 图

4.19 一个质量为 M 的榴弹炮，装在轴部光滑的小车上，如图所示。榴弹炮在发射质量为 m、相对炮口速度为 v_m 的炮弹前，它静止在船的水平甲板上。试求：

(1)发射后炮弹相对于船的速度 v；

(2)发射后，榴弹炮相对于船的速度 V；

(3)当 $\dfrac{M}{m}=100$、$v_m=100\text{m/s}$ 时，求 v 和 V。

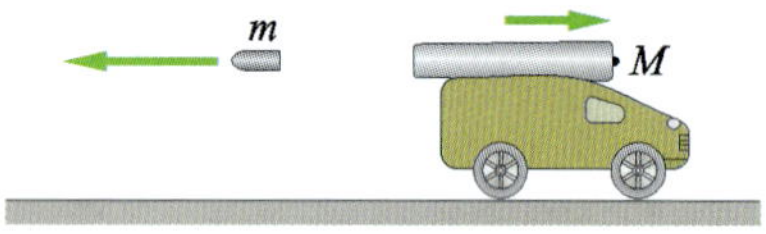

题 4.19 图

4.20 一艘宇宙拖船和货舱，总质量为 M，沿 x 轴在外太空飞行。它们正相对于太阳以大小为 2100 km/h 的速度 $\boldsymbol{v}_i$ 运动，如图。经过一次轻微的爆炸，拖船将质量为 $0.20M$ 的货舱抛出，因而拖船沿 x 轴的速度比货舱快了 500 km/h。试求拖船相对于太阳的速度 $V=$？

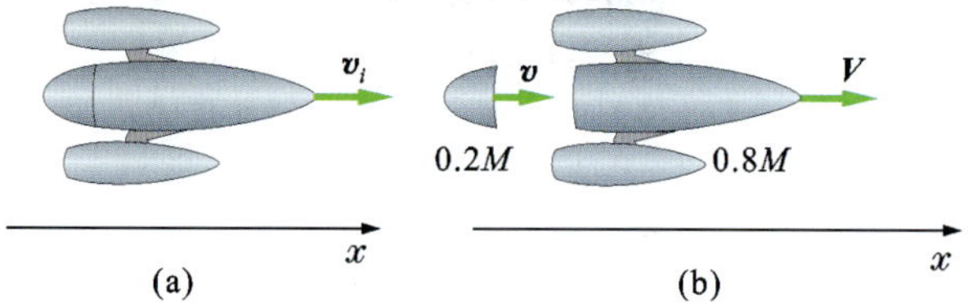

题 4.20 图

4.21 将一空盒放在台秤盘上，并将台秤的读数调节到零，然后从高出盒底 h 处将石子以每秒 μ 个的速率注入盒中，每一石子具有质量 m。假设石子与盒的碰撞是完全非弹性的，试求石子开始装入盒后 t 秒时台秤的读数。

4.22 两质点 P 与 Q 最初相距 1.0 m，都处于静止状态，P 的质量为 0.1 kg，而 Q 的质量为 0.3 kg，P 与 Q 以 1.0×10^{-2} N 的恒力相互吸引。

(1) 假设没有外力作用在该系统上，试描述系统质心的运动；

(2) 在距离质点 P 的初位置多远处，两质点将相互碰撞？

4.23 长为 63 cm 的均匀细棒，呈直角形状，一段长为 36 cm，另一段长为 27 cm，如图所示。试求它的质心位置。

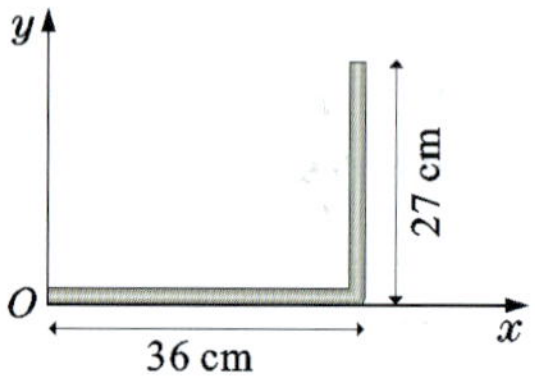

题 4.23 图

刚体力学基础 动量矩

第5章

猫下落的力学问题

顽皮的孩子用手托起一只猫，使它四脚朝天，然后突然撒手。孩子本想把猫摔一下取乐，可是出乎他的意料，猫竟能在空中翻身，四脚朝地安全落下。长期观察表明，猫从高层楼房掉下时，受伤程度随楼层高度增加而减少。据报道，有只猫从32层楼上掉下来也只有胸腔和一颗牙齿有轻微损伤。这个大家都熟悉的现象，在力学原理上却长达几十年得不到合理的解释，成为力学发展中著名的“猫案”。

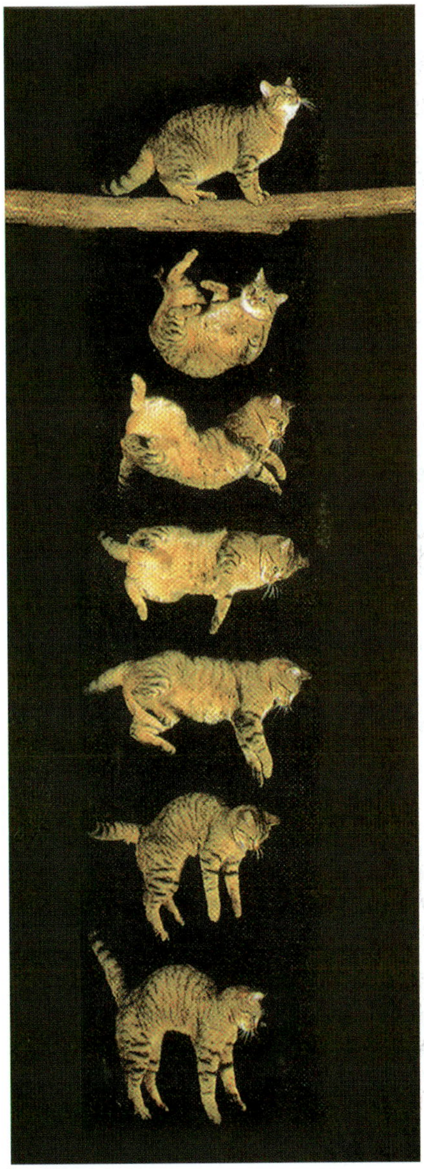

因为猫在下落过程中，重力对通过重心的纵轴力矩为零，因此猫对纵轴的动量矩守恒，开始时动量矩为零，因而整个下落过程猫对纵轴动量矩始终为零，这样，猫作为一个整体沿一个方向转动落地是不可能的！

历史上有多种理论解释猫案，但都不成功。例如，20世纪40年代苏联力学家洛强斯基等提出的“尾巴论”，即借助猫尾巴沿一个方向急转，同时猫身体沿反方向转动翻身，就能保持动量矩守恒。有人算过，在猫身体翻转落地时间内（约 1/8 s），尾巴必须沿反方向转过几十圈才能维持动量矩守恒，这时尾巴的角速度几乎与飞机的螺旋桨相同，这显然是不可能的，与实际也不相符。

对其他一些不成功的理论解释，就不再一一介绍了。

美国人凯恩通过对猫下落翻身的高速摄影照片观察到，在猫下落过程中，猫依次向各个方向弯腰：先向前弯，然后向一侧弯，再向后弯，再向另一侧弯，最后前弯恢复到初始状态。按这一过程，凯恩建立了一个“双刚体系统”物理模型，经过计算机模拟，所得结果完全符合实际。按这一模型，猫系统的运动是整体随后半身的翻身运动，与前半身相对后半身的反向转动的叠加，这两项相反转动的动量矩叠加，保持了动量矩守恒（为零）。凯恩这一理论已逐渐被人们接受。

对猫案有关理论，可参考《从猫下落谈起》（贾书惠，高等教育出版社，1990）一书。

前面几章主要研究了质点力学问题，在实际力学问题中，大量的都是质点系问题，普遍地研究质点系力学问题已超出本书范围。本章讲述作为质点系特例的刚体的力学基础知识，包括刚体绕定轴转动微分方程和适用于刚体绕定轴转动情况的动能定理。此外，还引进了动量矩（角动量），简要讲述了适用于质点绕定点和刚体绕定轴转动情况的动量矩定理和相应的守恒定律。所有这些，在工程实际问题中都有着广泛的应用。

5.1 刚体和刚体的基本运动

5.1.1 刚体的概念

实验表明，任何物体在受到力的作用或外界其他因素作用时，都会发生程度不同的变形。例如汽车过桥，桥墩将发生压缩变形，桥身将发生弯曲变形；压电晶体在电场作用下将发生伸缩变形等。对一般物体来说，这种变形通常非常微小，只有用精密仪器才能确认和测量。在力作用下，物体的这种微小变形如果对所研究的问题只是次要因素，以致忽略它不影响对问题的研究，我们就认为这个物体在力作用下将保持其形状、大小不变。我们把**在力作用下，大小和形状都保持不变的物体称为刚体。**物体是由大量质点组成的，因此刚体也可定义为：**在力作用下，组成物体的所有质点之间的距离始终保持不变。**例如在研究火车车轮上各点的速度和加速度时，在研究飞轮的运动规律时，我们就可以把车轮、飞轮看作刚体。

物体受力的作用总是要发生变形的，因此，没有真正的刚体。刚体是力学中一个十分有用的理想模型。

5.1.2 刚体的平动和定轴转动

刚体的平动和定轴转动是刚体的两种最简单、也是最基本的运动形式。刚体的运动一般说来是比较复杂的，但可以证明，刚体的复杂运动一般可分解为平动和绕瞬时轴的转动。因此，研究刚体的平动和转动是研究刚体复杂运动的基础。刚体的平动和转动在工程中也有着广泛的应用。

1. 刚体的平动

刚体运动时，若在刚体内所作的任意一条直线，都始终保持和自身平行，这种运动就称为刚体的平动。在沿直线轨道运动的车厢上，任意作的直线 AB、CD 等，见图 5.1，都将始终保持它们的方向不变，因此，车厢沿直线轨道的运动是平动，并且车厢上任意一点的轨迹都是直线。但是，切不可误认为

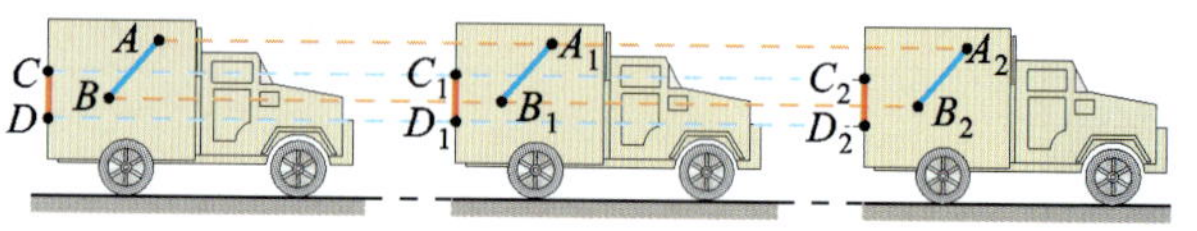

图 5.1

作平动的刚体上任意一点的轨迹都必定是直线。图 5.2 所示是在工程技术中被广泛采用的平行四连杆机构（如一些汽车的雨刷器采用的就是四连杆机构），其中 O_1A、O_2B 两杆长度相等且皆为 l，又 $O_1O_2=AB$，两杆各自可绕通过 O_1、O_2 并与纸面垂直的轴转动。在四连杆机构运动过程中，O_1ABO_2 保持为平行四边形，按照平动的定义，杆 AB 的运动显然为平动。可以证明，作平动的 AB 杆上任意一点的轨迹都是圆。

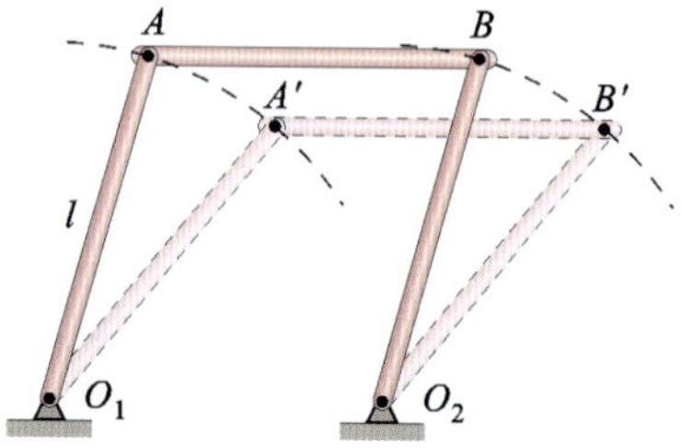

图 5.2

现在我们证明，作平动的刚体上各点的运动轨迹都相同，且在任意时刻各点的速度、加速度也都相同。

设刚体 M 作平动，见图 5.3，今在刚体 M 内任取两点 A、B，它们的位置分别由位矢 $\boldsymbol{r}_A$、$\boldsymbol{r}_B$ 决定，随着整个刚体的运动，线段 AB 在时间 t 内，由起始位置 AB 移到 A_nB_n。在这个过程中，A 点的轨迹是曲线 $AA_1A_2\cdots A_n$，B 点的轨迹是曲线 $BB_1B_2\cdots B_n$，将

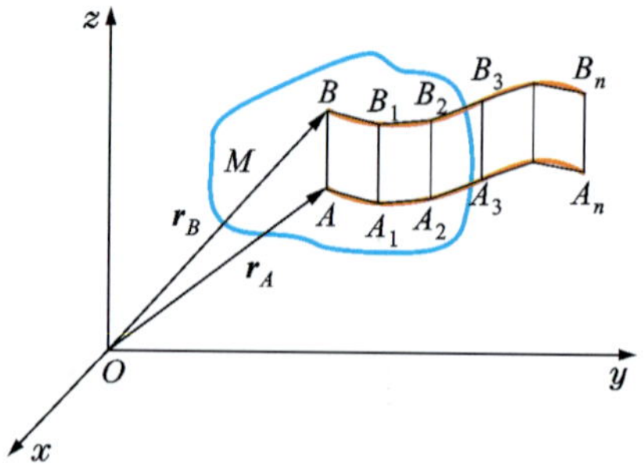

图 5.3

时间 t 分为 n 个极短的时间间隔，以 $A_1B_1, A_2B_2, \cdots, A_nB_n$ 等线段表示线段 AB 在每一时间间隔的末尾所在的位置。根据刚体的定义，这些线段长度不变，又因为是平动，这些线段互相平行，因此，线段 $AA_1, A_1A_2, A_2A_3, \cdots, A_{n-1}A_n$ 与相应的线段 $BB_1, B_1B_2, B_2B_3, \cdots, B_{n-1}B_n$ 也都相等且互相平行，折线 $AA_1A_2\cdots A_n$ 与 $BB_1B_2\cdots B_n$ 的形状、尺寸必定完全相同。如果把时间间隔的数目无限增大，每一时间间隔 Δt 趋近于零，在极限情况下，折线 $AA_1A_2\cdots A_n$ 变为 A 点的轨迹，折线 $BB_1B_2\cdots B_n$ 变为 B 点的轨迹，这两条轨迹的形状、尺寸也完全相同。由于 A、B 是任选的两点，我们根据以上分析可以得出结论：在刚体作平动时，刚体上各点的运动轨迹都相同。

现在来求 A 点和 B 点的速度和加速度。由图 5.3 可见

$$\boldsymbol{r}_B=\boldsymbol{r}_A+\overrightarrow{AB}$$

两边对时间求导，得

$$\frac{\mathrm{d}\boldsymbol{r}_B}{\mathrm{d}t}=\frac{\mathrm{d}\boldsymbol{r}_A}{\mathrm{d}t}+\frac{\mathrm{d}\,\overrightarrow{AB}}{\mathrm{d}t}$$

由于 $\overrightarrow{AB}$ 为常矢量，$\frac{\mathrm{d}\,\overrightarrow{AB}}{\mathrm{d}t}=\mathbf{0}$，而 $\frac{\mathrm{d}\boldsymbol{r}_A}{\mathrm{d}t}=\boldsymbol{v}_A$，$\frac{\mathrm{d}\boldsymbol{r}_B}{\mathrm{d}t}=\boldsymbol{v}_B$，故有

$$\boldsymbol{v}_A=\boldsymbol{v}_B \tag{5.1}$$

将此式再对时间求导，得到

$$\frac{\mathrm{d}\boldsymbol{v}_A}{\mathrm{d}t}=\frac{\mathrm{d}\boldsymbol{v}_B}{\mathrm{d}t}$$

或

$$\boldsymbol{a}_A=\boldsymbol{a}_B \tag{5.2}$$

可见，在**任意时刻，平动刚体上各点的速度、加速度都相同。**

综上所述，在刚体平动时，只要知道刚体上任意一点的运动，就可以完全确定整个刚体的运动，也就是说，对刚体平动的研究可归结为对质点运动的研究。通常都是用刚体的质心运动来代表作平动刚体的运动。

2. 刚体绕定轴的转动

刚体运动时，如果刚体内各点都绕同一直线作圆周运动，则这种运动称为刚体的转动，这一直线称为转轴。电动机转子、飞机螺旋桨的运动都是转动。如果转动刚体的转轴相对参照系是固定不动的，这时刚体的转动就称为刚体绕定轴转动。现在我们来讨论刚体绕定轴转动的运动学问题。

设刚体 M 绕定轴转动。通过转轴 z 作一固定平面Ⅰ，再通过 z 轴和刚体上任意点 P 作动平面Ⅱ，见图 5.4，动平面Ⅱ随刚体一同转动。以 θ 表示这两个平面的夹角，θ 角自平面Ⅰ算起，如从 z 轴的正端向负端看，规定 θ 角沿逆时针方向为正（右螺旋法则）。这样，用 θ 角就能完全确定刚体作定轴转动时在空间的位置。θ 角称为转动刚体的角坐标。刚体在绕定轴转动时，角坐标 θ 是时间 t 的单值连续函数，即

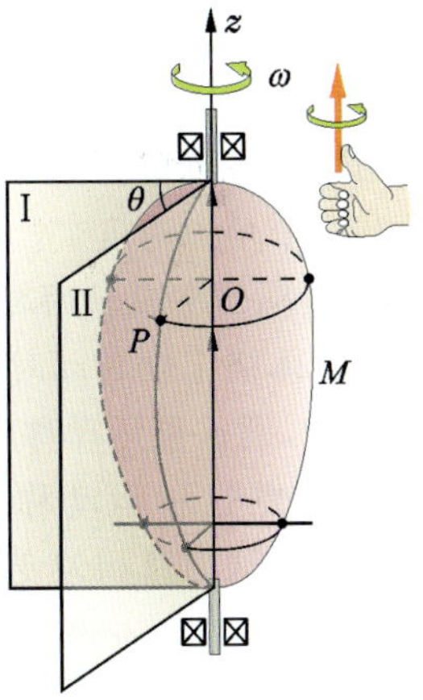

图 5.4

$$\theta=f(t) \tag{5.3}$$

这就是刚体绕定轴转动的运动学方程。

和质点作圆周运动时的角位移、角速度、角加速度定义方法相似，我们可以定义绕定轴转动刚体的角位移、角速度和角加速度。

刚体在时刻 t 的角速度 ω 等于刚体角坐标对时间的一阶导数，即

$$\omega=\lim_{\Delta t\to 0}\frac{\Delta\theta}{\Delta t}=\frac{\mathrm{d}\theta}{\mathrm{d}t}=f'(t) \tag{5.4}$$

ω 是描述绕定轴转动刚体转动快慢和转动方向的物理量，是代数量。通常规定，如果刚体沿 θ 角正方向转动，则角速度 ω 为正；反之为负。

工程上还常用每分钟转过的圈数 n（简称转速）来描述刚体转动的快慢，其单位为 r/min。显然 ω 与 n 间的关系是：

$$\omega=\frac{\pi n}{30} \tag{5.5}$$

虽然上面的讨论是通过动平面Ⅱ进行的，但根据刚体的定义可以看出，通过刚体内所作的任意动平面，在同一时间内转过的角度（即角位移 $\Delta\theta$）必定相同。因此，刚体角速度 ω 是描述整个刚体绕定轴转动的物理量。任意时刻，绕定轴转动的刚体上各点都具有相同的角速度，即整个刚体只有一个角速度。

角速度 ω 对时间的一阶导数就是绕定轴转动刚体的角加速度，以符号 α 表示，即

$$\alpha=\lim_{\Delta t\to 0}\frac{\Delta\omega}{\Delta t}=\frac{\mathrm{d}\omega}{\mathrm{d}t}=\frac{\mathrm{d}^2\theta}{\mathrm{d}t^2}=f''(t) \tag{5.6}$$

刚体绕定轴转动的角加速度 α 也是代数量。$\alpha>0$，表示角加速度的方向与角坐标正方向一致；

$\alpha<0$，则表示角加速度的方向与角坐标正方向相反。

与角速度的讨论相似，角加速度也是描述整个刚体绕定轴转动的物理量。任意时刻，绕定轴转动的刚体上各点都具有相同的角加速度，即整个刚体只有一个角加速度。

3. 刚体绕定轴的匀速和匀变速转动

刚体绕定轴转动时，若角速度 $\omega=$ 常数，角加速度 $\alpha=0$，则这种运动称为刚体绕定轴匀速转动；若 $\alpha=$ 常数，则这种运动称为刚体绕定轴匀变速转动。刚体绕定轴匀速和匀变速转动的运动学方程以及角坐标 θ、角速度 ω 和角加速度 α 间的关系列于表5.1。表中 θ_0 和 ω_0 分别表示 $t=0$ 时的角坐标和角速度。这些关系的推导和匀速、匀变速直线运动的相应关系类似，这里就不再给出了。为了便于对比和记忆，我们把匀速和匀变速直线运动中的相应关系也列于表5.1中。

表 5.1 刚体定轴转动基本公式

质点匀速直线运动	刚体匀速定轴转动
$x=x_0+vt$	$\theta=\theta_0+\omega t$ (5.7)
质点匀变速直线运动	**刚体匀变速定轴转动**
$v=v_0+at$	$\omega=\omega_0+\alpha t$ (5.8)
$x=x_0+v_0t+\frac{1}{2}at^2$	$\theta=\theta_0+\omega_0 t+\frac{1}{2}\alpha t^2$ (5.9)
$v^2=v_0^2+2a(x-x_0)$	$\omega^2=\omega_0^2+2\alpha(\theta-\theta_0)$ (5.10)

刚体绕定轴匀速和匀变速转动在工程问题中有着广泛的应用，读者应能灵活运用公式(5.7)～(5.10)去分析解决相应的问题。

想想看

5.1 有人说：刚体运动时，刚体上各点运动轨迹都是直线，其运动不一定是平动；刚体上各点运动轨迹都是曲线，其运动不可能是平动。你认为对吗？试举例说明。

5.2 在水平弯道上转弯的汽车车厢的运动是平动吗？

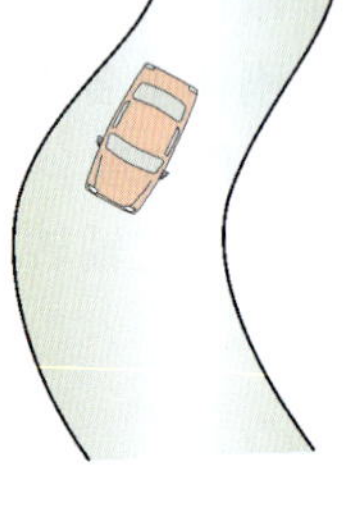

想5.2图

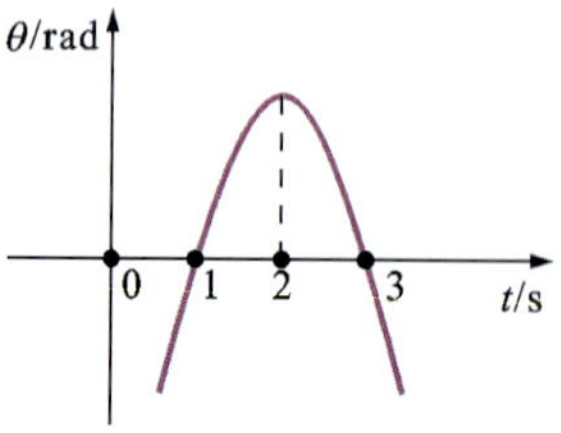

想5.3图

5.3 绕定轴转动刚体角坐标 θ 随时间 t 变化规律如图。问在 $t=1$ s，$t=2$ s，$t=3$ s 这三个瞬时：①刚体的角速度是正、是负还是零？②刚体的角加速度是正还是负？

5.4 刚体绕定轴转动运动学方程为：

① $\theta=3t-4$　　② $\theta=-5t^3+4t^2+6$

③ $\theta=\frac{2}{t^2}-\frac{4}{t}$　　④ $\theta=5t^2-3$

问哪一种属于匀变速转动？

刚体绕定轴转动角速度 ω 随时间 t 变化规律为：

① $\omega=5$　　② $\omega=4t^2+2t-6$

③ $\omega=3t-4$　　④ $\omega=5t^2-3$

问哪一种属于匀变速转动？

例 5.1 设发动机飞轮的角速度在 12 s 内由 1200 r/min均匀地增加到 3000 r/min，试求：(1) 飞轮的角加速度 α；(2) 在这段时间内发动机飞轮转过的圈数。

解 本题中的飞轮作匀加速定轴转动，故可用式(5.8)～(5.10)求解。

(1) 根据式(5.5)，转速 $n_2=3000$ r/min 和 $n_1=1200$ r/min 相应的角速度分别为

$$\omega_2=\frac{\pi\times3000}{30}=100\pi \quad \text{rad/s}$$

$$\omega_1=\frac{\pi\times1200}{30}=40\pi \quad \text{rad/s}$$

利用式(5.8)，其中 $t=12$ s，得

$$\alpha=\frac{\omega_2-\omega_1}{t}=\frac{(100-40)\pi}{12}=15.7 \quad \text{rad/s}^2$$

(2) 根据式(5.9)，可以计算 12 s 内飞轮的角位移

$$\Delta\theta=\theta-\theta_0=\omega_1 t+\frac{1}{2}\alpha t^2$$

$$=40\pi\times12+\frac{1}{2}\times5\pi\times(12)^2=840\pi \quad \text{rad}$$

因而飞轮在这一段时间内转过的圈数为

$$N=\frac{\theta-\theta_0}{2\pi}=420\ (\text{圈})$$

4. 绕定轴转动刚体内各点的速度和加速度

在研究刚体绕定轴转动问题时，往往需要计算刚体上一点的速度和加速度。现在讨论绕定轴转动刚体上各点速度和加速度的求法。

我们知道，在绕定轴转动刚体上，任一点 M 都在垂直于转轴的平面内作圆周运动，见图5.5。设 M 点与转轴间的垂直距离为 r_M，则 M 点在任意时刻 t 的速度方向是沿圆轨迹上 M 点所在处的切线、指向 M 点运动的一方，速度大小则为

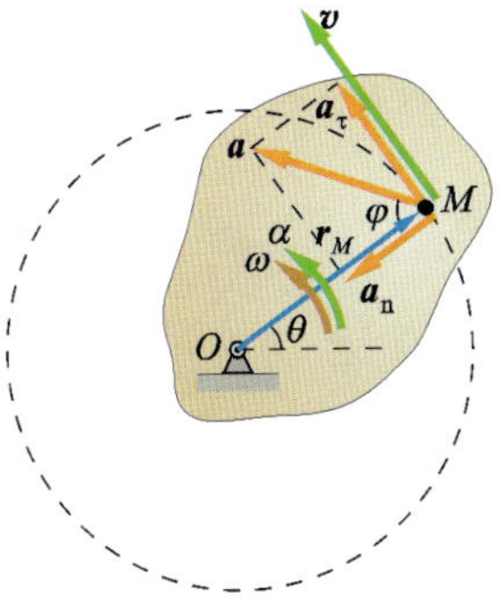

图 5.5

$$v=r_M|\omega| \tag{5.11}$$

即绕定轴转动刚体内任意一点速度的大小等于刚体角速度 ω 的绝对值与此点到转轴的垂直距离 r_M 的乘积。

关于 M 点的加速度，可先求出加速度 $\boldsymbol{a}$ 分别在圆轨迹的切线和法线方向上的投影 a_τ 和 a_n，见图 5.5。切线正方向指向 θ 角的正方向，法线正方向则指向圆轨迹的中心。根据第 1 章的讨论，有

$$\boldsymbol{a}=a_\tau\boldsymbol{\tau}+a_n\boldsymbol{n} \tag{5.12}$$

$$a_\tau=\frac{dv}{dt}=\frac{d}{dt}(r_M\omega)=r_M\alpha \tag{5.13}$$

$$a_n=\frac{v^2}{r_M}=\frac{r_M^2\omega^2}{r_M}=r_M\omega^2 \tag{5.14}$$

即绕定轴转动刚体上任意一点的加速度，在切线方向的投影等于刚体的角加速度 α 与此点到转轴垂直距离 r_M 的乘积，在法线方向的投影等于该刚体角速度的平方 ω^2 与 r_M 的乘积。

如果 ω 与 α 的正负号相同，则刚体作加速转动，这时角速度 ω 和线速度 $\boldsymbol{v}$ 的绝对值都逐渐增大，切向加速度 $\boldsymbol{a}_\tau$ 与速度 $\boldsymbol{v}$ 的方向相同；如果 ω 与 α 异号，则刚体作减速转动，这时角速度 ω 与线速度 $\boldsymbol{v}$ 的绝对值都逐渐减小，$\boldsymbol{a}_\tau$ 与 $\boldsymbol{v}$ 的方向相反。法向加速度 $\boldsymbol{a}_n$ 的方向则总是沿 M 点圆轨迹的半径而指向圆心。

M 点加速度的大小为

$$|\boldsymbol{a}|=r_M\sqrt{\alpha^2+\omega^4} \tag{5.15}$$

加速度方向可由 $\boldsymbol{a}$ 与半径 OM 的夹角 φ 来确定，见图 5.5，即

$$\tan\varphi=\frac{|a_\tau|}{|a_n|}=\frac{\alpha}{\omega^2} \tag{5.16}$$

因为在任意时刻，整个刚体上只有一个 ω 和一个 α，故由式(5.15)和(5.16)可知：在确定时刻，(1) 转动刚体上各点速度和加速度的大小都与该点到转轴的距离成正比；(2) φ 角对刚体内所有各点都相同。

例 5.2 一半径 $r=0.50$ m 的飞轮以 $\alpha=3.00$ rad/s^2 的恒定角加速度由静止开始转动，试计算它边缘上一点 M 在 2 s 末时的速度、切向加速度和法向加速度；问位于半径中点处的速度、切向加速度和法向加速度的大小等于多少？

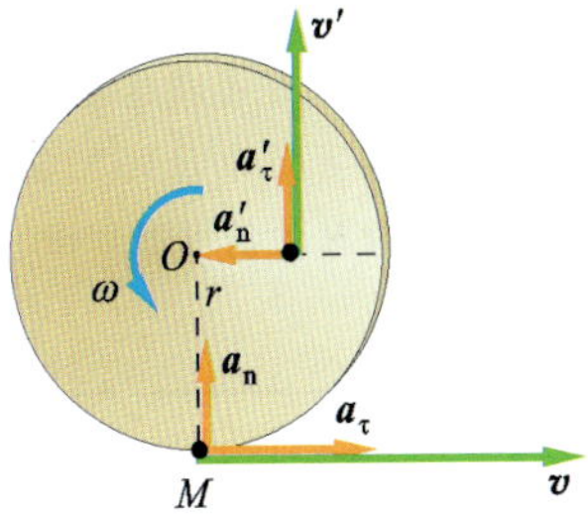

例 5.2 图

解 已知 $\alpha=3.00$ rad/s^2，飞轮由静止开始转动，因此在 2 s 时，$\omega=\alpha t=6.00$ rad/s。所以有

(1) 边缘上 M 点在 2 s 末时的速度大小

$$v=r\omega=0.50\times6.00=3.00\ \ \text{m/s}$$

方向沿飞轮切线，指向如图所示。

(2) 在 2 s 末 M 点切向加速度的大小

$$a_\tau=r\alpha=0.50\times3.00=1.50\ \ \text{m/s}^2$$

因为飞轮的运动是加速转动，所以 $\boldsymbol{a}_\tau$ 指向与 $\boldsymbol{v}$ 相同。

(3) 在 2 s 末 M 点法向加速度的大小

$$a_n=r\omega^2=0.50\times6.00^2=18.0\ \ \text{m/s}^2$$

法向加速度的方向指向轮心。

(4) 半径中点为 $\frac{r}{2}=0.25$ m，而 ω、α 对整个飞轮都相同，因此有

$$v'=\frac{r}{2}\omega=1.50\ \ \text{m/s}$$

$$a'_\tau=\frac{r}{2}\alpha=0.75\ \ \text{m/s}^2$$

$$a'_n=\frac{r}{2}\omega^2=9.0\ \ \text{m/s}^2$$

各量方向见图。

想想看

5.5 绕定轴 z 转动圆盘的角速度 ω 随时间 t 变化规律如图。试分别回答在时间间隔 $(0<t<t_0)$ 和 $(t_0<t<t_1)$ 内：①角速度 ω 是正还是负？②从 z 轴上端向下看，圆盘沿顺时针方向转动还是沿逆时针方向转动？③角加速度 α 是正还是负？又问：在整个时间间隔 $(0<t<t_1)$ 内圆盘是匀变速转动吗？

5.6 试分析想想看 5.5 中，时间间隔 $(0<t<t_0)$ 和 $(t_0<t<$

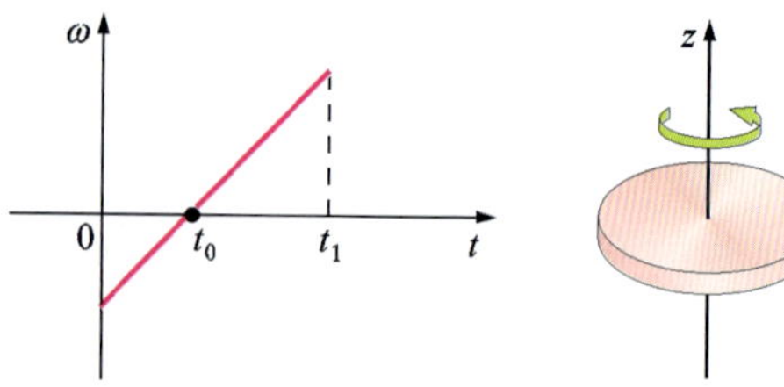

想 5.5 图

t_1)内,圆盘是加速转动还是减速转动?

5.7　一只蟑螂呆在半径为 R 的圆盘边沿上,而圆盘绕中心轴逆时针转动,某瞬时的俯视图如图。试就以下两种情况给出蟑螂法向加速度 $\boldsymbol{a}_n$、切向加速度 $\boldsymbol{a}_\tau$ 的大小和方向,并表示在图上:(a)圆盘转动角速度 ω 是恒定的;(b)圆盘作匀减速转动,角加速度大小为 α,该瞬时角速度大小为 ω。

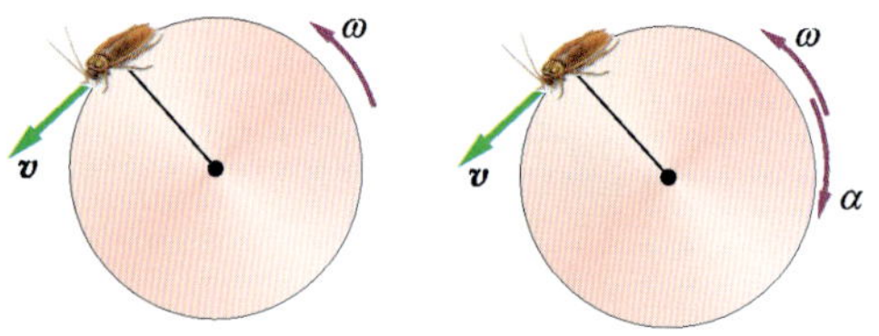

(a)　　(b)

想 5.7 图

复 习 思 考 题

5.1　刚体的平动具有什么特点?

5.2　试根据 ω 与 α 的正负,讨论定轴转动刚体在什么情况下是加速转动?什么情况下是减速转动?

5.3　一刚体绕定轴转动,运动学方程为 $\theta=10-8t-5t^2$。试求:(1) 在 $t=0.2$ s 和 $t=1$ s 时刚体的角速度和角加速度;(2) 在 $t=0.2$ s 和 $t=1$ s 时,刚体是加速转动,还是减速转动?(3) 试描述这一刚体的运动过程。

5.4　一个绕定轴转动的刚体有非零的角速度和角加速度。刚体中的质点 A 离转轴的距离是质点 B 的两倍,对质点 A 和 B,以下各量的比值是多少?(1)角速度的大小;(2)速度的大小;(3)角加速度的大小;(4)切向加速度的大小;(5)法向加速度的大小。

5.5　取地球半径 $R=6370$ km,试计算:(1) 地球自转角速度;(2) 赤道及北纬 60°处的速度和加速度。地球自转可认为是匀角速的。

5.6　为什么说对刚体平动的研究可归结为对质点运动的研究?

5.7　绕定轴转动圆盘角速度 ω 随时间 t 变化关系如图。(1)对圆盘边沿上一点的法向加速度和切向加速度的大小,按 a、b、c、d 四个时刻分别由大到小排序。(2)问 a、b、c、d 四个时刻圆盘的角加速度是正、是负还是零?圆盘的转动是加速、减速还是匀速?

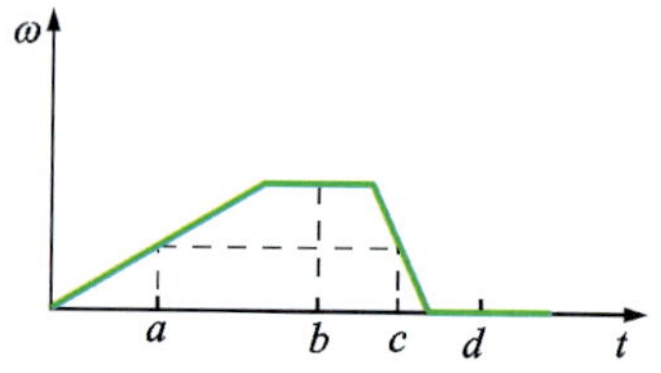

思 5.7 图

5.2　力矩　刚体绕定轴转动微分方程

5.2.1　力矩

力是引起质点或平动物体运动状态(用动量描述)发生变化的原因。力矩则是引起转动物体运动状态(用动量矩描述)发生变化的原因。

设一刚体可绕 z 轴转动,在刚体与 z 轴垂直的平面中,作用一力 $\boldsymbol{F}$,见图 5.6(a),O 点为转轴 z 与力所在平面的交点,**力 $\boldsymbol{F}$ 对转轴 z 之矩 M_z 定义为:力 $\boldsymbol{F}$ 的大小与 O 点到 $\boldsymbol{F}$ 的作用线间垂直距离 h(称为力臂)的乘积。**见图 5.6(b),即

$$M_z(\boldsymbol{F})=\pm Fh=\pm Fr\sin\varphi=2\triangle OAB\ 面积 \tag{5.17}$$

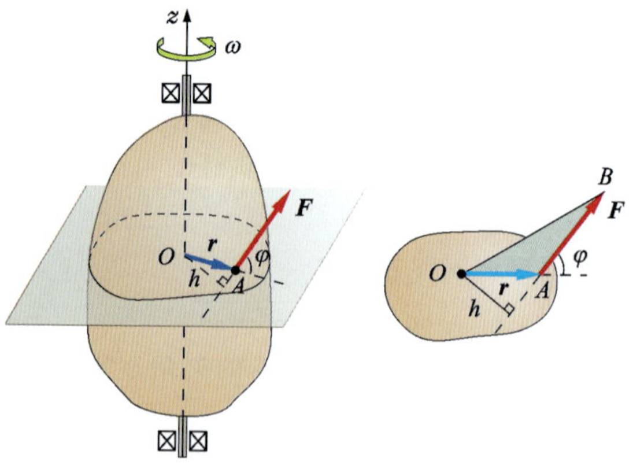

(a)　　(b)

图 5.6

式中 r 为 O 点到力 $\boldsymbol{F}$ 作用点 A 所作矢径 $\boldsymbol{r}$ 的大小,φ 为矢径 $\boldsymbol{r}$ 与力 $\boldsymbol{F}$ 之间小于 180°的夹角;力矩的正、

负由右螺旋法则确定，即从 z 轴正端向负端看，若力 $\boldsymbol{F}$使物体沿逆时针方向转动，则力矩 M_z 为正，式(5.17)中取正号；反之为负。由于力对轴之矩或为正、或为负，只有这两种情况，因此一般可视为代数量。

力对轴之矩的这一定义，也可作为平面中的力 $\boldsymbol{F}$ 对该平面中任一点 O 之矩的定义。

当力 $\boldsymbol{F}$ 不在垂直于轴的平面内时，只要将力 $\boldsymbol{F}$ 分解为垂直于 z 轴和平行于 z 轴的两个力 $\boldsymbol{F}_\perp$ 及 $\boldsymbol{F}_{/\!/}$，见图 5.7。由于 $\boldsymbol{F}_{/\!/}$ 不能改变物体绕 z 轴的转动状态，因此定义 $\boldsymbol{F}_{/\!/}$ 对转轴 z 之矩为零。这样，任意力 $\boldsymbol{F}$ 对 z 轴之矩就等于力 $\boldsymbol{F}_\perp$ 对 z 轴之矩，即

$$M_z(\boldsymbol{F})=M_z(\boldsymbol{F}_\perp)=\pm F_\perp h \qquad (5.18)$$

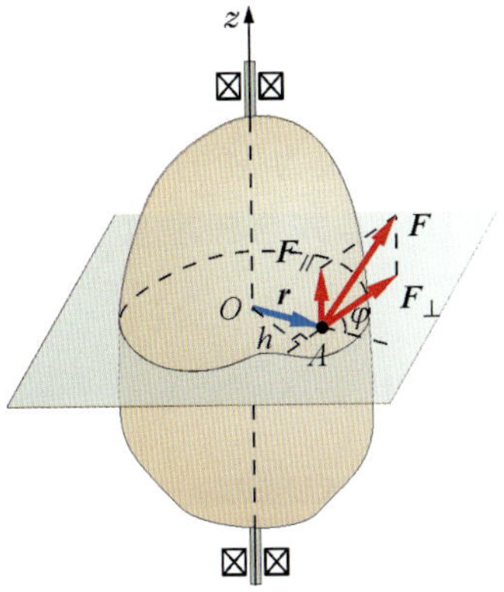

图 5.7

根据力对轴之矩的定义，显然，当力平行于轴或通过轴时，力对该轴之矩皆为零。

在研究物体更为一般的转动情况时，引进力对点之矩这一概念更为方便。

给定一力 $\boldsymbol{F}$，见图 5.8(a)，若 $\boldsymbol{r}$ 为由任选的矩心 O 点到力 $\boldsymbol{F}$ 作用点 A 的矢径，则**力 $\boldsymbol{F}$ 对 O 点之矩矢量 $\boldsymbol{M}_O$ 定义为矢径 $\boldsymbol{r}$ 与力 $\boldsymbol{F}$ 的矢积**，即

$$\boldsymbol{M}_O=\boldsymbol{r}\times\boldsymbol{F} \qquad (5.19)$$

根据矢积的定义，力 $\boldsymbol{F}$ 对 O 点之矩 $\boldsymbol{M}_O$ 的大小为

$$|\boldsymbol{M}_O|=Fr\sin\alpha=2\triangle OAB\ 面积 \qquad (5.20)$$

α 为矢径 $\boldsymbol{r}$ 与力 $\boldsymbol{F}$ 间的夹角。$\boldsymbol{M}_O$ 的方向垂直于矢径 $\boldsymbol{r}$ 和 $\boldsymbol{F}$ 组成的平面，指向按右螺旋法则确定，见图5.8(b)。

根据力对点之矩的一般定义式(5.19)，也可将力对 z 轴之矩看成矢量，只是这时力对轴之矩矢量只有两个指向，或沿 z 轴正向，或沿 z 轴负向，是正或是负由右螺旋法则确定，见图 5.8(b)。

虽然上面讲的力对轴之矩和力对点之矩，都是通过作用在刚体上的力和刚体中的转轴、矩心定义的，但式(5.17)、(5.19)给出的力矩定义事实上是普遍适用的，即不论刚体有无转轴以及矩心是否在刚体内部，该定义都是适用的。

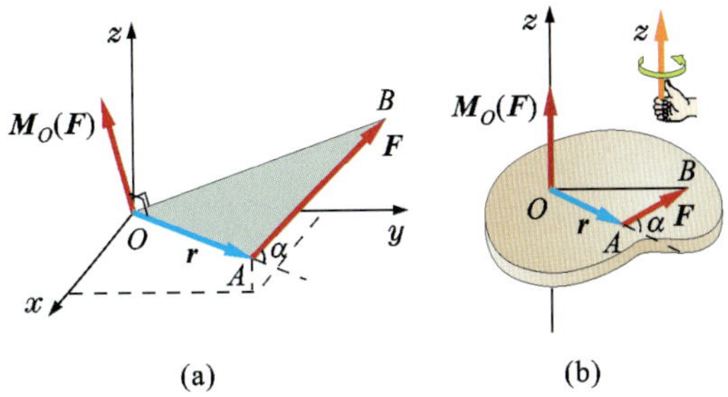

图 5.8

5.2.2 刚体绕定轴转动微分方程

刚体Ⅰ绕定轴 z 转动，某时刻 t，角速度为 ω，角加速度为 α。设想刚体是由大量质点组成的，现研究质量为 Δm_k、距转轴垂直距离为 r_k 的任意质点 k，如图 5.9。作用在质点 k 上的力可以分为两类：$\boldsymbol{F}_k$ 表示来自刚体Ⅰ以外一切力的合力(称为外力)，$\boldsymbol{f}_k$ 表示来自刚体Ⅰ以内各质点对质点 k 作用力的合力(称为内力)。刚体Ⅰ绕定轴 z 转动过程中，质点 k 以 r_k 为半径作圆周运动，按牛顿第二定律，有

$$\Delta m_k\frac{\mathrm{d}\boldsymbol{v}_k}{\mathrm{d}t}=\boldsymbol{F}_k+\boldsymbol{f}_k$$

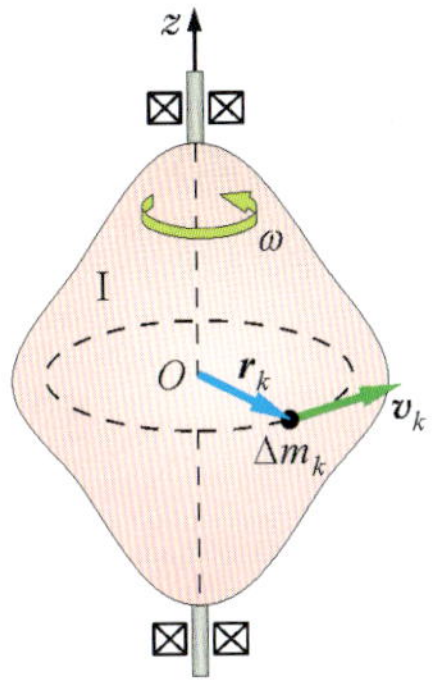

图 5.9

将此矢量方程两边都投影到质点 k 的圆轨迹切线方向上，则有

$$\Delta m_k a_{k\tau}=\Delta m_k r_k\alpha=F_{k\tau}+f_{k\tau}$$

再将此式两边乘以 r_k，并对整个刚体求和，则有

$$\left(\sum_k\Delta m_k r_k^2\right)\alpha=\sum_k F_{k\tau}r_k+\sum_k f_{k\tau}r_k \qquad (5.21)$$

等式右边第一项为所有作用在刚体上的外力对 z 轴之矩的总和，称为合外力矩，用 M_z 表示；第二项为所有内力对 z 轴之矩的总和。由于内力成对地出现，而且每对内力大小相等、方向相反，且在一条作用线上，因此内力对 z 轴之矩的和恒等于零。

令

$$J_z = \sum_k \Delta m_k r_k^2 \qquad (5.22)$$

称为刚体对 z 轴的转动惯量，则式(5.21)可以写成

$$J_z \frac{d\omega}{dt} = M_z \qquad (5.23)$$

式(5.23)表明，**刚体绕定轴转动时，刚体对该轴的转动惯量与角加速度的乘积，等于作用在刚体上所有外力对该轴之矩的代数和。**这称为刚体绕定轴转动微分方程，也称转动定律。它是解决刚体绕定轴转动动力学问题的基本方程。

对于给定的绕定轴转动刚体(J_z=常量)，角加速度反映了它绕定轴转动运动状态的变化。因此，转动定律表明，决定绕定轴转动刚体的运动状态变化与否以及变化快慢的量是外力矩之和 M_z。对给定的外力矩 M_z，转动惯量愈大，角加速度愈小，即刚体绕定轴转动的运动状态愈难改变。由此可以看出，转动惯量是描述刚体对轴转动惯性大小的物理量。如果把转动定律和牛顿第二定律作形式上的比较，即把刚体受的外力矩之和与质点所受的合力相对应，刚体的角加速度与质点的加速度相对应，那么刚体的转动惯量就与质点的质量相对应。

刚体对轴的转动惯量是一个算术量。

在讲述如何用转动定律解题之前，我们对如何计算转动惯量先作一简要介绍。

5.2.3　转动惯量

上面讲到，**刚体对某 z 轴的转动惯量，等于刚体上各质点的质量与该质点到转轴垂直距离平方的乘积之和，**即

$$J_z = \sum_k \Delta m_k r_k^2$$

事实上刚体的质量是连续分布的，故上式中的求和应变为定积分，即

$$J_z = \int_V r^2 dm \qquad (5.24)$$

式中 V 表示积分遍及刚体整个体积。

刚体对轴转动惯量的大小取决于三个因素，即刚体转轴的位置、刚体的质量和质量对轴的分布情况。转动惯量的这些性质，在日常生活和工程实际问题中随时随地都可察觉到。

例如，为了使机器工作时运行平稳(当然还有储能作用)，常在回转轴上装置飞轮，一般这种飞轮的质量都非常大，而且飞轮的质量绝大部分都集中在轮的边缘上，见图 5.10。所有这些措施都是为了增大飞轮对转轴的转动惯量。又例如，为了减小转动惯量以提高仪器的灵敏度，各种指针式仪表的指针都是采用密度小的轻型材料制成的。

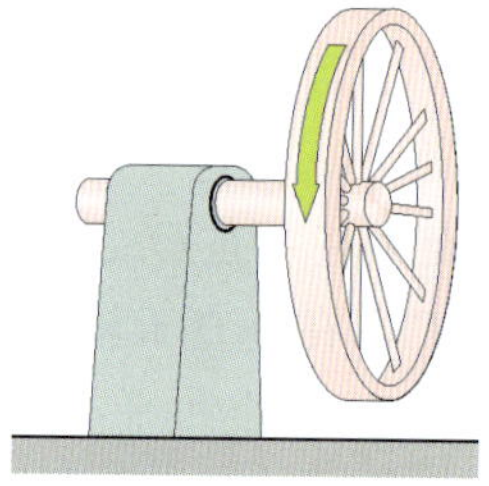

图 5.10

对形状复杂的刚体，例如求一辆汽车对平行于轮轴的某轴的转动惯量，用理论计算方法求解是困难的，实际中多用实验方法测定。下面我们举例说明几种几何形状简单、质量分布均匀的刚体转动惯量的计算方法，通过这些例题读者主要应学习用微积分来分析和求解简单物理问题的思路和方法。

例 5.3　一长为 L、质量为 M 的均质细杆，如图所示，试求该杆对通过中心并与杆垂直的轴的转动惯量。

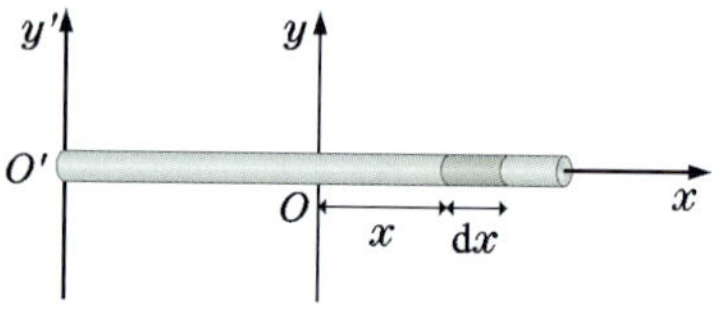

例 5.3 图

解　以杆的中心 O 为坐标原点，取 xy 坐标轴如图示。为按式(5.24)求转动惯量，需写出积分元，再积分。为此在坐标为 x 处取杆元 dx，根据题意，这一杆元的质量为

$$dm = \frac{M}{L} dx$$

质量元 dm 到 y 轴的垂直距离为 x，按式(5.24)杆对 y 轴的转动惯量为

$$J_y = \int_{-\frac{1}{2}L}^{\frac{1}{2}L} x^2 \frac{M}{L} dx = \frac{1}{12} ML^2$$

如要求通过杆的一端并与 y 轴平行的 y' 轴的转动惯量，只要把坐标原点放在 O'，取 $O'xy'$ 坐标系，其余步骤如上，这时积分的上下限有所不同，应为

$$J'_y = \int_0^L x^2 \frac{M}{L} dx = \frac{1}{3} ML^2$$

表 5.2 给出了几种常用均质刚体对某轴的转动惯量。

表 5.2 几种常用刚体的转动惯量

刚　　体	转　　轴	转动惯量	图
均质圆环（质量为 M，半径为 R）	通过圆环中心与环面垂直	MR^2	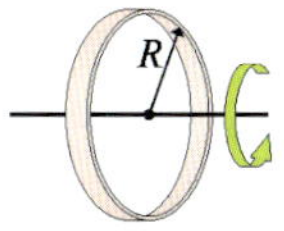
均质圆盘（质量为 M，半径为 R）	通过圆盘中心与盘面垂直	$\frac{1}{2}MR^2$	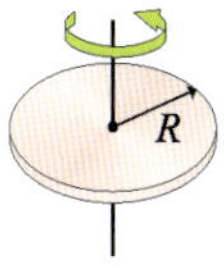
均质球体（质量为 M，半径为 R）	沿直径	$\frac{2}{5}MR^2$	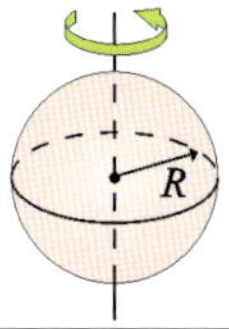
均质球壳（质量为 M，半径为 R）	沿直径	$\frac{2}{3}MR^2$	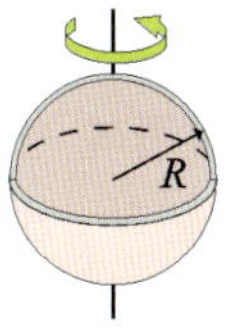
均质圆柱体（质量为 M，半径为 R）	沿几何轴	$\frac{1}{2}MR^2$	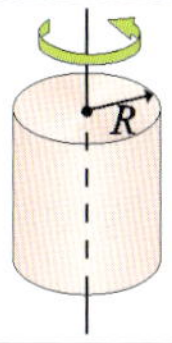
均质细杆（质量为 M，长为 L）	通过中心与杆垂直	$\frac{1}{12}ML^2$	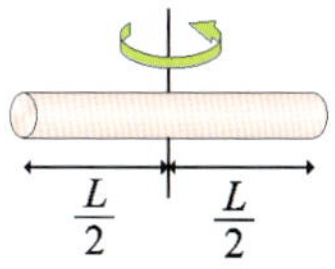

设刚体的质量为 M，质心[①]为 C，刚体对通过质心的某轴 z（称为质心轴）的转动惯量为 J_z。如有另一与 z 轴平行的任意轴线 z'，z 和 z' 两轴间的垂直距离为 h，见图 5.11。刚体对 z'轴的转动惯量设为 J'_z，则可以证明：$J'_z=J_z+Mh^2$，即**刚体对任意已知轴的转动惯量，等于刚体对通过质心并与该已知轴平行的轴的转动惯量加上刚体的质量与两轴间垂直距离 h 平方的乘积。**这个结论称为平行轴定理。

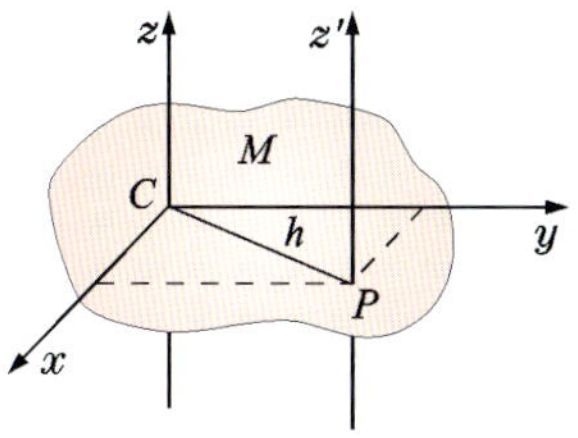

图 5.11

根据平行轴定理，在已知刚体对某些质心轴转动惯量的情况下（通常几何形状规则的均质刚体对某些质心轴的转动惯量可以从手册上查到），可以方便地算出该刚体对与该质心轴平行的任意轴的转动惯量。

例如在例 5.3 中已知均质杆对通过质心的 z 轴转动惯量为 $ML^2/12$，为求通过杆的一端且与 z 轴平行的 z'轴的转动惯量 J'_z，按平行轴定理

$$J'_z=J_z+M\times\left(\frac{L}{2}\right)^2=\frac{1}{3}ML^2$$

结果与前面得到的一致。

从平行轴定理可以看出，刚体对沿某一方向相互平行的各个轴的转动惯量中，以刚体对通过质心轴的转动惯量为最小。

想想看

5.8 六个同样大小的力，作用在直杆上，该杆可绕过 O 点并垂直于杆的轴转动，其俯视图如图。试根据各力产生的对 O 轴之矩的大小由大到小对这些力排序，并指出各力矩的正负。

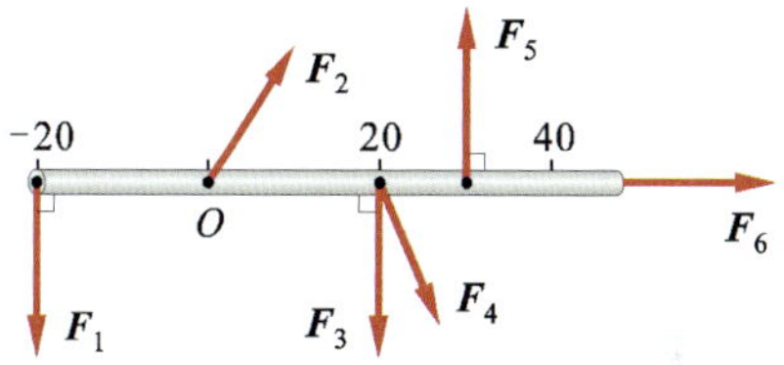

想 5.8 图

5.9 已知力 $\boldsymbol{F}$ 的大小为 4 N，矩心 O 到力 $\boldsymbol{F}$ 作用点 A 的矢径 $\boldsymbol{r}$ 的大小为 3 m。如果力 $\boldsymbol{F}$ 对 O 点之矩的大小为：①零，②12 N·m，③6 N·m，问 $\boldsymbol{r}$ 和 $\boldsymbol{F}$ 之间的夹角分别是多少？你能画出这三种情况下力矩的矢量图吗？

5.10 两个大小不变的力 $\boldsymbol{F}_1$、$\boldsymbol{F}_2$ 作用在圆盘上，使圆盘绕中心轴沿逆时针方向以恒定角速度转动，其俯视图如图。现欲使圆盘的角速度减小，你认为应

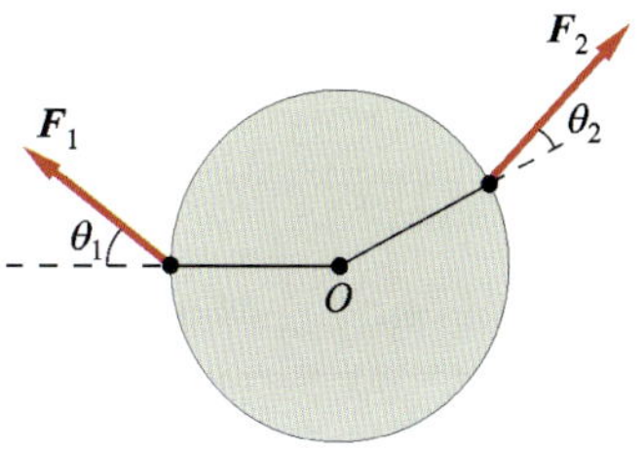

想 5.10 图

① 质点系（包括刚体）的运动一般是很复杂的，但对任何质点系，都可以定义一个点，想象整个质点系的质量都集中在这一点上，同时，在这一点上作用有质点系受到的所有外力，则这一点的运动就犹如一个受力质点的运动一样，服从牛顿第二定律。当所研究的质点系为一孤立系（即作用在质点系上所有外力矢量和为零）时，这一点将保持其运动状态不变，这个点就称为质点系的质心。详见 4.4 节。

该怎样调整 $\boldsymbol{F}_1$ 和 $\boldsymbol{F}_2$ 的方向？在什么条件下圆盘的角速度减小得最快？

5.11 图示为连在一根轻杆上的三个质量相等的小球，它们之间的距离已标出。请依次考虑它们对每一个过小球并垂直于杆的轴的转动惯量，并根据对每个轴转动惯量的大小由大到小对这三个小球排序。

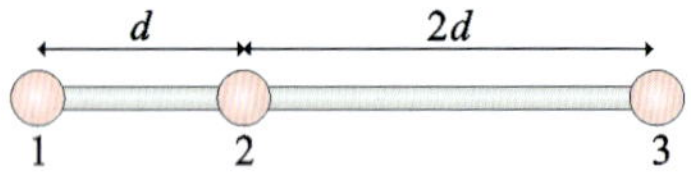

想 5.11 图

5.12 质量为 M 的长方形均质板，已知其对通过质心并垂直板面轴的转动惯量为 J_0，试给出板对图中与质心轴相平行的其他各轴的转动惯量，并根据转动惯量的大小对各轴排序。

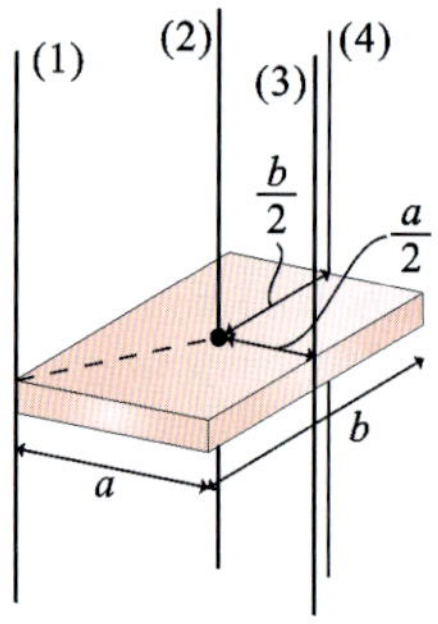

想 5.12 图

■ **例 5.4** 试求阿特武德机两侧悬挂的质量分别为 m_1、m_2 的重物的加速度、滑轮角加速度及绳中的张力，见图。已知均质滑轮半径为 R，质量为 M，假定绳为不可伸缩的轻绳，绳与滑轮间无滑动，且滑轮轴处的摩擦可忽略不计。

解 根据所给条件，滑轮与绳间无滑动，这一方面表明滑轮与绳间有摩擦，正是依靠这一摩擦，在绳运动过程中带动滑轮转动；另一方面还表明，在滑轮两边绳的张力并不相等。

选取研究对象：分别选质量为 m_1、m_2 的重物，以及绳子与滑轮接触部分和滑轮作为一个整体（为什么如此选择?）三者为研究对象，它们的受力如图所示。设重物 m_1 的加速度为 $\boldsymbol{a}$，指向下，题设绳不可伸缩，故 m_1 和 m_2 加速度相等，又滑轮的角加速度 α 沿顺时针方向为正，分别写出滑轮及重物的动力学方程和必需的辅助方程

$$T_1R-T_2R=J_O\alpha$$

$$T_2-m_2g=m_2a$$

$$T_1-m_1g=-m_1a$$

$$R\alpha=a$$

$$J_O=\frac{1}{2}MR^2$$ 联立解得

$$\alpha=\frac{1}{R}\frac{m_1-m_2}{m_1+m_2+\frac{1}{2}M}g$$

$$a=\frac{m_1-m_2}{m_1+m_2+\frac{1}{2}M}g$$

$$T_1=\frac{2m_1m_2+\frac{1}{2}Mm_1}{m_1+m_2+\frac{1}{2}M}g$$

$$T_2=\frac{2m_1m_2+\frac{1}{2}Mm_2}{m_1+m_2+\frac{1}{2}M}g$$

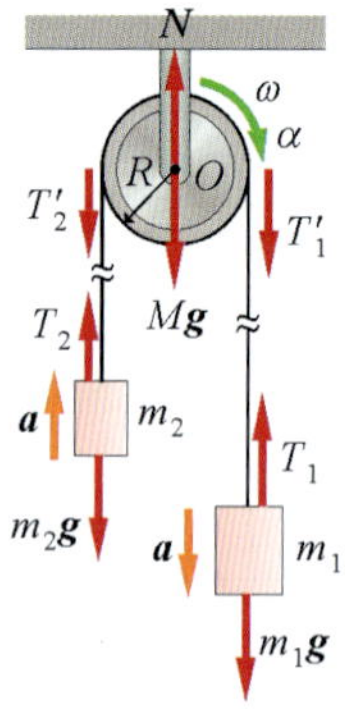

例 5.4 图

想想看

5.13 试分析本题中滑轮质量可以忽略不计（$M=0$）或滑轮与绳间无摩擦时，绳中的张力和重物的加速度是怎样的？

从例5.4的求解过程可以看出，包括定轴转动刚体在内的系统的力学问题和由若干质点组成系统的力学问题，在处理方法上是基本相同的，即选取研究对象；分析隔离体的受力情况，对定轴转动刚体，还需分析受力矩情况；选定坐标系和角坐标正方向，写出刚体绕定轴转动微分方程和其他有关方程，解方程求得结果。这里需要指出的是，在求解这些方程之前，要根据题设条件找出所选各隔离体之间的联系，例如本题中两个重物加速度 a_1 和 a_2 的关系，重物加速度 a 和滑轮角加速度 α 的关系等，然后求解即可。

复 习 思 考 题

5.8 刚体的转动惯量都与哪些因素有关？说“一个确定的刚体有确定的转动惯量”这话对吗？

5.9 刚体在力矩作用下绕定轴转动，当力矩增大或减小时，其角速度和角加速度将如何变化？

5.10 例题5.4中，若滑轮改为由内外半径分别为 r_1、r_2 的均质环和4根直径为 d 的直杆辐条组成，环和杆的密度均为 ρ，其他条件不变，试求题中要求的各量。

5.11 如图所示，三个大小相等的力，作用在原点处的一个质点上（$\boldsymbol{F}_1$ 垂直于 xy 平面向内），P_1、P_2、P_3 三点在 xy 平面内且与原点距离相等。试根据这三个力分别对：(a) P_1 点、(b) P_2 点、(c) P_3 点，所产生力矩的大小由大到小对这些力排序。

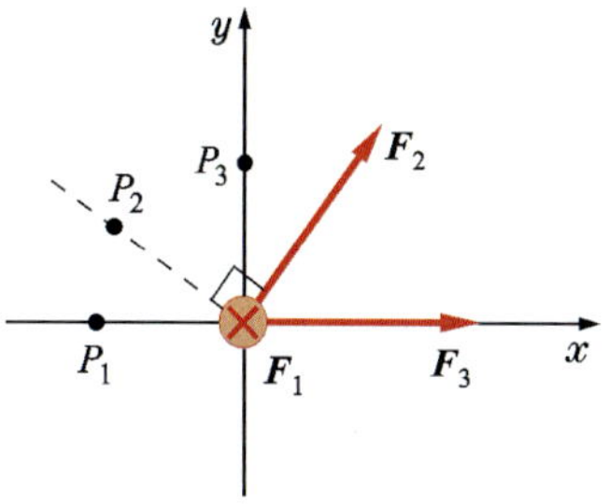

思5.11图

5.3 绕定轴转动刚体的动能 动能定理

5.3.1 绕定轴转动刚体的动能

刚体Ⅰ绕定轴 z 转动，转动惯量为 J_z，某时刻 t，角速度为 ω，角加速度为 α。设想刚体是由大量质点组成的，现研究质量为 Δm_k，距转轴垂直距离为 r_k 的质点 k，见图5.12。显然，质点 k 的速度为 $v_k=r_k\omega$，由质点动能的定义知，质点 k 的动能为 $\frac{1}{2}\Delta m_k v_k^2=\frac{1}{2}\Delta m_k r_k^2\omega^2$，由于动能为标量且永为正，故整个刚体的动能 E 等于组成刚体所有质点动能的算术和，即

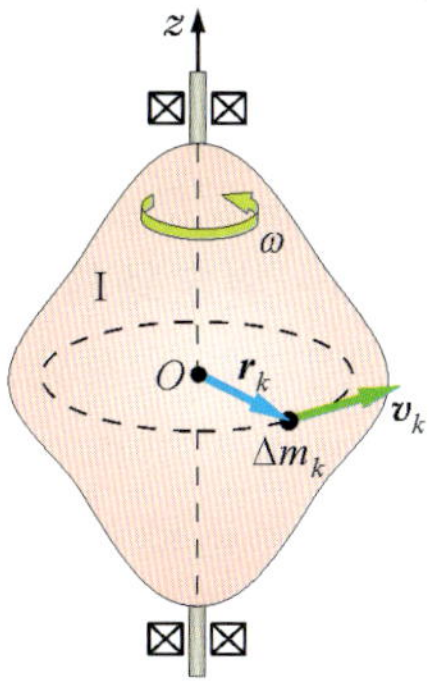

图5.12

$$
\begin{aligned}
E &= \sum_k \frac{1}{2}\Delta m_k r_k^2\omega^2 \\
&= \frac{1}{2}\omega^2\sum_k \Delta m_k r_k^2 = \frac{1}{2}J_z\omega^2
\end{aligned}
\tag{5.25}
$$

即**绕定轴转动刚体的动能，等于刚体对转轴的转动惯量与其角速度平方乘积的一半。**

将刚体绕定轴转动的动能 $J_z\omega^2/2$ 与质点的动能 $mv^2/2$ 加以比较，再一次看出转动惯量 J_z 对应于质点的质量，即转动惯量是刚体绕轴转动惯性大小的量度。

5.3.2 力矩的功

为导出适用于刚体绕定轴转动情况的动能定理表达式，需要先给出力矩的功的计算方法。这可以从前面讲过的力在一段路程上的功及力矩的定义为出发点导出。

设绕定轴 z 转动刚体上的 A 点作用有一力 $\boldsymbol{F}$，现研究在刚体转动时力 $\boldsymbol{F}$ 在其作用点 A 的元路程 $\mathrm{d}s$ 上的功。

将力 $\boldsymbol{F}$ 分解为两个力：$\boldsymbol{F}_{/\!/}$ 与 z 轴平行，$\boldsymbol{F}_{\perp}$ 在过 A 点并与 z 轴垂直的平面内，见图5.13(a)。由于力 $\boldsymbol{F}_{/\!/}$ 与力作用点的位移相垂直，故 $\boldsymbol{F}_{/\!/}$ 对刚体不做功。因此，当刚体转动时，力 $\boldsymbol{F}$ 在其作用点 A 的元路程 $\mathrm{d}s$ 上的功，就等于 $\boldsymbol{F}_{\perp}$ 在元路程 $\mathrm{d}s$ 上的功。

现在计算 $\boldsymbol{F}_{\perp}$ 在元路程 $\mathrm{d}s$ 上对刚体做的功。由 $\boldsymbol{F}_{\perp}$ 所在平面与 z 轴的交点 O 向力 $\boldsymbol{F}$ 的作用点 A 作矢径 $\boldsymbol{r}$，见图5.13(b)。当刚体绕 z 轴转动、力 $\boldsymbol{F}$ 的作用点移动元路程 $\mathrm{d}s$ 时，相应的位矢 $\boldsymbol{r}$ 将扫过一个元角位移 $\mathrm{d}\theta$，显然 $\mathrm{d}s=r\mathrm{d}\theta$。按功的定义，力 $\boldsymbol{F}_{\perp}$ 在元路程 $\mathrm{d}s$ 上的元功为

$$\mathrm{d}A=F_{\perp}\cos(90^\circ-\varphi)\cdot r\mathrm{d}\theta=F_{\perp}\sin\varphi\, r\mathrm{d}\theta$$

式中 φ 是矢径 $\boldsymbol{r}$ 和力 $\boldsymbol{F}_{\perp}$ 之间的夹角。根据定义，$F_{\perp}r\sin\varphi$ 正是力 $\boldsymbol{F}$ 对 z 轴之矩 $M_z(\boldsymbol{F})$，故元功又可写为

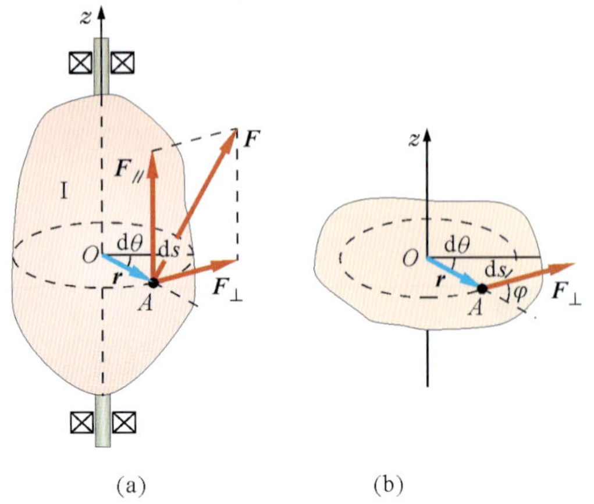

图 5.13

$$dA=M_z(\boldsymbol{F})d\theta \qquad (5.26)$$

即作用在定轴转动刚体上的力 $\boldsymbol{F}$ 的元功，等于该力对 z 轴之矩与刚体的元角位移的乘积。这也称为力矩的元功。

刚体从角坐标 θ_1 转到 θ_2 的过程中，力矩对刚体所做的功为

$$A=\int_{\theta_1}^{\theta_2}M_z(\boldsymbol{F})d\theta \qquad (5.27)$$

若在转动刚体上作用有力 $\boldsymbol{F}_1,\boldsymbol{F}_2,\cdots,\boldsymbol{F}_n$，那么在刚体绕轴转过 $d\theta$ 角的过程中，各力对刚体所做的总元功 dA 等于各力所做元功的代数和，即

$$dA=\sum_i dA_i=\sum_i M_z(\boldsymbol{F}_i)d\theta \qquad (5.28a)$$

或

$$dA=M_z d\theta \qquad (5.28b)$$

式中 $M_z=\sum\limits_i M_z(\boldsymbol{F}_i)$ 为作用在刚体上各力对 z 轴之矩的代数和。

刚体从角坐标 θ_1 转到 θ_2 的过程中，$\boldsymbol{F}_1,\boldsymbol{F}_2,\cdots,\boldsymbol{F}_n$ 各力对刚体所做的总功为

$$A=\sum_i\int_{\theta_1}^{\theta_2}M_z(\boldsymbol{F}_i)d\theta=\int_{\theta_1}^{\theta_2}\sum_i M_z(\boldsymbol{F}_i)d\theta=\int_{\theta_1}^{\theta_2}M_z d\theta \qquad (5.29)$$

当 M_z 为常量时，则上式可进一步写成

$$A=M_z(\theta_2-\theta_1) \qquad (5.30)$$

即作用在绕定轴转动刚体上的常力矩在某一转动过程中对刚体所做的功，等于该力矩与刚体角位移的乘积。

有必要指出，所谓力矩的功，实质上还是力所做的功，并无任何关于力矩功的新定义。只不过是刚体在定轴转动过程中，力所做的功可用力对转轴之矩和刚体的角位移的乘积来表示而已。

例 5.5 一长为 l、质量为 m 的均质细杆，绕通过 A 端的 z 轴在铅垂平面内转动，见图。现将杆从水平位置 $(\theta_1=\pi/2)$ 释放，试求杆转到铅垂位置 $(\theta_2=0)$ 的过程中，杆的重力所做的功（力矩及 θ 角正负规定方法如前）。

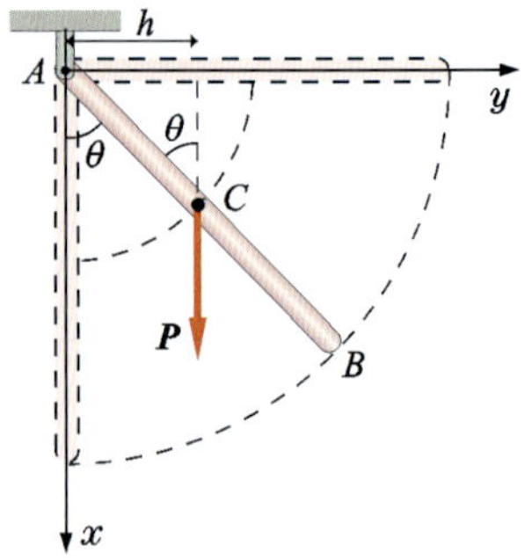

例 5.5 图

解 本题涉及的是刚体绕定轴的转动问题。均质杆的重力可视为作用在其重心 C 上，这样，当杆在任意位置 θ 时，重力对 z 轴之矩为

$$M_z=-mg\frac{l}{2}\sin\theta$$

在杆运动过程中，这是一个变力矩，当杆转过一个元角位移 $d\theta$ 时，重力的元功为

$$dA=-mg\frac{l}{2}\sin\theta d\theta$$

杆从角坐标 $\theta_1=\pi/2$ 转到 $\theta_2=0$ 的过程中，重力对杆所做的功为

$$A=\int dA=\int_{\pi/2}^{0}-mg\frac{l}{2}\sin\theta d\theta=mg\frac{l}{2}$$

这一结果显然是正确的。

5.3.3 绕定轴转动刚体的动能定理

用功能关系处理力学问题往往比较方便，这一方面是由于功和能都是标量，运算简便；另一方面，能量作为运动量的量度在物理学中具有普遍的意义。下面将给出的是用于刚体绕定轴转动情况下的动能定理，实际上也是对微分方程(5.23)的一次积分，对于那些可直接由动能定理求解的问题就不必用上述方程再通过积分求解了。

根据转动定律，刚体受到的所有外力对 z 轴之矩的代数和 M_z 等于转动惯量与角加速度的乘积，即

$$J_z\frac{d\omega}{dt}=M_z$$

这一方程可改写为

$$J_z\omega d\omega=dA$$

或写成

$$d\left(\frac{1}{2}J_z\omega^2\right)=dA \qquad (5.31)$$

此式表示**绕定轴转动刚体动能的微分，等于作用在**

刚体上所有外力元功的代数和。这就是绕定轴转动刚体的动能定理的微分形式。

若绕定轴转动的刚体在外力作用下，角速度从 ω_1 变到 ω_2，则由积分(5.31)式，得到

$$\frac{1}{2}J_z\omega_2^2-\frac{1}{2}J_z\omega_1^2=A \tag{5.32}$$

式中 A 表示刚体角速度从 ω_1 变到 ω_2 这一过程中，作用于刚体上所有外力所做功的代数和。上式表明，**绕定轴转动刚体在某一过程中动能的增量，等于在该过程中作用在刚体上所有外力做功的总和。**这就是绕定轴转动刚体的动能定理的积分形式。

需要指出的是，对刚体来说，内力的功的总和在任何过程中都等于零。对非刚体或任意质点系，这个结论一般是不适用的！(请读者想想为什么?)

例 5.6 一长为 l、质量为 m 的均质细杆 AB，用摩擦可忽略的柱铰链悬挂于 A 处，见图。如欲使静止的杆 AB 自铅垂位置恰好能转至水平位置，求必须给杆的最小初角速度。

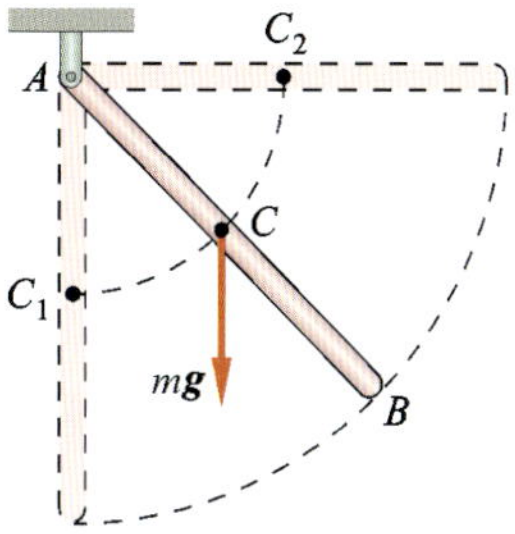

例 5.6 图

解 取杆 AB 为研究对象，作用于杆的力有铰链处的支承力(不做功)和重力。设必须给杆的最小初角速度为 ω_0，则杆具有的初动能为

$$E_{k1}=\frac{1}{2}J_z\omega_0^2$$

按题意，当杆达到水平位置时，动能应为零，故有

$$E_{k2}=\frac{1}{2}J_z\omega^2=0$$

杆从初始位置到终末位置，重力矩所做的功

$$A=-mg\ \frac{l}{2}$$

根据动能定理，并注意到 $J_z=\frac{1}{3}ml^2$，可得

$$-mg\ \frac{l}{2}=0-\frac{1}{6}ml^2\omega_0^2$$

由此得

$$\omega_0=\sqrt{\frac{3g}{l}}$$

想想看

5.14 两个质量相同的质点，用两根长度都是 d，质量都是 M 的细杆相互固定并连到 O 处的转轴上，如图。设此组合体以角速度 ω 绕转轴转动，试给出该组合体的转动动能。

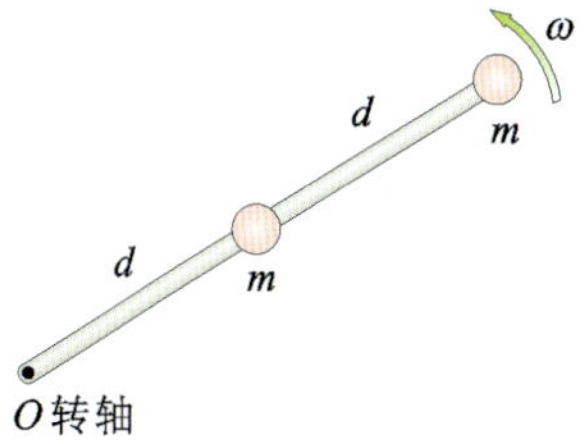

想 5.14 图

5.15 如何理解"力矩的功，实质上还是力所做的功"？你在研究元功表达式(5.26)的推导过程中体会到了什么？

5.16 刚体绕定轴转动角速度 ω 随时间 t 变化规律如图。试分析在1、2、3、4、5、6各时间间隔内，作用于刚体的所有外力对刚体做功的总和是正、是负还是零。

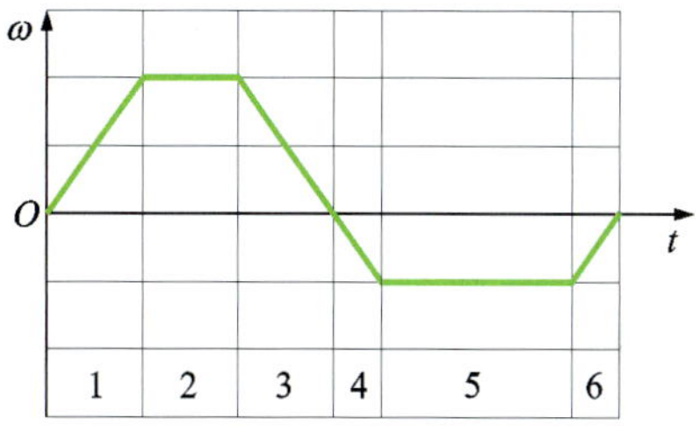

想 5.16 图

5.17 例5.6也可以应用转动定律求解。即先根据转动定律结合题设条件写出杆 AB 绕 A 轴转动微分方程，然后进行一次积分并代入始末条件，即可解出结果。有兴趣的读者可以自行研究，并把两种解法加以比较，从而体会用功能关系处理力学问题的方便之处。

例 5.7 可视为均质圆盘的滑轮，质量为 M，半径为 R，绕在滑轮上的轻绳一端系一质量为 m 的物体，见图(a)，在其重力矩作用下，滑轮加速转动。设开始时系统处于静止，试求物体下降距离 s 时，滑轮的角速度和角加速度。

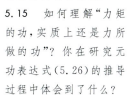

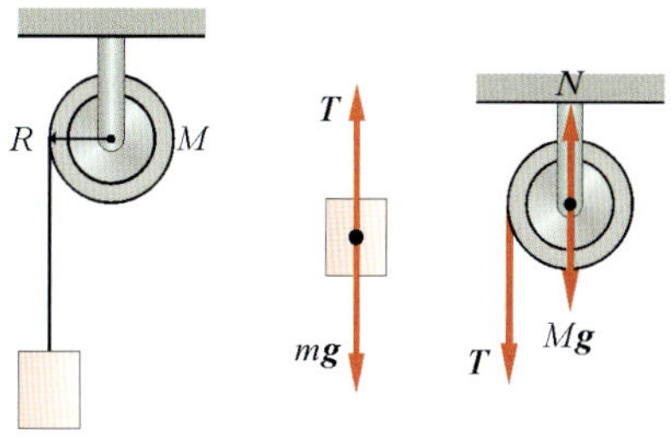

例 5.7 图

解 分别取滑轮和物体为研究对象，它们各自的受力情况如图(b)所示。设物体下降距离 s 时，滑

轮的角速度为 ω，此时物体的速度 $v=R\omega$，对两者分别应用动能定理，有

$$\frac{1}{2}J\omega^2-0=A_T$$

$$\frac{1}{2}mv^2-0=mgs-A_T$$

联立求解 ω，得

$$\omega=\frac{2}{R}\sqrt{\frac{mgs}{2m+M}}$$

为求角加速度，只要将 ω 对时间求导即可。利用 $v=\mathrm{d}s/\mathrm{d}t=R\omega$ 这一关系，最后得

$$\alpha=\frac{\mathrm{d}\omega}{\mathrm{d}t}=\frac{2mg}{R(M+2m)}$$

实际上求解本题时，可以把滑轮和物体作为一个整体，利用动能定理直接写出方程

$$\frac{1}{2}mv^2+\frac{1}{2}J\omega^2-0=mgs$$

请读者研究为什么可以这样做！

复 习 思 考 题

5.12 在例5.4中，若 $t=0$ 时，重物 m_1 的速度为零，问在它下降距离 h 的过程中，轻绳对滑轮的摩擦力做了多少功？

5.13 两个重量相同的球分别用密度为 ρ_1、ρ_2 的金属制成，今分别以角速度 ω_1 和 ω_2 绕通过球心的轴转动，试问这两个球的动能之比为多大？

5.14 竖立在地板上的一根米尺，从静止开始倒下（假定倒下过程中原来触地的一端未滑动），试求米尺端点触地时的速率。

5.4 动量矩和动量矩守恒定律

5.4.1 动量矩

在研究物体平动时，我们用物体的动量来描述物体的运动状态。当研究物体转动问题时，例如研究均质飞轮绕通过其中心，并垂直于飞轮平面的定轴转动时，我们发现，虽然飞轮在转动，但按质点系动量的定义，它的总动量为零。这说明仅用动量来描述物体的机械运动是不够的。因此，还有必要引进另一个物理量——动量矩，也称角动量，来描述物体的机械运动。

动量矩的概念与动量、能量的概念一样，也是物理学中最重要的基本概念之一。大到天体，小到电子、质子等微观粒子运动的描述和研究中经常要用到它。

和定义力矩的方法类似，我们来定义动量矩。

设一质点 A 沿任意曲线 ML 运动，如图5.14所示。在时刻 t，质点的动量为 $m\boldsymbol{v}$，质点相对某点 O 的位矢为 $\boldsymbol{r}$，则**质点动量对 O 点之矩定义为位矢 $\boldsymbol{r}$ 和动量 $m\boldsymbol{v}$ 的矢积**，即

$$\boldsymbol{L}_O=\boldsymbol{r}\times m\boldsymbol{v} \tag{5.33}$$

根据矢积的定义，质点动量对点的矩矢量的大小为

$$|\boldsymbol{L}_O|=mvr\sin\varphi=mvh=2\triangle OAB\text{ 面积}$$

式中 h 为由 O 点到 $m\boldsymbol{v}$ 矢量作用线的垂直距离，动量对点的矩矢量 $\boldsymbol{L}_O$ 垂直于 $m\boldsymbol{v}$ 和 $\boldsymbol{r}$ 组成的平面，指

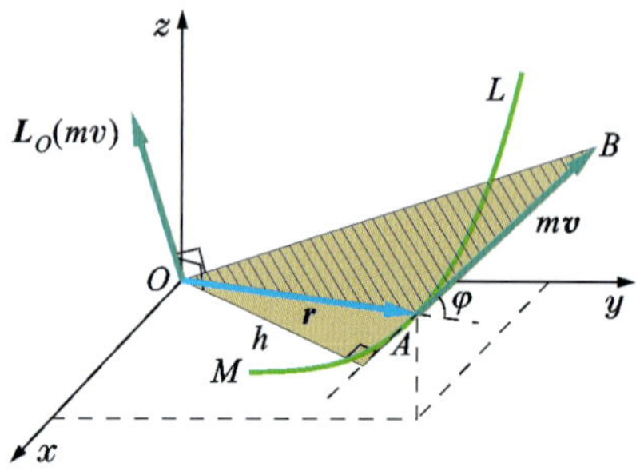

图 5.14

向由右螺旋法则确定。

作为质点动量对点之矩的特殊情况，在质点作平面运动时，质点动量 $m\boldsymbol{v}$ 对运动平面内任意一点 O 之矩仍可视为矢量，见图5.15。不过这时矢量只有两种可能指向：垂直于运动平面，或向上，或向下。通常把只在平面内运动的质点的动量对平面内任意一点的动量矩视为代数量。图5.15(a)所示质点动量对 O 点之矩为正，图5.15(b)所示质点动量对 O

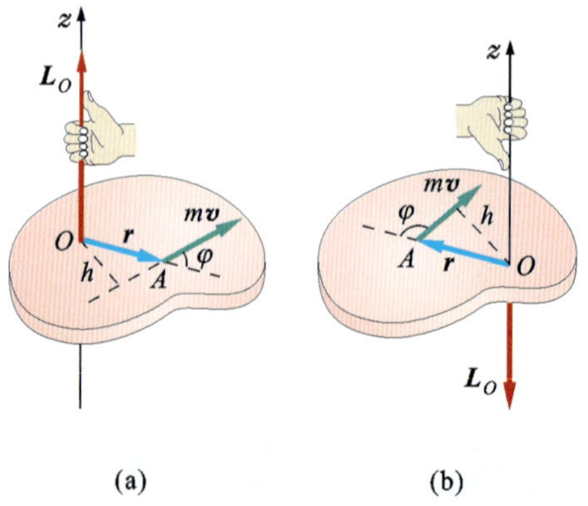

图 5.15

点之矩为负。与力矩情况类似，当质点在平面内运动时，质点动量对平面内某点 O 的动量矩，也称为质点动量对过 O 点、垂直于平面的 z 轴的动量矩。

现在再来看如何计算绕定轴转动刚体的动量矩。

当刚体以角速度 ω 绕定轴 z 转动时，刚体上任意一点均在各自所在的垂直于 z 轴的平面内作圆周运动，如图 5.16 所示。取刚体上任意一质点 k，其质量为 Δm_k，速度为 $\boldsymbol{v}_k$，质点 k 到 z 轴的垂直距离为 r_k，它对 z 轴的动量矩为 $\Delta m_k v_k r_k$。由于刚体上任一质点的动量对 z 轴之矩都具有相同的方向（或者说都具有相同的正负号），因此整个刚体对 z 轴的动量矩 L_z 应为各质点动量对 z 轴的矩之和，即

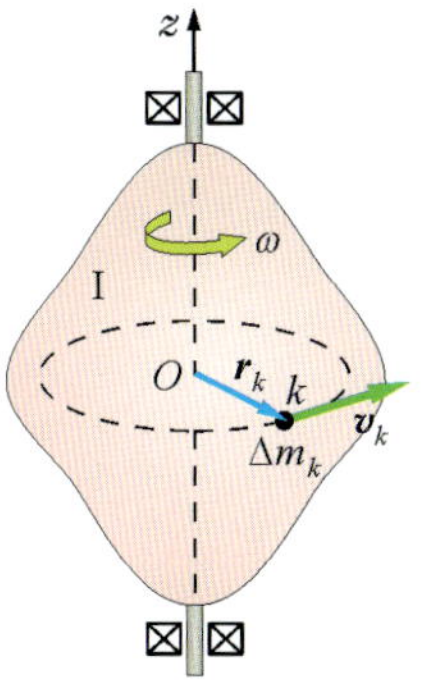

图 5.16

$$L_z = \sum_k \Delta m_k v_k r_k = \sum_k \Delta m_k r_k^2 \omega = J_z \omega \quad (5.34)$$

上式表明，**刚体绕定轴转动的动量矩，等于刚体对该轴的转动惯量与角速度的乘积。**

5.4.2 质点动量矩定理和动量矩守恒定律

质量为 m 的质点，在力 $\boldsymbol{F}$ 的作用下运动，某一时刻 t，质点相对固定点 O 的位矢为 $\boldsymbol{r}$，速度为 $\boldsymbol{v}$，见图 5.14，按上述质点动量矩 $\boldsymbol{L}_O$ 的定义，有

$$\boldsymbol{L}_O = \boldsymbol{r} \times m\boldsymbol{v}$$

两边对时间求导，得

$$\frac{\mathrm{d}\boldsymbol{L}_O}{\mathrm{d}t} = \frac{\mathrm{d}\boldsymbol{r}}{\mathrm{d}t} \times (m\boldsymbol{v}) + \boldsymbol{r} \times \frac{\mathrm{d}}{\mathrm{d}t}(m\boldsymbol{v})$$

由于 $\boldsymbol{v} = \frac{\mathrm{d}\boldsymbol{r}}{\mathrm{d}t}$，故上式右边第一项为零，而 $\frac{\mathrm{d}}{\mathrm{d}t}(m\boldsymbol{v})$ 应等于作用在质点上所有力的合力 $\boldsymbol{F}$，由此，上式右边第二项是作用在质点上的合力对 O 点之矩，即

$$\frac{\mathrm{d}\boldsymbol{L}_O}{\mathrm{d}t} = \boldsymbol{r} \times \boldsymbol{F} = \boldsymbol{M}_O \quad (5.35)$$

此式表明，**在惯性系中（为什么要加这一条件？），质点对任意固定点 O 的动量矩对时间的导数，等于作用在质点上所有力的合力对同一点 O 之矩。**这就是质点动量矩定理。

质点动量矩定理也可直接用来求解质点动力学问题，特别是质点在运动过程中始终和一个点或一根轴相关联的问题，例如单摆运动（见例题 11.4）、行星运动等问题。这些问题就不作详细介绍了。

这里，我们要着重介绍的是质点动量矩守恒情况。

从质点动量矩定理式(5.35)看出，当作用在质点上的合力对固定点之矩总是为零时，质点动量对该点的矩为常矢量，即

$$\text{当 } \boldsymbol{M}_O = 0 \text{ 时，} \boldsymbol{L}_O = \text{常矢量} \quad (5.36)$$

这就是质点动量矩守恒定律。

质点在有心力作用下的运动过程中，质点对力心的动量矩守恒。

设有一固定点 O，从 O 点到运动质点 M 的位矢为 $\boldsymbol{r}$。当运动质点只受到一个来自 O 点的引力和斥力（这种力称为有心力）时，则作用在质点上的力对 O 点（称力心）的矩恒为零。这时，在整个运动过程中质点对 O 点的动量矩守恒。在这种情况下，质点将被限制在与动量矩矢量垂直的平面内运动（为什么？）。

质点动量矩守恒定律也常用于微观粒子运动问题中，例如电子绕原子核运动的过程中。有关问题将在本书下册中讲述。

例 5.8 设人造地球卫星在地球引力作用下沿平面椭圆轨道运动，地球中心可以看作固定点，且为椭圆轨道的一个焦点，如图所示。卫星的近地点 A 离地面的距离为 439 km，远地点 B 离地面的距离为 2384 km。已知卫星在近地点的速度为 $v_A = 8.12$ km/s，求卫星在远地点 B 的速度大小。设地球的平均半径为 $R = 6370$ km。

解 以卫星为研究对象，作用在卫星上的地球引力为有心力。根据质点动量矩守恒定律，在卫星运动过程中，卫星动量对地球中心 O 的矩保持不变，故有

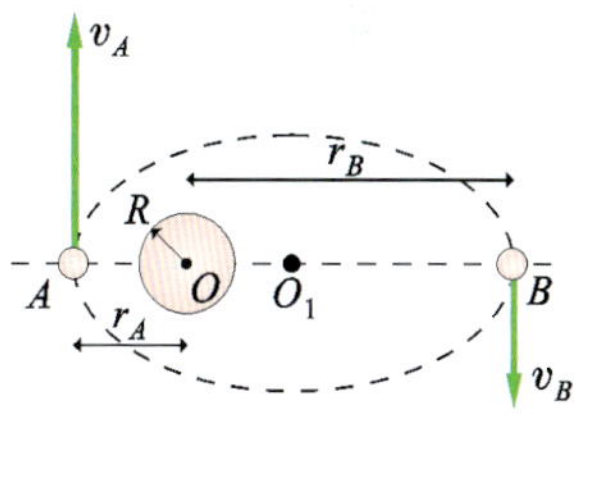

例 5.8 图

$$m v_B r_B = m v_A r_A$$

因为

$r_A = 6370 + 439 = 6809$ km

$r_B = 6370 + 2384 = 8754$ km

故有

$$v_B = \frac{r_A}{r_B} v_A = \frac{6809 \times 8.12}{8\,754} = 6.32 \text{ km/s}$$

例 5.9 如图所示，质量为 m 的小球系在绳子的一端，绳穿过一铅直套管，使小球限制在一光滑水平面上运动。先使小球以速度 v_0 绕管心作半径为

r_0 的圆周运动，然后向下拉绳，使小球运动轨迹最后成为半径为 r_1 的圆。求：(1)小球距管心距离为 r_1 时速度 $\boldsymbol{v}$ 的大小；(2) 由 r_0 缩短到 r_1 过程中，力 $\boldsymbol{F}$ 所做的功。

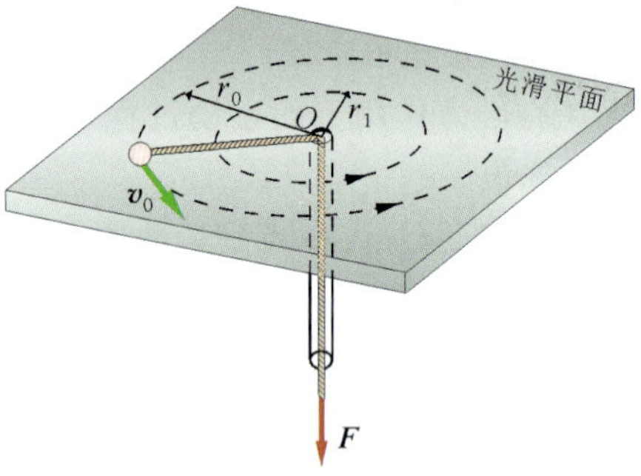

例 5.9 图

解　绳子作用在小球上的力始终通过中心 O 点，为有心力，此力对 O 点的矩始终为零。因此，在绳子缩短过程中，质点的动量矩守恒，故有

$$mv_0r_0=mvr_1$$

所以

$$v=v_0\left(\frac{r_0}{r_1}\right)$$

可见质点的速度增大了，动能也增大了。动能的增加，是由于力 $\boldsymbol{F}$ 做了功，且这一功 A 等于

$$A=\frac{1}{2}mv_0^2\left(\frac{r_0}{r_1}\right)^2-\frac{1}{2}mv_0^2$$
$$=\frac{1}{2}mv_0^2\left[\left(\frac{r_0}{r_1}\right)^2-1\right]$$

想想看

5.18　如图所示，在图(a)中，质点1和2围绕 O 点沿相反方向在半径为2 m和4 m的两个圆上运动；在图(b)中，质点3和4沿同方向在离 O 点的垂直距离为4 m和2 m的直线上运动；质点5直接离开 O 点运动；所有质点都有相同的质量和相同的恒定速率。①按照它们对 O 点的动量矩的大小由大到小对这些质点排序。②哪些质点对 O 点的动量矩是负的(参照图5.15中对动量矩正、负的规定)？③质点3、4和5从 O 点的左方运动到右方的过程中，它们各自对 O 点的动量矩是增大、减小还是保持不变？

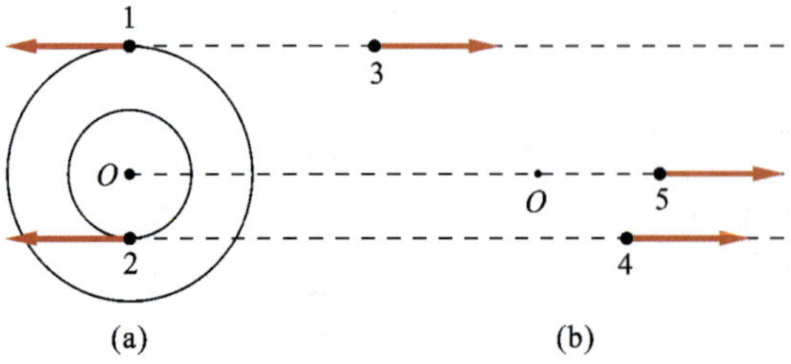

想 5.18 图

5.19　一质点在某时刻位矢为 $\boldsymbol{r}$，它所受到的所有力的合力 $\boldsymbol{F}$ 有可供选择的三个方向(三种选择合力都在 xOy 平面内)，如图。试按质点对 O 点动量矩的时间变化率($\mathrm{d}\boldsymbol{L}_0/\mathrm{d}t$)的大小由大到小对这三种选择排序，并说明哪一种选择产生的变化率是负的。

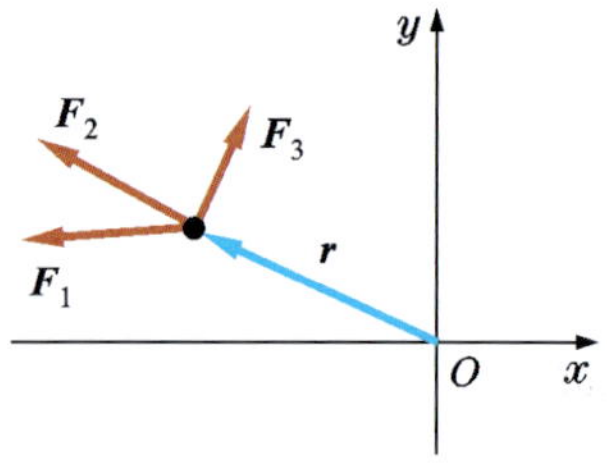

想 5.19 图

5.20　请读者考虑为什么例5.9给定的条件中，要规定起始及终末质点的轨迹为圆？

5.4.3　刚体绕定轴转动情况下的动量矩定理和动量矩守恒定律

前面讲过，当刚体绕定轴 z 转动时，刚体对 z 轴的动量矩 L_z 应为

$$L_z=J_z\omega$$

将此动量矩表达式对时间求导，得

$$\frac{\mathrm{d}L_z}{\mathrm{d}t}=\frac{\mathrm{d}}{\mathrm{d}t}(J_z\omega)\tag{5.37}$$

由于刚体对给定轴的转动惯量是一常量(为什么?)，因此利用前面讲过的转动定律，可以把上式进一步写成

$$\frac{\mathrm{d}}{\mathrm{d}t}(J_z\omega)=M_z\tag{5.38}$$

式中 M_z 为作用在刚体上所有外力对 z 轴之矩的代数和。上式表明，**绕定轴转动刚体动量矩对时间的导数，等于作用在刚体上所有外力对转轴之矩的代数和。**这就是刚体绕定轴情况下的动量矩定理。

与转动定律式(5.23)比较，刚体绕定轴转动动量矩定理式(5.38)适用范围更为广泛，这正像牛顿第二定律形式 $\boldsymbol{F}=\frac{\mathrm{d}}{\mathrm{d}t}(m\boldsymbol{v})$ 比起 $\boldsymbol{F}=m\frac{\mathrm{d}\boldsymbol{v}}{\mathrm{d}t}$ 形式适用范围更为广泛一样。

将式(5.38)两边乘以 $\mathrm{d}t$ 并积分，得

$$\int_{(J_z\omega)_{t_0}}^{(J_z\omega)_t}\mathrm{d}(J_z\omega)=\int_{t_0}^{t}M_z\mathrm{d}t$$

$$(J_z\omega)_t-(J_z\omega)_{t_0}=\int_{t_0}^{t}M_z\mathrm{d}t\tag{5.39}$$

$(J_z\omega)_t$ 和 $(J_z\omega)_{t_0}$ 分别表示在 t 和 t_0 时刻转动的刚体

的动量矩，$\int_{t_0}^{t} M_z \mathrm{d}t$ 称为在 $t-t_0$ 时间内的冲量矩。冲量矩表示了力矩在一段时间间隔内的累积效应。式(5.39)表明，**定轴转动刚体的动量矩在某一时间间隔内的增量，等于同一时间间隔内作用在刚体上的冲量矩。**这一关系也称为积分形式的动量矩定理。

例 5.10　长为 l、质量为 M 的均质杆，一端悬挂，杆可绕悬挂轴在铅直平面内自由转动。杆开始处于静止状态，在杆的中心作用一冲量 $\boldsymbol{I}$，其方向垂直于杆，如图所示。试求冲量作用结束时，杆获得的角速度。假定冲量作用时间极短，在冲量作用的整个过程中杆来不及发生位移。

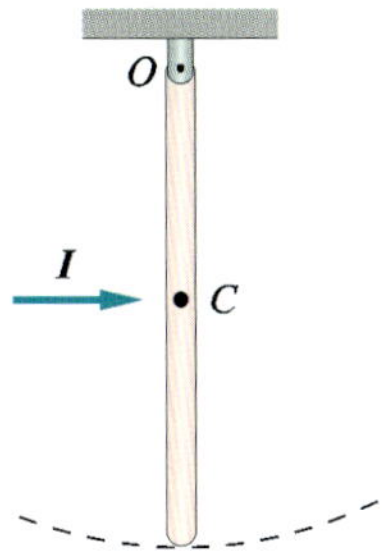

例 5.10 图

解　以杆为研究对象，杆除受到冲力的作用外尚受到其重力及悬挂轴处的支承反力，后两力在冲量作用过程中对悬挂轴的矩皆为零。已知杆起始时角速度 $\omega_0=0$，假设冲量 $\boldsymbol{I}$ 作用结束时角速度为 ω，按动量矩定理，有

$$J_O\omega - 0 = \int_\tau M_z \mathrm{d}t$$

式中 J_O 为杆绕悬挂轴的转动惯量，τ 为冲力作用的时间，M_z 为冲力(设为 $\boldsymbol{F}$) 对 z 轴之矩。按力矩和冲量的定义，上式可改写成

$$J_O\omega = \int_\tau F\frac{l}{2}\mathrm{d}t = \frac{l}{2}|\boldsymbol{I}|$$

故有

$$\omega = \frac{l|\boldsymbol{I}|}{2J_O} = \frac{3|\boldsymbol{I}|}{2Ml}$$

当作用在定轴转动刚体上所有力对转轴之矩的代数和为零时，根据动量矩定理式(5.38)，刚体在运动过程中动量矩保持不变(守恒)，即

$$M_z = 0 \text{ 时}，\qquad J_z\omega = \text{常量}$$

由于刚体绕给定轴 z 的转动惯量为一常量，故刚体的角速度 ω 保持不变，这时刚体作惯性转动。这一结果与平动物体的惯性运动相对应。

以上讨论是对绕定轴转动的刚体进行的。对绕定轴转动的可变形物体来说，如果物体上各点绕定轴转动的角速度相同，即可用同一角速度来描述整个物体某一时刻的转动状态，则某一时刻 t，物体对转动轴的动量矩也可表示为该物体在时刻 t 对同一轴的转动惯量与角速度的乘积。只是由于物体上各点相对于轴位置是可变的，所以对轴的转动惯量(定义为 $J_z=\sum\limits_k \Delta m_k r_k^2$!) 不再是一个常量。可以证明，这时可变形物体的动量矩对时间的导数仍然等于作用于该可变形物体所有外力对同一轴之矩的代数和，也就是说式(5.38) 仍然成立。这时，如果作用在可变形物体上所有外力对转轴之矩的代数和总是为零，则在运动过程中，可变形物体的动量矩保持不变(守恒)。这一结论在实际生活及工程中有着广泛的应用。例如花样滑冰的表演者或芭蕾舞演员，绕通过重心的铅直轴高速旋转时，由于外力(重力和水平面的支承力) 对轴之矩总为零，因此表演者对旋转轴动量矩守恒。他们可以通过伸展或收回手脚(改变对轴的转动惯量) 的动作来调节旋转的角速度。

这个结论可以通过站在转台上、双手握哑铃的人的表演给予定性证明，见图 5.17。若忽略转台轴间的摩擦力矩和空气阻力矩等，则人对转轴的动量矩守恒。开始时，先使人和转台一起转动，当人将握哑铃的手逐渐伸平时，对转轴的转动惯量增大，角速度变小；当人收回双手时，转动惯量减小，转动的角速度变大。

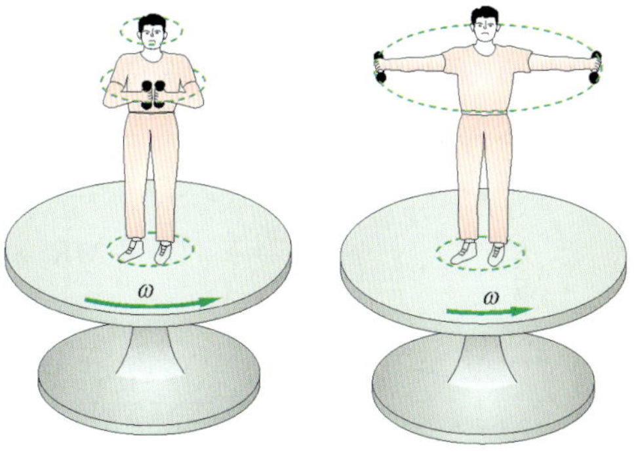

(a)　(b)

图 5.17

图 5.18 所示的演示系统，一人站在转台上手握转轮并使其轴保持铅直。开始时轮和转台都不转动，当人用另一只手使轮转动时，则可以看到转台将和轮反向转动。请读者自己分析这一演示现象如何解释。这个演示现象非常直观地告诉我们一个事实，即内力矩可以改变系统内部各组成部分的动量

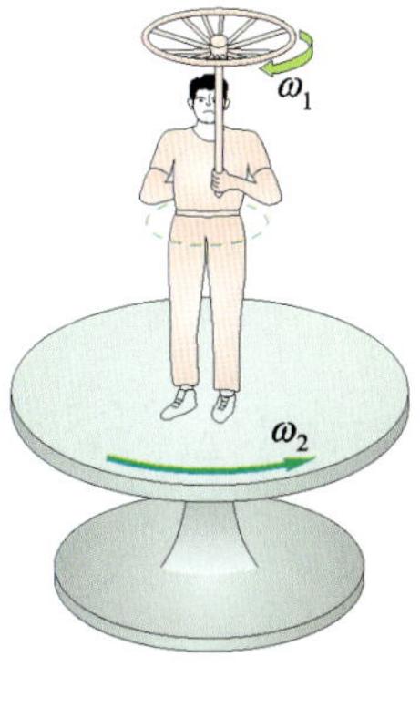

图 5.18

矩，但不能改变系统的总动量矩。

动量矩守恒定律在工程实际和日常生活中也有着广泛应用，如芭蕾舞演员、跳水运动员，靠改变自身的转动惯量以改变角速度；直升飞机在尾部装置一个在竖直平面内转动的尾翼，产生一反向动量矩，以抵消主翼在水平面内旋转时产生的动量矩，从而避免直升飞机在水平面打转，这些都可用动量矩守恒定律给以解释。

动量矩守恒定律是自然界普遍适用的定律之一。它不仅适用于包括天体在内的宏观问题，而且适用于原子、原子核等牛顿定律已不适用的微观问题，因此动量矩守恒定律是比牛顿定律更为基本的定律。

想想看

5.21　一个圆盘、一个圆环和一个实心球体，它们质量相等半径相同，如图。现拉动绕在它们上面的绳子，使其对三个物体产生相同的恒定切向力，从而使它们由静止开始绕固定的中心轴转动。绳子拉动相同时间 t 后，试分别按：①三个物体对各自中心轴的动量矩的大小，②角速度的大小，由大到小对三个物体排序。

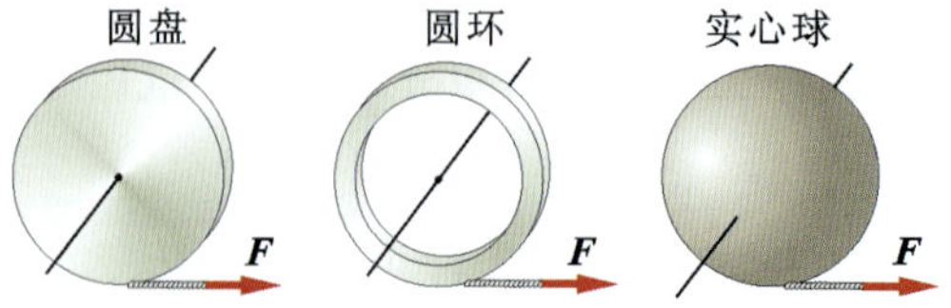

想 5.21 图

5.22　绕竖直中心轴逆时针方向转动圆盘上，有一只昆虫，试就以下三种情况：(1)昆虫沿盘边按逆时针方向爬行；(2)昆虫沿盘边按顺时针方向爬行；(3)昆虫沿半径向盘心爬行。分析以下各物理量的大小是增大、减小，还是保持不变：①昆虫和圆盘系统的转动惯量；②昆虫和圆盘系统的动量矩；③昆虫的动量矩和角速度；④圆盘的动量矩和角速度。

例 5.11　质量为 M、半径为 R 的转盘，可绕铅直轴无摩擦地转动。转盘的初角速度为零。一个质量为 m 的人，在转盘上从静止开始沿半径为 r 的圆周相对转盘匀速走动，如图所示。求当人在转盘上走一周回到盘上的原位置时，转盘相对于地面转过了多少角度。

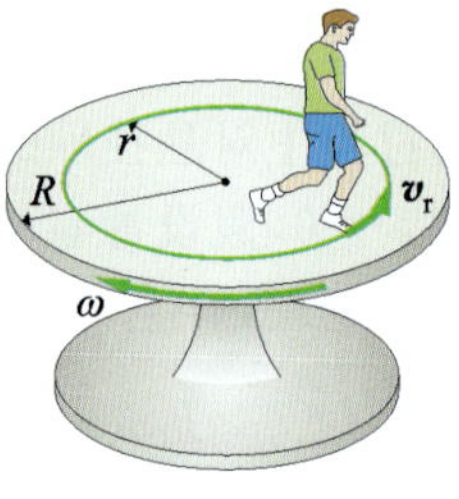

例 5.11 图

解　以人和转盘组成的系统为研究对象。设人相对于转盘的速度为 v_r，转盘相对于固定铅直轴的角速度为 ω，则人相对于地面的速度为 $v_r+r\omega$。当人走动时，系统所受外力对铅直转轴之矩为零，故系统对轴的动量矩守恒，即

$$mr^2\left(\frac{v_r}{r}+\omega\right)+\frac{1}{2}MR^2\omega=0$$

所以

$$\omega=-\frac{mrv_r}{mr^2+\frac{1}{2}MR^2}$$

式中负号表示盘转动的方向与人的相对速度方向相反。根据题意，v_r 为常数，所以盘相对于地面的角速度也为常数。设在时间 Δt 内，盘相对于地面转过的角度为 θ，则

$$\theta=\omega\Delta t=-\frac{mrv_r}{mr^2+\frac{1}{2}MR^2}\Delta t=-\frac{mr^2}{mr^2+\frac{1}{2}MR^2}\ \frac{v_r}{r}\Delta t$$

其中 $\frac{v_r}{r}\Delta t$ 为人相对于盘转过的角度。由题设可知人在盘上走了一周，则 $\frac{v_r}{r}\Delta t=2\pi$，因此盘相对于地面转过的角度为

$$\theta=-2\pi\frac{mr^2}{mr^2+\frac{1}{2}MR^2}$$

应用动量矩定理和动量矩守恒定律求解力学问题的方法、步骤，与求解一般动力学问题基本相同，这里有必要强调的是：对研究对象进行受力分析时应特别注意这些力所产生的力矩；在研究系统运动过程时，应按动量矩守恒条件分析是否守恒，然后决定应用动量矩定理还是应用动量矩守恒定律；写方程时应注意正确写出力矩和所研究各状态系统动量矩的表达式。这里特别提醒，动量矩定理和动量矩守恒定律一般只适用于惯性系，如本例中必须把人相对于盘的速度变换成相对于地面(惯性系)的速度再进行计算。

如果我们所研究的问题只与固定点或像本题这样只与固定轴相联系，对这一类问题，应用动量矩定理和动量矩守恒定律求解可能较为方便。

■ **例 5.12** 长为 l、质量为 M 的均质杆，一端悬挂，可绕通过 O 点垂直于纸面的轴转动。今杆自水平位置无初速地落下，在铅垂位置与质量为 m 的物体 A 作完全非弹性碰撞，如图所示，碰撞后物体 A 沿摩擦系数为 μ 的水平面滑动。试求物体 A 沿水平面滑动的距离。

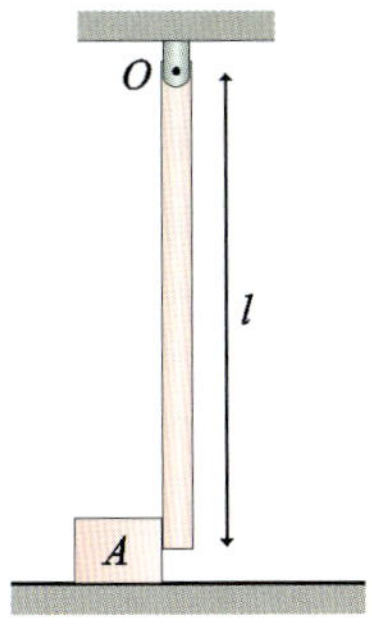

例 5.12 图

解 像处理一般涉及碰撞问题一样，这个问题要分为三个阶段求解：杆自水平位置落到铅垂位置，并将与 A 碰撞的瞬间为第一阶段；杆与物体 A 的碰撞过程为第二阶段，由于碰撞过程极短暂，可以认为物体 A 尚来不及移动；第三阶段为物体 A 沿水平面滑动过程。

第一阶段取杆为研究对象。杆受其自身重力及悬挂轴的约束反力。设 ω 为这一阶段末杆的角速度，则根据动能定理，有

$$\frac{1}{2}J_z\omega^2-0=Mg\,\frac{l}{2}$$

将 $J_z=\frac{1}{3}Ml^2$ 代入上式，解出 ω，得

$$\omega^2=\frac{3g}{l}$$

第二阶段取杆和物体 A 组成的系统为研究对象。系统受的外力对悬挂轴的矩为零(为什么?)，故系统总动量矩在碰撞过程中守恒。设碰撞结束时杆的角速度为 ω'，则有

$$J_z\omega=J_z\omega'+ml^2\omega'$$

代入 J_z，并解出 ω'，得

$$\frac{1}{3}Ml^2\sqrt{\frac{3g}{l}}=\frac{1}{3}Ml^2\omega'+ml^2\omega'$$

$$\omega'=\frac{M\sqrt{\frac{3g}{l}}}{M+3m}$$

第三阶段取物体 A 为研究对象。设物体 A 在摩擦力作用下滑过的距离为 s，则根据质点动能定理，有

$$0-\frac{1}{2}m(l\omega')^2=-mg\mu s$$

$$s=\frac{3lM^2}{2\mu(M+3m)^2}$$

遇到像本题这样需要多个定理求解的综合题，读者在解题前需对题意进行全面分析，搞清整个物理过程是由几个分过程组成的，各个过程的特点，各过程之间有什么联系，根据各过程的特点选择适当的定理、定律求解。

*5.4.4 旋进(进动)

读者可能都见过如图 5.19 所示的玩具陀螺，我们发现，如果陀螺不绕自身对称轴旋转，则它将在其重力对支点 O 的力矩作用下翻倒。但是当陀螺以很高的转速绕自身对称轴旋转(称自转或自旋)时，尽管陀螺仍然受重力矩作用，陀螺却不会翻倒。陀螺重力对支点 O 的力矩作用的结果将使陀螺的自转轴沿虚线所示的路径画出一个圆锥面来。

陀螺的这种运动也可以用图 5.20 所示的回转仪来演示。回转仪的主要组成部分是一个质量很大的具有旋转对称轴的飞轮，飞轮可以绕自身对称轴自由转动。将飞轮自转轴(水平的)一端置于支架的顶点 O 上，并使其可以绕 O 点自由转动。当飞轮不绕自身对称轴旋转时，在重力矩作用下，它将绕 O 点在铅直平面内倒下；当飞轮绕其自身对称轴高速旋转时，其对称轴不仅可以继续保持水平方位不倒，

而且还将绕铅直轴缓慢地转动。我们把陀螺或回转仪高速旋转时，其轴绕铅直轴的转动称为旋进(进动)。

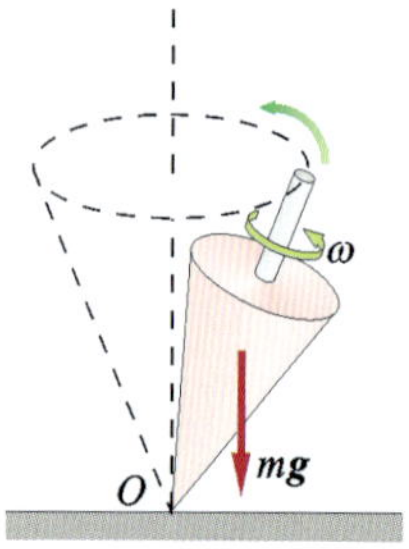

图 5.19

陀螺和回转仪理论在地球物理学、电磁学、原子和原子核物理中，以及在高速刚体动力学及导航、控制等工程技术上都有广泛应用。下面我们利用动量矩定理对陀螺旋进的产生和旋进速度的计算作简单说明。

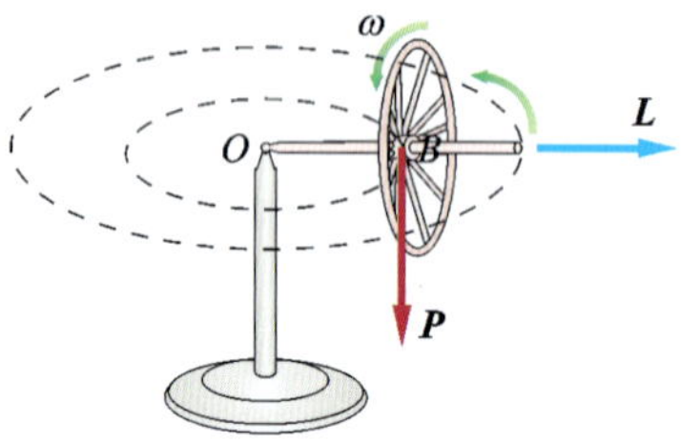

图 5.20

陀螺绕其对称轴以角速度 ω 高速旋转，见图 5.21，对固定点 O，它的动量矩 $\boldsymbol{L}$ 可近似(未计及旋进部分的动量矩)表示为

$$\boldsymbol{L}=J\omega\boldsymbol{r}^0$$

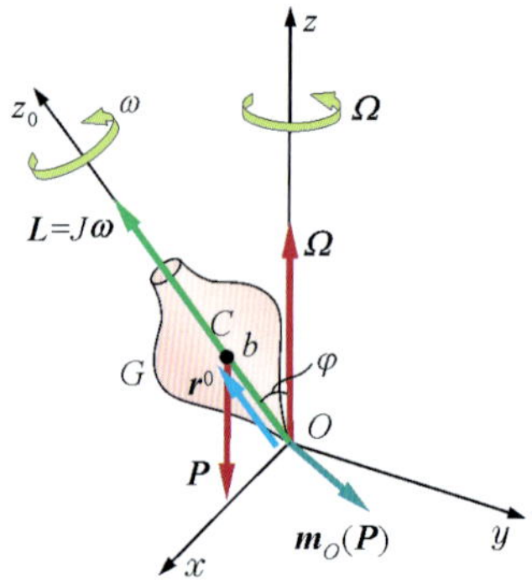

图 5.21

式中 J 为陀螺绕其对称轴的转动惯量，$\boldsymbol{r}^0$ 为沿陀螺对称轴线的单位矢量，其指向与陀螺旋转方向间满足右螺旋法则。作用在陀螺上的力对 O 点的矩只有重力 $\boldsymbol{m}_O(\boldsymbol{P})$，其大小等于

$$|\boldsymbol{m}_O(\boldsymbol{P})|=mgb\sin\varphi$$

b 及 φ 标于图上，$\boldsymbol{m}_O(\boldsymbol{P})$ 的方向垂直于 z_0Oz 平面，显然也垂直于动量矩矢量 $\boldsymbol{L}$。按动量矩定理

$$\frac{\mathrm{d}\boldsymbol{L}}{\mathrm{d}t}=\boldsymbol{m}_O(\boldsymbol{P})$$

可见在极短时间 $\mathrm{d}t$ 内，动量矩的增量 $\mathrm{d}\boldsymbol{L}$ 与 $\boldsymbol{m}_O(\boldsymbol{P})$ 平行，也垂直于 $\boldsymbol{L}$，见图 5.22。这表明，在 $\mathrm{d}t$ 时间

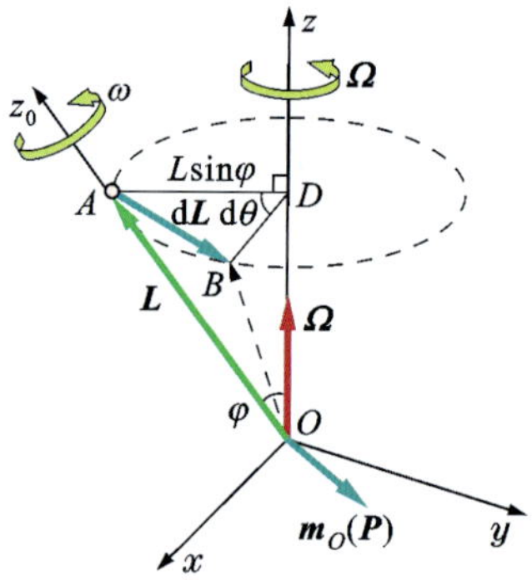

图 5.22

内，陀螺在重力矩 $\boldsymbol{m}_O(\boldsymbol{P})$ 作用下，其动量矩 $\boldsymbol{L}$ 的大小未变，但 $\boldsymbol{L}$ 矢量(还有陀螺的对称轴线)绕铅直轴 z 转过了 $\mathrm{d}\theta$ 角，这一转动就是上面讲到的旋进。我们可以近似地求出旋进的角速度 Ω 的大小。事实上，由于

$$|\mathrm{d}\boldsymbol{L}|=|\boldsymbol{m}_O(\boldsymbol{P})|\mathrm{d}t$$

而且

$$|\mathrm{d}\boldsymbol{L}|=|\boldsymbol{L}|\sin\varphi\mathrm{d}\theta$$

故有

$$J\omega\sin\varphi\mathrm{d}\theta=mgb\sin\varphi\mathrm{d}t$$

$$\Omega=\frac{\mathrm{d}\theta}{\mathrm{d}t}=\frac{mgb}{J\omega}\tag{5.40}$$

若陀螺自转角速度 ω 保持不变，则旋进角速度也应保持不变。实际上由于各种摩擦阻力矩的作用，将使 ω 不断地减小，与此同时，旋进角速度 Ω 将逐渐增大，旋进将变得不稳定。

以上的分析是近似的，只适用于自转角速度 ω 比旋进角速度 Ω 大得多的情况。因为有旋进的存在，陀螺的总动量矩除了上面考虑到的因自转运动产生的一部分外，尚有旋进产生的部分。只有在 $\omega\gg\Omega$ 时，才能不计及因旋进而产生的动量矩。更精确和详细地分析陀螺运动，已超出本书要求的范围。

复习思考题

5.15　当刚体转动的角速度很大时，作用在它上面的力矩是否一定很大？

5.16　一个人随着转台转动，他将两臂伸平，两手各拿一只重量相等的哑铃，这时他和转台转动角速度为 ω，然后他将哑铃丢下，但两臂不动。问角动量是否守恒？他的角速度是否改变？

5.17　试说明：两极冰山的融化是地球自转角速度变化的原因之一。

5.18　如果地球两极的冰“帽”都融化了，而且水都回归海洋，试分析这对地球自转角速度会有什么影响，一昼夜的时间会变长吗？

第 5 章 小 结

刚体平动

刚体运动时，若在刚体内所作的任意一条直线，都始终保持和自身平行，这种运动称为刚体的平动

任一时刻，平动刚体上各点的速度、加速度都相同

$$\boldsymbol{v}_{\mathrm{A}}=\boldsymbol{v}_{\mathrm{B}}$$

$$\boldsymbol{a}_{\mathrm{A}}=\boldsymbol{a}_{\mathrm{B}}$$

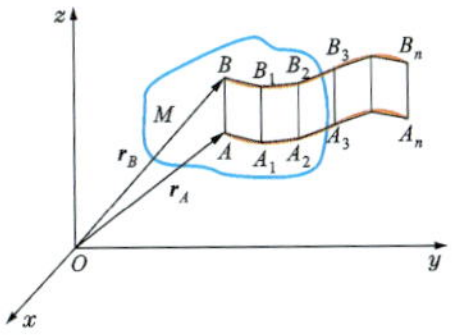

刚体绕定轴的转动

刚体运动时，如果刚体内各点都绕同一直线（转轴）作圆周运动，则这种运动称为刚体的绕轴转动，如果转轴相对于参考系固定不动，则称为刚体的绕定轴转动

任一时刻，绕定轴转动刚体上各点的角速度、角加速度都相同

$$\omega=\frac{\mathrm{d}\theta}{\mathrm{d}t}$$

$$\alpha=\frac{\mathrm{d}\omega}{\mathrm{d}t}=\frac{\mathrm{d}^2\theta}{\mathrm{d}t^2}$$

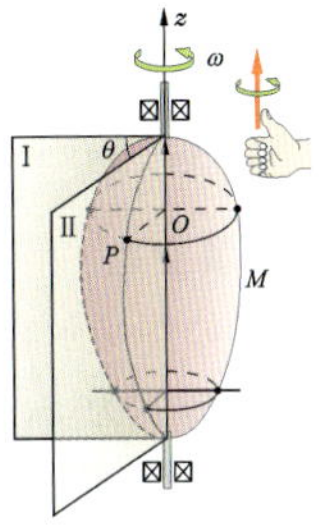

绕定轴转动刚体内各点的速度和加速度

绕定轴转动刚体内任意一点速度的大小等于刚体角速度 ω 的绝对值与此点到转轴垂直距离 r_M 的乘积

$$v=r_M|\omega|$$

绕定轴转动刚体内任一点加速度在切线方向的投影 a_τ 等于刚体角加速度 α 与此点到转轴垂直距离 r_M 的乘积，在法线方向的投影 a_n 等于刚体角速度 ω 的平方与 r_M 的乘积

$$a_\tau=r_M\alpha$$

$$a_n=r_M\omega^2$$

$$\boldsymbol{a}=a_n\boldsymbol{n}+a_\tau\boldsymbol{\tau}$$

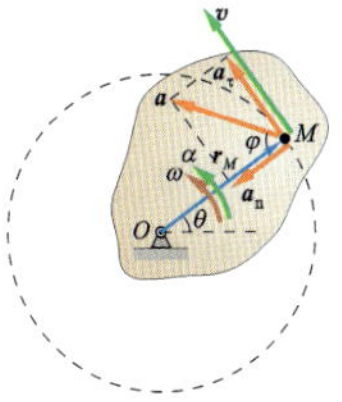

转动惯量

刚体对某 z 轴的转动惯量，等于刚体上各质点的质量与该质点到转轴垂直距离平方的乘积之和

$$J_z=\sum_k \Delta m_k r_k^2$$

$$J_z=\int_V r^2\,\mathrm{d}m$$

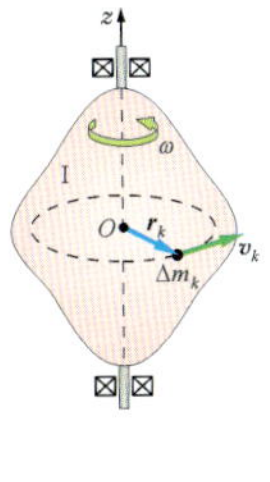

力　矩

力 $\boldsymbol{F}$ 对 z 轴的力矩等于 $\boldsymbol{F}$ 在垂直于转轴方向的投影 $F_\perp$ 与力臂 h 的乘积

$$M_z(\boldsymbol{F})=M_z(\boldsymbol{F}_\perp)$$

$$=\pm F_\perp h$$

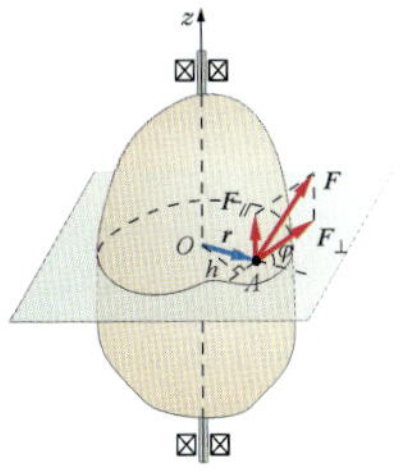

力 $\boldsymbol{F}$ 对 O 点之矩 $\boldsymbol{M}_O$ 等于 O 点到力 $\boldsymbol{F}$ 作用点的矢径 $\boldsymbol{r}$ 与 $\boldsymbol{F}$ 的矢积，其方向由右螺旋法则确定

$$\boldsymbol{M}_O=\boldsymbol{r}\times\boldsymbol{F}$$

$$|\boldsymbol{M}_O|=rF\sin\alpha$$

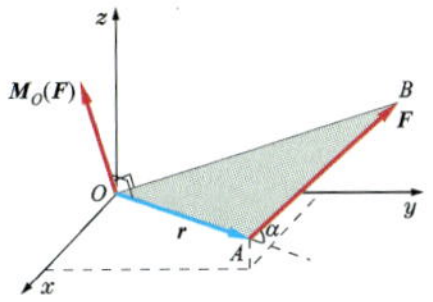

转动定律

绕定轴转动刚体对转轴的转动惯量与角加速度的乘积，等于作用在刚体上所有外力对转轴之矩的代数和

$$J_z\frac{\mathrm{d}\omega}{\mathrm{d}t}=M_z$$

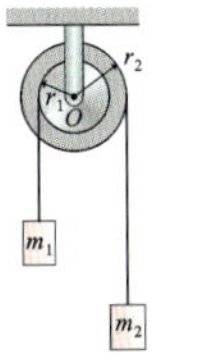

绕定轴转动刚体的动能定理

绕定轴转动刚体在某一过程中动能的增量，等于在该过程中作用在刚体上所有外力所做功的总和

$$\frac{1}{2}J_z\omega_2^2-\frac{1}{2}J_z\omega_1^2=A$$

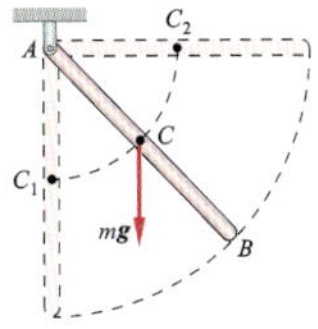

动量矩

质点动量对 O 点之矩 $\boldsymbol{L}_O$ 等于质点相对于 O 点的位矢 $\boldsymbol{r}$ 与动量 $m\boldsymbol{v}$ 的矢积，$\boldsymbol{L}_O$ 的方向由右螺旋法则确定

$$\boldsymbol{L}_O=\boldsymbol{r}\times m\boldsymbol{v}$$

$$|\boldsymbol{L}_O|=mvr\sin\varphi$$

$$=mvh$$

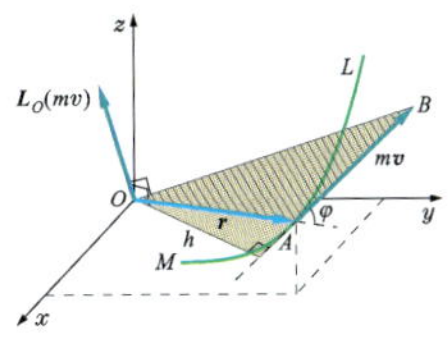

绕定轴转动刚体的动量矩等于刚体对该轴的转动惯量与角速度的乘积

$$L_z=J_z\omega$$

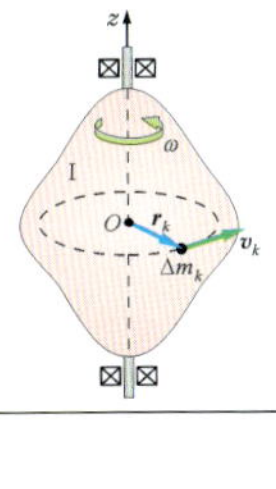

质点动量矩定理和动量矩守恒定律

在惯性系中，质点对固定点 O 的动量矩对时间的导数等于作用在质点上所有力的合力对 O 点之矩

$$\frac{\mathrm{d}\boldsymbol{L}_O}{\mathrm{d}t}=\boldsymbol{r}\times\boldsymbol{F}=\boldsymbol{M}_O$$

当作用在质点上的合力对固定点之矩总为零时，质点动量对该点之矩为常矢量，即

当 $\boldsymbol{M}_O=0$ 时，$\boldsymbol{L}_O$ 为常矢量

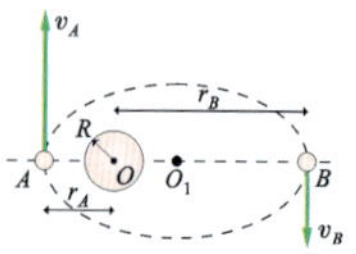

刚体动量矩定理和动量矩守恒定律

绕定轴转动刚体的动量矩对时间的导数等于作用在刚体上的所有外力对转轴之矩的代数和

$$\frac{\mathrm{d}}{\mathrm{d}t}(J_z\omega)=M_z$$

当作用在刚体上的所有外力对转轴之矩的代数和为零时，刚体在运动过程中动量矩保持不变，即当 $M_z=0$ 时，$J_z\omega$ 为常量

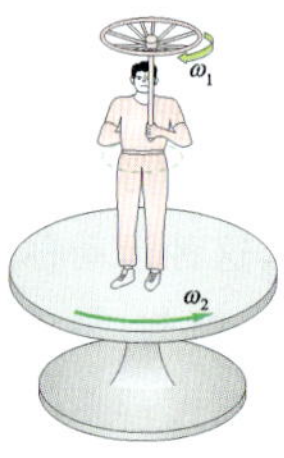

习　题

5.1　选择题

(1) 下列说法中正确的是[　　]。

(A) 作用在定轴转动刚体上的力越大，刚体转动的角加速度越大

(B) 作用在定轴转动刚体上的合力矩越大，刚体转动的角速度越大

(C) 作用在定轴转动刚体上的合力矩越大，刚体转动的角加速度越大

(D) 作用在定轴转动刚体上的合力矩为零，刚体转动的角速度为零

(E) 作用在定轴转动刚体上的合力矩为零，刚体转动的角加速度为零

(2) 轮圈半径为 R，其质量 M 均匀分布在轮缘上，长为 R、质量为 m 的均质辐条固定在轮心和轮缘间，辐条共有 $2N$ 根。今若将辐条数减少 N 根，但保持轮对通过轮心、垂直于轮平面轴的转动惯量保持不变，则轮圈的质量应为[　　]。

(A) $\frac{N}{12}m+M$　　(B) $\frac{N}{6}m+M$

(C) $\frac{2N}{3}m+M$　　(D) $\frac{N}{3}m+M$

(3) 一质量为 m 的均质杆长为 l，绕铅直轴 OO' 成 θ 角转动，其转动惯量为[　　]。

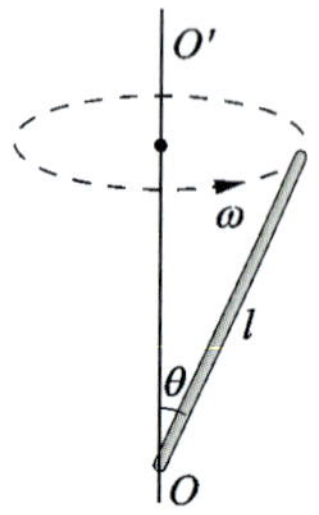

题 5.1(3)图

(A) $\frac{1}{12}ml^2$　　(B) $\frac{1}{4}ml^2\sin^2\theta$

(C) $\frac{1}{3}ml^2\sin^2\theta$　　(D) $\frac{1}{3}ml^2$

5.2　填空题

(1) 如图所示，绕定轴 O 转动的皮带轮，时刻 t，轮缘上的 A 点的速度为 $v_A=50\ \mathrm{cm/s}$，加速度为 $a_A=150\ \mathrm{cm/s^2}$；轮内另一点 B 的速度为 $v_B=10\ \mathrm{cm/s}$，已知这两点到轮心距离相差 20 cm，此时刻轮的角速度为________，角加速度为__________，B 点的加速度为________。

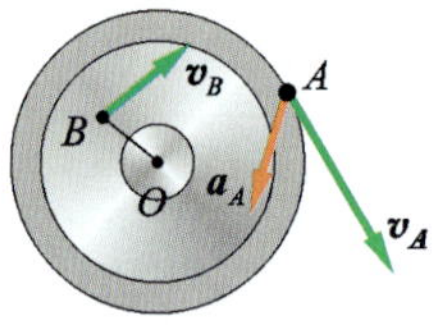

题 5.2(1)图

(2) 质量为 m 的均质杆，长为 l，以角速度 ω 绕过杆端点，垂直于杆的水平轴转动，杆的动量大小为________，杆绕转动轴的动能为________，动量矩为________。

(3) 均质圆盘水平面放置，可绕通过盘心的铅垂轴自由转动，圆盘对该轴的转动惯量为 J_0，当其转动角速度为 ω_0 时，有一质量为 m 的质点沿铅垂方向落到圆盘上，并粘在距转轴 $R/2$ 处，它们共同转动的角速度为________________。

5.3　图示四连杆机构中，$O_1A=O_2B=l$，$AB=O_1O_2$，两杆各

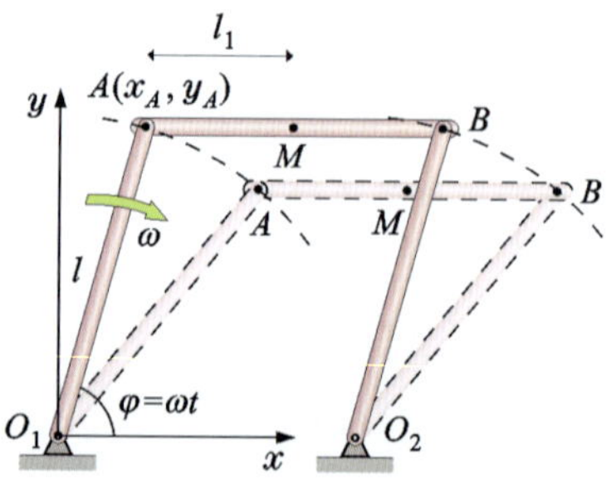

题 5.3 图

自可绕通过 O_1、O_2 并与纸面垂直的轴转动。已知连杆 O_1A 转动时，角 $\varphi=\omega t$，ω 为一常量。又 $AM=l_1$，试求连杆 AB 上的 A 点及任意点 M 的轨迹方程和 A 点的速度和加速度。

5.4 一直径为 18 cm 的转轮，轮缘上有一颗小螺丝钉。

(1) 当该轮以2000 r/min 的角速度转动时，求螺丝钉的速率和法向加速度；

(2) 若该轮的转速由2000 r/min 均匀地增加到4000 r/min，其间共经历 5 min，试求该轮角加速度及螺丝钉的切向加速度和加速度的大小。

5.5 飞轮从静止开始作匀加速转动，在最初 2 min 转了3600转，求飞轮的角加速度和第 25 秒末的角速度。

5.6 图示是用于训练宇航员耐大加速度的离心机的示意图。宇航员经过的圆的半径 r 是 15 m。

(1)要使宇航员具有的线加速度的大小为 $11g$，此离心机必须以多大的恒定角速度转动？

(2)如果离心机在 120 s 内以恒定的角加速度由静止加速到(1)中的角速度，宇航员的切向加速度是多大？

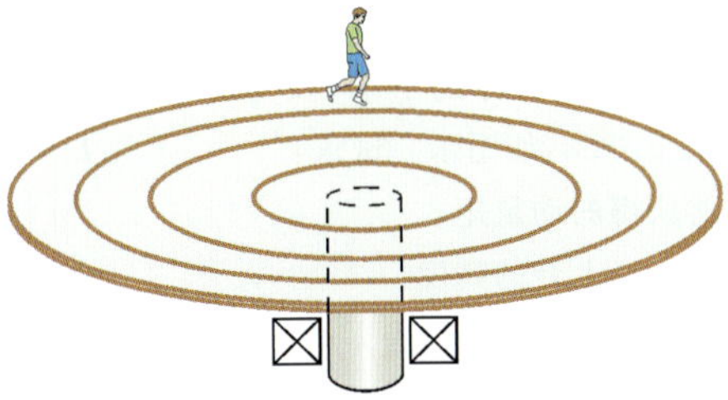

题 5.6 图

5.7 某转轮直径 $d=40$ cm，以角量表示的运动学方程为 $\theta=t^3-3.0t^2+4.0t$，式中 θ 的单位为 rad，t 的单位为 s。试问：

(1) 从 $t=2.0$ s 到 $t=4.0$ s 这段时间内，平均角加速度为多大？

(2) 在 $t=2.0$ s 时，轮缘上一点的加速度等于多少？

5.8 一汽车发动机以 500 r/min 的初角速度开始加速转动，在 5 s 内角速度增大到 3000 r/min，设角加速度恒定。试问：

(1) 如以 rad/s 为单位，则初角速度和末角速度是多少？

(2) 角加速度是多少？

(3) 在 5 s 加速的时间内，发动机转了多少圈？

(4) 发动机飞轮的直径为 0.5 m，当角速度为 3000 r/min 时，飞轮边缘上一点的线速度是多少？

(5) 在 5 s 加速过程中，某时刻该点的切向加速度为多少？

(6) 当角速度为 3000 r/min 时，该点的法向加速度是多少？

5.9 试求地球赤道上一点在地球自转时的向心加速度与地球绕太阳运动时的向心加速度大小之比。假定地球绕太阳运动的轨道是圆形的。地球半径为 6370 km，地心到太阳中心的距离为1.49×10^8 km。

5.10 内燃机曲柄 OA 以匀角速度 ω_0 转动，通过连杆 AB 带动活塞在汽缸中往返运动，见图。已知 $OA=r$，$AB=l$，试利用变角 ψ 求活塞的速度。

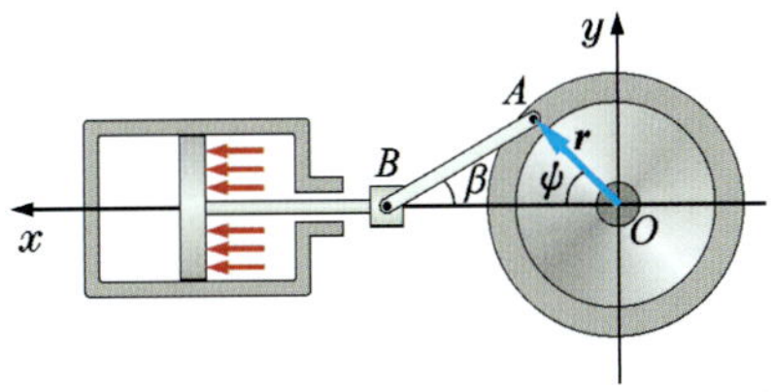

题 5.10 图

5.11 半径 $r=0.6$ m 的飞轮缘上一点 A 的运动方程为 $s=0.1t^3$(t 以 s为单位，s 以 m 为单位)，试求当 A 点的速度大小$v=30$ m/s时，A 点的切向加速度和法向加速度的大小。

5.12 飞轮对自身轴的转动惯量为 J_O，初角速度为 ω_0，作用在飞轮上的阻力矩为 M(常量)。试求飞轮的角速度减到 $\frac{\omega_0}{2}$ 时所需的时间 t 以及在这一段时间内飞轮转过的圈数 N。若$M=a\omega$(a 为常量)，再求解以上问题。

5.13 两个质量为 m_1 和 m_2 的物体分别系在两条绳上，这两条绳又分别绕在半径为 r_1 和 r_2 并装在同一轴的两鼓轮上。设轴间摩擦不计，鼓轮和绳的质量均不计，求鼓轮的角加速度。

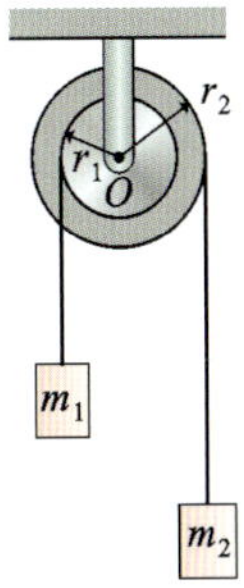

题 5.13 图

5.14 上题中如两鼓轮的转动惯量分别为 J_1 和 J_2，试求两悬挂物体的加速度和绳中的张力。

5.15 如图所示，AB 轴上装着转动惯量 $J=500$ kg·m^2 的飞轮，转速为 300 r/min。用制动器突然刹车，在 5 s 内飞轮转动停止下来，设减速是均匀的，求制动器产生的摩擦力矩的大小(制动器的转动惯量忽略不计)。

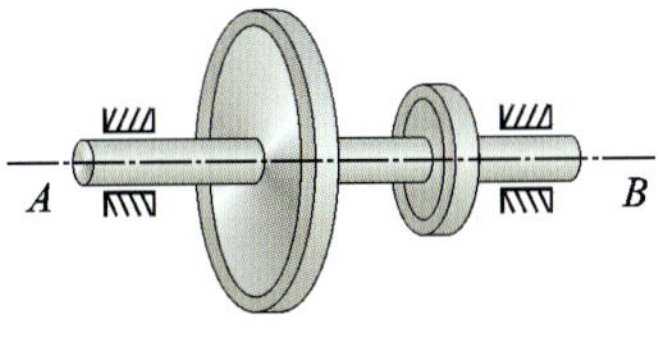

题 5.15 图

5.16 图示一轻绳绕于半径$r=20$ cm的飞轮边缘，在绳端施以 $F=98$ N 的拉力，飞轮的转动惯量 $J=0.5$ kg·m^2，飞轮与转轴间的摩擦不计。试求：

(1) 飞轮的角加速度；

(2) 当绳端下降 5 m 时飞轮所获得的动能；

(3) 如以质量 $m=10$ kg 的物体挂在绳端，试计算飞轮的角加速度。

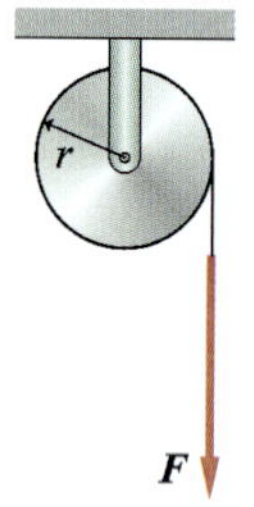

题 5.16 图

5.17 如图所示的系统，滑轮可视为半径为 R、质量为 M 的均质圆盘，滑轮与绳子间无滑动，水平面光滑，若 $m_1=50$ kg，$m_2=200$ kg，$M=15$ kg，$R=0.10$ m，求物体的加速度及绳中的张力。

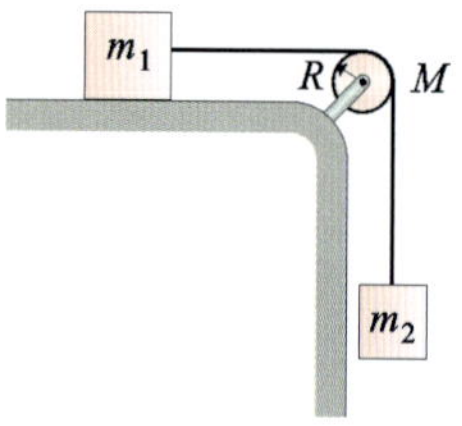

题 5.17 图

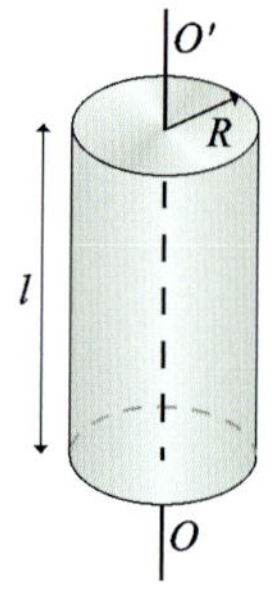

题 5.18 图

5.18 如图所示，一质量均匀分布的圆柱体，长为 l，半径为 R，单位体积的质量为 ρ，试求该圆柱体对通过其中心的轴 OO' 的转动惯量。

5.19 一均质细杆，质量为 0.50 kg，长为 0.40 m，可绕杆一端的水平轴转动。若将此杆放在水平位置，然后从静止开始释放，试求杆转动到铅直位置时的动能和角速度。

5.20 如图所示，已知滑轮的半径为 30 cm，转动惯量为 0.50 kg·m^2，弹簧的劲度系数 $k=2.0$ N/m。问质量为 60g 的物体落下 40 cm 时的速率是多大？(设开始时物体静止且弹簧无伸长。)

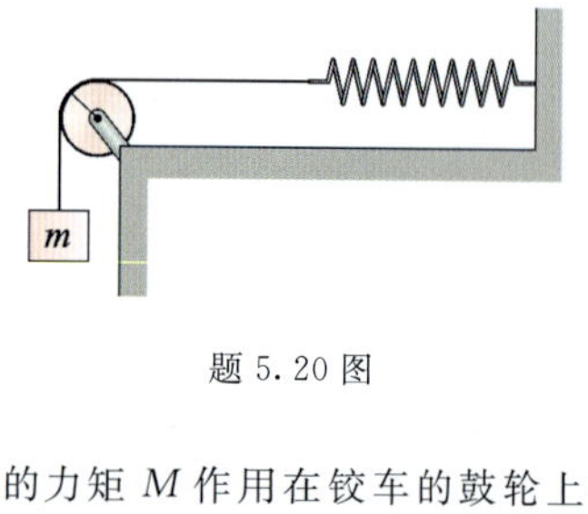

题 5.20 图

5.21 一不变的力矩 M 作用在铰车的鼓轮上使轮转动，见图。轮的半径为 r，质量为 m_1。缠在鼓轮上的绳子系一质量为 m_2 的重物，使其沿倾角为 α 的斜面上升。重物和斜面的滑动摩擦系数为 μ，绳子的质量忽略不计，鼓轮可看作均质圆柱。在开始时此系统静止，试求鼓轮转过 φ 角时的角速度。

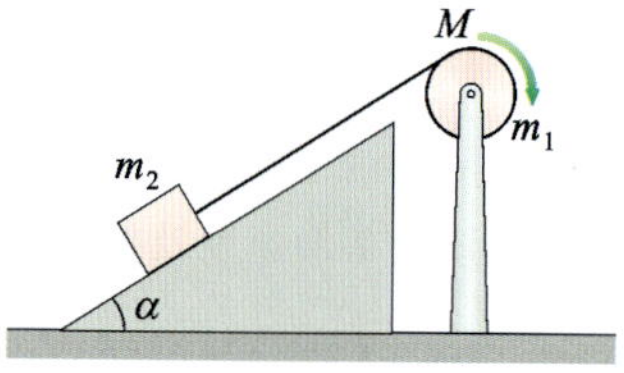

题 5.21 图

5.22 有一圆板状水平转台，质量 $M=200$ kg，半径 $R=3$ m，台上有一人，质量 $m=50$ kg，当他站在离转轴 $r=1$ m 处时，转台和人一起以 $\omega_1=1.35$ rad/s 的角速度转动。若轴处摩擦可忽略不计，问当人走到台边时，转台和人一起转动的角速度 ω 为多少？

5.23 长为 1 m、质量为 2.5 kg 的一均质棒，垂直悬挂在转轴 O 点上，用 $F=100$ N 的水平力撞击棒的下端，该力的作用时间为 0.02 s，如图示。试求：

(1) 棒所获得的动量矩；

(2) 棒的端点上升的高度。

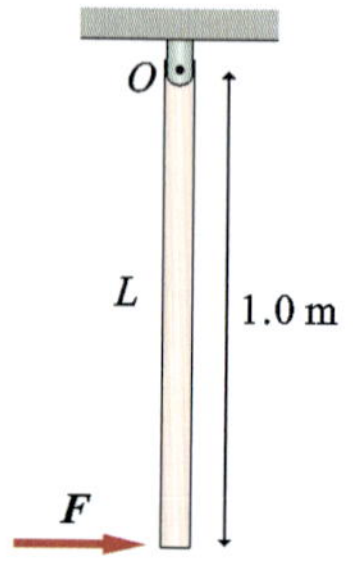

题 5.23 图

5.24 原长为 l_0、劲度系数为 k 的弹簧，一端固定在一光滑水平面上的 O 点，另一端系一质量为 M 的小球。开始时，弹簧被拉长 λ，并给予小球一与弹簧垂直的初速度 $\boldsymbol{v}_0$，如图示。求当弹簧恢复其原长 l_0 时小球的速度 $\boldsymbol{v}$ 的大小和方向(即夹角 α)。设 $M=19.6$ kg，$k=1254$ N/m，$l_0=2$ m，$\lambda=0.5$ m，$v_0=3$ m/s。

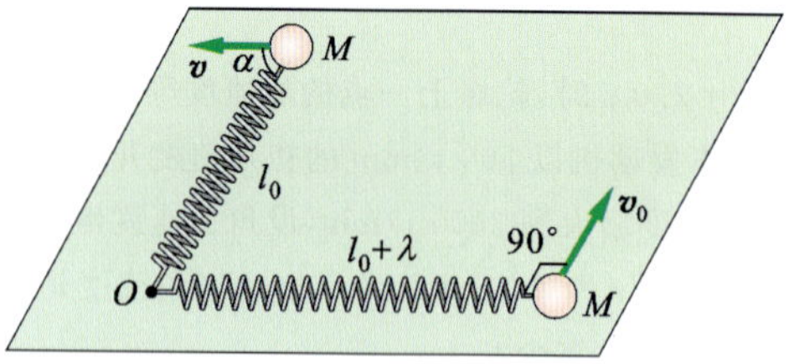

题 5.24 图

5.25 一木杆质量 $M=1$ kg、长 $l=40$ cm，可绕通过其中心并与之垂直的轴转动。一质量 $m=10$ g 的子弹以 $v=200$ m/s 的速度射入杆端，其方向与杆及轴相正交。若子弹陷入杆中，试求杆所得到的角速度。

5.26 一均质细杆，长 $L=1$ m，可绕通过一端的水平光滑轴 O 在铅直面内自由转动，如图所示。开始时杆处于铅直位置，今有一粒子弹沿水平方向以 $v=10$ m/s 的速度射入细杆。设入射点离 O 点的距离为 $3L/4$，子弹的质量为杆质量的 1/9。试求：

（1）子弹与杆开始共同运动的角速度；

（2）子弹与杆共同摆动能达到的最大角度。

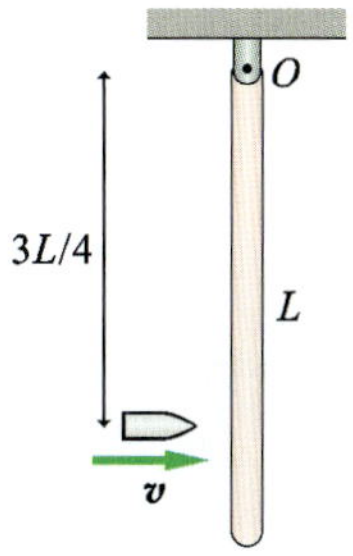

题 5.26 图

5.27　一质量为 0.25 kg 的小球，可在一细长均质管中滑动，管长 1 m，质量为 1 kg，可绕过杆中点 C 且垂直于管的铅直轴转动。设小球通过 C 点时，管的角速度为 10 rad/s，试求小球离开管口时管的角速度。

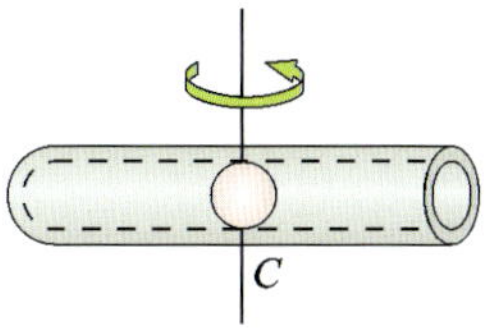

题 5.27 图

5.28　图示回转仪转盘的质量为 0.10 kg，半径为 0.05 m。离 z 轴的距离为 0.10 m，转盘绕 y 轴以 100 rad/s 的角速度转动，它旋进的角速度为多少？

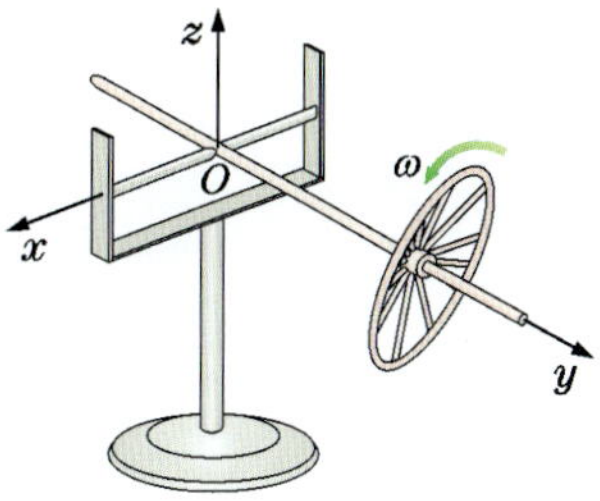

题 5.28 图

5.29　一个陀螺绕其对称轴按图示方向旋转，其下端支于桌面上。从上面看下去，这陀螺的旋进方向是顺时针方向，还是逆时针方向？

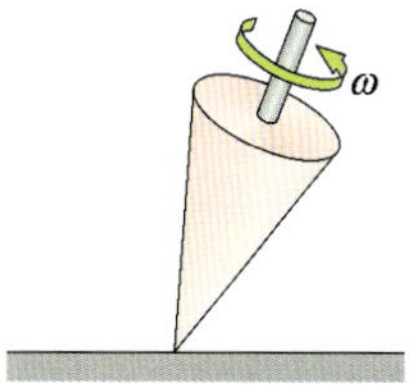

题 5.29 图

风　洞

风洞是进行空气动力研究的重要技术装备。它在一个管道内，用动力设备驱动一股速度可控的稳定气流，对管道中的模型进行科学实验，获取必要的数据。

放入风洞的实验对象一般较大(如飞机、汽车等物的全尺寸或缩小比例的模型)，气流的流速一般较高(小的有 50 m/s，主要用于对汽车外形等的实验，100 m/s 以上的主要用于为飞机等航空设备产生气流)。风洞的功率比较大，有的风洞为了实现特殊实验条件，需要给风洞内的空气增压或降温(甚至使用液氮作为洞内介质)，功率就更惊人了。

德国奔驰公司的汽车风洞，风扇直径达 8.5 m，驱动风扇的电动机功率达 4000 kW，风洞内用来进行实车试验段的空气流速达 75 m/s。1975 年，英国建成一座低速压力风洞，其中试验段尺寸为 5.0 m×4.2 m，风速可达 95～110 m/s，风洞内压强可达 3 个标准大气压，功率 14000 kW。1980 年，美国将一座旧的低速风洞改造成为世界上最大的全尺寸风洞(可以直接把飞机放进试验段中吹风)，试验段尺寸为 24.4 m×12.2 m，最大风速达 150 m/s，功率 100000 kW。20 世纪 80 年代，美国建成一座低温风洞，以低温氮气为工作介质，温度范围 78～340 K，压强可达 9 个标准大气压，试验段尺寸为 2.5 m×2.5 m，马赫数(速度同声速的比值)范围为 0.2～1.2。

我国风洞实验装备建设已取得重大成就，具有低速、跨声速、高速、常规高超声速、高超声速和激波等各类风洞多座。

面对国家的重大战略需求，2012 年我国采用独创的反向爆轰驱动方法，研制成功了处于国际领先水平的超大型 JF12 高超声速激波风洞，其喷管出口直径 $\phi 2.5/\phi 1.5$ m，试验时间超过 100 ms，可复现 25～40 km 高空、马赫数 5～9 的飞行条件，为国家重大工程项目的关键技术提供了不可替代的试验手段。

第6章 机械振动基础

Physics 大学物理

我国著名数学家——吴文俊

吴文俊(1919—2017)，中国科学院数学与系统科学研究院系统科学研究所名誉所长、研究员、中国科学院院士、第三世界科学院院士。1919 年 5 月 12 日生，1940 年毕业于交通大学数学系。1949 年在法国斯特拉斯堡大学获法国国家科学博士学位。曾任中国数学学会理事长(1985—1987 年)，中国科学院数理学部主任(1992—1994 年)。

吴文俊的研究工作涉及代数拓扑学、代数几何、博奕论、数学史、数学机械化等众多学术领域，他对数学的主要领域——拓扑学的某些领域做出了奠基性贡献。他引进的示性类和示嵌类被称为“吴示性类”和“吴示嵌类”，他导出的示性类之间的关系式被称为“吴公式”。他的工作是 20 世纪 50 年代前后拓扑学的重大突破之一，成为影响深远的经典性成果。20 世纪 70 年代后期，他又开创了崭新的数学机械化领域。他提出的用计算机证明几何定理的吴方法，被认为是自动推理领域的先驱性工作。他建立的“吴消元法”，是求解代数方程组最完整的方法之一，后来又将这一方法推广到偏微分代数方程组。这些成果不仅对数学研究影响深远，还在许多高科技领域得到应用。他是我国最具国际影响的数学家之一，他的成就缩短了中国现代数学与国际上的差距。

吴文俊曾获首届国家自然科学一等奖(1956 年)；中国科学院自然科学一等奖(1979 年)；第三世界科学院数学奖(1990 年)；陈嘉庚数理科学奖(1993 年)；首届香港求是科技创新基金会杰出科学家奖(1994 年)；Herbrand 自动推理杰出成就奖 (1997 年)；首届国家最高科技奖(2000 年)。

物体在其稳定平衡位置附近所作的往复运动称为机械振动，简称振动。

振动在自然界和工程技术中经常见到，如运行着的机器零件、机座、机身的振动，火车过桥时引起桥梁的振动等。振动常是有害的，如降低机床加工精度、影响机械设备的寿命，甚至引起重大破坏事故等。但是，振动也有其有利的一面，如钟摆、选矿筛、混凝土捣固机等，都是利用振动原理设计的。为了利用振动的有利因素，避免其有害因素，我们就要研究振动的基本规律性。

物体在弹性媒质（如空气）中振动时，可以影响周围的媒质，使它们也陆续发生振动，这种振动向外传播的过程，就是以后要讲的机械波。因此，振动理论也是研究机械波所必备的基础知识。

交流电、无线通信技术及物理学中的电磁学、光学、原子物理学等部分中有许多问题，虽从本质上讲并不是机械振动，但实验和理论研究表明，它们所遵循的基本规律和机械振动的规律在形式上有许多共同点，或者采用一定的机械振子模型处理这些问题，能得到较好的结果。因此掌握机械振动基本规律也是进一步学习交流电、无线通信技术及物理学各有关部分知识的必要基础。

一般说来，机械振动是一个相当复杂的问题，早已发展成为专门的学科。

6.1　简谐振动

6.1.1　简谐振动

物体振动时，若决定其位置的坐标按余弦（或正弦）函数规律随时间变化，这样的振动称为简谐振动，简称谐振动。在忽略阻力的情况下，弹簧振子的小幅度振动及单摆、复摆的小角度振动都是谐振动。

谐振动是一种最简单、最基本的振动。例如图 6.1 中曲线 1 表示的较复杂的振动，就可看成是曲线 2 和 3 所表示的两个谐振动的合成。

一质量可忽略的弹簧，一端固定，另一端系一有质量的物体，这样的系统常称为弹簧振子。图 6.2 所示为一弹簧振子，其中质量为 m 的物体 M 放在一光滑的水平面上，下面我们来研究弹簧振子的运动规律。

为了了解弹簧振子的运动，我们先定性地讨论它的运动情况。

将物体 M 从平衡位置 O 向右移到位置 B，见图

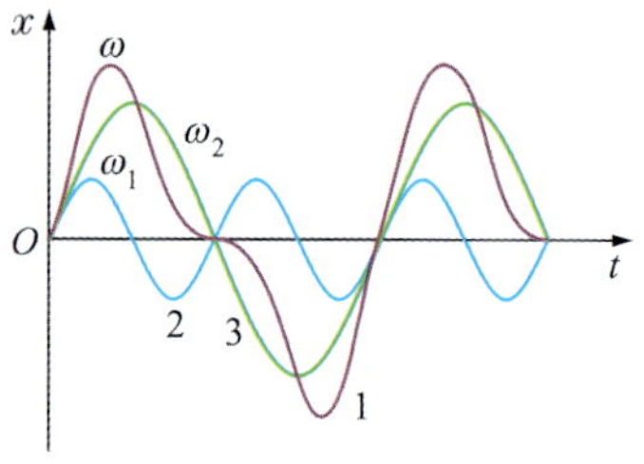

图 6.1

6.2(a)，然后无初速地释放，使物体在弹性回复力作用下运动。在物体从 B 返回平衡位置 O 的过程中，物体在水平方向只受到向左指向平衡位置 O 的弹性回复力，力与运动方向相同，物体向平衡位置作加速运动。当物体到达平衡位置 O，见图 6.2(b)，它所受到的合力为零，加速度也为零，但速度并不为零，由于惯性，它将继续向左运动，此后弹簧被压缩，物体受到向右指向平衡位置 O 的弹性回复力，力与运动方向相反，因此物体越过平衡位置向左的运动是减速运动，直到物体到达某位置，速度减小到零，见图 6.2(c)。此后物体在弹性回复力作用下将向右加速运动返回平衡位置，情形和上述从 B 返回平衡位置过程相似，见图 6.2(d)、(e)。这样，在弹性回复力作用下，物体将在其平衡位置 O 附近作往复运动，即作机械振动。

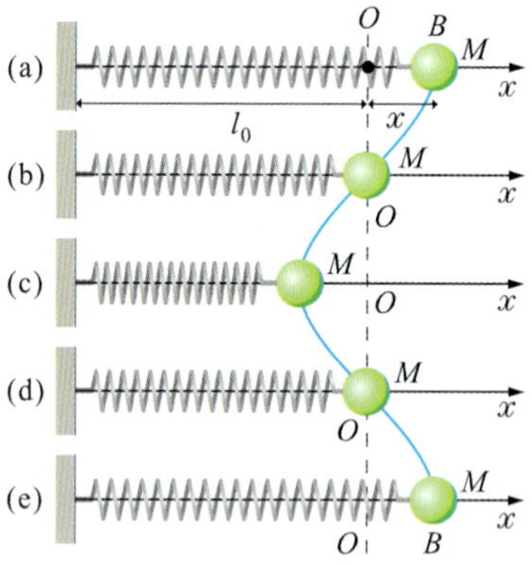

图 6.2

从上述讨论中可以看出，弹性回复力和惯性是产生振动的两个基本原因。

物体只在弹性回复力作用下所作的振动称为自由振动。 本书中只讨论与弹簧变形量大小一次方成正比的线性弹性回复力，即回复力服从胡克定律。实验表明，在弹簧变形量较小的情况下，弹性回复力可近似地认为是线性的。

现在我们来定量地分析弹簧振子的小振幅自由振动。

设弹簧的劲度系数为 k，物体的质量为 m，忽略各种阻力，取弹簧原长（这里就是平衡位置）O 点处为坐标原点，x 坐标轴指向右为正，见图 6.2(a)。物体位置坐标为 x，所受弹性回复力 F_x 可表示为

$$F_x = -kx \tag{6.1}$$

根据牛顿定律，物体 M 的运动微分方程为

$$m\ddot{x} = -kx$$

通常将上式改写成

$$\ddot{x} + \omega^2 x = 0 \tag{6.2}$$

其中

$$\omega^2 = \frac{k}{m} \tag{6.3}$$

微分方程(6.2)的通解应为

$$x = A\cos(\omega t + \varphi) \tag{6.4}$$

式(6.4)就是物体 M 的运动学方程，其中 A 和 φ 是两个积分常数，它们的物理意义和确定方法将在后面讨论。将式(6.4)对时间求一阶和二阶导数，得到物体运动的速度和加速度

$$v = \dot{x} = -A\omega\sin(\omega t + \varphi) \tag{6.5}$$

$$a = \ddot{x} = -A\omega^2\cos(\omega t + \varphi) \tag{6.6}$$

因 $\cos(\omega t + \varphi) = \sin\left(\omega t + \varphi + \frac{\pi}{2}\right)$，故令 $\varphi' = \varphi + \frac{\pi}{2}$，则解式(6.4)还可写成

$$x = A\sin(\omega t + \varphi') \tag{6.7}$$

即微分方程(6.2)的解既可以写成余弦函数形式(6.4)，也可写成正弦函数形式(6.7)。

从式(6.4)看出，弹簧振子运动时，其位置坐标 x（也就是相对平衡位置 O 的位移）按余弦（或正弦）函数规律随时间变化，图 6.3 为谐振动的位移-时间曲线。因此，只在线性弹性回复力作用下的弹簧振子的运动是谐振动。式(6.5)、(6.6)表明，作谐振动物体的速度和加速度也是按余弦（或正弦）函数规律随时间变化的，见图 6.3。从式(6.2)还可看出，作谐振动物体的加速度大小总是与其位移大小成正比，两者符号相反，这一结论通常被视为谐振动的运动学特征方程。而把式(6.1)表示的物体所受合力的大小总是与其位移成正比、而方向相反，或者把式(6.2)形式的运动微分方程作为谐振动的动力学特征。

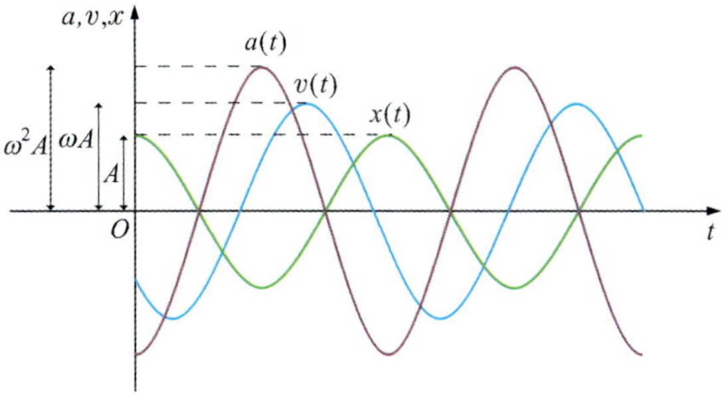

图 6.3

想想看

6.1 质点作谐振动，其速度(v)-时间(t)曲线如图。试问与图上 A 点相对应的时刻 t_A：①质点的速度 v 是正还是负？②$|v|$是在增加还是在减小？③质点是处于 $-A$ 和 O 之间，还是 O 和 $+A$ 之间？④质点正在背离 O 向 $-A$ 运动，还是背离 $-A$ 向 O 运动？你能对时刻 t_B 作类似的分析吗？

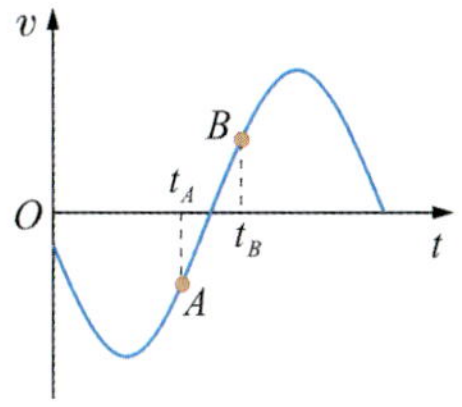

想 6.1 图

6.2 质点沿 x 轴作谐振动时，作用在质点上的合力 F_x、质点的加速度 a 与质点相对平衡位置 O 的位移 x 分别满足什么关系？试回答下列 F_x 与 x、a 与 x 的关系中，哪些属于谐振动。①$F_x=-7x$；②$F_x=-200x^2$；③$F_x=8x$；④$F_x=5x^2$；⑤$a=0.6x$；⑥$a=-3x^2$；⑦$a=-10x$；⑧$a=100x^2$。

6.3 试分别指出：图(a)中哪条线给出了弹簧振子加速度 a 与位移 x 之间的关系？图(b)中哪条线给出了弹簧振子速度 v 与位移 x 之间的关系？

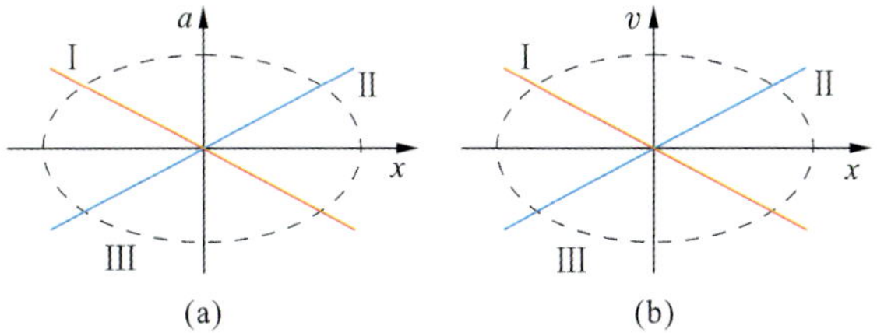

想 6.3 图

6.1.2 谐振动的振幅、周期、频率和相位

1. 振幅

在式(6.4)中，因余弦（或正弦）函数的绝对值不能大于 1，故 x 的绝对值不能大于 A，即在谐振动

中，A 表示振动物体在平衡位置两边离开平衡位置的最大距离，称为振幅。振幅恒取正值，其大小一般由起始条件决定。

2. 周期和频率

正弦、余弦函数是周期性函数，因此谐振动是周期性运动，即每隔一固定时间间隔 T，运动重复一次，这个固定时间间隔 T 称为振动周期。根据周期的定义有

$$x=A\cos(\omega t+\varphi)=A\cos[\omega(t+T)+\varphi]$$

故有

$$T=\frac{2\pi}{\omega}=2\pi\sqrt{\frac{m}{k}} \tag{6.8}$$

物体在 1 s 内振动的次数称为频率，常用 ν（或 f）表示。根据频率的定义，显然有

$$\nu=\frac{1}{T}=\frac{1}{2\pi}\sqrt{\frac{k}{m}} \tag{6.9}$$

质量 m 和劲度系数 k 都属于弹簧振子本身固有的性质，式(6.8)、(6.9)表明，弹簧振子的频率和周期完全取决于其本身的性质，因此常称为固有频率和固有周期。

ω 称为弹簧振子的角频率。由于 $\omega=2\pi\nu$，因此角频率表示物体在 2π s 内振动的次数。

谐振动的运动学方程也常用周期和频率表示如下

$$x=A\cos\left(\frac{2\pi}{T}t+\varphi\right)=A\cos(2\pi\nu t+\varphi) \tag{6.10}$$

想想看

6.4 质点沿 x 轴作谐振动，振幅为 A，周期为 T，在 $t=0$ 时，质点在 $x=-A$ 处，试问当①$t=2.0T$，②$t=3.5T$，③$t=5.25T$ 时，它是在 $-A$、$+A$、O，还是在 $-A$ 与 O 之间或 O 与 $+A$ 之间？

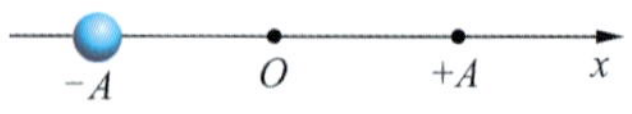

想 6.4 图

3. 相位

当作谐振动物体的振幅和角频率都已确定时，从式(6.4)～(6.6)看出，振动物体在任意时刻 t 的位置坐标 x、速度 $\dot{x}$、加速度 $\ddot{x}$ 都由 $\omega t+\varphi$ 决定，$\omega t+\varphi$ 称为相位。在一次完全振动过程中，每一时刻的运动状态都不相同，而这种不同就反映在相位的不同上。例如物体按照式(6.4)的规律作谐振动，则当 $\omega t+\varphi=\frac{\pi}{2}$ 时，$x=0$，$\dot{x}=-A\omega$，即振动物体在平衡位置并以速率 $A\omega$ 向左运动；而当 $\omega t+\varphi=\frac{3\pi}{2}$ 时，$x=0$，$\dot{x}=A\omega$，这时物体在平衡位置，但以速率 $A\omega$ 向右运动。可见不同的相位表示不同的运动状态。

常量 φ 是 $t=0$ 时的相位，称为初相位，简称初相。初相的数值取决于起始条件。

相位(包括初相)是一个十分重要的概念，它在振动、波动及光学、电工学、无线通信技术等方面都有着广泛的应用。但相位概念是较难懂的，希望读者注意弄懂，切实掌握。

今有两个频率相同的谐振动，它们的运动学方程分别为

$$x_1=A_1\cos(\omega t+\varphi_1)$$
$$x_2=A_2\cos(\omega t+\varphi_2)$$

则 $(\omega t+\varphi_2)-(\omega t+\varphi_1)=\varphi_2-\varphi_1$ 称为第二个谐振动与第一个谐振动间的相位差，这里就等于初相差。如果 $\varphi_2-\varphi_1>0$，我们称第二个谐振动的相位超前于第一个谐振动的相位。图 6.4 中给出了两个同频率谐振动的位移-时间曲线，我们说图(b)所示的谐振动的相位比图(a)所示的相位超前 $\frac{\pi}{2}$，为什么？请读者试分析之。

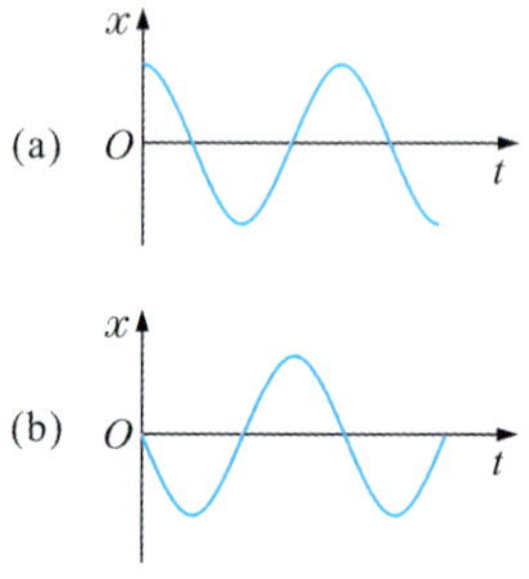

图 6.4

两个频率相同的谐振动，当它们的初相差为零或为 2π 的整数倍时，见图 6.5(a)，则它们在任意时

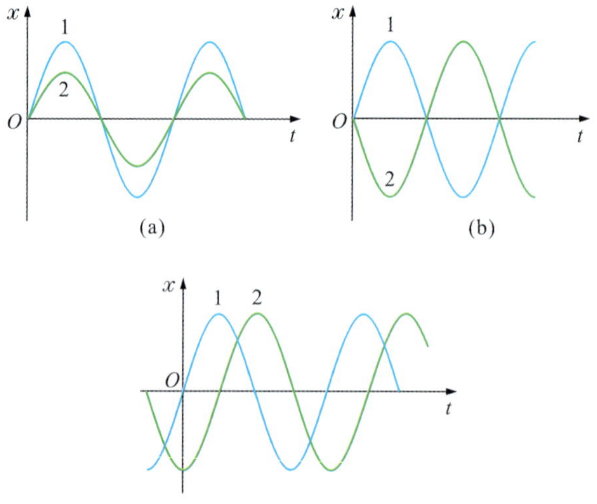

图 6.5

刻的相位差都是零或 2π 的整数倍，这时两振动物体同时达到位移的最大值、最小值，同时变换运动方向，即两振动步调完全相同。我们称这样的两个振动为同相或同步。

两个频率相同的谐振动，当它们的初相差为 π 或 π 的奇数倍时，则一个物体振动达到正的最大位移时，另一个物体达到负的最大位移，之后，它们同时回到平衡位置，但速度方向相反，即两振动步调完全相反，见图 6.5(b)。我们称这样的两个振动为反相。

图 6.5(c)表示频率相同，但具有某一相位差的两个谐振动的位移-时间曲线。

相位差的概念也有着广泛的应用。

想想看

6.5 图示为两个同频率谐振动 Ⅰ 和 Ⅱ 的位移-时间曲线。试分别给出图(a)和图(b)中 Ⅱ 和 Ⅰ 的相位差 $\Delta\varphi_{21}$。

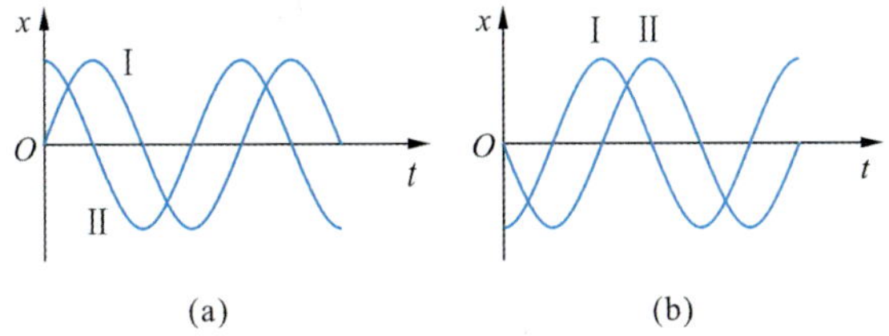

想 6.5 图

6.1.3 振幅和初相的确定

对于给定的弹簧振子，角频率 ω 是确定的，但这时弹簧振子还可以作振幅不同、初相不同的谐振动。下面我们来研究振幅和初相的确定方法。

对于角频率为 ω 的谐振动，其位置坐标 x 和速度 $\dot{x}$ 随时间变化关系总可由式(6.4)、(6.5)给出，即

$$x=A\cos(\omega t+\varphi)$$

$$\dot{x}=-A\omega\sin(\omega t+\varphi)$$

如果已知某一时刻的 x 和 $\dot{x}$，则振幅 A 和初相 φ 就可以从上两式联立解得。例如，若已知起始条件，即 $t=0$ 时坐标 x_0 和速度 v_0，则代入上两式可求得

$$A=\sqrt{x_0^2+\frac{v_0^2}{\omega^2}} \tag{6.11a}$$

$$\tan\varphi=-\frac{v_0}{x_0\omega} \tag{6.11b}$$

想想看

6.6 图示为 Ⅰ、Ⅱ 两个谐振动的位移-时间曲线。试分别回答它们的初相位 $\varphi_1=?$ $\varphi_2=?$

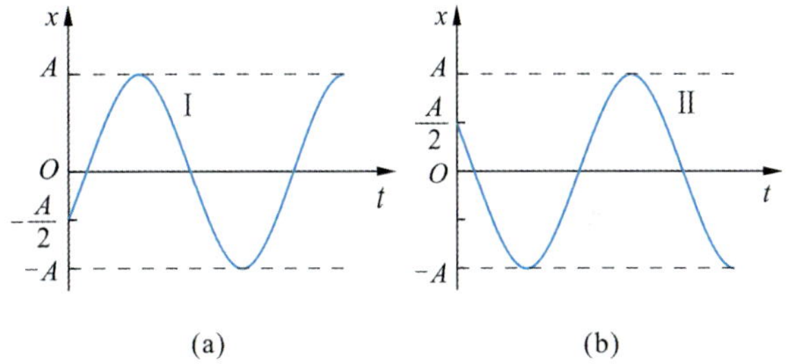

想 6.6 图

6.7 弹簧振子沿竖直方向悬挂，弹簧无变形时质点在 a，伸长 Δl 后质点平衡于 b。现将质点上托至 c($ca=\Delta l_1$)无初速释放，使其作谐振动。试求振动的振幅和初相位。

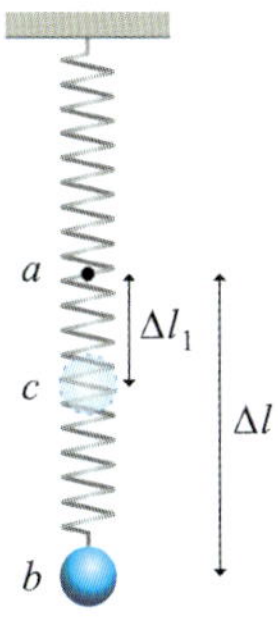

想 6.7 图

■ **例 6.1** 物体沿 x 轴作谐振动，振幅为 12 cm，周期为 2 s，当 $t=0$时，物体的坐标为 6 cm，且向 x 轴正方向运动，求：(1)初相；(2) $t=0.5$ s 时，物体的坐标、速度和加速度；(3) 物体在平衡位置，且向 x 轴负方向运动的时刻开始计时的初相，并写出运动方程。

解 坐标的选取如图 6.2 所示。设物体的运动学方程为

$$x=A\cos(\omega t+\varphi)$$

(1) 根据题意知：$A=12$ cm，$T=\dfrac{2\pi}{\omega}=2$ s，又当 $t=0$ 时，$x_0=6$ cm，$v_0>0$，将这些条件代入运动学方程，得

$$x_0=6=12\cos\varphi \quad \text{cm}$$

所以 $\cos\varphi=\dfrac{1}{2}$，$\varphi=\dfrac{\pi}{3}$ 或 $\dfrac{5}{3}\pi$。根据初速度为正这一条件，只能取 $\varphi=\dfrac{5}{3}\pi$。因此物体的运动学方程为

$$x=12\cos\left(\pi t+\frac{5}{3}\pi\right) \quad \text{cm}$$

(2) $t=0.5$ s 时，物体的坐标、速度和加速度分别为

$$x_{0.5}=12\cos\left(\pi\times 0.5+\frac{5}{3}\pi\right)=10.4 \quad \text{cm}$$

$$\dot{x}_{0.5}=-12\pi\sin\left(\pi\times 0.5+\frac{5}{3}\pi\right)=-18.8 \quad \text{cm/s}$$

$$\ddot{x}_{0.5}=-12\pi^2\cos\left(\pi\times 0.5+\frac{5}{3}\pi\right)=-103 \quad \text{cm/s}^2$$

负号表示 $t=0.5$ s 时，物体的速度和加速度方向皆与 x 轴正方向相反。

(3) 根据题意，当 $t=0$ 时，$x_0=0$，$v_0<0$，将这一组起始条件代入运动学方程

$$x=A\cos(\omega t+\varphi)$$

有

$$x_0=0=A\cos\varphi$$

所以 $\cos\varphi=0$，$\varphi=\dfrac{\pi}{2}$ 或 $\dfrac{3}{2}\pi$。根据 $t=0$ 时，$v_0<0$ 这一条件，只能取 $\varphi=\dfrac{\pi}{2}$。因此物体的运动学方程为

$$x=12\cos\left(\pi t+\frac{\pi}{2}\right) \quad \text{cm}$$

从本题看出，对同一谐振动，若取不同的起始计时时刻，则有不同的初相。

本题属谐振动运动学问题。这一类问题的解法一般是先选取坐标系，在此基础上写出作谐振动物体的标准运动学方程，如 $x=A\cos(\omega t+\varphi)$ 等。再根据题目直接或间接给出的起始条件或其他条件（如用图线给出的条件等），确定标准运动学方程中各待定量 A、ω、φ 等。

■ **例 6.2** 一劲度系数为 k 的轻弹簧，上端固定，下端悬挂一质量为 m 的物体 M。平衡时，弹簧将伸长一段距离 δ_{st}，δ_{st} 称为静止变形，见图。如果再用手拉物体，然后无初速地释放，试写出物体 M 的运动微分方程，并确定它的运动规律。

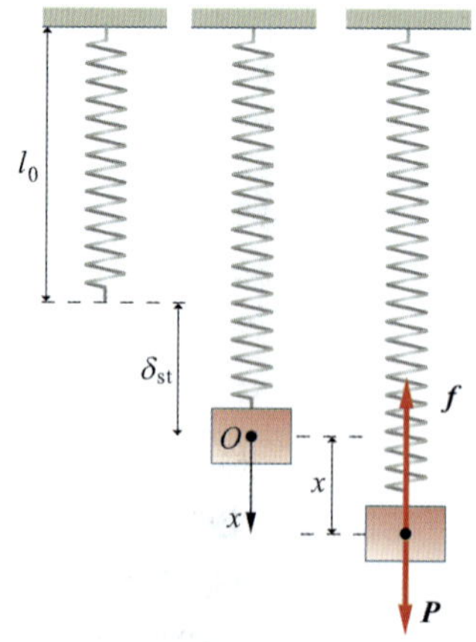

例 6.2 图

解 以物体 M 为研究对象，它共受重力 $\boldsymbol{P}$ 和弹性回复力 $\boldsymbol{f}$ 两个力的作用。

以平衡位置 O 为坐标原点，作 x 坐标轴，如图所示。当物体处于平衡时有 $mg-k\delta_{st}=0$，所以

$$\delta_{st}=\frac{mg}{k}$$

在运动过程中，当物体 M 的坐标为 x 时，物体所受的合力 F_R 为

$$F_R=mg-k(\delta_{st}+x)=-kx$$

即在所研究问题中,作用在物体上的重力和弹性力的和,相当于一个弹性回复力,只是现在弹性回复力是指向平衡位置 O,而不是指向弹簧原长处罢了。任意恒力作用在弹簧振子上时,也可以得到类似的结论,这里不再讨论。

在所选坐标系中,根据牛顿第二定律写出物体 M 的运动微分方程

$$m\ddot{x}=F_R=-kx$$

$$\ddot{x}=-\frac{k}{m}x$$

令

$$\omega^2=\frac{k}{m}=\frac{g}{\delta_{st}} \tag{6.12}$$

代入上式有

$$\ddot{x}+\omega^2x=0$$

这一结果与式(6.2)完全相同,这表明竖直方向运动的弹簧振子也作谐振动,只是这时的振动中心在静平衡位置。

当然,以上讨论结果对下端固定,上端与一重物相联的弹簧振子也是适用的,对此读者可自行证明。

利用式(6.12),竖直方向运动的弹簧振子的固有频率和固有周期还可写成

$$T=2\pi\sqrt{\frac{\delta_{st}}{g}},\qquad \nu=\frac{1}{2\pi}\sqrt{\frac{g}{\delta_{st}}} \tag{6.13}$$

即对竖直方向运动的弹簧振子,只要知道了 δ_{st},就可求得其固有频率。由于 δ_{st} 不难用实验方法测出,因此这一关系在工程上有很大用处。

本题属于谐振动的动力学问题。解这类问题的思路和方法与解质点动力学问题类似,即选定研究对象,分析研究对象的受力和运动,选取坐标系,写出运动微分方程。如果受到的合力与位移成正比而反向,满足 $F_x=-kx$,或写出的运动微分方程符合谐振动的动力学特征,即 $\ddot{x}+\omega^2x=0$,则可以判定所选研究对象作谐振动。把求解动力学特征方程所得到的运动学方程与方程 $x=A\cos(\omega t+\varphi)$ 对比并利用计算周期和频率等的公式,就可写出振动频率、周期及谐振动方程等。

例 6.3 一重为 P 的物体用两根弹簧竖直悬挂,如图所示。各弹簧的劲度系数标明在图上,试求图示两种情况下,系统沿竖直方向振动的固有频率。

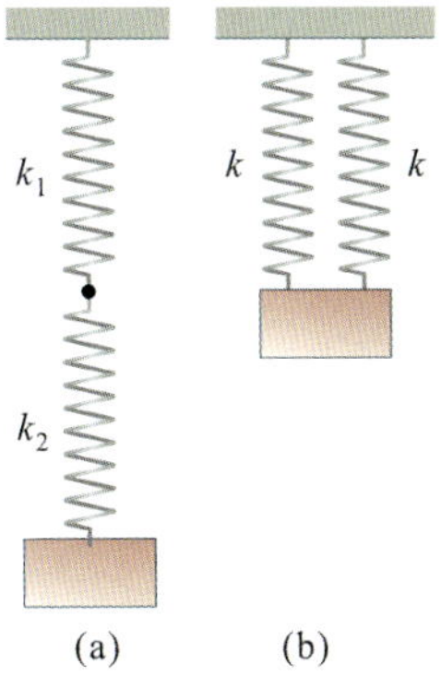

例 6.3 图

解 对图(a)所示两弹簧串联情况,弹簧的静止变形 δ_{st} 为

$$\delta_{st}=\frac{P}{k_1}+\frac{P}{k_2}=\frac{P(k_1+k_2)}{k_1k_2}$$

即串联弹簧的等效劲度系数 $k=\dfrac{k_1k_2}{k_1+k_2}$,代入式(6.13)得系统的固有频率

$$\nu=\frac{1}{2\pi}\sqrt{\frac{gk_1k_2}{P(k_1+k_2)}}$$

对图(b)所示两相同弹簧并联情况有

$$\delta_{st}=\frac{P}{2k}$$

$$\nu=\frac{1}{2\pi}\sqrt{\frac{2gk}{P}}$$

例 6.4 单摆的运动分析。长为 l 的不可伸缩轻绳,一端固定,另一端悬挂一质量为 m 的小球 M,小球受扰动后在铅直平面内平衡位置 O' 附近来回摆动,这样的系统称为单摆,见图。现证明当摆动角度很小时,单摆的运动也是谐振动。

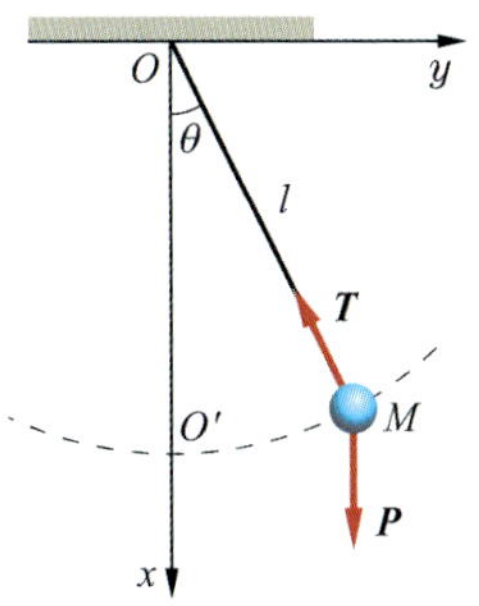

例 6.4 图

解 以摆为研究对象。

摆球受重力 $\boldsymbol{P}$ 及绳子拉力 $\boldsymbol{T}$ 的作用。取右手坐标系 $Oxyz$ 如图所示。θ 角从 Ox 铅垂轴算起,从 z 轴正端看,θ 角沿逆时针方向为正。

根据质点动量矩定理

$$\frac{\mathrm{d}}{\mathrm{d}t}L_z = \sum_i m_z(F_i)$$

用角坐标 θ 表示式中各量，上式最后可写成

$$\ddot{\theta}+\frac{g}{l}\sin\theta=0 \tag{6.14}$$

这就是单摆的运动微分方程。这是一个非线性微分方程。准确地解此微分方程，在数学上是困难的。将 $\sin\theta$ 展开为级数。有

$$\sin\theta=\theta-\frac{1}{6}\theta^3+\cdots$$

若单摆运动时，θ 在很小的范围内变化（通常认为在 5° 以内），可近似地取 $\sin\theta\approx\theta$，这时式(6.14)简化为

$$\ddot{\theta}+\frac{g}{l}\theta=0$$

令

$$\omega^2=\frac{g}{l} \tag{6.15}$$

则有

$$\theta+\omega^2\theta=0$$

与式(6.2)相比可知，在摆角很小时，单摆的运动也是谐振动，且周期和频率分别为

$$T=2\pi\sqrt{\frac{l}{g}},\qquad \nu=\frac{1}{2\pi}\sqrt{\frac{g}{l}} \tag{6.16}$$

显然单摆小角度摆动时，其固有周期和频率也是由其本身性质决定的（这一结论只适用于单摆小角度摆动）。单摆除可用于计时外，也可用来测定重力加速度 g，这在地球物理等学科中有着重要的应用。

想想看

6.8　两个振动系统，分别如图(a)和图(b)所示。已知弹簧的劲度系数均为 k，物块的质量均为 m，试分别求出两个系统振动的固有频率。

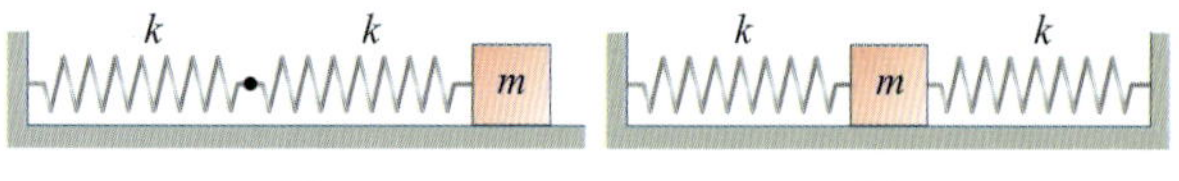

(a)　　　　(b)

想 6.8 图

6.9　如图所示，两个单摆 A、B，摆长相等，小球质量也相等。开始时，把 A 从平衡位置 O 向左拉开一个小角度 θ_0，同时把 B 也从平衡位置 O 向右拉开一个小角度 $2\theta_0$。现把 A、B 同时无初速释放，试问它们的相遇点在 Ob 之间、Oa 之间，还是在 O 点？

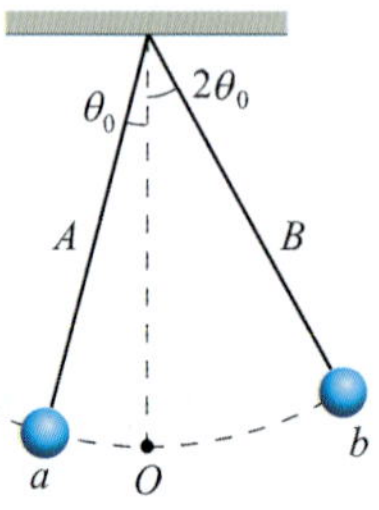

想 6.9 图

还可以举出许多力学系统（以后会看到，还包括一些电磁系统等），其运动微分方程与谐振动微分方程(6.2)的形式相同，因此研究微分方程(6.2)的解具有普遍意义。

有关振动的动力学问题的解法和一般力学问题解法一样，先要选取研究对象，再分析研究对象的受力，选定坐标系并写出运动微分方程，求得解答后，还应对解答的意义及是否合理作讨论。严格地按照这样的步骤和方法处理力学问题，特别是对初学者可避免或减少一些不应该出现的错误。

6.1.4　谐振动的能量

现在来研究图 6.2 所示弹簧振子作谐振动时的能量。

已知弹簧振子的运动学方程为 $x=A\cos(\omega t+\varphi)$。在某一时刻 t，物体的位置坐标为 x，速度为 $\dot{x}$，**若以图 6.2 中弹簧原长 O 处为弹性势能的零势能点**，则在时刻 t，弹簧振子的动能 E_k 和弹性势能 E_p 分别为

$$E_k=\frac{1}{2}m\dot{x}^2=\frac{1}{2}mA^2\omega^2\sin^2(\omega t+\varphi) \tag{6.17a}$$

$$E_p=\frac{1}{2}kx^2=\frac{1}{2}kA^2\cos^2(\omega t+\varphi) \tag{6.17b}$$

显然，在振动过程中，动能 E_k 和势能 E_p 都是周期性变化的，见图 6.6。弹簧振子的总机械能为

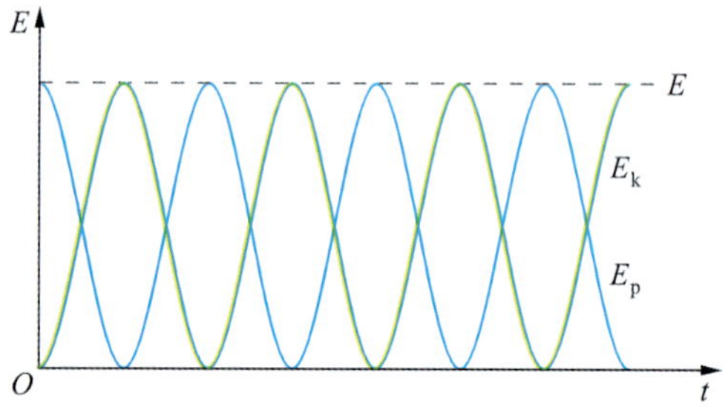

图 6.6

$$\begin{aligned}E&=E_k+E_p\\&=\frac{1}{2}mA^2\omega^2\sin^2(\omega t+\varphi)+\frac{1}{2}kA^2\cos^2(\omega t+\varphi)\end{aligned}$$

考虑到 $\omega^2=k/m$，则上式简化为

$$E=\frac{1}{2}kA^2 \tag{6.18}$$

即弹簧振子作谐振动过程中的机械能守恒。由于弹性回复力是保守力，因此，这一结果正是我们所预期的。

从式(6.18)看出，对一定的弹簧振子，谐振动的

总机械能与振幅平方成正比，因此振幅越大，振动总机械能也越大。这一结论具有一定的普遍意义。

在许多问题的研究中，常要用到谐振动势能和动能在一个周期内的平均值$\overline{E_p}$和$\overline{E_k}$。

一个与时间有关的物理量 $F(t)$在时间间隔 T 内的平均值$\bar{F}$ 定义为

$$\bar{F}=\frac{1}{T}\int_0^T F(t)\mathrm{d}t$$

根据这一定义可算出谐振动在一个周期 T 内势能 E_p 和动能 E_k 的平均值

$$\begin{aligned}\overline{E_p}&=\frac{1}{T}\int_0^T\frac{1}{2}kx^2\mathrm{d}t\\&=\frac{1}{T}\int_0^T\frac{1}{2}kA^2\cos^2(\omega t+\varphi)\mathrm{d}t=\frac{1}{4}kA^2\\\overline{E_k}&=\frac{1}{T}\int_0^T\frac{1}{2}m\dot{x}^2\mathrm{d}t\\&=\frac{1}{T}\int_0^T\frac{1}{2}mA^2\omega^2\sin^2(\omega t+\varphi)\mathrm{d}t\\&=\frac{1}{4}kA^2\end{aligned}$$

即**谐振动在一个周期内的平均势能和平均动能相等**。这是谐振动的一个重要性质。这一结论在讨论比热容时将会用到。

能量方法常用来求振动系统的固有频率，这在工程实际中有着广泛的应用，对此我们通过例题作简单介绍。

想想看

6.10 一弹簧振子如图，取弹簧原长处 O 点为坐标原点，已知物块在 $x=2.0$ cm 处时，它的动能等于 3 J，弹性势能等于 2 J。试问：物块在①$x=0$ 处时动能等于多少？②$x=-A$ 处时弹性势能等于多少？③$x=-2.0$ cm 处时弹性势能等于多少？

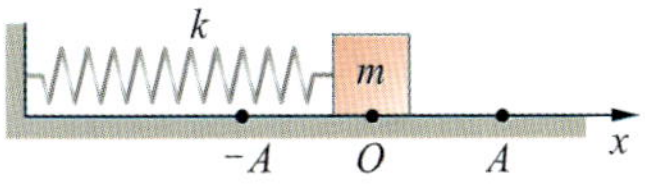

想 6.10 图

6.11 质点沿 x 轴作谐振动，其位移-时间曲线如图，试分别回答与曲线上 1、3、5 各点和 2、4、6 各点所对应时刻质点的动能、势能分别是最大、零，还是零与最大之间？

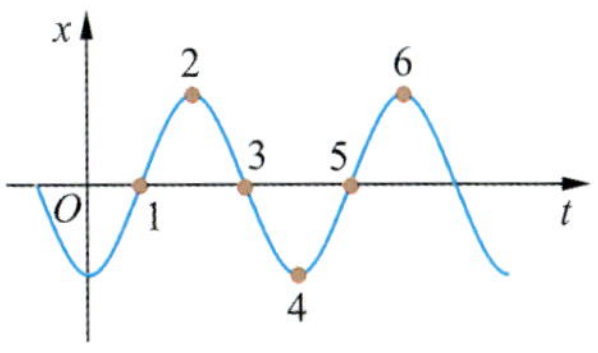

想 6.11 图

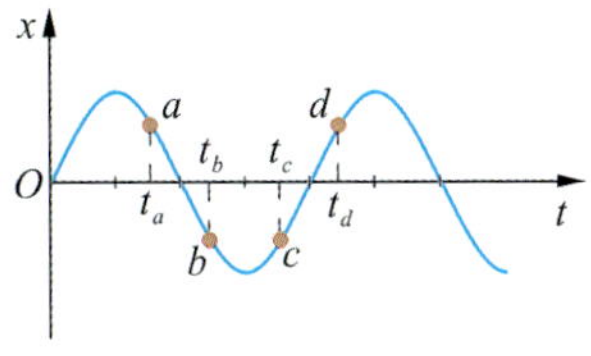

想 6.12 图

6.12 质点沿 x 轴作谐振动，其位移-时间曲线如图。试分别回答与图上 a、b 两点对应的时刻 t_a 和 t_b 质点的动能、势能随时间是增大、减小，还是保持不变？读者还可以再分析时刻 t_c、t_d 质点动能和势能随时间的变化情况。

6.13 弹簧振子作谐振动，振动方程为 $x=A\cos(\omega t+\varphi)$，问在什么位置，振子的动能和势能正好相等？

例 6.5 设杆 OA 的质量可忽略不计，杆的一端用铰链联接，使杆可绕垂直于纸面的轴在铅垂面内摆动，杆的另一端固定有质量为 m 的摆球，见图。当摆在铅垂位置时，与摆连接的两根水平放置的轻弹簧都处于没有变形的状态，假定摆在小角度摆动时，θ 角按余弦函数规律随时间变化。试求摆在小摆角摆动时的固有频率。两根弹簧的劲度系数均为 k，各种尺寸皆标在图上。

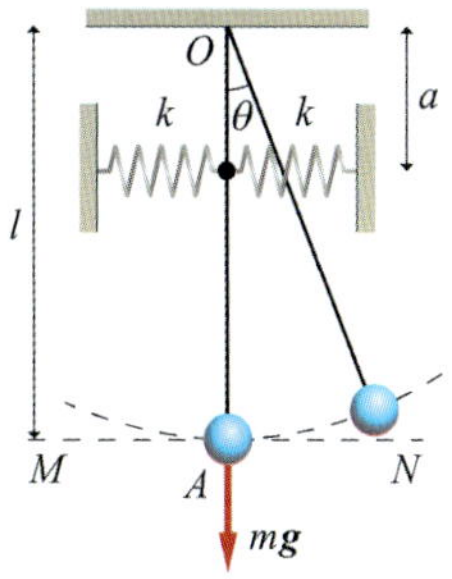

例 6.5 图

解 用机械能守恒定律能较方便地解此题。

取水平面 MN 为重力零势能面，则摆在最低位置时具有的机械能 E_1 为

$$E_1=E_{p1}+E_{k1}=\frac{1}{2}mv_{max}^2=\frac{1}{2}m(l\dot{\theta}_{max})^2$$

摆到达最大偏离位置时，速度为零，取弹簧原长处为弹性势能的零势能点，则在 θ 很小时，摆的机械能 E_2 为

$$\begin{aligned}E_2&=E_{p2}+E_{k2}\\&=mgl(1-\cos\theta_{max})+2\times\frac{1}{2}k(a\theta_{max})^2\\&=\frac{1}{2}mgl\theta_{max}^2+k^2a^2\theta_{max}^2\end{aligned}$$

根据机械能守恒定律有

$$\frac{1}{2}m(l\dot{\theta}_{max})^2=\left(\frac{1}{2}mgl+ka^2\right)\theta_{max}^2\qquad(1)$$

按题意设摆的小角度摆动为谐振动，以 ν 表示其振动频率，则其运动规律

$$\theta=\theta_{max}\cos(2\pi\nu t+\varphi)$$

则

$$\dot{\theta}=-\theta_{max}\cdot2\pi\nu\cdot\sin(2\pi\nu t+\varphi)$$

$$\dot{\theta}_{max}=-2\pi\nu\theta_{max}$$

将此关系代入式(1)，最后可得

$$\nu=\frac{1}{2\pi}\sqrt{\frac{mgl+2ka^2}{ml^2}}$$

6.1.5　谐振动的旋转矢量表示法

在研究谐振动时，常采用谐振动的旋转矢量表示法和复数表示法等。这样作，一方面有助于形象地了解振幅、相位、角频率等物理量的意义，另一方面有助于简化在谐振动研究中的数学处理。以下仅介绍谐振动的旋转矢量表示法。

取一长为 A 的矢量 $\overrightarrow{OM}$，$t=0$ 时，$\overrightarrow{OM}$ 与 x 轴间的夹角为 φ，见图 6.7(a)。设矢量 $\overrightarrow{OM}$ 以匀角速度 ω 在纸面内绕 O 点逆时针方向旋转。在时刻 t，矢量 $\overrightarrow{OM}$ 与 x 轴间的夹角显然为 $\omega t+\varphi$，这时矢量 $\overrightarrow{OM}$ 在 x 轴上的投影 x 为

$$x=A\cos(\omega t+\varphi)$$

这正是谐振动的运动方程。可见，匀速旋转矢量 $\overrightarrow{OM}$ 在 x 轴上(或在 y 轴上)的投影可用来表示谐振动。用匀速旋转矢量法表示谐振动时，应取旋转矢量的长度等于谐振动的振幅，旋转矢量的角速度等于谐振动的角频率，旋转矢量在 $t=0$ 时与坐标轴间的夹角为谐振动的初相。

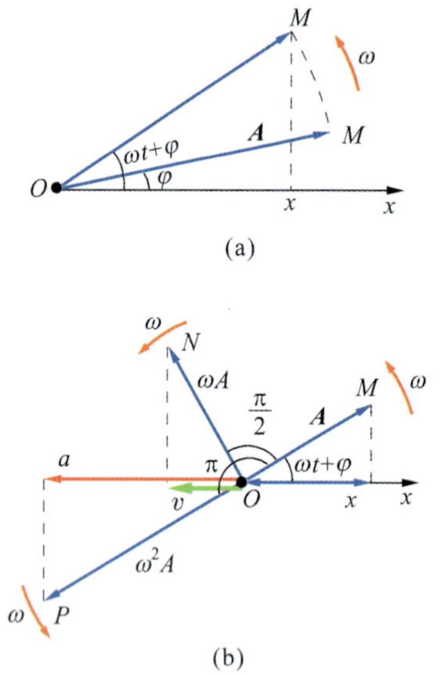

图 6.7

为了比较相位，我们把谐振动的速度和加速度分别写成

$$\dot{x}=-A\omega\sin(\omega t+\varphi)=A\omega\cos\left(\omega t+\varphi+\frac{\pi}{2}\right)$$

$$\ddot{x}=-A\omega^2\cos(\omega t+\varphi)=A\omega^2\cos(\omega t+\varphi+\pi)$$

不难看出，谐振动的速度可用一长为 $A\omega$，相位较矢量 $\overrightarrow{OM}$ 超前 $\frac{\pi}{2}$，并以匀角速度 ω 旋转的矢量 $\overrightarrow{ON}$ 在 x 轴上的投影来表示；同理，谐振动的加速度可用一长为 $A\omega^2$，相位较矢量 $\overrightarrow{OM}$ 超前 π，并以匀角速度 ω 旋转的矢量 $\overrightarrow{OP}$ 在 x 轴上的投影来表示，见图 6.7(b)。

想想看

6.14　一弹簧振子作振谐振动。试就以下两种情况分别画出其 $t=0$ 时刻的旋转矢量图，并指明振动的初相位。① $t=0$ 时，$x_0=\frac{A}{2}$，$v_0<0$；② $t=0$ 时，$x_0=-\frac{A}{2}$，$v_0<0$。

6.15　图示为一谐振动某时刻的旋转矢量图。已知矢量 $\overrightarrow{OM}$ 的模为 A，旋转角速度为 ω。试以该时刻为计时起始时刻，画出该谐振动的位移-时间曲线，并写出运动方程。

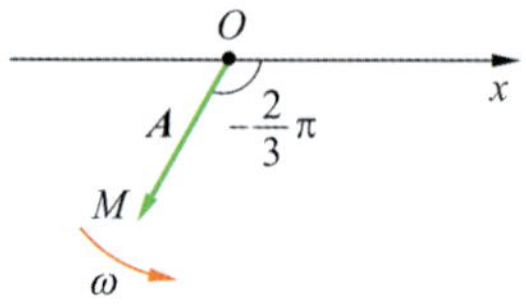

想 6.15 图

例 6.6　设一音叉的振动为谐振动，其角频率 $\omega=6.28\times10^2$ rad/s，音叉尖端的振幅 A 为 1.0 mm。试用旋转矢量法求以下三种情况的初相，并写出运动方程。(1) 当 $t=0$ 时，音叉尖端通过平衡位置向 x 轴正方向运动；(2) 当 $t=0$ 时，音叉尖端在 x 轴的负方向一边且位移具有最大值；(3) 当 $t=0$ 时，音叉尖端在 x 轴的正方向一边，离开平衡位置距离为振幅之半，且向平衡位置运动。

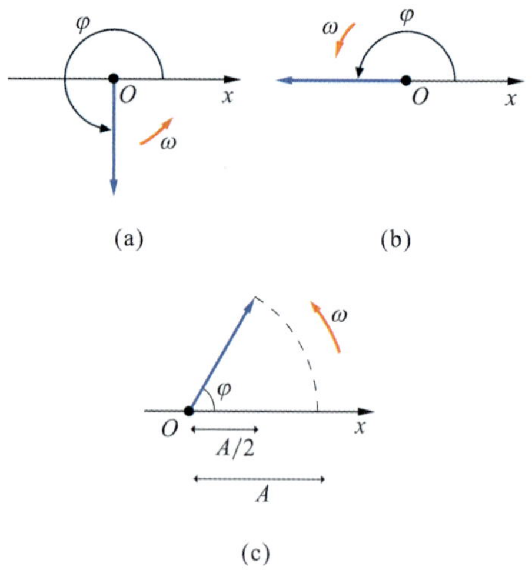

例 6.6 图

解　(1) 根据题意，$t=0$ 时旋转矢量的位置如图(a)所示，从而得 $\varphi=\frac{3}{2}\pi$，故运动学方程为

$$x=0.1\cos\left(6.28\times10^2t+\frac{3}{2}\pi\right)\quad \text{cm}$$

(2) 根据题意，$t=0$ 时旋转矢量的位置如图(b)

所示，从而得$\varphi=\pi$，故运动学方程为

$$x=0.1\cos(6.28\times10^2t+\pi)\quad \text{cm}$$

(3) 根据题意，$t=0$ 时旋转矢量的位置如图(c)所示，从而得$\varphi=\frac{\pi}{3}$，故运动学方程为

$$x=0.1\cos\left(6.28\times10^2t+\frac{\pi}{3}\right)\quad \text{cm}$$

例 6.7　两质点沿 x 轴作同方向、同振幅 A 的谐振动，其周期均为5 s，当 $t=0$ 时，质点 1 在$\frac{\sqrt{2}}{2}A$处向 x 轴负向运动，而质点 2 在$-A$ 处，试用旋转矢量法求这两个谐振动的初相差，以及两个质点第一次经过平衡位置的时刻。

解　设两质点的谐振动方程分别为

$$x_1=A\cos\left(\frac{2\pi}{T}t+\varphi_1\right),\quad x_2=A\cos\left(\frac{2\pi}{T}t+\varphi_2\right)$$

按题意，质点 1 在 $t=0$ 时，$x_{10}=\frac{\sqrt{2}}{2}A$，并向 x 轴负方向运动，因此，表示质点 1 振动的旋转矢量 $\boldsymbol{A}_1$ 在 $t=0$ 时与 x 轴间的夹角，即初相角 $\varphi_1=\frac{\pi}{4}$，见图。类似的方法可知，表示质点 2 振动的旋转矢量 $\boldsymbol{A}_2$ 在 $t=0$ 时与 x 轴间的夹角，即初相角$\varphi_2=\pi$，因此这两质点的初相差

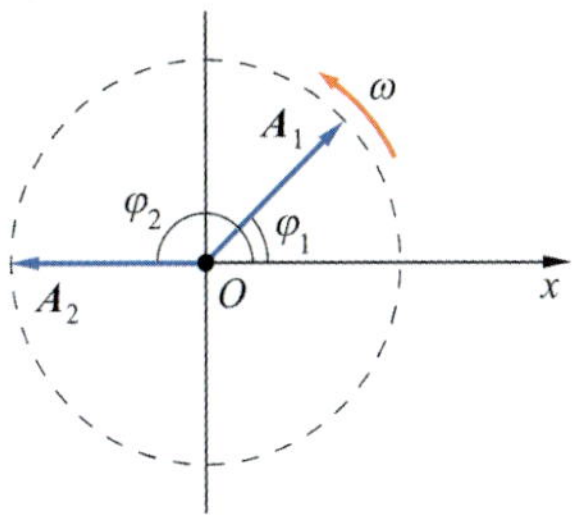

例 6.7 图

$$\Delta\varphi=\varphi_2-\varphi_1=\pi-\frac{\pi}{4}=\frac{3}{4}\pi$$

即第二个质点的相位比第一个质点的相位超前$\frac{3}{4}\pi$。

由图可知，质点 1 第一次经过平衡位置的时刻 $t_1=\frac{1}{8}T=0.625$ s，质点 2 第一次经过平衡位置的时刻 $t_2=\frac{T}{4}=1.25$ s。

复习思考题

6.1　什么是谐振动？试从运动学和动力学两方面说明质点作谐振动时的特征。

6.2　对给定的弹簧振子，当其振幅增大一倍时，问下列物理量将受到什么影响：劲度系数、频率、总机械能、最大速度和最大加速度。

6.3　弹簧振子作谐振动，分别取振子通过平衡位置向右运动和通过平衡位置向左运动为起始时刻，则表示此谐振动的两个运动学方程的初相是否相同？初相差等于多少？试用旋转矢量法给予说明。

6.4　用手拉摆球，使单摆从平衡位置偏离一小角 θ_0，然后无初速释放使其摆动，问 θ_0 角是否就是初相位？

6.5　一质点在 $x=0$ 附近沿 x 轴作谐振动。$t=0$ 时其坐标为 $x_0=0.37$ cm，速度为零，振动频率为 0.25 Hz。试确定：① 周期；② 振幅；③ 在时刻 t 的坐标、速度；④ 最大速度和最大加速度。

6.6　两个完全相同的弹簧振子，在如图所示的两种情况中，相位差各是多少？

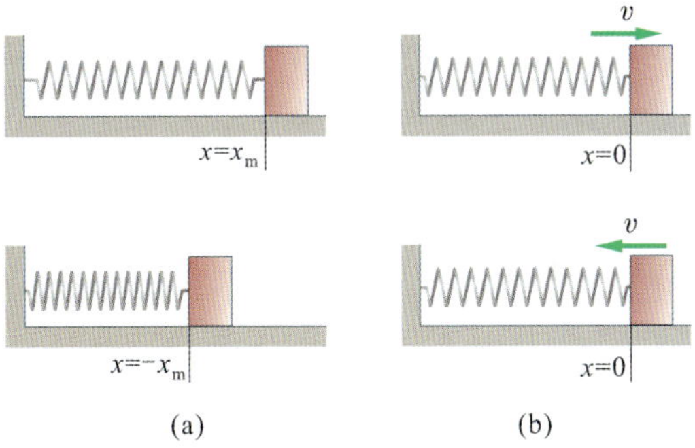

思 6.6 图

6.7　作简谐振动质点的加速度-时间曲线如图。试问：① 曲线上哪个点或哪几个点对应于质点在$-x_m$ 处？② 在点 4，质点的速度是正、是负还是零？③ 点 5 对应于质点在$-x_m$，$+x_m$，0，$-x_m$ 到 0 之间，0 到 x_m 之间的哪一处？

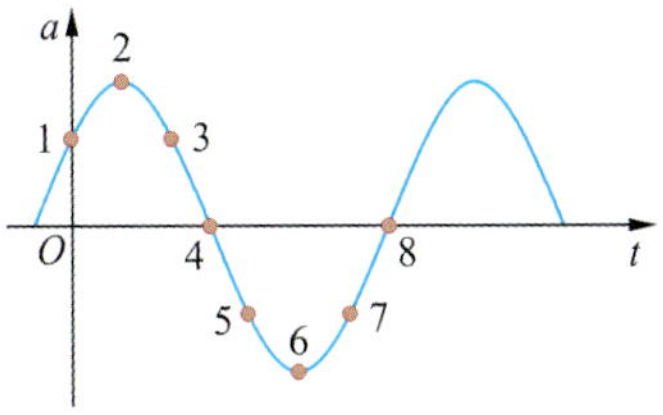

思 6.7 图

6.8　对弹簧振子，如果只知道起始位移，或只知道起始速度，是否能确定振幅和初相？为什么？

6.9　劲度系数为 k 的弹簧，如将其等分为两个弹簧。一个物体先后挂在未分前和已分后的一个弹簧下，使其作谐振动，试问哪种情况振动频率大？

6.2　谐振动的合成

在实际问题中,常会遇到一个质点同时参与两个振动的情况。例如,当两个声波同时传到某一点时,该点处空气质点就将同时参与两个振动,这时质点的运动实际上就是两个振动的合成。振动合成的基本知识在声学、光学、交流电工学及无线电技术等方面都有着广泛的应用。一般的振动合成问题比较复杂,本书着重介绍同方向同频率谐振动的合成。

6.2.1　同方向同频率谐振动的合成

设质点沿 x 轴同时参与两个独立的同频率振动。在任意时刻 t,这两个振动的位移分别为

$$x_1=A_1\cos(\omega t+\varphi_1)$$
$$x_2=A_2\cos(\omega t+\varphi_2)$$

显然,合成运动的合位移 x 仍在这一直线上,而且为上述两位移的代数和,即

$$\begin{aligned}x&=x_1+x_2=A_1\cos(\omega t+\varphi_1)+A_2\cos(\omega t+\varphi_2)\\&=(A_1\cos\varphi_1+A_2\cos\varphi_2)\cos\omega t\\&\quad-(A_1\sin\varphi_1+A_2\sin\varphi_2)\sin\omega t\end{aligned}$$

由于两个括号分别为常量,为使 x 改写为谐振动的标准形式,现引入两个新常量 A、φ,且使

$$A_1\cos\varphi_1+A_2\cos\varphi_2=A\cos\varphi$$
$$A_1\sin\varphi_1+A_2\sin\varphi_2=A\sin\varphi$$

代入上式,得

$$\begin{aligned}x&=A\cos\varphi\ \cos\omega t-A\sin\varphi\ \sin\omega t\\&=A\cos(\omega t+\varphi)\end{aligned}\qquad(6.19)$$

可见两个同方向同频率谐振动的合成运动仍为谐振动,合成谐振动的频率与原来谐振动频率相同,合成谐振动的振幅为 A,初相为 φ,且有

$$A=\sqrt{A_1^2+A_2^2+2A_1A_2\cos(\varphi_2-\varphi_1)}\qquad(6.20\text{a})$$

$$\varphi=\arctan\frac{A_1\sin\varphi_1+A_2\sin\varphi_2}{A_1\cos\varphi_1+A_2\cos\varphi_2}\qquad(6.20\text{b})$$

从式(6.20a)看出,合成谐振动的振幅不仅与 A_1、A_2 有关,而且与原来两个谐振动的初相差有关。下面讨论两个特例,这两个特例在讨论声波和光波干涉、衍射问题时经常用到。

(1)初相相同或初相差 $\varphi_2-\varphi_1=2k\pi$,$k$ 为零或任意整数,这时 $\cos(\varphi_2-\varphi_1)=1$。按式(6.20a)有

$$A=\sqrt{A_1^2+A_2^2+2A_1A_2}=A_1+A_2$$

即合成谐振动振幅等于原来两个谐振动振幅之和。这是合成谐振动振幅可能达到的最大值,见图6.8(a)。

(2)初相相反或初相差 $\varphi_2-\varphi_1=(2k+1)\pi$,$k$ 为零或任意整数,这时 $\cos(\varphi_2-\varphi_1)=-1$,按式(6.20a)有

$$A=\sqrt{A_1^2+A_2^2-2A_1A_2}=|A_1-A_2|$$

即合成谐振动振幅等于原来两个谐振动振幅之差。这是合成谐振动振幅可能达到的最小值,见图6.8(b)。如果 $A_1=A_2$,则 $A=0$,就是说两个振动合成的结果使质点处于平衡状态。

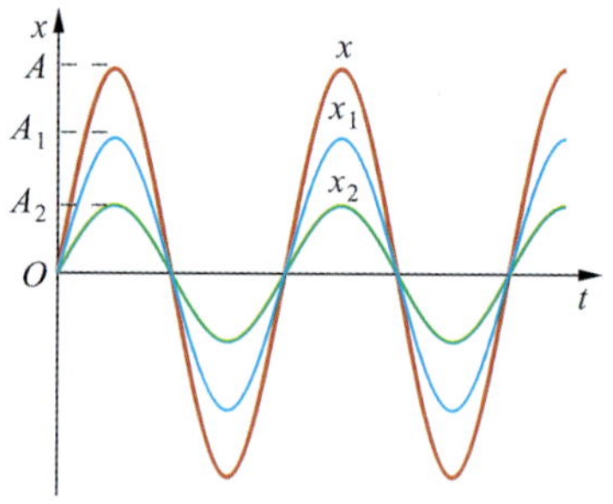

(a)

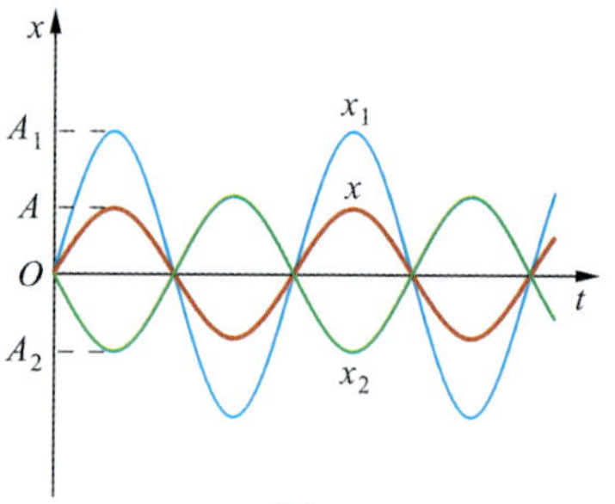

(b)

图6.8

想想看

6.16　图示为Ⅰ、Ⅱ两个同方向、同频率谐振动的位移-时间曲线。已知其振幅分别为 $A_1=6.0$ cm,$A_2=4.0$ cm,试问合成谐振动的振幅等于多少?

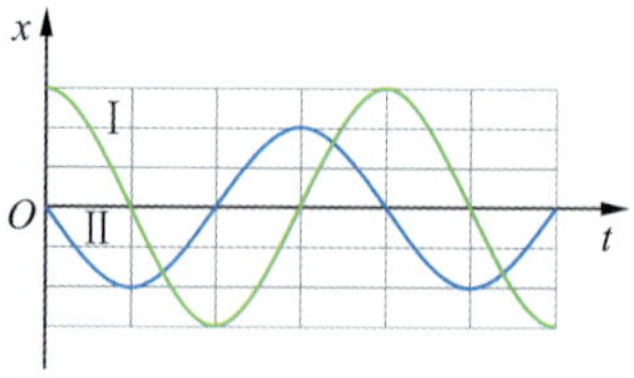

想6.16图

例6.8　质点同时参与振动方程为 $x_1=4\cos3t$ cm,$x_2=2\cos(3t+\pi)$ cm 的两个谐振动,求合成谐振动的初相位、振幅和振动方程。

解　根据上面所讲的,合成运动仍为谐振动,按题给条件,有

$\varphi_1=0,\quad \varphi_2=\pi,\quad A_1=4\ \text{cm},\quad A_2=2\ \text{cm}$

代入式(6.20a),(6.20b)得合成谐振动的振幅 A 及初相 φ 为

$$A=\sqrt{A_1^2+A_2^2+2A_1A_2\cos(\varphi_2-\varphi_1)}=2\quad \text{cm}$$

$$\varphi=\arctan\frac{A_1\sin\varphi_1+A_2\sin\varphi_2}{A_1\cos\varphi_1+A_2\cos\varphi_2}=0$$

合成谐振动的振动方程为

$$x=2\cos 3t\quad \text{cm}$$

用谐振动的旋转矢量表示法,来研究同方向同频率谐振动的合成,也可以很方便地得到上述结果,现介绍如下。

令 $\boldsymbol{A}_1$ 和 $\boldsymbol{A}_2$ 以相同的匀角速度 ω 绕 O 点旋转,见图 6.9。当 $t=0$ 时,矢量 $\boldsymbol{A}_1$、$\boldsymbol{A}_2$ 与 x 轴间的夹角分别为 φ_1 和 φ_2,已知 $\boldsymbol{A}_1$、$\boldsymbol{A}_2$ 在 x 轴上的投影 x_1、x_2 分别代表两个同方向同频率的谐振动

$$x_1=A_1\cos(\omega t+\varphi_1),\quad x_2=A_2\cos(\omega t+\varphi_2)$$

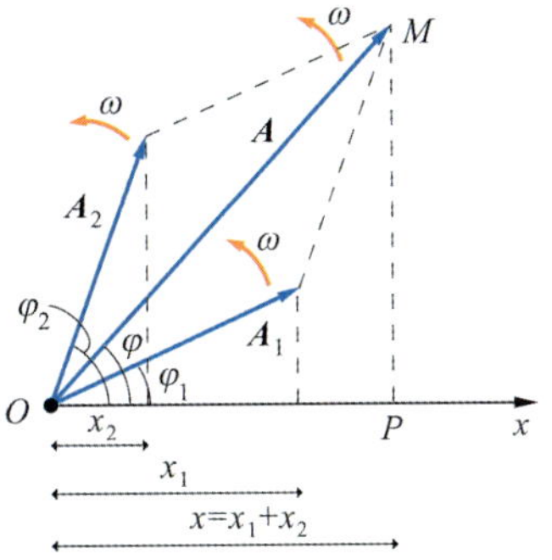

图 6.9

以 $\boldsymbol{A}_1$、$\boldsymbol{A}_2$ 为邻边作平行四边形,得合矢量 $\boldsymbol{A}$,合矢量 $\boldsymbol{A}$ 与 x 轴间的夹角为 φ,由于 $\boldsymbol{A}_1$ 和 $\boldsymbol{A}_2$ 长度都不变,且以相同角速度 ω 绕 O 点旋转,所以它们的合矢量 $\boldsymbol{A}$ 的长度也不变,而且也是以匀角速度 ω 绕 O 点旋转(在矢量旋转过程中,整个平行四边形可视为一不变形的整体)。因此合矢量 $\boldsymbol{A}$ 在 x 轴上的投影 x 所代表的运动也是谐振动,而且它的频率与 $\boldsymbol{A}_1$、$\boldsymbol{A}_2$ 矢量投影所代表的谐振动频率相同。根据矢量投影定理可知,合矢量 $\boldsymbol{A}$ 在 x 轴上的投影 x 等于矢量 $\boldsymbol{A}_1$、$\boldsymbol{A}_2$ 在 x 轴上投影 x_1 和 x_2 的代数和,即

$$x=x_1+x_2=A\cos(\omega t+\varphi)$$

也就是说,旋转矢量 $\boldsymbol{A}$ 在 x 轴上的投影就代表 x_1、x_2 两个谐振动的合成振动的位移。

根据平行四边形法则,可求得合成谐振动的振幅 A

$$A=\sqrt{A_1^2+A_2^2+2A_1A_2\cos(\varphi_2-\varphi_1)}$$

合成谐振动的初相,从图 6.9 可看出为

$$\tan\varphi=\frac{A_1\sin\varphi_1+A_2\sin\varphi_2}{A_1\cos\varphi_1+A_2\cos\varphi_2}$$

这一结果与前面用三角法求得的结果一致。

6.2.2 同方向不同频率谐振动的合成、拍

如果一质点同时参与两个在同一方向但频率不同的谐振动,这时合成运动不再是谐振动,这一点也可用旋转矢量的方法加以说明。

两个同方向不同频率的谐振动,分别表示为 $x_1=A_1\cos(\omega_1 t+\varphi_1)$ 和 $x_2=A_2\cos(\omega_2 t+\varphi_2)$,为简单起见,假定两个谐振动的初相皆为零(这一假定不影响结果的普遍适用性)。由于这两个谐振动频率不相等,代表它们的旋转矢量 $\boldsymbol{A}_1$ 和 $\boldsymbol{A}_2$ 的角速度不相等,因此它们之间的夹角 $(\omega_2-\omega_1)t$ 是随时间变化的,见图 6.10。这样,$\boldsymbol{A}_1$ 和 $\boldsymbol{A}_2$ 的合矢量 $\boldsymbol{A}$ 的大小也是随时间变化的,且以不恒定的角速度旋转。由于合矢量 $\boldsymbol{A}$ 沿 x 轴的投影 $x=x_1+x_2$ 就代表两谐振动的合成运动,故合成运动虽是振动,但不是谐振动。

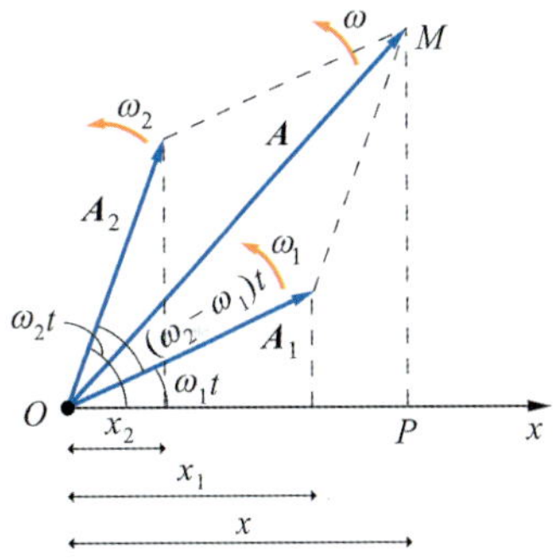

图 6.10

由图 6.10 知,合振动的振幅为

$$A=\sqrt{A_1^2+A_2^2+2A_1A_2\cos(\omega_2-\omega_1)t}$$

这一振幅在 $A=A_1+A_2$ 和 $A=|A_1-A_2|$ 之间周期性地变化着,见图6.11。这一现象被称为振幅调制。

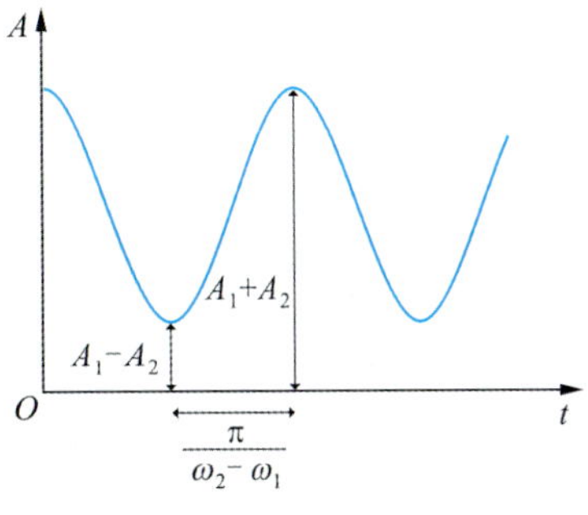

图 6.11

合振动振幅从一次极大到相邻的另一次极大，中间经历的时间 τ 称为周期，显然 $\tau=\frac{2\pi}{|\omega_2-\omega_1|}$。

单位时间内合振动振幅大小变化的次数 ν 称为频率，显然

$$\nu=\frac{|\omega_2-\omega_1|}{2\pi}=|\nu_2-\nu_1| \tag{6.21}$$

即频率等于两谐振动频率之差。

上述合成理论应用于两个分振动频率相差很小的情况，将会呈现出拍的现象。取两个频率接近的音叉，使它们很靠近并同时振动起来，这时我们会听到声音时强时弱地周期性变化着，这一现象称为拍。图 6.12(a)、6.12(b)所示为两个振幅都等于 A_1，角频率 ω_1、ω_2 相差甚小的谐振动。如果它们的初相都取为零，则可分别表示为

$$x_1=A_1\cos\omega_1 t,\qquad x_2=A_1\cos\omega_2 t$$

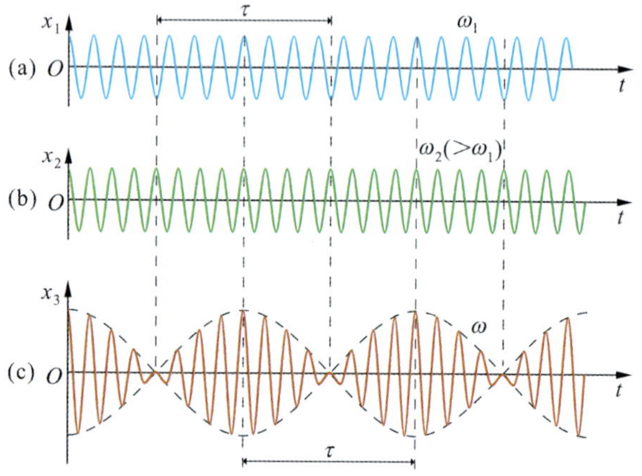

图 6.12

这时合成运动的位移可写成

$$x=x_1+x_2=2A_1\cos\frac{1}{2}(\omega_2-\omega_1)t\times\cos\frac{1}{2}(\omega_2+\omega_1)t$$

令 $A=2A_1\cos\frac{1}{2}(\omega_2-\omega_1)t$，则上式可改写成

$$x=A\cos\frac{1}{2}(\omega_1+\omega_2)t$$

由于角频率 $\frac{1}{2}(\omega_1+\omega_2)$ 远大于角频率 $\frac{1}{2}(\omega_2-\omega_1)$，因此 x 随时间的变化主要取决于角频率为 $\frac{1}{2}(\omega_1+\omega_2)$ 的余弦因子，运动似为"谐振动"，但这时振幅 $A=\left|2A_1\cos\frac{1}{2}(\omega_2-\omega_1)t\right|$ 是随时间按余弦函数规律从 $A_{max}=2A_1$ 到 $A_{min}=0$ 周期性地缓慢变化着，见图 6.12(c)。振幅的这一变化情况，正能说明上面讲的两频率相近的音叉同时振动时，我们听到的拍现象。单位时间内振幅大小变化的次数称为拍频，显然拍频 $\nu=|\nu_2-\nu_1|$。

拍现象有着广泛的应用，在音乐声学中，拍的现象可用来校准乐器，还可用于测定超声波的频率；在无线电技术中，拍的现象可测量无线电波的频率等。

想想看

6.17　音乐家利用拍现象给乐器调音。一小提琴 A 弦绷得有点过紧，把它对着 440 Hz 的标准频率发声时，听到拍频为 4 s^{-1}，试判断小提琴的振动频率是多少？

*6.2.3　两个相互垂直谐振动的合成　利萨如图

研究两个同频率或不同频率相互垂直谐振动的合成问题在物理学和工程实际中都有着广泛的应用，现简介如下。

1. 两个同频率相互垂直谐振动的合成

若一质点同时参与两个相互垂直的谐振动，为简单计，使沿 y 向谐振动的初相为零，则这两个谐振动可表示为

$$\left.\begin{aligned}x&=A\sin(\omega t+\varphi)\\ y&=B\sin\omega t\end{aligned}\right\} \tag{6.22}$$

φ 为两谐振动的初相差。此运动质点的轨迹在 Oxy 平面内，且被限制在 $x=\pm A$，$y=\pm B$ 的矩形范围内，见图 6.13。从上面两个方程中消去 t 即得质点运动轨迹方程，这时轨迹与初相差有关，现分几种情况讨论。

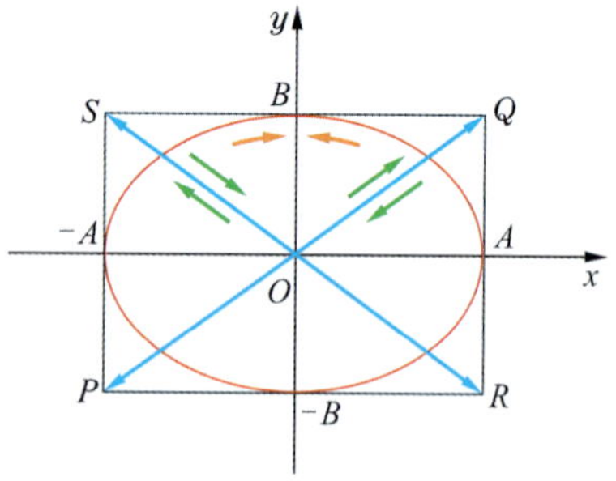

图 6.13

(1) 初相差 $\varphi=0$ 或 π

当 $\varphi=0$，即两振动同相时，轨迹方程为

$$y=\frac{B}{A}x$$

即合成运动轨迹是一条通过原点 O，斜率为正的直线，在图中用 PQ 表示。质点沿轨迹的运动是谐振动。振动频率与原来两振动的频率相同，振幅为

$\sqrt{A^2+B^2}$。因此质点沿直线轨迹相对原点 O 的位移 r 为

$$r=\sqrt{A^2+B^2}\sin\omega t$$

同理，当初相差 $\varphi=\pi$，即两振动反相时，轨迹方程为

$$y=-\frac{B}{A}x$$

这也是一条通过原点 O 的直线，只不过斜率为负，在图中用 SR 表示。质点沿轨迹的运动仍为振幅等于 $\sqrt{A^2+B^2}$、频率与原来两振动频率相同的谐振动。

(2) 初相差 $\varphi=\frac{\pi}{2}$ 或 $\varphi=\frac{3}{2}\pi$

当 $\varphi=\frac{\pi}{2}$时，质点的运动轨迹方程为

$$\frac{x^2}{A^2}+\frac{y^2}{B^2}=1$$

即合成运动轨迹为一正椭圆，质点沿轨迹运动方向为逆时针的。(为什么?)

当 $\varphi=\frac{3}{2}\pi$，质点的运动轨迹方程仍为上述正椭圆方程，只不过此时质点沿轨迹运动方向为顺时针的。

(3) 初相差为任意值　在这种情况下，我们仍可从式(6.22)中消去 t 得到运动轨迹方程。轨迹仍为椭圆，只是相对坐标系将不再是正椭圆而是斜椭圆，而且椭圆相对坐标轴倾斜程度随 φ 的不同而不同。图 6.14 给出了两个频率相同、振幅相等、相互垂直谐振动 $x=A\sin(\omega t+\varphi)$，$y=B\sin\omega t$，在初相差 φ 为 $0,\frac{\pi}{4},\cdots$等各种情况下的质点轨迹曲线，各曲线上均标明了质点沿轨迹的运动方向。

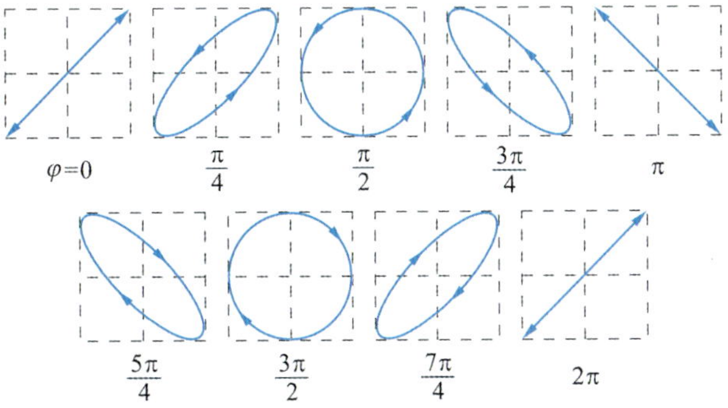

图 6.14

综上所述，可得到如下结论：

a. 两个频率相同、相互垂直的谐振动合成时，只有在两谐振动的初相差为零或为 π 的整倍数时，合成运动才是谐振动，但合成谐振动的方向与原来的两谐振动方向都不相同。相反，某个任意方向的谐振动一定可以分解为两个频率相同、振动方向相互垂直的谐振动。

b. 两个频率相同、相互垂直的谐振动合成时，除初相差为零或为 π 的整倍数外，合成运动轨迹一般为椭圆；只是在初相差为$\frac{\pi}{2}$，$\frac{3\pi}{2}$等情况下，轨迹才是正椭圆(这时若两个分振动的振幅相等，正椭圆变为圆)，其他情况皆为斜椭圆。相反，某些椭圆与某些圆运动可以分解为两个频率相同、相互垂直的谐振动。

两个同频率、相互垂直谐振动的合成理论在研究光的偏振及偏振实验技术中有重要应用。

2. 两个频率不同、相互垂直谐振动的合成

理论和实验都证明：

(1) 两个频率不同、相互垂直谐振动的合成运动轨迹形状不仅与原来两振动的频率比有关，而且与它们的初相和初相差有关。

(2) 当原来两个相互垂直谐振动的频率(周期)比为整数比时，合成运动的轨迹将为稳定的闭合曲线，也就是说合成运动是周期性的。图 6.15 给出了频率比为不同整数比、不同初相差情况下，两垂直谐振动的合成运动可能出现的轨迹图，这样的轨迹图形称为利萨如(J. A. Lissajous)图。

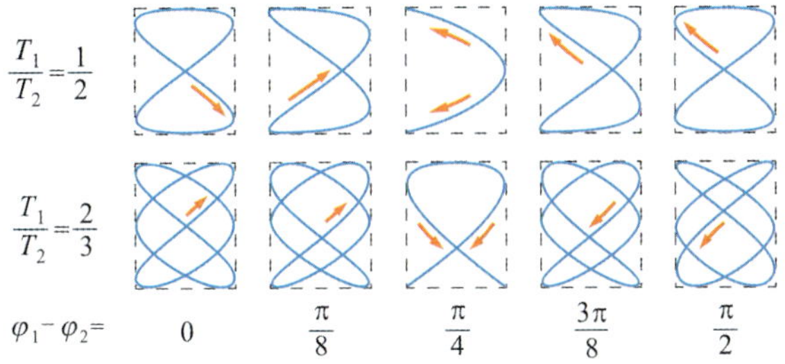

图 6.15

利萨如图在工程技术中常用于测定未知振动频率和相互垂直两谐振动的相位差。

(3) 两个频率比不为整数比时，相互垂直谐振动的合成运动轨迹为永不闭合的曲线，也就是说合成运动为非周期运动。这种情况一般在实际中应用较少。

复习思考题

6.10 同方向同频率谐振动合成结果是否是谐振动？如果是，其频率等于多少？振幅取决于哪些因素？

6.11 什么是拍？什么情况下产生拍的现象？拍频等于多少？

6.12 一般说来，相互垂直的两个同频率谐振动合成的结果，是什么运动？是不是周期性的？试述当初相差为 $0,\frac{\pi}{2},\pm\pi,\frac{3}{2}\pi$ 及 $\pm 2\pi$ 时合成运动的特性。

*6.3 阻尼振动和受迫振动简介

6.3.1 阻尼振动

前面研究了不考虑阻力情况下弹簧振子的自由振动。实际上，振动物体总是要受到各种阻力的作用，使得其机械能不断地转化为其他形式的能量，如转化为热能而耗散，转化为周围介质的能量，且以波的形式向外传播，结果使弹簧振子的振幅不断减小，如无其他能量补充，振动最后趋于停止。常见的阻力有两类，一类是库仑干摩擦，另一类是介质的阻力(如在空气或油等介质中振动时受到的介质阻力)。

从理论上研究有阻力情况下弹簧振子的运动规律有的较繁杂(例如考虑库仑干摩擦情况)，有的数学处理上较困难(如要解非线性微分方程问题)，在一般大学物理教材中，通常只研究黏滞阻尼情况。这一方面是因为在速度不太大的情况下，介质阻力的大小可近似地认为与速度一次方成正比，因此研究这种情况具有很大的实用价值；另一方面，在黏滞阻尼情况下，线性弹簧振子的运动微分方程容易求出准确解。

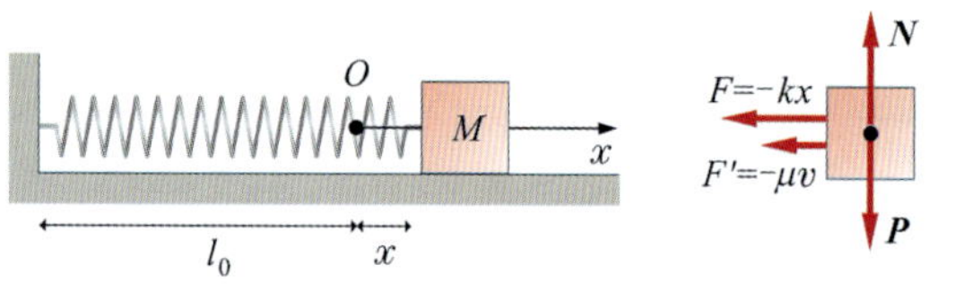

图 6.16

考虑到黏滞阻力作用，图 6.16 所示弹簧振子的运动微分方程为

$$m\ddot{x}=-kx-\mu\dot{x}$$

令 $\frac{\mu}{m}=2n,\ \frac{k}{m}=\omega^2$，代入上式，有

$$\ddot{x}+2n\dot{x}+\omega^2 x=0 \qquad (6.23)$$

这就是考虑黏滞阻尼时的弹簧振子运动微分方程。这是一个二阶线性常系数齐次微分方程，它的详细解法读者可参考高等数学教材，这里只从物理方面简单介绍它的几种解的意义。

1. 小阻尼情况($n^2<\omega^2$)

这时方程(6.23)的通解为

$$x=Ae^{-nt}\cos(\sqrt{\omega^2-n^2}\,t+\varphi) \qquad (6.24)$$

式中 A、φ 为由起始条件决定的积分常数。

从解(6.24)看出，在小阻尼情况下，弹簧振子的运动不再是谐振动，由于因子 e^{-nt} 随时间 t 的增加而迅速减小，质点的振幅将迅速减小，见图6.17。这样的振动称为衰减振动。通常悬挂的弹簧振子，不论用什么方法使其起振，经若干次振动后即趋于平衡位置而停止，这种情况即属于衰减振动。质点从平衡位置出发，经一次完全振动所经历的时间称衰减振动的周期 T'，显然

$$T'=\frac{2\pi}{\sqrt{\omega^2-n^2}}>T=\frac{2\pi}{\omega} \qquad (6.25)$$

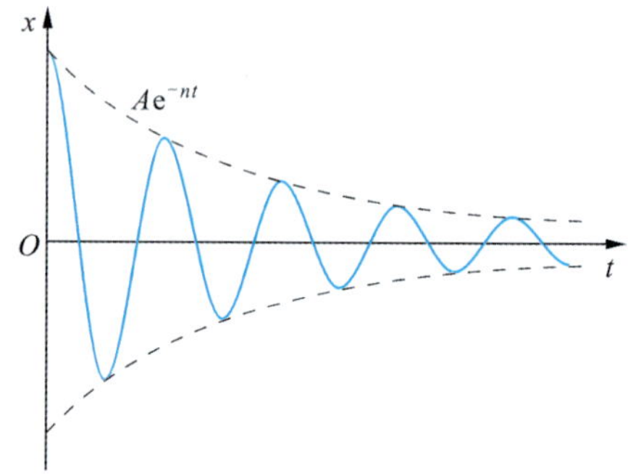

图 6.17

即衰减振动周期 T' 较无阻力自由振动周期为长，又衰减振动周期不仅取决于弹簧振子本身性质，还与阻尼大小有关。

2. 大阻尼情况($n^2>\omega^2$)和临界阻尼($n^2=\omega^2$)情况

在这两种情况中，弹簧振子的运动都是非周期性的，即振子开始运动后，随着时间的增长，振子都逐渐返回平衡位置。临界阻尼与大阻尼相比，前者

弹簧振子开始运动后，一般将更快地返回平衡位置。

一些大型建筑物的弹簧门上常装有一个消振油缸，其作用就是避免门来回振动，使其工作于大阻尼状态。

为使精密天平、指针式测量仪表等快速地逼近正确读数或快速地返回平衡位置，在这类仪器、仪表中广泛地采用临界阻尼系统。

6.3.2 受迫振动

若振动物体除了受到弹性回复力、阻力外，还受到一个周期性变化力的作用，这时物体的振动称为受迫振动。

设作用在弹簧振子上的力，除弹性回复力、黏滞阻力外，尚有一按正弦函数规律随时间变化的干扰力 $F=F_0\cos\omega t$，其中 ω 为干扰力的角频率，见图 6.18。

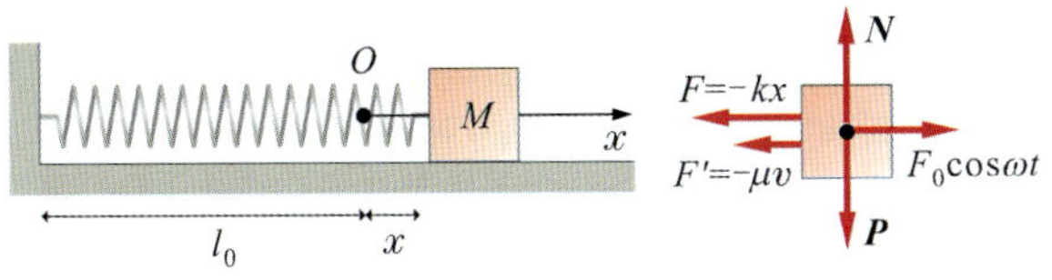

图 6.18

弹簧振子的运动微分方程为

$$m\ddot{x}=-kx-\mu\dot{x}+F_0\cos\omega t$$

令 $\dfrac{k}{m}=\omega_0^2$，$\dfrac{\mu}{m}=2n$，$\dfrac{F_0}{m}=f$，代入上式，可得

$$\ddot{x}+2n\dot{x}+\omega_0^2x=f\cos\omega t \qquad (6.26)$$

这是一个二阶线性常系数非齐次常微分方程，它的解由齐次方程(6.23)的通解 x_1 和非齐次方程(6.26)的特解 x_2 叠加组成，即

$$x=x_1+x_2 \qquad (6.27)$$

前面讲过，齐次方程(6.23)的解，不论是小阻尼，还是大阻尼情况，都将衰减，最后趋于零，因此解(6.27)中的 x_1 项可忽略不计，微分方程理论证明，特解 x_2(通常简单地称其为受迫振动)应是角频率与驱动力角频率 ω 相同的正弦或余弦函数，设为

$$x=A\cos(\omega t-\varphi) \qquad (6.28)$$

式中 A 为受迫振动的振幅，φ 为受迫振动与驱动力间的相位差。如何根据微分方程理论确定 A 和 φ，读者可参考高等数学教材。

我们注意到微分方程(6.26)中涉及到的力、位移、速度和加速度都是按角频率为 ω 的正弦、余弦函数化的，因此可以用旋转矢量法对其进行分析并求出振幅 A 和初相 φ。

现将表示为旋转矢量的各有关参量列于下表：

量	振幅	相对驱动力的相位差
$F=F_0\cos\omega t$	F_0	0
$x=A\cos(\omega t-\varphi)$	A	$-\varphi$
$\dot{x}=-A\omega\sin(\omega t-\varphi)$	$A\omega$	$\pi/2-\varphi$
$\ddot{x}=-A\omega^2\cos(\omega t-\varphi)$	$A\omega^2$	$\pi-\varphi$

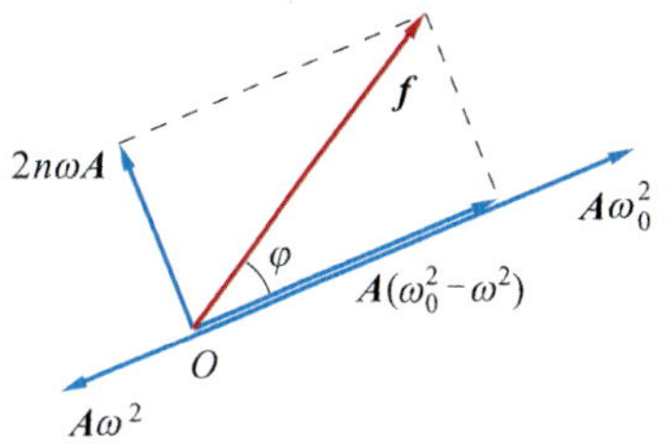

图 6.19

t 时刻的四个旋转矢量表示在图 6.19 上，式(6.26)表明，其左端的三个矢量和应等于其右端的矢量，见图 6.19 上的矢量图，根据此图显然有

$$A=\frac{f}{\sqrt{(\omega_0^2-\omega^2)^2+4n^2\omega^2}}$$
$$\tan\varphi=\frac{2n\omega}{\omega_0^2-\omega^2} \qquad (6.29)$$

上面的分析表明，受迫振动是谐振动，其角频率与驱动力的角频率相同，受迫振动的振幅 A，以及它与驱动力间的相位差 φ，都与起始条件无关。下面对受迫振动振幅 A、相位差 φ 作进一步讨论。

1. 振幅

为了帮助读者进一步了解受迫振动特性，下面将由理论计算得到的受迫振动振幅 A 及相位角 φ 与干扰力角频率 ω 及系数 n 间的关系用曲线表示在图 6.20、图 6.21 中。

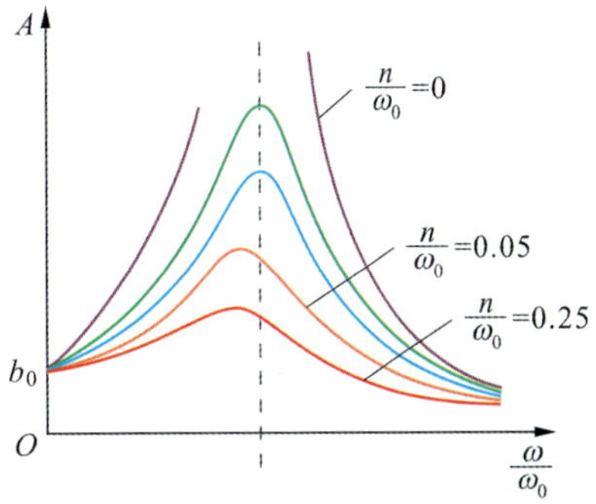

图 6.20

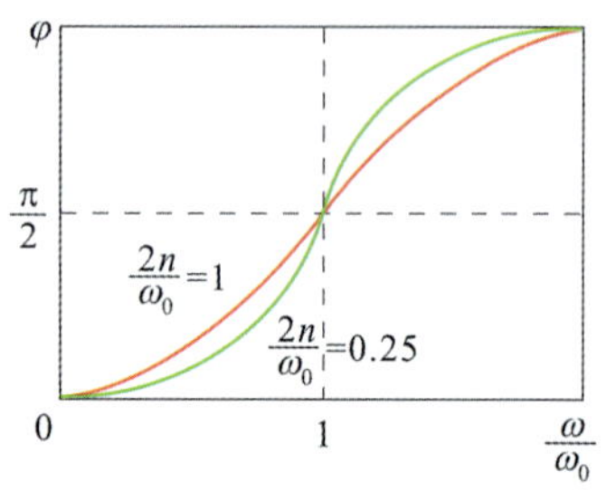

图 6.21

从 $A-\frac{\omega}{\omega_0}$ 曲线看出：

(1) 对某一给定弹簧振子，当干扰力角频率 ω 由零逐渐增大时，受迫振动的振幅逐渐增大到某一极大值(此时称系统发生共振)，再继续增大 ω，振幅又逐渐减小；当 ω 很大时，振幅趋近于零。$A-\frac{\omega}{\omega_0}$ 曲线常称为共振曲线。

振幅随干扰力角频率的这一变化规律和我们观察到的实验结果是符合的。

(2) 一般地说，虽然阻尼不能阻止受迫振动发生，也不能使受迫振动振幅逐渐衰减，但是阻尼的存在对受迫振动的振幅起着抑制作用，即阻尼越大(μ 或 n 越大)，受迫振动振幅越小，阻尼对受迫振动的抑制作用特别明显地表现在共振区，见图 6.20。

(3) 理论计算和实践表明，一般工程问题中可近似地认为共振发生在干扰力角频率 ω 等于弹簧振子固有角频率 ω_0 时，即 $\omega=\omega_0$。

2. 相位差 φ

φ 为受迫振动 x_2 与干扰力之间的相位差。从图 6.21 所示的 $\varphi-\frac{\omega}{\omega_0}$ 曲线看出：

(1) 当 $\omega<\omega_0$ 时，即干扰力角频率 ω 小于弹簧振子固有角频率 ω_0 时，$\varphi<\pi/2$。

(2) 当 $\omega>\omega_0$ 时，即干扰力角频率 ω 大于弹簧振子固有角频率 ω_0 时，$\varphi>\pi/2$。

(3) 当 $\omega=\omega_0$ 时，即干扰力角频率 ω 等于弹簧振子固有角频率 ω_0 时，$\varphi=\pi/2$。

有的读者一定会问，为什么有阻尼作用，受迫振动还会是谐振动呢？又为什么在共振时弹簧振子的振幅(粗略地说，还有相应的弹簧振子能量)会出现极大呢？对第一个问题，如果从功能观点分析，读者一定会自己找到解答，这里不作解释。对第二个问题，请读者沿着下述思路去寻求解答，即只有在 $\omega=\omega_0$ 共振时，弹簧振子的速度 $\dot{x}$ 才与干扰力 F 具有相同的相位，也只有这时干扰力对弹簧振子才始终做正功。

复习思考题

6.13 什么是阻尼振动？出现衰减振动的条件是什么？

6.14 衰减振动是不是周期性振动？为什么？

6.15 什么是受迫振动？受迫振动的频率和振幅与哪些因素有关？

6.16 什么是共振？产生共振的条件是什么？

第 6 章小结

谐振动的能量

弹簧振子的动能和势能均随时间作周期性变化，但振动过程中机械能守恒

$$E_k=\frac{1}{2}kA^2\sin^2(\omega t+\varphi)$$

$$E_p=\frac{1}{2}kA^2\cos^2(\omega t+\varphi)$$

$$E=E_k+E_p=\frac{1}{2}kA^2$$

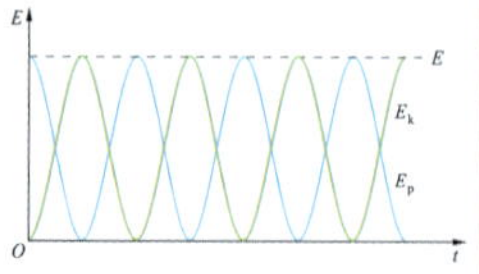

谐振动的旋转矢量表示法

一个矢量在纸面内绕 O 点匀速逆时针旋转，如果矢量的模等于 A，旋转角速度等于 ω，$t=0$ 时，矢量与 x 轴夹角为 φ，则该旋转矢量在 x 轴上的投影表示一个谐振动

$$x=A\cos(\omega t+\varphi)$$

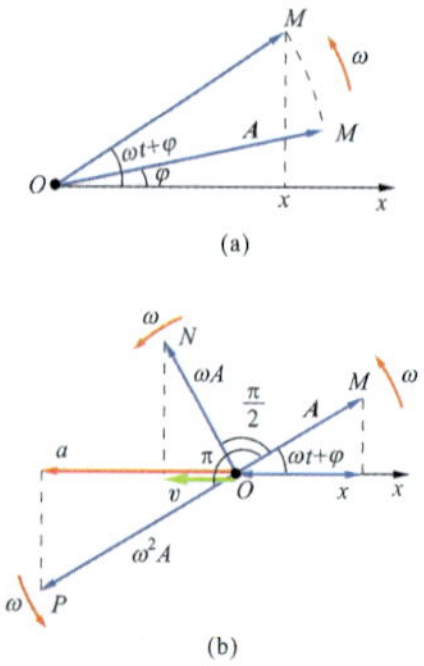

简谐振动(简称谐振动)

物体振动时，若决定其位置的坐标按余弦(或正弦)函数随时间变化，这样的振动称为简谐振动

$$x=A\cos(\omega t+\varphi)$$

作简谐振动物体的加速度(或所受合力)总是与位移大小成正比而反向

$$F_x=-kx \qquad \ddot{x}=-\frac{k}{m}x$$

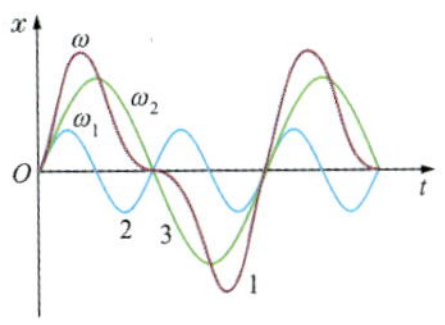

简谐振动的速度和加速度

作简谐振动物体的速度和加速度是按余弦(或正弦)函数随时间变化的

$$v=\dot{x}=-\omega A\sin(\omega t+\varphi)$$

$$a=\ddot{x}=-\omega^2 A\cos(\omega t+\varphi)$$

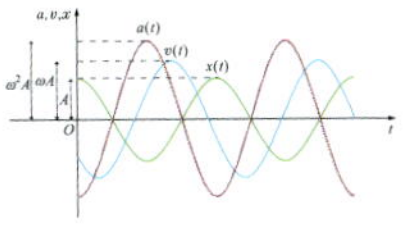

谐振动的合成

同方向同频率

同方向、同频率谐振动的合成运动仍为谐振动，合成谐振动的振幅和初相与原来两个谐振动的振幅和初相有关

$$A=\sqrt{A_1^2+A_2^2+2A_1A_2\cos(\varphi_2-\varphi_1)}$$

$$\varphi=\arctan\frac{A_1\sin\varphi_1+A_2\sin\varphi_2}{A_1\cos\varphi_1+A_2\cos\varphi_2}$$

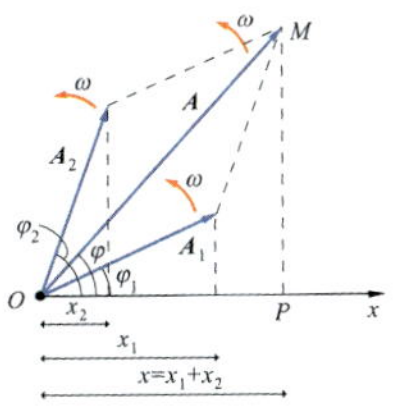

同方向不同频率

同方向、不同频率的合成运动不再是谐振动，当两个谐振动频率相差很小时，将会呈现拍的现象。

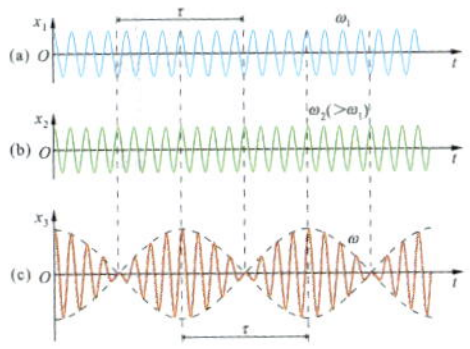

谐振动的振幅、周期、频率和相位

振幅

振动物体离开平衡位置的最大距离称为振幅，其大小一般由起始条件决定

$$A=\sqrt{x_0^2+\left(\frac{v_0}{\omega}\right)^2}$$

周期和频率

物体作一次完全振动所需的时间称为周期。物体在一秒内振动的次数称为频率

$$T=\frac{2\pi}{\omega} \qquad \nu=\frac{1}{T}=\frac{\omega}{2\pi}$$

弹簧振子的周期和频率取决于其本身的性质

$$\nu=\frac{1}{T}=\frac{1}{2\pi}\sqrt{\frac{k}{m}}$$

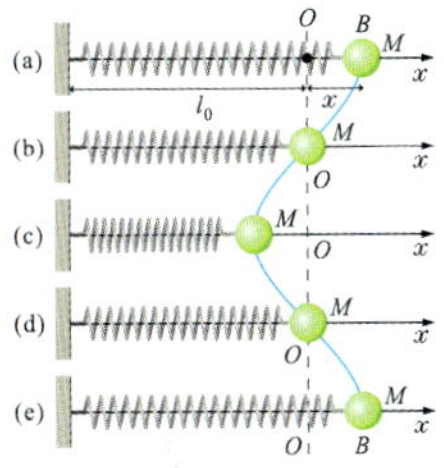

相位

振动物体的位置坐标、速度和加速度随时间变化关系式中的$(\omega t+\varphi)$称为相位

$t=0$时的相位称为初相位，初相位的值由起始条件决定

$$\tan\varphi=-\frac{v_0}{x_0\omega}$$

习　题

6.1　选择题

(1) 一质点作谐振动，周期为T，它由平衡位置沿x轴负方向运动到离最大负位移1/2处所需要的最短时间为[　　]。

(A) $T/4$　(B) $T/12$　(C) $T/6$　(D) $T/8$

(2) 一单摆周期恰好为1 s，它的摆长为[　　]。

(A) 0.99 m　(B) 0.25 m　(C) 0.78 m　(D) 0.5 m

(3) 已知弹簧的劲度系数为1.3 N/cm，振幅为2.4 cm，这一弹簧振子的机械能为[　　]。

(A) 7.48×10^{-2} J　(B) 1.87×10^{-2} J

(C) 3.74×10^{-2} J　(D) 5.23×10^{-2} J

(4) 一质点作谐振动，频率为ν，则其振动动能变化频率为[　　]。

(A) $\frac{1}{2}\nu$　(B) $\frac{1}{4}\nu$　(C) ν

(D) 2ν　(E) 4ν

(5) 有两个谐振动的$x(t)$图如下，它们之间的初相差$(\varphi_2-\varphi_1)$有下述两种情况。

对图(a)情况：为[　　]。

(A) $\frac{1}{2}\pi$　(B) $\frac{3}{2}\pi$　(C) π

(D) $-\frac{1}{2}\pi$　(E) $-\frac{3}{2}\pi$

对图(b)情况：为[　　]。

(A) $\frac{1}{2}\pi$　(B) $\frac{3}{2}\pi$　(C) π

(D) $-\frac{1}{2}\pi$　(E) $-\frac{3}{2}\pi$

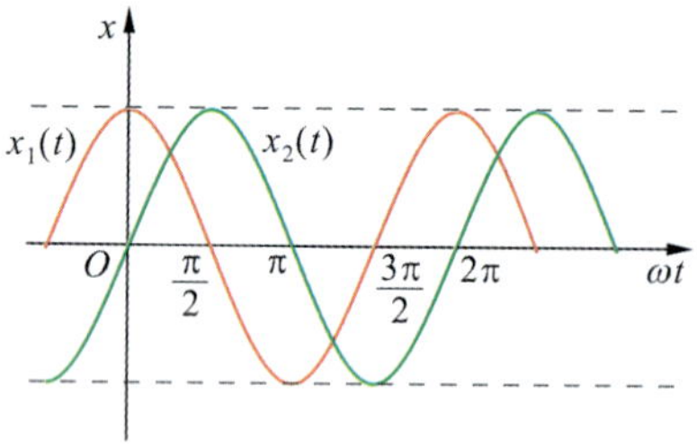

(a)

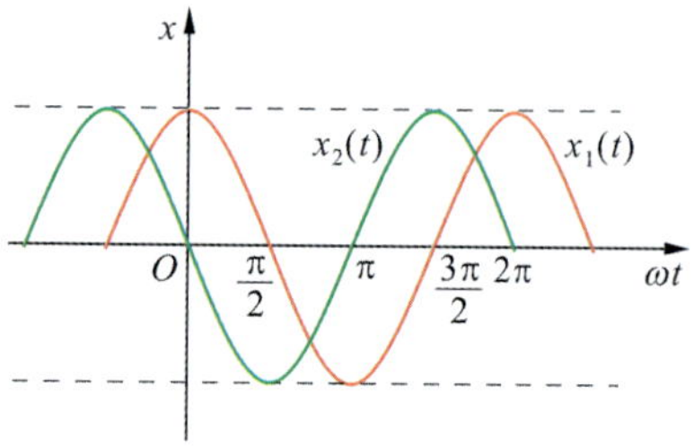

(b)

题 6.1(5)图

(6) 两个谐振动的 $x(t)$ 图如图所示，将这两个谐振动叠加，合成的余弦振动的初相为[　　]。

(A) 0　(B) $\frac{3}{2}\pi$　(C) π　(D) $\frac{1}{2}\pi$

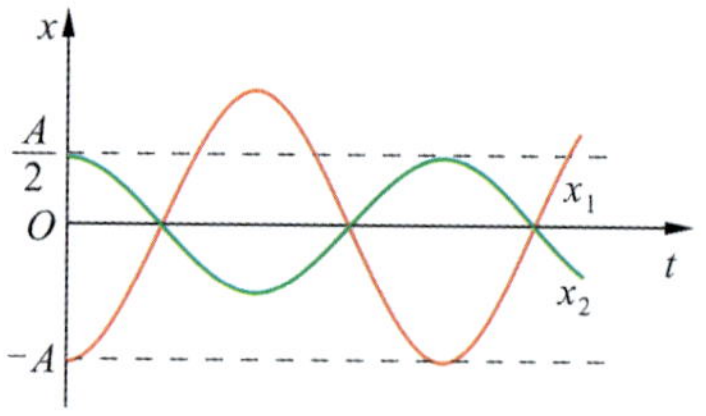

题 6.1(6)图

6.2　填空题

(1) 当谐振子的振幅增大两倍时，它的周期________，劲度系数________，机械能________，速度最大值 v_{max}________，加速度最大值 a_{max}________。(填增大、减小、不变或变几倍。)

(2)设地球、月球皆为均质球，它们的质量和半径分别为 M_e、M_m、R_e、R_m，给定的弹簧振子在地球上和在月球上作谐振动的频率比 f_e/f_m 为________，给定的单摆在地球上和在月球上作谐振动的频率比 f'_e/f'_m 为________。

(3)一弹簧振子振动频率为 ν_0，若将弹簧剪去一半，则此弹簧振子振动频率 ν 与原有频率 ν_0 间的关系是________。

(4) 单摆的周期为 T，振幅为 A，起始时单摆的状态如图示(a)、(b)、(c)三种，若以单摆的平衡位置为 x 轴的原点，x 轴指向右为正，则单摆作小角度振动的运动学方程分别为：

(a)____________；

(b)____________；

(c)____________。

(5) 两个质点各自作谐振动，它们的振幅相同，周期也相同，第一质点的运动学方程为 $x_1=A\cos(\omega t+\varphi)$，当这个质点从坐标为 x 处回到平衡位置时，另一质点恰在正向最大坐标位置处，这后一质点的运动学方程为____________。

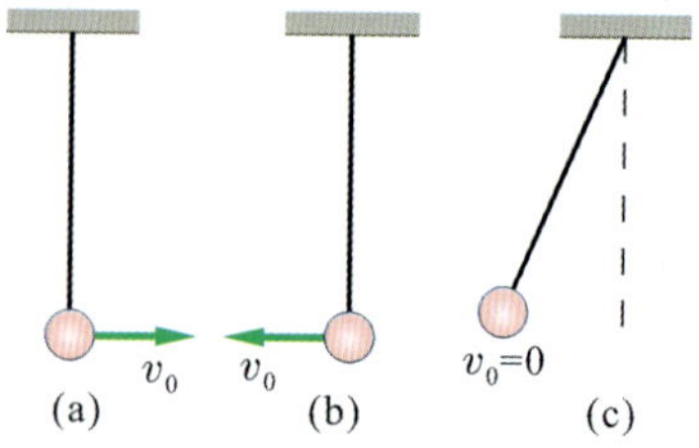

题 6.2(4)图

(6) 设质点沿 x 轴作谐振动，位移为 x_1、x_2 时的速度分别为 v_1 和 v_2，此质点振动的周期为__________。

6.3　在常温下，固体中原子振动频率约为 10^{13} Hz，设想原子间以弹簧连接，固体中一个银原子以此频率振动，其余原子都不动，试计算等效劲度系数。已知一摩尔银(有 6.02×10^{23} 个原子)的质量为 108 g。

6.4　一物体沿 x 轴作谐振动，振幅为 10.0 cm，周期为 2.0 s，在 $t=0$ 时，坐标为 5.0 cm，且向 x 轴负方向运动。求在 $x=-6.0$ cm处，向 x 轴负方向运动时，物体的速度和加速度以及它从这个位置回到平衡位置所需的时间。

6.5　原长为 0.50 m 的弹簧，上端固定，下端挂一质量为 0.1 kg 的砝码。当砝码静止时，弹簧的长度为 0.60 m，若将砝码向上推，使弹簧回到原长，然后放手，则砝码作上下振动。

(1) 证明砝码上下运动为谐振动；

(2)求此谐振动的振幅、角频率和频率；

(3) 若从放手时开始计时，求此谐振动的振动方程(取正向向下)。

6.6　将质量为 2.0 kg 的物体挂在弹簧上，再将另一质量为 300 g 的物体挂在这物体的下面，这时弹簧又拉长了 2.0 cm。如果将 300 g 的物体拿开而使 2.0 kg 的物体振动，试求振动周期。

6.7　一物块在水平面上作谐振动，振幅为 10 cm，当物块离开平衡位置 6 cm 时，速度为 24 cm/s。问：

(1) 周期是多少？

(2) 速度为±12 m/s 时的位移是多少？

6.8　一物体放在活塞上，活塞以 1.0 s 的周期在竖直方向作谐振动。试问：

(1) 在多大振幅时，物体与活塞分离？

(2) 如活塞具有 5.0 cm 的振幅，物体与活塞保持接触的最大频率为多大？

6.9　弹簧挂在天花板上，下端系一小物体，最初使物体在弹簧未被拉长时的末端位置保持静止，然后释放使其上下振动，其最低位置在初位置下方 10.0 cm 处。问：

(1)频率是多少？

(2) 当物体在初始位置下方8.0 cm处时，其速率为多大？

(3) 将一 300 g 砝码系于这物体下面，系统振动频率变为原来的一半，此时第一个物体质量多大？

(4) 两物体系于弹簧后，其新的平衡位置在何处？

6.10　一平台在竖直方向作谐振动，振幅为 5 cm，频率为 $10/\pi$ Hz，在平台到达路径最低点时，将一木块放于平台上。问木块在何处离开平台？

6.11　一给定弹簧在 60 N 的拉力下伸长了 30 cm，质量为 4 kg的物体悬在弹簧的下端并使之静止，再把物体向下拉 10 cm，然后释放。问：

(1)周期是多少？

(2) 当物体在平衡位置上方 5 cm 处并向上运动时，物体的加速度多大？方向如何？这时弹簧的拉力是多少？

(3) 物体从平衡位置运动到上面 5 cm 处所需最短时间是多少？

(4) 如果在振动物体上再放一小物体，此小物体是停在上面呢还是离开它？

(5) 如果使振动物体的振幅增大一倍，放在振动物体上的小物体在什么地方与振动物体开始分离？

6.12　有两个完全相同的弹簧振子 a 和 b，并排放在光滑的水平面上，测得它们的周期都是 2 s，现将两振子从平衡位置向右拉开 5 cm，然后无初速地先释放 a，经过 0.5 s 后，再释放 b 振子。求它们之间的相位差。若以 b 振子刚开始运动的瞬时为计时起始时刻，试写出两振子的运动学方程。

6.13　一汽车可以认为是被支承在四根相同的弹簧上沿铅垂方向振动，频率为 3.00 Hz。

(1)设这汽车的质量为 1450 kg，车重均匀分配在四根弹簧上，试求每根弹簧的劲度系数；

(2)今有平均质量为 73.00 kg 的 5 个乘客坐在车上，这时车-人系统的振动频率是多少(车和人重仍假定均匀分配在四根弹簧上)？

6.14　试求弹簧振子的机械能，已知弹簧劲度系数为 1.3 N/cm，振幅为 2.4 cm。

6.15　一物块悬于弹簧下端并作谐振动，当物块位移为振幅的一半时，这个振动系统的动能占总能量的多大部分？势能占多大部分？位移多大时，动能、势能各占总能量的一半？

6.16　两个分振动各为 $\cos\omega t$ 和$\sqrt{3}\cos\left(\omega t+\dfrac{\pi}{2}\right)$，若在同一直线上合成，求合振动的振幅 A 及初相位 φ。

6.17　两质点沿着同一直线作频率和振幅均相同的谐振动，当它们每次沿相反方向互相通过时，其位移均为振幅一半。试问它们之间的相位差为多少？

6.18　一个 3.0 kg 的质点按下述方程作谐振动

$$x=5.0\cos\left(\frac{\pi}{3}t-\frac{\pi}{4}\right)$$

式中 x、t 的单位分别为 m 和 s。试问：(1) x 为什么值时，势能等于总能量的一半？(2) 质点从平衡位置到这一位置需要多长时间？

6.19　一长方形木块浮于静水中，其浸入水中部分高为 a，今用手指沿竖直方向将其慢慢压下，使其浸入水中部分高度变为 b，然后放手任其运动。试证明：若不计阻力，木块运动为谐振动，并求出振动周期和振幅。

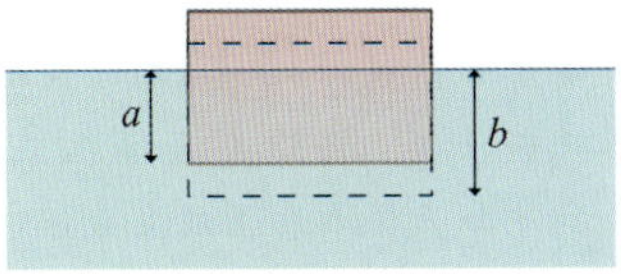

题 6.19 图

6.20　设杆 OA 的质量可忽略不计，其一端用铰链连接，可绕垂直于纸面的轴在铅垂面内摆动，另一端固定有一质量为 m 的球，见图。当杆在水平位置时，劲度系数为 k 的弹簧处于不伸长不缩短状态，今设杆的摆角非常小，以致小球的运动可以认为是上下运动，试求系统的固有频率。

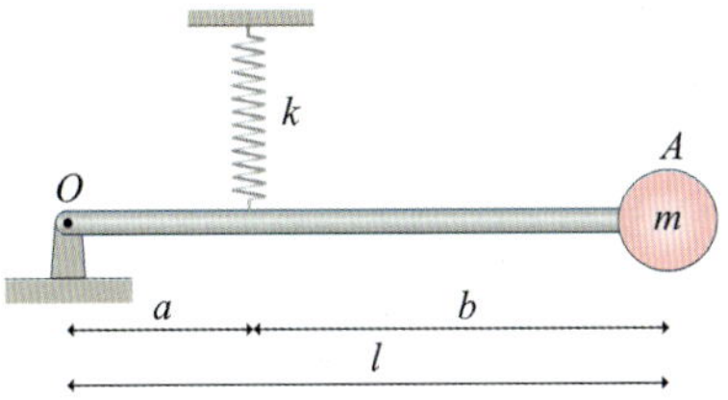

题 6.20 图

6.21　两个谐振动，振动方程为$x_1=5\cos\left(10t+\dfrac{3}{4}\pi\right)$ cm 和 $x_2=6\cos\left(10t+\dfrac{\pi}{4}\right)$ cm，试求其合成运动的振幅及初相。

6.22　两个谐振动，振动方程为 $x_1=0.12\cos\pi\left(t+\dfrac{1}{3}\right)$ m 和 $x_2=0.15\cos\pi\left(t+\dfrac{1}{6}\right)$ m，试求其合成运动的振动方程。

6.23　一质量为 10 g 的物体作简谐振动，其振幅为 24 cm，周期为 4.0 s。当 $t=0$ 时，位移为 24 cm。试求：

(1)$t=0.5$ s 时，物体所在的位置；

(2)$t=0.5$ s 时，物体所受力的大小和方向；

(3)由起始位置运动到 $x=12$ cm 处所需的最短时间；

(4)在 $x=12$ cm 处，物体的速度、动能、势能和总能量。

中国现代美术奠基人——徐悲鸿

徐悲鸿(1895—1953),画家,美术教育家。江苏宜兴人。自幼随父学习诗文书画 ,1916 年入上海复旦大学法文系,半工半读,并自修素描。1917 年留学日本学习美术,不久回国。1919 年赴法国留学,1923 年入巴黎国立美术学校。学习油画、素描,并游历西欧诸国,观摹、研究美术作品。1927 年回国,先后在上海南国艺术学院美术系、中央大学艺术系、北京大学艺术学院等院校任教。1933 年起,先后在法国、比利时、意大利、英国、德国及苏联举办中国美术展览及个人画展。

中华人民共和国成立后任中华全国美术工作者协会(今中国美术家协会)主席、中央美术学院院长等职。在绘画上,徐悲鸿主张现实主义美术,强调写实,提倡师法造化,反对因循守旧,注重兼蓄并收。对中国画主张"古法之佳者守之,垂绝者继之,不佳者改之,未足者增之,西方绘画可采入者融之"。擅长素描、油画、中国画。其素描多作人物、肖像,造型精练、准确,注重线与面的结合;油画长于人物、风景,作品体现了爱国主义和人道主义思想;中国画则融西方艺术手法于中国传统艺术之中,别具一格。兼工人物、花鸟、走兽、山水,尤善画马,作品表现了中华民族坚韧不拔的进取精神。

徐悲鸿在创作和美术实践上继承了中国古代画论中工师法造化的优良传统,强调艺术家追求真理、探究人生、以美备其本业,高尚其志趣与澄清其品格。徐悲鸿将西方美术技法与中国传统绘画相结合,是新写实水墨画的开山人,成为时代的代表艺术家。作为美术教育家,完善了科学的美术教学体系,亲自培养了吴作人、艾中信、侯一民、靳尚谊等一批有成就的美术家。代表作有:油画《田横五百士》《九方皋》《漓江春雨》《晨曲》《泰戈尔像》《奔马》等。有多种画集、研究文集出版。著有《徐悲鸿艺术文集》等。1953 年 9 月 26 日卒于北京。逝世后,北京建立了徐悲鸿纪念馆,集中保存展出其作品。

《九方皋》

《九方皋》取材于《列子·论符篇》的一个故事。大意说:春秋时代有一个相马的名士伯乐,他有一个好朋友叫九方皋,其辨认好马的能力不在伯乐之下。有一次秦穆公想求一匹好马,伯乐就介绍九方皋给秦穆公。于是九方皋在外面寻求了 3 个月,终于找到一匹黑色的雄马。可当秦穆公询问他马的雌雄和颜色时,却令秦穆公大失所望。秦穆公对伯乐说:"九方皋连马的颜色都不能辨认,如何能认识马的好坏呢?"伯乐说:"九方皋观察马的时候是见其精而忘其粗,在其内而忘其外,见其所见而不见其所不见。"意思是说九方皋不重视马的表皮外相,只重视它的内在精神品质,他对于马的真正知识是无人可比的。秦穆公仔细检验了这匹马,果然是天下最好的马。因此我国从古至今,把伯乐和九方皋比作善于认识人才的人。此幅《九方皋》图是七易其稿所作,画面着力于九方皋这一人物的刻画,表现了这位气度非凡、善辨识广的精明长者,在发现骏马时喜悦但不露声色的神情,而那黑色的骏马则因知遇而双目放光,跃然欲驰。

(艺术点评:江冉)

第7章 机械波

遥感遥测技术

遥感是一门实用的、先进的空间探测技术。它根据不同物体对波谱产生不同响应的原理，从空中识别地面上各类地物，已被广泛应用于资源环境、水文、气象、地质地理、军事等领域。

遥感技术的特点有三个方面：(1)**探测范围广、采集数据快**　遥感探测能在较短的时间内，从空中对大范围地区进行对地观测，为宏观地掌握地面事物、研究自然现象和规律提供第一手资料。(2)**动态反映地面事物的变化**　遥感探测能周期性地、重复地对同一地区进行对地观测，动态地跟踪地球上事物的变化，尤其是在监视天气状况、自然灾害、环境污染以及军事目标等方面，显得格外重要。(3)**数据具有综合性**　遥感探测所获取的是同一时段、覆盖大范围地区的信息，综合真实地展现了地质、地貌、土壤、植被、水文、人工构筑物等地物的特征，全面揭示了地理事物之间的关联性。

遥感系统主要由四大部分组成：(1)**信息源**　信息源是遥感需要对其进行探测的目标物。任何目标物都具有反射、吸收、透射及辐射电磁波的特性，当目标物与电磁波发生相互作用时会形成目标物的电磁波特性，这就为遥感探测提供了获取信息的依据。(2)**信息获取**　信息获取是指运用遥感技术装备接收、记录目标物电磁波特性的探测过程。遥感技术装备主要是遥感平台和传感器。其中遥感平台是用来搭载传感器的运载工具，常用的有气球、飞机和人造卫星等；传感器是用来探测目标物电磁波特性的仪器设备，常用的有照相机、扫描仪和成像雷达等。(3)**信息处理**　信息处理是指运用光学仪器和计算机设备对所获取的遥感信息进行校正、分析和解译处理的技术过程，通过这一处理过程掌握或清除遥感原始信息的误差，梳理、归纳出被探测目标物的影像特征，然后依据特征从遥感信息中识别并提取所需的有用信息。(4)**信息应用**　信息应用是指专业人员按不同的目的将遥感信息应用于各业务领域的使用过程。遥感的应用领域十分广泛，最主要的应用有：军事、地质矿产勘探、自然资源调查、地图测绘、环境监测以及城市建设和管理等。

台湾岛遥测图

台湾岛假彩色 TM 影像由 5 景 TM 数据镶嵌而成，波段组合为 4(红)，5(绿)，3(蓝)。图中植被为红色，水体为黑色或深蓝色。图像显示城市和平缓地区主要在西部，中部和东部主要为山区。

本章讨论机械波中最基本、最重要的一种形式——简谐波。主要内容有：机械波产生的机理和描述简谐波的各物理量、简谐波的波函数、波的能量、惠更斯原理、波的干涉、驻波，最后简单介绍声波的多普勒效应。

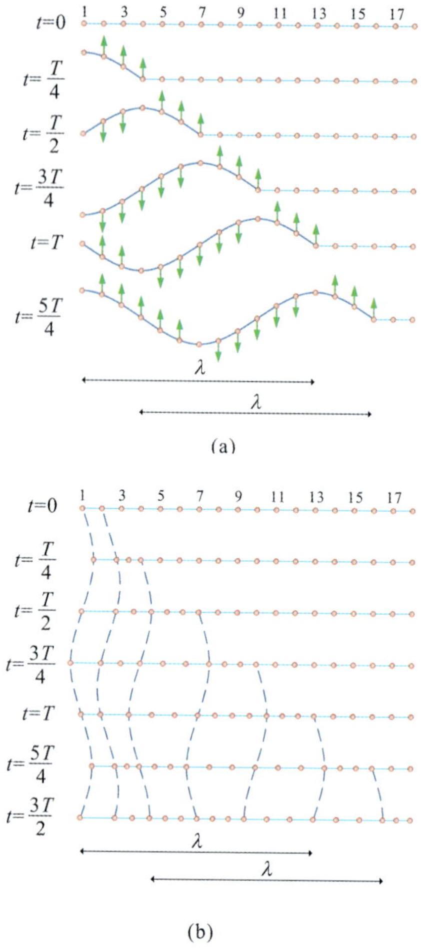

图 7.1

7.1 机械波的产生和传播

7.1.1 机械波的产生

无限多个质点相互之间通过弹性回复力联系在一起的连续介质叫弹性介质(也称弹性媒质)。弹性媒质可以是固体、液体或气体。当弹性媒质中的任一质点因受外界的扰动而离开平衡位置时，邻近质点就将对它作用一个弹性回复力，并使它在平衡位置附近振动起来。与此同时，这个质点也给邻近质点以弹性回复力的作用，使邻近质点也在自己的平衡位置附近振动起来。这样，弹性媒质中一个质点的振动会引起它邻近质点的振动，而邻近质点的振动又会引起它邻近质点的振动，这样依次带动，就使振动以一定的速度由近及远地传播出去，从而形成机械波。例如向水中投一石子，与石子撞击的那部分水先振动起来，成为波源，带动邻近的水由近及远地相继振动起来，形成水波。由此可见，要形成机械波，首先要有作机械振动的物体，即波源；其次还要有能够传播机械振动的弹性媒质。**波源和弹性媒质是产生机械波的两个必须具备的条件。**

必须注意的是，波动只是振动状态在媒质中的传播，在传播过程中，媒质中的各质点并不随波前进，各质点只在各自的平衡位置附近振动，对此，读者只要联系绳中的行波传播情况，是不难理解的。由于媒质中质点的振动状态常用相位来描述，所以振动状态的传播也可用相位的传播来描述。相位的概念在波动研究中也有着特别重要的意义，读者应注意掌握。

7.1.2 横波和纵波

按媒质中质点振动的方向和波在媒质中传播的方向之间的关系，把波可以分成横波和纵波。如果质点的振动方向和波的传播方向相互垂直，这种波称为横波。例如柔绳上传播的波就是横波。如果质点的振动方向和波的传播方向相互平行，这种波称为纵波。例如空气中传播的声波就是纵波。横波和纵波是两种最基本的波，它们的形成过程可用示意图 7.1(a)、(b)来说明。

在图 7.1(a)中，$t=0$ 时，媒质中各质点均处在平衡位置，随即质点 1 受到横向扰动开始作周期为 T 的谐振动，并相应地带动邻近质点也作相同周期的谐振动，到 $t=\frac{T}{4}$时，振动传到了质点 4，质点 4 开始振动，到 $t=\frac{T}{2}$时，振动传到了质点 7，……，到 $t=T$ 时，质点 1 经过一个周期回到平衡位置，振动传到质点 13。就这样，弹性媒质中一个质点的振动依次引起其他质点的振动，由近及远传播出去，形成了机械波。因为质点的振动方向与波的传播方向相垂直，所以称为横波。同理，可以分析图 7.1(b)的情况，只不过此时质点的振动方向与波的传播方向相平行，称为纵波。

从图 7.1 可以看出，不论是横波还是纵波，在传播过程中，媒质中各质点均在各自的平衡位置附近振动，质点并不随波前进。这说明波动只是振动状态的传播。正如上面所提到的，质点的振动状态常用相位来描述，因此振动状态的传播也可用相位的传播来表示。沿波的传播方向，各质点的相位依次落后，在图 7.1 中，与质点 1 的相位比较，质点 4、7、10、13、16 的相位依次落后 $\frac{\pi}{2}$、π、$\frac{3\pi}{2}$、2π、$\frac{5}{2}\pi$。质点 13 与质点 1、质点 14 与质点 2 虽处于同一振动状态，但在时间上落后了一个周期 T，相位也落后了 2π。由此可见，质点振动状态的传播就是质点相位的传播。

从图 7.1 中还可以看出，横波的外形特征是横向具有突起的“波峰”和凹下的“波谷”，而纵波是在纵向有“稀疏”和“稠密”的区域。

想想看

7.1 一列横波沿 x 轴正方向传播，某时刻各质点离开各自平衡位置的位移如图所示。图上标出了六个质点，试问：①质点 2、3、4、5 振动的相位与质点 1 比较分别落后了多少？②质点 2 振动的相位与质点 3、4、5、6 比较分别超前了多少？

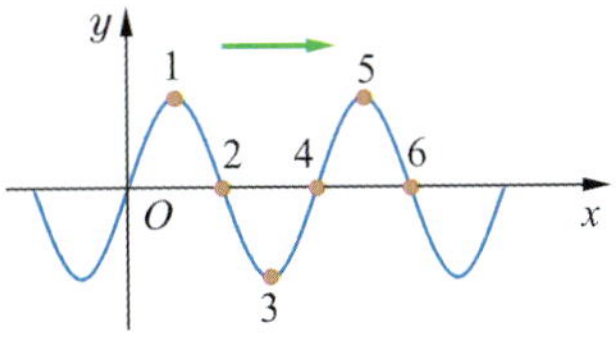

想 7.1 图

7.1.3 波线和波面

为了形象地描述波在空间的传播情况，包括波的传播方向及各质点振动的相位等，常用几何图形来表示。**在波传播过程中，任一时刻媒质中各振动相位相同的点联结成的面叫做波面**（也称波阵面或同相面）。在某一时刻，波传播到的最前面的波面称为该时刻的波前。波前一般也是一个同相面。

波面为球面的波叫球面波，波面为平面的波叫平面波。点波源在各向同性均匀媒质中向各方向发出的波就是球面波，其波面是以点波源为球心的球面。球面波传播到离点波源很远的距离处时，在空间的某一小区域内各相邻的球形波面可以近似地看作是相互平行的平面，因此可以认为是平面波。太阳是一个波源。就整个太阳系来看，太阳可看作是点波源，它发出的光波是球面波。但在地球表面（对整个太阳系说来这是一个很小的区域）上某处看，太阳光波可以认为是平面波。

沿波的传播方向作一些带箭头的线，叫做波线，波线的指向表示波的传播方向。在各向同性均匀媒质中，波线恒与波面垂直。平面波的波线是垂直于波面的平行直线。球面波的波线是沿半径方向的直线。平面波和球面波的波面和波线如图 7.2 所示。

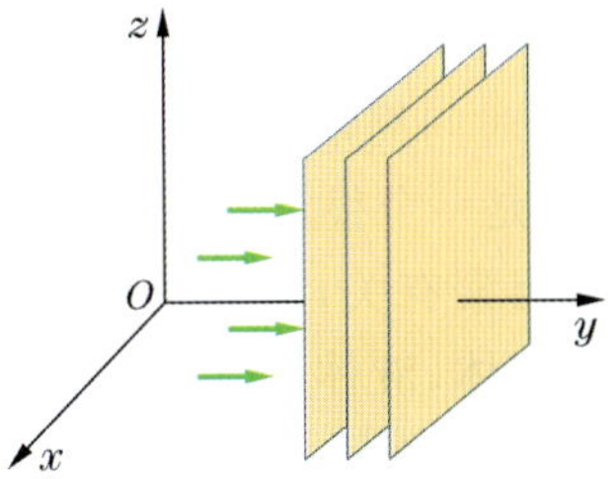

(a) 平面波

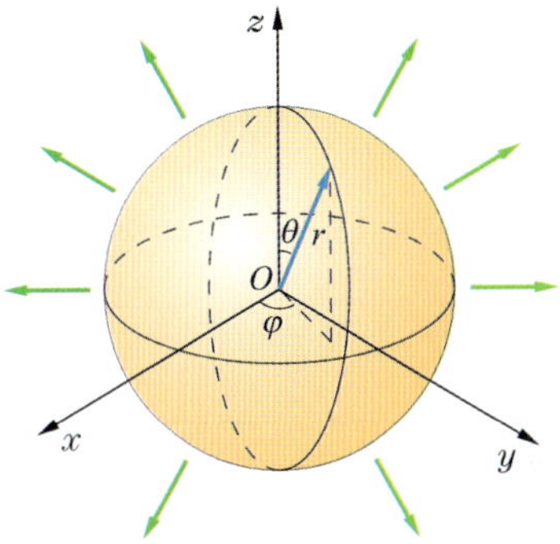

(b) 球面波

图 7.2

7.1.4 波长　周期　频率　波速

上面讨论了机械波的产生，横波与纵波的形成，并介绍了波线和波面。下面再介绍几个描述波动的物理量。

(1) 波长　波传播时，**在同一波线上两个相邻的、相位差为 2π 的质点之间的距离叫做波长**，用 λ 表示。波源作一次完全振动，波前进的距离等于一个波长，波长反映了波的空间周期性。

(2) 周期　波动还具有时间周期性。波传播时，波前进一个波长距离所需的时间叫做波的周期，用 T 表示。周期的倒数叫频率，频率为单位时间内，波前进距离中波的数目，用 ν 表示，有

$$\nu = \frac{1}{T} \tag{7.1}$$

显然，波的周期和频率与它所传播的振动的周期和频率相同。因此，具有一定振动周期和频率的波源，在不同媒质中激起的波的周期和频率是相同的，与媒质的性质无关。

(3) 波速　振动状态在媒质中的传播速度叫做波速。用 u 表示，由于波动本身就是振动相位的传播过程，所以波速实质上是相位传播的速度。显然

波速与波长、周期和频率的关系为

$$u=\frac{\lambda}{T}=\nu\lambda \qquad (7.2)$$

式(7.2)表示波的时间周期性与空间周期性以及它们和波速的关系，是一个很重要的关系式。

波速与许多因素有关，但其大小主要取决于媒质的性质。波在固体、液体和气体中传播的速率不同。可以证明，拉紧的绳子或弦线中，横波的波速为

$$u_t=\sqrt{\frac{T}{\mu}} \qquad (7.3)$$

式中 T 为绳子或弦线中的张力，μ 为其质量线密度。

在均匀细棒中，纵波的速度为

$$u_l=\sqrt{\frac{Y}{\rho}} \qquad (7.4)$$

式中 Y 为棒的杨氏模量，ρ 为棒的密度。

液体和气体（统称流体）只能传播纵波，其波速由下式给出

$$u=\sqrt{\frac{B}{\rho}} \qquad (7.5)$$

式中 B 为液体或气体的体积模量，ρ 是液体或气体的密度。

在同一固体媒质中，纵波和横波传播速度不同。同一温度下，不同媒质中波速不同。同一媒质在不同温度下，波速一般也不相同。研究波，特别是声波的传播速度，不论是在理论上还是在实践中都有重要的意义。

想想看

7.2 通过振动一根拉紧的绳子的一端，使其沿绳子传播一列横波。试就以下两种情况回答波速、波长分别是增大、减小，还是保持不变：①增大振动频率；②增大绳中的张力。

复习思考题

7.1 什么叫波动？具备哪些条件才能形成机械波？

7.2 什么叫波面？波面与波前有何异同？波面与波线之间有什么联系？

7.3 液体和气体能传播横波吗？

7.4 下面几种说法，哪些是正确的？

①波源的振动频率与波动的频率是不相等的；

②波源的振动速率与波动的传播速率是相等的；

③波源的振动周期与波动的周期是相等的；

④在波传播方向上任一质点的振动相位比波源振动相位滞后。

7.2 平面简谐波

振动在媒质中的传播过程形成波。**如果所传播的是谐振动，且波所到之处，媒质中各质点均作同频率、同振幅的谐振动，这样的波称为简谐波，也叫余弦波或正弦波**。若波源作任意周期性振动，这时在媒质中形成的波一般是很复杂的。但可以证明，任何复杂的波都可以看成是由许多不同频率的简谐波叠加而成。因此，简谐波是一种最基本、最重要的波，研究简谐波的波动规律是研究更复杂波的基础。

如果简谐波的波面为平面，则这样的简谐波称为平面简谐波。本章主要讨论在无吸收（即不吸收所传播的振动能量）、各向同性、均匀无限大媒质中传播的平面简谐波。

7.2.1 平面简谐波的波函数

在平面简谐波传播时，媒质中各质点都作同一频率的谐振动，但在任一时刻各点的振动相位一般不同，它们的位移一般也不相同，但根据波面的定义知，在任一时刻处在同一波面上的各点有相同的相位，它们离开各自的平衡位置有相同的位移，如图7.3(a)所示。因此，只要知道了与波面垂直的任意一条波线上波的传播规律，就可知整个波的传播规律了。

设有一平面简谐波沿 x 轴的正向传播，媒质中各质点的振动沿 y 方向。取任意一条波线为 x 轴，在其上任取一点 O 为坐标原点，如图7.3(b)所示，研究波的传播规律，就是要确定波线（x 轴）上坐标为 x 的任意一点 P 在任意时刻 t 的位移 y，它应为坐标 x 和时间 t 的函数，即

$$y=f(x,t)$$

对平面简谐波来说，波线上各点都在作谐振动，因此可设位于坐标原点 O 处波面上质点的振动方程为

$$y_0(t)=A\cos(\omega t+\varphi_0) \qquad (7.6)$$

式中 A 为该波面上质点振动的振幅，ω 为角频率，φ_0

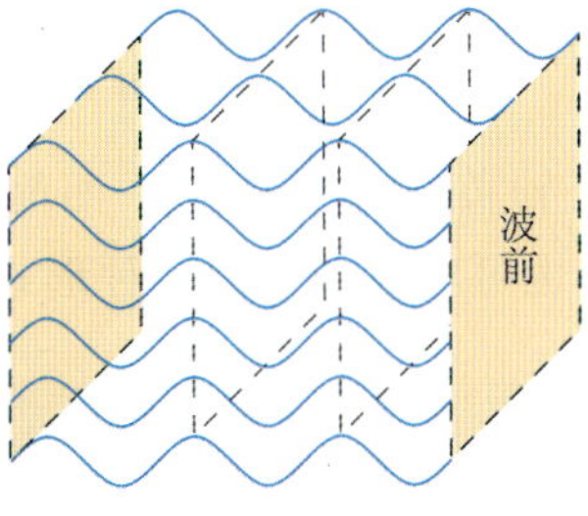

(a)

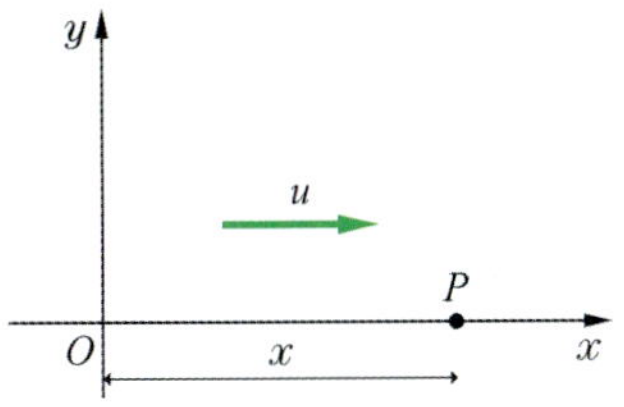

(b)

图 7.3

为初相。由于媒质不吸收能量，当振动沿 x 轴正向以波速 u 传播到 P 点时，P 点处波面上各质点将以相同的振幅 A(这点将在下节中予以证明)和相同的角频率 ω 重复 O 点处质点的振动，但它的相位要比 O 点处质点的相位落后。波从原点 O 传至 P 点所需时间为 $\Delta t=\frac{x}{u}$，因此在时刻 t，P 点处质点的位移就是 O 点处质点在时刻 $t-\Delta t=t-\frac{x}{u}$ 的位移。从相位看，P 点处质点的振动相位较 O 点处质点的相位落后 $\omega\Delta t$，令 $y(x,t)$ 表示 P 点处质点在 t 时刻的位移，则

$$y(x,t)=A\cos\left[\omega\left(t-\frac{x}{u}\right)+\varphi_0\right] \tag{7.7}$$

式(7.7)给出了波在传播过程中，任意时刻波线上任意质点作谐振动的位移。式(7.7)称为平面简谐波的波函数，有时也称为平面简谐波的波动方程。

应用式(7.2)$u=\nu\lambda$ 及 $\omega=2\pi\nu=2\pi\frac{1}{T}$，可将式(7.7)改写成

$$y(x,t)=A\cos\left[2\pi\left(\nu t-\frac{x}{\lambda}\right)+\varphi_0\right] \tag{7.8}$$

$$y(x,t)=A\cos\left[2\pi\left(\frac{t}{T}-\frac{x}{\lambda}\right)+\varphi_0\right] \tag{7.9}$$

$$y(x,t)=A\cos\left[\frac{2\pi}{\lambda}(ut-x)+\varphi_0\right] \tag{7.10}$$

对于沿 x 轴正向传播的平面简谐波，式(7.7)、(7.8)、(7.9)、(7.10)是完全等价的。

为了进一步理解平面简谐波波函数的物理意义，分下面三种情况讨论。

(1)当 $x=x_0$ 给定(即在波线上取一定点)，则位移 y 仅是 t 的函数。这时波函数表示在波线上 $x=x_0$ 处的质点 P 作频率为 ν 的谐振动，将式(7.8)写作

$$y(t)=A\cos\left(2\pi\nu t-2\pi\frac{x_0}{\lambda}+\varphi_0\right)$$

式中 $2\pi\frac{x_0}{\lambda}$ 为质点 P 落后于 O 点的相位。如令 $\varphi=-2\pi\frac{x_0}{\lambda}+\varphi_0$，则 φ 即为 P 点的初相，上式变为

$$y(t)=A\cos(\omega t+\varphi)$$

此式表示位于 x_0 处的质点的振动方程。相应的位移-时间曲线如图 7.4 所示。

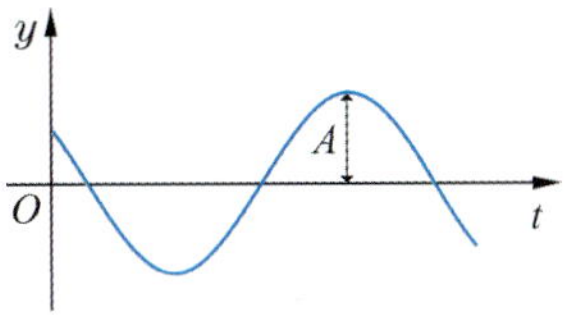

图 7.4

(2)当 $t=t_0$ 给定，则位移 y 仅是 x 的函数。这时波函数表示在 $t=t_0$ 时刻，波线上各质点离开各自平衡位置的位移分布情况，也就是 t_0 时刻波的形状，这时作出的 $y-x$ 曲线，也叫做 t_0 时刻的波形图。图 7.5(a)所示为式(7.8)表示的简谐波在时刻 $t=0$，初相 $\varphi_0=0$ 的波形图；图 7.5(b)所示为 $t=T/4$ 时刻的波形图。

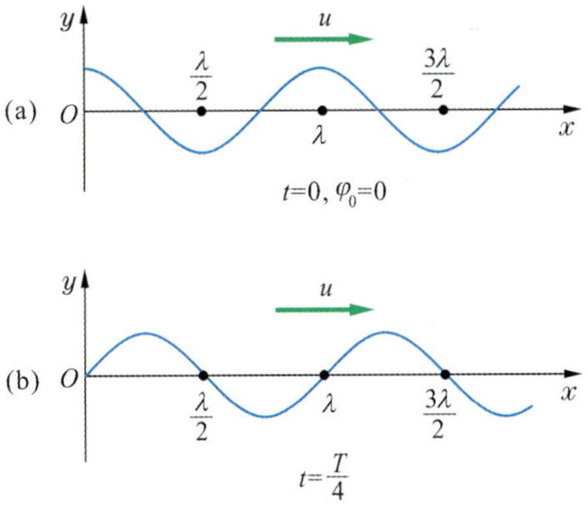

图 7.5

(3)如果 x 和 t 都变化，则波函数就表示出波线上各个质点在不同时刻的位移分布情况。以 x 为横坐标，y 为纵坐标，画出不同时刻的波形图，将看出波不断向前推进的图像。

设时刻 t_1 位于 x_1 处质点的位移为

$$y(x_1,t_1)=A\cos\omega\left(t_1-\frac{x_1}{u}\right)$$

经过时间 Δt 到时刻 $t_1+\Delta t$，位于 $x_2=x_1+\Delta x$ 处质点的位移为

$$y(x_1+\Delta x,t_1+\Delta t)=A\cos\omega\left(t_1+\Delta t-\frac{x_1+\Delta x}{u}\right)$$

波以波速 u 传播，若取 $\Delta x=u\Delta t$，则

$$x_2=x_1+\Delta x=x_1+u\Delta t$$

$$y(x_1+\Delta x,t_1+\Delta t)=A\cos\omega\left(t_1+\Delta t-\frac{x_1+u\Delta t}{u}\right)$$

$$=A\cos\omega\left(t_1-\frac{x_1}{u}\right)=y(x_1,t_1)$$

这一结果说明，在时刻 $t_1+\Delta t$，位于 $x_2=x_1+\Delta x$ 处的质点的位移正好等于在时刻 t_1 位于 x_1 处的质点的位移。就是说这一振动状态，经过时间 Δt 传过了 $\Delta x=u\Delta t$ 的距离。上述的这一振动状态是任意取的，所以上述讨论意味着任一振动状态，经过时间 Δt 都向前传过了 Δx 的距离。这就是说在时间 Δt 内，整个波形沿波传播方向上平移了一段距离 $\Delta x=u\Delta t$。图 7.6 画出了时刻 t_1 和时刻 $t_1+\Delta t$ 的两条波形曲线。在一个周期的时间内波形曲线平移的距离显然是一个波长 λ。

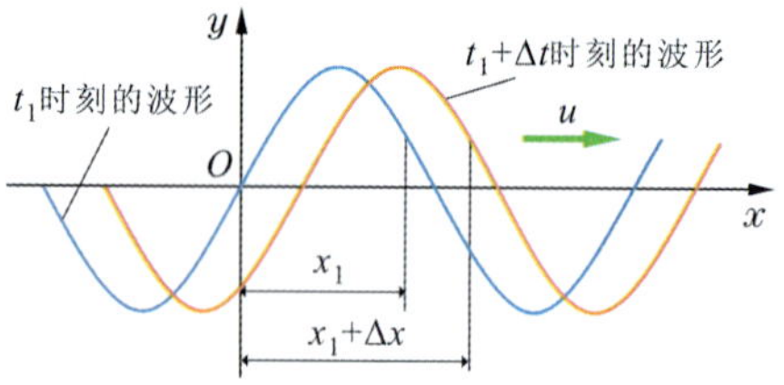

图 7.6

如果波沿 x 轴的负方向传播，如图 7.7 所示。设位于坐标原点 O 处波面上质点的振动方程为

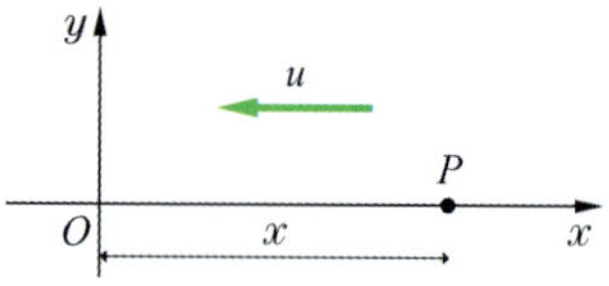

图 7.7

$$y_0(t)=A\cos(\omega t+\varphi_0)$$

P 点是波线上坐标为 x 的任一点。由于波沿 x 轴负向传播，P 点的振动较坐标原点 O 处的振动超前一段时间 x/u，因此在时刻 t，O 点处质点的振动相位为 $(\omega t+\varphi_0)$ 时，P 点处质点的振动相位就应是 $\omega\left(t+\dfrac{x}{u}\right)+\varphi_0$，所以在时刻 t，P 点处波面上质点的位移为

$$y(x,t)=A\cos\left[\omega\left(t+\frac{x}{u}\right)+\varphi_0\right] \quad (7.11)$$

此式就是沿 x 轴负方向传播的平面简谐波的波函数。此式同样也可写成如下的几种形式：

$$y(x,t)=A\cos\left[2\pi\left(\nu t+\frac{x}{\lambda}\right)+\varphi_0\right] \quad (7.12)$$

$$y(x,t)=A\cos\left[2\pi\left(\frac{t}{T}+\frac{x}{\lambda}\right)+\varphi_0\right] \quad (7.13)$$

$$y(x,t)=A\cos\left[\frac{2\pi}{\lambda}(ut+x)+\varphi_0\right] \quad (7.14)$$

想想看

7.3　一列平面简谐波沿 x 轴正方向以波速 u 传播，已知坐标原点处质点作谐振动的振幅为 A、角频率为 ω、位移-时间曲线如图。试写出：①坐标原点处质点的振动方程；②该平面简谐波的波动方程。

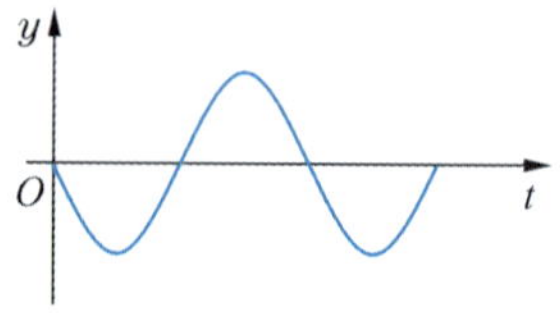

想 7.3 图

7.4　图示为沿 x 轴正方向传播的三列平面简谐波某时刻 t 的波形曲线，已知这三列波的相位分别为：①$[2\pi(4t-2x)]$；②$[2\pi(8t-4x)]$；③$[2\pi(16t-8x)]$；试问哪一相位对应于图中哪一列波？

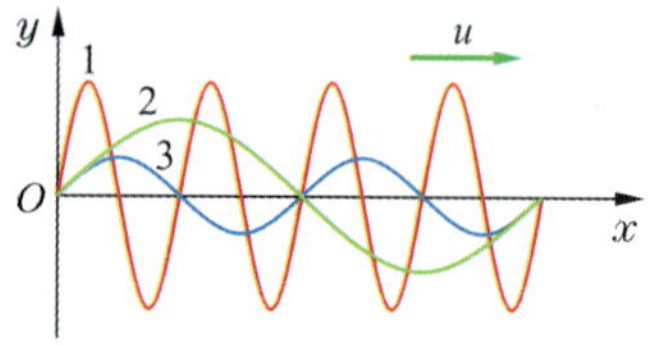

想 7.4 图

7.5　一列平面简谐波，以 $u=1$ m/s 的波速沿 x 轴负方向传播，已知 $t=2$ s 时刻的波形如图。试结合图上所给出的信息：①画出 $t=0$ 时刻的波形图；②求出位于坐标原点的质点振动的初相位，并写出其振动方程；③写出该平面简谐波的波动方程。

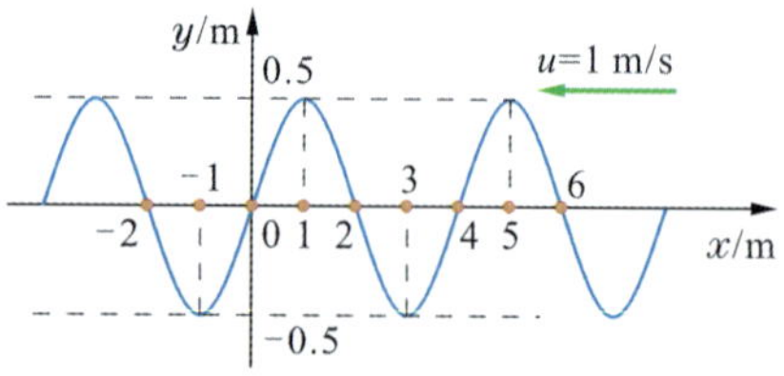

想 7.5 图

■ **例 7.1** 一平面简谐波沿 x 轴正方向传播，已知其波函数为

$$y=0.04\cos\pi(50t-0.10x)\quad \text{m}$$

求：(1)波的振幅、波长、周期及波速；(2)质点振动的最大速度。

解 已知波函数，求振幅、周期等描述波动的有关的物理量，是波动问题的一个重要类型。本题即属于这种类型。求解这类问题，首先必须切实掌握描述波动的各物理量的定义和它们的物理意义，其次还要切实掌握波函数的物理意义。具体求解时，一般采用将给定的波函数与平面简谐波的标准波函数进行比较，从而求出欲求的各物理量；或者根据各物理量的定义以及它们之间的联系，通过计算求得结果。下面对本题分别用两种方法进行求解。

(1)两种解法

解法 1 比较系数法

即将题给的波函数改写成

$$y=0.04\cos2\pi\left(\frac{50}{2}t-\frac{0.10}{2}x\right)$$

与波函数式(7.9)

$$y=A\cos\left[2\pi\left(\frac{t}{T}-\frac{x}{\lambda}\right)\right]$$

相比较，得 $A=0.04\ \text{m}$，$T=\dfrac{2}{50}=0.04\ \text{s}$，$\lambda=\dfrac{2}{0.10}=20\ \text{m}$，$u=\dfrac{\lambda}{T}=500\ \text{m/s}$。

解法 2 由各物理量的定义求

振幅 A：即位移的最大值，所以 $A=0.04\ \text{m}$。

周期 T：由于波的周期等于质点振动的周期，也就是等于质点振动相位变化 2π 所经历的时间。设 x 处的质点在 $T=t_2-t_1$ 的时间内相位改变 2π，则有

$$\pi(50t_2-0.10x)-\pi(50t_1-0.10x)=2\pi$$

得

$$T=t_2-t_1=0.04\quad \text{s}$$

波长 λ：即一个完整波的长度，就是指在同一波形图上相位差为 2π 的两点间的距离，如图(a)所示。设 t 时刻 x_1 和 x_2 处两质点的相位差为 2π，则有

$$\pi(50t-0.10x_1)-\pi(50t-0.10x_2)=2\pi$$

得

$$\lambda=x_2-x_1=20\quad \text{m}$$

波速 u：即质点振动相位传播的速度，也就是单位时间内某一振动状态(相位)传过的距离。如图(b)所示，设时刻 t_1，x_1 处的相位在时刻 t_2 传至 x_2 处，则有

$$\pi(50t_2-0.10x_2)=\pi(50t_1-0.10x_1)$$

得

$$u=\frac{x_2-x_1}{t_2-t_1}=500\quad \text{m/s}$$

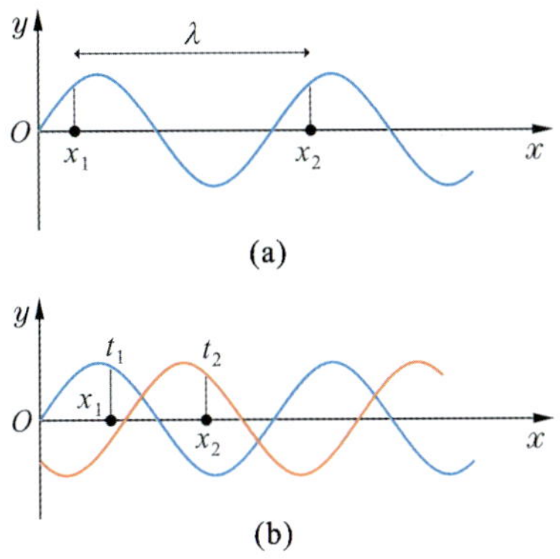

例 7.1 图

这种方法是根据各物理量的意义，通过对相位关系的分析而求得各量的。对初学者来说，这种方法有利于加深基本概念的理解。

(2)质点的振动速度为

$$v=\frac{\partial y}{\partial t}=-0.04\times 50\pi\sin\pi(50t-0.10x)$$

其最大值为

$$v_{max}=0.04\times 50\pi=6.28\quad \text{m/s}$$

例 7.2 一平面简谐横波以 400 m/s 的波速在均匀媒质中沿一直线传播。已知波源的振动周期为 0.01 s,振幅 $A=0.01$ m。设以波源振动经过平衡位置向正方向运动时作为计时起点,求:(1)以距波源 2 m 处为坐标原点写出波函数;(2)以波源为坐标原点写出波函数;(3)距波源 2 m 和 1 m 的两点间的振动相位差。

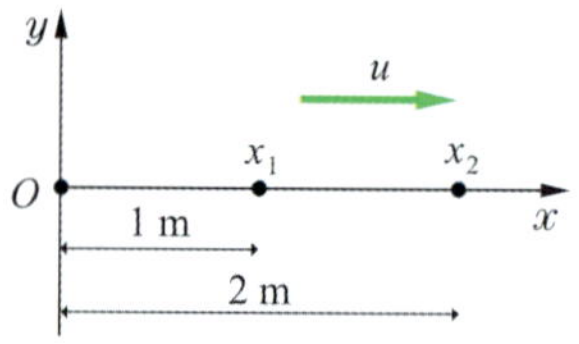

例 7.2 图

解 已知描述波动的有关物理量,例如已知振幅、周期、波速、波长等,求波函数,是波动问题的另一个重要类型。本题即属于这种类型。求解这类问题,一般应首先根据已知条件(包括用图形给出的已知条件),求得波源的振动方程,明确所选用的坐标系,然后根据波的传播方向及有关物理量写出欲求的波函数。进而还可讨论坐标轴上任一点的振动方程,以及任一时刻的波形曲线等。

读者可结合下面对本题的研究,体会求解这类问题的思路与方法。

(1)根据题给条件,在 $t=0$ 时,波源的振动状态及其振幅、周期都为已知,因此不论是用解析法还是旋转矢量法,都容易写出波源的振动方程。实际上,当以波传播方向为 x 轴正方向,取波源所在处为坐标原点 O,如图所示。在 $t=0$ 时,波源的 $y_0=0$,$v_0=\frac{\partial y}{\partial t}>0$。由此初始条件可定出波源振动的初相为$\varphi_0=-\frac{\pi}{2}$,故波源的振动方程为

$$y_0(t)=A\cos\left(\frac{2\pi}{T}t+\varphi_0\right)=0.01\cos\left(200\pi t-\frac{\pi}{2}\right)$$

再求距波源 2 m 处质点的振动方程。波从 O 点传到 2 m 处的质点所需时间为 $\Delta t=\frac{x_2}{u}=\frac{2}{400}$ s,得距波源 2 m 处质点的振动方程为

$$\begin{aligned}y(t)&=A\cos[\omega(t-\Delta t)+\varphi_0]\\&=0.01\cos\left[200\pi t-200\pi\times\frac{2}{400}-\frac{\pi}{2}\right]\\&=0.01\cos\left(200\pi t-\frac{3}{2}\pi\right)\end{aligned}$$

式中$-\frac{3}{2}\pi=\varphi$ 为距波源 2 m 处质点振动的初相。以距波源 2 m 处为坐标原点的波函数为

$$\begin{aligned}y(x,t)&=A\cos\left[\omega\left(t-\frac{x}{u}\right)+\varphi\right]\\&=0.01\cos\left[200\pi\left(t-\frac{x}{400}\right)-\frac{3\pi}{2}\right]\end{aligned}$$

(2) 由(1)中波源的振动方程 $y=A\cos\left(200\pi t-\frac{\pi}{2}\right)$ 可得以波源为坐标原点的平面简谐波的波函数为

$$y(x,t)=0.01\cos\left[200\pi\left(t-\frac{x}{u}\right)-\frac{\pi}{2}\right]$$

$$=0.01\cos\left[200\pi\left(t-\frac{x}{400}\right)-\frac{\pi}{2}\right]$$

(3)将 $x=2$ m 及 $x=1$ m 分别代入(2)式中求出的波函数，即得此两点处质点的振动方程

$$y_2(t)=0.01\cos\left(200\pi t-\frac{3}{2}\pi\right)$$

$$y_1(t)=0.01\cos(200\pi t-\pi)$$

则距波源为 2 m 和 1 m 的两点间振动相位差为

$$\Delta\varphi=\left(200\pi t-\frac{3}{2}\pi\right)-(200\pi t-\pi)=-\frac{\pi}{2}$$

如果坐标轴上某点的振动方程已知，根据波的传播方向及有关物理量也不难写出与不同坐标系相应的波函数。对此，读者可结合例 7.3 进行研究。

例 7.3　一平面简谐波，波速为 u，已知在传播方向上 x_0 点的振动方程为 $y=A\cos(\omega t+\varphi_0)$，试就图所示的(a)、(b)两种坐标取法，分别写出各自的波函数。

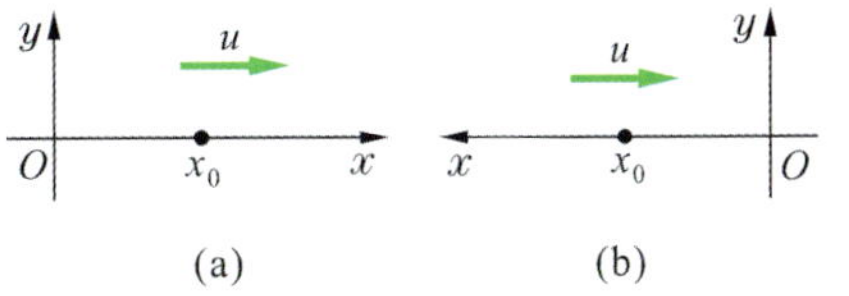

例 7.3 图

解　在图(a)所示的坐标取法中，波的传播方向与 x 轴的正向相同。先写出坐标原点 O 处的振动方程。由于波是由 O 点传向 x_0 点的，因而 O 点的振动相位超前于 x_0 点 $\omega x_0/u$，则 O 点的振动方程为

$$y_0=A\cos\left[\omega\left(t+\frac{x_0}{u}\right)+\varphi_0\right]$$

沿 x 轴正方向传播的平面简谐波的波函数为

$$y=A\cos\left[\omega\left(t-\frac{x}{u}+\frac{x_0}{u}\right)+\varphi_0\right]$$

$$=A\cos\left[\omega\left(t-\frac{x-x_0}{u}\right)+\varphi_0\right]$$

在图(b)所示的坐标取法中，波的传播方向与 x 轴的正方向相反，波是由 x_0 点传向坐标原点 O 的，因而 O 点振动相位落后于 x_0 点 $\omega\frac{x_0}{u}$，则 O 点的振动方程为

$$y_0=A\cos\left[\omega\left(t-\frac{x_0}{u}\right)+\varphi_0\right]$$

沿 x 轴负方向传播的平面简谐波的波函数为

$$y=A\cos\left[\omega\left(t+\frac{x}{u}-\frac{x_0}{u}\right)+\varphi_0\right]$$

$$=A\cos\left[\omega\left(t+\frac{x-x_0}{u}\right)+\varphi_0\right]$$

想想看

7.6　(1) 图(a)表示一沿 x 轴正方向传播的平面简谐波某时刻的波形曲线。试分别指出图中 a、b、c、d 四质点在该时刻是向上运动、向下运动，还是瞬时静止？

(2) 图(b)表示波线上 $x=0$ 处质点振动的位移-时间曲线。试分别指出坐标轴上 e、f、g、h 四个时刻质点是向上运动、向下运动，还是瞬时静止？

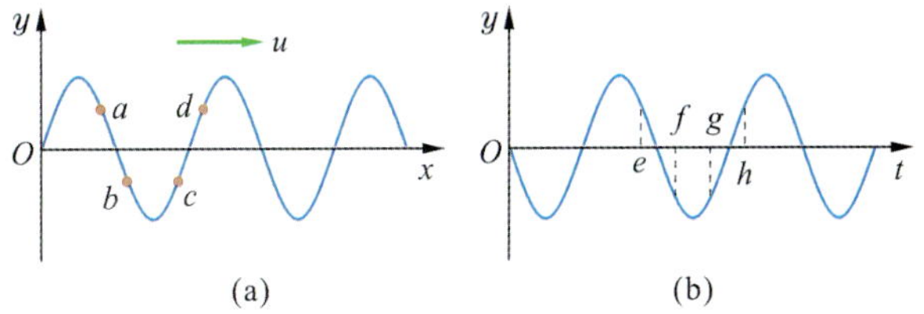

想 7.6 图

7.2.2　平面波的波动微分方程

将平面简谐波的波函数

$$y(x,t)=A\cos\left[\omega\left(t-\frac{x}{u}\right)+\varphi_0\right]$$

分别对 t 和 x 求二阶偏导数，有

$$\frac{\partial^2 y}{\partial t^2}=-A\omega^2\cos\left[\omega\left(t-\frac{x}{u}\right)+\varphi_0\right]$$

$$\frac{\partial^2 y}{\partial x^2}=-A\frac{\omega^2}{u^2}\cos\left[\omega\left(t-\frac{x}{u}\right)+\varphi_0\right]$$

比较两个二阶偏导数，可得

$$\frac{\partial^2 y}{\partial x^2}=\frac{1}{u^2}\frac{\partial^2 y}{\partial t^2} \tag{7.15}$$

如果是任一沿 x 方向传播的平面波(不限于平面简谐波)，将其波函数对 t 和 x 求二阶偏导数之后，所得的结果将仍然满足式(7.15)，所以式(7.15)是一切平面波所必须满足的微分方程，称为沿 x 方向传播的平面波的波动微分方程。波动微分方程式(7.15)不仅适用于机械波，也适用于电磁波等。它是物理学中的一个具有普遍意义的方程。就是说，物理量 y 不论是力学量还是电学量或其他量，只要它与时间 t 和坐标 x 的关系满足方程(7.15)，这一物理量就按波的形式传播，而且导数 $\frac{\partial^2 y}{\partial t^2}$ 的系数的倒数的平方根就是波的传播速度。

一般情况下，物理量 $\xi(x,y,z,t)$ 在三维空间中以波的形式传播，只要媒质是均匀、各向同性且是无吸收的，则有

$$\frac{\partial^2 \xi}{\partial x^2}+\frac{\partial^2 \xi}{\partial y^2}+\frac{\partial^2 \xi}{\partial z^2}=\frac{1}{u^2}\frac{\partial^2 \xi}{\partial t^2} \tag{7.16}$$

式(7.16)是描述波动过程的线性二阶偏微分方程，通常称为波动微分方程。通过对带有特定边界条件的波动微分方程求解，能够深入刻画波的传播规律。

复 习 思 考 题

7.5 简谐波的波函数与谐振动的振动方程有什么不同？有什么联系？

7.6 有人在写出沿 x 轴正方向传播的波的波函数时，认为波从 O 点传播到 P 点，P 点的振动要比 O 点晚一段时间 x/u，因而 O 点在 t 时刻的相位应在 $t+\frac{x}{u}$ 时刻传到 P 点，因此，平面简谐波的波函数应为

$$y=A\cos\left[\omega\left(t+\frac{x}{u}\right)+\varphi_0\right]$$

你认为对吗？为什么？

7.7 平面简谐波的波函数 $y=A\cos[\omega(t-x/u)+\varphi_0]$ 中，x/u、φ_0 各表示什么？如写成 $y=A\cos\left(\omega t-\frac{\omega}{u}x+\varphi_0\right)$，$\frac{\omega}{u}x$ 又表示什么？

7.8 波从一种媒质进入另一种媒质，波长、频率、波速各物理量中，哪些要变化？哪些不变化？

7.9 某时刻向右传播的横波波形曲线如图所示，试画出图中 A、B、C、D、E、F、G、H、I 各质点在该时刻的运动方向，并画出经过 1/4 周期后的波形曲线。

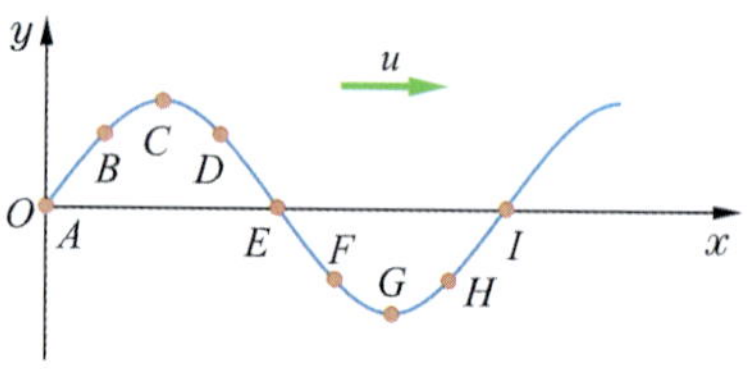

思 7.9 图

7.10 一平面简谐波沿一拉紧的弦线传播，波速 $u=\omega\lambda$，有人说可以利用提高弦的振动频率来提高波的传播速度，这一说法对吗？如何才能提高波速呢？

7.11 下列三个波动方程中，哪个波速最大？

(1) $y(x,t)=3\cos(2t-4x)$

(2) $y(x,t)=2\cos(4t-3x)$

(3) $y(x,t)=4\cos(3t-3x)$

7.12 频率为 500 Hz 的简谐波，波速为 350 m/s。①相位差为 $\frac{\pi}{3}$ rad 的两点相距多远？②时间间隔为 1.0 s，某质点相应位移之差是多少？

7.3 波的能量

在波的传播过程中，媒质中质点都在各自的平衡位置附近振动，因而具有动能；同时弹性媒质要产生形变，因而具有势能。下面将证明，随着波的传播就有机械能的传播。这是波动的一个重要特征。

7.3.1 波的能量和能量密度

我们以在绳子上传播的横波为例导出波动的能量表达式。

设波速为 u 的简谐波沿截面积为 ΔS 的绳子传播，取波的传播方向沿 x 轴，绳子的振动方向沿 y 轴，则简谐波的波函数为

$$y=A\cos\left[\omega\left(t-\frac{x}{u}\right)+\varphi_0\right]$$

在绳子上 x 处取一段长为 Δx 的线元，如图 7.8 所示。设绳子每单位长度的质量为 μ，则此线元的质量 $\Delta m=\mu\Delta x$。由波函数可求得线元的振动速度为

$$v=\frac{\partial y}{\partial t}=-A\omega\sin\left[\omega\left(t-\frac{x}{u}\right)+\varphi_0\right]$$

所以线元的动能为

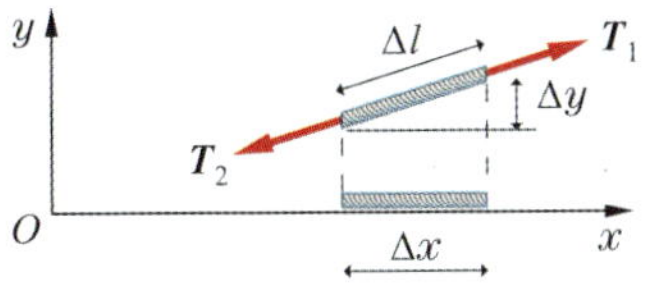

图 7.8

$$W_k=\frac{1}{2}\Delta m v^2=\frac{1}{2}\mu\Delta x A^2\omega^2\sin^2\left[\omega\left(t-\frac{x}{u}\right)+\varphi_0\right] \tag{7.17}$$

波在传播过程中，线元不仅在 y 方向有位移，而且线元还要发生形变，由原长 Δx 变成了 Δl，如图 7.8 所示。伸长量为 $\Delta l-\Delta x$，线元两端要受到张力 T 的作用。当线元的形变量很小时，在研究线元 y 方向的运动规律时，可以认为线元两端的张力大小相等，即 $T_1=T_2=T$。在线元伸长过程中，张力所做的功就等于此线元的势能，即

$$W_p=T(\Delta l-\Delta x)$$

在 Δx 很小时，有

$$\Delta l=\sqrt{(\Delta x)^2+(\Delta y)^2}=\Delta x\left[1+\left(\frac{\Delta y}{\Delta x}\right)^2\right]^{1/2}$$

$$\approx\Delta x\left[1+\left(\frac{\partial y}{\partial x}\right)^2\right]^{1/2}$$

对此式用二项式定理展开，并略去高次项，则有

$$\Delta l\approx\Delta x\left[1+\frac{1}{2}\left(\frac{\partial y}{\partial x}\right)^2\right]$$

因此

$$W_p=T(\Delta l-\Delta x)=\frac{1}{2}T\left(\frac{\partial y}{\partial x}\right)^2\Delta x$$

将波函数对 x 求一阶导数

$$\frac{\partial y}{\partial x}=A\frac{\omega}{u}\sin\left[\omega\left(t-\frac{x}{u}\right)+\varphi_0\right]$$

并由式(7.3)得 $T=u^2\mu$，将此两结果代入 W_p 的式中，则得线元的势能表达式为

$$W_p=\frac{1}{2}\mu\Delta x A^2\omega^2\sin^2\left[\omega\left(t-\frac{x}{u}\right)+\varphi_0\right] \tag{7.18}$$

线元总机械能应等于线元动能与势能之和，即

$$W=W_k+W_p=\mu\Delta x A^2\omega^2\sin^2\left[\omega\left(t-\frac{x}{u}\right)+\varphi_0\right] \tag{7.19}$$

比较式(7.17)和式(7.18)可以看出：(1) 在波传播过程中，任一线元的动能和势能都随时间变化，且在任何时刻都是同相位的，而其量值也是完全相等的，即动能达到最大值时，势能也达到最大值；动能为零时，势能也为零。波动中任一线元的动能与势能的这种变化关系与弹簧振子的振动动能和势能的变化关系完全不同。(2) 正如式(7.19)指出，在波动传播过程中，任一线元的总机械能不是一个常量，而是随时间 t 作周期性变化，这与弹簧振子的总能量是一常量完全不同。(3) 与前面通过波函数分析波在媒质中传播过程同样的分析方法(见 7.2 节)，通过分析式(7.19)可知，能量以速度 u 在媒质中伴随波一起传播，在均匀、各向同性媒质中，能量传播的速度和传播方向与波的传播速度和传播方向总是相同的。综合上面的分析可以说，波的传播过程也就是能量传播的过程。

通常把有振动状态和能量传播的波称为行波，以便与后面将要讲的驻波有所区别。

想想看

7.7 一列平面简谐波沿 x 轴传播，某时刻的波形曲线如图。试分别回答：该时刻波形上①1、3、5 各点处；②2、4、6 各点处；质元的动能、势能分别是最大、零，还是零与最大之间？(可把本题与第 6 章想想看 6.11 题进行对比研究分析，从而体会波的能量与振动能量之间的区别与联系。)

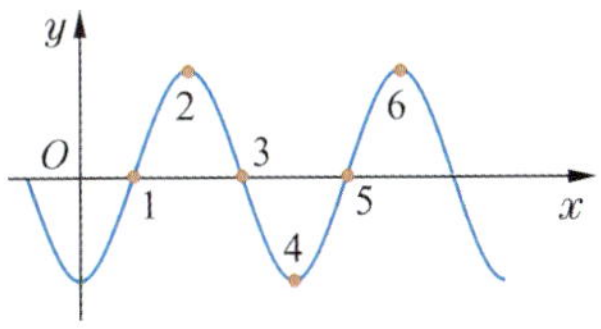

想 7.7 图

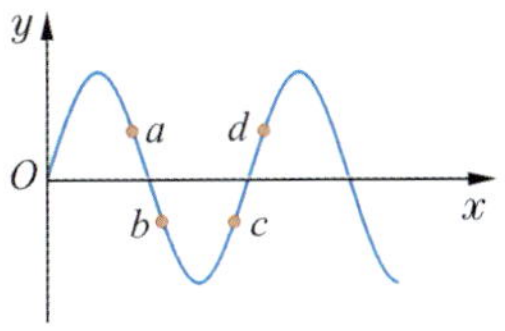

想 7.8 图

7.8 一列平面简谐波沿 x 轴传播，某时刻的波形曲线如图。已知该时刻质元 a 和 c 的动能随时间增大，试问：①该时刻 a 和 c 的势能随时间是增大、减小，还是保持不变？②质元 b 和 d 的动能、势能各随时间如何变化？③该波沿什么方向传播？(可把本题与第 6 章想想看 6.12 题进行对比研究分析，从而体会波的能量与振动能量之间的区别与联系。)

将式(7.19)除以线元的体积 $\Delta V=\Delta x\cdot\Delta S$ 得 t 时刻、x 处单位体积中的能量。把**单位体积中波的能量称为波的能量密度**，用 w 表示，得

$$w=\frac{W}{\Delta V}=\frac{W}{\Delta x\cdot\Delta S}=\rho A^2\omega^2\sin^2\left[\omega\left(t-\frac{x}{u}\right)+\varphi_0\right] \tag{7.20}$$

式中 ρ 为绳子单位体积的质量。由式(7.20)看出，波的能量密度也是随时间作周期性变化的。一个周期内能量密度的平均值称为平均能量密度，用 $\overline{w}$ 表示。由于正弦函数的平方在一个周期内的平均值为 1/2，所以

$$\overline{w}=\frac{1}{2}\rho A^2\omega^2 \qquad (7.21)$$

由以上讨论看出，波的能量、能量密度(以及平均能量密度)都与媒质的密度 ρ、波的振幅的平方 A^2 及角频率的平方 ω^2 成正比。

7.3.2 能流密度

能流密度是用来描述波的能量传播的物理量。**单位时间内，沿波速方向垂直通过单位面积的平均能量，叫做波的能流密度**。能流密度是一个矢量，用 $\boldsymbol{I}$ 表示。在各向同性媒质中，能流密度矢量的方向就是波速的方向，它的大小反映了波的强弱。能流密度也叫做波的强度。设在均匀媒质中，垂直于波速的方向取一面积 S，如图 7.9 所示，已知媒质中的平均能量密度为 $\overline{w}$，则在 S 面左方的体积 uTS 内的能量 $\overline{w}uTS$ 恰好在一个周期 T 的时间内通过面积 S。因而能流密度的大小 I 为

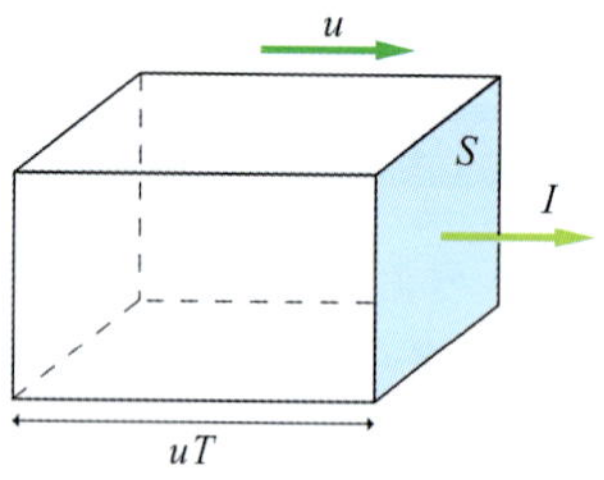

图 7.9

$$I=\frac{\overline{w}uTS}{TS}=\overline{w}u$$

或写成

$$I=\frac{1}{2}\rho A^2\omega^2 u \qquad (7.22)$$

写成矢量式为

$$\boldsymbol{I}=\overline{w}\boldsymbol{u} \qquad (7.23)$$

由式(7.22)看出，**波的强度的大小与波的振幅平方 A^2 成正比**。这一结论不仅对简谐波适用，而且具有普遍意义。

想想看

7.9 通过振动一根被拉紧绳子的一端，使其沿绳传播一列简谐波。欲使波的强度增大，你将采取哪些措施？

7.10 机械波在媒质中传播时，质元的势能与其形变情况有关。你认为媒质质元的最大形变是发生在①最大位移处，②平衡位置处，还是在③平衡位置与最大位移之间的某处？

7.3.3 平面波和球面波的振幅

设一平面余弦波以波速 u 在均匀媒质中传播，在垂直于波的传播方向上取两个面积相等的平行平面，即$S_1=S_2=S$，并且使通过第一个平面 S_1 的波也通过第二个平面 S_2，如图 7.10 所示。由式(7.22)知，单位时间内通过这两个平面的能量分别为

$$W_1=I_1S_1=\overline{w_1}uS=\frac{1}{2}\rho A_1^2\omega^2uS$$

$$W_2=I_2S_2=\overline{w_2}uS=\frac{1}{2}\rho A_2^2\omega^2uS$$

式中 A_1 和 A_2 分别为 S_1 和 S_2 两平面处波的振幅。由此两式看出，如果$W_1=W_2$，则 $A_1=A_2$，即单位时间内通过这两个平面的能量相等时，波在这两个平面处的振幅也相等。显然，这一条件只有在媒质不吸收波的能量的情况下才可实现。这就是在 7.2 节中导出平面简谐波的波函数时曾用到的关于平面波在理想无吸收的、均匀媒质中传播时振幅不变的道理。

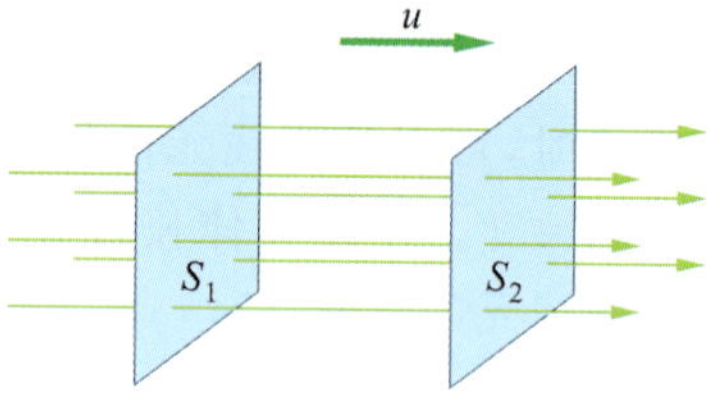

图 7.10

如果是球面波在均匀媒质中传播，设波源在 O 点，在距波源为 r_1 和 r_2 处取两个球面，面积分别为 $S_1=4\pi r_1^2$ 和 $S_2=4\pi r_2^2$，如图 7.11 所示。若媒质不吸收能量，则单位时间内通过 S_1 面的能量 W_1，应等于单位时间内通过 S_2 面的能量 W_2，即

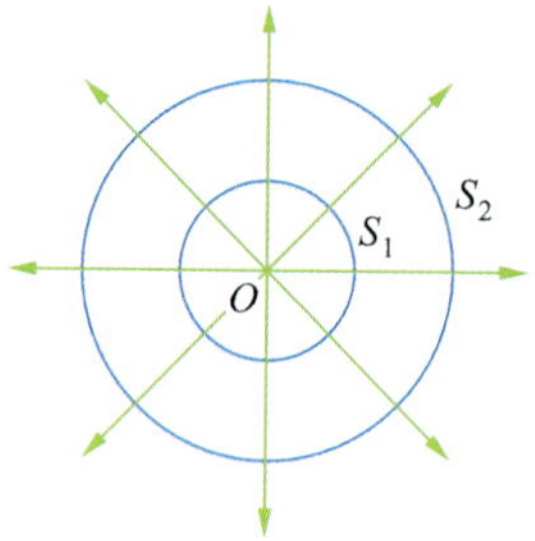

图 7.11

$$\frac{1}{2}\rho A_1^2\omega^2uS_1=\frac{1}{2}\rho A_2^2\omega^2uS_2$$

式中 A_1 和 A_2 分别为两球面所在处波的振幅，由上式得

$$A_1^2\cdot 4\pi r_1^2=A_2^2\cdot 4\pi r_2^2$$

即

$$\frac{A_1}{A_2}=\frac{r_2}{r_1}$$

这表明，球面波在传播过程中，各处的振幅 A 与该处离开波源的距离 r 成反比。如取距波源为单位距离处的振幅为 A_0，则 $A_1r_1=A_2r_2=A_0$，即$A_1=\dfrac{A_0}{r_1}$，$A_2=\dfrac{A_0}{r_2}$。由于振动相位随 r 的增加而落后的关系与平面波的情况相似。故球面简谐波的波函数可表示为

$$y(r,t)=\frac{A_0}{r}\cos\left[\omega\left(t-\frac{r}{u}\right)+\varphi_0\right] \qquad (7.24)$$

由此看出，球面波的振幅即使在媒质不吸收能量的情况下，也要随 r 增大而减小。

7.3.4　波的吸收

波在媒质中传播时，媒质总要吸收一部分波的能量，因而波的强度将逐渐减弱，这种现象称为波的吸收。

实验指出，当波通过厚度为 $\mathrm{d}x$ 的一薄层媒质时，若波的强度增量为 $\mathrm{d}I(\mathrm{d}I<0)$，则 $\mathrm{d}I$ 正比于入射波的强度 I，也正比于媒质层的厚度 $\mathrm{d}x$，即

$$\mathrm{d}I=-\alpha I\mathrm{d}x$$

α 为比例系数，在 α 可视为常数的情况下，积分后得

$$I=I_0\mathrm{e}^{-\alpha x} \qquad (7.25)$$

式中 I_0 和 I 分别为 $x=0$ 和 $x=x$ 处波的强度，如图 7.12(a)所示。α 是一个与媒质的性质及波的频率有关的量，称为媒质的吸收系数。

式(7.25)说明波在媒质中传播时，波的强度是按指数规律衰减的，如图 7.12(b)所示。

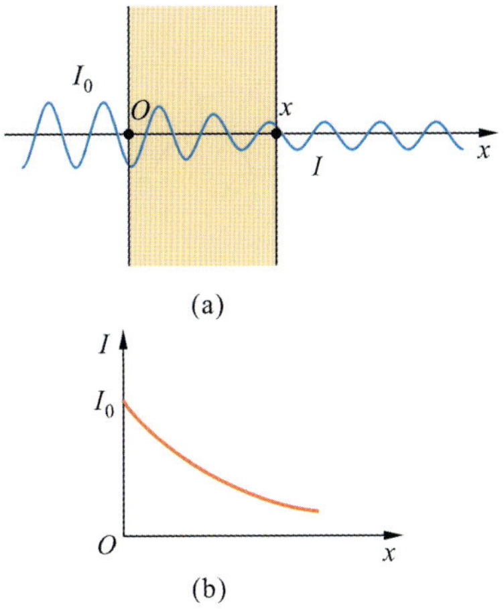

图 7.12

复习思考题

7.13　试以绳子上传播的简谐横波为例说明，波在媒质中传播时，任一体积元中的动能和势能具有相同的相位，并与单个弹簧振子的能量进行比较。

7.14　波动过程中，体积元中的总能量随时间而改变，这与能量守恒定律是否矛盾？为什么？

7.15　试述能流密度的定义，它与哪些因素有关？为什么在理想的、无吸收的媒质中，球面波的振幅随离波源距离的增大而减小？

7.16　一平面简谐波在弹性媒质中传播，若媒质中某质元正处于位移最大处，则此时其动能为零，势能最大，这种说法对吗？

7.17　一平面简谐波在弹性介质中传播，在波线上某质元从最大位移处向平衡位置运动的过程中，下列哪些说法是错误的：

①它的势能转换成动能；

②它的动能转换成势能；

③它从相邻介质质元中获得能量，其能量逐渐增加；

④它把自己的能量传给相邻介质质元，其能量逐渐减小。

7.4　惠更斯原理

水面波传播时，如果没有遇到障碍物，波前的形状将保持不变。但是，如果用一块有小孔的隔板挡在波的前面，不论原来的波面是什么形状，只要小孔的线度小于波长，通过小孔后的波面都将变成以小孔为中心的圆形，好像这个小孔是点波源一样，如图 7.13(a)所示。图 7.13(b)是利用水波演示仪拍摄的水波通过障碍物上的小孔的照片。

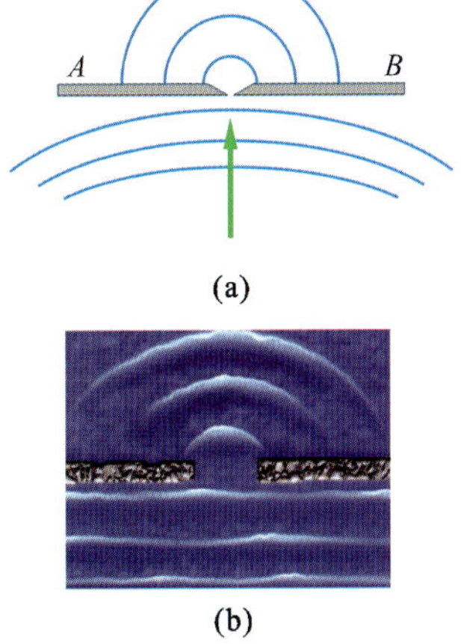

图 7.13

惠更斯观察和研究了类似的大量现象，于 1690 年总结出一条有关波传播特性的重要原理，称为惠更斯原理。其内容如下：**行进中的波面上任意一点都可看作是新的次波源，而从波面上各点发出的许多次波所形成的包络面，就是原波面在一定时间内所传播到的新波面**，如图 7.14 所示，**这就是惠更斯原理**。据此，只要知道了某一时刻的波面，就可根

据惠更斯原理用几何作图的方法决定出以后任意时刻的波面，因而在很广泛的范围内解决了波的传播问题。

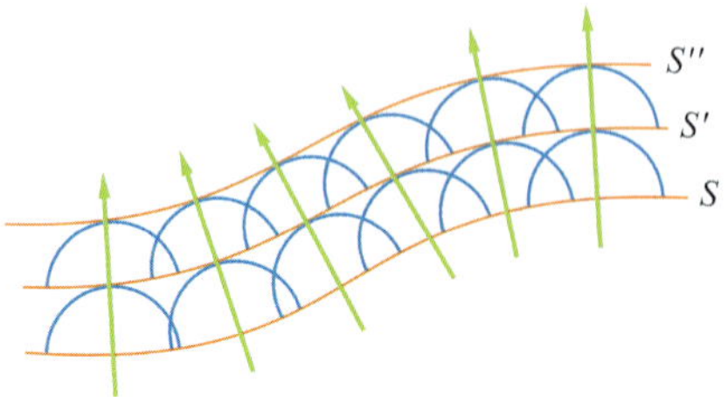

图 7.14

下面举例说明惠更斯原理的一些应用。

图 7.15 为球面波传播的示意图。设在 O 点的点波源发出的球面波，以波速 u 在均匀的各向同性媒质中传播，已知时刻 t 的波面是半径为$R_1=ut$的球面 S_1。根据惠更斯原理，S_1 上的各点都可以看作是发射次波的点波源。以 S_1 上各点为中心，以 $r=u\Delta t$ 为半径，画出许多球形的次波，再作公切于这些次波的包络面，就得到 $t+\Delta t$ 时刻新的波面 S_2。显然，波面 S_2 是以 O 为中心，以 $R_2=u(t+\Delta t)$为半径的球面。

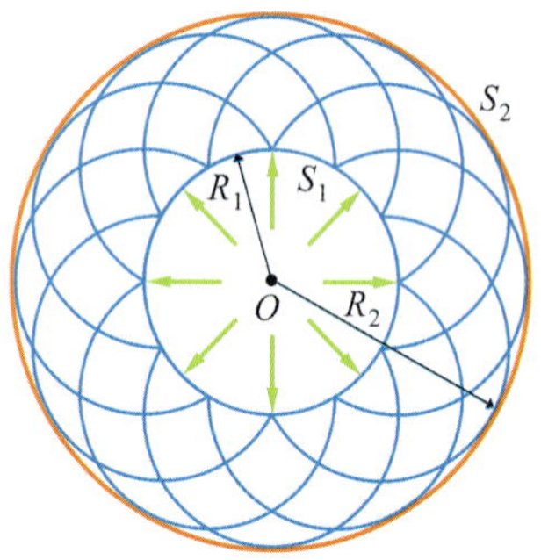

图 7.15

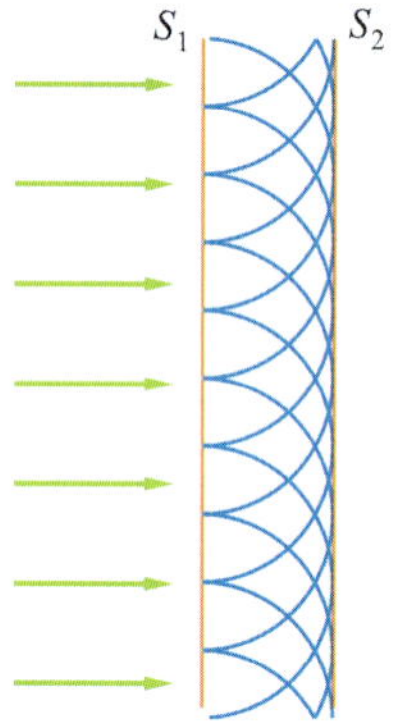

图 7.16

图 7.16 为平面波传播的示意图。设平面波在均匀各向同性媒质中以波速 u 传播，已知时刻 t 的波面为 S_1。根据惠更斯原理，用与上面同样的方法，也可作出后一时刻 $t+\Delta t$ 的新的波面 S_2，显然此波面仍然是平面。

波在无障碍物的均匀各向同性媒质中传播时，应用惠更斯原理作出的新波面的几何形状保持不变，这与实际情况是符合的。惠更斯原理也可用于研究在非均匀、各向异性媒质中波的传播问题，此处不再作深入的讨论。

应用惠更斯原理还可定性地解释波的衍射现象。**当波在传播过程中遇到障碍物时，其传播方向发生改变，并能绕过障碍物的边缘继续向前传播，这种现象称为波的衍射现象，或称波的绕射**。衍射现象是波的重要特性之一。如图 7.17 所示，当一平面波到达障碍物 AB 上的一条狭缝时，根据惠更斯原理，缝上各点都可看作是发射次波的波源，作出这些次波的包络面，就得到新的波面。此时的波面已不再是原来那样的平面了，在靠近障碍物的边缘处，波面发生了弯曲，也就是波的传播方向发生了变化，波绕过障碍物向前传播。如果障碍物的缝更窄，衍射现象就更显著一些。图 7.13 所示的就是波通过小孔所发生的衍射现象(这里小孔的线度远小于波长)。

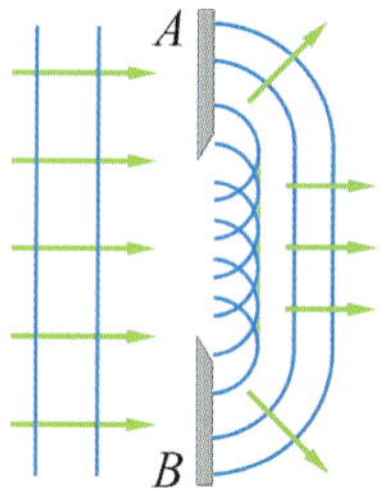

图 7.17

应用惠更斯原理不但能说明波在媒质中的传播问题及波的衍射现象，而且还可说明波在两种媒质的交界面上发生的反射和折射现象，同时根据惠更斯原理用几何作图法不难证明波的反射和折射定律，对此本书不再讨论。

这里需要指出，惠更斯原理的次波假设不涉及次波的振幅、相位等的分布规律，因此对衍射现象只能作粗略的定性解释，例如用惠更斯原理就不能解释光波经过诸如小孔等衍射后出现的明暗相间的条纹。菲涅耳对惠更斯原理作了重要补充，建立了惠更斯-菲涅耳原理，这个原理后来成为解决波的衍射问题的理论基础，对此将在第 13 章中作简要介绍。

复习思考题

7.18 叙述惠更斯原理的内容。惠更斯原理可用来解决什么问题？

7.19 你能说出声波的衍射比光波的衍射更显著的道理吗？

7.5 波的干涉

现在讨论当媒质中同时有几列波传播而在某一区域相遇时的情况。通过观察和研究总结出如下规律。

(1)几列波在传播过程中在某一区域相遇后再行分开，各波的传播情况与未相遇一样，仍保持各自的原有特性(频率、波长、振动方向等)继续沿原来的传播方向前进，即各波互不干扰，这称为波传播的独立性。

人们能够辨别交响乐队中各种乐器演奏的声音，就是声波传播具有独立性的例子。

(2)**在相遇区域内，任一点处质点的振动，为各波单独存在时所引起的振动的合振动。即在任一时刻，该点处质点的位移是各波单独存在时在该点引起的位移的矢量和。这一规律称为波的叠加原理。**

应当指出的是，波的叠加原理并不是在任何情况下都普遍成立的。实践证明，通常在波的强度不很大时，描述波动过程的波动微分方程是线性的，叠加原理是成立的。如果描述波动过程的波动微分方程不是线性的，波的叠加原理则不成立。例如，强烈的爆炸形成的声波，就不遵守上述叠加原理。本书只限于讨论叠加原理成立的情形。

在一般情况下，几列波在空间相遇而叠加的问题是很复杂的。本书只讨论一种最简单也是最重要的波的叠加情况，即**两列频率相同、振动方向相同、相位相同或相位差恒定的波的叠加。满足这三个条件的波称为相干波，产生相干波的波源称为相干波源。**

设有两相干波源 S_1 和 S_2，它们的振动方程分别为

$$y_{10}=A_{10}\cos(\omega t+\varphi_1)$$

$$y_{20}=A_{20}\cos(\omega t+\varphi_2)$$

由这两个波源发出的简谐波满足相干条件，即频率相同、振动方向相同、相位差恒定，它们在同一媒质中传播而相遇时，就会发生干涉。现考虑离两波源的距离分别为 r_1 和 r_2 的一点 P 的振动情况，如图7.18所示。设由 S_1 和 S_2 发出的两列波到达 P 点时振动的振幅分别为 A_1 和 A_2，则两波在 P 点分别单独引起的振动为

$$y_1=A_1\cos\left(2\pi\nu t-2\pi\frac{r_1}{\lambda}+\varphi_1\right)$$

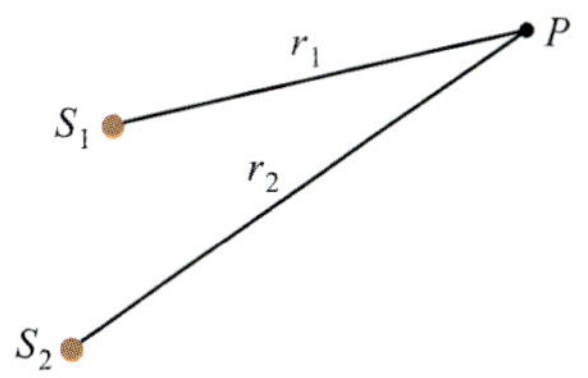

图 7.18

$$y_2=A_2\cos\left(2\pi\nu t-2\pi\frac{r_2}{\lambda}+\varphi_2\right)$$

由于这两个分振动的振动方向相同，根据同方向同频率振动的合成，P 点的运动仍为谐振动，振动方程为

$$y=y_1+y_2=A\cos(\omega t+\varphi) \qquad (7.26)$$

式中 A 为合成振动的振幅，由下式决定

$$A^2=A_1^2+A_2^2+2A_1A_2\cos\Delta\varphi \qquad (7.27)$$

因波的强度正比于振幅的平方，如以 I_1、I_2 和 I 分别表示两相干波和合成波的强度，则有

$$I=I_1+I_2+2\sqrt{I_1I_2}\cos\Delta\varphi \qquad (7.28)$$

上两式中的 $\Delta\varphi$ 为两波在 P 点处的相位差

$$\Delta\varphi=(\varphi_2-\varphi_1)-2\pi\frac{r_2-r_1}{\lambda} \qquad (7.29)$$

$(\varphi_2-\varphi_1)$是两相干波源的初相差，$2\pi(r_2-r_1)/\lambda$ 是由于两波自波源到 P 点的传播路程(称为波程)不同而产生的相位差。对空间给定点 P，波程差(r_2-r_1)是一定的，两相干波源的初相差$(\varphi_2-\varphi_1)$也是恒定的，因此两波在 P 点的相位差 $\Delta\varphi$ 也将保持恒定。当然，对空间不同点将有不同的恒定相位差 $\Delta\varphi$。由式(7.27)和式(7.28)看出，对空间不同点将有不同的恒定振幅和不同的恒定强度值。由以上的讨论可知，两个频率相同、振动方向相同、相位差恒定的相干波源所发出的两列相干波叠加的结果，其合振幅 A 和合强度 I 将在空间形成一种稳定的分布，即某些点处 A 和 I 最大，振动始终加强；而在另外一些点处 A 和 I 最小，振动始终减弱，这种现象称为波的干涉现象。

由式(7.27)和式(7.28)看出，当相位差满足

$$\begin{aligned}\Delta\varphi&=(\varphi_2-\varphi_1)-2\pi\frac{r_2-r_1}{\lambda}\\&=\pm 2k\pi,\qquad k=0,1,2,\cdots\end{aligned} \qquad (7.30)$$

的地方，振幅和强度最大，为

$$A_{max}=A_1+A_2,\quad I_{max}=I_1+I_2+2\sqrt{I_1I_2}$$

即相位差为零或 π 的偶数倍的那些地方，振动始终加强，称为干涉相长。当相位差满足

$$\Delta\varphi=(\varphi_2-\varphi_1)-2\pi\frac{r_2-r_1}{\lambda}$$
$$=\pm(2k+1)\pi,\quad k=0,1,2,\cdots \qquad (7.31)$$

的地方，振幅和强度最小，为

$$A_{\min}=|A_1-A_2|,\quad I_{\min}=I_1+I_2-2\sqrt{I_1I_2}$$

即相位差为 π 的奇数倍的那些地方，振动始终减弱，称为干涉相消。

如果两波源的初相相同，即 $\varphi_1=\varphi_2$，则 $\Delta\varphi$ 只取决于波程差$\delta=r_1-r_2$，上述条件简化为

$$\delta=r_1-r_2=\pm k\lambda,\qquad k=0,1,2,\cdots(\text{干涉相长}) \qquad (7.32)$$

$$\delta=r_1-r_2=\pm(2k+1)\frac{\lambda}{2},\quad k=0,1,2,\cdots(\text{干涉相消}) \qquad (7.33)$$

上两式表明，两个初相相同的相干波源发出的波在空间叠加时，凡是波程差等于零或是波长整倍数的各点，干涉相长；凡是波程差等于半波长奇数倍的各点，干涉相消。

想想看

7.11 两个相干波源 S_1、S_2 分别发出波长为 λ 的相干横波，在媒质中传播而相遇，如图 7.18。现测得 $r_2-r_1=\frac{3}{4}\lambda$，$P$ 点干涉相长，试问两波源之间的初相差 $\varphi_2-\varphi_1=$？

7.12 由 S_1、S_2 分别发出波长均为 λ 的相干波，在媒质中传播相遇而干涉，已知 S_1、S_2 相距 $\frac{5}{2}\lambda$。试分别回答 S_1、S_2 连线中垂线上任一点 p_1 和 S_1、S_2 连线延长线上任一点 p_2 是干涉相长，还是干涉相消？①两波源初相相同；②两波源初相差为 $\varphi_2-\varphi_1=\pi$。

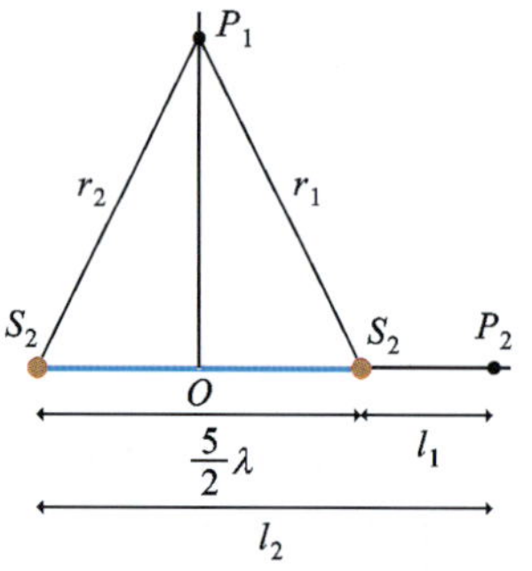

想 7.12 图

波的干涉现象可用水波演示仪演示。用相距一定距离的两根探针 S_1 和 S_2，固定在音叉的一臂上，当音叉振动时，两探针就在水面上下振动，不断打击水面，在水面被扰动的 S_1 和 S_2 两点成为两相干波源，由它们发出两列相干波。在两波相遇区域，就会看到有些地方振动始终加强，有些地方振动始终减弱的情况。图 7.19(a)就是水面波的干涉现象的照片。

应用干涉相长和相消条件，很容易分析出哪些

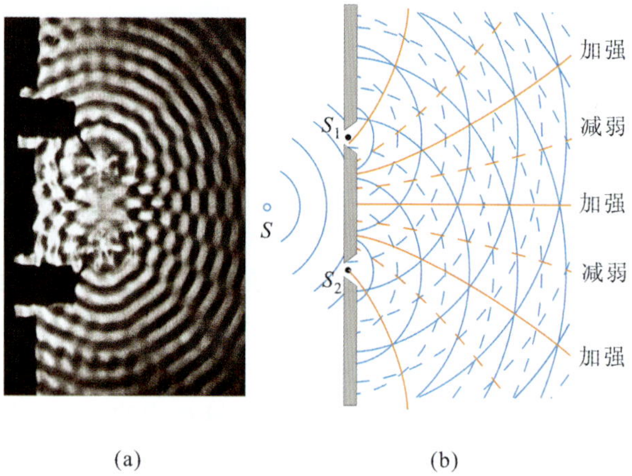

图 7.19

地方振动始终加强，哪些地方振动始终减弱。在图 7.19(b)中，以实弧线和虚弧线分别表示两相干波源 S_1 和 S_2 发出的水面波的波峰和波谷的波面。根据叠加原理，在两波的波峰和波峰相遇处（$\Delta\varphi=\pm 2k\pi$），合振幅最大，若此时位移为向上的最大，则这些点处的水面将隆起。经过半个周期，原来的波峰与波峰相遇处变成了波谷与波谷相遇，合振幅仍为最大，只是位移达到反方向最大，这时水面将下陷。在图 7.19(b)上标有加强的线上的各点，因两分振动的相位始终相同，合振幅和合强度始终最大，振动始终加强；同理，在图上标有减弱的线上各点，因两分振动的相位始终相反，合振幅和合强度始终最小，振动始终减弱。

例 7.4 如图所示，两波源分别位于同一媒质中 A 和 B 处，振动方向相同，振幅相等，频率皆为 100 Hz，但 A 处波源比 B 处波源相位落后 π。若 A、B 相距 10 m，波速为 400 m/s，试求 A、B 之间连线上因干涉而静止的各点。

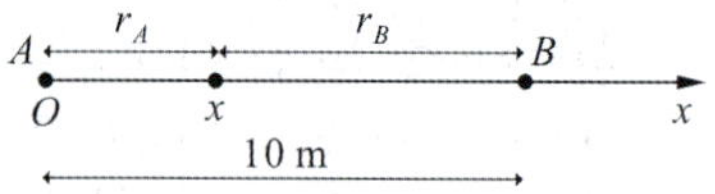

例 7.4 图

解 依题意两波源发出的波是振幅相等的相干波，取 A 为坐标原点，沿 AB 连线作 Ox 坐标轴，在 Ox 轴上 A、B 之间任取一点，坐标为 x，则两波到该点的波程分别为 $r_A=x$，$r_B=10-x$，两波相位差为

$$\Delta\varphi=\varphi_{BO}-\varphi_{AO}-\frac{2\pi}{\lambda}(r_B-r_A)=\pi-\frac{2\pi\nu}{u}[(10-x)-x]$$
$$=\pi-\frac{2\pi\times 100}{400}(10-2x)=\pi x-4\pi$$

因干涉而静止不动的点，满足干涉相消条件，有

$$\Delta\varphi=\pi x-4\pi=\pm(2k+1)\pi,\quad k=0,1,2,\cdots$$

按题设条件，取

$$x=2k+1$$

故因干涉而静止的点为

$$x=1,3,5,7,9,\cdots,m$$

复习思考题

7.20 两波能产生干涉现象的条件是什么？若两波源发出振动方向相同、频率相同的波，它们在空间相遇时，是否一定能发生干涉？为什么？

7.21 两相干机械波，波源振动的相位差为 π 的奇数倍，发出的两波在空间某点 P 相遇，若相遇点 P 的波程差为半波长的偶数倍，问 P 点的振动是加强还是减弱？若相遇点 P 波程差为半波长的奇数倍，P 点的振动又如何？

7.22 两振幅相等的相干波在空间相遇，由加强和减弱的条件可得出相互加强的点处，合强度是一波强度的 4 倍；相互减弱的点处，合强度是零。试问加强处的能量是从哪里来的？减弱处的能量又到哪里去了？

7.23 两相干平面余弦波，振幅相同且等于 A，相位差为 $\pi/2$，沿同一方向传播，求合成波的振幅是多少？

7.6 驻波

这一节我们讨论驻波的形成及其一些特性。**两列振幅、振动方向和频率都相同，而传播方向相反的同类波相干叠加的结果形成驻波。**

7.6.1 弦线上的驻波实验

如图 7.20 所示，在音叉一臂末端系一根水平弦线，弦线的另一端通过一滑轮系一砝码拉紧弦线，使音叉振动，并调节劈尖 B 的位置，当 AB 为某些特定长度时，可看到 AB 之间的弦线上有些点始终静止不动，有些点则振动最强，弦线 AB 将分段振动，这就是驻波。弦线上的驻波是怎样形成的呢？当音叉振动时，带动弦线 A 端振动，由 A 端振动所引起的波沿弦线向右传播，当它到达 B 点遇到障碍时，波被反射回来，不计反射时的能量损失，则反射波与入射波同频率、同振动方向、同振幅，但沿弦线向左传播。在弦线上向右传播的入射波和向左传播的反射波干涉的结果，就在弦线上产生驻波。所以，驻波是两列同类相干波沿相反方向传播时叠加而成的。

在图 7.20 所示的弦线驻波实验中，形成驻波时，弦线上始终不动的点，如 C_1、C_2、C_3、B 等，统称为驻波的波节；而振动最强的点，如 D_1、D_2、D_3、D_4 等，统称为驻波的波腹。在下面的讨论中，将会看到，如入射波的波长为 λ，则两相邻波节或两相邻波腹之间的距离都是 $\lambda/2$。就是说，形成驻波时，弦线 AB 间的长度 L 必须满足条件

$$L=n\frac{\lambda}{2},\quad n=1,2,3,\cdots \tag{7.34}$$

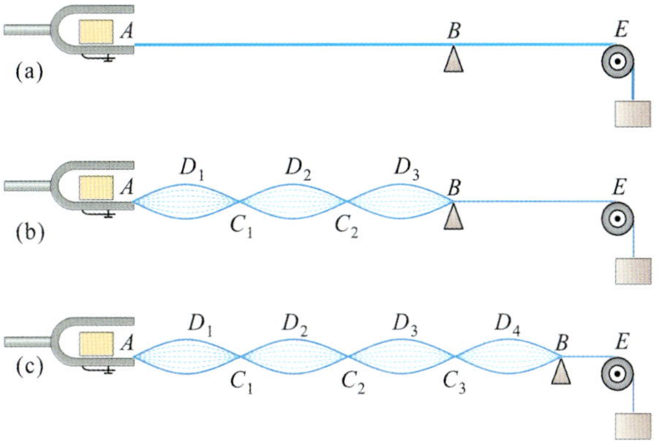

图 7.20

即弦线长度 L 为半波长的整数倍，这可理解为，只有波长满足式(7.34)条件的波，在两端固定、长为 L 的绳中能建立起驻波。式(7.34)表示的关系称为驻波条件，它在量子力学创立过程中曾起了启发作用。目前，它不仅在许多现代工程技术问题中，而且在诸如声学、激光原理、原子物理等许多学科中都有着广泛的应用。

7.6.2 驻波波函数

驻波的形成也可用波的叠加原理进行定量研究。

设有两列振动方向相同、振幅相同、频率相同的平面余弦波，分别沿 x 轴的正、负方向传播，如图7.21所示。如以 A 表示它们的振幅、以 ν 表示它们的频率，则它们的波函数可分别写成

$$y_1=A\cos2\pi\left(\nu t-\frac{x}{\lambda}\right)$$

$$y_2=A\cos2\pi\left(\nu t+\frac{x}{\lambda}\right)$$

图中绿线表示 y_1，蓝线表示 y_2。按叠加原理，合成

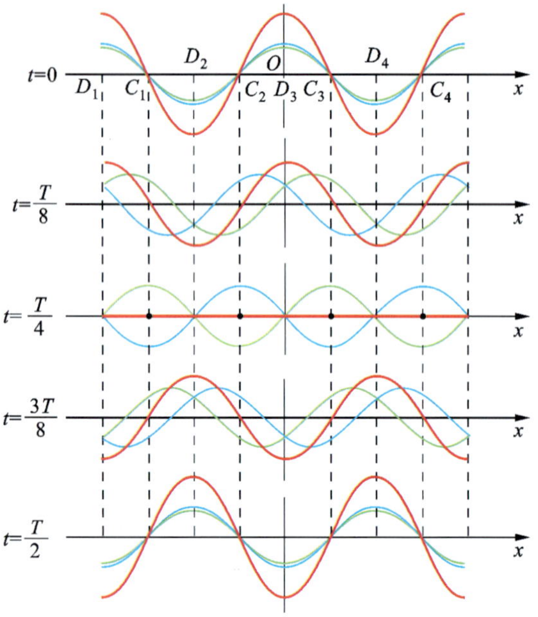

图 7.21

的驻波波函数为

$$y=y_1+y_2=A\left[\cos 2\pi\left(\nu t-\frac{x}{\lambda}\right)+\cos 2\pi\left(\nu t+\frac{x}{\lambda}\right)\right]$$

利用三角函数关系，上式可化简为

$$y=2A\cos 2\pi\frac{x}{\lambda}\cdot\cos 2\pi\nu t \qquad (7.35)$$

式中因子 $\cos 2\pi\nu t$ 是时间 t 的余弦函数，说明形成驻波后，各质点都在作同频率的谐振动。另一因子 $2A\cos 2\pi\frac{x}{\lambda}$ 是坐标 x 的余弦函数，说明各质点的振幅按余弦函数规律分布。

由驻波表达式(7.35)可知，在 x 值满足下式的各点，振幅为零

$$2\pi\frac{x}{\lambda}=(2k+1)\frac{\pi}{2},\quad k=0,\pm1,\pm2,\cdots$$

或 $$x=(2k+1)\frac{\lambda}{4},\quad k=0,\pm1,\pm2,\cdots$$

这些点就是驻波波节处。相邻两波节的距离为

$$x_{k+1}-x_k=[2(k+1)+1]\frac{\lambda}{4}-(2k+1)\frac{\lambda}{4}=\frac{\lambda}{2}$$

即相邻两波节间的距离是半波长。

在 x 值满足下式的各点，振幅最大

$$2\pi\frac{x}{\lambda}=k\pi,\quad k=0,\pm1,\pm2,\cdots$$

或 $$x=k\frac{\lambda}{2},\quad k=0,\pm1,\pm2,\cdots$$

这些点就是驻波的波腹处。相邻两波腹间的距离为

$$x_{k+1}-x_k=(k+1)\frac{\lambda}{2}-k\frac{\lambda}{2}=\frac{\lambda}{2}$$

即相邻两波腹间的距离也是半波长。

由以上的讨论可知，波节处的质点振动的振幅为零，始终处于静止；波腹处的质点振动的振幅最大，等于 $2A$。其他各处质点振动的振幅则在零与最大值之间。两相邻波节或两相邻波腹之间相距半波长。波腹和相邻波节间的距离为 $\lambda/4$，即波腹和波节交替作等距离排列。

图 7.21 画出了驻波的形成过程，图中的红线表示合成波形。从上向下各图依次表示 $t=0, T/8, 2T/8, 3T/8, 4T/8$ 等时刻各质点的振动位移的变化，其中 C_1, C_2, C_3, C_4 等各点始终保持不动，这些点就是波节；而 D_1, D_2, D_3, D_4 等各点就是波腹。而且清楚地看出，每一时刻，驻波都有一定的波形，此波形既不向右移，也不向左移，各点以各自确定的振幅在各自的平衡位置附近振动，没有振动状态或相位的传播，因而称为驻波。

现在来研究驻波的相位问题。由于振幅因子 $2A\cos 2\pi\frac{x}{\lambda}$ 在 x 取不同值时有正有负，如把相邻两波节之间的各点叫做一段，每一段内各点 $\cos 2\pi\frac{x}{\lambda}$ 具有相同的符号，而相邻的两段符号总是相反的。这表明，在驻波中同一段上各质点的振动相位相同，而相邻的两段中的各点振动相位相反。因此，同一段内各点沿相同方向同时到达各自振动位移的最大值，又沿相同方向同时通过平衡位置；而波节两侧各点同时沿相反方向到达振动位移的正、负最大值，又沿相反方向同时通过平衡位置。

通过以上分析看到，在驻波进行过程中，没有振动状态(相位)和波形的定向传播。还可以证明，在驻波进行过程中，也没有能量的定向传播。这也是行波和驻波的重要区别所在，对驻波能量问题，本书不再进行讨论，有兴趣的读者可自行研究。

还有一点需要指出，在弦线上的驻波实验中，反射点 B 处弦线是固定不动的，因而 B 点只能是波节。这说明反射波与入射波的相位在反射点正好相反，也就是说，入射波在反射点反射时相位有 π 的突变。根据相位差 $\Delta\varphi$ 与波程差 δ 的关系 $\left(\delta=\frac{\lambda}{2\pi}\Delta\varphi\right)$，相位差为 π 就相当于半个波长($\lambda/2$)的波程差。这表明对固定端的反射点来说，反射波与入射波之间存在着半个波长的波程差，因此，这种相位

突变 π 通常称为半波损失。当波在自由端反射时，则没有相位突变，形成驻波时，在自由端出现波腹。半波损失是一个较复杂的问题，但在研究波动问题中却又是一个重要问题。半波损失问题不单在机械波反射时存在，在电磁波，包括光波反射时也存在。

想想看

7.13 驻波的形成过程如图所示。试补画出图上未画出的部分。

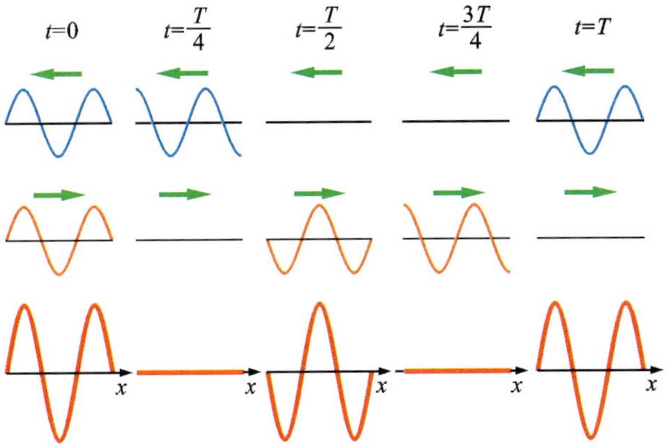

想 7.13 图

7.14 图(a)所示为想想看 7.13 中 $t=\frac{T}{2}$ 时刻驻波的波形。图(b)所示为沿 x 轴正方向传播的行波某时刻的波形。①试分别在图(a)和图(b)上画出 a、b、c、d 和 a'、b'、c'、d' 各点处质点该时刻运动的方向。②试回答图(a)中 a、b 之间，c、d 之间，b、d 之间，a、d 之间的相位差各为多少？③试回答图(b)中 a'、b' 之间，c'、d' 之间，b'、d' 之间，a'、d' 之间的相位差各为多少？

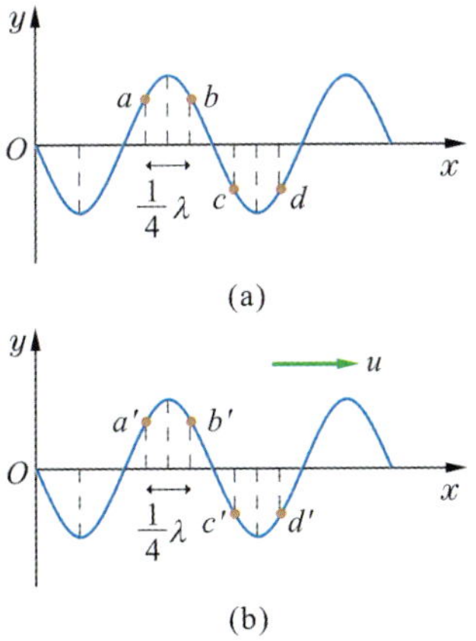

想 7.14 图

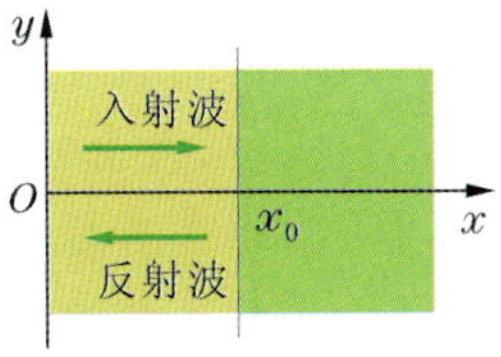

想 7.15 图

7.15 一列平面简谐波沿 x 轴正向传播，波速为 u，如图所示。已知入射波波函数为

$$y=A\cos\omega\left(t-\frac{x}{u}\right)$$

在两种媒质分界处 x_0 被反射，反射点为波节，试写出反射波的波函数。

例 7.5 一长为 L 的弦线，拉紧后将其两端固定。拨动弦线使其振动，形成的波将沿弦线传播，在固定端发生反射而在弦线上形成驻波。已知波在弦线中的传播速度为 $u=\sqrt{\frac{T}{\mu}}$，式中 μ 是弦线单位长度的质量，T 是弦线中的张力。试证明，此弦线只能作下列固有频率的振动

$$\nu_n=\frac{n}{2L}\sqrt{\frac{T}{\mu}},\quad n=1,2,3,\cdots$$

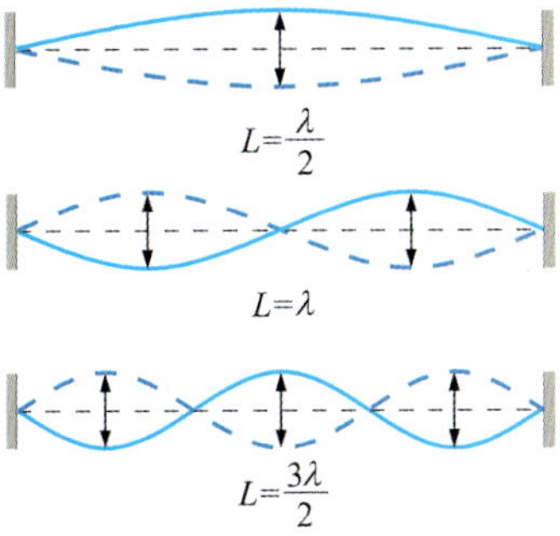

例 7.5 图

解 由于弦线两端固定，波在固定端反射时必有半波损失，因而形成驻波时，两端点处为波节，如图所示。因两相邻波节之间的距离为 $\lambda_n/2$，所以有

$$L=n\frac{\lambda_n}{2},\quad n=1,2,3,\cdots$$

即

$$\lambda_n=\frac{2L}{n}$$

相应的振动频率为

$$\nu_n=\frac{u}{\lambda_n}$$

将弦线中的波速 $u=\sqrt{\frac{T}{\mu}}$ 代入上式得

$$\nu_n=\frac{u}{\lambda_n}=\frac{n}{2L}\sqrt{\frac{T}{\mu}},\quad n=1,2,3,\cdots$$

这就是所要证明的。当 $n=1$ 时，频率最低，此频率称为基频，n 为其他整数值的频率都为基频的整数倍，这些频率分别称为二次谐频、三次谐频、……。在乐器中，音调主要由该乐器的基频确定，而音色则由各谐频振幅的相对大小确定。

例 7.6 一沿 x 轴方向传播的入射波在 $x=0$ 处发生反射，反射点为一波节。已知波函数为 $y_1=A\cos 2\pi\left(\frac{t}{T}-\frac{x}{\lambda}\right)$，求：

(1) 反射波的波函数；

(2)合成波(驻波)的波函数；

(3)各波腹和波节的位置坐标。

解 (1)由题给条件知，反射点为波节，说明波反射时有 π 的相位突变，所以反射波的波函数为

$$y_2=A\cos\left[2\pi\left(\frac{t}{T}+\frac{x}{\lambda}\right)-\pi\right]$$

反射时有 π 的相位突变，在反射波波函数中可以用 $-\pi$，也可以用 $+\pi$ 表示此相位突变。

(2)因两波为沿相反方向传播的相干波，根据波的叠加原理，合成波的波函数为

$$\begin{aligned}y=y_1+y_2&=A\cos 2\pi\left(\frac{t}{T}-\frac{x}{\lambda}\right)+A\cos\left[2\pi\left(\frac{t}{T}+\frac{x}{\lambda}\right)-\pi\right]\\&=2A\cos\left(2\pi\frac{x}{\lambda}-\frac{\pi}{2}\right)\cdot\cos\left(2\pi\frac{t}{T}-\frac{\pi}{2}\right)\\&=2A\sin 2\pi\frac{x}{\lambda}\cdot\sin 2\pi\frac{t}{T}\end{aligned}$$

(3)形成波腹的各点，振幅最大，即

$$\left|\sin 2\pi\frac{x}{\lambda}\right|=1$$

即
$$2\pi\frac{x}{\lambda}=\pm(2k+1)\frac{\pi}{2}$$

所以
$$x=\pm(2k+1)\frac{\lambda}{4}$$

因入射波是由 x 轴的负端向坐标原点传播，所以各波腹的位置坐标为

$$k=0,\quad x_0=-\frac{\lambda}{4}$$

$$k=1,\quad x_1=-\frac{3}{4}\lambda$$

$$k=2,\quad x_2=-\frac{5}{4}\lambda$$

$$\vdots$$

$$k=n,\quad x_n=-(2n+1)\frac{\lambda}{4}$$

形成波节的各点，振幅为零，即

$$\sin 2\pi\frac{x'}{\lambda}=0$$

即
$$2\pi\frac{x'}{\lambda}=\pm k\pi$$

所以
$$x'=\pm k\frac{\lambda}{2}$$

本题的特点是，已知入射波波函数，已知反射点的位置坐标及反射点叠加结果，求反射波波函数，以及由入射波、反射波叠加而成的驻波波函数，并确定波腹、波节的位置。求解这类问题，应首先根据已知的入射波波函数和其他有关已知条件，求出反射波波函数，这里应特别注意，若反射点为固定端，则必须考虑反射时的相位突变。然后根据叠加原理，求出驻波波函数，再根据驻波形成后质点振动的振幅是位置坐标的函数，振幅最大(等于 $2A$)处是驻波的波腹，振幅为零处是驻波的波节，从而确定各波腹和波节的位置。

各波节的位置坐标为

$$k=0,\quad x'_0=0$$

$$k=1,\quad x'_1=-\frac{\lambda}{2}$$

$$k=2,\quad x'_2=-\lambda$$

$$\vdots$$

$$k=n,\quad x'_n=-n\frac{\lambda}{2}$$

各波腹和各波节的位置坐标如图所示。

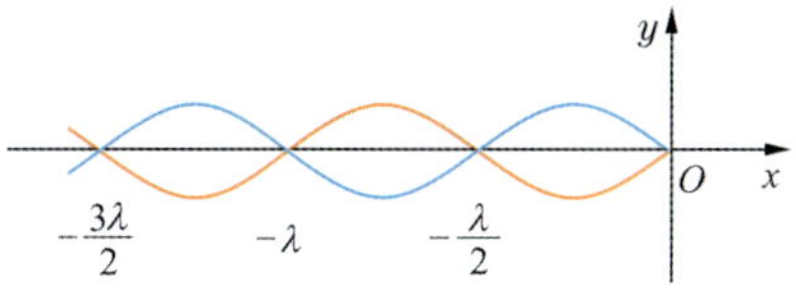

例 7.6 图

复习思考题

7.24　驻波是怎样形成的？与行波比较驻波有什么特点？

7.25　驻波形成以后，媒质中各质点的振动相位有什么关系？为什么说驻波中相位没有传播？

7.26　在图 7.21 所示的驻波形成图中，$t=T/8$ 的驻波波形如图所示，试画出图中所示的 A、B、C、D 四点在该时刻的振动速度方向。指出图中 A、B 两点的振动相位差是多少？C、D 两点的振动相位差又是多少？

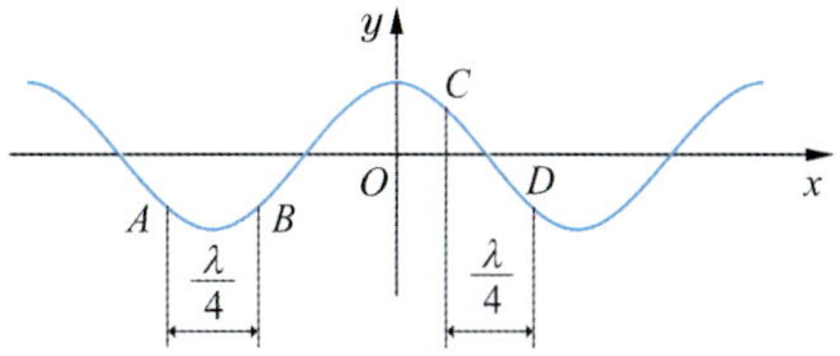

思 7.26 图

7.27　在图 7.21 所示的驻波形成图中，当 $t=T/4$ 时刻时，波线上各点的位移都为零，此时各质点具有什么能量？此能量的大小是如何分布的？而当 $t=T/2$ 时刻时，波线上各点的位移(除波节外)都达到最大，此时各质点具有什么能量？此能量的大小是如何分布的？

7.28　两端固定的弦，长为 l，质量为 m，张力为 T，现使其发生振动，问：① 弦上的波速是多少？② 驻波最大可能的波长是多少？③ 该波的频率是多少？

7.7　多普勒效应

在上面的讨论中，都是假定波源和观察者相对于媒质是静止的，在此情况下，观察者接收到的波的频率与波源发出的波的频率是相同的。如果波源(或观察者、或两者)相对于媒质运动，这时观察者接收到的波的频率和波源发出的波的频率就不再相同了。这种**由于观察者(或波源、或二者)相对于媒质运动，而使观察者接收到的频率发生变化的现象，称为多普勒效应**。例如火车进站，站台上的观察者听到火车汽笛声的音调变高；火车出站，站台上的观察者听到火车汽笛音调变低，这就是声波的多普勒效应的表现。

设波源发出波的频率(也就是波源振动频率)为 ν_0，周期 $T=1/\nu_0$；媒质中波的传播速度为 u，波源静止时发出波的波长 $\lambda=u/\nu_0=uT$。下面分两种情况介绍多普勒效应。

(1) 设波源 S 静止于媒质中，观察者 O 相对于媒质以速度 v_O 向着波源运动(这种情况下速度 v_O 取正值；远离波源运动时速度 v_O 取负值)，如图7.22所示。根据速度合成定理，这时观察者感到波以 $u+v_O$ 的速度通过自己，于是观察者每秒钟内接收到的波长数目，即接收到的频率 ν 为 $(u+v_O)/\lambda=(u+v_O)/(uT)$，即

$$\nu=\left(1+\frac{v_O}{u}\right)\nu_0 \tag{7.36}$$

因此观察者向着波源运动时，接收到的频率大于波源的频率。

当观察者 O 相对于媒质以速度 v_O 远离波源运动时，式(7.36)仍然适用，只不过 v_O 要取负值，这时观察者接收到的频率小于波源的频率。

(2) 设观察者静止于媒质中，波源相对于媒质以

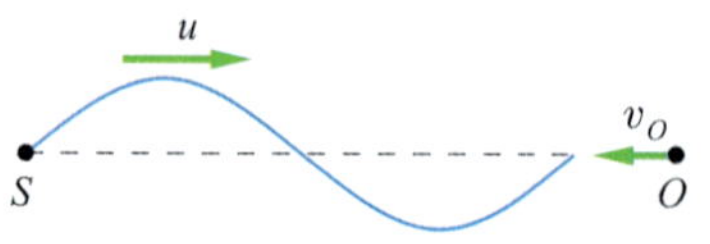

图 7.22

速度 v_S 向着观察者运动（这种情况下速度 v_S 取正值；远离观察者运动时速度 v_S 取负值）。波源 S 开始振动发出的波经一个周期后到达 A 点，前进了一个波长 $\lambda=uT$ 的距离，但在这一时间内，波源也前进了一段距离 v_ST 到达 S'点，对观察者来说波长缩短为 λ'，见图 7.23，且 $\lambda'=\lambda-v_ST$。这样观察者每秒钟内接收到的波数，即频率 ν 为

$$\nu=\frac{u}{\lambda'}=\frac{u}{u-v_S}\nu_0 \tag{7.37}$$

在波源向观察者运动时，观察者接收到的频率变高，前面讲的火车进站时，站台上的观察者听到的汽笛声音调变高就是这个道理。

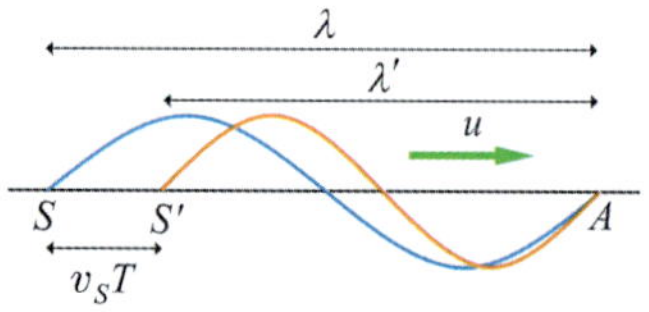

图 7.23

当波源远离观察者运动时，式(7.37)仍然适用，只不过 v_S 要取负值，这时观察者接收到的频率变低。

多普勒效应有很多应用，例如交通警察用多普勒效应监测车辆行驶速度；用多普勒效应制成的流量计，可以测量人体内血管中血液的流速或工矿企业管道中污水或有悬浮物的液体的流速等。

最后还要指出，光波也存在多普勒效应，但与机械波的多普勒效应产生的机理相比，在本质上有原则性区别，研究光波的多普勒效应必须以狭义相对论为理论基础，本书中将不再专门讨论。光波的多普勒效应也有着广泛的应用，例如利用多普勒效应可测人造卫星运行的速度等，在光谱学、天体物理学等学科中光波的多普勒效应都有着广泛的应用。

想想看

7.16　波源和观察者运动方向的八种不同情况如图所示。针对每一种情况，试分析观察者接收到的频率 ν，与波源发出的频率 ν_0 相比较是 $\nu>\nu_0$、$\nu<\nu_0$，还是不能判定谁大谁小？

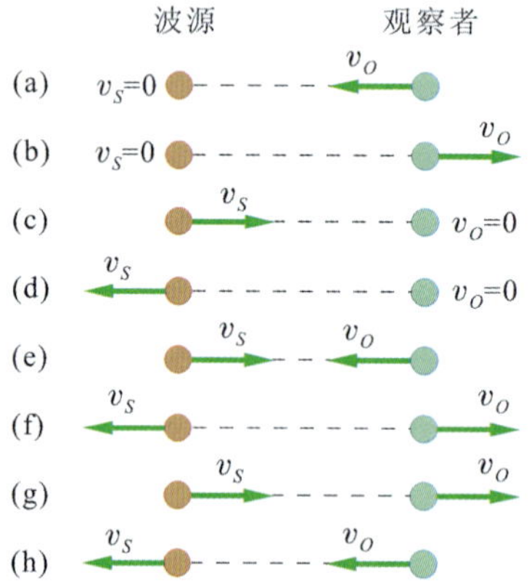

想 7.16 图

例 7.7　一声源，其振动频率为 1000 Hz。问：(1)当它以 20 m/s 的速率向静止的观察者运动时，此观察者接收到的声波频率是多大？(2)如果声源静止，而观察者以 20 m/s 的速率向声源运动时，此观察者接收到的声波频率又是多大？设空气中的声速为 340 m/s。

解　(1)在声源向观察者运动的情况中，$v_O=0$，$v_S=20$ m/s，由式(7.37)，观察者接收到的声波频率为

$$\nu_1=\frac{u}{u-v_S}\nu_0=\frac{340}{340-20}\times1000=1063\ \text{Hz}$$

(2)在观察者向声源运动的情况中，$v_S=0$，$v_O=20$ m/s，由式(7.36)，观察者接收到的声波频率为

$$\nu_2=\left(1+\frac{v_O}{u}\right)\nu_0=\left(1+\frac{20}{340}\right)\times1000=1059\ \text{Hz}$$

复习思考题

7.29　什么叫多普勒效应？

7.30　在例 7.7 中，(1)、(2)两种情况观察者接收到的声波的频率都增高，但增高的数值不同，你能从物理概念上解释这种不同吗？这与运动的相对性是否有矛盾？

第 7 章 小 结

机械波的产生和传播

机械振动在弹性媒质中的传播过程称为机械波

波源和弹性媒质是产生机械波的两个必须具备的条件

沿波的传播方向作一些带箭头的线，叫做波线

任一时刻媒质中各振动相位相同的点联结成的面叫做波面

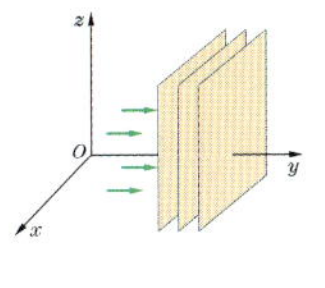

(a) 平面波

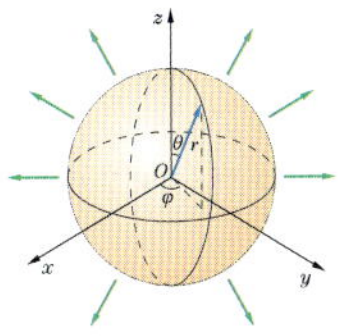

(b) 球面波

平面简谐波

谐振动的传播过程形成简谐波。如果简谐波的波面为平面，则称为平面简谐波

$$y(x,t)=A\cos\left[\omega\left(t-\frac{x}{u}\right)+\varphi_0\right]$$

$$y(x,t)=A\cos\left[2\pi\left(\nu t-\frac{x}{\lambda}\right)+\varphi_0\right]$$

$$y(x,t)=A\cos\left[2\pi\left(\frac{t}{T}-\frac{x}{\lambda}\right)+\varphi_0\right]$$

$$y(x,t)=A\cos\left[\frac{2\pi}{\lambda}(ut-x)+\varphi_0\right]$$

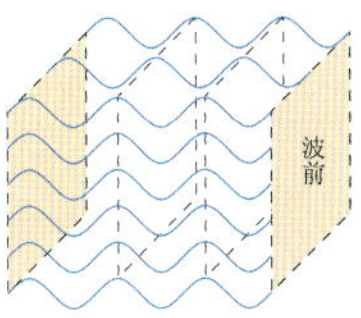

驻波

两列振幅、振动方向和频率都相同而传播方向相反的同类波相干叠加的结果形成驻波

$$y=y_1+y_2$$

$$=A\left[\cos 2\pi\left(\nu t-\frac{x}{\lambda}\right)+\cos 2\pi\left(\nu t+\frac{x}{\lambda}\right)\right]$$

$$=2A\cos 2\pi\frac{x}{\lambda}\cdot\cos 2\pi\nu t$$

$2\pi\frac{x}{\lambda}=(2k+1)\frac{\pi}{2}$,

$k=0,\pm1,\pm2,\cdots$ 形成波节

$2\pi\frac{x}{\lambda}=k\pi$,

$k=0,\pm1,\pm2,\cdots$ 形成波腹

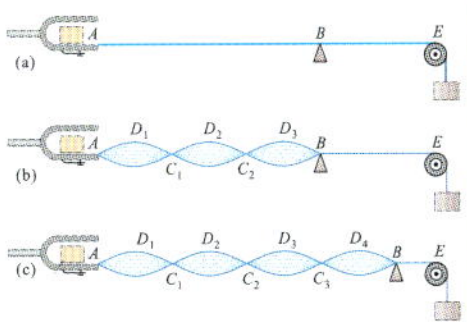

描述波动的物理量

波长(λ)

在同一波线上两个相邻的、相位差为 2π 的质点之间的距离叫做波长，用 λ 表示

周期(T)

波前进一个波长距离所需的时间叫做波的周期，用 T 表示。单位时间内，波前进距离中波的数目，叫做波的频率

$$\nu=\frac{1}{T}$$

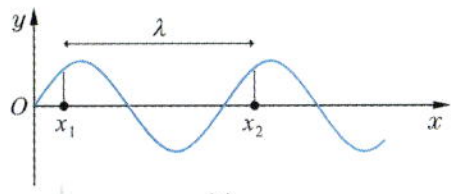

(a)

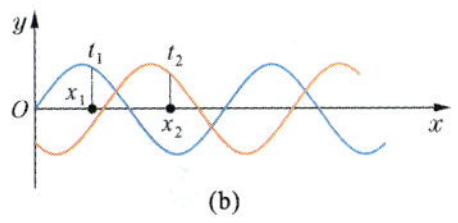

(b)

波速(u)

振动状态在媒质中的传播速度叫做波速

$$u=\frac{\lambda}{T}=\nu\lambda$$

拉紧的绳子中横波波速以及均匀细棒中纵波波速分别为

$$u_t=\sqrt{\frac{T}{\mu}},\quad u_l=\sqrt{\frac{Y}{\rho}}$$

多普勒效应

由于观察者(或波源、或二者)相对于媒质运动，而使观察者接收到的频率发生变化的现象称为多普勒效应

波源静止，观察者沿二者连线运动

$$\nu=\left(1\pm\frac{v_O}{u}\right)\nu_0$$

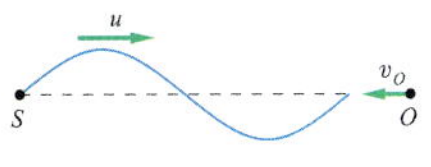

观察者静止，波源沿二者连线运动

$$\nu=\frac{u}{u\mp v_S}\nu_0$$

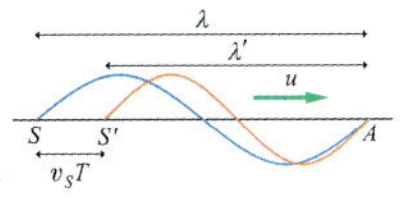

波的能量

在波传播过程中，任一线元的动能和势能都随时间变化，在任何时刻它们的量值都相等，且是同相位的。任一线元的总机械能不是一个常量，而是随时间 t 作周期性变化

$$W=W_k+W_p$$

$$=\mu\Delta x A^2\omega^2\sin^2\left[\omega\left(t-\frac{x}{u}\right)+\varphi_0\right]$$

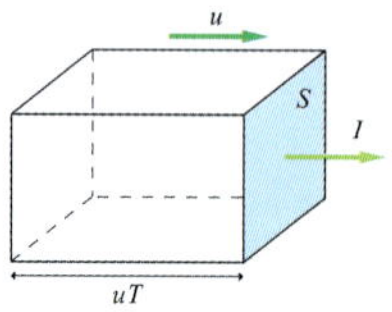

单位体积中波的能量称为波的能量密度，一个周期内能量密度的平均值称为平均能量密度

$$\bar{w}=\frac{1}{2}\rho A^2\omega^2$$

单位时间内，沿波速方向垂直通过单位面积的平均能量，叫做波的能流密度（波的强度）。能流密度是一个矢量，用 $\boldsymbol{I}$ 表示

$$\boldsymbol{I}=\bar{w}\boldsymbol{u}$$

波的干涉

几列相干波在空间相遇而叠加的结果，某些点处合振幅和强度最大，振动始终加强；而另外一些点处合振幅和强度最小，振动始终减弱，这种现象称为波的干涉现象

$$\Delta\varphi=(\varphi_2-\varphi_1)-2\pi\frac{r_2-r_1}{\lambda}=\pm 2k\pi$$

$k=0,1,2,\cdots$　A 和 I 最大

$$\Delta\varphi=(\varphi_2-\varphi_1)-2\pi\frac{r_2-r_1}{\lambda}=\pm(2k+1)\pi$$

$k=0,1,2,\cdots$　A 和 I 最小

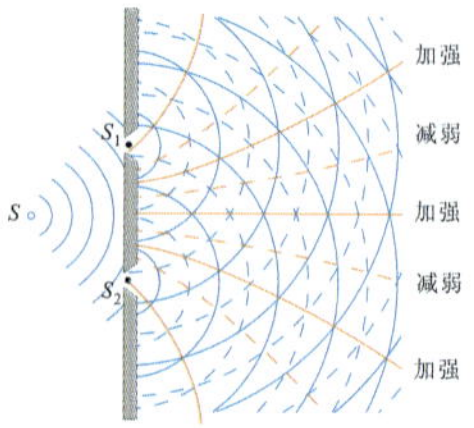

习　题

7.1　选择题

(1)已知一平面简谐波的波函数为 $y=A\cos(at-bx)$，其中 a、b 为正值，则[　　]。

(A)波的频率为 a　　(B)波的传播速度为 $\frac{b}{a}$

(C)波长为 $\frac{\pi}{b}$　　(D)波的周期为 $\frac{2\pi}{a}$

(2)传播速度为 100 m/s、频率为 50 Hz 的平面简谐波，在波线上相距为 0.5 m 的两点之间的相位差是[　　]。

(A) $\frac{\pi}{3}$　(B) $\frac{\pi}{6}$　(C) $\frac{\pi}{2}$　(D) $\frac{\pi}{4}$

(3)一平面简谐波沿 x 轴负方向传播，其振幅 $A=0.01$ m，频率 $\nu=550$ Hz，波速 $u=330$ m/s。若 $t=0$ 时，坐标原点处的质点达到负的最大位移，则此波的波函数为[　　]。

(A) $y=0.01\cos[2\pi(550t+1.67x)+\pi]$

(B) $y=0.01\cos[2\pi(550t-1.67x)+\pi]$

(C) $y=0.01\cos[2\pi(550t+1.67x)-\frac{\pi}{2}]$

(D) $y=0.01\cos[2\pi(550t-1.67x)+\frac{3\pi}{2}]$

(4)在下列的平面简谐波的波函数中，选出一组相干波的波函数[　　]。

(A) $y_1=A\cos\frac{\pi}{4}(x-20t)$

(B) $y_2=A\cos2\pi(x-5t)$

(C) $y_3=A\cos2\pi(2.5t-\frac{x}{8}+0.2)$

(D) $y_4=A\cos\frac{\pi}{6}(x-240t)$

(5)在坐标原点处有一波源，其振动方程为 $y=A\cos2\pi\nu t$，由波源发出的平面简谐波沿坐标轴 x 正方向传播。在距离波源 d 处有一平面将波反射(反射时无半波损失)如图，则反射波的表达式为[　　]。

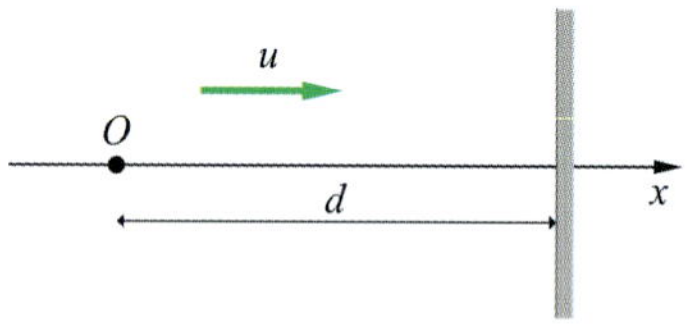

题 7.1(5)图

(A) $y=A\cos2\pi\left(\nu t+\frac{x}{\lambda}\right)$

(B) $y=A\cos2\pi\left(\nu t-\frac{d-x}{\lambda}\right)$

(C) $y=A\cos2\pi\left(\nu t+\frac{d-x}{\lambda}\right)$

(D) $y=A\cos2\pi\left(\nu t-\frac{2d-x}{\lambda}\right)$

(E) $y=A\cos2\pi\left(\nu t+\frac{2d-x}{\lambda}\right)$

7.2　填空题

(1)已知波源在坐标原点($x=0$)的平面简谐波的波函数为

$y=A\cos(Bt-Cx)$，其中 A、B、C 为正值常数，则此波的振幅为______，波速为______，周期为______，波长为______。在任意时刻，在波传播方向上相距为 D 的两点的相位差为______。

(2)频率为 500 Hz 的波，其传播速度为 350 m/s，相位差为 $\frac{2}{3}\pi$ 的两点间距为________。

(3)地震波的纵波和横波波速分别为 8000 m/s 和 4450 m/s，现测点测得这两种波到达的时间差为 $\Delta t=75.6$ s，则震中到测点的距离为________。

(4)有一平面简谐波，波速为 u，已知在传播方向上某点 P 的振动方程为 $y=A\cos(\omega t+\varphi)$，就图示的四种坐标系，写出各自的波函数。

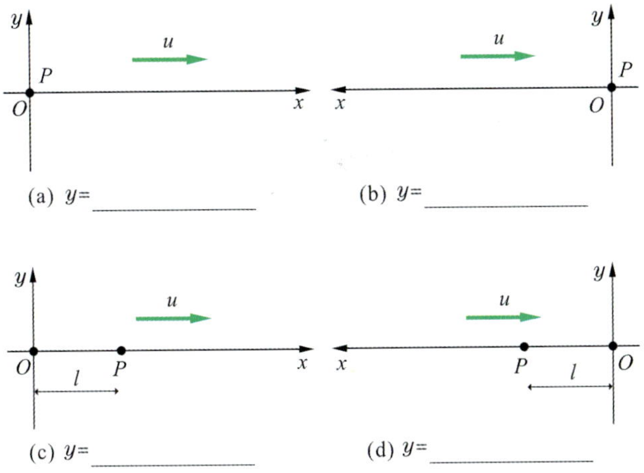

题 7.2(4)图

(5)如图所示可以是某时刻的驻波波形，也可以是某时刻的行波波形，图中 λ 为波长。就驻波而言，a、b 两点间的相位差为______；就行波而言，a、b 两点间的相位差为______。

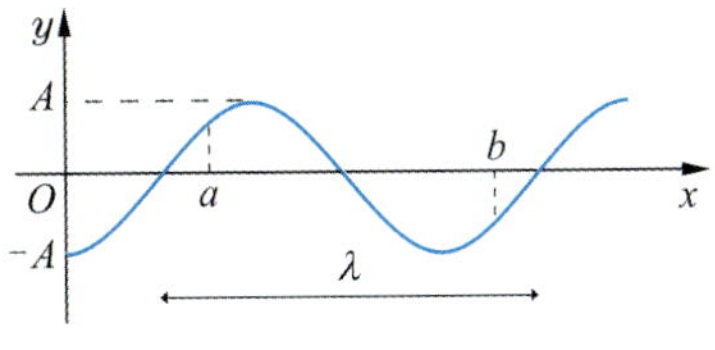

题 7.2(5)图

(6)设入射波的表达式为 $y_1=A\cos2\pi\left(\nu t+\frac{x}{\lambda}\right)$，波在 $x=0$ 处发生反射，若反射点为固定端，则反射波的波函数为 $y_2=$________；若反射点为自由端，则反射波的波函数为 $y_3=$________。

7.3　作图题

(1)一平面简谐波沿 x 轴正方向传播，已知波线上 O 点的振动曲线如(a)图所示，试在(b)图上画出 $x=\frac{3}{4}\lambda$ 处质点的振动曲线。

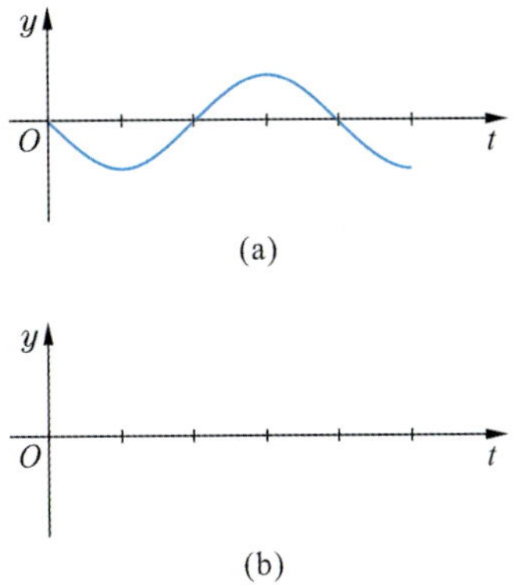

题 7.3(1)图

(2)图示为某一简谐波在 t 时刻的波形曲线，试在该图上画出 $t+\frac{T}{4}$(T 为该波的周期)时刻的波形曲线。

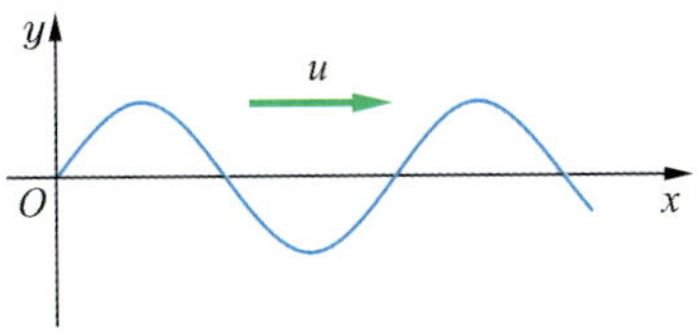

题 7.3(2)图

(3)一角频率为 ω 的平面简谐波沿 x 轴正方向传播，已知 $t=0$时刻的波形曲线如(a)图所示，试在(b)图上画出 $t=0$ 时刻 x 轴上各点的振动速度 v 与 x 轴坐标的关系图线。

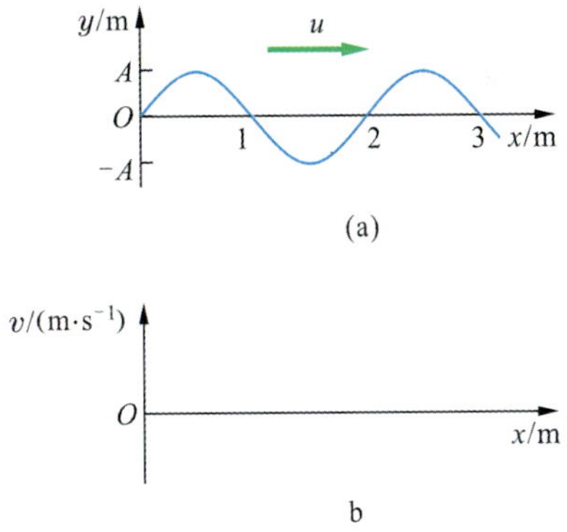

题 7.3(3)图

7.4　已知一波的波函数为

$$y=5.0\sin(10\pi t-0.6x)\quad \text{cm}$$

(1)求波长、频率、波速和周期；

(2)说明 $x=0$ 时波函数的意义。

7.5　一横波，其波函数为

$$y=A\cos\frac{2\pi}{\lambda}(ut-x)$$

若 $A=0.01$ m，$\lambda=0.20$ m，$u=25$ m/s，试求 $t=0.10$ s 时，

$x=2.0$ m处的质点的位移、速度、加速度。

7.6 已知某一维平面简谐波的周期 $T=2.5\times10^{-3}$ s，振幅 $A=1.0\times10^{-2}$ m，波长 $\lambda=1.0$ m，沿 x 轴正向传播。试写出此一维平面简谐波的波函数。（设 $t=0$ 时，$x=0$ 处质点在正的最大位移处）

7.7 将一波源系在一螺旋形长弹簧上，使此波源沿着螺旋形长弹簧激起一连续的正弦纵波。波源的频率为 25 Hz，而弹簧中相邻的两个稀疏区之间的距离为 24 cm。

(1)试求此纵波的传播速率。

(2)如果弹簧中质点的最大纵向振动位移为 0.30 cm，而这个波沿 x 轴的负方向传播，设波源在 $x=0$ 处，而 $x=0$ 处的质点在 $t=0$ 时恰在平衡位置处，且向 x 轴的正方向运动，试写出此正弦纵波的波函数。

7.8 波源的振动方程为 $y=6.0\times10^{-2}\cos\frac{\pi}{5}t$ m，它所激起的波以 2.0 m/s 的速度在一直线上传播，求：

(1)距波源 6.0 m 处一点的振动方程；

(2)该点与波源的相位差。

7.9 一平面简谐波沿 x 轴正向传播，振幅 $A=10$ cm，角频率$\omega=7\pi$ rad/s，当 $t=1.0$ s 时，$x=10$ cm 处 a 质点的振动状态为 $y_a=0$，$\left(\frac{\mathrm{d}y}{\mathrm{d}t}\right)_a<0$；此时 $x=20$ cm 处的 b 质点的振动状态为$y_b=5.0$ cm，$\left(\frac{\mathrm{d}y}{\mathrm{d}t}\right)_b>0$，设波长 $\lambda>10$ cm，求该波的波函数。

7.10 一横波沿绳子传播时的波函数为

$$y=0.05\cos(10\pi t-4\pi x)$$

式中 x、y 以 m 计，t 以 s 计。

(1)求此波的波长和波速；

(2)求 $x=0.2$ m 处的质点，在 $t=1$ s 时的相位，它是原点处质点在哪一时刻的相位？

(3)分别图示 $t=1$ s，1.1 s，1.25 s 和 1.5 s 各时刻的波形。

7.11 一平面余弦波沿 x 轴负方向传播，已知 t 时刻的波形曲线如图所示，求在 $t+\frac{3}{4}T$（T 为周期）时刻，坐标为 x_1、x_2、x_3、x_4 各处质点的位移。

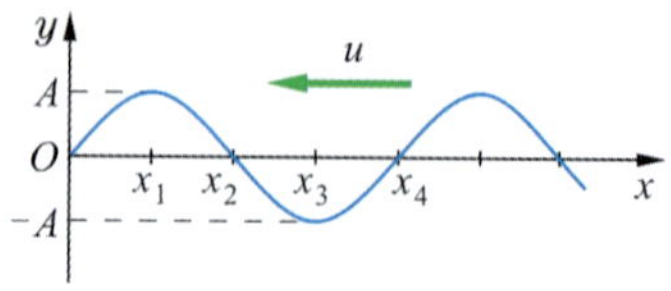

题 7.11 图

7.12 已知一平面简谐波沿 x 轴正向传播，周期 $T=0.5$ s，波长$\lambda=10$ m，振幅 $A=0.1$ m。当 $t=0$ 时，波源振动的位移恰好为正的最大值，若波源处取作坐标原点，求：

(1)沿波传播方向距离波源为$\frac{\lambda}{2}$处质点的振动方程；

(2)当 $t=\frac{T}{2}$时，$x=\frac{\lambda}{4}$处质点的振动速度。

7.13 一平面简谐波在媒质中以速度 $u=20$ m/s 自左向右传播，已知在传播路径上的某点 A 的振动方程为

$$y=3\times10^{-2}\cos(4\pi t-\pi)$$

D 点在 A 点右方 9 m 处。

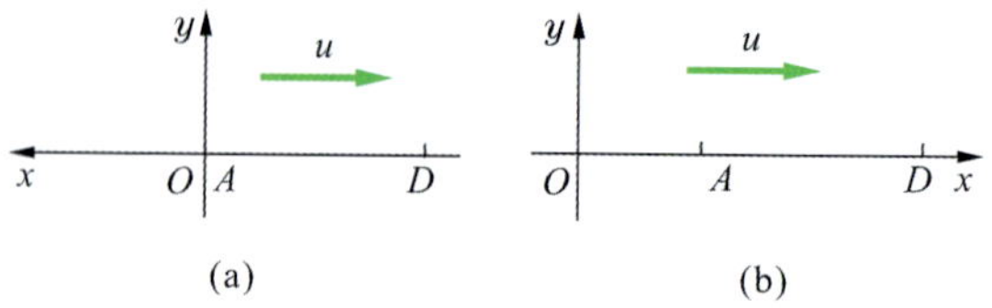

题 7.13 图

(1)若取 x 轴方向向左，并以 A 点为坐标原点，如图(a)所示，试写出此波的波函数，并求出 D 点的振动方程。

(2)若取 x 轴方向向右，以 A 点左方 5 m 处的 O 点为坐标原点，如图(b)所示，重新写出波函数及 D 点的振动方程。

7.14 功率为 4 W 的点波源，在无吸收的各向同性媒质中向外发射球面波。试求离波源为 2.0 m 处波的强度。

7.15 无线电波以 3.0×10^8 m/s 的速度在无吸收的媒质中传播，求距功率为 50 kW 的波源 500 km 处，无线电波的平均能量密度（设无线电波是球面波）。

7.16 一正弦空气波，沿直径为 10 cm 的圆柱形管传播，波的强度为 18×10^{-3} J/(s·m^2)，频率为 300 Hz，波速为 340 m/s。问：

(1)波中平均能量密度和最大能量密度各是多少？

(2)每两个相邻同相面间的波段中含有多少能量？

7.17 A 和 B 是两个相位相同的波源，相距 $d=0.10$ m，同时以30 Hz的频率发出波动，波速为 0.50 m/s。P 点位于与 AB 成 30°角，与 A 相距为 4 m 处，如图所示，求两波通过 P 点的相位差。

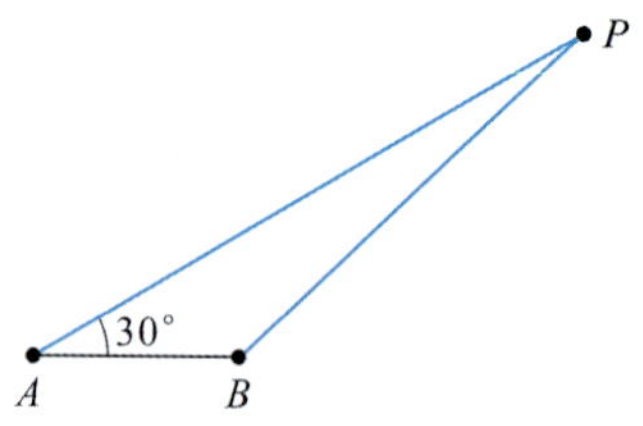

题 7.17 图

7.18 A、B 为两个同振幅、同相位的相干波源，它们在同一媒质中相距$\frac{3}{2}\lambda$，P 为 A、B 连线的延长线上的任意点，如图所示。求：

(1)自 A、B 两波源发出的波在 P 点引起的两个振动的相位差；

(2)P 点的合振动的振幅。

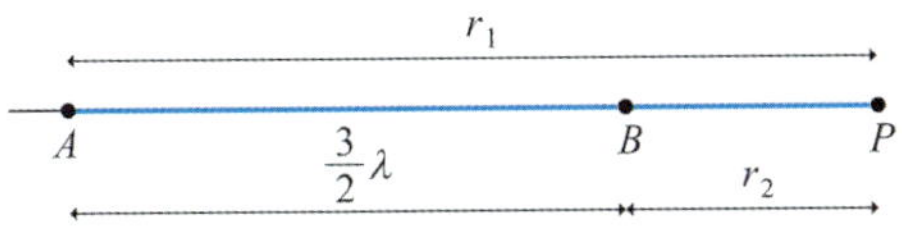

题 7.18 图

7.19 S_1 和 S_2 为两相干波源，相距 1/4 波长，如图所示，S_1 的相位比 S_2 的相位超前$\pi/2$，若两波在 S_1S_2 连线方向上的强度相同，均为 I_0，且不随距离变化，问 S_1S_2 连线上在 S_1 外侧各点的合成波的强度如何？在 S_2 外侧各点的合成波的强度如何？

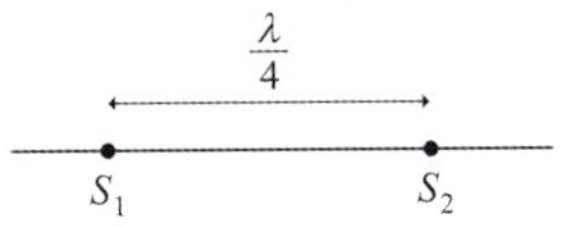

题 7.19 图

7.20 如图所示，A、B 两点为同一媒质中的两相干波源，其振幅皆为 0.05 m，频率为 100 Hz，但当 A 点为波峰时，B 点适为波谷，设在媒质中的波速为10 m/s，试写出由 A、B 发出的两列波传到 P 点时干涉的结果。

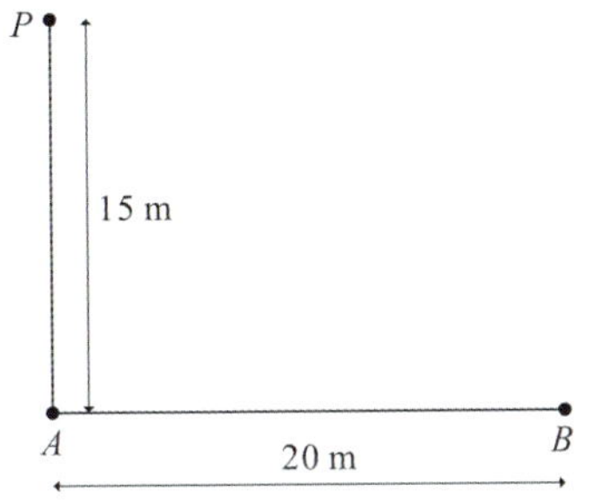

题 7.20 图

7.21 如图所示，地面上一波源 S，与一高频率波探测器 D 之间的距离为 d，从 S 直接发出的波与从 S 发出经高度为 H 的水平层反射后的波，在 D 处加强。当水平层逐渐升高 h 距离时，在 D 处未测到讯号，如不考虑大气对波能量的吸收，试求此波源 S 发出波的波长 λ。

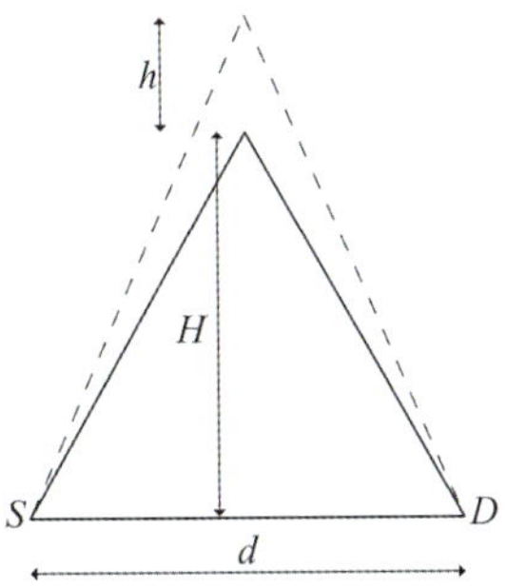

题 7.21 图

7.22 如图所示，两列平面简谐相干横波，在两种不同的媒质中传播，在分界面上的 P 点相遇。频率为 $\nu=100$ Hz，振幅 $A_1=A_2=1.00\times10^{-3}$ m，S_1 的相位比 S_2 的相位超前 $\pi/2$，在媒质 1 中波速 $u_1=400$ m/s，在媒质 2 中波速 $u_2=500$ m/s，$S_1P=r_1=4.00$ m，$S_2P=r_2=3.75$ m，求 P 点的合振幅。

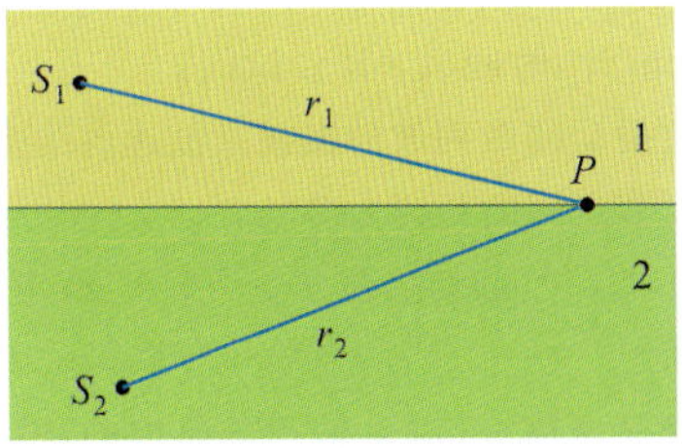

题 7.22 图

7.23 设入射波的波函数为 $y_1=A\cos2\pi\left(\frac{t}{T}+\frac{x}{\lambda}\right)$，在$x=0$处发生反射，反射点为一自由端。

(1)写出反射波的波函数。

(2)写出驻波的波函数。

(3)说明哪些点是波腹？哪些点是波节？

7.24 一入射波的波函数为 $y_1=A\cos\omega\left(t+\frac{x}{c}\right)$，在 $x=0$ 处发生反射，反射点为一波节。

(1)求反射波的波函数；

(2)求合成波的波函数；

(3)确定波腹和波节的位置。

7.25 一平面简谐波某时刻的波形如图所示，此波以波速 u 沿 x 轴正方向传播，振幅为 A，频率为 ν。

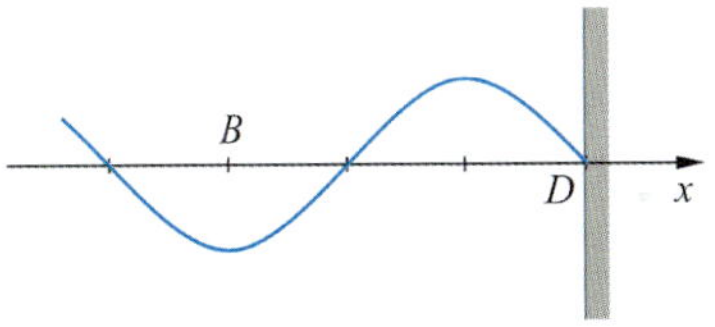

题 7.25 图

(1)若以图中 B 点为 x 轴的坐标原点，并以此时刻为 $t=0$ 时刻，写出此波的波函数；

(2)图中 D 点为反射点，且为一节点，若以 D 点为 x 轴的坐标原点，并以此时刻为 $t=0$ 时刻，写出此入射波的波函数和反射波的波函数；

(3)写出合成波的波函数，并定出波腹和波节的位置坐标。

7.26 如图所示二波源 A、B 具有相同的振动方向和振幅，振幅均为 0.01 m，初相差 $\varphi_B-\varphi_A=\pi$，同时发出沿 x 轴相向传播的两列平面简谐波，频率均为 100 Hz，波速 $u=800$ m/s，若取 A 点为坐标原点，B 点的坐标为 $x_B=44$ m。求：

(1)二波源的振动方程；

(2)二波的波函数；

(3)在 AB 直线上二波叠加而静止的各点的位置。

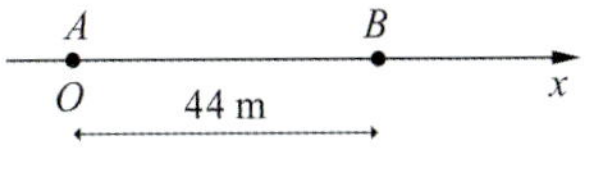

题 7.26 图

7.27 一弦线的振动方程为

$$y=2.0\cos 0.16x \cdot \cos 750\ t$$

式中长度以 cm 计，时间以 s 计。试问：

(1) 组成此振动的两列波的振幅及波速各为多大？

(2) 相邻两节点间的距离为多长？

(3) $t=2.0\times10^{-3}$ s 时刻，位于 $x=5.0$ cm 处的质点的振动速度是多大？

7.28 一平面简谐横波，沿 x 轴正方向传播，波速为 4 m/s，已知位于坐标原点处的波源的振动曲线如图所示。

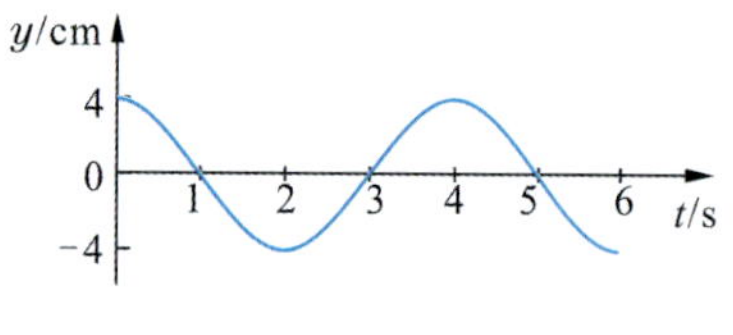

题 7.28 图

(1)写出此波的波函数；

(2)试画出 $t=3$ s 时刻的波形图。

7.29 一汽笛发出频率为 1000 Hz 的声波，汽笛以 10 m/s 的速率离开你而向着一悬崖运动，试问：

(1)你听到的直接从汽笛传来的声波的频率为多大？

(2)你听到的从悬崖反射回来的声波的频率为多大？设空气中的声速为 330 m/s。

7.30 一观察者站在铁路旁，听到迎面开来的火车汽笛声的频率为 440 Hz，当火车驰过他身旁之后，他听到汽笛声的频率为 392 Hz，问火车行驶的速度为多大？已知空气中声速为 330 m/s。

7.31 火车 A 行驶的速率为 72.0 km/h，汽笛发出声波频率为 800 Hz，相向而来的另一列火车 B 的行驶速率为 90.0 km/h。问火车 B 的司机听到火车 A 汽笛声的频率是多少？设空气中的声速为 340 m/s。

第8章 热力学

我国 R0110 燃气轮机研制获突破

R0110 重型燃气轮机是“十五”期间“863”先进能源技术领域重大专项，经过 5 年努力，已经取得突破性进展。R0110 预期输出功率 114500 kW，热效率 36%。在 R0110 母型机基础上，可以实现 60 MW、160 MW、200 MW 以上系列燃机。R0110 舰用型号论证工作已经开展，可以作为中型常规航空母舰的主动力。

R0110 是我国自主研制的第一台重型燃气轮机，它的研制成功预示着我国将成为世界上第五个具备重型燃气轮机研制能力的国家，对于提高我国的综合国力具有积极推动作用。这个项目是我国节能减排攻坚战取得的一项重大成果。

美国“尼米兹”级航母动力装置为 2 座通用电气公司的 A4W/A1G 压水堆和 4 台蒸汽轮机，反应堆热效率为 25.6%，每个反应堆驱动 2 台蒸汽轮机，全舰总功率为 26 万马力（注：1 米制马力≈0.735 kW）。中国 2 台 R0110 重型燃气轮机即可实现 30 万马力。

通用电气公司 LM-2500 燃气轮机是西方海军的标准动力系统，功率为 25000 马力，一般万吨级战舰安装 4 部，总功率达到 10 万马力，由 12 节加速至 32 节只需 53 秒。截至 2007 年，全世界大约有 1900 多台 LM-2500 在运行。有文章称，112 舰（哈尔滨号驱逐舰）上的 LM-2500 燃气轮机 15 年来一直未大修。实际上，LM-2500 燃气轮机有孔探口 40 处，其中压气机 14 处，压气机后机架 10 处，涡轮中机架 16 处，可对压气机叶片、燃烧室、燃油喷嘴、高压涡轮、涡轮中机架衬套和低压涡轮进口等处，用孔探仪或摄像机进行探视。由于可使用孔探仪检查内部，因此，燃气轮机可不必按预定时间大修。西方某些 LM-2500 燃气轮机已经运行了 16000 余小时，其涂料尚完好无损，根本无须大修。

R0110 燃气轮机模型

本章介绍热力学，它的理论基础主要是热力学第一定律和第二定律。前者实际上是包括热现象在内的能量守恒定律，后者则指明了热力学过程进行的方向和条件。

8.1 热学的研究对象和研究方法

在力学现象中，物体的状态变化与物体受到力的作用是相关的。经验告诉我们，有一类现象中，物体的状态或物理性质的变化总是与物体冷热程度变化密切相关的。例如，物体的热胀冷缩，固、液、气各状态的相互转变，软钢经加热后迅速冷却会提高其表面硬度等。通常用温度表示物体的冷热程度，而把与温度有关的物理性质及状态变化称为热现象。研究热现象的理论统称为热学，它是物理学的一个重要组成部分。

人们对热现象的认识经历了漫长的岁月。18世纪以后，不少人认为物体中都含有一种能从高温物体自动流向低温物体的“热质”，而把温度看成是物体中含有热质多少的量度。后来人们发现这种看法与实际不符。例如，它不能解释为什么通过摩擦而并未注入什么“热质”，却可以提高两个相互摩擦物体的温度等。直到物质的分子结构学说建立以后，才逐渐认识到热现象是物体中分子热运动的表现。19世纪中期以后，为了改进热机的设计，提高热机的效率，人们对气体（当时用作热机的工作物质）的性质进行了广泛的研究，气体动理论便是围绕气体性质的研究发展起来的。

大家知道，任何物体都是由大量的微观粒子（分子、原子等）组成的，通常把描述这些微观粒子特征的物理量（如质量、速度、能量等）称为微观量，而把描述宏观物体特征的物理量（如压强、温度、体积、内能等）称为宏观量。显然，宏观量都是可以由实验观测的物理量。从微观上来看，物体内部的微观粒子都在永不停息地作无规则运动，这种运动常称为分子热运动。就物体中单个粒子来说，由于受到其他粒子的复杂作用，其运动状态瞬息万变，显得杂乱无章而具有很大的偶然性。但在总体上，大量粒子的热运动却遵循着确定的规律，这种**大量偶然事件的总体所具有的规律性称为统计规律性**。所以说，热现象是大量微观粒子热运动的集体表现，服从统计规律；描写物体的宏观量与描写其中粒子的微观量之间，也存在着必然的联系。正是基于这些特点，热运动才成为区别于其他运动形式的一种基本运动形式。

热学中包含两种不同的理论。由观察和实验总结归纳出的有关热现象的规律构成热学的宏观理论，称为热力学。从分子、原子等微观粒子的运动和它们之间的相互作用出发，研究热现象的规律，则构成热学的微观理论，称为统计物理学。虽然两者的研究对象都是热现象，但是它们所采用的研究方法却是不同的。热力学是根据自然界大量现象的观察和实验中总结出来的几个基本定律，用逻辑推理的方法研究宏观物体的热性质，并不追究其微观本质。统计物理学则是从物质的微观结构出发，依据粒子运动所遵循的力学规律，对大量粒子的总体，应用统计方法去研究热现象的规律和本质。因为热力学中的基本定律是从大量的实际观测中总结出来的，所以具有高度的可靠性和普遍性。但是，由于热力学不考虑物质的微观结构，因而就不能对宏观热现象的规律给出其微观本质的解释，这一点正是热力学理论的局限性和缺陷所在。统计物理学正好弥补了热力学的缺陷，它可以从微观上更好地揭示热现象的本质，给出宏观规律的微观解释，从而使人们更深刻地认识热力学理论的意义。至于统计物理学结论的正确性，则需要热力学来检验和证实。这样，在对热现象的研究上，两种理论起着相辅相成的作用。

气体动理论是统计物理学的组成部分，它是从气体微观结构的理想模型出发，运用统计平均方法研究气体在平衡状态下的性质以及由非平衡状态向平衡状态的转变过程等问题。下一章将讨论这一部分内容，但不全面地介绍统计物理学。

热力学和统计物理学理论，在历史上对第一次产业革命起过有力的推动作用，在现代工程技术问题中也获得了越来越广泛的应用。此外，这些理论本身也是近代物理学中一个非常活跃的研究领域。

8.2 平衡态 理想气体状态方程

8.2.1 气体的状态参量

用来描述物体系统运动状态的物理量称为状态参量。例如，位矢和速度是描述物体系统机械运动状态的力学参量。热力学的研究对象是由大量粒子组成的宏观物体或物体系，常称为热力学系统，简称系统，也叫工质。要描述热力学系统的状态，需要引入一些新的物理量。气体是一种最简单的热力学系统，也是我们要研究的主要对象。实验表明，对于一定质量的气体，其状态一般可用气体的压强、体积和温度来描述，所以常把这三个物理量称为气体的状态参量。

应当注意，因为气体没有固定的形态，气体分子由于热运动可以到达整个容器所占有的空间，所以气体的体积 V 就等于容纳气体的容器的容积。切不可把气体的体积与气体中分子本身体积的总和相混淆。

气体的压强 p（工程上也叫压力），是指气体作用在单位面积容器壁上的垂直作用力，它是气体中大量分子对器壁碰撞而产生的宏观效果。

温度的概念比较复杂，它在本质上与物体内部大量分子热运动的剧烈程度密切相关。但在宏观上可以简单地把它看成是物体冷热程度的量度，并规定较热的物体具有较高的温度。经验告诉我们，冷热程度不同的物体相互接触时，最后将趋于冷热程度一致的热平衡状态，具有共同的温度。因此，可以利用某些物质具有的与冷热状态有关并且易于测量的某一特性（例如汞柱的长度）制成温度计，将温度计与待测物体接触，待它们达到热平衡后，观测其测温特性的指示（如汞柱高度），就可以测定物体的温度。温度的数值表示法叫做温标。最基本的温标是SI中的热力学温标，其符号为 T，单位是 K（开尔文）。日常使用较多的另一种温标是摄氏温标，符号为 t，单位是℃。摄氏温标与热力学温标的换算关系规定为

$$t = T - 273.15$$

必须指出，由上式规定的摄氏温标中，水的冰点等于 0 ℃，而沸点不是正好等于 100 ℃，但却非常接近（为 99.975 ℃）。

8.2.2 平衡态

一定量气体的状态可用压强、温度和体积等参量描述，不过这并不是任何情况下都能做得到，而是有一定条件的。考虑一定质量且具有一定体积的气体，忽略重力及外界的其他各种影响，那么不管气体起初处于什么状态，经过一段时间后，气体中各部分的温度、压强以及分子数密度等都将趋于均匀一致。这时，气体的状态参量 p、V、T 都有确定的数值。如果保持气体不受外界影响，内部也没有任何形式的能量转化（如化学变化、原子核变化等），则气体将始终保持这一状态而不会发生宏观变化，其状态参量也将不随时间变化，气体的这种状态称为平衡状态，简称平衡态。

又如，两个冷热程度不同的物体相互接触，经过足够长的时间后，两者的温度将趋于一致。这时，如果没有外界影响，两个物体就会保持这一状态而不再发生宏观变化，这也是一种平衡态。从大量的自然现象中可以归纳出一个结论：对于热力学系统来说，**平衡态是指系统在没有外界**（指与系统有关的周围环境）**影响的条件下，系统各部分的宏观性质长时间内不发生变化的状态**。这里所说的没有外界影响，是指系统与外界之间不通过做功或传热的方式交换能量。由于实际上并不存在完全不受外界影响，并且宏观性质绝对保持不变的系统，所以平衡态只是一个理想化的概念，它是在一定条件下对实际情况的抽象和概括。在实际问题中，只要系统状态的变化很微小而可以忽略时，就可以近似地看成平衡态。应当指出，平衡态是指系统的宏观性质不随时间变化的状态，但从微观上来看，平衡态下系统内的分子仍在作永不停息的热运动，只不过这时分子热运动的平均效果不随时间变化而已。也正是这种分子热运动的平均效果不随时间变化，系统在宏观上才表现为处于平衡态。因此，热力学中的平衡实质上是一种动平衡，通常把这种平衡称为热动平衡。

只有在平衡态下，系统的宏观性质才可以用一组确定的参量来描写。因此，状态参量实际上就是描写系统平衡态的变量。例如，一定质量气体的平衡态，可以用其状态参量 p、V、T 的一组值来表示。一组参量值表示气体的某一平衡态，而另一组参量值则表示气体的另一平衡态。如果系统的宏观性质随时间而变化，它所处的状态就称为非平衡态。在非平衡态下，系统各部分的性质一般说来可能各不相同，并且在不断地变化，所以就不能用统一的参量来描写系统的状态。在下面的讨论中，除非特别声明，所说的状态一般都是指平衡态。

想想看

8.1 气体处于平衡状态时，气体中各处的温度、压强和分子数密度是否一定都均匀一致？处于重力场中的气体，其中各处的压强、分子数密度一般不再均匀一致，但分布却保持稳定，这种情况下气体是否处于平衡状态？为什么？

8.2.3 理想气体状态方程

实验表明，描述一定质量气体平衡态的三个参量中，当任一参量值发生变化时，其他两个也将随着变化。也就是说，三个参量之间必然存在一定的关

系，其中一个参量是其余参量的函数。例如，温度 T 是压强 p 和体积 V 的函数，可以表示为

$$T = f(p, V)$$

这个关系式就是一定质量气体处于平衡态时的状态方程。它的具体形式与气体的性质有关，一般是很复杂的，通常需要通过实验来确定。各种实际气体在压强不太大（与大气压相比）和温度不太低（与室温相比）的条件下，遵守波义耳定律、查理定律、盖-吕萨克定律以及阿伏加德罗定律。根据这些实验定律，不难导出 1 mol 气体的状态方程，为

$$pV = RT \tag{8.1}$$

式中 $R=8.314$ J/(mol・K)，是摩尔气体常量。

如果气体的质量为 m，摩尔质量为 M，则气体的摩尔数为$\nu=m/M$。这时，气体的状态方程为

$$pV = \frac{m}{M}RT = \nu RT \tag{8.2}$$

式(8.2)也称为克拉珀龙方程。

由于状态方程是根据实验定律导出的，而这些实验定律都是在一定的实验条件下得到的，它们反映的都是实际气体的近似性质，所以各种实际气体都近似地遵守式(8.1)或式(8.2)。实验表明，在温度不太低时，压强越低，近似程度越高，在压强趋于零的极限条件下，各种实际气体才严格地遵守式(8.1)或式(8.2)。这个事实表明，一切实际气体在 p、V、T 之间的变化关系上都具有共性，它们都近似地遵守关系式(8.1)或式(8.2)。至于各种气体的不同个性，则反映在它们遵守状态方程的近似程度上。所有气体表现出的共性不是偶然的，而是反映了气体的一种内在规律性。为了概括和研究气体的这一共同规律性，引入理想气体的概念。通常把在**任何条件下都严格遵守克拉珀龙方程的气体称为理想气体**，而把式(8.1)和式(8.2)称为理想气体的状态方程。显然，理想气体实际上是不存在的，它只是实际气体的近似和理想化模型。实际气体在一般温度和较低压强下，在一般应用问题中都可近似地看成理想气体。

以上讨论的是化学纯的理想气体。对于含有多种化学成分的混合气体，根据道尔顿分压定律可知，混合气体的压强等于各成分气体的分压强之和。所谓分压强，是指每一种气体在与混合气体具有相同的温度和体积的条件下，单独产生的压强。假定混合气体由 n 种成分的气体组成，第 i 种气体的质量为 m_i、摩尔质量为 M_i、分压强为 p_i，则由式(8.2)有

$$p_i V = \frac{m_i}{M_i}RT \qquad i = 1, 2, \cdots, n$$

式中 V 和 T 分别是混合气体的体积和温度。对 n 个方程求和，得

$$\sum_i p_i V = \sum_i \frac{m_i}{M_i}RT$$

混合气体的压强 p 和质量 m 分别为

$$p = \sum_i p_i, \qquad m = \sum_i m_i$$

另外，规定混合气体的表观摩尔质量由下式决定

$$M = \frac{m}{\sum_i \frac{m_i}{M_i}} = \frac{m}{\sum_i \nu_i}$$

即混合气体的摩尔质量等于各成分气体质量的总和与摩尔数总和之比。综合以上关系可得

$$pV = \frac{m}{M}RT \tag{8.3}$$

这就是混合理想气体的状态方程。它与式(8.2)形式虽相同，但必须注意其中各量的含义却有所区别。

从以上讨论可以看出，对一定质量的气体来说，其状态参量 p、V、T 中只有两个是独立的。因此，任意给定两个参量的一组数值，就确定了气体的一个平衡态。例如，在以 p 为纵轴、V 为横轴的 $p-V$ 图上，任一点都对应着一个平衡态。如图 8.1 所示。

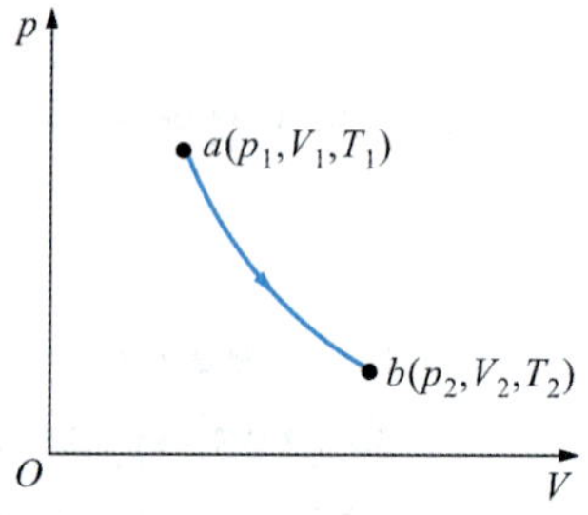

图 8.1

想想看

8.2 可移动隔板 P 把容器分成体积相等的两部分，现给两边分别装入质量相等、温度相同的氢气和氧气，并固定 P，如图。试问 P 释放后将向哪个方向移动？

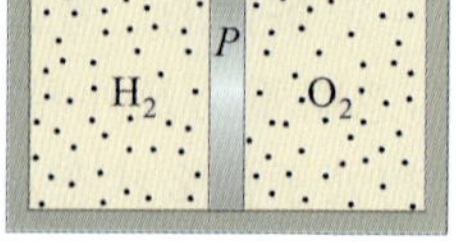

想 8.2 图

8.3 一定量的理想气体，在体积保持不变的条件下，其温度从 20℃ 变化到 40℃，试问该气体的压强是：①增大到原来的 2 倍；②增大但小于 2 倍；③增大并大于 2 倍。

复习思考题

8.1 气体处于平衡态时有什么特征？热力学中所指的平衡与力学中所说的平衡有什么不同？

8.2 一金属杆，一端置于沸水中，另一端置于冰水中。如果沸水和冰水的温度都保持不变，那么经过一段时间后，杆上各处的温度虽然各不相同，但都不再随时间变化。试问金属杆是否处于平衡态？为什么？

8.3 一个与外界隔绝的密闭容器中贮有一定质量的气体。考虑到重力的影响时，气体中各处的温度虽然相同，但压强将沿高度按一定规律变化，并且这种状态不随时间改变。试问这时气体是否处于平衡态？为什么？

8.4 试由气体实验定律导出状态方程式(8.1)。

8.5 理想气体状态方程有哪些形式，它们各自适用的条件是什么？

8.6 非平衡态是否能在 $p-V$ 图中用一点来表示？为什么？

8.7 "$\frac{pV}{T}=$恒量"的物理意义是什么？这个恒量是由什么因素决定的？试分析下列情况下理想气体处在平衡态时，恒量是否相同？(1)质量相同，种类不同；(2)质量不同，种类相同；(3)质量不同，种类不同，但摩尔数相同；(4)质量相同，种类相同。

8.3 功 热量 内能 热力学第一定律

力学中指出，外界对系统做功的结果将使系统的机械运动状态发生变化；在做功过程中，由于外界与系统之间产生能量交换，从而改变了系统的机械能。然而一般说来，由做功所引起的不只是机械运动状态和机械能的变化，还可能发生像热运动状态、电磁运动状态等以及与之相关的能量的变化。在热力学中，通常不考虑系统整体的机械运动，只研究系统内部分子热运动的宏观规律。无数事实证明，外界对系统做功或传递热量，都可以使系统的热运动状态发生变化。例如，一杯水可以通过外界对它加热，用传递热量的方法使它的温度升高，也可以用搅拌或通以电流的做功方法使它升高到同样的温度。既然系统的热运动状态发生了变化，那么与热运动有关的能量(即，内能)也必然随之变化。下面就来讨论内能的概念以及它与功和热量的关系。

8.3.1 功 热量 内能

设想有一个容器，外界与它除了通过做功外，再也没有别的方法与其中的物质系统交换能量，就是说这个容器是由绝热壁构成的。由绝热壁所包围的系统，其状态发生的变化(不考虑物质内部的化学变化、原子核变化等)都称为绝热过程。显然，绝热过程中系统状态的变化只是由外界对系统做功引起的。大量实验表明，当系统从确定的初平衡态变化到确定的末平衡态时，在不同的绝热过程中，外界对系统做功的数值都相同。也就是说，绝热过程中的功仅由系统的初、末状态完全决定，与过程的具体进行方式无关。例如，要使一杯水从 300 K 绝热地升高到 350 K，其方式是多种多样的。可以用搅拌的方式做功，也可以通过电流做功；可以先剧烈后缓慢地做功，也可以用完全相反的方式做功，等等。不过无论采用哪种方式，只要系统的初、末状态已经给定，所做功的数值都相等。这与力学中保守力做功的性质相类似。这一事实表明，**在热力学系统中也存在一种仅由其热运动状态单值决定的能量，它的改变可以用绝热过程中外界对系统所做的功来量度**，这种能量称为系统的**内能**。如果用 E_1 与 E_2 分别表示系统在初、末两平衡态的内能，用 A_Q 表示外界在绝热过程中对系统所做的功，按照功与能量的关系，做功的结果将使系统的内能增加，因此有

$$E_2-E_1=A_Q \tag{8.4}$$

从上式可以看出，绝热过程的功只能决定初、末两状态的内能差，但不能决定任一状态的内能。可见内能与力学中的势能相类似，也包含了一个任意相加的常量。这个常量就是被选作标准状态(参考状态)的内能，其值可以任意选取。显然，由式(8.4)所规定的内能是系统状态的单值函数，即描写系统平衡态的参量的单值函数。

既然对系统传递热量与做功都可以改变它的状态，从而使其内能发生变化，那么在一定条件下，内能的改变也可以用外界对系统传递的热量来量度。设想在外界不对系统做功，仅由于外界与系统间温度不同而发生的能量交换过程中，当系统的内能由 E_1 变为 E_2 时，外界传给系统的"热量"为 Q，则有

$$E_2-E_1=Q \tag{8.5}$$

由于仅通过吸收热量使系统的内能增加意味着

外界物体的内能减少,所以这种过程中发生的变化实质上就是内能的传递。至于系统内能增加的量值,就由这种过程中吸收的热量来量度。

总体来说,内能是系统状态的单值函数,是一个状态量;功与“热量”则不属于任何系统,而是在系统状态变化过程中出现的物理量,其值与过程有关,所以都不是状态量。应当指出,尽管做功和传递热量都是能量交换的方式,并在改变系统状态上有其等效的一面,但两者在本质上是不同的。用机械方式对系统做功而使其内能改变,是通过物体的宏观位移来完成的,是把有规则的宏观机械运动能量转化为系统内分子无规则热运动能量的过程;而传递“热量”则是由于各系统之间存在温度差而引起其间分子热运动能量的传递过程。对某系统传递热量,就是把高温物体的分子热运动能量传递给该系统,并转化为该系统的分子热运动能量,从而使它的内能增加。

功、热量、内能是三个不同的物理量,它们之间既有严格的区别,又存在着密切的联系。历史上曾有许多科学家如焦耳等,对它们之间的定量关系和“热量”的实质作了长期的艰苦探索。只是在建立了分子运动论以后,才真正弄清了“热量”的实质。“热量”也是历史上遗留下来的一个不太确切的名词,切不可把它误解为任何形式的能量,它只是系统之间因温度不同而交换的能量的量度。

8.3.2 热力学第一定律

一般情况下,在系统状态变化的过程中,做功与传递热量往往是同时存在的。假定在系统从内能为 E_1 的状态变化到内能为 E_2 的状态的某一过程中,外界对系统传递的热量为 Q,同时系统对外界做功为 A,那么根据能量守恒与转换定律,就有

$$Q=(E_2-E_1)+A \tag{8.6}$$

式中 Q 与 A 的正、负号规定为:$Q>0$ 表示系统从外界吸收热量,反之则向外界放出热量;$A>0$ 表示系统对外界做正功,反之则表示外界对系统做正功。式(8.6)就是热力学第一定律的数学表示式,它表明**系统从外界吸收的热量,一部分使其内能增加,另一部分则用以对外界做功**。显然,热力学第一定律实际上就是包含热现象在内的能量守恒与转换定律。应当指出,在应用式(8.6)时,只要求系统的初、末状态是平衡态,至于过程中经历的各状态并不一定是平衡态。

对于无限小的状态变化过程,热力学第一定律可表示为

$$\mathrm{d}Q=\mathrm{d}E+\mathrm{d}A \tag{8.7}$$

由于内能是状态的单值函数,所以上式中的 $\mathrm{d}E$ 代表内能函数在相差无限小的两状态的微小增量(即微分)。但是功和热量都与过程有关而不是状态的函数,所以上式中的 $\mathrm{d}A$ 和 $\mathrm{d}Q$ 都不是某一函数的微分,而只是代表在无限小过程中的一个无限小量。

在热力学第一定律建立以前,历史上曾有不少人企图制造一种机器,它可以使系统不断地经历状态变化后又回到原来状态,而不消耗系统的内能,同时又不需要外界供给任何能量,但却可以不断地对外界做功。这种机器叫做第一类永动机。经过无数次尝试,所有的这种企图最后都以失败而告终。热力学第一定律指出,做功必须由能量转化而来,不消耗能量而获得功的企图是不可能实现的。为了与人类在长期生产实践中积累的经验相联系,热力学第一定律也可表示为:**第一类永动机是不可能制成的**。

想想看

8.4 通过这一段的学习,你能否总结一下功、热量、内能这三个不同的物理量各自的含义以及它们之间的区别和联系。

8.5 假设想想看8.2图中的容器为绝热容器,隔板为质量可以忽略的绝热板,且隔板与器壁之间不漏气,摩擦也忽略不计。试问:当隔板发生移动而达到平衡后,氢气的内能是增大、减小,还是不变?

复习思考题

8.8 什么叫内能?它与机械能有何异同?

8.9 能否说“系统含有多少热量”?“系统含有多少功”?能否说“高温物体所含的热量多,低温物体所含的热量少”?

8.10 内能是系统状态的单值函数,而功和热量则与状态的变化有关,对这些你是怎样理解的?

8.11 从能量转换的观点来看,对系统做功与传递热量有何异同?

8.12 式(8.7)中的 $\mathrm{d}Q$ 和 $\mathrm{d}A$ 是否可理解为热量 Q 和功 A 的微小增量,为什么?

8.13 热力学第一定律对初、末两状态都不是平衡态的过程是否适用?为什么式(8.6)要求初、末两状态都是平衡态?

8.4　准静态过程中功和热量的计算

8.4.1　准静态过程

系统与外界有能量交换时，其状态就会发生变化。当系统从一个状态不断地变化到另一个状态时，我们就说系统经历了一个热力学过程。在热力学中具有重要意义的是所谓**准静态过程**（也叫平衡过程），**在这种过程中系统所经历的任一中间状态都无限接近平衡态**。显然，这是一种理想过程。因为状态变化必然会破坏系统的平衡，原来的平衡态被破坏以后，需要经过一段时间才能达到新的平衡态。但是实际发生的过程往往进行较快，以至于在还没有达到新的平衡态以前又继续了下一步的变化，因而过程中系统经历的是一系列非平衡态，这样的过程称为非静态过程。不过只要过程进行得足够缓慢，使得过程中的每一步，系统都非常接近平衡态，这种过程就可近似地看成准静态过程。实际上，准静态过程就是这种足够缓慢过程的理想极限。在实际问题中，除了一些进行极快的过程（如爆炸过程）外，大多数情况下都可以把实际过程看成是准静态过程。

一个准静态过程，在 $p-V$ 图上可用一条曲线表示。如图 8.1 中的曲线，就表示由初平衡态 $a(p_1,V_1,T_1)$ 变化到末平衡态 $b(p_2,V_2,T_2)$ 的某一准静态过程。

8.4.2　准静态过程中功的计算

设想一定质量的气体贮于气缸中，如图 8.2 所示。假定活塞的面积为 S，气体作用于活塞的压强为 p，则当活塞移动一微小距离 $\mathrm{d}l$ 时，气体对活塞所做的元功为

$$\mathrm{d}A = f\mathrm{d}l = pS\mathrm{d}l = p\mathrm{d}V \qquad (8.8)$$

气体对外界做功的结果，使其体积膨胀了 $\mathrm{d}V$。对于气体的准静态膨胀过程，任一时刻气体都可认为处于平衡态。因此，气体的压强处处均匀，作用于活塞的压强与气体内部的压强相同，这时上式中的 p 和 V 都是描写气体平衡态的参量。这样，我们把气体在准静态膨胀过程中所做的功，用其平衡态参量表示了出来，在具体计算时就可以利用状态方程所给出的 p、V、T 之间的关系了。

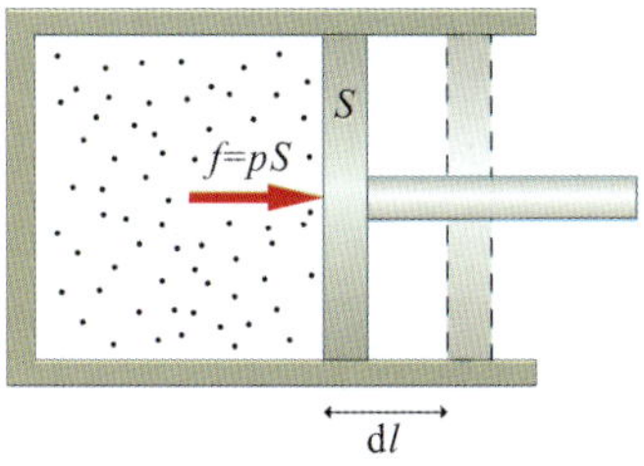

图 8.2

应当注意，式(8.8)中的 $\mathrm{d}A$ 表示气体对外界所做的元功。因此，当气体膨胀时，$\mathrm{d}V>0$，气体做正功；当气体被压缩时，$\mathrm{d}V<0$，气体做负功，或者说外界对气体做正功。

在一个有限的准静态过程中，当气体的体积由 V_1 变为 V_2 时，气体对外界所做的功为

$$A = \int_{V_1}^{V_2} p\mathrm{d}V \qquad (8.9)$$

前面说过，气体的任一准静态过程都可在 $p-V$ 图中用一条曲线来表示，因此气体所做的功就可以由曲线下的面积来表示，如图 8.3 所示。曲线下的小长条面积为 $p\mathrm{d}V$，表示气体体积膨胀 $\mathrm{d}V$ 时所做的元功；曲线 Ⅰ—a—Ⅱ 下的总面积，就等于气体从状态Ⅰ变化到状态Ⅱ的准静态过程中对外所做的功 A。从图中还可以看出，只给定始、末状态，并不能唯一地确定功的数值。例如，气体经由曲线 Ⅰ—b—Ⅱ 所示的另一准静态过程，从状态Ⅰ变化到状态Ⅱ，那么所做的功就等于曲线 Ⅰ—b—Ⅱ 下的面积。一般地说，在任意给定的始末两状态之间，可以有无穷多条曲线，对应于无穷多的准静态过程，功的数值也就有无穷多个。所以说功不仅与系统的始末状态有关，并且与系统经历的过程密切相关。

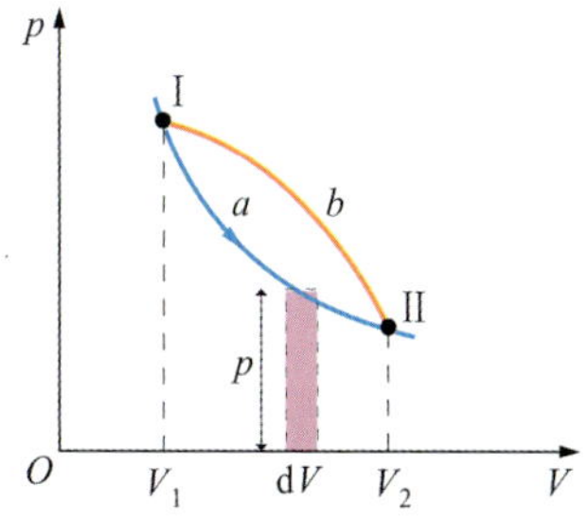

图 8.3

应用以上结果，在准静态过程中，热力学第一定律可表示为

$$\mathrm{d}Q = \mathrm{d}E + p\mathrm{d}V \qquad (8.10)$$

或

$$Q = (E_2 - E_1) + \int_{V_1}^{V_2} p\mathrm{d}V \qquad (8.11)$$

8.4.3　准静态过程中热量的计算　热容

我们知道，质量为 m 的物体，当其温度由 T_1 变到 T_2 时，从外界吸收的热量为

$$Q = mc(T_2 - T_1) \tag{8.12}$$

式中 c 是物体的比热容，它表示单位质量的物体在温度升高（或降低）1 K 时所吸收（或放出）的热量。物体的质量与比热容的乘积 mc，称为物体的热容。1 mol 物质的热容，称为该物质的摩尔热容。

实验表明，不同物质的比热容值不同，并且同一物质的比热容值一般随温度而变。但在温度变化范围不太大时，可近似地看成常量。此外，由于同一物体有相同的温度变化（$T_2 - T_1$）时，吸收（或放出）的热量随过程的不同而异，所以其热容值也与过程有关。因此，只有在指明了具体的过程以后，热容值才能唯一地确定。

对于气体来说，最常用的是 1 mol 气体在等体和等压过程中的热容。前者称为摩尔定体热容，用 C_V 表示；后者称为摩尔定压热容，用 C_p 表示。下面讨论它们与内能等状态量的关系。由于气体的状态参量 p、V、T 中只有两个是独立的，因而内能作为状态的函数，就可以用 p、V、T 中的任意两个来表示，所以说，气体的内能是两个变量的函数。例如，把内能看成体积和温度的函数时，就可以表示为 $E(V, T)$。在等体过程中，气体的体积不变，对外界不做功，所吸收的热量 Q_V 就等于内能的增量，即

$$Q_V = E_2 - E_1 = \Delta E$$

在等压过程中，气体的压强不变，当其体积由 V_1 变为 V_2 时，对外界所做的功为

$$A = p(V_2 - V_1) = p\Delta V$$

同时吸收热量 Q_p，由热力学第一定律可得

$$Q_p = \Delta E + p\Delta V$$

假定 1 mol 气体在等体过程中温度升高 ΔT 时，吸收的热量为 Q_V，则气体的摩尔定体热容定义为

$$C_V = \lim_{\Delta T \to 0} \frac{Q_V}{\Delta T} = \left(\frac{\mathrm{d}E}{\mathrm{d}T}\right)_V \tag{8.13}$$

式中 $\left(\frac{\mathrm{d}E}{\mathrm{d}T}\right)_V$ 表示把 E 看成 V 和 T 的函数，并在保持 V 不变的条件下对 T 求导。可以看出，一般说来，C_V 也应是 V 和 T 的函数。

同样，如果 1 mol 气体在等压过程中温度升高 ΔT 时，吸收的热量为 Q_p，则气体的摩尔定压热容定义为

$$C_p = \lim_{\Delta T \to 0} \frac{Q_p}{\Delta T} = \lim_{\Delta T \to 0}\left(\frac{\Delta E + p\Delta V}{\Delta T}\right)$$

即

$$C_p = \left(\frac{\mathrm{d}E}{\mathrm{d}T}\right)_p + p\left(\frac{\mathrm{d}V}{\mathrm{d}T}\right)_p \tag{8.14}$$

式中两个导数的含义与前面类似。

显然，只要知道了准静态过程中的热容，就容易计算过程中的热量。而通过式（8.13）和式（8.14），把热容和热量的计算与气体的状态函数联系了起来。这一点与计算功的思想方法是完全一致的。

想想看

8.6　一定质量的某种气体，从状态 a 分别经过四种不同的准静态过程变化到状态 b，如图。试按：①气体所做的功 A；②气体内能的改变 ΔE；③气体与外界传递的热量 Q；由大到小对这些过程排序。

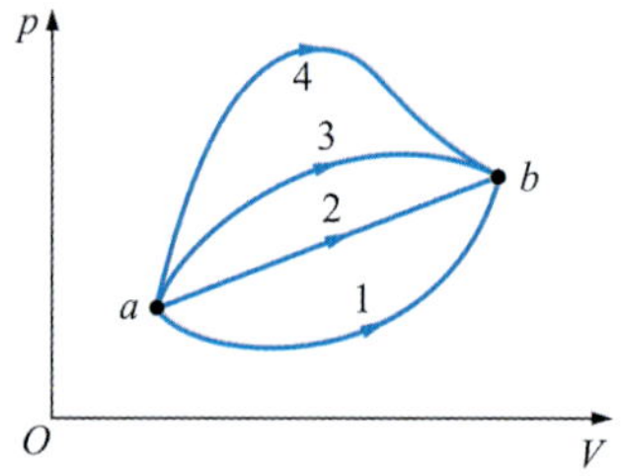

想 8.6 图

8.7　一定的热量 Q 能使质量为 1 kg 的材料 A 温度升高 3℃，也能使 1 kg 的材料 B 温度升高 4℃，试问哪一种材料的比热容大？

复习思考题

8.14　为什么一般地说只有在准静态过程中，功才能用 $\int_{V_1}^{V_2} p\mathrm{d}V$ 来计算？

8.15　$\oint p\mathrm{d}V$ 表示在 p－V 图中沿任一闭合曲线的积分，试说明其积分值不会等于零的原因。

8.16　为什么热容与过程有关？试写出用 C_V、C_p 计算热量 Q_V 与 Q_p 的关系式。

8.17　在等压的非静态过程中，是否仍可用 $p(V_2 - V_1)$ 来计算气体所做的功？如果可以，试说明式中各量在计算中都代表什么？p 仍是气体的压强吗？

8.18　在什么情况下气体的热容为零？什么情况下热容为无限大？什么情况下气体的热容为正值？什么情况下为负值？

8.5 理想气体的内能和 C_V、C_p

前面说过，气体的内能是其状态参量 p、V、T 中任意两个参量的函数，那么气体的内能函数到底具有何种形式？焦耳在 1845 年曾通过实验研究了这个问题。焦耳实验的原理如图 8.4 所示，容器 A 中充满气体，B 中为真空，两者联接处用活门 C 隔开；全部容器置于水量热器中，水中插入温度计以测量温度；量热器外面包以绝热材料，整个装置可以看成是与外界绝热的。打开活门 C 后，气体由 A 向 B 膨胀，最后充满全部容器。这个过程称为气体的自由膨胀过程。所谓"自由"是指气体向真空膨胀时不受阻碍，因而不对外做功（在自由膨胀中，后进入容器 B 的气体将对先进入 B 中的气体做功，但这是气体内各部分之间的功，而不是气体对外界所做的功）。焦耳测量了膨胀前后气体与水的平衡温度，发现温度没有改变。这说明膨胀过程中气体与水之间没有热量交换，因而气体的自由膨胀过程实际上也可看成是非静态的绝热过程。

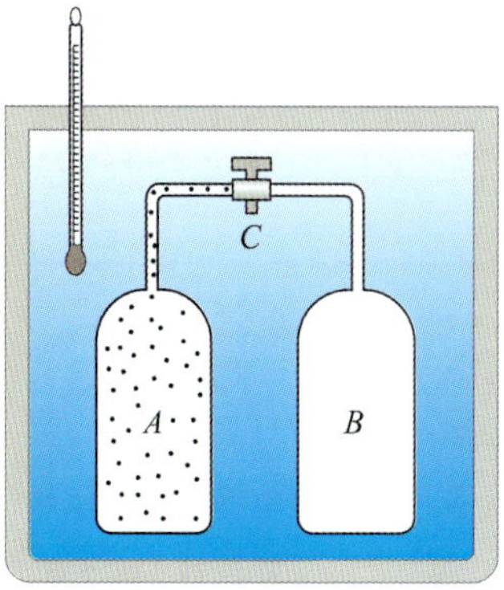

图 8.4

把热力学第一定律应用于气体的自由膨胀过程，注意到过程中 $A=0$，$Q=0$，所以有

$$E_2-E_1=0 \quad 或 \quad E_2=E_1$$

这说明气体在自由膨胀过程中，虽然体积发生了变化，但是温度不变，内能也不变。由此可见，**气体的内能仅是其温度的函数，与体积无关**，即

$$E=E(T) \tag{8.15}$$

这一结论称为焦耳定律。

由于水的热容远大于气体的热容，所以焦耳实验中产生的温度微小变化不易测出，其实验结果也就不够精确。此后，焦耳和其他人又用另外的方法研究了气体的内能，结果发现实际气体的内能不但是温度的函数，并且还与体积有关。焦耳定律只是反映了气体的内能与体积变化的关系很小，致使由体积膨胀而引起的内能改变不易观测出来。实验还发现，压强越小，气体内能随体积的变化也越小；当压强趋于零时，气体的内能就趋于仅是温度的函数。由于压强越小，实际气体就越接近于理想气体，而当压强趋于零时，实际气体就趋于理想气体。因此，通常也把在任何情况下都遵守焦耳定律的气体定义为理想气体。也就是说，**理想气体的内能仅仅是其温度的函数**。在实际问题中，当实际气体的压强不太大时，常可近似地看成是理想气体并且遵守焦耳定律。

由于理想气体的内能仅是其温度的函数，因此有

$$\left(\frac{\mathrm{d}E}{\mathrm{d}T}\right)_V=\left(\frac{\mathrm{d}E}{\mathrm{d}T}\right)_p=\frac{\mathrm{d}E}{\mathrm{d}T}$$

理想气体的摩尔定体热容则可表示为

$$C_V=\frac{\mathrm{d}E}{\mathrm{d}T} \tag{8.16}$$

因而

$$\mathrm{d}E=C_V\mathrm{d}T \tag{8.17}$$

积分得

$$E(T)=E(T_0)+\int_{T_0}^{T}C_V\mathrm{d}T \tag{8.18}$$

作为计算内能的参考状态，温度 T_0 和 $E(T_0)$ 都可以任意选择。如从实验测定出 C_V，则由上式就可以求出 1 mol 理想气体的内能。如果是 ν mol 气体，计算内能时，只要把式（8.17）和式（8.18）中的 C_V 换成 νC_V 就行了。

理想气体的摩尔定压热容可表示为

$$C_p=\frac{\mathrm{d}E}{\mathrm{d}T}+p\left(\frac{\mathrm{d}V}{\mathrm{d}T}\right)_p=C_V+p\left(\frac{\mathrm{d}V}{\mathrm{d}T}\right)_p \tag{8.19}$$

由于状态方程为

$$pV=RT$$

在保持压强不变的条件下，把上式两边对 T 求导，得

$$p\left(\frac{\mathrm{d}V}{\mathrm{d}T}\right)_p=R$$

代入式(8.19)，就有

$$C_p = C_V + R \tag{8.20}$$

这一关系也叫**迈耶公式**。它表明，**理想气体的摩尔定压热容等于其摩尔定体热容与摩尔气体常量 R 之和**。这一结论是不难理解的。事实上，由于理想气体的内能只与其温度有关，因而不论气体经历的是什么过程，只要温度的改变相同，其内能的改变都是相同的。在等压过程中，气体温度升高时除了内能增加外，体积将膨胀而对外做功，根据热力学第一定律，这时气体吸收的热量必须等于两者之和。式(8.20)指出了 1 mol 理想气体在等压过程中，温度升高 1 K 时，比等体过程要多吸收 8.314 J 的热量，用以转化为膨胀时对外做功。

通常把摩尔定压热容与摩尔定体热容之比 $C_p/C_V=\gamma$，称为比热容比。实验表明，在一般问题所涉及的温度范围内，气体的 C_p、C_V 和 γ 都近似为常量，并且一般说来，单原子分子气体(如 He、Ne、Ar 等)，其 $C_V\approx\frac{3}{2}R$，$\gamma\approx1.67$；双原子分子气体(如 H_2、O_2、N_2、CO等)，其 $C_V\approx\frac{5}{2}R$，$\gamma\approx1.40$。表 8.1 列出了一些气体摩尔热容的实验数据。

表 8.1　一些气体摩尔热容的实验数据

气　体	类型	C_p*	C_V*	C_p-C_V	γ
He	单原子	20.95	12.61	8.34	1.66
Ar		20.90	12.53	8.37	1.67
H_2	双原子	28.83	20.47	8.36	1.41
N_2		28.88	20.56	8.32	1.40
O_2		29.61	21.16	8.45	1.40
CO		29.0	21.2	7.8	1.37
H_2O(汽)	多原子	36.2	27.8	8.4	1.31
CH_4(甲烷)		35.6	27.2	8.4	1.30
$CHCl_3$(氯仿)		72.0	63.7	8.3	1.13
C_2H_5OH(乙醇)		87.0	79.1	8.4	1.11

* C_p、C_V 单位为 J/(mol·K)。

想想看

8.8　图示为三条等温线，并给出了某理想气体状态变化所经历的 6 条路径，试按气体内能的改变由大到小将这些路径排序。

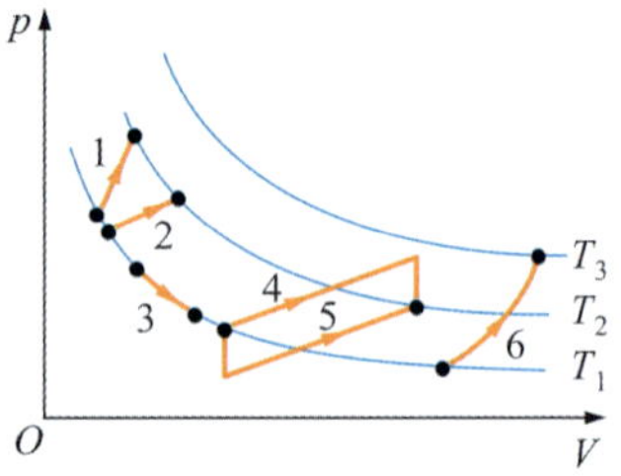

想 8.8 图

8.9　一定量某种理想气体在等体条件下加热时，温度升高 ΔT 需传递热量 30 J，在等压条件下加热时，温度同样升高 ΔT 却需传递热量 50 J。①为什么在等压条件下多传递了 20 J 的热量？②等压情况下气体做了多少功？③该气体的比热容比 $\gamma=$？

复 习 思 考 题

8.19　为什么理想气体在任何状态变化过程中，内能的改变都可以用 $E_2-E_1=\nu C_V(T_2-T_1)$ 来计算？有人认为在等压过程中，理想气体的内能改变为

$$E_2-E_1=\nu C_p(T_2-T_1)$$

这一关系对不对，为什么？

8.20　关系式 $C_p=C_V+R$ 所表明的物理意义是什么？

8.6　热力学第一定律对理想气体在典型准静态过程中的应用

对于理想气体的一些典型准静态过程，可以利用热力学第一定律和它的状态方程，计算过程中的功、热量和内能的改变量以及它们之间的转换关系。

8.6.1　等体过程

在等体过程中，系统的体积保持不变，因此 $dV=0$ 或 $V=$ 常量，是等体过程的特征。气体的任一准静态等体过程，在 $p-V$ 图中可表示为平行于 p 轴的一条直线，如图 8.5 所示。

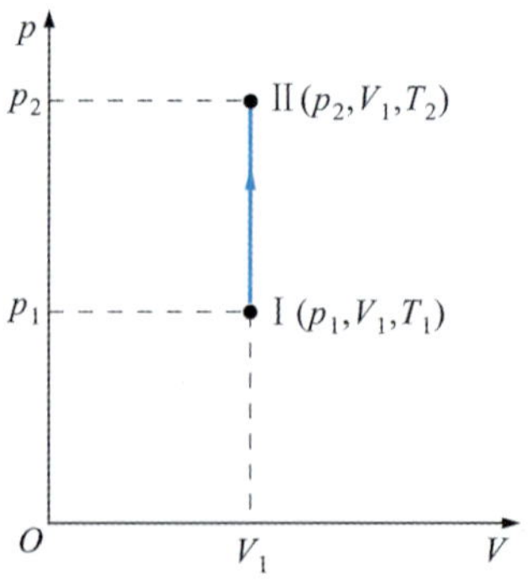

图 8.5

等体过程中，系统不对外做功，由热力学第一定律有

$$\mathrm{d}Q_V = \mathrm{d}E \tag{8.21}$$

式中 Q_V 表示系统在等体过程中吸收的热量。假定 ν 摩尔气体由状态(p_1,V_1,T_1)变化到(p_2,V_1,T_2)，并且摩尔定体热容 C_V 是常量，则有

$$Q_V = E_2 - E_1 = \nu C_V(T_2 - T_1) \tag{8.22}$$

上式表明，等体过程中气体吸收的热量，全部用来增加它的内能，从而使它的温度上升 $\Delta T = T_2 - T_1$。

理想气体在等体过程中遵守关系式

$$\frac{p}{T} = \nu\frac{R}{V} = \text{常量}$$

利用上式不难从式(8.22)得到

$$Q_V = E_2 - E_1 = \frac{V}{R}C_V(p_2 - p_1) \tag{8.23}$$

它给出了理想气体在等体过程中吸收的热量与其压强增量 $\Delta p = p_2 - p_1$ 的关系。

8.6.2 等压过程

在压强不变的条件下，系统状态的变化过程就是等压过程。$\mathrm{d}p=0$ 或 $p=$常量，是等压过程的特征。在大气压下发生的许多变化过程，都可以看成等压过程。气体的任一准静态等压过程，在 $p-V$ 图中可表示为平行于 V 轴的一条直线，如图 8.6 所示。

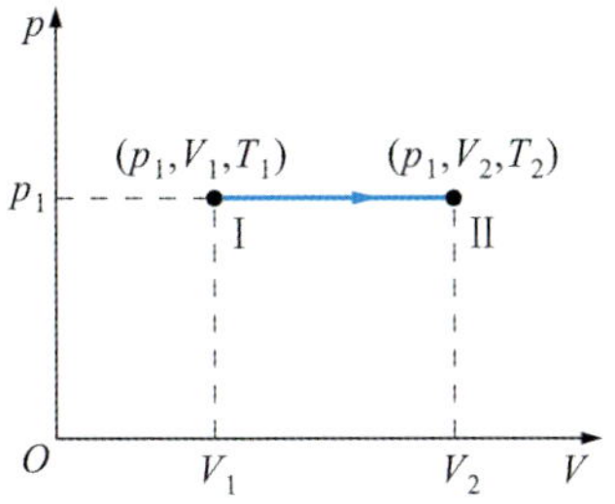

图 8.6

理想气体在等压过程中遵守关系式

$$\frac{V}{T} = \nu\frac{R}{p} = \text{常量} \tag{8.24}$$

当气体由状态(p_1,V_1,T_1)变为状态(p_1,V_2,T_2)时，对外做功为

$$A = \int_{V_1}^{V_2} p\mathrm{d}V = p(V_2 - V_1) \tag{8.25}$$

利用式(8.24)就有

$$A = \nu R(T_2 - T_1) \tag{8.26}$$

根据热力学第一定律，可见理想气体在等压过程中吸收的热量为

$$\begin{aligned} Q_p &= (E_2 - E_1) + A \\ &= (E_2 - E_1) + \nu R(T_2 - T_1) \end{aligned} \tag{8.27}$$

假定气体的摩尔定压热容 C_p 是常量，则有

$$Q_p = \nu C_p(T_2 - T_1) \tag{8.28}$$

因此，在等压过程中理想气体内能的增量为

$$E_2 - E_1 = Q_p - A = \nu C_p(T_2 - T_1) - \nu R(T_2 - T_1)$$

即

$$E_2 - E_1 = \nu C_V(T_2 - T_1) \tag{8.29}$$

以上的结果表明，在等压过程中理想气体吸收的热量，一部分用来对外做功，其余部分则用于增加其内能。并且容易看出，式(8.29)与从式(8.18)直接计算的结果完全一致。

想想看

8.10 把一定的热量①在等压条件下和②在等体条件下传递给 1 mol 单原子气体；又③在等压条件下和④在等体条件下传给 1 mol 双原子气体。图上画出了从同一个初态到达四个不同末态所经过的四条路径。试指出哪一条路径是哪一个过程经历的？

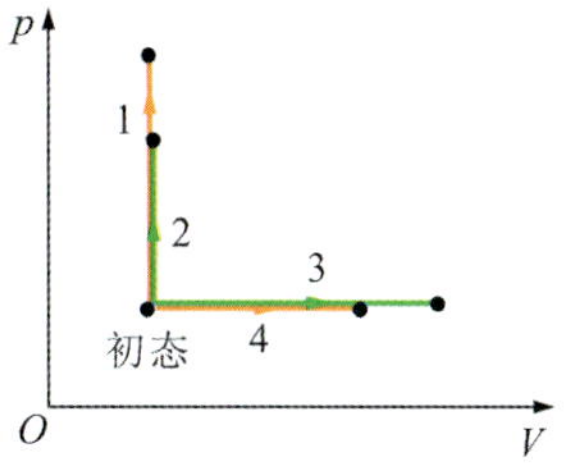

想 8.10 图

例 8.1 水蒸气的摩尔定压热容 $C_p = 36.2\ \mathrm{J/(mol \cdot K)}$。今将 1.50 kg 温度为 100 ℃的水蒸气，在标准大气压下缓慢加热，使其温度上升到 400 ℃，试求此过程中水蒸气吸收的热量、对外所做的功和内能的改变。(水蒸气的摩尔质量 $M = 18\times10^{-3}\ \mathrm{kg/mol}$)

解 由于在标准大气压下加热，这是一等压过程。把水蒸气看成理想气体，注意到其摩尔数 $\nu = m/M$，上升的温度为 $T_2 - T_1 = 300\ \mathrm{K}$，则过程中吸收的热量为

$$Q_p = \nu C_p(T_2 - T_1) = \frac{m}{M}C_p(T_2 - T_1)$$

$$=\frac{1.50}{18\times10^{-3}}\times36.2\times300=9.05\times10^{5}\ \mathrm{J}$$

所做的功为

$$A=\nu R(T_2-T_1)=\frac{m}{M}R(T_2-T_1)$$

$$=\frac{1.50}{18\times10^{-3}}\times8.31\times300=2.08\times10^{5}\ \mathrm{J}$$

内能增量为

$$\Delta E=E_2-E_1=Q_p-A$$

$$=9.05\times10^{5}-2.08\times10^{5}$$

$$=6.97\times10^{5}\ \mathrm{J}$$

8.6.3　等温过程

系统温度不变的过程称为等温过程。在温度恒定的环境下发生的许多过程，都可以看成是等温过程。等温过程的特征是 $\mathrm{d}T=0$ 或 $T=$ 常量。在准静态等温过程中，理想气体遵守关系式

$$pV=\nu RT=\text{常量} \tag{8.30}$$

在 p-V 图中，与它对应的是双曲线，如图 8.7 所示。该曲线称为等温线。

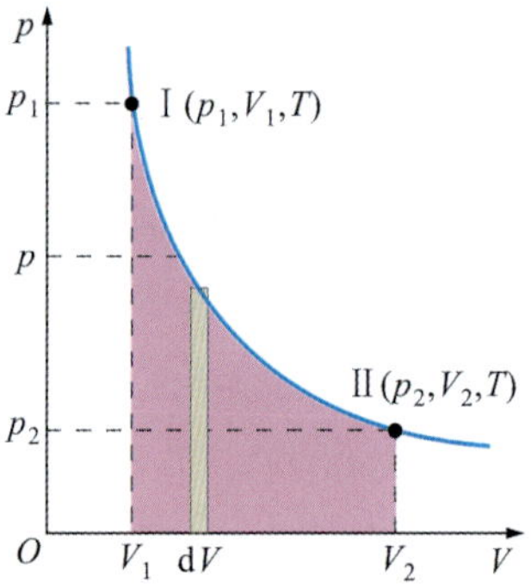

图 8.7

由于理想气体的内能只与其温度有关，因此在等温过程中内能保持不变。根据热力学第一定律，有

$$Q_T=A$$

即在等温膨胀过程中，理想气体吸收的热量 Q_T 全部用来对外做功；在等温压缩中，外界对气体做的功，都转化为气体向外界放出的热量。当气体从状态(p_1,V_1,T)等温变化到状态(p_2,V_2,T)时有

$$Q_T=A=\int_{V_1}^{V_2}p\mathrm{d}V=\int_{V_1}^{V_2}\nu RT\frac{\mathrm{d}V}{V}$$

即

$$Q_T=\nu RT\ln\frac{V_2}{V_1} \tag{8.31a}$$

由于

$$p_1V_1=p_2V_2$$

所以

$$Q_T=A=\nu RT\ln\frac{p_1}{p_2} \tag{8.31b}$$

热量 Q_T 和功 A 的值都等于等温线下的面积。

例 8.2　把压强为 1.013×10^{5} Pa、体积为 100 $\mathrm{cm^3}$ 的氮气压缩到 20 $\mathrm{cm^3}$ 时，气体内能的增量、吸收的热量和所做的功各是多少？假定经历的是下列两种过程：(1)等温压缩；(2)先等压压缩，然后再等体升压到同样状态。

解　(1)如图所示，当气体从初状态Ⅰ等温压缩到末状态Ⅲ时，由于温度不变，若把氮气看成理想气体，则其内能也不变，即

$$E_3-E_1=0$$

气体吸收的热量和所做的功为

$$Q_T=A=\nu RT\ln\frac{V_2}{V_1}=p_1V_1\ln\frac{V_2}{V_1}$$

$$=1.013\times10^{5}\times100\times10^{-6}\ln\frac{20\times10^{-6}}{100\times10^{-6}}$$

$$=-16.3\ \mathrm{J}$$

负号表示在等温压缩过程中，外界向气体做功而气体向外界放出热量。

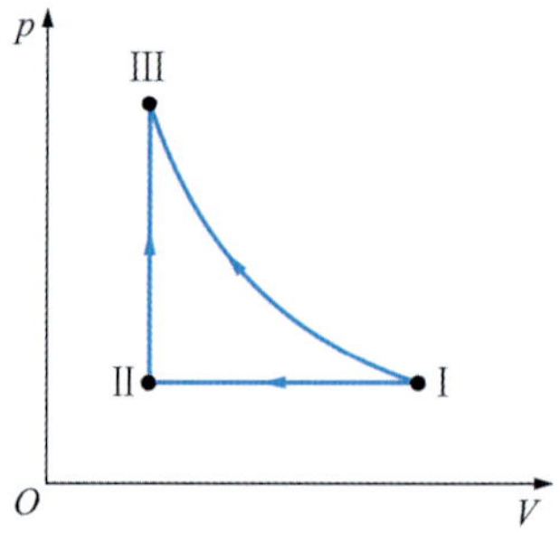

例 8.2 图

(2)在第二个过程中，气体先由状态Ⅰ(p_1,V_1,T)压缩到状态Ⅱ(p_1,V_2,T')，然后等体升压到状态Ⅲ(p_3,V_2,T)。由于状态Ⅰ、Ⅲ的温度相同，所以尽管气体经历的不是等温过程，Ⅰ和Ⅲ两状态的内能仍然相等，即

$$E_3-E_1=0$$

所以气体吸收的总热量 Q 与所做的总功 A 为

$$Q=A=A_p+A_V$$

等体过程中，气体不做功，即 $A_V=0$。气体在等压过程Ⅰ—Ⅱ中所做的功为

$$A_p=p_1(V_2-V_1)$$

$$=1.013\times10^{5}(20\times10^{-6}-100\times10^{-6})$$

$$=-8.1\ \mathrm{J}$$

最后得

$Q=A=A_p=-8.1\ \mathrm{J}$

从以上结果可见，尽管初、末状态相同，但过程不同时，气体吸收的热量和所做的功也不相同。这个例子再一次说明，热量和功都与过程有关。

想想看

8.11 一定量的某种理想气体其初状态压强为 3 个压强单位，体积为 4 个体积单位，表中给出了气体在分别经历了 6 个过程后到达末状态的压强和体积（单位与初状态的单位相同），试问哪些过程的始末两态在同一条等温线上？肯定是等温过程吗？

	a	b	c	d	e	f
p	12	6	5	4	8	1
V	1	2	7	3	4	12

8.12 一定量的某种理想气体，在两个同样的气缸中，作同温度下的等温膨胀。其中一个膨胀到体积为原来体积的 2 倍；而另一个膨胀到压强为原来压强的一半。试问它们对外所做的功是否相同？

8.13 图(a)给出了同一理想气体三个不同温度的等温过程，其体积的变化都相同；图(b)表示理想气体沿同一条等温线进行的三个过程，其体积的变化也都相同。试分别就气体所做的功、气体内能的改变、气体吸收的热量分别对图(a)和图(b)中的过程由大到小排序。

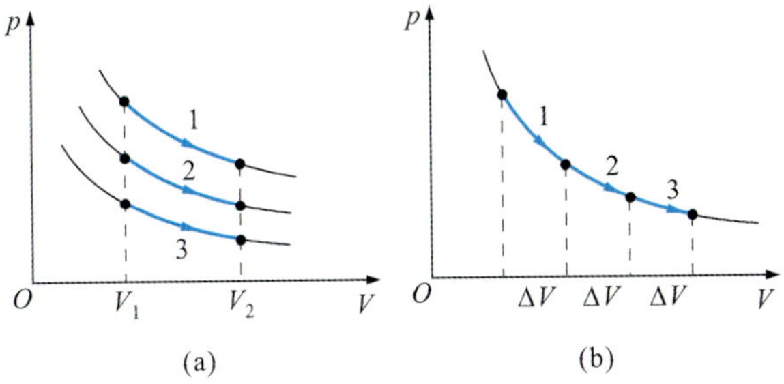

想 8.13 图

复 习 思 考 题

8.21 一系统由图示状态 a 沿 acb 到达状态 b，系统在这个过程中吸收热量 334 J，并对外做功 126 J，经 adb 过程，系统做功 42 J。则：

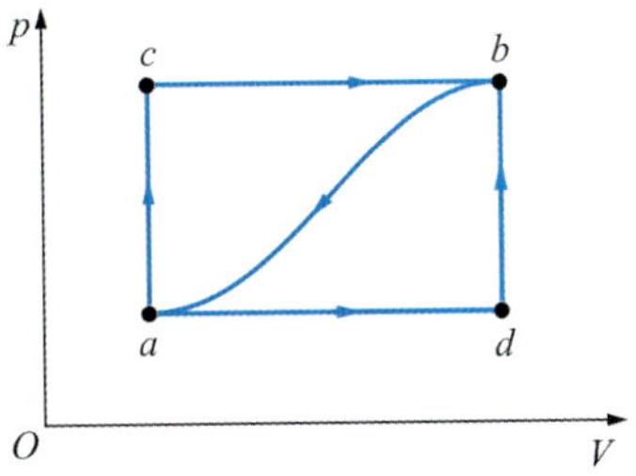

思 8.21 图

(1) 在 adb 过程中有多少热量传入系统？

(2) 当系统由状态 b 经由曲线所示的过程返回状态 a 时，外界对系统做功 84 J，试问系统在此过程中是吸热还是放热？传递的热量是多少？

8.22 试指出在等压过程中，氧气从外界吸收的热量有百分之几用于对外做功？

8.23 公式 $\mathrm{d}Q=\nu C_V\mathrm{d}T$ 与 $\mathrm{d}E=\nu C_V\mathrm{d}T$ 的意义有何不同？二者的适用条件有何不同？

8.7 绝热过程

8.7.1 绝热过程

系统在绝热过程中始终不与外界交换热量。自然界中并不存在严格的绝热过程，不过某些过程，例如内燃机气缸内的混合气体的燃烧和爆炸，声波在传播中引起空气的压缩和膨胀等，由于过程进行极快，系统来不及与外界交换热量，则可以近似地看作绝热过程。

绝热过程中 $Q=0$，热力学第一定律可表示为

$$A=E_1-E_2$$

即系统内能的改变完全是外界对它做功的结果。系统对外界做正功时，其内能减少；外界对系统做正功时，系统的内能增加。

对于理想气体，由于其内能只与温度有关，当它经由任意的绝热过程，温度从 T_1 变到 T_2 时，对外所做的功为

$$A=-(E_2-E_1)=-\nu C_V(T_2-T_1) \qquad (8.32)$$

在无限小的准静态绝热过程中，有

$$\mathrm{d}A=-\mathrm{d}E=-\nu C_V\mathrm{d}T$$

根据式(8.8)，上式可进一步写成

$$p\mathrm{d}V=-\nu C_V\mathrm{d}T \qquad (8.33)$$

但是理想气体还必须遵守状态方程

$$pV=\nu RT$$

由于绝热过程中 p、V、T 都在变化，所以对上式两边微分可得

$$p\mathrm{d}V+V\mathrm{d}p=\nu R\mathrm{d}T \qquad (8.34)$$

从式(8.33)和式(8.34)中消去 $\mathrm{d}T$，得

$$(C_V+R)p\mathrm{d}V+C_VV\mathrm{d}p=0$$

注意到 $C_V+R=C_p$，$C_p/C_V=\gamma$，则上式可化为

$$\frac{dp}{p}+\gamma\frac{dV}{V}=0 \tag{8.35}$$

这就是理想气体在准静态绝热过程中所满足的微分方程。当 γ 可看成常量时，对上式积分即得

$$\ln p+\gamma\ln V=\text{常量}$$

或

$$pV^{\gamma}=C_1 \tag{8.36a}$$

利用上式和状态方程消去 p 或 V 可得

$$TV^{\gamma-1}=C_2 \tag{8.36b}$$

$$p^{\gamma-1}T^{-\gamma}=C_3 \tag{8.36c}$$

以上三式中的 C_1、C_2、C_3 都是常量。这三式就是在准静态绝热过程中，理想气体的状态参量 p、V、T 所满足的关系，称为泊松方程，也叫做绝热过程方程。

根据式(8.36a)，可以在 $p-V$ 图上画出理想气体在绝热过程中所对应的曲线，称为绝热线，如图 8.8 所示。图中除了绝热线外，还画出了与它相交于 A 点的一条等温线。由于 $\gamma>1$，所以绝热线要比等温线陡一些。事实上，从图中可以看出，当气体从交点 A 的状态压缩同样的体积 dV 时，在等温过程中压强的增量 dp_T 只是由于体积压缩而引起的；但在绝热过程中，压强的增量 dp_Q 则不仅由于体积的缩小，并且还因为气体的温度随内能的增加而升高。所以 dp_Q 就比 dp_T 大，从而在交点 A 处，绝热线斜率的绝对值就大于等温线斜率的绝对值。

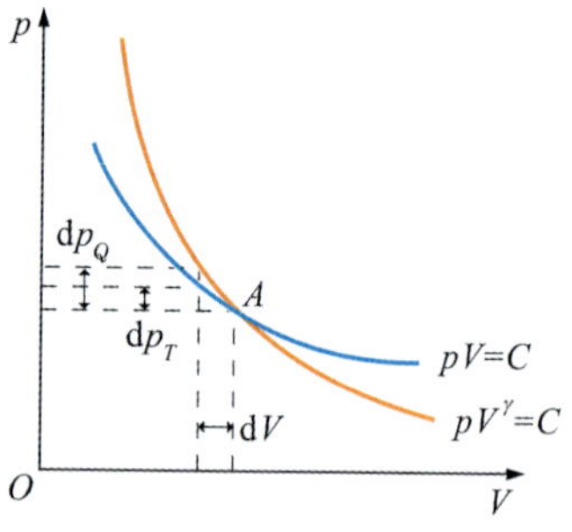

图 8.8

理想气体在绝热过程中所做的功，除了可以用式(8.32)计算外，还可以根据功的定义利用绝热过程方程直接求得。由于

$$pV^{\gamma}=p_1V_1^{\gamma}=p_2V_2^{\gamma}=C$$

所以

$$A=\int_{V_1}^{V_2}p\,dV=\int_{V_1}^{V_2}p_1V_1^{\gamma}\frac{dV}{V^{\gamma}}$$

即

$$A=\frac{1}{\gamma-1}(p_1V_1-p_2V_2) \tag{8.37}$$

利用状态方程，上式还可以化为

$$A=-\frac{\nu R}{\gamma-1}(T_2-T_1) \tag{8.38}$$

由于 $\gamma=C_p/C_V$，$C_p-C_V=R$，代入上式，可见结果与式(8.32)是一致的。

想想看

8.14　如图所示，理想气体沿等温线 ab 做了 5 J 的功，沿绝热线 bc 做了 4 J 的功。如果气体沿直线路径从 a 到 c，试问气体的内能改变是多少？

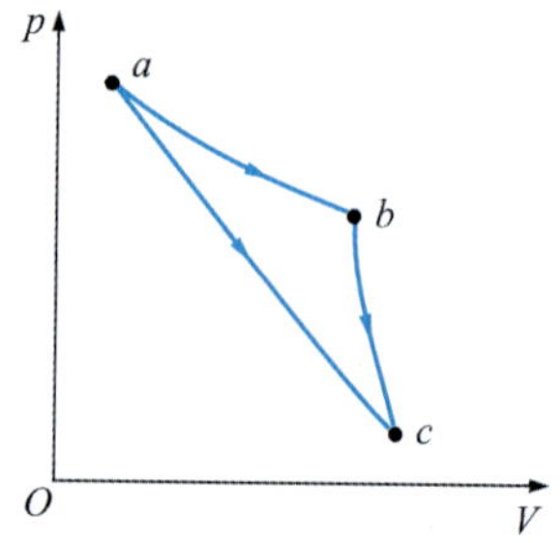

想 8.14 图

8.15　图示为理想气体四个典型准静态过程，a 等体升压，b 等压膨胀，c 等温膨胀，d 绝热膨胀。用 ΔE、A、Q 分别表示气体在各过程中内能增量，对外界所做的功、从外界吸收的热量。试把上述各过程中 ΔE、A、Q 的正、负号填入表中，并按气体内能的改变由大到小对四个过程排序。

	a	b	c	d
ΔE				
A				
Q				

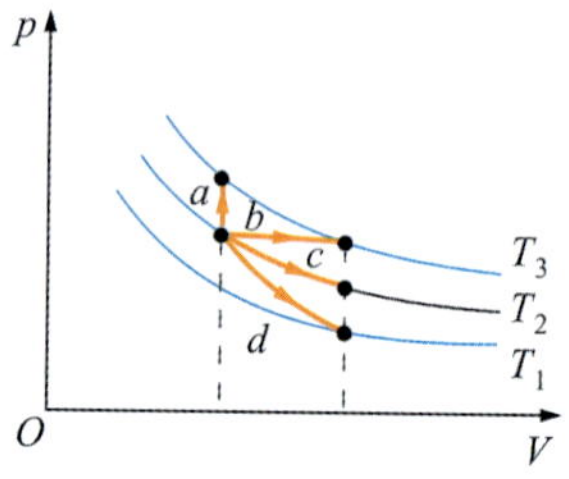

想 8.15 图

例 8.3　狄塞尔内燃机气缸中的空气在压缩前温度为 320 K，压强为 1.013×10^5 Pa。假定空气突然被压缩到原来体积的 1/16.9，试求压缩终了时气缸内空气的温度和压强。(设空气的$\gamma=1.4$)

解　把空气看成理想气体，已知初状态的温度 $T_1=320$ K，压强 $p_1=1.013\times10^5$ Pa。由于压缩很快，可看作绝热过程，则由式(8.36b)可得终了状态的温度为

$$T_2=T_1\left(\frac{V_1}{V_2}\right)^{\gamma-1}=320\times(16.9)^{1.4-1}=992\quad\text{K}$$

由式(8.36a)可得终了状态的压强为

$$p_2=p_1\left(\frac{V_1}{V_2}\right)^{\gamma}=1.013\times10^5\times(16.9)^{1.4}$$
$$=45.1\times10^5\quad\text{Pa}$$

由于绝热压缩可使空气温度高达1000 K左右，这时只要向气缸中喷入柴油，柴油就会燃烧而不需点火，从而省去了专门的点火装置。

例 8.4 一热机用 5.8×10^{-3} kg 的空气作为工质，从初状态Ⅰ（$p_1=1.013\times10^5$ Pa，$T_1=300$ K）等体加热到状态Ⅱ（$T_2=900$ K），再经绝热膨胀达到状态Ⅲ（$p_3=p_1$），最后经等压过程又回到状态Ⅰ，如图。假定空气可视为理想气体，且 $\gamma=1.4$，$C_V=20.8$ J/(mol·K)，$C_p=29.09$ J/mol·K)，摩尔质量 $M=29\times10^{-3}$ kg·mol。试求各过程中气体所做的功及从外界吸收的热量。

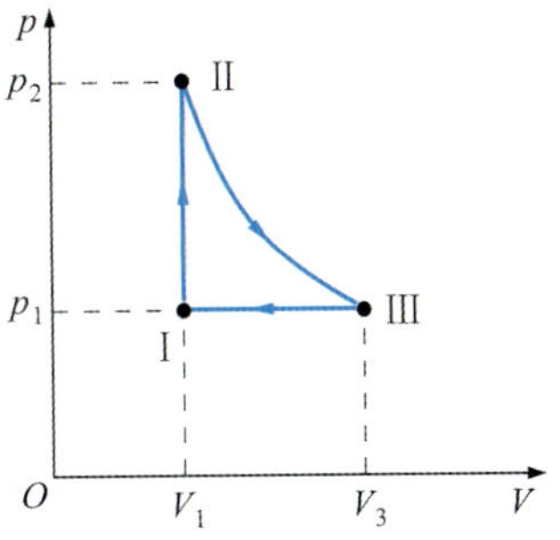

例 8.4 图

解 以作为工质的空气为研究对象。

欲求空气在各过程中所做的功和从外界吸收的热量，有必要先求出与其相关的一些状态参量。设状态Ⅰ的体积为 V_1，状态Ⅱ的压强和体积分别为 p_2 和 V_2，状态Ⅲ的体积和温度分别为 V_3 和 T_3。

根据理想气体状态方程和有关过程方程。

对状态Ⅰ，有 $$p_1V_1=\frac{m}{M}RT_1 \tag{1}$$

对等体过程，有 $$\frac{p_2}{T_2}=\frac{p_1}{T_1} \tag{2}$$

对绝热过程，有 $$p_2V_2^{\gamma}=p_3V_3^{\gamma} \tag{3}$$

对等压过程，有 $$\frac{V_1}{T_1}=\frac{V_3}{T_3} \tag{4}$$

解以上方程并注意到 $p_3=p_1$，$V_2=V_1$，由(1)式得

$$V_1=V_2=\frac{mRT_1}{M\ p_1}=\frac{5.8\times10^{-3}\times8.31\times300}{29\times10^{-3}\times1.013\times10^5}=4.92\times10^{-3}\quad\text{m}^3$$

由(2)式得

$$p_2=p_1\frac{T_2}{T_1}=1.013\times10^5\times\frac{900}{300}=3.04\times10^5\quad\text{Pa}$$

由(3)式得

$$V_3=\left(\frac{p_2}{p_3}\right)^{\frac{1}{\gamma}}V_2=\left(\frac{p_2}{p_1}\right)^{\frac{1}{\gamma}}V_1=3^{\frac{1}{1.4}}\times4.92\times10^{-3}=10.78\times10^{-3}\quad\text{m}^3$$

由(4)式得

$$T_3=T_1\frac{V_3}{V_1}=300\times\frac{10.78\times10^{-3}}{4.92\times10^{-3}}=657.31\quad\text{K}$$

从状态Ⅰ到状态Ⅱ的等体过程中，空气不做功，故

$$A_{12}=0$$

从状态Ⅱ到状态Ⅲ的绝热过程中，空气所做的功为

$$A_{23}=\frac{1}{\gamma-1}(p_2V_2-p_3V_3)$$
$$=\frac{1}{1.4-1}(3.04\times10^5\times4.92\times10^{-3}-1.013\times10^5\times10.78\times10^{-3})$$
$$=1008\text{ J}$$

从状态Ⅲ到状态Ⅰ的等压过程中，空气所做的功为

$A_{31}=p_1(V_1-V_3)$

$=1.013\times10^5(4.92\times10^{-3}-10.78\times10^{-3})=-594\quad J$

"−"号表示在该过程中空气对外做负功。

在过程Ⅰ—Ⅱ中,空气吸收的热量为

$$Q_{12}=\frac{m}{M}C_V(T_2-T_1)=\frac{5.8\times10^{-3}}{29\times10^{-3}}\times20.8\times(900-300)$$

$$=2493\quad J$$

在过程Ⅱ—Ⅲ中,$Q_{23}=0$,在过程Ⅲ—Ⅰ中,气体吸收的热量为

$$Q_{31}=\frac{m}{M}C_p(T_1-T_3)=\frac{5.8\times10^{-3}}{29\times10^{-3}}\times29.09\times(300-657.31)$$

$$=-2079\quad J$$

"−"号表示空气在该过程中向外界放出热量。

通过对以上例题的讨论,可以看出,应用热力学第一定律求解热学问题,一般可按以下思路和方法进行:首先要选好研究对象——具体的热力学系统。弄清系统所经历的状态变化过程的特征以及已知状态参量和未知状态参量。应用状态方程和过程方程先求出有关的状态参量,再应用内能、热量、功的计算规律和热力学第一定律列出相关方程并求出结果。如果问题涉及到几个过程组成的联合过程,则首先应对各分过程进行分析,分析中应特别注意两过程的联接状态,这些状态既满足状态方程,又满足与它相连的两个过程的过程方程,例如例8.4题中的状态Ⅰ,它既满足方程(1)还满足方程(2)和(4),所以对这些状态的分析,对于解题往往有很好的帮助。

例8.5 测定空气比热容比 $\gamma=C_p/C_V$ 的实验装置如图(a)所示。先关闭活塞 B,将空气由活塞 A 压入大瓶 C 中,并使瓶中气体的初温与室温 T_0 相同,初压 p_1 略高于大气压 p_0;关闭活塞 A,然后打开活塞 B,使气体迅速膨胀且压强降为 p_0,温度降为 T,关闭 B 后,瓶内气体温度又上升为 T_0,压强上升为 p_2。打开 B 后的状态变化过程如图(b)所示。

试证明空气的 γ 可以从下式算出

$$\gamma=\frac{\ln p_1-\ln p_0}{\ln p_1-\ln p_2}$$

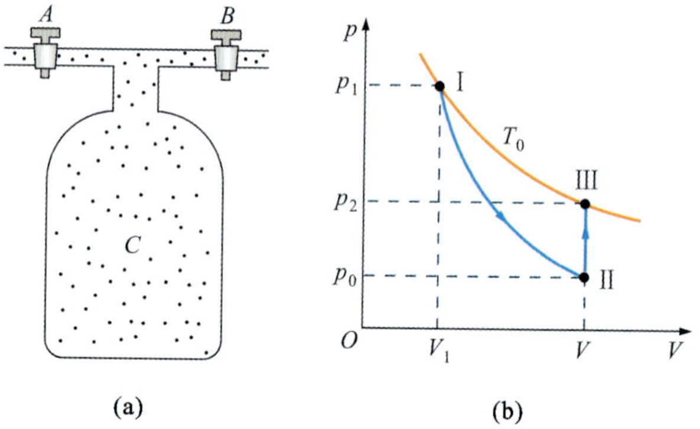

例8.5图

解 开始时,由于瓶内气体压强 p_1 高于大气压强 p_0,故活塞 B 从打开到迅速关闭这一短时间内,已有一部分气体冲出瓶外。我们现选留在瓶内的这部分气体作为研究对象。B 打开前它所占的体积 V_1 只是容器体积 V 的一部分,处在状态Ⅰ(p_1,V_1,T_0),B 打开后,它的体积由 V_1 膨胀到 V,同时压强降为 p_0,温度降为 T,处于状态Ⅱ(p_0,V,T),关闭 B,把这一膨胀过程近似地看成准静态绝热过程,见图(b)。到达状态Ⅱ后,气体再进行等体吸热过程,在该过程中,温度由 T 升为 T_0,压强由 p_0 升为 p_2,变化到状态Ⅲ(p_2,V,T_0),见图(b)。

把空气视为理想气体,则在绝热过程中有

$$p_1^{\gamma-1}T_0^{-\gamma}=p_0^{\gamma-1}T^{-\gamma}$$

在等体过程中有

$$p_0T^{-1}=p_2T_0^{-1}$$

从上两式可得

$$\left(\frac{p_1}{p_0}\right)^{\gamma-1}=\left(\frac{p_2}{p_0}\right)^{\gamma}$$

两边取对数则为

$$(\gamma-1)\ln\frac{p_1}{p_0}=\gamma\ln\frac{p_2}{p_0}$$

整理即得

$$\gamma=\frac{\ln p_1-\ln p_0}{\ln p_1-\ln p_2}$$

这个实验结果的准确程度,主要取决于膨胀过程是否接近于准静态绝热过程。一般地说,气瓶愈大,膨

胀过程愈近似于绝热过程，实验结果也愈准确。

恰当选取研究对象，对解题有十分重要的意义。在例 8.5 题求解中，恰当地选取了留在瓶内的气体作为研究对象，对顺利求解起到了关键性的作用。

* 8.7.2 多方过程

气体在实际的变化过程中，其温度不可能绝对保持不变，也不可能完全不与外界交换热量，所以其变化不可能是理想的等温或绝热过程。实际上进行的过程常介于两者之间，其过程方程具有下列形式

$$pV^n = C(\text{常量}) \tag{8.39}$$

式中 n 为常数，称为多方指数，其值介于 1 与 γ 之间，视具体过程而定。满足这一关系的过程称为多方过程，这是大多数情况下气体进行的实际过程。不过 n 的值也可以不限于上述范围。例如 $n=0$ 时，它表示等压过程；$n=\infty$ 时，它表示等体过程。在热工技术中，多方过程有着广泛的应用。

多方过程中功的计算与绝热过程完全类似，只要把前面讨论中的 γ 换成 n 就行了。例如，当理想气体从初状态 (p_1, V_1, T_1) 经多方过程变到状态 (p_2, V_2, T_2) 时，就有

$$pV^n = p_1V_1^n = p_2V_2^n$$

$$A = \int_{V_1}^{V_2} p\mathrm{d}V = \int_{V_1}^{V_2} p_1V_1^n \frac{\mathrm{d}V}{V^n}$$

$$= \frac{1}{n-1}(p_1V_1 - p_2V_2)$$

$$= -\frac{\nu R}{n-1}(T_2 - T_1)$$

最后，讨论理想气体在多方过程中的摩尔热容 C_n。1 mol 理想气体在多方过程中温度升高 $\Delta T = (T_2 - T_1)$ 时，从外界吸收的热量为 $Q_n = C_n(T_2 - T_1)$，但内能增量仍为 $E_2 - E_1 = C_V(T_2 - T_1)$。根据热力学第一定律应有

$$Q_n = (E_2 - E_1) + A$$

所以

$$C_n(T_2 - T_1) = C_V(T_2 - T_1) - \frac{R}{n-1}(T_2 - T_1)$$

由此可见

$$C_n = C_V - \frac{R}{n-1} = C_V - \frac{C_p - C_V}{n-1}$$

$$= \frac{n-\gamma}{n-1}C_V = \frac{(n-\gamma)R}{(n-1)(\gamma-1)}$$

下面，将理想气体在各种典型过程中的重要公式列于表 8.2 中，以便对照。

表 8.2 理想气体在各种过程中的重要公式

过程	特征	过程方程	吸收热量 Q	对外做功 A	内能增量 ΔE
等体	$V=C$	$\frac{p}{T}=C$	$\nu C_V(T_2-T_1)$	0	$\nu C_V(T_2-T_1)$
等压	$p=C$	$\frac{V}{T}=C$	$\nu C_p(T_2-T_1)$	$p(V_2-V_1)$ $\nu R(T_2-T_1)$	$\nu C_V(T_2-T_1)$
等温	$T=C$	$pV=C$	$\nu RT\ln(V_2/V_1)$ $\nu RT\ln(p_1/p_2)$	$A=Q$	0
绝热	$Q=0$	$pV^\gamma=C_1$ $V^{\gamma-1}T=C_2$ $p^{\gamma-1}T^{-\gamma}=C_3$	0	$-\nu C_V(T_2-T_1)$ $\frac{1}{\gamma-1}(p_1V_1-p_2V_2)$	$\nu C_V(T_2-T_1)$

复习思考题

8.24 理想气体的自由膨胀与绝热膨胀有何异同？试比较这两种过程的结果。

8.25 自行车轮胎爆胎时，胎内剩余气体的温度是升高还是降低？为什么？

8.26 如图所示，试填表说明下列过程中 ΔE、A、Q 的正负号。

图	过程	ΔE	A	Q
(a)	abc			
(b)	abc			
	adc			

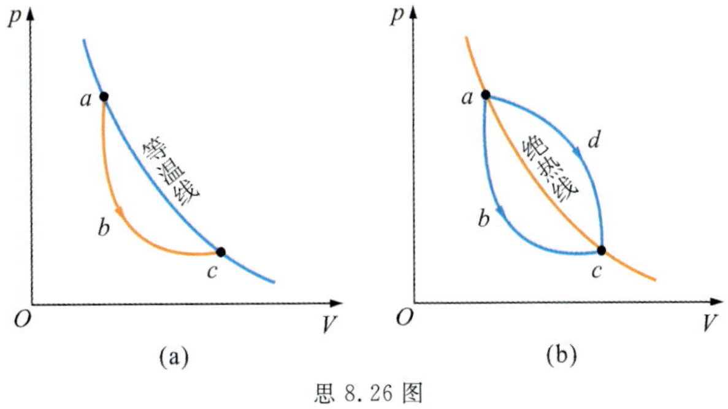

思 8.26 图

8.8　循环过程

8.8.1　循环过程

热力学研究各种过程的主要目的之一，就是探索怎样才能提高热机的效率。所谓热机，就是通过某种工质(如气体)不断地把吸收的热量转变为机械功的装置，如蒸汽机、内燃机、汽轮机等。

前面说过，理想气体在等温膨胀过程中，可以把吸收的热量全部转变为机械功。不过仅借助于这种过程，不可能制成热机。这是因为气体在膨胀中体积将越来越大，压强则越来越小，待到气体压强与环境压强相等时，膨胀过程就再也不能继续下去了。真正的热机，要源源不断地向外做功，这就必须重复某些过程，使工质的状态能够复原才行。**如果物质系统的状态经历一系列变化后，又回到原来状态，就说它经历了一个循环过程(简称循环)**。热机就是实现这种循环的机器。

考虑以气体为工质的循环过程。如果循环是准静态过程，就可在 p - V 图上用一条闭合曲线来表示，如图8.9所示。从初状态Ⅰ开始，在Ⅰ—a—Ⅱ的膨胀过程中，工质吸收热量 Q_1 并对外做功 A_1，功的大小等于曲线Ⅰ—a—Ⅱ下的面积；在从状态Ⅱ经过Ⅱ—b—Ⅰ回到状态Ⅰ的压缩过程中，外界对工质做功 A_2，其大小与曲线Ⅱ—b—Ⅰ下的面积相等，同时工质将放出热量 Q_2。在整个循环中，工质对外所做的净功 $A=A_1-A_2$，其值等于闭合曲线所包围的面积。如果循环沿顺时针方向进行，则循环中工质对外做正功，这样的循环称为正循环；反之，若循环沿逆时针方向进行，则循环中工质对外做负功，这样的循环称为逆循环。

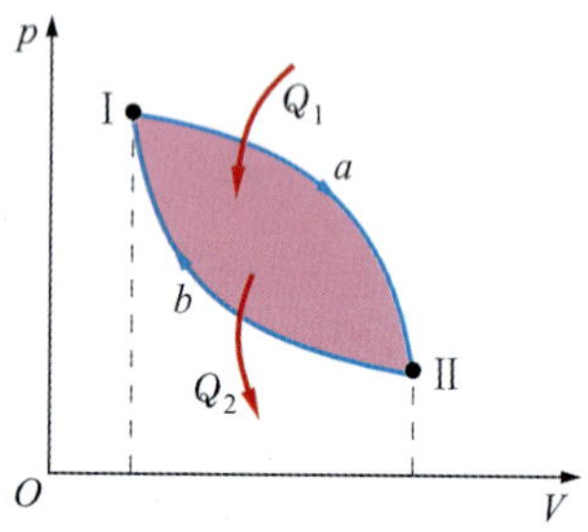

图 8.9

由于系统的内能是其状态参量的单值函数，所以经过一个循环后，系统又回到初状态，因而内能不变，$\Delta E=0$。在正循环中，工质对外做正功，$A>0$，系统从外界吸收的总热量 Q_1 大于向外界放出的总热量 Q_2，根据热力学第一定律，应有

$$Q_1-Q_2=A$$

一般地说，工质在正循环中，将从某些高温热源吸收热量，部分用以对外做功，部分放到某些低温热源(如冷凝器)中去，具有热机工作的一般特征，所以正循环也叫热机循环。在逆循环中，外界对工质做正功 A，工质从低温热源(也叫冷库)吸收热量 Q_2 而向外界放出热量 Q_1，并且 $Q_1=Q_2+A$。这是致冷机的工作过程，所以逆循环也叫致冷循环。

8.8.2　循环效率

在热机循环中，工质对外所做的功 A 与它吸收的热量 Q_1 的比值，称为热机效率或循环效率，即

$$\eta=\frac{A}{Q_1}=\frac{Q_1-Q_2}{Q_1}=1-\frac{Q_2}{Q_1} \qquad (8.40)$$

可以看出，当工质吸收的热量相同时，则对外做功愈多，热机效率愈高。

逆循环可以起到致冷作用。从实用的观点看，我们关心的是在一个循环中，外界对工质做一定的功可以从冷库中吸取多少热量。因此，常把一个循环中工质从冷库中吸取的热量 Q_2 与外界对工质所做的功 A 的比值，称为循环的致冷系数，即

$$w=\frac{Q_2}{A} \qquad (8.41)$$

致冷系数愈大，则外界消耗的功相同时，工质从冷库中取出的热量愈多，致冷系数愈大，致冷效果愈佳。

想想看

8.16　热力学系统经历了一个循环过程如图，试问：①要使一循环中工质对外所做的净功为正；②要使一循环中工质向外界放出的热量大于从外界吸收的热量；则循环各应该沿什么方向进行？

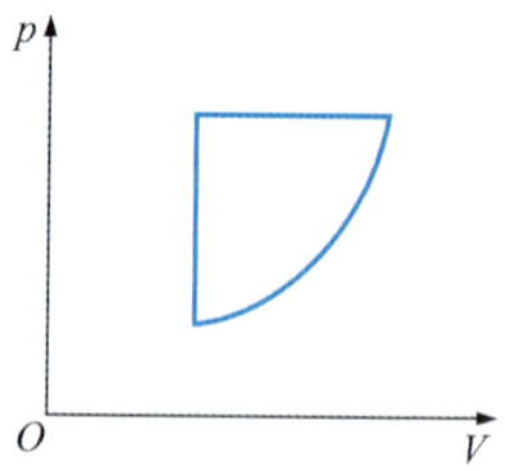

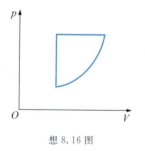

想 8.16 图

8.17　试给出例8.3所示循环过程一个循环中工质从外界吸收的总热量、工质对外所做的净功以及该热机循环的效率。

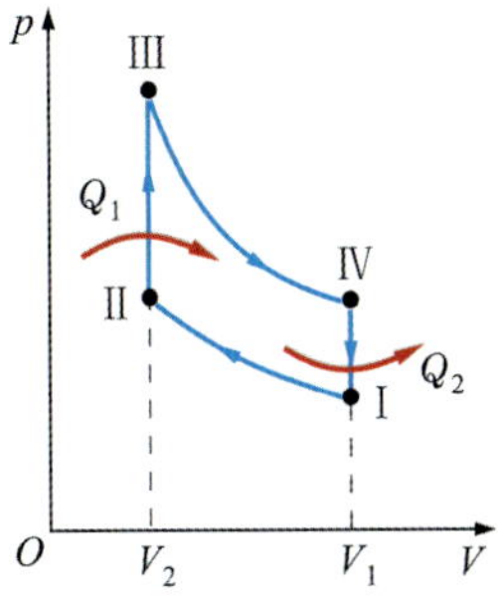

例 8.6 图

■ **例 8.6** 计算奥托循环内燃机的效率。这种内燃机的工质是汽油与空气的混合气体,其循环由四个过程组成。当混合气体进入气缸后,先由初状态Ⅰ(V_1, T_1)经过绝热压缩达到状态Ⅱ(V_2, T_2);这时点火燃烧,由于燃烧非常迅速而气体还来不及膨胀,故可视为是在等体条件下进行的,这一过程中气体的温度和压强迅速上升,达到状态Ⅲ(V_3, T_3);接着气体绝热膨胀对外做功,达到状态Ⅳ(V_4, T_4);最后经等体放热回到初状态,完成一个循环。

解 奥托循环的 $p-V$ 图线如图。循环中Ⅰ—Ⅱ为绝热压缩,工质对外做负功,与外界无热量传递;Ⅱ—Ⅲ为等体升压,工质不做功,但温度升高,内能增大,从外界吸收热量 Q_1;Ⅲ—Ⅳ为绝热膨胀,工质对外做正功,与外界无热量交换;Ⅳ—Ⅰ为等体降压,工质不做功,但温度降低,内能减小,向外界放出热量 Q_2。

根据以上分析,工质在等体升压过程中,从外界吸收的热量为

$$Q_1 = \nu C_V (T_3 - T_2)$$

工质在等体降压过程中,向外界放出的热量为

$$Q_2 = \nu C_V (T_4 - T_1)$$

因而热机效率为

$$\eta = 1 - \frac{Q_2}{Q_1} = 1 - \frac{T_4 - T_1}{T_3 - T_2}$$

也可先求出一循环中工质对外做的净功 A,再算出一循环中吸收的总热量 Q_1,从而求出效率,在绝热膨胀过程中,工质对外做的正功 A_1 为

$$A_1 = \frac{\nu R}{\gamma - 1}(T_3 - T_4)$$

在绝热压缩过程中,工质对外做的负功 A_2 为

$$A_2 = -\frac{\nu R}{\gamma - 1}(T_2 - T_1)$$

一循环中的净功为

$$A = \frac{\nu R}{\gamma - 1}[(T_3 - T_4) - (T_2 - T_1)]$$

注意到$\frac{R}{\gamma-1} = C_V$,因而热机效率为

$$\eta = \frac{A}{Q_1} = 1 - \frac{T_4 - T_1}{T_3 - T_2}$$

由于Ⅰ—Ⅱ与Ⅲ—Ⅳ都是绝热过程,因此有

$$\frac{T_2}{T_1} = \left(\frac{V_1}{V_2}\right)^{\gamma-1}, \qquad \frac{T_3}{T_4} = \left(\frac{V_1}{V_2}\right)^{\gamma-1}$$

和

$$\frac{T_2}{T_1} = \frac{T_3}{T_4} = \frac{T_3 - T_2}{T_4 - T_1} = \left(\frac{V_1}{V_2}\right)^{\gamma-1}$$

最后得

$$\eta = 1 - \frac{1}{\left(\frac{V_1}{V_2}\right)^{\gamma-1}} = 1 - \frac{1}{\delta^{\gamma-1}}$$

通常把 $\delta = V_1/V_2$ 称为绝热压缩比。可以看出,奥托循环的效率由绝热压缩比 δ 决定,δ 越大则效率越高。δ 的大小与热机的工作条件有关。在奥托循环的汽油机中,绝热压缩比 δ 一般约在 5~7 之间,所以热机的效率约为 47%~55%。

系统经过一个循环后，内能的改变为零。故而对循环效率的计算，主要归结为对循环过程中功和热量的计算。这里要强调的是，计算循环效率时，首先应对组成循环的各个过程逐个进行分析：哪些过程吸收热量？哪些过程放出热量？一循环中吸收的总热量 $Q_1=?$，一循环中放出的总热量 $Q_2=?$ 还应分析：哪些过程对外做正功？哪些过程对外做负功？一循环中对外所做的净功 $A=?$ 这些都分析明白后，再根据面临的具体情况，如果 Q_1 和 Q_2 较容易求出，则可用 $\eta=1-\dfrac{Q_2}{Q_1}$ 算出循环效率；如果 A 和 Q_1 较容易求出，则可用 $\eta=\dfrac{A}{Q_1}$ 算出循环效率；如果 A 和 Q_2 较容易求出，则可用 $\eta=\dfrac{A}{Q_2+A}$ 算出循环效率。计算致冷系数的思路和方法与计算循环效率相类似，读者可自行研究和总结。应该注意的是，致冷系数 $w=\dfrac{Q_2}{A}$ 中 Q_2 是指从被致冷的对象中吸收的热量。

例 8.7 计算逆向斯特林循环的致冷系数。该循环由四个过程组成，先把工质由初状态Ⅰ(V_1,T_1)等温压缩到状态Ⅱ(V_2,T_1)，再等体降温到状态Ⅲ(V_2,T_2)，然后经等温膨胀达到状态Ⅳ(V_1,T_2)，最后经等体升温回到初状态Ⅰ。

解 逆向斯特林循环的 $p-V$ 图线如图所示。工质在等温膨胀过程Ⅲ—Ⅳ中，从冷库吸取的热量为

$$Q_2=\nu RT_2\ln\frac{V_1}{V_2}$$

在等温压缩过程Ⅰ—Ⅱ中，向外界放出的热量为

$$Q_1=\nu RT_1\ln\frac{V_1}{V_2}$$

注意到循环中外界对工质所做的功为 $A=Q_1-Q_2$，所以循环的致冷系数为

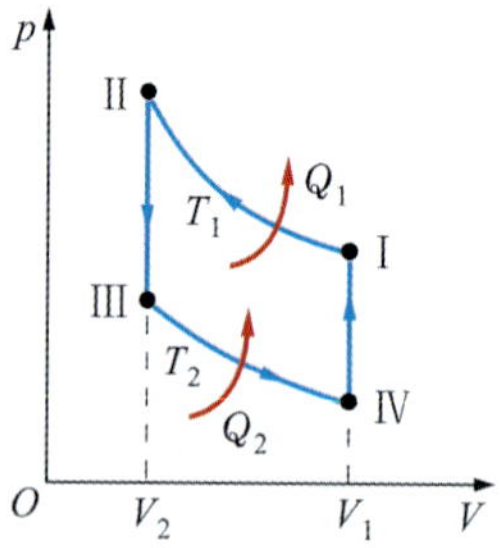

例 8.7 图

$$w=\frac{Q_2}{A}=\frac{Q_2}{Q_1-Q_2}=\frac{T_2}{T_1-T_2}$$

从上式可以看出，冷库与外界环境的温差越大，或者环境温度一定时冷库温度越低，w 越小，致冷效果越差。

想想看

8.18 例 8.7 题在计算致冷系数时，只计算了工质在Ⅲ—Ⅳ等温膨胀过程中吸收的热量和在Ⅰ—Ⅱ等温压缩过程中放出的热量，试问在Ⅱ—Ⅲ等体降温过程和Ⅳ—Ⅰ等体升温过程中，工质和外界有无热量交换？若有，为什么在解题中没有计算？

利用例 8.7 的结论，可以计算从不同温度的冷库中吸取同样多的热量时所需的功。假定环境温度 $T_1=300$ K，吸取的热量都是 $Q_2=100$ J，则当冷库温度分别是 100 K、1 K、10^{-3} K 时，所需的功分别为

$$A_1=\frac{T_1-T_2}{T_2}Q_2=\frac{300-100}{100}\times100=2\times10^2\ \text{J}$$

$$A_2=\frac{300-1}{1}\times100\approx3\times10^4\ \text{J}$$

$$A_3=\frac{300-10^{-3}}{10^{-3}}\times100\approx3\times10^7\ \text{J}$$

利用核绝热去磁方法，现在已可达到 10^{-6} K 的低温。这时再要从其中吸取 100 J 的热量，则需做功 3×10^{10} J。这些结果表明，物体的温度越低，取出其中同样多热量所需的功将越大，因此再要降低温度将越困难。当物体温度接近于 0 K 时，只要 Q_2 不为零，则所需的功将接近于无穷大。这表明绝对零度实际上是不能达到的。热力学中，除了热力学第一、第二定律以外，还有一个热力学第三定律，它可以表述为：**不可能用有限的步骤使物体达到绝对零度**，所以也称为**绝对零度不能达到原理**。理论上可以严格证明，热力学第三定律是独立于热力学第一、第二定律之外的一个新的基本原理。从热力学第三定律可以推出许多重要结论，特别是对低温下物质性质的研究具有重要的意义。有关这些问题，这里不再介绍了。

广泛使用的热泵实际上是一台致冷机，冬季靠从户外大气中吸取热量供室内取暖；夏季靠从室内吸取热量送出户外大气中，以使室内降温。

图 8.10(a)所示为热泵在冬季供室内取暖时工作示意图。压缩机 M 将工质(如氨、氟里昂等)压缩成高温高压蒸气后送入室内的冷凝器 C，蒸气在冷凝器 C 中凝结成液体，与此同时向室内放出热量，使室内升温取暖。液化的工质经节流阀变成低温低压液体，并送入室外的蒸发器 E。这部分液体从室外大气中吸热蒸发，成为低温低压蒸气，回到压缩机而被循环使用。

热泵向室内送入的热量 Q 与压缩机系统消耗的功 A 之比称为热泵的效率 e，即

$$e=\frac{Q}{A}$$

一般热泵的效率约为 2～7，设 $e=6$，则压缩机系统消耗 1 kJ 的功，热泵可向室内供 6 kJ 的热量。如果直接用电炉取暖，室内要获得 6 kJ 的热量，则需消耗 6 kJ 的电能。可见，用热泵取暖是十分经济的。如何提高热泵的效率，是工程技术人员研究的重要

课题之一。

图 8.10(b)所示为热泵在夏季供室内降温(致冷)时的工作示意图。只要将压缩机出口处的阀转向,这时,原来的冷凝器 C 成为蒸发器,原来的蒸发器 E 成为冷凝器,整个系统逆向运行,成为通常所说的“空调”。

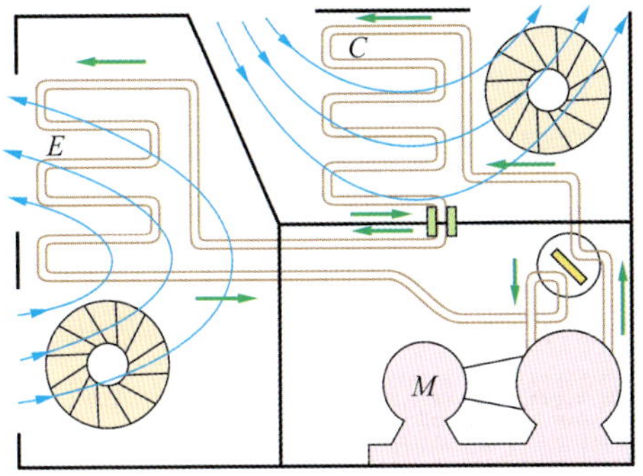

(a)

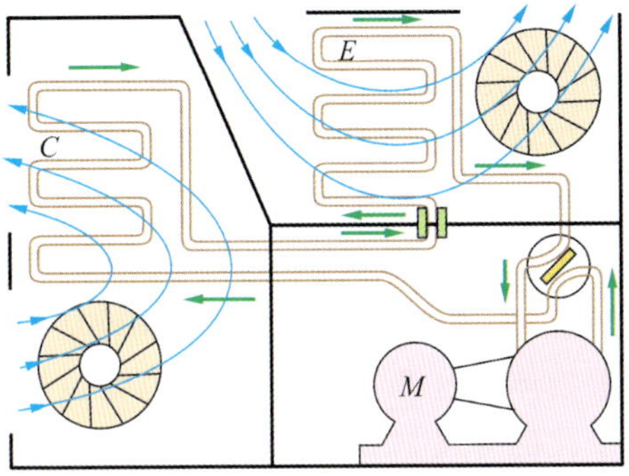

(b)

图 8.10

市场上销售的双制式空调,实际上就是热泵,值得注意的是,在室外温度低于 5 ℃时,利用热泵取暖的效率较低。在我国北方,冬季严寒,用热泵取暖时,需有辅助热源才行。

氟里昂是一种很好的制冷剂,它的优点很多:容易液化、无毒无味、不腐蚀金属,它不燃烧,因而避免了发生火灾和爆炸的危险,价格也低廉。长期以来,它被广泛地用于冰箱、空调等制冷设备和喷雾剂、泡沫塑料的发泡剂、电子器件等。但随着环境科学的发展,人们发现,氟里昂对大气层中的臭氧层有严重破坏作用。而大气层中的臭氧层是地球生命的保护层,它能吸收部分太阳辐射的紫外线,使地球上的生物免遭紫外线的杀伤。如果没有臭氧层,所有强紫外线全部照射到地面的话,林木将会被烤焦、飞禽走兽都将会被杀死!研究表明,氟里昂在高空太阳光照下将会产生氯离子,一个氯离子可以使上万个臭氧分子失去一个氧原子成为一个普通氧分子!据了解,目前全世界向大气中排放的氟里昂已达到 2000 万吨以上,臭氧层的破坏已触目惊心。近年来,在南极和北极上空都曾出现过面积大到相当于美国国土 2 倍的臭氧层空洞。观察表明,1969—1986 年,北纬 30°～60°地区上空,臭氧浓度下降了 1.7%～3%,主要包括美国、欧洲、加拿大、日本、中国和苏联人口稠密地区。近年来还发现,臭氧层损耗速度比预想的还要快得多。为了保护臭氧层,使人类免受紫外线的辐射及维护地球生态平衡,联合国于 1985 年和 1987 年相继制定了《保护臭氧层维也纳公约》和《关于消耗臭氧层物质的蒙特利尔议定书》,对破坏臭氧层物质提出了禁止使用时限和要求。我国已加入了上述两个公约,1993 年,国务院正式批准了《中国逐步淘汰消耗臭氧层物质国家方案》,由此说明,取消生产和使用包括氟里昂在内的消耗臭氧层物质确实是人类保护大气层的一个非常重要而绝对不能掉以轻心的措施!

复习思考题

8.27　有人说,因为在循环过程中,工质对外所做净功的值等于 $p-V$ 图中闭合曲线包围的面积,所以闭合曲线包围的面积越大,循环的效率就越高。对吗?

8.28　图(a)与图(b)表示两个循环过程。(1)指出图(a)中的三个过程各是什么过程;(2)指出图(b)中哪个过程吸热,哪个过程放热;(3)在 $p-V$ 图中作出两个循环的相应曲线;(4)试问图(a)与图(b)中闭合曲线包围的面积,是否代表该循环所做的净功?各循环所做净功是正功还是负功?

8.29　理想气体等温过程中 $\Delta E=0$ 和循环过程中 $\Delta E=0$ 在意义上有什么不同?

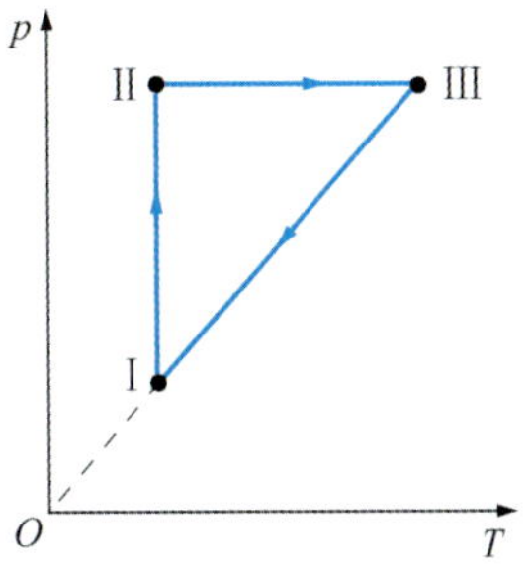

(a)

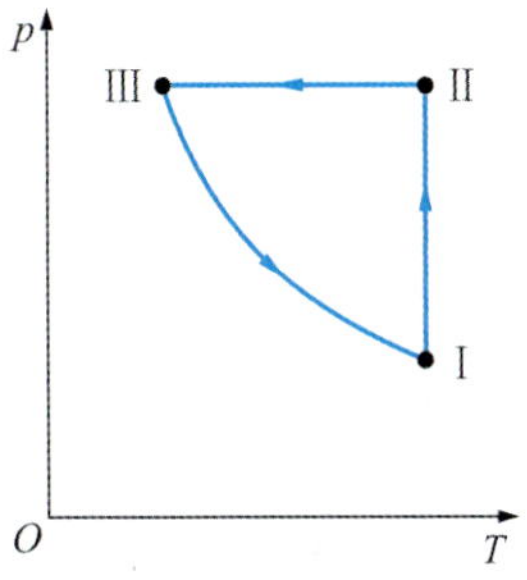

(b)

思 8.28 图

8.9 热力学第二定律

19世纪初期，蒸汽机在工业上已得到广泛的使用，然而效率不高。当时，人们希望最大限度地提高热机效率，但却不知道热机效率的增加是否有一个上限。如果有，上限的值是多少？同时也不了解，到底提高效率的关键问题在哪里？这些问题都是当时生产上急待解决的。在许多人的艰苦努力下，总结了长期以来积累的科学知识和丰富的实践经验，最后终于发现了一个新的自然规律，即热力学第二定律。

在热机循环中，工质从热源吸收的热量 Q_1，一部分转变为对外输出的机械功 A，同时向外界放出其余部分热量 Q_2，热机效率为 $\eta=1-Q_2/Q_1$。显然，热机效率不可能大于100%，不然就会违背热力学第一定律。可以看出，Q_2 越小，热机效率越高。热机效率能否等于100%呢？也就是说，能不能制成一种理想热机，它在循环过程中，可以把吸收的热量全部转换为功而不放出热量。如果可能的话，就可以只依靠大地、海洋以及大气的冷却而获得机械功。有人曾估算出，仅地球上的海水每冷却1 ℃，所获得的功就相当于 10^{14} t煤燃烧后放出的能量。所以，这实际上是取之不尽、用之不竭的能源。这样，这种理想热机也就相当于一种永动机，常称为第二类永动机。这种永动机虽然不违背热力学第一定律，但也与制造第一类永动机的企图一样，很多人的努力最后都以失败而告终。

1851年，开尔文在总结了前人制造第二类永动机的大量实践后指出：**不可能只从单一热源吸收热量，使之完全转换为功而不引起其他变化**。也就是说，**第二类永动机是不可能制成的**。这一结论称为**热力学第二定律的开尔文表述**。必须指出，不能把开尔文表述简单地理解为“热量不能全部转换为功”。事实上，理想气体的等温膨胀过程，就可以把从热源吸收的热量全部转换为功。问题的关键在于开尔文表述中所说的“不引起其他变化”，它是指除了工质从热源吸收热量对外做功外，再也不发生其他（包括工质和外界）变化。在等温膨胀过程中，气体吸收热量，在做功的同时，其体积变大、压强降低，也就是说工质已经发生了变化。

热力学第二定律的开尔文表述指出，在不引起其他变化的条件下，把吸收的热量全部转换为机械功是不可能的。但是，相反的过程却完全可能发生。例如摩擦生热现象，就会把功完全转变为热（更确切地说，应是机械能完全转化为内能）而不引起其他变化。这就是说，热功转换过程具有一定的方向性。

现在考察自然界经常发生的另一类现象——热传导过程。当两个温度不同的物体相互接触时，热量总是从高温物体自动地传向低温物体。与此相反的过程，即热量从低温物体自动传向高温物体的过程，虽然并不违背热力学第一定律，但实际上却从未观察到过。借助于致冷机，可以使热量从低温物体传向高温物体，但外界要做功，所以不是自动的。或者说，要引起其他变化。能够不需要外界做功而把热量从低温物体传向高温物体的装置，称为理想致冷机。大量事实表明，这种致冷机也是不可能实现的。1850年，克劳修斯指出：**理想致冷机是不可能制成的**。也就是说，**不可能使热量从低温物体传向高温物体而不引起其他变化**。这一结论称为**热力学第二定律的克劳修斯表述**。或者按照习惯上的说法，可把这一表述说成：热量不能自动地从低温物体传向高温物体。这里“自动”二字，也就包括了不引起其他变化的含义。显然，热力学第二定律的克劳修斯表述，实际上指出了热传导过程也具有方向性。

热力学第二定律与热力学第一定律一样，都是大量实验事实的总结和概括，是不能从任何其他更基本的定律中推导出来的。但是，由热力学第二定律做出的一切推论都与客观实际相符合，这也就证明了定律本身的正确性。

热力学第二定律的两种表述，表面上看起来似乎毫不相关，但是可以证明，它们是完全等价的。我们用反证法来证明这一点，即证明两种表述中，若有一个不成立，则另一个也必然不能成立。先假定开尔文表述不成立，即热量可以完全转换为功而不引起其他变化，或者说从单一热源吸热而对外做功的第二类永动机可以实现。这样一来，就可以利用这一热机在一个循环中从高温热源吸收热量 Q_1，使之全部转变为功 A，并利用这个功带动一个致冷机，使它在循环中从低温热源 T_2 吸取热量 Q_2，并向高温热源放出热量 $A+Q_2=Q_1+Q_2$，如图8.11所示。两台机器联合工作的总效果，只是热量 Q_2 从低温热

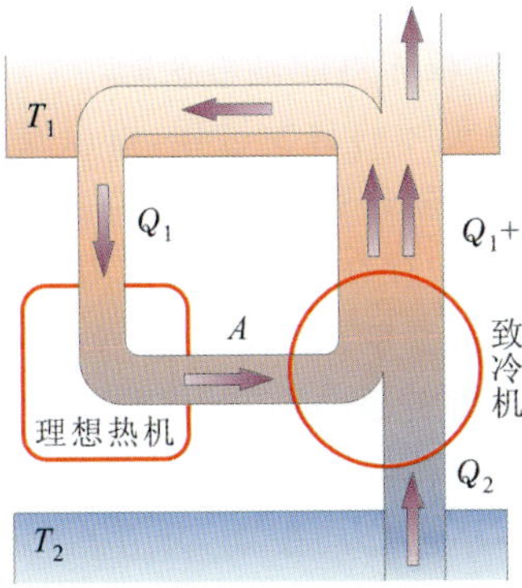

图 8.11

源传给了高温热源，此外并未引起其他变化。这就是说，理想致冷机也可以制成。由此可见，如果开尔文表述不成立，那么克劳修斯表述也就不能成立。这就证明了两种表述是等价的。反之，如果假定克劳修斯表述不成立，则同样可以证明这时开尔文表述也不能成立。这一证明，留给读者去完成。

想想看

8.19 设想装有理想气体的导热容器，放在盛水的温度恒定的大容器中，气体从水中吸收热量，缓慢等温膨胀，把吸收的热量全部用以对外做功而保持内能不变，试问这违背热力学第二定律吗？

复习思考题

8.30 用热力学第二定律判定：(1)一条等温线与一条绝热线是否可能相交两次？(2)两条绝热线和一条等温线能否构成一个循环？

8.31 判断下面两种说法是否正确：(1)功可以完全转换为热，但热不能完全转换为功；(2)热量能从高温物体传向低温物体，但不能从低温物体传向高温物体。

8.10 可逆与不可逆过程

从前面的讨论可知，热力学第一定律指明了自然界所发生的一切过程中，能量必须守恒；热力学第二定律则表明，符合能量守恒的过程并不一定都能自动发生，它实质上反映了自然界中与热现象有关的一切实际过程，都是沿一定方向进行的。为了进一步研究热力学过程的方向问题，需要先介绍可逆过程和不可逆过程的概念。

设想系统经历了一个过程，**如果过程的每一步都可沿相反的方向进行，同时不引起外界的任何变化**，那么这个过程就称为**可逆过程**。显然，在可逆过程中，系统和外界都能恢复到原来状态。反之，**如果对于某一过程，用任何方法都不能使系统和外界恢复到原来状态**，该过程就是**不可逆过程**。

不难看出，热力学第二定律的开尔文表述，实际上说明了热功转换过程是不可逆过程；克劳修斯表述则说明了热传导过程也是不可逆过程。两种表述的等价性又进一步表明，这两种不可逆过程之间存在着内在的联系，由其中任一种过程的不可逆性可以推断出另一种过程的不可逆性。自然界中不受外界影响而能够自动发生的过程，称为自发过程；一个不受外界影响的热力学系统则称为孤立系统。所以，自发过程也就是孤立系统内发生的与热现象有关的实际过程。功转换为热、热量从高温物体传向低温物体都是自发过程，也是两种典型的不可逆过程。实际上，自然界的一切自发过程，都是不可逆过程。例如，气体的自由膨胀过程、各种气体的相互扩散过程、各种爆炸过程，等等。与证明热力学第二定律两种表述的等价性类似，同样可以证明：自然界一切不可逆过程都具有等价性和内在的联系，由一种过程的不可逆性可以推断出其他过程的不可逆性。下面，以理想气体的自由膨胀为例来说明这一点。

理想气体在自由膨胀中，与外界不交换热量，也不对外做功，所以其内能和温度不变，最后除了体积增大外，并不引起外界其他变化。显然，自由膨胀是自发过程，即不可逆过程，这一点也可以从热力学第二定律开尔文表述的不可逆性得到证明。我们仍然采用反证法。假定自由膨胀过程是可逆的，按照定义，则必然存在另一种过程 R，见图 8.12(a)，它能使气体收缩到原来的体积，保持其内能和温度不变，并且不引起外界的其他变化。这样一来，就可以设计一个如图 8.12(b)所示的循环过程。使气缸的一面为导热壁并与一恒温热源接触，让气体作等温膨胀推动活塞对外做功。在气体从状态Ⅰ变到状态Ⅱ的过程中，从热源吸收的热量 Q 与对外所做的功 A 相等。接着再利用上面所说的 R 过程，使气体从状态Ⅱ回到状态Ⅰ。由于 R 过程中没有引起外界的任何变化，因此当完成一个循环后，唯一的效果就是

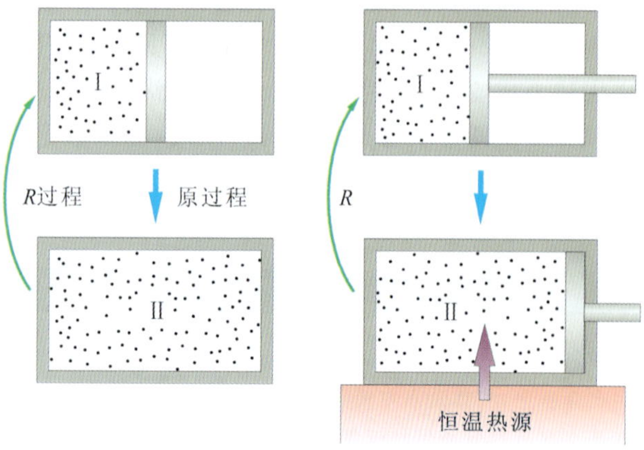

(a) (b)

图 8.12

气体从单一热源吸热而对外做功。从热力学第二定律的开尔文表述可知,这是不可能的。但是,在这一循环中,除了假设的 R 过程外,其他过程都是可能实现的。这就证明了 R 过程不可能实现,同时也证明了理想气体自由膨胀过程的不可逆性,以及它与热功转换过程不可逆性之间存着内在联系。

气体的迅速膨胀过程,也是不可逆过程。事实上,气体在迅速膨胀中,作用于活塞的压强小于气体内部的压强 p,所以气体对外所做的功 $A_1 < p\mathrm{d}V$;气体在迅速压缩中,作用于活塞的压强大于气体内部的压强 p,所以外界对气体所做的功 $A_2 > p\mathrm{d}V$。因此,当气体膨胀后,虽然可以把气体压缩回原来的体积,但在一个循环中外界要多做功 $A_2 - A_1$。这一部分功将变为热量而耗散掉,根据热力学第二定律,再也无法使它转变为功而恢复原状,所以气体的迅速膨胀是不可逆过程。只有当过程进行得无限缓慢并且不存在摩擦时,气体作用于活塞的压强才会无限接近气体内部的压强,从而在一个循环中使 A_2 无限接近 A_1,并且不发生其他变化。也就是说,只有在这种情况下,过程才可能是可逆的。

仔细考察实际的自发过程,可以发现它们有着共同的特征。这就是系统中原来存在着某种不平衡因素,或者过程中存在摩擦等耗散因素。例如,气体的自由扩散是由密度或压强不平衡引起的,热传导是由温度不平衡引起的,功转换为热是做功过程中存在摩擦阻力等耗散因素的缘故等等。自发过程的方向总是由不平衡趋向平衡,并且在达到新的平衡状态后,过程就自动终止。由此可见,不平衡和耗散等因素的存在是导致过程不可逆的原因。一切自动发生的实际过程中,或者有不平衡因素存在,或者有摩擦等耗散因素存在,所以都是不可逆过程。

从以上讨论不难看出,只有当过程的每一步,系统都无限接近平衡态,并且消除了摩擦等耗散因素时,过程才是可逆的。也就是说,只有无摩擦的准静态过程才是可逆过程。由此可见,可逆过程是一种实际上不可能存在的理想过程。但是可逆过程的概念,就像质点、平衡态、理想气体等理想化概念一样,在理论研究中具有重要的意义。应当指出,通常在讨论中提到的准静态过程,实际上总是指可逆过程。

自然界的一切自发过程,既然存在着共同的特征和内在的联系,从一个过程的不可逆性可以推断出其他过程的不可逆性,因而任一自发过程都可用来作为热力学第二定律的表述。不过无论采用什么样的表述方式,**热力学第二定律的实质,就是揭示了自然界的一切自发过程都是单方向进行的不可逆过程**。

想想看

8.20 导致过程不可逆的原因是什么?为什么说自然界一切自发实际过程都是不可逆过程。

复 习 思 考 题

8.32 如果一个系统从状态 A 经历一不可逆过程到达状态 B,那么这个系统是否还能回到状态 A?为什么?

8.33 可逆过程是否一定是准静态过程?反过来说,准静态过程是否一定是可逆过程?

8.34 试举出日常生活中哪些过程是不可逆过程。下列过程为什么是不可逆过程:

(1)墨水在水中的扩散过程;

(2)物体从高处自由下落并静止在地面上的过程;

(3)汽车在制动器作用下停止下来的过程;

(4)量热器内温度不同的两种液体的混合过程。

8.35 为什么热力学第二定律可以有许多种不同的表述形式?试任选一种实际过程表述热力学第二定律。

8.11 卡诺循环 卡诺定理

热力学第二定律指出，热机循环中工质从热源吸收的热量只有一部分转变为功，热机效率不可能达到 100%。进一步需要解决的问题就是，如何提高热机的效率，热机效率有没有上限以及什么样的热机效率最高？下面就来讨论这些问题。

8.11.1 卡诺循环

早在 1824 年，法国青年工程师卡诺曾设想了一种理想热机。这种热机的工质只与两个热源交换热量，并且不存在散热和摩擦等因素，称为卡诺热机，其循环则称为卡诺循环。卡诺循环由两个等温过程和两个绝热过程组成。卡诺循环的工质可以是理想气体，也可以是气、液两相系统等等，通常把由可逆过程组成的循环称为可逆循环；否则为不可逆循环。一般所说的卡诺循环是指可逆卡诺循环。

以理想气体为工质的可逆卡诺循环，其工作过程可用图 8.13 来说明。气体从状态 $a(p_1, V_1, T_1)$ 经等温膨胀到达状态 $b(p_2, V_2, T_1)$，再经绝热膨胀到达状态 $c(p_3, V_3, T_2)$，然后经等温压缩到达状态 $d(p_4, V_4, T_2)$，最后经绝热压缩回到状态 a，完成一个循环。

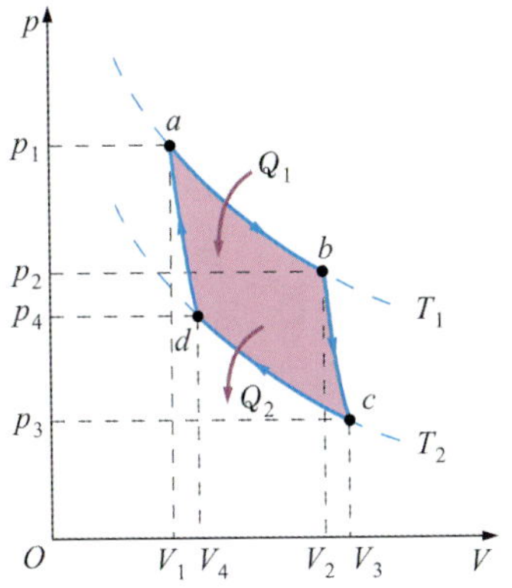

图 8.13

假定工质是 ν mol 理想气体，则在等温过程 a—b 中，气体从温度为 T_1 的高温热源吸收的热量为

$$Q_1 = \nu R T_1 \ln \frac{V_2}{V_1}$$

在等温过程 c—d 中，气体向温度为 $T_2(<T_1)$ 的低温热源放出的热量为

$$Q_2 = \nu R T_2 \ln \frac{V_3}{V_4}$$

对 b—c 与 d—a 两个绝热过程，应用绝热过程方程 (8.36b)，则有

$$T_1 V_2^{\gamma-1} = T_2 V_3^{\gamma-1}$$
$$T_2 V_4^{\gamma-1} = T_1 V_1^{\gamma-1}$$

因此

$$\left(\frac{V_2}{V_1}\right)^{\gamma-1} = \left(\frac{V_3}{V_4}\right)^{\gamma-1} \quad 或 \quad \frac{V_2}{V_1} = \frac{V_3}{V_4}$$

最后可得卡诺循环的效率为

$$\eta = 1 - \frac{Q_2}{Q_1} = 1 - \frac{\nu R T_2 \ln \frac{V_3}{V_4}}{\nu R T_1 \ln \frac{V_2}{V_1}}$$

即

$$\eta = 1 - \frac{T_2}{T_1} \tag{8.42}$$

由此可见，理想气体可逆卡诺循环的效率只与高、低温热源的温度有关。两个热源的温差愈大，卡诺循环的效率愈高。

如果卡诺循环反方向进行，就成为卡诺逆循环，这时气体经由状态 a—d—c—b 再回到 a，在逆循环中，外界对气体做功为 A，气体从低温热源（即冷库）吸收热量 Q_2 并向高温热源放出热量 Q_1。根据热力学第一定律，可见 $Q_1 = Q_2 + A$。显然，卡诺逆循环是致冷循环。其致冷系数由定义式可得

$$w = \frac{Q_2}{A} = \frac{Q_2}{Q_1 - Q_2} = \frac{T_2}{T_1 - T_2} \tag{8.43}$$

由上式可以看出，当高温热源的温度 T_1 一定时，理想气体卡诺逆循环的致冷系数只取决于冷库的温度 T_2。T_2 越低，则致冷系数越小。

顺便指出，工业制冷机放出的热量 Q_1 是完全可以利用的。例如，可把它当作提供热量的热源，这在现代工程技术中已广泛采用，即热泵。

普通制冷机（冰箱）的工作原理可用图 8.14 来说明。压缩机把比较容易液化的工质（如氟里昂

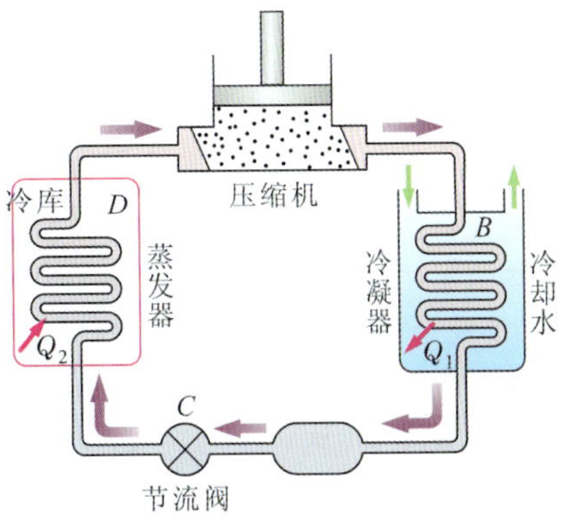

图 8.14

CCl_2F_2 等)送入蛇形管冷凝器 B,经水或空气带走 B 中气体的热量并使气体在高压下凝结成液体。高压液体经过节流阀 C 的小通道后,降压降温并部分气化。待进入蛇形管 D(蒸发器)后,液体从周围冷库吸热使冷库降温,自身则气化变为蒸气后再进入压缩机。如此重复循环,起到制冷作用。

例 8.8 一卡诺热机,工作于温度分别为 27 ℃与 127 ℃的两个热源之间。(1)若在正循环中该机从高温热源吸收热量 5840 J,问该机向低温热源放出热量多少?对外做功多少?(2)若使它逆向运转而作制冷机工作,当它从低温热源吸热5840 J时,将向高温热源放热多少?外界做功多少?

解 (1)卡诺热机的效率为

$$\eta = 1 - \frac{T_2}{T_1} = 1 - \frac{300}{400} = 25\%$$

由题意知 $Q_1 = 5840$ J,则热机向低温热源放出的热量为

$$Q_2 = Q_1(1-\eta) = 5840 \times (1-0.25) = 4380 \quad \text{J}$$

对外做功为

$$A = \eta Q_1 = 0.25 \times 5840 = 1460 \quad \text{J}$$

(2)逆循环时,致冷系数为

$$w = \frac{Q_2}{A} = \frac{T_2}{T_1 - T_2} = \frac{300}{400-300} = 3$$

由题意知 $Q_2 = 5840$ J,则外界需做功为

$$A = \frac{Q_2}{w} = \frac{5840}{3} \approx 1947 \quad \text{J}$$

向高温热源放出的热量为

$$Q_1 = Q_2 + A = 5840 + 1947 = 7787 \quad \text{J}$$

想想看

8.21 三台卡诺热机,分别在①400 K 和 500 K,②600 K 和 800 K,③400 K 和 600 K 的热源之间运行,试按它们的效率由大到小对这三台热机排序。

8.22 理想气体分别进行了如图所示的两个卡诺循环①($abcda$)和②($a'b'c'd'a'$),且两条循环曲线所包围的面积相等。设循环①在一循环中从高温热源吸收的热量为 Q_1,循环②在一循环中从高温热源吸收的热量为 Q_1',试问 Q_1 是大于、小于还是等于 Q_1'?

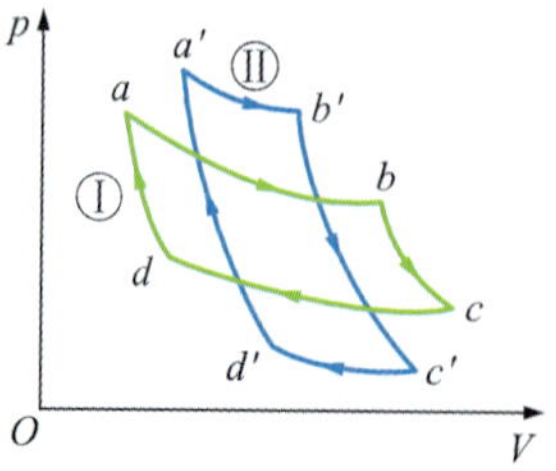

想 8.22 图

8.11.2 卡诺定理

上面计算了理想气体可逆卡诺循环的效率。但是实际热机的工质并不是理想气体,其循环也不是可逆卡诺循环,所以要解决其效率的极限问题,还要作进一步的探讨。卡诺定理解决了这一问题。

卡诺循环和卡诺定理,具有重要的理论和实际意义。在热力学第二定律的基础上,利用卡诺定理建立了热力学温标,使温度这一重要物理量的测量有了客观标准。应用卡诺循环和卡诺定理还可以研究物质的某些性质,如表面张力与温度的关系,饱和蒸气压与温度的关系等等。在热工技术中,卡诺定理给出了热机效率的极限,指出了提高热机效率的方向,对提高热机效率具有重要的指导意义。

卡诺定理的内容有两条。

(1)在温度分别为 T_1 与 T_2 的两个给定热源之间工作的一切可逆热机,其效率相同,都等于理想气体可逆卡诺热机的效率,即 $\eta = 1 - T_2/T_1$。

(2)在相同的高、低温热源之间工作的一切不可逆热机,其效率都不可能大于可逆热机的效率。

卡诺定理指明了提高热机效率的方向。首先,要增大高、低温热源的温度差,由于一般热机总是以周围环境作为低温热源,所以实际上只能是提高高温热源的温度;其次,则要尽可能地减少热机循环的不可逆性,也就是减少摩擦、漏气、散热等耗散因素。

* 卡诺定理证明

根据热力学第二定律证明。假设在温度分别为 T_1 与 T_2 的高、低温热源之间,有同时工作的两部可逆机甲与乙,如图 8.15(a)所示。在一个循环中,它们分别从高温热源吸收热量 Q_1 与 Q_1',向低温热源分别放出热量 Q_2 与 Q_2',对外做功分别为 A 与 A'。按照定义,它们的效率分别为

$$\eta = \frac{A}{Q_1}, \qquad \eta' = \frac{A'}{Q_1'}$$

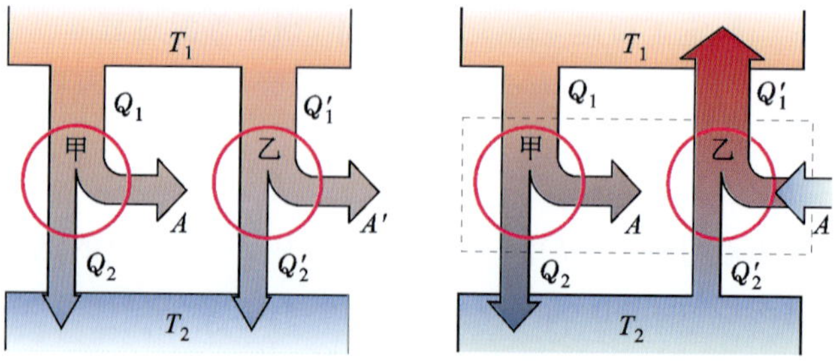

(a) (b)

图 8.15

先证明定理的第一条。仍用反证法，假定 $\eta>\eta'$。我们使乙机逆向工作，则当外界做功 A' 时，它将由低温热源吸热 Q_2'，向高温热源放热 Q_1'。把甲、乙两机组成联合机，如图 8.15(b)所示。设法调节两机，使 $Q_2=Q_2'$。按照假定则有

$$\frac{A}{Q_1}>\frac{A'}{Q_1'}\quad \text{或}\quad \frac{Q_1-Q_2}{Q_1}>\frac{Q_1'-Q_2'}{Q_1'}$$

由此可见

$$\frac{Q_2}{Q_1}<\frac{Q_2'}{Q_1'}$$

注意到 $Q_2=Q_2'$，所以

$$Q_1>Q_1'$$

因而有

$$A-A'=(Q_1-Q_2)-(Q_1'-Q_2')=Q_1-Q_1'>0$$

结果表明，两机联合工作时唯一的效果是，在没有外界影响下，把从高温热源吸收的热量(Q_1-Q_1')全部转变为对外所做的功$(A-A')$。这违背了热力学第二定律，因此假设不能成立，即 $\eta\ngtr\eta'$，或者说应有 $\eta\leqslant\eta'$。

同样，可以使甲机逆向工作，乙机正向运转。重复上述的证明过程，可得 $\eta'\leqslant\eta$。从这两个结论不难看出，最后的结果只能是$\eta=\eta'$。如果使其中任一热机为理想气体的可逆卡诺热机，即得$\eta=1-T_2/T_1$。

对于定理第二条的证明，可假定甲机为不可逆机，乙机为可逆机。令甲机作正循环，乙机作逆循环，重复第一条证明的前半部分，可得 $\eta\ngtr\eta'$，即 $\eta\leqslant\eta'$。于是定理得证。

从卡诺定理可以看出，工作于相同的高、低温$(T_1、T_2)$热源之间的一切热机的效率都有

$$\eta\leqslant 1-\frac{T_2}{T_1}$$

式中等号只对可逆机才可能成立。还可以证明，如果不限于两个热源，对于任一循环来说，若高温热源的最高温度为 T_1，低温热源的最低温度为 T_2，则其效率仍满足上式的关系。可以说，$\eta=1-T_2/T_1$ 是任何热机效率的最高极限。

复习思考题

8.36　为提高热机效率，为什么实际上总是设法提高高温热源的温度，而不从降低低温热源的温度来考虑？

第 8 章小结

热力学第一定律在理想气体典型准静态过程中的应用

等体过程

系统对外不做功，从外界吸收的热量，全部用来增加自己的内能，即 $Q=E_2-E_1$

$$Q=\nu C_V(T_2-T_1)\qquad A=0$$

$$E_2-E_1=\nu C_V(T_2-T_1)$$

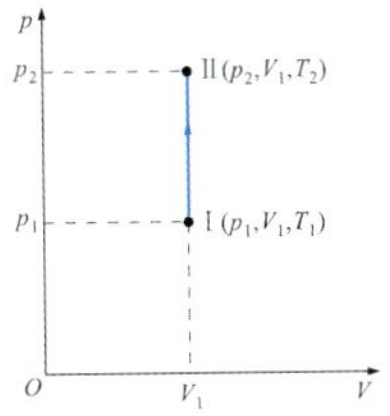

等压过程

系统在压强保持不变的条件下，从外界吸收的热量，一部分用来增加自己的内能，另一部分则用以对外做功，即 $Q=(E_2-E_1)+A$

$$Q=\nu C_p(T_2-T_1)\qquad A=\nu R(T_2-T_1)$$

$$E_2-E_1=\nu C_V(T_2-T_1)$$

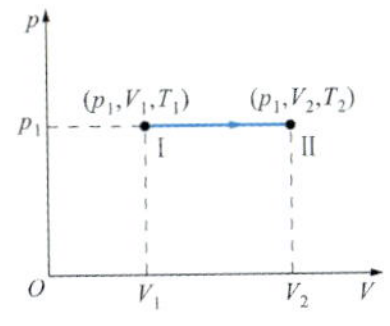

等温过程

系统内能不变，从外界吸收的热量，全部用来对外做功，即 $Q=A$

$$Q=\nu RT\ln\frac{V_2}{V_1}\qquad A=\nu RT\ln\frac{p_1}{p_2}$$

$$E_2-E_1=0$$

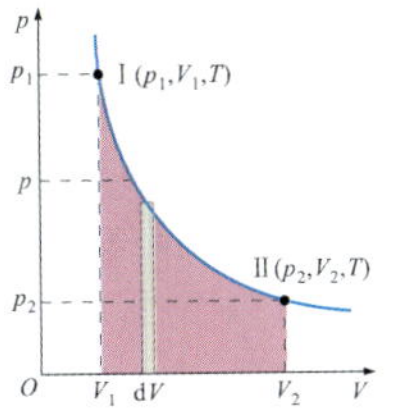

绝热过程

系统与外界无热量交换，减小内能全部用于对外做功，即 $-(E_2-E_1)=A$

$$Q=0\qquad A=\nu C_V(T_2-T_1)$$

$$E_2-E_1=\nu C_V(T_2-T_1)$$

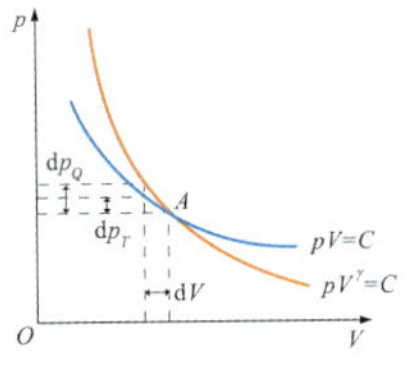

理想气体状态方程

理想气体处于平衡态，其压强 p、温度 T、体积 V 所满足的方程

$$pV=\nu RT$$

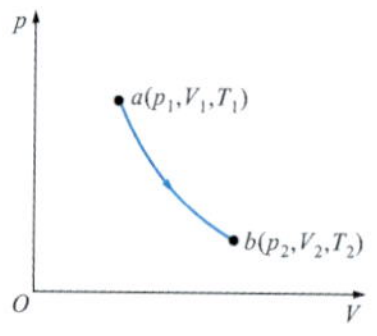

热力学第一定律

系统从外界吸收的热量，一部分使其内能增加，另一部分则用以对外做功

$$Q=(E_2-E_1)+A$$

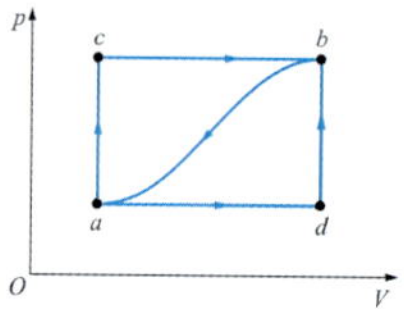

循环过程

正循环(热机循环)和循环效率

循环沿顺时针方向进行，一个正循环中工质对外做的净功 A 为正，它与吸收的热量 Q_1 的比值，称为循环效率

逆循环(致冷循环)和致冷系数

循环沿逆时针方向进行，一个逆循环中工质对外做的净功为负。工质从冷库吸收的热量 Q_2 与外界对工质做功 A 的比值，称为致冷系数

$$w=\frac{Q_2}{A}=\frac{Q_2}{Q_1-Q_2}$$

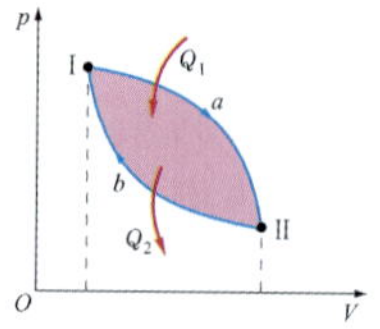

热力学第二定律

开尔文表述

不可能从单一热源吸收热量，使之全部转化为功，而不引起其他变化

第二类永动机是不可能制成的

克劳修斯表述

不可能使热量从低温物体传向高温物体而不引起其他变化

理想的致冷机是不可能制成的

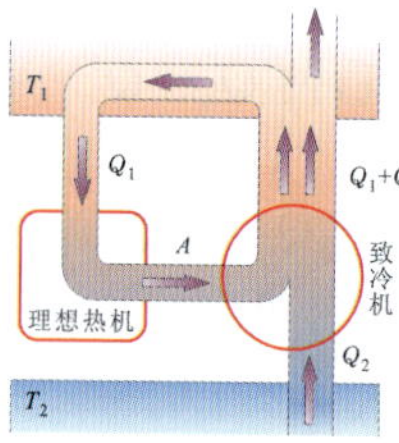

卡诺定理

(1) 在温度分别为 T_1 和 T_2 的两个给定热源之间工作的一切可逆热机，其效率都相同，都等于理想气体卡诺热机的效率

$$\eta_{卡诺}=1-\frac{T_2}{T_1}$$

(2) 在相同的高低温热源之间工作的一切不可逆热机，其效率都不可能大于可逆热机的效率

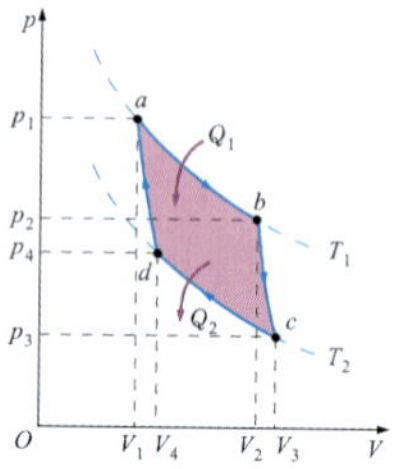

习　题

8.1　选择题

(1)一绝热的封闭容器，用隔板分成相等的两部分。左边充有一定量的某种气体，压强为 p；右边为真空。若把隔板抽去(对外不漏气)，当又达到平衡时，气体的压强为[　　]。

(A) p　(B) $p/2$　(C) $2p$　(D) $p/2^{\gamma}$　(E) $2^{\gamma}p$

(2)如图所示，一定量的理想气体，其内能 E 随体积 V 的变化关系为一直线(其延长线过原点)，则此过程为[　　]。

(A)等温过程　(B)等体过程

(C)等压过程　(D)绝热过程

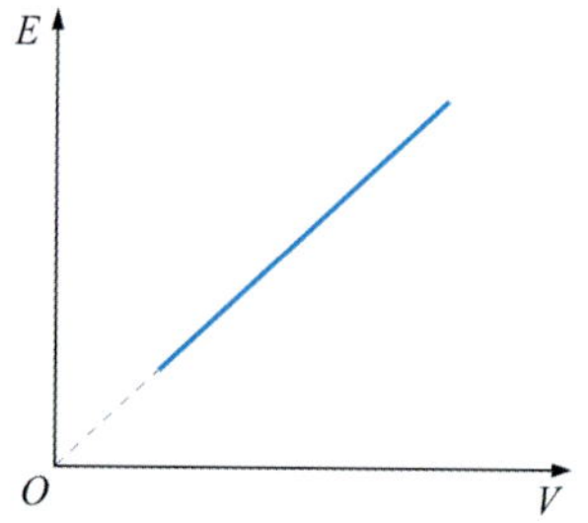

题 8.1(2)图

(3)如图所示，T_1 和 T_2 为两条等温线。若 ab 为一绝热压缩过程，则理想气体由状态 c 经 cb 过程被压缩到 b 状态，在该过程中气体的热容 C 为[　　]。

(A) $C>0$　(B) $C<0$

(C) $C=0$　(D) 不能确定

(4)如图所示，理想气体由状态 a 到达状态 f，经历四个过程，其中 acf 为绝热过程，则平均摩尔热容最大的过程为[　　]。

(A) acf　(B) adf　(C) aef　(D) abf

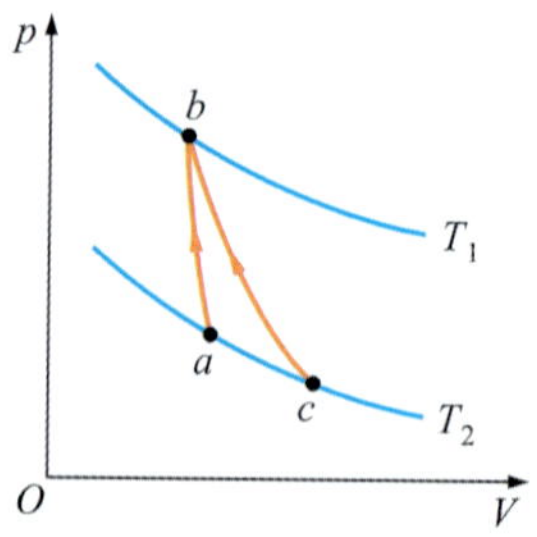

题 8.1(3)图

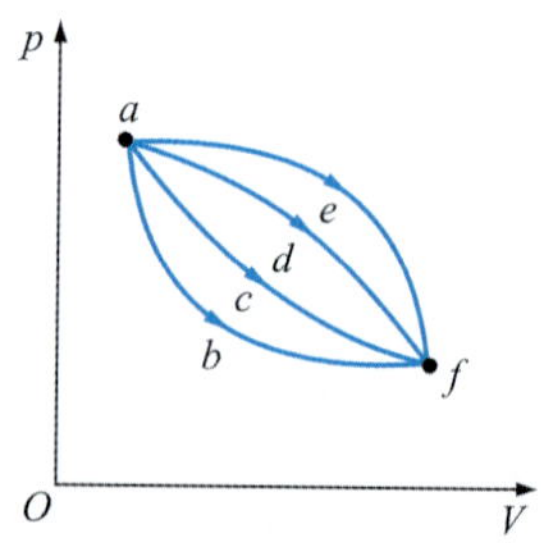

题 8.1(4)图

(5)图示四个循环过程中，从理论上看能够实现的循环过程是图[　　]。

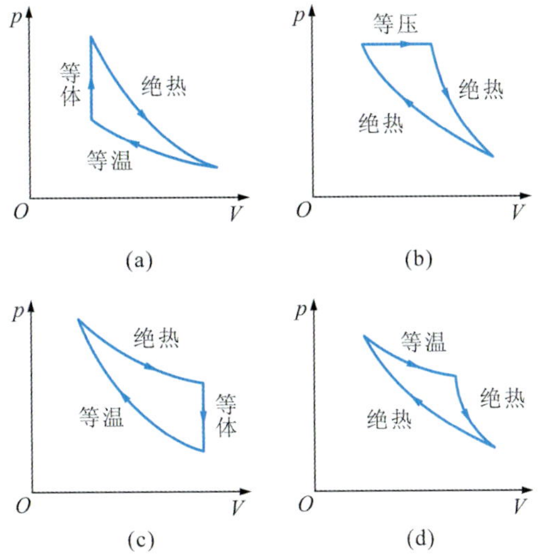

题 8.1(5)图

8.2　填空题

(1)一定量的理想气体在 $p-V$ 图中,如等温线与绝热线交点处的斜率之比为 0.714,则该气体的定体摩尔热容为 ________。

(2)氢气和氦气可视为理想气体,如果从同一初态出发,分别作绝热膨胀,则在 $p-V$ 图上两者的绝热线是否重合? ________。因为 ________________。

(3)一定量的理想气体从同一初态开始,分别经 ad、ac、ab 过程到达具有相同温度的终态。其中 ac 为绝热过程,如图所示,则 ab 过程是 ________;ad 过程是 ________。(填"吸热"或"放热")

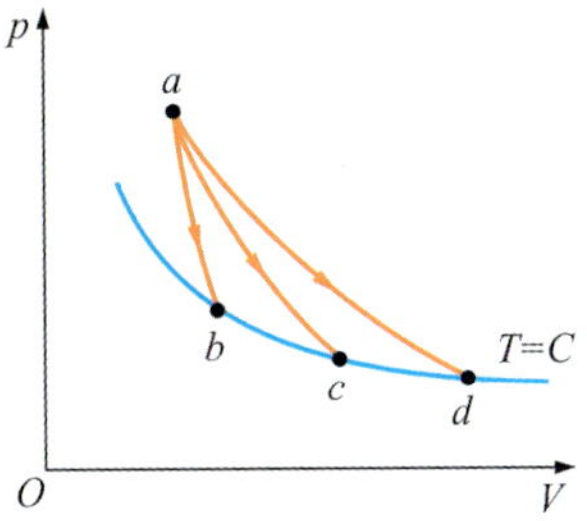

题 8.2(3)图

(4)设 1 mol 的理想气体的压强 p 随体积 V 变化的函数关系为 $p=p_0-\alpha V^2$,式中 p_0 和 α 为常量,则该气体最大的可能温度 $T_{max}=$ ____________。

(5)一设计者企图设计一热机,它能从温度为 400 K 的热源中吸热 1.06×10^7 J,向温度为 200 K 的冷源中放出 4.22×10^6 J 的热量,这样的热机能否制造成功? ____________ 因为 ____________。

(6)某理想气体进行如图所示的循环。第一个循环中,ab 为等温过程,bc 为绝热过程,cd 为等温过程,da 为绝热过程;第二个循环中,bc' 为等体过程。循环效率较高的是 ______ 循环。

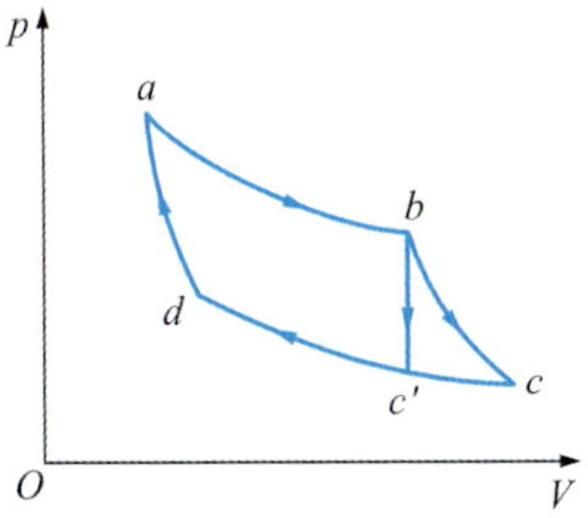

题 8.2(6)图

8.3　一氧气瓶的容积为 3.2×10^{-2} m^3,其中贮有压强为 1.32×10^7 Pa 的氧气。按规定瓶内氧气压强降到 1.013×10^6 Pa 时就要充气,以免混入其他气体而必须洗瓶。今有一车间每天需用 1.013×10^5 Pa 的氧气 4.0×10^{-1} m^3,问一瓶氧气能用几天?

8.4　容器内贮有 10 L 氢气,因开关损坏而漏气。在温度为 7℃时,容器上压强计的读数为 5.067×10^6 Pa。过一段时间后温度上升到 17℃,但压强计读数未变,问漏去氢气的质量是多少?

8.5　一定质量理想气体的状态按 $p-V$ 图中的曲线沿箭头所指的方向变化。

(1)已知在状态 a 时气体的温度是 $T_a=300$ K,求气体在状态 b、c、d 的温度。

(2)将上述变化过程在 $p-T$ 图和 $V-T$ 图上画出,并标明过程的方向。

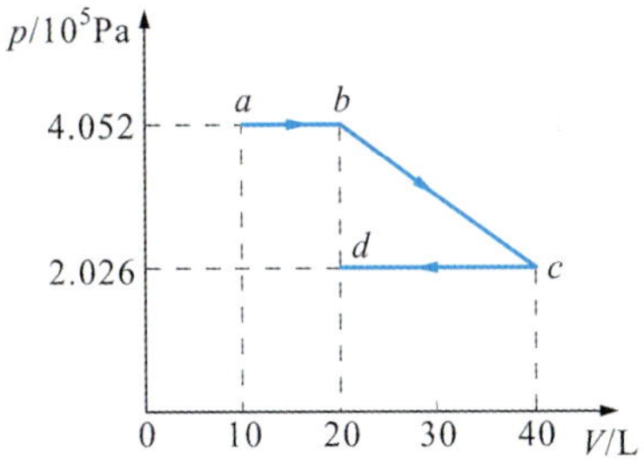

题 8.5 图

8.6　试求上题图示的变化中,气体在 a—b、b—c、c—d 各过程以及整个过程 a—b—c—d 中所做的功。

8.7　一定质量气体从外界吸收热量 1713.8 J,并保持在压强为 1.013×10^5 Pa 下,体积从 10 L 膨胀到 15 L。问气体对外做功多少? 内能增加多少?

8.8　质量为 0.02 kg 的氦气($C_V=3/2R$),温度由 17 ℃升为 27 ℃,若在升温过程中:

(1)体积保持不变;

(2)压强保持不变;

(3)与外界不交换热量。

试分别计算各过程中气体吸收的热量、内能的改变和对外所做的功。

8.9 标准状态下 1.6×10^{-2} kg 的氧气，分别经过下列过程并从外界吸热 334.4 J。

(1)经等体过程，求末状态的压强；

(2)经等温过程，求末状态的体积；

(3)经等压过程，求气体内能的改变。

8.10 压强为 1.013×10^{6} Pa、温度为 27 ℃的氮气 56 g，使它先作等温膨胀，待压强变为 1.013×10^{5} Pa 后再等压加热，直到其体积增加一倍为止。试求氮气在整个过程中吸收的热量、增加的内能和对外所做的功。

8.11 1 mol 氢气，压强为 1.013×10^{5} Pa，温度为 20 ℃时体积为 V_0。

(1)先保持体积不变，加热使其温度升高到 80 ℃，然后等温膨胀到体积为 $2V_0$；

(2)先等温膨胀到体积为 $2V_0$，然后等体加热到 80 ℃。

试分别计算两种过程中气体吸收的热量、增加的内能与所做的功，并在同一 $p-V$ 图中作出表示两过程的曲线。

8.12 10 mol 单原子理想气体，在压缩过程中外界对它做功 209 J，其温度升高 1 K。试求气体吸收的热量与内能的增量，此过程中气体的摩尔热容是多少？

8.13 一定质量的理想气体，其 $\gamma=1.40$，若在等压下加热，使其体积增大为原体积的 n 倍为止。试求传给气体的热量中，用于对外做功与增加内能的热量之比。

8.14 侧面绝热的气缸内贮有 1 mol 单原子理想气体，温度为 $T_1=273$ K。活塞外的大气压 $p=1.013\times10^{5}$ Pa，活塞面积为 $S=0.02$ m^2，活塞质量 $m=102$ kg。假定活塞绝热、不漏气并且与气缸壁间的摩擦可以忽略不计。

由于气缸内小突出物的阻碍，活塞起初停在距气缸底部 $l_1=1$ m 处。今从气缸底部缓慢加热使气体膨胀，最后活塞停在原位置上部 $l_2=0.5$ m处，如图所示。试作出此过程的 $p-V$图线，求出整个过程中气体吸收的热量与内能增量。

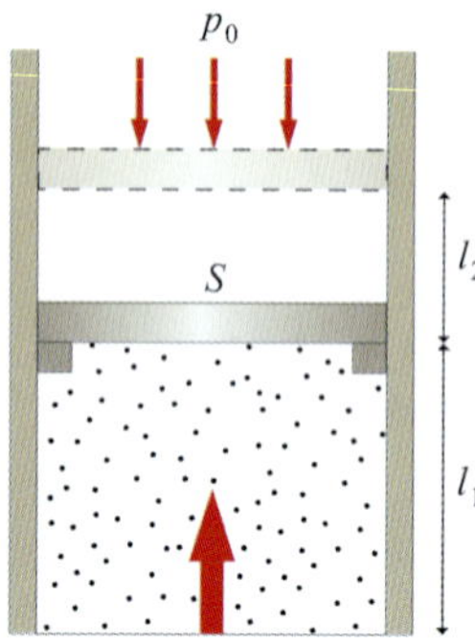

题 8.14 图

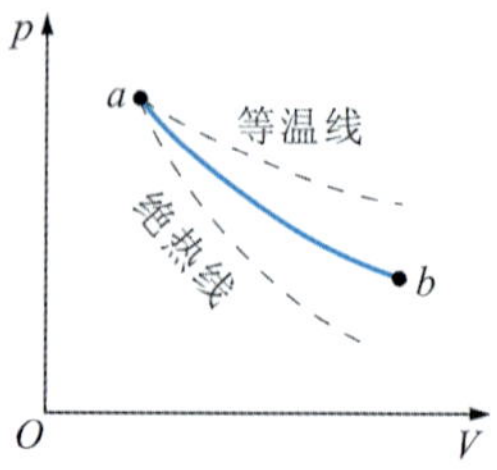

题 8.15 图

8.15 试分析理想气体在如图示过程 a—b 中的热容 C_k 是大于、等于还是小于零，并说明理由。

8.16 利用过程方程，直接证明图 9.8 所示的交点 A 处，绝热线斜率的绝对值比等温线斜率的绝对值大。

8.17 如果图中 AB、DC 是绝热线，CEA 是等温线。已知系统在 CEA 过程中放热 100 J，EAB 的面积是 30 J，EDC 的面积 70 J，试问在 BED 过程中系统是吸热还是放热？热量是多少？

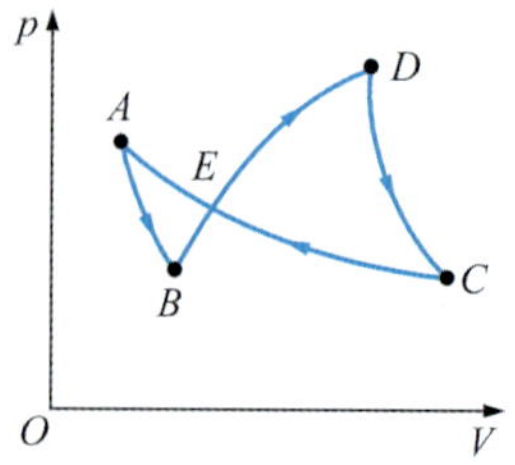

题 8.17 图

8.18 如图，一容积为 40 L 的绝热容器，中间由一无摩擦的绝热可动活塞隔开。A、B 两部分各贮有 1 mol 氮气，最初压强都是 1.013×10^{5} Pa 而活塞停在中间。现使微小电流 i 通过 A 中的电阻(体积可忽略不计)而缓慢加热，直到 B 中气体体积缩小到一半为止。试问：

(1)在无限小时间 dt 内，A 中气体发生的微小变化过程中，热力学第一定律应写成怎样的表示形式？

(2)两部分气体各自的最后温度是多少？

(3)A 中气体在整个过程中吸收的热量是多少？

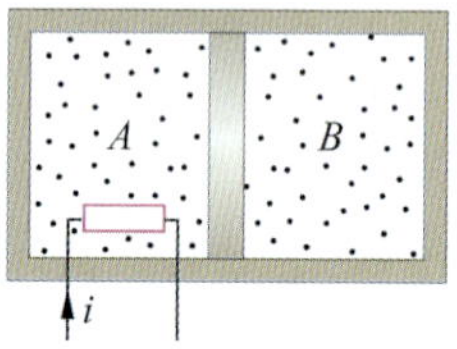

题 8.18 图

8.19 1 mol 氧气，温度为 300 K 时体积是2×10^{-3} m^3。若氧气经①绝热膨胀到体积为 2×10^{-2} m^3；②等温膨胀到体积 2×10^{-2} m^{3}后，再等体冷却到绝热膨胀最后达到的温度。试计算两种过程中氧气所做的功，并说明这两种功值有差别的原因。

8.20 下面是一种测定气体 $\gamma=C_p/C_V$ 的方法。取一定质量的气体，初始时压强、温度和体积分别为 p_0、T_0、V_0。用一根通电的铂丝对它加热，第一次保持气体体积 V_0 不变，使压强与温度分别变为 p_1 与 T_1；第二次加热时，保持气体压强 p_0 不变而温度和体积分别变为 T_2 和 V_2。假定两次加热的电流和时间都相同，试证明：

$$\gamma=\frac{(p_1-p_0)V_0}{(V_1-V_0)p_0}$$

8.21 0.25 kg 氧气作如图所示循环，此循环由两个等体过程和两个等温过程组成。已知 $V_b=2V_a$，试求：

(1)循环的效率；

(2)若 a、b、c、d 各状态的压强分别是 p_a、p_b、p_c、p_d，证明：

$$p_ap_c=p_bp_d$$

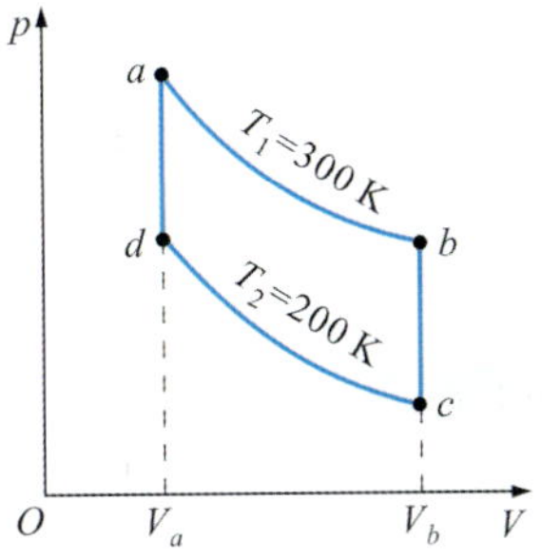

题 8.21 图

8.22 图示 1 mol 单原子理想气体所经历的循环过程，其中 ab 为等温线。假定 $V_2/V_1=2$，求循环的效率。

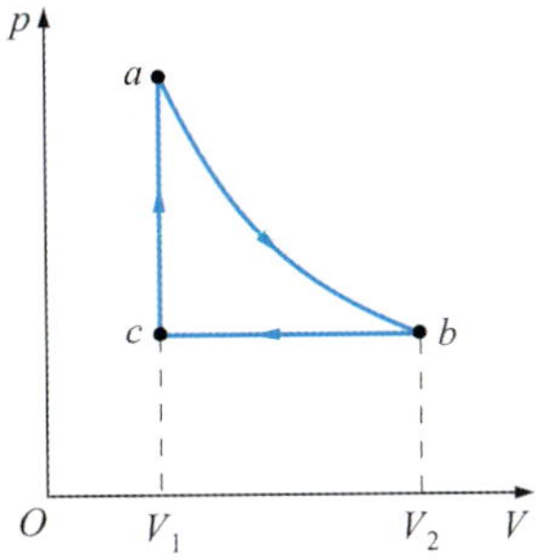

题 8.22 图

8.23 图示为理想气体的一个循环过程，其中 ab、cd 为绝热过程，bc、da 分别是等压和等体过程。试证明循环效率为

$$\eta = 1-\gamma\frac{T_b-T_c}{T_a-T_d}$$

式中 T_a、T_b、T_c、T_d 分别是 a、b、c、d 各状态的温度，γ 为比热容比。

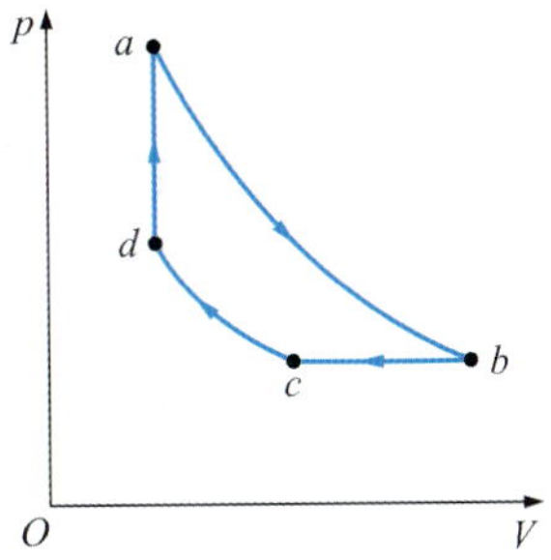

题 8.23 图

8.24 1 mol 理想气体，$C_V=\frac{3}{2}R$，进行图示的循环。ab、cd 为等压过程，bc、da 为等体过程。已知 $p_a=2.026\times10^5$ Pa，$V_a=1.0$ L，$p_c=1.013\times10^5$ Pa，$V_c=2.0$ L，试求循环的效率。

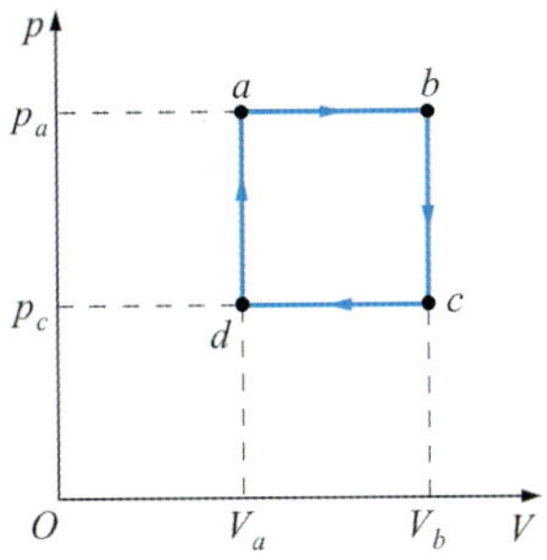

题 8.24 图

8.25 计算柴油机狄塞尔循环的效率。它与奥托循环不同之处是先吸入空气，燃料则在空气被压缩到一定的高压和高温时，再喷入气缸中燃烧。所以循环的第一步可看成绝热压缩过程，气体由状态Ⅰ(V_1，T_1)达到状态Ⅱ(V_2，T_2)；第二个过程中气体在定压下燃烧膨胀，达到状态Ⅲ(V_3，T_3)；接着气体在绝热膨胀中达到状态Ⅳ(V_1，T_4)；最后等体放热回到初状态，完成一个循环。

8.26 一卡诺热机工作于温度为 1000 K 与 300 K 的两个热源之间，如果(1)将高温热源的温度提高 100K；(2)将低温热源的温度降低 100 K，试问理论上热机的效率各增加多少？

8.27 一台电冰箱，为了制冰从 260 K 的冷冻室取走热量 209 kJ。如果室温是 300 K，试问电流做功至少应是多少(假定冰箱为理想卡诺循环制冷机)？如果此冰箱能以 0.209 kJ/s 的速率取出热量，试问所需电功率至少应是多少？

8.28 有一套动力装置，用蒸汽机带动制冷机。若蒸汽机锅炉的温度为 210 ℃，用暖气系统作为蒸汽机的冷却器，温度为 60 ℃；制冷机在温度为 15 ℃的天然蓄水池中吸热，并放热给暖气系统。试求每燃烧 1 kg 燃料(燃烧热值为 2.09×10^7 J/kg)所能供给暖气系统热量的理想值。

8.29 热机工作于 50 ℃与 250 ℃之间，在一个循环中做功 1.05×10^5 J。试求热机在一个循环中吸收和放出的热量至少应是多少？

青藏铁路九个世界之最

青藏铁路穿越海拔4000米以上地段达960公里，最高点为海拔5072米，是世界海拔最高的高原铁路；青藏铁路格尔木至拉萨段，穿越戈壁荒漠、沼泽湿地和雪山草原，全线总里程达1142公里，是世界最长的高原铁路；青藏铁路穿越多年连续冻土里程达550公里，是世界上穿越冻土里程最长的高原铁路；海拔5068米的唐古拉山车站是世界海拔最高的铁路车站；海拔4905米的风火山隧道是世界海拔最高的冻土隧道；全长1686米的昆仑山隧道是世界最长的高原冻土隧道；海拔4704米的安多铺架基地是世界海拔最高的铺架基地；全长11.7公里的清水河特大桥是世界最长的高原冻土铁路桥；青藏铁路冻土地段时速可达到100公里，非冻土地段可达到120公里，这是目前火车在世界高原冻土铁路上的最高时速。

为什么多年冻土是青藏铁路工程最大难关？

冻土是指温度在0℃以下并含有冰的各种岩土和土壤，可分为短期冻土、季节性冻土和多年冻土。在我国，多年冻土达215万平方公里，青藏高原是我国最大的一片冻土区。

冻土对温度极为敏感，对铁路的修建有非常大的影响。在冻结的状态下，冻土就像冰一样，随着温度的降低体积发生膨胀，建在上面的路基和钢轨会被它顶起来。到了夏季，冻土发生融化，体积缩小，钢轨也就随之降下去。冻土的反复冻结、融化交替出现，就会造成路基严重变形，整个钢轨出现高低不平，甚至扭绞成麻花状，影响正常通车。

在多年冻土区修建铁路，是世界性工程难题，一直没有得到很好的解决。全世界在多年冻土区修建铁路已有百年以上历史，但已建成的多年冻土区铁路病害率很高，列车时速只有六七十公里。已有百年历史的俄罗斯第一条西伯利亚铁路，由于对冻土的认识不清，缺乏工程经验，采取的措施单一，已经出现了大范围的融化下沉和冻胀隆起等病害，1996年调查的线路病害率达45%。上世纪70年代建成的第二条西伯利亚铁路，1994年调查的线路病害率也达27.5%。美国、加拿大等国家的冻土铁路速度也同样不高。

就高寒冻土来说，俄罗斯西伯利亚的冻土铁路比我们长，有三四千公里，但是其海拔不高，只有两三千米。冻土虽然在加拿大、美国等国家也存在，但它们属高纬度冻土，比较稳定。而青藏高原是世界中、低纬度海拔最高、面积最大的多年冻土分布区，加上青藏高原年轻，构造运动频繁，这里的多年冻土具有地温高、厚度薄、极不稳定等特点，其复杂性和独特性举世无双。青藏铁路穿越的正是多年冻土最发育的地区。

我国科技工作者在青藏铁路工程中采用了以下四项技术，成功解决了这一难题。

(1)通风管：路基温度变化时，通风管及时将热量交换；

(2)遮光板：阳光照射时，遮光板将热量反射出去；

(3)抛石路基：夹层碎石，冬季排除热量，夏季较少吸收热量；

(4)热棒：底部液氨气化上升，传出热量，再冷却为液态沉入棒底。

第9章 气体动理论

扫描隧道显微镜　纳米科学与技术

1982 年 G. 宾尼希（德）和 H. 罗雷尔（瑞士）等共同研制成功了世界上第一台扫描隧道显微镜（简称 STM）。科学家发现，用 STM 的探针，不仅能得到原子的图像，而且可以在一个位置将原子吸住，再搬运到另外一个位置放下。这可真是了不起的发现，因为这意味着人类从此可以对单个原子进行自由操纵！用 STM，人们还能够实时地观察单个原子在物质表面的排列状态，这在表面科学、材料科学等领域中，研究与表面电子行为有关的物理和化学性质有着十分重要的意义。STM 的研究成功，被国际科学界公认为 20 世纪 80 年代世界十大科技成就之一。为表彰 STM 发明者的杰出贡献，1986 年宾尼希和罗雷尔获得了诺贝尔物理学奖。

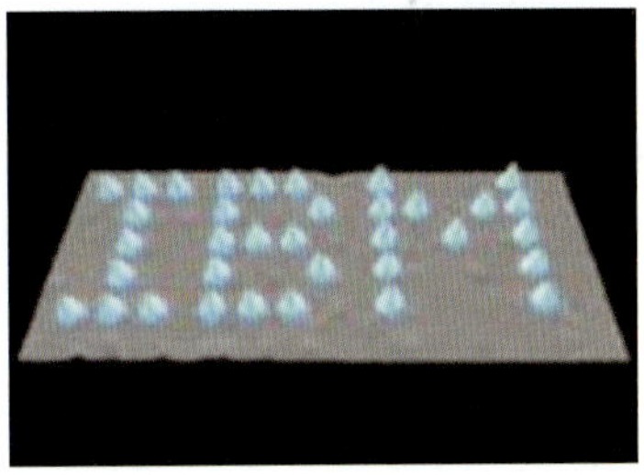

图 1

STM 是继高分辨透射电子显微镜、场离子显微镜之后，第三种在原子尺度观察物质表面结构的显微镜，其分辨率在水平方向可达 0.1 nm，垂直方向可达 0.01 nm。它的出现标志着纳米技术研究的一个最重大的转折，甚至可以标志着纳米技术研究的正式起步。这是因为 STM 具有原子和纳米尺度的分析和加工能力。使用 STM，在物理学和化学领域，可用于研究原子之间的微小结合能，制造人造分子；在生物学领域，可用于研究生物细胞和染色体内的单个蛋白质和 DNA 分子的结构，进行分子切割和组装手术；在材料学领域，可以用于分析材料的晶格和原子结构，考察晶体中原子尺度上的缺陷；在微电子学领域，则可以用于加工小至原子尺度的新型量子器件。

图 2

1990 年，IBM 公司的科学家展示了一项令人瞠目结舌的成果，他们在金属表面用 35 个惰性气体氙原子组成了 I、B、M 三个字母（图 1）。中国科学院化学所科技人员利用纳米技术，在石墨表面刻蚀出了“中国”二字（图 2）。1993 年，美国科学家在低温条件下，用 STM 探针针尖将 48 个铁原子排列成了一个称之为“量子围栏”的圆环，最近的铁原子相距只有 0.9 nm（图 3）。这些铁原子吸附在铜表面上，环中电子只能在其“围栏”内运动，形成“驻波”。

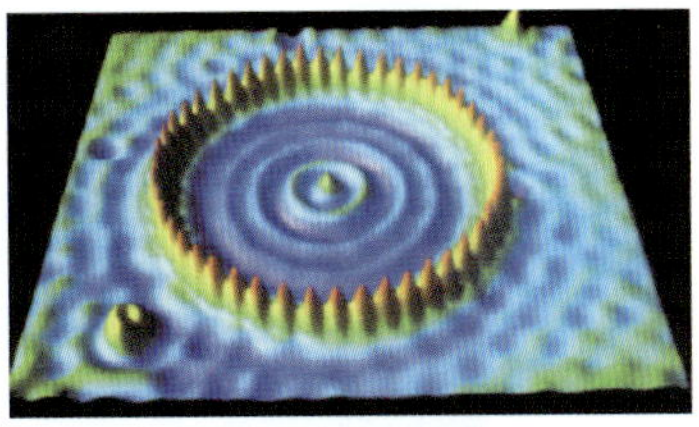

图 3

本章从分子运动的观点出发，运用统计方法研究气体分子热运动的宏观性质和变化规律。研究的对象主要是理想气体。描写热力学系统性质的宏观量，与描写其中分子运动的微观量之间存在密切的联系，宏观量都是与其相关的微观量的统计平均值。气体动理论通过寻求宏观量与微观量之间的关系，揭示气体宏观热现象及其规律的微观本质。

9.1　分子运动的基本概念

下面从物质微观结构的观点出发，阐明分子运动的一些基本概念。

9.1.1　宏观物体由大量粒子（分子、原子等）组成

事实表明，常见的宏观物体——气体、液体、固体等，都是由大量分子或原子组成的，实验证明，1 mol任何物质中所含的分子（或原子、离子）数都是相同的，其值为

$$N_A=6.02214199\times10^{23}\ \mathrm{mol}^{-1}$$

这就是阿伏加德罗常数。分子直径（或线度）的数量级约为10^{-10} m；分子的质量很小，如氢分子质量为0.332×10^{-26} kg，氧分子质量为5.31×10^{-26} kg。

实验还表明，组成物体的分子之间存在一定的空隙。气体很容易被压缩，水与酒精混合后的体积小于两者原来体积之和等，都说明气体和液体的分子之间有空隙。用2万个大气压以上的压强挤压贮于钢筒中的油，会发现油能透过钢筒壁而渗出筒外，这说明钢作为固体其分子间也有空隙。现在用扫描隧道显微镜（STM）能直接观察到物质表面的原子，图9.1所示为中国科学院化学研究所用STM技术观察到的CaAs(110)表面的As原子排列图像，每个圆包是一个As原子。宏观物体由分子组成的概念，已由过去的假设成为今天的现实，展现在人们眼前。

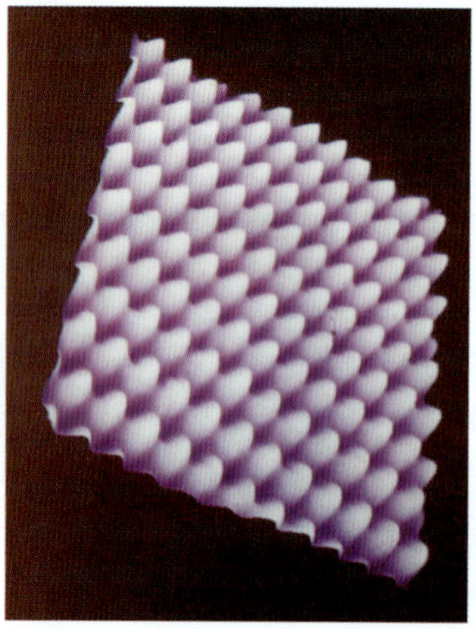

图9.1

9.1.2　物体的分子在永不停息地作无序热运动

人们在较远的地方就能闻到物体发出的气味，一滴墨水滴入水中会慢慢地扩散开来，这类现象说明了气体、液体中的分子是在永不停息地运动着的。固体中也有发生扩散的现象，若把两块不同的金属紧压在一起，经过较长时间后，会在每块金属接触面的内部发现另一种金属成分。总之，一切物体中的分子都在永不停息地运动着。

在显微镜下观察悬浮在液体中的小颗粒（如花粉的小颗粒），可以看到它们都在永不停息地运动着，其中任一个小颗粒的运动都是无规则的或无序的。如果每隔相等时间记录一次颗粒的位置，就会得到类似于图9.2的运动路径，它明确地显示出这种运动的无序性质。这一现象称为布朗运动。布朗运动是分子热运动的反映，液体分子在热运动中由于相互碰撞，每个分子的运动方向和速度大小都在不断地变化着。当这些分子从四面八方不断地冲击悬浮颗粒时，任一时刻作用于颗粒的冲击力不可能完全相互抵消，因而颗粒就会改变它原来的运动方向和速度大小。由于颗粒受到的冲击力的方向和大小会不断改变，从而颗粒的运动方向和速度大小也会随着不断改变。这样，我们看到的就是颗粒的布朗运动。布朗运动的无序性实质上正是反映了分子热运动的无序性。另外，布朗运动的剧烈程度随温度升高而增大，这反映了分子运动随温度升高而加剧。正是由于分子的无序运动与温度有关，所以通常把它称为分子热运动。

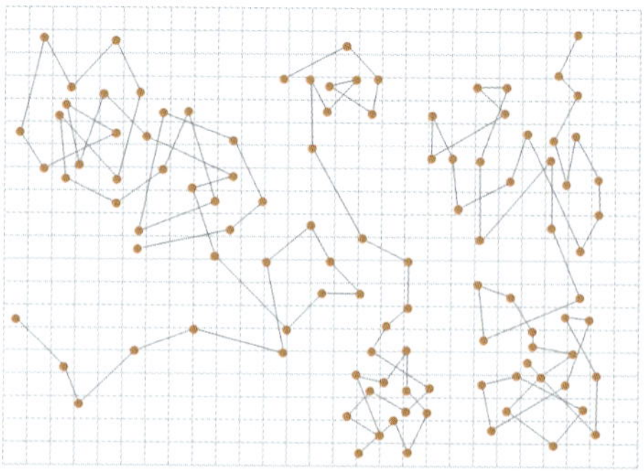

图9.2

想想看

9.1　图9.2所示的曲折路径，是否就是分子无序热运动的

实际路径？怎样理解布朗运动的无序性反映了分子热运动的无序性。

9.1.3 分子间存在相互作用力

拉断一根钢丝必须用力，甚至需要很大的力，这说明物体的分子间存在着相互吸引力。正是由于这个原因，才使得固体和液体分子聚集在一起并保持一定的体积，而不会因分子的热运动使其分子分散开来。固体和液体都很难压缩，则说明分子间除了引力外还有排斥力。

分子只有相互接近到一定距离(约 10^{-9} m)时引力才会发生，而斥力出现的距离还要小。分子间的引力和斥力统称为分子力，分子力与分子间距离 r 的关系如图 9.3 所示。当 $r<r_0$（约 10^{-10} m)时，分子力表现为斥力，并且斥力的大小随 r 的减小而急剧增大；当 $r=r_0$ 时，分子力为零；而 $r>r_0$ 时，则表现为引力。当 $r>10^{-9}$ m 时，分子力就可以忽略不计了。

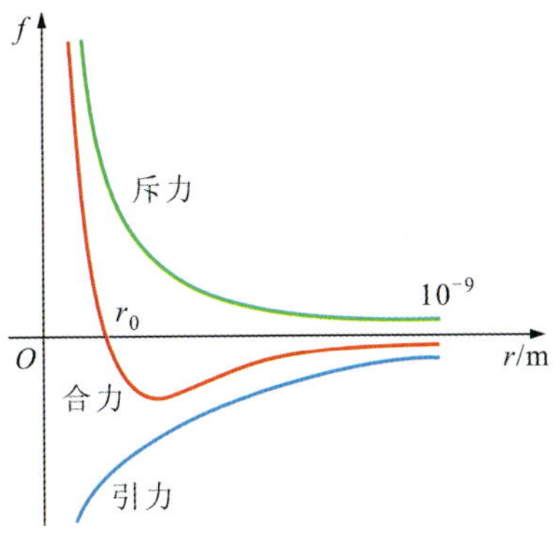

图 9.3

分子力的作用会使分子聚集在一起，甚至形成某种有规律的空间分布，称为分子的有序排列。而分子的热运动则将破坏这种有序排列，使分子趋于分散开来。事实上，物质在不同温度下之所以表现为各种不同的聚集态，也正是这两种对立的作用所决定的。低温下，分子热运动不够剧烈，分子在分子力作用下被束缚在各自的平衡位置附近作微小振动，这时便表现为固态。温度升高，分子热运动剧烈到一定程度时，分子力已不能把分子束缚在固定位置，但还不致分散远离，这就表现为液态。温度再升高，分子热运动更加剧烈，这时分子不但没有固定位置而且也不能维持其间的一定距离，从而分散远离，并且分子的运动近似于自由运动，于是便成为气体状态了。

综上所述，可以得出以下结论：**一切宏观物体都是由大量分子组成的，分子都在永不停息地作无序热运动，分子之间有相互作用的分子力。**这就是分子运动的基本概念。

复习思考题

9.1 物体为什么能够被压缩，但又不能无限压缩？

9.2 1 mol 水占有多大体积？其中有多少水分子？假定水分子是紧密排列的，试估算 1 cm 长度上排列有多少水分子，两相邻水分子间的距离和水分子的线度有多大？

9.3 布朗运动是不是分子的运动？为什么说布朗运动是分子热运动的反映？

9.2 气体分子的热运动

9.2.1 气体分子热运动可以看作是在惯性支配下的自由运动

宏观物体中的分子都在永不停息地运动着。固体分子间相互作用的分子力较强，固体中的分子不能自由运动。液体中的分子一般也不能自由运动。由于气体分子间距离很大，而分子力的作用范围又很小，因而气体分子间相互作用的分子力，除分子与分子、分子与器壁相互碰撞的瞬间外，是极其微小的；又由于重力的作用一般可以忽略，所以气体分子在相邻两次碰撞之间的运动可以看作是在惯性支配下的自由运动。

9.2.2 气体分子间的相互碰撞

理论计算表明，气体分子热运动的平均速率是很大的，在室温下，其数量级大约为每秒几百米。这样看来，似乎气体从一个地方迁移到另一个地方应当是很快的，但是实验表明情况并非如此。在房间里打开一瓶香水，1 m 以外的人并非立即就能闻到香味，而要经过一段时间后才能闻到，这说明气体的迁移实际上是很慢的，这是什么原因呢？原来气体分子在无规则热运动中彼此要发生碰撞，从单个分子看，它们实际上都是沿着迂回曲折路线前进的。

我们知道，气体中含有的分子数目是很大的，在标准状态下，1 cm^3 的气体中就约有 2.7×10^{19} 个分子，而气体分子热运动的速率又是很大的，这两种因素决定了分子间的相互碰撞一般说来是极其频繁的。根据计算，一秒钟内一个分子与其他分子碰撞次数的数量级约为 10^{10} 次，即大约一秒钟内一个分子与其他分子要碰撞几百亿次。

对单个气体分子来说，由于受到大量其他分子的影响和制约，使得它的运动过程变得非常复杂。然而，不管运动情况多么复杂，它仍然遵循着力学规律。例如在碰撞中，它们仍然是按动量守恒定律和能量守恒定律进行动量与能量的传递与交换的。

研究气体分子间的碰撞是非常重要的。气体分子间的相互碰撞是气体分子热运动的重要特征，气体分子的运动之所以杂乱无章，其原因就是由于气体分子间的相互碰撞；它也是气体中产生的某些宏观物理现象的重要原因，例如气体处于平衡态时有确定的压强，气体分子按速率有确定的分布等，都与碰撞有密切的关系；它还是气体处于非平衡状态时出现某些内迁移现象（如后面将要讲到的扩散和热传导现象等）的重要原因。

这里有必要指出，所谓气体分子间的碰撞，实质上是在分子力作用下分子的散射过程。当分子与分子相互靠拢以至于彼此相距极近（10^{-10} m 左右）时，分子间的相互作用力表现为斥力，这种斥力随着分子间距离的进一步减小而急剧地增大，在这样强大的斥力作用下，分子与分子又重新分开。这就是所谓分子碰撞的物理过程。

想想看

9.2 气体分子热运动速率是很大的，但气体从一个地方扩散到另一个地方却是很慢的。这是什么原因？

9.2.3 气体分子热运动服从统计规律

气体中单个分子的运动情况千变万化，非常复杂，偶然性占主导地位。但对组成气体大量分子的整体来看，却表现出确定的规律。例如，气体处于平衡状态且无外场作用时，就单个分子而言，某一时刻它究竟沿哪个方向运动，这完全是偶然的、不能预测的。但就大量分子的整体而言，任一时刻，平均看来，沿各个方向运动的分子数都相等，或者说气体分子沿各个方向运动的机会均等，即在气体中，不存在任何一个特殊的方向，气体分子沿这个方向的运动比其他方向更占优势。又如在平衡状态下，气体中各处的分子数密度相同，这些都是上述结论的有力证明。在平衡状态下，气体分子沿各个方向运动的机会均等，说明分子的速度在各个方向投影的各种统计平均值也应相等。

下面通过简单例子，介绍在平衡状态下，大量分子速度投影、速度投影平方及速率平方的统计平均值的计算方法。

容器中贮有一定量的气体，总分子数为 N，设容器中的气体不受任何外场的作用并处于平衡，为了讨论的方便，我们可把所有分子分成若干组，并认为每组分子具有相同的速度（包括大小和方向）。把速度分别为 $\boldsymbol{v}_1,\boldsymbol{v}_2,\cdots,\boldsymbol{v}_i,\cdots$ 的分子数分别用 ΔN_1，$\Delta N_2,\cdots,\Delta N_i,\cdots$ 表示，显然 $\Delta N_1+\Delta N_2+\cdots+\Delta N_i+\cdots=\sum\limits_i \Delta N_i = N$。设速度 $\boldsymbol{v}_1,\boldsymbol{v}_2,\cdots,\boldsymbol{v}_i,\cdots$ 沿 x、y、z 三个坐标轴的投影分别为 (v_{1x},v_{1y},v_{1z})，(v_{2x},v_{2y},v_{2z})，$\cdots$，(v_{ix},v_{iy},v_{iz})，$\cdots$，所有分子的速度沿 x、y、z 三个坐标轴投影的统计平均值 $\overline{v_x}$、$\overline{v_y}$、$\overline{v_z}$ 定义为

$$\left.\begin{aligned}\overline{v_x}&=\frac{\sum\limits_i \Delta N_i v_{ix}}{N}\\ \overline{v_y}&=\frac{\sum\limits_i \Delta N_i v_{iy}}{N}\\ \overline{v_z}&=\frac{\sum\limits_i \Delta N_i v_{iz}}{N}\end{aligned}\right\} \tag{9.1a}$$

上式也可改写为

$$\overline{v_j}=\frac{\sum\limits_i \Delta N_i v_{ij}}{N} \qquad j=x,y,z \tag{9.1b}$$

考虑到气体处于平衡状态时，气体分子沿各个方向运动的机会均等，故有

$$\overline{v_x}=\overline{v_y}=\overline{v_z}=0 \tag{9.2}$$

所有分子的速度沿 x、y、z 三个坐标轴投影的平方的统计平均值 $\overline{v_x^2}$、$\overline{v_y^2}$、$\overline{v_z^2}$ 定义为

$$\overline{v_j^2}=\frac{\sum\limits_i \Delta N_i v_{ij}^2}{N} \qquad j=x,y,z \tag{9.3}$$

所有分子速率和速率平方的统计平均值 $\bar{v}$（常称平均速率）和 $\overline{v^2}$ 分别定义为

$$\bar{v}=\frac{\sum\limits_i \Delta N_i v_i}{N} \tag{9.4}$$

$$\overline{v^2}=\frac{\sum_i \Delta N_i v_i^2}{N} \tag{9.5}$$

速率平方统计平均值的平方根($\sqrt{\overline{v^2}}$)称为方均根速率。

考虑到气体处于平衡状态时,气体分子沿各个方向运动的机会均等,故有

$$\overline{v_x^2}=\overline{v_y^2}=\overline{v_z^2}$$

因为

$$v_1^2=v_{1x}^2+v_{1y}^2+v_{1z}^2$$
$$v_2^2=v_{2x}^2+v_{2y}^2+v_{2z}^2$$
$$\vdots$$
$$v_i^2=v_{ix}^2+v_{iy}^2+v_{iz}^2$$
$$\vdots$$

给以上各式两端分别乘以 $\Delta N_1,\Delta N_2,\cdots,\Delta N_i,\cdots$,且把各等式两边相加并除以总分子数 N,则有

$$\frac{\sum_i \Delta N_i v_i^2}{N}=\frac{\sum_i \Delta N_i v_{ix}^2}{N}+\frac{\sum_i \Delta N_i v_{iy}^2}{N}+\frac{\sum_i \Delta N_i v_{iz}^2}{N}$$

由式(9.3)及式(9.5)可得

$$\overline{v^2}=\overline{v_x^2}+\overline{v_y^2}+\overline{v_z^2}$$

注意到 $\overline{v_x^2}=\overline{v_y^2}=\overline{v_z^2}$,故有

$$\overline{v_x^2}=\overline{v_y^2}=\overline{v_z^2}=\frac{1}{3}\overline{v^2} \tag{9.6}$$

根据$\overline{v^2}$ 的定义。可得,大量气体分子热运动平均平动动能的统计平均值为

$$\bar{\varepsilon}=\frac{1}{2}\mu\overline{v^2}=\frac{\frac{1}{2}\mu\sum_i \Delta N_i v_i^2}{N} \tag{9.7}$$

式中 μ 为一个分子的质量。

以上各定义中,$N=\sum_i \Delta N_i$,即总分子数必须充分大。这是统计平均值与算术平均值的原则区别,而后者并无这一条件限制。

想想看

9.3 考虑到气体处于平衡状态时,气体分子沿各个方向运动的机会均等,故气体分子速度沿 x、y、z 三个坐标轴投影的统计平均值应相等且等于零,即 $\overline{v_x}=\overline{v_y}=\overline{v_z}=0$(见式 9.2)。据此,你认为①$\overline{v_x^2}$、$\overline{v_y^2}$、$\overline{v_z^2}$ 也相等且等于零吗?②$\overline{v_x^3}$、$\overline{v_y^3}$、$\overline{v_z^3}$ 也是这样吗?③平均速率$\bar{v}$呢?也等于零吗?④平均速度$\overline{\boldsymbol{v}}$是否也等于零?

一般说来,一个系统处在一定的宏观状态时,它还可以处在许多不同的微观状态,当测定描述系统宏观状态的某一物理量 M 的数值时,由于系统的微观状态在变化着,所以各次实验所测得的 M 的值不尽相同。设在对 M 的测量中,系统处于微观状态 A 从而出现测量值为 M_A 的次数为 N_A,系统处于微观状态 B 从而出现测量值为 M_B 的次数为 N_B,…,实验总次数为 $N_A+N_B+\cdots=N$。把各次实验所得 M 的数值的总和除以实验总次数,在实验次数足够多时,这个比值将趋近一个极限值,此比值被定义为 M 的统计平均值,并用 $\overline{M}$ 表示,即

$$\overline{M}=\frac{N_AM_A+N_BM_B+\cdots}{N}$$

实验总次数愈多,平均值就愈精确。

当实验次数无限增多时,以上比值将趋近于一个极限值,此时

$$\overline{M}=\lim_{N\to\infty}\frac{N_AM_A+N_BM_B+\cdots}{N} \tag{9.8}$$

统计平均的方法,在日常工作中也常会遇到。例如,某高级中学对在校学生的身高进行测定,从而求出学生身高的统计平均值。设学生总人数为 N,身高为 A_1 的学生有 N_1 个,身高为 A_2 的学生有 N_2 个……则学生身高的统计平均值近似为

$$\overline{A}=\frac{N_1A_1+N_2A_2+\cdots}{N}$$

显然,学生人数愈多,平均值就愈精确。

把系统处于微观状态 A 的次数 N_A,除以实验总次数 N 所得的比值,在实验总次数无限增加时所趋近的极限值定义为系统处于状态 A 的概率,并用 W_A 表示,即

$$W_A=\lim_{N\to\infty}\frac{N_A}{N} \tag{9.9}$$

由式(9.8)和式(9.9)可得

$$\overline{M}=\lim_{N\to\infty}\frac{N_AM_A}{N}+\lim_{N\to\infty}\frac{N_BM_B}{N}+\cdots$$
$$=W_AM_A+W_BM_B+\cdots=\sum_i W_iM_i \tag{9.10}$$

即 M 的平均值 $\overline{M}$ 是系统处于所有可能状态的概率与相应的 M 的数值的乘积的总和。

系统处于一切可能状态的次数的总和应等于实验总次数,故系统处于一切可能状态的概率的总和应等于 1,即

$$\sum_i W_i=1 \tag{9.11}$$

这个关系称为归一化条件。

有了概率的概念，还可以把上面讲过的，在平衡状态下气体分子沿各个方向运动机会相等的结论叙述成：在平衡状态下气体分子沿各个方向运动的概率相等。

复 习 思 考 题

9.4 为什么气体分子的热运动可以看作是在惯性支配下的自由运动？固体和液体中分子的运动是否也可以这样看？

9.5 怎样理解气体分子间的碰撞是非常频繁的？碰撞的实质是什么？

9.6 气体动理论中的平均速率与力学中的平均速率有何不同？

9.3 统计规律的特征

为了形象地说明统计规律的特征，先介绍伽耳顿板实验。

如图9.4所示，在一块竖直放置的木板上部，有规则地钉上许多铁钉，把木板下部用竖直隔板隔成许多等宽的狭槽，然后用透明板封盖，在顶端装一漏斗形入口。这个装置称为伽耳顿板。

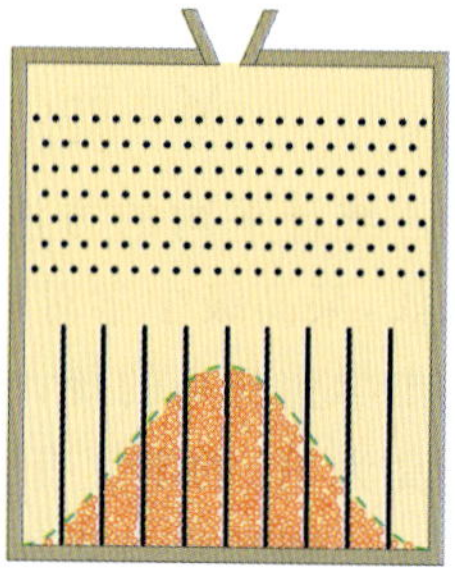

图 9.4

取一个小球（例如小钢珠），从入口投入，小球在下落过程中，先后多次与铁钉碰撞，最后落入某一狭槽。重复几次同样实验发现，单个小球最后落入哪个狭槽完全是偶然、无法预测的。取少量小球，一起从入口投入，小球在下落过程中，除了与铁钉碰撞外，小球与小球之间也要相互碰撞，最后分别落入各个狭槽，形成一个小球按狭槽的分布。重复几次同样实验发现，少量小球按狭槽的分布也是完全不定的，也带着明显的偶然性。但是，如果把大量小球从入口处徐徐倒入，实验发现，落入中央狭槽的小球数占小球总数的百分率最大，落入中央狭槽两边离中央狭槽越远的狭槽内的小球数占小球总数的百分率越小。重复几次同样实验，可以看到各次小球按狭槽的分布情况几乎相同。这说明大量小球按狭槽的分布服从着确定的规律。

综上所述，单个小球落入哪个狭槽，是个无法预测的偶然事件；少量小球按狭槽的分布，也带有明显的偶然性；只有大量小球按狭槽的分布，才呈现出确定的规律性。这种大量偶然事件的总体所具有的规律性，称为统计规律性。可见统计规律是大量偶然事件的整体所服从的规律。热现象是大量分子热运动的集体表现，热现象所服从的统计规律是大量分子热运动在统计平均中表现出来的。由于单个分子的微观运动状态总带有明显的偶然性，因此，统计规律不像力学规律那样，可以由初始状态决定以后的运动状态，它只是指明在一定宏观条件下，系统处于某一宏观状态的概率。

统计规律在客观上要求我们用统计平均方法从微观量去求宏观量，因而统计规律所反映的总是与某宏观量相关的微观量的统计平均值。由于系统的微观运动状态随时在变化着，因而任一时刻宏观量的实际观测值（真值）不一定等于它的统计平均值，总是或多或少地存在着偏差。这种相对于统计平均值出现偏离的现象，称为涨落现象。像布朗运动、电讯号中出现的噪声等都是涨落现象的体现。一般地说，涨落现象与统计规律是分不开的。

想想看

9.4 什么是涨落现象？怎样理解涨落现象与统计规律是分不开的？

单个分子的微观运动尽管应遵守力学规律，但是由于物体中的分子数极多，要追踪每个分子，研究它们的运动规律，实际上无法做到。更重要的是，统计规律是大量分子集体所遵守的规律，它在本质上不同于力学规律；热运动也是本质上不同于机械运动的另一种较复杂的物质运动形式。因此，有关热现象所遵守的统计规律，就不可能单纯用力学方法得到。

要从分子热运动的观点出发，说明宏观热现象，寻求它所遵守的统计规律，就必须找出描写物体宏观性质的宏观量与描写其中分子运动的微观量之间的内在联系。基于分子数极多，使我们可以采用统计方法去解决这个问题。这就是说，我们将从分子运动的基本概念出发,采用统计平均的方法,求出大量分子的某些微观量的统计平均值,并且进一步确定宏观量与微观量间的联系,找到分子热运动遵守的统计规律,从而解释与揭示宏观热现象的微观本质。

最后,以气体的分子数密度为例,说明宏观量的统计性质。通常说气体的分子数密度为 n,就是指从宏观上看来,任一小体积 dV 中的分子数 $n dV$ 具有确定值。但从微观上看来,由于分子的热运动和碰撞,在任一短时间 dt 内,都有很多分子出入于 dV,因而 dV 中的分子数是涨落不定的。由于宏观的分子数密度是相应微观量的统计平均值,所以只有从微观上看来 dV 足够大而 dt 足够长时,也就是说 dV 中包含的分子数很多,而 dt 时间内包括了多次的分子碰撞,才能使因分子运动而产生的微观上分子数随时间的变化在宏观上显示不出来。只有这样,作为统计平均结果的分子数密度 n 才有确定值。但是,从宏观上看,dV 和 dt 都应该足够小,否则宏观上分子数密度随地点和时间改变的现象就表示不出来。宏观上要小而微观上要大,表面上看来这两个要求是矛盾的,但实际上却不难办到。例如,标准状态下,每 cm^3 气体中的分子数约为 2.7×10^{19} 个,每秒内总共要碰撞约 10^{29} 次。如果取 $dV=10^{-10}\ cm^3$,$dt=10^{-10}\ s$,宏观上就足够小了,但其中仍含有 2.7×10^{9} 个分子和总共 10^{9} 次碰撞。可见,这样的 dV 和 dt 在微观上看来又是足够大的。应当指出,在实际问题中,当把统计规律应用于宏观热现象时,涨落现象往往表现不出来。例如,在稳定的宏观条件下和足够长的时间内观测物体的宏观性质时,会发现表征它们的物理量(如压强、温度等)实际上都是常数,并且等于它们的统计平均值而很少出现明显的偏离。这实质上正是分子数极多的反映。系统包含的分子数越多,就越是这样。同样,这也说明了对分子数极少的系统,统计规律就失去了它的意义。

复 习 思 考 题

9.7 统计规律有哪些重要特征?

9.8 为什么统计规律不适用于分子数较少的系统?

9.9 为什么说统计规律不能单纯用力学方法得到?

9.10 为什么说统计规律对大量的偶然事件才有意义,偶然事件越多,统计规律越稳定?

9.4 理想气体的压强公式

现以理想气体的压强为例,说明从分子运动的观点出发解释系统宏观性质的统计方法。为了这个目的,首先从已有实验事实中获得的知识出发,建立起研究对象——理想气体的微观模型,提出一些统计假设;然后,利用统计平均方法求微观量与宏观量之间的联系,从而阐明宏观量压强的微观本质及其统计意义。

9.4.1 理想气体的微观模型

理想气体是一种最简单的热力学系统。由于理想气体在一定范围内表达了各种真实气体共有的一些性质,它的微观模型实际上就是在压强不太大和温度不太低的条件下对真实气体理想化、抽象化的结果。

实验表明,常温常压下气体中各分子之间的距离,平均地说约是分子线度的 10 倍,因而气体中分子本身所占据的空间很小。所以对于理想气体,可以假定:第一,不考虑分子的内部结构并忽略其大小;第二,由于分子力的作用距离很短,可以认为气体分子之间除了碰撞的一瞬间外,其相互作用力可忽略不计;第三,由于分子力是保守力,因而可以把分子与分子和分子与器壁之间的碰撞看成是完全弹性的。按照这三条基本假设,可以把理想气体看成一个质点系,这些被看成质点的理想气体分子除了碰撞的瞬间外,都在作自由的惯性运动。也就是说,理想气体分子好像是一个个没有大小,并且除碰撞瞬间外没有相互作用的弹性球。这个理想化了的微观模型,在一定范围内与真实气体的性质相当接近。当然,在更广阔的范围内,在对气体性质更深入的研究中,对这个模型还需要进行补充和修正。

9.4.2 从分子运动看压强的形成

从分子运动的观点来看,由于构成气体的大量分子都在作无规则的热运动,因而它们将不断地与器壁碰撞,碰撞中将给器壁以冲力的作用。就单个分子来说,它何时与器壁碰撞,在何处碰撞,碰撞中给器壁以多大的作用力等等,这些都是偶然的。所以，从微观上看，器壁受到的应该是断续的、变化不定的冲力。但是，从大量分子的整体来看，从宏观上看，气体作用在器壁上的却是一个持续的、不变的力。这种情形和雨点打在雨伞上的情形相似，少数单个雨点落在雨伞上，持雨伞者感受到的是一次次断续的作用力，大量的密集的雨点落在雨伞上时，则将感受到一个持续的压力。

因此，从分子运动的观点来看，气体的压强是由大量分子在与器壁碰撞中不断给器壁以力的作用所引起，它是一个统计平均量。气体的压强，在数值上等于单位时间内与器壁相碰撞的所有分子作用于器壁单位面积上的总冲量。

9.4.3　理想气体的压强公式

设有一个任意形状的容器，体积为 V，其中贮有分子质量为 μ、并处于平衡状态的一定量理想气体，气体分子总数为 N，单位体积中的分子数（气体分子数密度）为 n，显然 $n=\dfrac{N}{V}$。

我们设想，把 N 个分子分成若干组，每组分子具有相同的速度，并设速度为 $\boldsymbol{v}_i$ 的一组分子的分子数为 ΔN_i，容器中每单位体积内速度为 $\boldsymbol{v}_i$ 的分子数为 Δn_i，显然 $\Delta n_i=\dfrac{\Delta N_i}{V}$。

由于气体处于平衡状态时，器壁上各处的压强相等，所以只研究器壁上任意一块小面积所受的压强就够了。

取直角坐标系 $Oxyz$，在器壁上取一块微小面积 $\mathrm{d}A$，$\mathrm{d}A$ 与 x 轴相垂直，如图 9.5 所示。

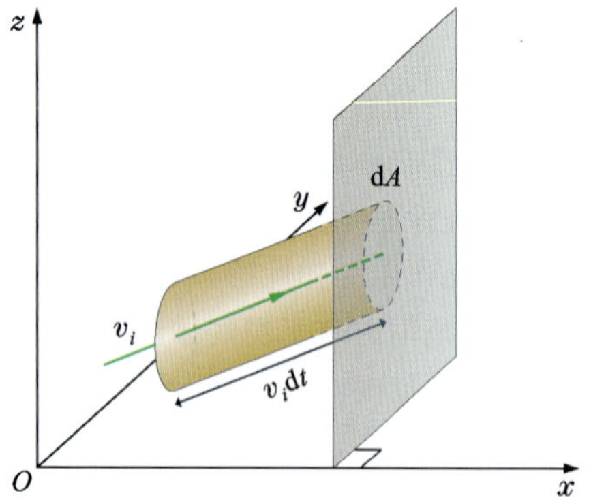

图 9.5

首先研究在 $\mathrm{d}t$ 时间内，所有速度为 $\boldsymbol{v}_i$（$\boldsymbol{v}_i$ 在 x、y、z 三坐标轴上的投影分别为 v_{ix}、v_{iy}、v_{iz}）的分子中，有多少分子能够与微小面积 $\mathrm{d}A$ 相碰撞。

以 $\mathrm{d}A$ 为底，以 $\boldsymbol{v}_i$ 为轴线，以 $v_{ix}\mathrm{d}t$ 为高，作一个斜柱体，如图 9.5。这个斜柱体的体积为 $v_{ix}\mathrm{d}t\mathrm{d}A$，在所有速度为 $\boldsymbol{v}_i$ 的分子中，在 $\mathrm{d}t$ 时间内，只有处于上述斜柱体中的那一部分，才能与 $\mathrm{d}A$ 相碰撞。考虑到容器中每单位体积内速度为 $\boldsymbol{v}_i$ 的分子数为 Δn_i，故在 $\mathrm{d}t$ 时间内，所有速度为 $\boldsymbol{v}_i$ 的 ΔN_i 个分子中，能够与微小面积 $\mathrm{d}A$ 相碰撞的分子数为

$$\Delta n_i v_{ix}\mathrm{d}t\mathrm{d}A$$

这部分分子与 $\mathrm{d}A$ 碰撞前，其动量为

$$\Delta n_i v_{ix}\mathrm{d}t\mathrm{d}A\mu\boldsymbol{v}_i$$

动量沿 x、y、z 三坐标轴的投影分别为

$$\Delta n_i v_{ix}\mathrm{d}t\mathrm{d}A\mu v_{ix}$$
$$\Delta n_i v_{ix}\mathrm{d}t\mathrm{d}A\mu v_{iy}$$
$$\Delta n_i v_{ix}\mathrm{d}t\mathrm{d}A\mu v_{iz}$$

由于分子与器壁的碰撞是完全弹性的，故在碰撞中，这部分分子的动量沿 y、z 坐标轴的投影不变，沿 x 轴的投影由 $\Delta n_i v_{ix}\mathrm{d}t\mathrm{d}A\mu v_{ix}$ 变为 $-\Delta n_i v_{ix}\mathrm{d}t\mathrm{d}A\mu v_{ix}$，所以这部分分子与 $\mathrm{d}A$ 碰撞前后，其动量的增量亦即 $\mathrm{d}A$ 施于这部分分子的冲量为 $-2\Delta n_i\mu v_{ix}^2\mathrm{d}A\mathrm{d}t$。$\mathrm{d}A$ 施于这部分分子的力为

$$-2\Delta n_i\mu v_{ix}^2\mathrm{d}A$$

这部分分子在与 $\mathrm{d}A$ 碰撞中，施于 $\mathrm{d}A$ 的力为

$$2\Delta n_i\mu v_{ix}^2\mathrm{d}A$$

不难理解，除了速度为 $\boldsymbol{v}_i$ 的这部分分子与 $\mathrm{d}A$ 碰撞外，具有其他所有可能速度的各组分子中，也都有相应的一部分分子要与 $\mathrm{d}A$ 碰撞，故若将上述结果对所有可能的分子速度求和，就可得到所有与 $\mathrm{d}A$ 碰撞的分子施于 $\mathrm{d}A$ 的合力 F。这里要注意的是，只有$v_{ix}>0$的分子，才可能与 $\mathrm{d}A$ 碰撞，$v_{ix}<0$ 的分子不会与 $\mathrm{d}A$ 相碰撞（为什么），所以求和必须限制在$v_{ix}>0$的范围内。因此有

$$F=\sum_{i(v_{ix}>0)}2\Delta n_i\mu v_{ix}^2\mathrm{d}A$$

由于气体在平衡状态下，任一时刻，气体分子热运动沿各个方向运动的机会是均等的，所以，气体中 $v_{ix}>0$ 的分子数与 $v_{ix}<0$ 的分子数应各占总分子数的一半。故有

$$F=\sum_{i(v_{ix}>0)}2\Delta n_i\mu v_{ix}^2\mathrm{d}A=\frac{1}{2}\sum_i 2\Delta n_i\mu v_{ix}^2\mathrm{d}A$$
$$=\sum_i\Delta n_i\mu v_{ix}^2\mathrm{d}A$$

气体对容器壁的压强，在数值上应等于器壁单位面积上受到的力。所以气体对容器壁的压强 p 应为

$$p=\sum_i\Delta n_i\mu v_{ix}^2$$

或
$$p=\mu\sum_i \Delta n_i v_{ix}^2 \tag{9.12}$$

根据式(9.3)有
$$\frac{\sum_i \Delta N_i v_{ix}^2}{N}=\frac{\sum_i V\Delta n_i v_{ix}^2}{N}=\overline{v_x^2}$$

故
$$\sum_i \Delta n_i v_{ix}^2=\frac{N}{V}\overline{v_x^2}=n\overline{v_x^2}$$

代入式(9.12)可得
$$p=n\mu\overline{v_x^2} \tag{9.13}$$

又根据式(9.6)有
$$\overline{v_x^2}=\frac{1}{3}\overline{v^2}$$

代入(9.13)可得
$$p=\frac{1}{3}n\mu\overline{v^2} \tag{9.14}$$

(9.14)还可改写成
$$p=\frac{2}{3}n\left(\frac{1}{2}\mu\overline{v^2}\right)=\frac{2}{3}n\bar{\varepsilon} \tag{9.15}$$

式中$\frac{1}{2}\mu\overline{v^2}=\bar{\varepsilon}$是大量分子平动动能的统计平均值，称为分子的平均平动动能。式(9.15)就是在平衡状态下，理想气体的压强公式。它表明单位体积中的分子数越多，分子的平均平动动能越大，理想气体的压强就越大。

想想看

9.5　如图所示，对一定量的理想气体，进行等温压缩和等体升温都能使其压强增大。从微观来看，这两种增大压强的方式有何区别？

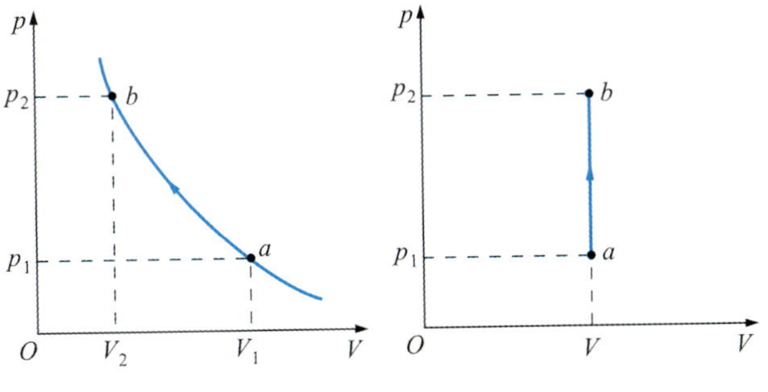

想 9.5 图

理想气体的压强公式是气体动理论的基本公式之一。这个公式把宏观量压强与微观量分子平均平动动能联系了起来，从而揭示了压强的微观本质和统计意义。

气体的压强是由大量分子对器壁的碰撞而产生的。它反映了大量分子对器壁的碰撞而产生的平均效果；它是一个统计平均量。由于单个分子对器壁的碰撞是断续的，施于器壁的冲量是起伏不定的，只有在分子数足够大时，器壁所获得的冲量才有确定的统计平均值，所以气体的压强所描述的是大量分子的集体行为，离开了大量分子，压强就失去了意义。从压强公式本身来看，气体分子平均平动动能$\bar{\varepsilon}$是一个统计平均量，单位体积中的分子数 n 实际上也是一个统计平均量，可见理想气体压强公式实际上是表征三个统计平均量 p、n 与$\bar{\varepsilon}$之间关系的一个统计规律。

从压强公式的推导过程我们还可以看出，统计规律不是单纯地用力学的概念和方法得到的。事实上在推导式(9.15)的过程中，我们在式(9.13)、(9.14)中引用了统计平均的概念和求统计平均值的方法。不采用这些概念和方法，理想气体压强公式这个统计规律是不能得到的。

最后要指出的是，压强这个宏观量是可以直接观测的，而分子平均平动动能$\bar{\varepsilon}$是不能直接测量的，所以压强公式无法用实验直接验证。但从这个公式出发将能满意地解释或推证理想气体的有关实验定律。

例 9.1　体积 $V=10^{-3}\ \mathrm{m^3}$ 的容器中贮有理想气体，其分子总数$N=10^{23}$，每个分子的质量为 $\mu=5\times10^{-26}$ kg，分子方均根速率$\sqrt{\overline{v^2}}=400$ m/s。试求该气体的压强、温度以及分子总平均平动动能。

解　根据理想气体压强公式，有
$$p=\frac{2}{3}n\left(\frac{1}{2}\mu\overline{v^2}\right)=\frac{2}{3}\frac{N}{V}\left(\frac{1}{2}\mu\overline{v^2}\right)$$

代入已知数据，可得
$$p=\frac{2\times10^{23}\times5\times10^{-26}\times400^2}{3\times10^{-3}\times2}=2.67\times10^5\quad \mathrm{Pa}$$

根据理想气体状态方程，有
$$pV=\frac{m}{M}RT=\frac{N\mu}{N_A\mu}RT$$

故
$$T=\frac{pVN_A}{NR}$$
$$=\frac{2.67\times10^5\times10^{-3}\times6.022\times10^{23}}{10^{23}\times8.31}=193\quad \mathrm{K}$$

分子总平均平动动能 E_k 为
$$E_k=N\bar{\varepsilon}=N\left(\frac{1}{2}\mu\overline{v^2}\right)$$
$$=\frac{10^{23}\times5\times10^{-26}\times400^2}{2}=400\quad \mathrm{J}$$

复习思考题

9.11　理想气体的微观模型是什么？它有哪些实验根据？

9.12　在推导理想气体压强公式的过程中，什么地方用到了理想气体的微观模型？什么地方用到了平衡态的条件？什么地方用到了统计平均的概念？

9.13　在推导理想气体的压强公式时，我们没有考虑分子与分子之间的碰撞。试问如果考虑到这种碰撞，是否会影响得到的结果？

9.14　为什么说对于单个分子或少数分子根本不能谈压强的概念。

9.15　两个容器中贮有不同的两种理想气体，若它们的分子平均平动动能相等，而质量密度不同，那么它们的压强是否一定不同？

9.5　麦克斯韦速率分布定律

在没有外力场的情况下，气体达到平衡态时，从宏观上看，其分子数密度、压强和温度是处处相同的；但从微观上看，气体中各个分子的速率和动能是各不相同的。实验和理论都表明，这时气体分子的速率服从确定的分布规律。下面对此作一些简单介绍。

9.5.1　分布的概念

先介绍有关分布的概念。一般地说，气体中的大量分子在热运动中它们的速率和运动方向各不相同，并且在不断地变化着。不过在研究大量分子的集体性质时，并不需要追踪每个分子的运动，通常只要知道分子在各种运动状态中的分布情况就行了。我们以气体分子数按速率的分布为例来说明。为了这个目的，需要把分子所有可能的速率值用 $v_1, v_2, \cdots, v_i, \cdots$ 分隔成一系列区间，这些区间的间隔可以都取为 Δv，即 $v_{i+1}-v_i=\Delta v$。Δv 在宏观上要足够小，以至于可以把 $v_1\sim v_2, v_2\sim v_3, \cdots$，以及 $v_i\sim(v_i+\Delta v)$ 等区间内的分子速率值分别看成是 $v_1, v_2, \cdots, v_i$ 等而不计其偏差；Δv 在微观上又应充分大，即其中包含的分子数仍然足够多。这样，假定气体的 N 个分子中，速率值在 $v_1\sim v_2, v_2\sim v_3, \cdots, v_i\sim(v_i+\Delta v), \cdots$ 等区间中的分子数依次为 $\Delta N_1, \Delta N_2, \cdots, \Delta N_i, \cdots$，那么尽管个别分子的速率取值是偶然的，但对大量分子来说，任一瞬时这些 $\Delta N_i (i=1,2,\cdots)$ 的值却是稳定的。这一组 ΔN_i 值就叫做分子数按速率的分布，它是大量分子集体所服从的统计规律。当气体处于平衡态时，其宏观状态将不随时间变化，这时分子数按速率分布的一组 ΔN_i 值也应不随时间变化。这就是说，平衡态下气体中大量分子的速率具有稳定的分布规律。

9.5.2　气体速率分布的实验测定

测定气体分子速率分布的实验装置示意于图9.6(a)。O 是产生金属蒸气的源。蒸气从 O 上的小孔射出，经狭缝后形成一细束分子射线达到 R。R 是一铝合金圆柱体，长 $L=20.4$ cm，半径 $r=10$ cm，可绕其中心轴转动。圆柱上刻有许多螺旋形细槽，图9.6(b)中画出了其中一条，细槽的入口与出口之间的夹角为 $\varphi=4.8°$。在 R 的后面为检测器 D，用以测定通过细槽的分子射线强度。整个装置放在抽成高真空(10^{-5} Pa)的容器中。

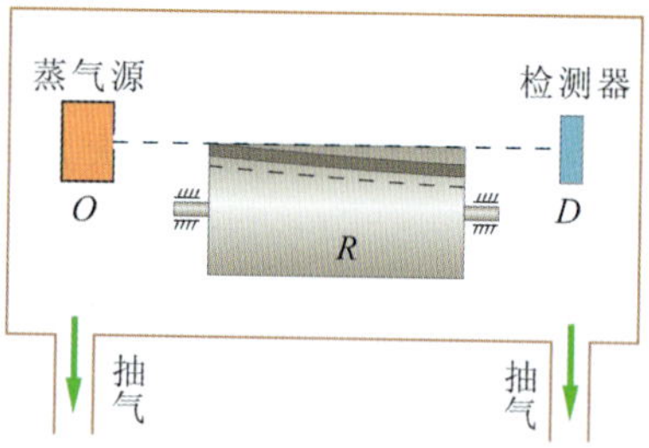

(a)

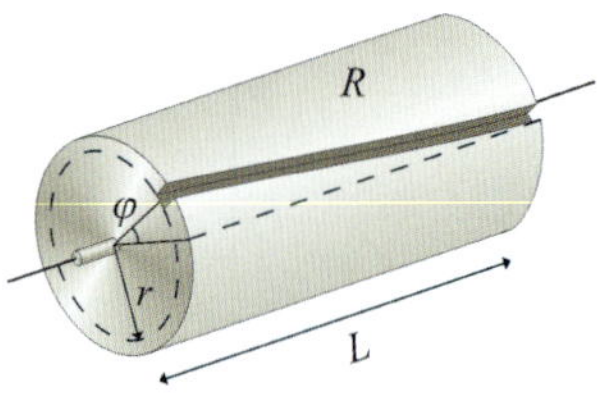

(b)

图 9.6

实验时，使蒸气源温度固定。当 R 以匀角速度 ω 旋转时，虽然射线中各种速率的分子都能进入 R 上的细槽，但却并不都能通过细槽从出口飞出。只有那些速率 v 满足下列关系的分子，才能通过细槽到达 D，即必须有

$$\frac{L}{v}=\frac{\varphi}{\omega}$$

或
$$v=\frac{\omega}{\varphi}L$$
其他速率的分子将沉积在槽壁上。由此可见，圆柱体实际上是一个速率选择器。

改变角速度 ω 的大小，可以让不同速率的分子通过细槽。由于细槽有一定宽度，则相应于一定的 ω，通过细槽的分子的速率并不严格相等，而是在 v 到 $v+\Delta v$ 之间。使角速度依次为 $\omega_1,\omega_2,\omega_3,\cdots$，则通过 R 后沉积在 D 上的金属层将有不同的厚度。用 N 表示到达 D 上的总分子数。ΔN 表示角速度为 ω 时到达 D 上的分子数，也就是分布在速率间隔 $v\sim(v+\Delta v)$ 中的分子数。显然，$\Delta N/N$ 是速率在 $v\sim(v+\Delta v)$ 间的分子数所占的比率（即占总分子数的百分率），而相应的金属层厚度必定正比于 $\Delta N/N$。测定对应于 $\omega_1,\omega_2,\omega_3,\cdots$ 的各金属层厚度，就可以知道分布在各速率间隔 $v_1\sim(v_1+\Delta v)$，$v_2\sim(v_2+\Delta v)$，…内的分子数的比率。

一般地说，分布在不同的速率 v 附近相等的速率间隔 Δv 中，分子数是不同的，即比率 $\Delta N/N$ 与 v 值有关，是速率 v 的函数。当 Δv 足够小时，用 $\mathrm{d}v$ 表示，相应的 ΔN 则用 $\mathrm{d}N$ 表示。比率 $\mathrm{d}N/N$ 的大小与间隔 $\mathrm{d}v$ 的大小显然也成正比，因而可表示为
$$\frac{\mathrm{d}N}{N}=f(v)\mathrm{d}v$$
式中的函数 $f(v)=\dfrac{\mathrm{d}N}{N\mathrm{d}v}$ 称为速率分布函数。

以 v 为横轴、$f(v)$ 为纵轴，将实验值代入作出分布函数 $f(v)$ 的图线，即可得到如图 9.7 所示的曲线。它反映了平衡态下气体分子数按速率的分布规律，称为速率分布曲线。

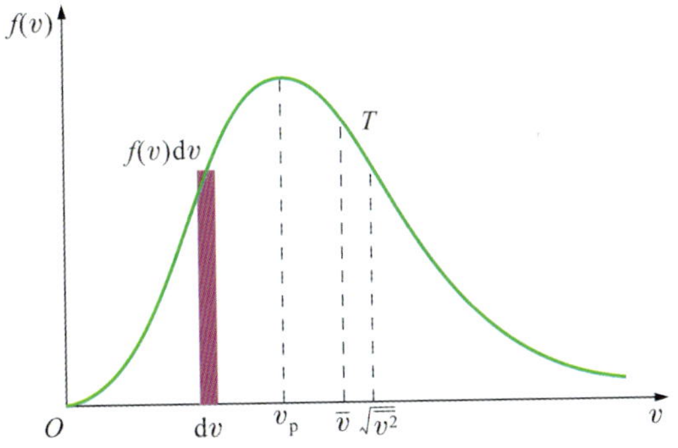

图 9.7

9.5.3 麦克斯韦速率分布定律

麦克斯韦最早研究了气体分子的速率分布规律。1859 年，他从理论上导出了理想气体在平衡态下分子的速率分布函数
$$f(v)=4\pi\left(\frac{\mu}{2\pi kT}\right)^{3/2}v^2\mathrm{e}^{-\frac{\mu v^2}{2kT}}\tag{9.16}$$
式中 μ 是分子质量，T 是气体温度，k 称为玻耳兹曼常量，k 与摩尔气体常量 R 和阿伏加德罗常数 N_A 的关系为
$$k=\frac{R}{N_A}=\frac{8.31}{6.022\times10^{23}}=1.38\times10^{-23}\quad \mathrm{J/K}$$
从这一函数作出的理论曲线与图 9.7 中实验曲线极为接近，从而说明这一理论结果真实地反映了气体分子速率分布的客观规律。

气体中速率在 v 到 $v+\mathrm{d}v$ 间的分子数的比率则为
$$\frac{\mathrm{d}N}{N}=f(v)\mathrm{d}v=4\pi\left(\frac{\mu}{2\pi kT}\right)^{3/2}v^2\mathrm{e}^{-\frac{\mu v^2}{2kT}}\mathrm{d}v\tag{9.17}$$
这一规律称为麦克斯韦速率分布定律。

任一速率间隔 v_1 到 v_2 中的分子数所占的比率可用积分法求出，即
$$\frac{\Delta N}{N}=\int_{v_1}^{v_2}f(v)\mathrm{d}v$$

从以上讨论可知，速率分布函数 $f(v)=\dfrac{\mathrm{d}N}{N\mathrm{d}v}$ 代表分布在速率 v 附近单位速率间隔内的分子数的比率。一定量的理想气体，在平衡状态下，与某一速率 v_1 对应的速率分布函数 $f(v_1)$ 的值较大，说明分布在该速率附近单位速率间隔内的分子数的比率较大，或者说分子速率分布在该速率附近单位速率间隔中的概率较大；与某一速率 v_2 对应的速率分布函数 $f(v_2)$ 的值较小，说明分布在该速率附近单位速率间隔内的分子数的比率较小，或者说分子速率分布在该速率附近单位速率间隔内的概率较小。由此可见，速率分布函数 $f(v)$ 可以定量地反映出，给定气体处于平衡状态下分子按速率分布的具体情况。

下面再对速率分布曲线作一些讨论。

(1) 曲线从原点出发，随着速率的增大而上升，经过一个极大值后，又随着速率 v 的增大而下降，并渐近于横坐标轴。这表明气体分子的速率可以取大于零的一切可能的有限值。

(2) 在横坐标轴上任一速率 v 附近取速率间隔 $v\sim v+\mathrm{d}v$，见图 9.7，与该速率间隔对应的曲线下面的窄条矩形的面积为 $\dfrac{\mathrm{d}N}{N\mathrm{d}v}\mathrm{d}v=\dfrac{\mathrm{d}N}{N}$。显然，这个窄条矩形的面积表示速率分布在该速率间隔内的分子数

的比率。或者说表示分子速率分布在该速率间隔内的概率。

（3）从曲线可以看出，存在着一个与速率分布函数 $f(v)=\dfrac{\mathrm{d}N}{N\mathrm{d}v}$ 的极大值所对应的速率 v_p，如果把整个速率范围分成许多相等的小间隔 $\mathrm{d}v$，则与包含 v_p 的那个速率间隔相对应的曲线下面的窄条矩形面积 $f(v_\mathrm{p})\mathrm{d}v$ 最大。这说明在不同速率附近所取的各个大小相等的速率间隔中，分布在包含 v_p 在内的速率间隔中的分子数的比率最大，或者说分布在 v_p 附近单位速率间隔中的分子数的比率最大。我们把速率分布曲线上与速率分布函数极大值所对应的速率 v_p 称为最概然速率。

（4）曲线下面的总面积等于曲线下面所有窄条矩形面积的总和。可见，曲线下面的总面积等于分布在整个速率范围内所有各个速率间隔中的分子数的比率的总和，显然这个和应等于 1，写成积分形式，有

$$\int_0^\infty f(v)\mathrm{d}v=1 \tag{9.18}$$

这个关系式是由速率分布函数本身的物理意义所决定的。它是速率分布函数 $f(v)$ 所必须满足的条件，称为速率分布函数的归一化条件。

想想看

9.6　速率分布函数 $f(v)$ 的物理意义是什么？已知一定量的某种理想气体在平衡状态下，与速率 v_2 对应的 $f(v_2)$ 是与速率 v_1 对应的 $f(v_1)$ 的 2 倍，即 $f(v_2)=2f(v_1)$。试问这表明的物理意义是什么？你认为 v_2 一定大于 v_1 吗？

9.7　图示为某理想气体在平衡状态下的速率分布曲线。试分别说明图(a)和图(b)中阴影部分面积所表示的物理意义。

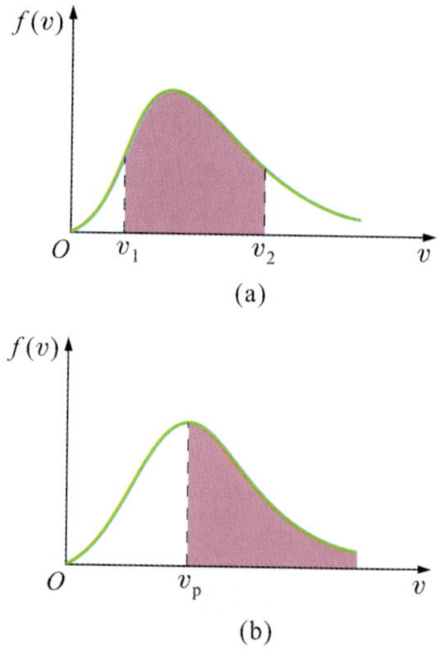

想 9.7 图

9.5.4　分子速率的三种统计平均值

利用式(9.16)所表示的 $f(v)$，可以求出气体分子的平均速率 $\bar{v}$，方均根速率 $\sqrt{\overline{v^2}}$ 和最概然速率 v_p，其结果为

$$\bar{v}=\int v\frac{\mathrm{d}N}{N}=\frac{1}{N}\int_0^\infty vNf(v)\mathrm{d}v$$

即

$$\bar{v}=\int_0^\infty vf(v)\mathrm{d}v=\sqrt{\frac{8kT}{\pi\mu}}=1.59\sqrt{\frac{RT}{M}} \tag{9.19}$$

同理

$$\overline{v^2}=\int_0^\infty v^2f(v)\mathrm{d}v=\frac{3kT}{\mu}$$

$$\sqrt{\overline{v^2}}=\sqrt{\frac{3kT}{\mu}}=1.73\sqrt{\frac{RT}{M}} \tag{9.20}$$

v_p 可用极值条件求出，为

$$v_\mathrm{p}=\sqrt{\frac{2kT}{\mu}}=1.41\sqrt{\frac{RT}{M}} \tag{9.21}$$

以上各式中的 M 是气体的摩尔质量，R 是摩尔气体常量。

可以看出，同一种气体分子的三种速率中，$\sqrt{\overline{v^2}}>\bar{v}>v_\mathrm{p}$，它们都是气体温度 T 的函数。这三种速率都具有统计平均的意义，反映的都是大量分子热运动的统计规律。

当温度升高时，分子热运动加剧，速率小的分子数减少而速率大的分子数增多，因此分布曲线的极大值随温度升高而向右移动。图 9.8 中的曲线反映了这种情况。由于曲线下的总面积恒等于 1，所以随着温度升高，分布曲线变得越来越平坦。

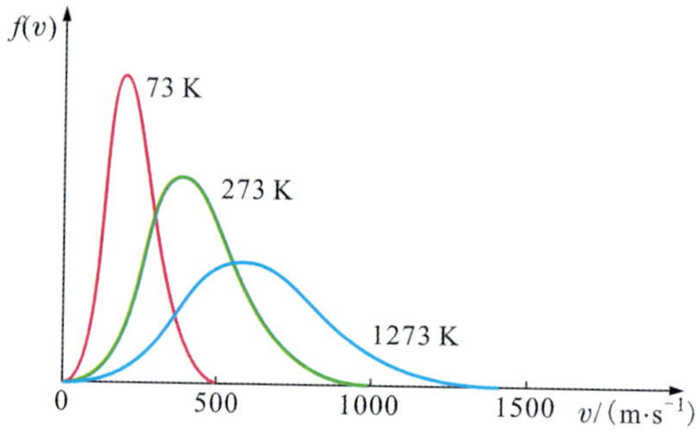

图 9.8

想想看

9.8　质量为 m 的某种理想气体处于平衡状态，已知其压强为 p，体积为 V。试给出计算其三种平均速率的表达式。

9.9 图示为两条气体分子速率分布曲线1和曲线2，若两条曲线分别表示同一种气体处于不同温度下的速率分布，则哪条曲线对应的气体温度较高？若两条曲线分别表示同一温度下氢气和氧气的速率分布，则哪条曲线表示氧气的速率分布？

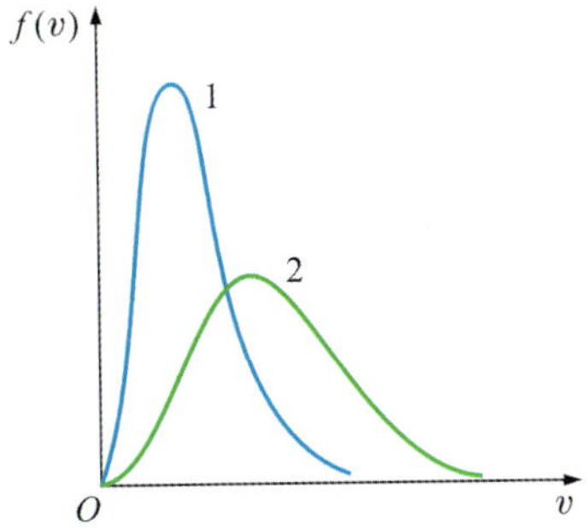

想 9.9 图

例 9.2 计算在0℃时，氧气、氢气、氮气的方均根速率。

解 对于氧气，$M=0.032$ kg/mol，则

$$\sqrt{\overline{v^2}}=\sqrt{\frac{3RT}{M}}=\sqrt{\frac{3\times 8.31\times 273}{0.032}}=461\quad \text{m/s}$$

同样可以求出氢气与氮气的方均根速率分别为1800 m/s和500 m/s。从这些数据可以看出，气体分子热运动速率是很大的，一般都在几百米每秒左右。

例 9.3 计算气体分子热运动速率介于 v_p 与 $v_p+\frac{v_p}{100}$ 之间的分子数所占的比率。

解 根据麦克斯韦速率分布定律，气体分子速率在 v 到 $v+dv$ 间的分子数的比率为

$$\frac{dN}{N}=4\pi\left(\frac{\mu}{2\pi kT}\right)^{3/2}e^{-\frac{\mu v^2}{2kT}}v^2dv$$

本题要求速率介于 v_p 到 $v_p+\frac{v_p}{100}$ 间的分子数所占的比率，由于 Δv 较小，故可近似地表示为

$$\frac{\Delta N}{N}=4\pi\left(\frac{\mu}{2\pi kT}\right)^{\frac{3}{2}}e^{-\frac{\mu v^2}{2kT}}v^2\Delta v$$

按题意 $v=v_p$，$\Delta v=v_p/100$，且 $v_p=\sqrt{\frac{2kT}{\mu}}$，代入上式得

$$\frac{\Delta N}{N}=\frac{4}{\sqrt{\pi}}\left(\frac{1}{v_p}\right)^3e^{-1}v_p^2(0.01v_p)$$

$$=\frac{4}{\sqrt{\pi}}\frac{1}{v_p^3}e^{-1}(0.01v_p^3)=0.83\%$$

用麦克斯韦速率分布定律求解问题大体有以下三类：

(1)求三种平均速率，或根据给定的平均速率求温度。

这类问题较简单，只要对各平均速率的物理意义清楚，对各计算公式中所涉及的物理量的含义清楚，则根据公式可直接求解。

(2)根据麦克斯韦速率分布定律，求分布在某速率区间中的分子数的比率 $\frac{\Delta N}{N}$。

如果速率间隔 Δv 很小，则可直接将定律中的 dv 近似地用 Δv 代换，即

$$\frac{\Delta N}{N}=4\pi\left(\frac{\mu}{2\pi kT}\right)^{3/2}e^{-\frac{\mu v^2}{2kT}}v^2\Delta v$$

如果速率间隔为 $v_1\sim v_2$，则可通过积分求解，即

$$\frac{\Delta N}{N}=4\pi\left(\frac{\mu}{2\pi kT}\right)^{3/2}\int_{v_1}^{v_2}e^{-\frac{\mu v^2}{2kT}}v^2dv$$

(3)利用速率分布函数求速率的各种统计平均值。下边讨论的例9.4就是这一类的问题。

麦克斯韦速率分布定律是只适用于处于平衡态的大量分子系统的一条统计规律，它是经典物理中一条很重要的定律。

* **例 9.4**　试用速率分布函数推出气体分子热运动算术平均速率。

解　根据算术平均速率的定义，有

$$\bar{v}=\frac{\int v\mathrm{d}N}{N}=\frac{\int_0^\infty vNf(v)\mathrm{d}v}{N}=\int_0^\infty vf(v)\mathrm{d}v$$

将麦克斯韦速率分布函数(9.16)式代入上式，并令 $b=\frac{\mu}{2kT}$，有

$$\bar{v}=4\pi\left(\frac{b}{\pi}\right)^{3/2}\int_0^\infty v^3\mathrm{e}^{-bv^2}\mathrm{d}v$$

根据积分公式　$\int_0^\infty v^3\mathrm{e}^{-bv^2}=\frac{1}{2b^2}$

得　$$\bar{v}=4\pi\left(\frac{b}{\pi}\right)^{\frac{3}{2}}\frac{1}{2b^2}=2\sqrt{\frac{1}{\pi b}}$$

把 $b=\frac{\mu}{2kT}$ 代入上式，可得算术平均速率为

$$\bar{v}=\sqrt{\frac{8kT}{\pi\mu}}=\sqrt{\frac{8RT}{\pi M}}\approx 1.60\sqrt{\frac{RT}{M}}$$

复习思考题

9.16　速率分布函数的物理意义是什么？说明下列各量的意义：

(1) $f(v)\mathrm{d}v$　　(2) $Nf(v)\mathrm{d}v$

(3) $\int_0^{v_p}f(v)\mathrm{d}v$　　(4) $\int_{v_1}^{v_2}Nf(v)\mathrm{d}v$

(5) $\int_0^\infty Nf(v)\mathrm{d}v$　　(6) $\int_0^\infty \frac{1}{2}\mu v^2f(v)\mathrm{d}v$

9.17　气体分子的 $\bar{v}$、$\sqrt{\overline{v^2}}$、v_p 是怎样定义的，其大小由哪些因素决定？

9.18　空气中含有 O_2、H_2 及 N_2 分子，哪种分子的 $\bar{v}$ 较大？

9.19　三个密闭容器中分别贮有氢气、氧气和氮气，如果它们的温度相同，那么其分子的速率分布是否相同？试在同一图中画出它们的速率分布曲线并进行比较。

9.20　最概然速率的物理意义是什么？两种不同理想气体，分别处于平衡状态，若它们的最概然速率相同，则它们的速率分布曲线是否一定也相同？

9.6　温度的微观本质

9.6.1　理想气体温度与分子平均平动动能的关系

利用式(9.20)的结果，容易得到理想气体的温度与其分子平均平动动能的关系，从而阐明温度的微观本质。理想气体分子的平均平动动能为

$$\bar{\varepsilon}=\frac{1}{2}\mu\overline{v^2}=\frac{1}{2}\mu\frac{3kT}{\mu}=\frac{3}{2}kT \qquad (9.22)$$

这说明理想气体分子的平均平动动能只与气体的温度有关，并与热力学温度 T 成正比。

式(9.22)也可以看成是从微观角度对温度的解释，它阐明了**温度的本质是物体内部分子热运动剧烈程度的标志**。温度愈高，表示物体内部分子热运动越剧烈。

式(9.22)揭示了宏观量 T 与微观量 ε 的统计平均值之间的关系。由于温度是与大量分子的平均平动动能相联系的，所以温度是大量分子热运动的集体表现，含有统计的意义。对于单个或少数分子来说，温度的概念就失去了意义。

利用式(9.22)可以算出任何温度下气体分子的平均平动动能 $\bar{\varepsilon}$，并进一步求出分子的方均根速率。容易看出，$\bar{\varepsilon}$ 一般是很小的，如 $T=300$ K 时，$\bar{\varepsilon}\approx 10^{-21}$ J。如果两种气体分别处于各自的平衡态，并且两者温度相等时，那么两种气体分子的平均平动动能也必然相同。不过应当注意，这时两种气体分子的方均根速率通常并不相等。

想想看

9.10　由 1、2、3 三种类型分子组成混合理想气体，处于平衡状态。已知分子质量 $\mu_1>\mu_2>\mu_3$，试分别按①分子的平均平动动能，②分子的方均根速率由大到小对这三类分子排序。

9.6.2　理想气体定律的推证

理想气体的概念和它遵守的规律是由实验事实归纳抽象出各种气体的共性而得到的，这些实验定律由理想气体状态方程所概括。因此，只要我们能导出它的状态方程，就可以对一切有关理想气体的性质和规律作出解释。把式(9.22)的结果代入压强公式(9.15)，即有

$$p=\frac{2}{3}n\bar{\varepsilon}=\frac{2}{3}n\left(\frac{3}{2}kT\right)=nkT \qquad (9.23)$$

由此可见，在相同的温度和压强下，各种气体的分子数密度 n 必然相等，这实际上就是阿伏加德罗定律。

注意到 $n=N/V, k=R/N_A$，N 是气体的总分子数，N_A 是 1 mol 气体的分子数，则上式变为

$$p=\frac{N}{V}\frac{R}{N_A}T$$

或
$$pV=\frac{N}{N_A}RT=\nu RT \tag{9.24}$$

式中 $\nu=N/N_A$ 是气体的摩尔数。上式就是理想气体的状态方程。从分子运动的基本概念出发，在理想气体微观模型的基础上，利用统计平均方法导出了状态方程。而方程与实验定律相符合，反过来又证实了微观理论本身的正确性。

例 9.5 计算标准状态下，任何气体在 1 cm^3 体积中含有的分子数。

解 标准状态下，$p=1.01325\times10^5$ Pa，$T=273.15$ K。利用式(9.23)可得

$$n=\frac{p}{kT}=\frac{1.01325\times10^5}{1.38\times10^{-23}\times273.15}=2.688044\times10^{25}\quad\text{m}^{-3}$$

这一数值常称为洛喜密脱常数。

例 9.6 试推导道尔顿分压定律。

解 设几种气体混合贮于一密闭容器中，由于其温度相同，则它们的分子平均平动动能相等，即

$$\bar{\varepsilon}_1=\bar{\varepsilon}_2=\bar{\varepsilon}_3=\cdots=\bar{\varepsilon}$$

若各种气体的分子数密度分别为 $n_1, n_2, n_3, \cdots$，则混合气体的分子数密度 $n=n_1+n_2+n_3+\cdots$。代入式(9.23)，即得混合气体的压强为

$$\begin{aligned}p&=\frac{2}{3}n\bar{\varepsilon}=\frac{2}{3}(n_1+n_2+n_3+\cdots)\bar{\varepsilon}\\&=\frac{2}{3}n_1\bar{\varepsilon}_1+\frac{2}{3}n_2\bar{\varepsilon}_2+\frac{2}{3}n_3\bar{\varepsilon}_3+\cdots\\&=p_1+p_2+p_3+\cdots\end{aligned}$$

式中

$$p_1=\frac{2}{3}n_1\bar{\varepsilon}_1,\quad p_2=\frac{2}{3}n_2\bar{\varepsilon}_2,\quad p_3=\frac{2}{3}n_3\bar{\varepsilon}_3,\quad\cdots$$

分别是各种气体的分压强。上式表明，混合气体的压强等于各种气体的分压强之和，这就是道尔顿分压定律。

复 习 思 考 题

9.21 同一温度下，不同气体分子的平均平动动能相等。就 H_2 分子与 O_2 分子比较，H_2 分子的质量小，所以一个 H_2 分子的速率一定比 O_2 分子的速率大，对吗？

9.22 如果气体随同容器相对于地面一起运动，则气体分子热运动平均平动动能是否也增大了，气体的温度是否也升高了？如果容器在运动中突然停止，则气体达到新的平衡态后，温度有无变化？

9.23 两瓶不同种类的气体，它们的温度和压强相同但体积不同。试问：它们的分子数密度、分子平均平动动能、单位体积内气体分子的总质量是否相同？

9.24 一容器内贮有某种气体，如果容器漏气，则容器内气体的温度是否会因漏气而变化？

9.7 能量按自由度均分定理

本节讨论分子热运动能量所遵从的统计规律，并在此基础上，进一步介绍理想气体的内能和热容的经典理论。

9.7.1 自由度的概念

前面讨论大量分子的热运动问题时，只考虑了分子的平动。但是除了单原子分子外，一般分子都具有比较复杂的结构，不能简单地看成质点。因此，分子的运动不仅有平动，还有转动和分子内各原子间的振动，而分子的热运动能量也应把这些运动形式的能量都包括在内。为了研究这一问题，首先需要引入自由度的概念。

通常，把确定一个物体的空间位置所需要的独立坐标数目，称为这个物体的自由度。

一个在空间自由运动的质点，其位置需要三个独立坐标（如 x, y, z）来确定，所以自由质点具有三个自由度。限制在平面或曲面上运动的质点，需要两个独立坐标来确定它的位置，所以有两个自由度。同理，限制在直线或曲线上运动的质点，则只有一个自由度。如果把飞机、轮船和火车都看成质点，那么它们就分别具有三个、两个和一个自由度。

对于刚体来说，除平动外还可能有转动。不过刚体的一般运动，总可以看成是其质心的平动和刚体绕通过质心轴线的转动的叠加。因此，除了需要三个独立坐标确定其质心的位置外，还需要确定通过质心轴线的方位和刚体绕该轴转过的角度。确定

轴线方位需用 α、β、γ 三个方位角，但因这些方位角的余弦的平方和恒等于1，所以其中只有两个是独立的。再加上确定绕轴转动的一个独立坐标，可见自由刚体共有六个自由度，其中三个是平动的，三个是转动的。当刚体受到某种限制时，自由度就会减少。

根据上述概念，就可以确定气体分子的自由度。单原子分子可看成自由质点，共有三个自由度。刚性双原子分子可看成两个保持一定距离的质点，类似于哑铃，由于两个质点绕其连线为轴的转动是没有意义的，因此共有五个自由度。至于刚性多原子(包括三原子)分子，只要各原子不是线性排列的，就可以看成自由刚体，所以共有六个自由度。但是，实际上双原子或多原子分子一般并不完全是刚性的，原子之间的距离会因振动而发生变化，因而除了平动和转动外，有时还应当考虑振动自由度。

9.7.2 能量按自由度均分定理

前已求出，理想气体分子的平均平动动能为

$$\bar{\varepsilon}=\frac{1}{2}\mu\overline{v^2}=\frac{3}{2}kT$$

理想气体分子共有三个平动自由度，相应的平均平动动能可分别表示为

$$\frac{1}{2}\mu\overline{v_x^2}、\quad\frac{1}{2}\mu\overline{v_y^2}、\quad\frac{1}{2}\mu\overline{v_z^2}$$

考虑到平衡态下，气体中大量分子沿各方向运动的机会均等，因而有 $\overline{v_x^2}=\overline{v_y^2}=\overline{v_z^2}=\frac{1}{3}\overline{v^2}$，由此可见

$$\frac{1}{2}\mu\overline{v_x^2}=\frac{1}{2}\mu\overline{v_y^2}=\frac{1}{2}\mu\overline{v_z^2}=\frac{1}{2}kT$$

这个结果表明，气体分子的平均平动动能可看成是平均分配在每一个平动自由度上，每个自由度的能量都是 $kT/2$。

对于分子的转动和振动，考虑到分子热运动的无规则性，可以推论，任何一种运动都不比其他运动占有特别的优越性，而应当机会均等。因此，平均说来，**处于平衡态的理想气体分子无论作何种运动，相应于分子每个自由度的平均动能都应相等，并且都等于 $kT/2$**。这样的能量分配原则称为**能量按自由度均分定理**。根据这个定理，如果气体分子共有 i 个自由度，则每个分子的平均总动能为 $ikT/2$。

应当指出，对于振动来说，分子除了动能外还有势能。可以设想，每个振动自由度上，分子除了具有平均振动动能 $kT/2$ 外，平均势能也应为 $kT/2$。因此，分子的每个振动自由度的平均能量为 kT。

能量按自由度均分定理可以从普遍的统计理论推导出来，它是经典统计物理的一个重要结论。定理反映了分子热运动能量遵守的统计规律，是对大量分子统计平均的结果。对于气体中个别分子来说，任一瞬时它的各种形式动能及总能量，都可能与根据定理所确定的平均值有很大的差别，并且每个自由度的能量也不一定相等。但对大量分子的集体来说，由于分子间的频繁碰撞，能量在各分子之间以及各自由度之间会发生相互交换和转移。在这种情形下，能量分配得较多的那种自由度上，在碰撞中向其他自由度转移能量的概率就比较大。因此，在气体达到平衡态时，能量就被平均地分配到每个自由度了。

最后还应指出，能量按自由度均分定理不仅适用于气体，对于液体和固体也同样适用。

9.7.3 理想气体的内能

热力学中，把系统与热现象有关的那部分能量叫做内能，并指出理想气体的内能只与其温度有关。从微观上看，热现象是分子热运动的表现，宏观量内能应该等于系统中分子热运动总机械能的统计平均值。对于理想气体来说，由于忽略了分子间的相互作用力，因而也相应地忽略分子间的相互作用势能，所以其内能就只是气体中所有分子各种形式动能和分子内原子间振动势能的总和。

因为每个分子的平均总动能是 $ikT/2$，1 mol 气体有 N_0 个分子，若不考虑振动能量，则1 mol理想气体的内能为

$$E=N_0\frac{i}{2}kT=\frac{i}{2}RT \tag{9.25}$$

质量为 m，摩尔质量为 M，摩尔数为 ν 的理想气体内能为

$$E=\frac{m}{M}\frac{i}{2}RT=\nu\frac{i}{2}RT \tag{9.26}$$

对于刚性分子，单原子分子气体的 $i=3$，双原子分子气体的 $i=5$，多原子分子气体的 $i=6$。如果考虑振动，则分子的每个振动自由度还应有平均能量 kT。

可以看出，一定质量理想气体的内能完全取决于分子运动的自由度数 i 和气体的温度 T。对于给定气体，i 是确定的，所以其内能就只与温度有关，这与宏观的实验观测结果是完全一致的。

想想看

9.11 试说明下列各项的物理意义：$\frac{1}{2}kT$，$\frac{3}{2}kT$，$\frac{i}{2}kT$，

$\frac{i}{2}N_0kT$。

9.12 已知某种理想气体分子有 t 个平动自由度，r 个转动自由度，s 个振动自由度，试根据能量按自由度均分定理分别写出：①分子的平均总动能；②分子的平均总能量（包括平均振动势能）；③摩尔数为 ν 的理想气体内能的表达式。

9.13 图示为同一种理想气体的三条等温线，气体的初始状态在中间一条等温线上。设想气体从这个初始状态出发，可分别沿图示不同路径到达各自终末状态。试问沿哪些路径气体的①内能增大；②内能减小；③内能不变。

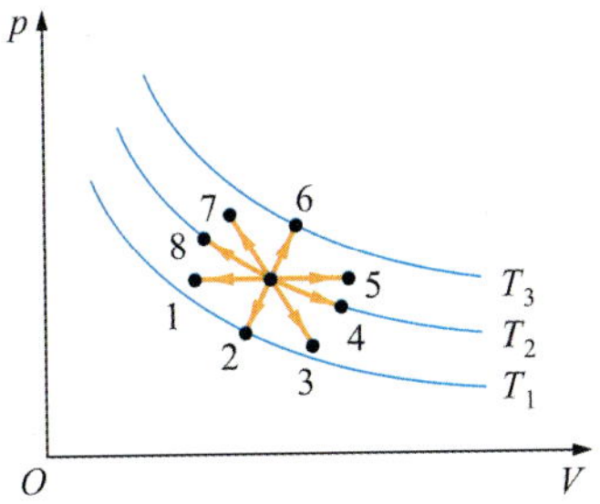

想 9.13 图

9.7.4 气体的摩尔热容

根据定义，理想气体的定体摩尔热容应为

$$C_V = \frac{dE}{dT} = \frac{i}{2}R \qquad (9.27)$$

定压摩尔热容为

$$C_p = C_V + R = \frac{(i+2)}{2}R \qquad (9.28)$$

$$\gamma = \frac{C_p}{C_V} = \frac{i+2}{i} \qquad (9.29)$$

依此取 i 的值分别为 3、5、6，即可得到单原子、刚性双原子和多原子分子理想气体的摩尔热容。

把这些理论结果与表 9.1 中所给的实验值相比较，可以看出：对于各种气体，两种摩尔热容之差 $(C_p - C_V)$ 都接近于 R；单原子分子和双原子分子气体的 C_V、C_p 和 γ 的理论值与实验值也比较接近。这些说明了理想气体模型在一定程度上反映了实际气体的性质，同时还说明了经典的热容理论也近似地反映了客观实际，具有一定的正确性。但是，对多原子分子气体，理论值与实际值明显不符。实验还指明，这些量值与温度也有关系，特别是氢的 C_V，在低温和高温下有很大的差别，见表 9.1。这些问题都是经典理论所无法解释的。经典物理学在热容问题上，第一次暴露出了它的局限性，只有用量子理论才能较好地解决这些问题。

表 9.1 C_V 与温度关系的实验值

温度/K	273	373	473	773	1473	2273
$C_V(N_2、O_2、HC、CO)$	20.3	20.3	21.0	22.4	24.1	26.0

温度/K	50	500	2500
$C_V(H_2)$	12.5	21.0	29.3

（单位：$J \cdot mol^{-1} \cdot K^{-1}$）

例 9.7 1 mol 刚性多原子分子气体（可视为理想气体），压强为 1.0 atm，温度为 27℃。若经过一绝热过程，使其压强增加到 16 atm。试求：(1) 该过程中气体内能的增量和对外所做的功；(2) 末状态时气体分子的平均平动动能和气体的分子数密度。

解 (1) 设过程始、末状态气体的压强、温度分别为 p_1、p_2，T_1、T_2。根据绝热过程方程，有

$$p_1^{\gamma-1}T_1^{-\gamma} = p_2^{\gamma-1}T_2^{-\gamma}, \quad T_2 = T_1\left(\frac{p_2}{p_1}\right)^{\frac{\gamma-1}{\gamma}}$$

由于刚性多原子理想气体 $i=6$，比热容比 $\gamma = \frac{i+2}{i} = \frac{4}{3}$，故有

$$T_2 = (273+27)\left(\frac{16}{1}\right)^{(\frac{4}{3}-1)/\frac{4}{3}} = 600 \quad K$$

故绝热过程中气体内能的增量为

$$\Delta E = \nu\frac{i}{2}R(T_2 - T_1)$$

$$= \frac{6}{2}\times 8.31\times(600-300) = 7479 \quad J$$

气体对外所做的功为

$$A = -\Delta E = -7479 \quad J$$

(2) 末状态时分子平均平动动能和分子数密度分别为

$$\bar{\varepsilon} = \frac{3}{2}kT_2 = \frac{3}{2}\times 1.38\times 10^{-23}\times 600$$

$$= 12.42\times 10^{-21} \quad J$$

$$n = \frac{p_2}{kT_2} = \frac{16\times 1.013\times 10^5}{1.38\times 10^{-23}\times 600} = 1.96\times 10^{26} \quad J/m^3$$

复习思考题

9.25 什么是自由度？单原子与双原子分子各有几个自由度？它们是否随温度变化？

9.26 能量按自由度均分定理中的能量是指动能、势能还是机械能？

9.27 已知空气的 $\gamma = 1.40$，试问其分子模型是哪一种？

9.28 什么是内能？单、双原子分子气体的内能有何不同？试问温度为 300 K 时，1 mol 氢气、氧气及汞蒸气分子的平动动能和转动动能各是多少？

9.8　玻耳兹曼分布律

一定质量的气体处于平衡态时，如果不计外力场的作用，其分子将均匀地分布在容器的整个空间中。这时，气体的分子数密度以及压强和温度都是处处均匀一致的，但各个分子可以具有不同的速度和动能。当考虑到外力场对气体的作用时，气体各处的分子还将具有不同的势能，气体的分子数密度和压强也将不再是均匀的分布了。1877 年，玻耳兹曼(L. Boltzmann)求出了在外力场中气体分子按能量的分布规律，并由它出发重新导出了麦克斯韦速率分布定律。本节将概略地介绍玻耳兹曼分布律。我们先从在重力场中粒子按高度的分布开始讨论。

9.8.1　重力场中粒子按高度的分布

在重力场中，气体分子要受到两种作用：分子的热运动使得它们在空间趋于均匀分布，而重力作用则使它们趋于向地面降落。当这两种作用共同存在而达到平衡状态时，气体分子在空间将形成一种非均匀的稳定分布，气体的分子数密度和压强都将随高度而减小。下面分析理想气体分子在重力场中按高度的分布规律。

平衡态下气体的温度处处相同，而气体的压强为

$$p = nkT$$

如果没有重力的影响，则分子数密度 n 应处处相等，这时压强 p 也处处相同。但在重力作用下，n 和 p 都将随高度而变化。

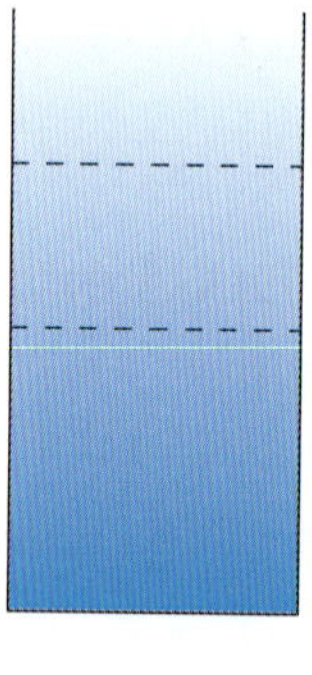

图 9.9

在气体中截取一竖直柱体，如图 9.9 所示。根据流体静力学原理，静止气体中高度为 h 处的压强 p 与高度为 $h+\mathrm{d}h$ 处的压强 p' 之差为

$$\mathrm{d}p = p' - p = -\rho g\,\mathrm{d}h$$

式中 ρ 为气体的质量密度，g 为重力加速度。考虑到 $\rho = n\mu$(μ 为分子质量)，因此有

$$\mathrm{d}p = -n\mu g\,\mathrm{d}h$$

由于气体内各处温度相同，这个压强差只能是由分子数密度 n 的不同而引起，故有

$$\mathrm{d}p = kT\,\mathrm{d}n$$

比较以上两式可得

$$\frac{\mathrm{d}n}{n} = -\frac{\mu g}{kT}\mathrm{d}h \qquad (9.30)$$

假定在 $h=0$ 处的分子数密度为 n_0，积分上式可得任一高度 h 处的分子数密度为

$$n = n_0 \mathrm{e}^{-\frac{\mu g h}{kT}} \qquad (9.31)$$

这就是在重力场中，处于平衡态的气体分子数密度按高度的分布规律。它表明，分子数密度随高度的增加按指数规律减小。显然，分子的质量越大，重力的作用就越强，从而分子数密度随高度减少得也越快。温度越高，分子的热运动越剧烈，因而分子数密度随高度减少得越慢。

从式(9.31)不难求出高度 h 处气体的压强，为

$$p = nkT = p_0 \mathrm{e}^{-\frac{\mu g h}{kT}} \qquad (9.32)$$

式中 $p_0 = n_0 kT$ 是 $h=0$ 处气体的压强。上式表明，在重力场中气体的压强随高度按指数规律减小，称为等温气压公式。它可以用来近似地计算地面上高空某处的大气压强，也可以根据测得的大气压强来估算测量点的高度。由于大气中温度不均匀，气体也没有达到平衡态，所以无论是式(9.31)还是式(9.32)，都只能近似地应用于地球表面附近的大气。

式(9.31)的结果同样适用于其他粒子在重力场中的分布。1909 年，法国物理学家皮兰，用实验直接证实了粒子数密度随高度变化的分布规律，并且第一次由实验结果利用式(9.31)比较精确地测出了 k 值。

9.8.2　玻耳兹曼分布律

注意到 $\mu g h = \varepsilon_p$ 是分子的重力势能，则式(9.31)可表示为

$$n = n_0 \mathrm{e}^{-\frac{\varepsilon_p}{kT}} \qquad (9.33)$$

如果分子处于其他保守力场(如静电场)中，上式同样适用，不过这时应把 ε_p 看成与该保守力场相应的势能(如电势能)。这样一来，就可把上式的应用范围推广到任何形式的保守力场中去了。

位于空间某一小区域 $x \sim x+\mathrm{d}x, y \sim y+\mathrm{d}y, z \sim z+\mathrm{d}z$ 中的分子数 $\mathrm{d}N$，利用式(9.33)可表示为

$$\mathrm{d}N = n\mathrm{d}V = n_0 \mathrm{e}^{-\frac{\varepsilon_p}{kT}}\mathrm{d}x\mathrm{d}y\mathrm{d}z \qquad (9.34)$$

式中 ε_p 是位于 x、y、z 处分子的势能。式(9.33)及

式(9.34)的结果,常称为**玻耳兹曼分布律**,简称玻耳兹曼分布。它表明,**在势场中的分子总是优先占据势能较低的状态**。分布中的指数因子 $e^{-\frac{\varepsilon_p}{kT}}=n/n_0$,反映了在一定温度下分子具有势能 ε_p 的概率,当温度升高时,分子具有这一势能的概率将增大。玻耳兹曼分布律不仅适用于势场中的气体分子,实际上它同样适用于任何势场中的液体和固体内的分子以及其他微观粒子。

由于分子在空间的位置分布是由势能决定的,那么同样可以设想,分子按速度的分布应由其动能 $\varepsilon_k=\mu v^2/2$ 所决定,并且应与指数因子 $e^{-\frac{\varepsilon_k}{kT}}$ 成正比。总起来看,处于平衡态下温度为 T 的气体中,位置在 $x\sim x+dx$, $y\sim y+dy$, $z\sim z+dz$ 中并且速度在 $v_x\sim v_x+dv_x$, $v_y\sim v_y+dv_y$, $v_z\sim v_z+dv_z$ 之间的分子数,可表示为

$$dN(\boldsymbol{r},\boldsymbol{v}) = Ce^{-\frac{\varepsilon}{kT}}dv_x dv_y dv_z dx dy dz \qquad (9.35)$$

式中 $\varepsilon=\varepsilon_k+\varepsilon_p$ 是分子的总能量,C 是与位置坐标和速度无关的比例因子。这一结论,称为麦克斯韦-玻耳兹曼分布定律,简称麦-玻分布律,也叫玻耳兹曼分布律。它给出了分子数按能量的分布规律。与式(9.34)一样,它也有着广泛的适用范围。

如果微观粒子只可能具有一系列不连续的能量,其值由小到大依次排列 $\varepsilon_1,\varepsilon_2,\cdots,\varepsilon_i,\cdots$,则在能量为 ε_i 的状态上分布的粒子数可表示为

$$N_i = C'e^{-\frac{\varepsilon_i}{kT}} \quad i=1,2,3,\cdots \qquad (9.36)$$

式中 C' 是与 ε_i 无关的常量。上式也是玻耳兹曼分布律的一种表示形式,它在固体物理、激光等近代物理学科中有着广泛的应用。

例 9.8 试根据等温气压公式估算珠穆朗玛峰海拔 8848 m 处的大气压强。假定海平面上大气压强为 $p_0=1.0\times10^5$ Pa,温度为 273 K,忽略温度随高度的变化。

解 等温气压公式为

$$p=p_0e^{-\frac{\mu gz}{kT}}$$

由于 $N_0\mu=M, N_0k=R$,故有

$$p=p_0e^{-\frac{Mgz}{RT}}$$

式中 M 为气体摩尔质量,将 $p_0=1.0\times10^5$ Pa, $T=273$ K, $M=29\times10^{-3}$ kg/mol 代入上式,得

$$p=1.0\times10^5e^{-\frac{29\times10^{-3}\times9.8\times8848}{8.31\times273}}=0.33\times10^5 \text{ Pa}$$

可见 $p=0.33p_0$,即是海平面上大气压强的 0.33 倍。由于大气中温度并不均匀,气体也没有达到平衡态,所以以上计算只是粗略的估算。

复习思考题

9.29 利用式(9.31)定性地解释大气中各种气体密度分布的趋势,说明为什么氧在大气低层中所占的比例较大,而氢则在高层大气中占有主要地位。

9.9 气体分子的平均自由程

前面已经讲过,气体中的大量分子都在作永不停息的热运动,气体分子在热运动中,分子之间经常发生碰撞,这种碰撞一般来说是极其频繁的。就个别分子来说,它与其他分子何时在何地发生碰撞,单位时间内与其他分子会发生多少次碰撞,每连续两次碰撞之间可自由运动多长的路程等等,这些都是偶然的、不可预测的。但对大量分子构成的整体来说,分子间的碰撞却服从着确定的统计规律。

9.9.1 分子的平均碰撞频率

一个分子单位时间内与其他分子碰撞的平均次数,称为分子的平均碰撞频率,常用 $\bar{z}$ 表示。下面计算分子的平均碰撞频率。

为了简化问题,假定每个分子都可以看成直径为 d 的弹性小球,分子间的碰撞为完全弹性碰撞。大量分子中,只有被考察的特定分子 A 以算术平均速率 $\bar{v}$ 运动,其他分子都看作静止不动。显然在分子 A 的运动过程中,由于碰撞,其球心的轨迹将是一条折线,如图 9.10 所示。

设想以分子 A 中心的运动轨迹为轴线,以 d 为半径,作一个曲折的圆柱体,见图 9.10。可以看出,凡中心到圆柱体轴线的距离小于 d 的分子,其中心都将落入圆柱体内,并与 A 相碰。分子 A 在时间 t 内走过的路程为 $\bar{v}t$,与长为 $\bar{v}t$ 的轴线相应的圆柱体的体积为 $\pi d^2\bar{v}t$。设单位体积内的分子数为 n,则上

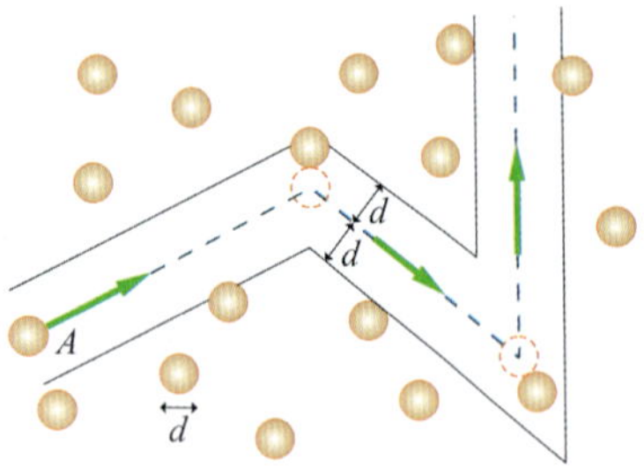

图 9.10

述圆柱体内的分子数为 $n\pi d^2\bar{v}t$。由于凡中心落入上述圆柱体内的分子，在分子 A 运动的过程中，都将与 A 发生碰撞，故分子 A 在时间 t 内与其他分子碰撞的次数在数值上也就等于落入上述圆柱体内的分子数，即等于 $n\pi d^2\bar{v}t$，所以单位时间内分子 A 与其他分子碰撞的次数应为

$$\bar{z}=\frac{n\pi d^2\bar{v}t}{t}=n\pi d^2\bar{v}$$

这个结论，是假定在大量分子中，只有被考察的那个分子以平均速率 $\bar{v}$ 运动，其他分子均静止不动的情况下得到的。考虑到所有分子实际上都在运动，而且各个分子的运动速率并不相同，因此式中的平均速率 $\bar{v}$ 应改为平均相对速率 $\bar{u}$。根据麦克斯韦速率分布定律，可以证明，气体分子的平均相对速率 $\bar{u}$ 与平均速率 $\bar{v}$ 之间的关系为 $\bar{u}=\sqrt{2}\,\bar{v}$，所以

$$\bar{z}=\sqrt{2}\pi d^2\bar{v}n \tag{9.37}$$

上式表明，分子的平均碰撞频率 $\bar{z}$，与单位体积中的分子数 n、分子的算术平均速率 $\bar{v}$ 成正比，也与分子直径的平方成正比。

想想看

9.14　两个相同的容器一个内盛有 1 mol 分子直径为 $2d_0$，平均速率为 v_0 的气体 A，另一个内盛有 1 mol 分子直径为 d_0，平均速率为 $2v_0$ 的气体 B。试问哪一种气体分子的平均碰撞频率较大？

9.9.2　分子的平均自由程

分子在连续两次碰撞之间自由运动的平均路程，称为分子的平均自由程，常用 $\bar{\lambda}$ 表示。显然，分子的平均自由程 $\bar{\lambda}$ 与 $\bar{z}$ 和 $\bar{v}$ 有如下的关系

$$\bar{\lambda}=\frac{\bar{v}}{\bar{z}} \tag{9.38}$$

把式(9.37)代入上式，有

$$\bar{\lambda}=\frac{1}{\sqrt{2}\pi d^2 n} \tag{9.39}$$

上式表明，分子的平均自由程 $\bar{\lambda}$，只与单位体积内的分子数 n 及分子直径 d 有关，当气体处于平衡状态，温度为 T 时，有

$$\bar{\lambda}=\frac{kT}{\sqrt{2}\pi d^2 p} \tag{9.40}$$

可见当温度一定时，$\bar{\lambda}$ 与压强成反比，压强愈小分子的平均自由程愈大。

在标准状态下各种气体分子的平均碰撞频率 $\bar{z}$ 的数量级约为 $5\times10^9\ \mathrm{s^{-1}}$ 左右，平均自由程 $\bar{\lambda}$ 的数量级约为 $10^{-7}\sim10^{-8}$ m。海平面上的大气压约为 1.013×10^5 Pa，空气分子的 $\bar{z}$ 约为 $10^9\ \mathrm{s^{-1}}$，而 $\bar{\lambda}$ 约为 10^{-7} m；在地面上空100 km处，大气压强约为 0.133 Pa，则 $\bar{z}$ 约为 $10^2\ \mathrm{s^{-1}}$，$\bar{\lambda}$ 约为 1 m；高空300 km处，大气压强约为 1.33×10^{-5} Pa，因而 $\bar{z}$ 约为 10 $\mathrm{s^{-1}}$，$\bar{\lambda}$ 约为 10 m。常温常压下，一个分子在一秒内平均要碰撞几十亿次，所以其平均自由程是非常短的。表 9.2 列出了几种气体分子在标准状态下的平均自由程。

表 9.2　标准状态下几种气体分子的 $\bar{\lambda}$ 值

气体	氢	氮	氧	空气
$\bar{\lambda}$/m	1.123×10^{-7}	0.599×10^{-7}	0.647×10^{-7}	7×10^{-8}

应当指出，在前面的讨论中把气体分子看成直径为 d 的小球，并且把分子间的碰撞看成是完全弹性的，这都不能准确地反映实际情况。因为分子是一个由电子和原子核等组成的复杂系统，并不是一个球体，而且分子间的相互作用也很复杂。所谓碰撞，实质上是在分子力作用下的散射过程。两个分子质心靠近的最小距离的平均值就是 d，所以由式(9.39)或(9.40)计算出的 d 常叫做分子的有效直径。实验表明，在 n 一定时，$\bar{\lambda}$ 随温度的升高而略有增加。这是因为分子的平均速率随温度升高而增大时，更容易彼此穿插，因而分子的有效直径将随温度的升高而略有减小之故。

想想看

9.15　气体的体积和体积内的分子数有以下五种情况：①V_0 和 N_0；②$2V_0$ 和 N_0；③$3V_0$ 和 $3N_0$；④$8V_0$ 和 $4N_0$；⑤$3V_0$ 和 $9N_0$。试按照分子的平均自由程由大到小给这五种情况排序。

复习思考题

9.30　什么是平均自由程？它与分子本身的性质和气体的状态有什么关系？

9.31　在推求 $\bar{z}$ 和 $\bar{\lambda}$ 的公式时，哪里体现了统计平均的概念？

9.32　一定质量的理想气体，在等压膨胀时分子的 $\bar{z}$ 和 $\bar{\lambda}$ 与温度的关系如何？又，体积不变而温度升高时，$\bar{z}$ 和 $\bar{\lambda}$ 将怎样变化？

9.33　在一个球形容器中，如果计算出的 $\bar{\lambda}$ 大于容器的直径，则对于容器中的分子来说，可否把容器当成是“真空”的？

9.10　气体内的迁移现象

前面所讨论的都是气体在平衡态下的性质，当忽略外力场的作用时，气体内各处的温度和压强都相同，并且其物理性质也都是均匀一致的。但是，许多问题都牵涉到气体在非平衡态下的变化过程。当气体各部分的物理性质不均匀时，譬如温度不同、压强不同或各气层之间有相对运动，或三者同时存在，那么由于分子间的碰撞和掺和，气体内将发生能量、质量或动量从一部分向另一部分的定向迁移。这就是非平衡态下气体内的迁移现象，也称为输运过程。迁移的结果，将使气体各部分的物理性质趋于均匀一致，即气体将趋于平衡态。

气体内的迁移现象有三种。由于气体内各处温度不同而产生的能量迁移现象，称为热传导现象；当气体内各处的分子数密度不同或各部分气体的种类不同时，其分子由于热运动而相互掺和，在宏观上产生的气体质量迁移现象称为扩散现象；由于气体内各层之间因流速不同而有宏观上的相对运动时，产生在气层之间的动量迁移现象，则称为内摩擦现象或黏滞现象。实际上，这三种迁移现象往往是同时存在的，不过为了研究方便，把它们分开来讨论。下面，以气体的扩散现象为例，对气体内的迁移现象作一概略的介绍。

气体的扩散现象是自然界中很常见的。像不同种类气体之间的相互渗透，同一种气体从高密度处向低密度处的扩散等，前者称为互扩散，后者称为自扩散，引起扩散现象的原因很多，如容器中气体各部分的成分不同、密度不同、温度或压强不同等等，都会产生扩散现象。一个孤立系统伴随着扩散过程的进行，系统内气体原有的各种差异都将逐渐消失而趋于一致。

我们只讨论在温度和压强均匀的情况下，仅由于气体中各处密度不同而引起的单纯扩散现象。为了简单，设想取两种质量和大小都极为接近的分子（如 N_2 与 CO）组成的混合气体，假定两种气体的比例各处不同但总的分子数密度处处相同。这样，由于各处总的分子数密度相同，则在同一温度下，气体内部不会出现压强不均匀，从而不会造成宏观的气体流动。这时，两种气体间进行的就是单纯的相互扩散。

为了说明扩散现象的宏观规律，可以只考虑混合气体中任一种气体的质量迁移。假定这种气体为 N_2，其质量密度 $\rho(x)$ 沿 x 轴方向变化，见图 9.11(a)。若任一 x 处气体的密度为 ρ，而 $x+\mathrm{d}x$ 处气体的密度为 $\rho+\mathrm{d}\rho$，则气体密度沿 x 轴的空间变化率就是 $\mathrm{d}\rho/\mathrm{d}x$，称为气体的密度梯度。如果在某处气体的密度沿 x 方向增大，则该处的 $\mathrm{d}\rho/\mathrm{d}x>0$；反之，则 $\mathrm{d}\rho/\mathrm{d}x<0$。在任一指定处，取一垂直于 x 轴的小面积 ΔS，如图 9.11(b)所示，实验表明，在单位时间内，气体从密度较大一侧通过 ΔS 向密度较小一侧迁移的质量 $\Delta m/\Delta t$，与 ΔS 所在处的密度梯度及 ΔS 成正比，即

$$\frac{\Delta m}{\Delta t}=-D\frac{\mathrm{d}\rho}{\mathrm{d}x}\Delta S \tag{9.41}$$

式中的比例系数 D，称为该气体的扩散系数，单位是

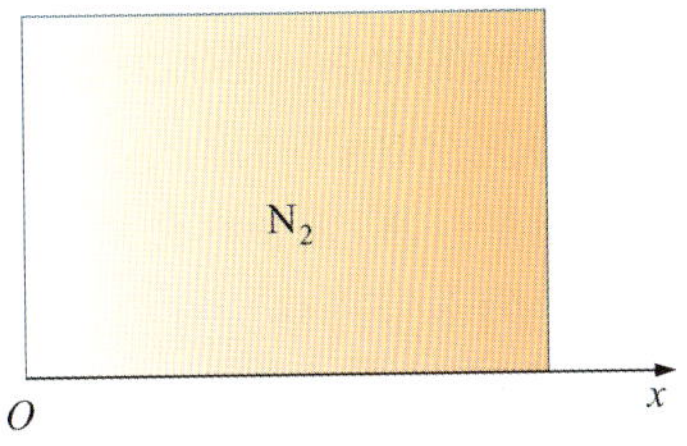

(a)

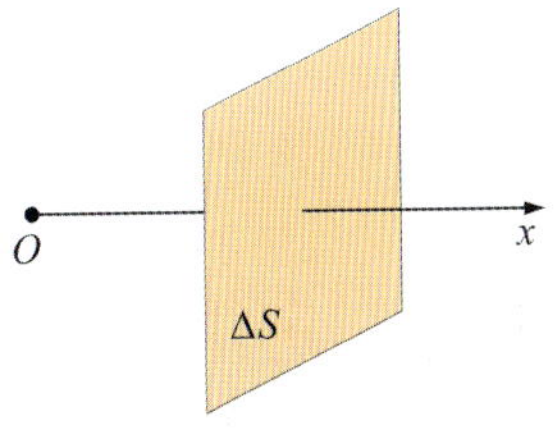

(b)

图 9.11

m^2/s。负号表示质量迁移的方向与密度梯度的方向相反，即质量是从密度较大处向密度较小处迁移。

从微观上看，扩散现象是分子热运动的必然结果。事实上，在 ΔS 两侧的气体分子由于热运动都将通过 ΔS 向对方运动，但在任一时间内，密度较高一侧的气体分子穿过 ΔS 的数目，要比密度较小一侧的气体分子穿过 ΔS 的数目多。结果就使密度较高一侧的分子数有所减少，而密度较小一侧的分子数则有所增多，形成了气体质量的定向迁移。这就是扩散现象的微观机理。显然，质量的迁移过程是通过大量分子的热运动来完成的。

利用分子运动的有关理论可以定量地求出扩散系数的表示式，它与分子的平均速率和平均自由程的关系为

$$D = \frac{1}{3}\bar{v}\bar{\lambda} \tag{9.42}$$

注意到

$$\bar{v} = \sqrt{\frac{8RT}{\pi M}}, \qquad \bar{\lambda} = \frac{kT}{\sqrt{2}\pi d^2 p}$$

代入式(9.42)，可见 D 与 $T^{3/2}$ 成正比而与 p 成反比，这说明温度愈高，压强愈低，则扩散进行得越快。还可以看出，在相同的温度下，对于两种相对分子质量不同的气体来说，由于

$$\frac{\bar{v}_1}{\bar{v}_2} = \sqrt{\frac{M_2}{M_1}}$$

所以相对分子质量小(M 也小)的气体扩散较快。化学上常用这一原理来分离同位素。

对于热传导现象和黏滞现象，可以仿照讨论扩散现象的方法进行类似的讨论。不难发现，三种迁移现象的宏观规律具有完全相似的形式，而在微观上，代替扩散现象中的质量迁移，则是热传导现象中的能量迁移和黏滞现象中的动量迁移。有关这些内容，这里不再介绍，对此有兴趣的读者可参阅有关专著。

想想看

9.16 在什么情况下气体内部会发生迁移现象？分子热运动和分子间的碰撞在迁移中起什么作用？

9.11 热力学第二定律的统计意义和熵的概念

热力学第二定律指出，一切与热现象有关的自发过程都是不可逆过程。热功转换、热传导和气体的自由膨胀过程都是典型的不可逆过程。从微观上看来，过程的不可逆性与大量分子的无序热运动是分不开的，可以用统计的概率观点加以解释。下面，对此进行简要的介绍。

9.11.1 热力学第二定律的统计意义

为了阐明热力学第二定律的统计意义，首先通过具体例子，用分子运动的观点定性地说明宏观自发过程的不可逆性。

假定有一容器，设想把它分隔成容积相等的 A、B 两部分，如图 9.12 所示，我们来研究气体分子在容器中的分布情况。气体中任一分子在容器中都有两种分配方式，即处于 A 或 B 中。由于 A、B 的容积相等，所以任一分子在热运动中出现于 A 或 B 中的机会均等，出现的概率都是 1/2。如果考虑 2 个分子的系统，则 2 个分子在 A 与 B 中共有 $2\times2=2^2$ 种分配方式，每种分配方式出现的概率都是 $1/2\times1/2=1/2^2$。当系统含有 3 个分子时，它们在 A 与 B 中就共有 2^3 种分配方式，每种分配方式出现的概率都是 $1/2^3$。一般地说，N 个分子在 A 和 B 中共有 2^N 种分配方式，而每种分配方式出现的概率都是 $1/2^N$。这种在微观上能够加以区别的每一种分配方式，就称为一种微观态。从上面的讨论中可以归纳出以下结论：**只要任一分子在 A 或 B 中出现的概率相等，那么整个系统的每一种微观态出现的概率必然相等，并且系统的可能微观态数就等于每个分子的可能微观态数的乘积。**

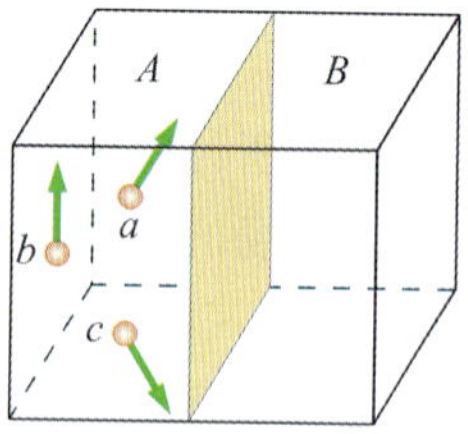

图 9.12

从宏观上描写系统的状态时，只能以 A 或 B 中分子数目的多少来区分系统的不同状态，但却无法区别 A 和 B 中到底是哪些分子。系统的一种宏观态，也就是系统中分子的一种分布方式。显然，每种分布方式都可能包含着许多分配方式，或者说与每种宏观态对应的可能有许多微观态。例如，4 个分子 a、b、c、d 在 A 与 B 中共有 $2^4=16$ 种分配方式，但却只有 5 种分布方式，如表 9.3 所示。容易看出，A 中 4 个(或 B 中 4 个)这种分布方式的宏观态，只有一个微观态；而 A 与 B 中各两个这种均匀分布方式的宏观态，对应的微观态数最多，共有 6 个微观态。

表 9.3 4 个分子在 *A* 和 *B* 中的分布方式

分子位置的分配方式（微观态）		分子数目的分布方式（宏观态）		一种分布方式对应的分配方式数
A	*B*	*A*	*B*	
a b c d	0	4	0	1
a b c	*d*	3	1	4
a b d	*c*			
a c d	*b*			
b c d	*a*			
a b	*c d*	2	2	6
c d	*a b*			
a c	*b d*			
b d	*a c*			
a d	*b c*			
b c	*a d*			
a	*b c d*	1	3	4
b	*c d a*			
c	*d a b*			
d	*a b c*			
0	*a b c d*	0	4	1

由于每一微观态出现概率相等，所以对应的可能微观态数越多的宏观态，出现的概率就越大。也就是说，**系统在其宏观态出现的概率与该宏观态对应的微观态数成正比**。不难看出，N 个分子全部集中在 A 或 B 中的概率最小，只有 $1/2^N$，即 2^N 种可能微观态中的一种。对于 1 mol 气体来说，这个概率为

$$\frac{1}{2^N}=\frac{1}{2^{6\times10^{23}}}\approx10^{-2\times10^{23}}$$

这是微不足道的，实际上不可能观察到。事实上，假定我们可以对气体的微观态进行观测，那么平均来说，在 2^N 次观测中才能看到它出现一次。如果每秒内可以观测 10^8 次，则要观测完 2^N 次所需要的时间就是

$$\frac{2^N}{10^8}\approx\frac{10^{2\times10^{23}}}{10^8}\approx10^{2\times10^{23}}\ \text{s}$$

这个时间，比现在估计的宇宙年龄 10^{17} s(100 多亿年)还要大得多！可见并不是原则上做不到，而是实际上不可能观察到。

通过上面的分析不难看出，为什么气体可以向真空自由膨胀但却不能自动收缩。这是因为气体自由膨胀的初始状态（全部分子集中在 A 或 B 中）所对应的微观态数最少，因而概率最小，最后的均匀分布状态对应的微观态数最多而概率最大。过程的不可逆性，实质上反映了热力学系统的自发过程，总是由概率小的宏观态向概率大的宏观态进行的。相反的过程，如果没有外界影响，实际上是不可能发生的。最后观察到的系统状态——平衡态，就是概率最大的状态。对于气体的自由膨胀来说，最后气体将处于分子均匀分布的那种可能微观态数最多的平衡态。

对于另外两种典型的不可逆过程，也可类似地说明。热传导过程中，由于高温物体中分子的平均动能比低温物体中分子的平均动能大，所以两物体接触时，能量从高温物体传向低温物体的概率，要比反向传递的概率大得多！也就是说，最终达到两个物体中分子平均动能相等那种宏观态的概率，远大于一个物体中分子平均动能比另一物体中分子平均动能大的那种宏观态的概率。因此，热量会自动地从高温物体传向低温物体，最终使两物体的温度趋于一致，相反的过程实际上不可能自动发生。对于热功转换来说，由于机械运动是物体有规律的宏观运动，而热运动是分子无规则的微观运动，所以功转化为热就是有规律的宏观运动转变为分子的无序热运动，这种转变的概率极大，可以自动发生。相反，热转化为功则是分子的无序热运动转变为物体有规律的宏观运动，这种转变的概率极小，因而实际上不可能自动发生。

总结以上讨论，可以看出，**在一个不受外界影响的孤立系统中发生的一切实际过程，都是从概率小**(微观态数少)**的宏观态向概率大**(微观态数多)**的宏观态进行的，这就是热力学第二定律的统计意义**。应当指出，与之相反的过程，并非绝对不可能发生，只是由于概率极小，实际上是观察不到的。热力学第二定律的统计意义，同时表明了它的适用范围只能是由大量微观粒子组成的宏观系统，对于粒子数很少的系统则是没有意义的。

9.11.2 熵　熵增原理

自发过程的不可逆性表明，孤立系统在任意的实际过程中，从某一初状态变化到另一终状态后，便再也不能回到初状态了。由此可见，一切自发过程的不可逆性不是过程本身的属性，而是反映了初状态与终状态存在某种性质上的原则差别，这就是前面指出的概率大小的不同。正是这种差别，决定了

过程进行的方向。为了定量地表示系统状态的这种性质，从而定量地说明自发过程进行的方向，需要定义一个新的物理量。这个量称为熵，用 S 表示。下面先来介绍熵的概念。

首先，从宏观上看，与物理量内能类似，系统的任一宏观态都应有确定的熵值，也就是说，熵应当是系统状态的单值函数；其次，系统在任一状态的熵 S，应当是系统各部分熵 $S_i(i=1,2,\cdots)$ 的总和，即 $S=\sum\limits_i S_i$，熵函数满足可加性的要求。另一方面，从微观上看，系统的每一宏观态都对应于一个确定的微观态数，因此熵应当是微观态数 Ω 的函数，即

$$S=f(\Omega)$$

但是，微观态数的性质决定了它必须满足相乘法则，系统处于某一宏观态的总微观态数 Ω，应等于各部分独立的处于该宏观态时的微观态数 $\Omega_i(i=1,2,\cdots)$ 的乘积，即 $\Omega=\Omega_1\cdot\Omega_2\cdot\cdots\cdot\Omega_i\cdot\cdots$。为了使 S 与 Ω 同时各自满足相加与相乘的法则，f 只可能是对数函数，因而有

$$S=k\ln\Omega \tag{9.43}$$

式中的比例系数 k 为玻耳兹曼常数。这一关系式称为**玻耳兹曼关系**，也叫**玻耳兹曼原理**。它指出：**一个系统的熵是该系统的可能微观态数的量度**。由于 $\ln\Omega$ 是一个纯数，所以熵的单位与 k 相同，为 J/K。

前面说过，孤立系统中的一切实际过程——自发过程，都是由微观态数少的状态向微观态数多的状态进行的；达到平衡态时，系统就处于微观态数最多的宏观态。由玻耳兹曼关系不难看出，孤立系统中的一切实际过程，都是熵的增加过程，达到平衡态时系统的熵最大，即

$$dS>0 \tag{9.44}$$

在孤立系统从状态 1 变化到状态 2 的过程中，熵增应为

$$\begin{aligned}\Delta S&=S_2-S_1\\&=k\ln\Omega_2-k\ln\Omega_1=k\ln\frac{\Omega_2}{\Omega_1}>0\end{aligned} \tag{9.45}$$

式中 S_1 与 S_2 分别是系统在状态 1 与状态 2 的熵，而 Ω_1 与 Ω_2 则分别是系统在状态 1 与状态 2 的微观态数。

如果孤立系统中进行的是可逆过程，就意味着过程中任意两个状态的概率或微观态数都相等，因而熵也相等。也就是说，孤立系统在可逆过程中熵不改变。综合前面的分析，可以得出结论：**孤立系统的熵永不会减少**，即

$$dS\geqslant 0 \quad 或 \quad \Delta S\geqslant 0 \tag{9.46}$$

式中等号仅适用于可逆过程。这一结论称为**熵增原理**，它也是热力学第二定律经常采用的一种表述方式。这样的表述，既说明了热力学第二定律的统计意义，又为我们提供了判定过程进行方向的依据。

为了更进一步理解熵的含义，再作一些较深入的讨论。前已指出，不可逆过程的方向是由概率小（微观态数少）的宏观态向概率大（微观态数多）的宏观态进行的，同时也是由有规律（混乱程度小）的状态向无规则（混乱程度大）的状态进行的。通常把前一种状态称为有序状态，而把后一种状态称为无序状态。例如，气体的全部分子收缩在某一小部分空间，或者具有差不多相同速度的状态，就是比较有序或无序程度低的状态；而气体分子均匀分布在容器的整个空间，或者速度分布在一个很大范围内的状态，就是比较无序或无序程度高的状态。这样一来，就可以把**熵看成是系统无序程度的量度**。熵的增加就意味着无序程度的增加；平衡态时熵最大，表示系统达到了最无序的状态。正是在这个意义上，使熵这一概念的内涵变得十分丰富而且充满了生命活力。现在，熵的概念以及与之有关的理论，已在物理、化学、气象、生物学、工程技术乃至社会科学的领域中获得了广泛的应用。

一个系统的状态越是有序，它可能给予的信息就越多。例如，对处于非平衡态的气体，通过观测可以获得气体宏观流动的各种数据。系统的状态越是无序，则可能给予的信息就越少。例如，对处于平衡态的气体，则只能得到描写其平衡态的少数几个参量。由此可见，熵的增加也意味着信息的减少。所以玻耳兹曼认为，**熵是一个系统失去信息的量度**，或者说**信息就是负熵**。

下面，作为例子，我们利用玻耳兹曼关系，计算理想气体在自由膨胀过程中熵的增量。假定 ν 摩尔气体中共有 N 个分子，在自由膨胀中体积从 V_1 变为 V_2。由于理想气体在自由膨胀前后温度不变，因而可以不考虑分子速率分布的变化，在过程中变化的只是分子在空间的位置分布。设想把容器空间分割成许多大小相等的小体积，则每个分子在任一小体积中出现的机会均等。假定 V_1 中包含有 n 个小体积，则 V_2 中包含的小体积数就是 $\frac{n}{V_1}V_2$。一个分

子在 V_1 中有 n 个微观态，在 V_2 中就有 $\frac{n}{V_1}V_2$ 个微观态。当气体体积由 V_1 增大到 V_2 时，一个分子的微观态数将增大 V_2/V_1 倍，而整个气体（N 个分子）的微观态数将增大 $(V_2/V_1)^N$ 倍。也就是说，气体在膨胀前后两种宏观态的微观态数之比为

$$\frac{\Omega_2}{\Omega_1}=\left(\frac{V_2}{V_1}\right)^N$$

所以，在体积由 V_1 到 V_2 的自由膨胀中，理想气体的熵的增量为

$$\Delta S=k\ln\frac{\Omega_2}{\Omega_1}=Nk\ln\frac{V_2}{V_1}=\nu R\ln\frac{V_2}{V_1}\qquad(9.47)$$

知道了熵的改变，就容易利用熵增原理判定过程的进行方向。显然，当 $V_2>V_1$ 时，$\Delta S>0$，可见过程的方向只能是体积由小（V_1）到大（V_2）的膨胀过程；反之，如果 $V_2<V_1$，则 $\Delta S<0$，表明气体在体积的收缩过程中熵会减少，由于它违背熵增原理，所以不可能自动发生。

应当注意，由于熵是状态的函数，所以当初、终两状态给定以后，熵的改变量也就唯一地确定了。也就是说，熵的改变仅由初、终两状态决定，与系统在变化中所经历的过程无关。譬如，只要已知初状态是（T，V_1），终状态是（T，V_2），则无论经历什么过程，理想气体熵的增量都由式(9.47)确定。

最后必须指出，上面的讨论都是对孤立系统而言的，不注意这一点是经常引起概念混乱的主要原因。对于非孤立的开放系统来说，无序程度高的状态不一定就是概率大的状态，熵也可能在过程中减少从而使系统的无序程度降低。这是因为开放系统熵的改变来自两个方面：一是系统内部的不可逆过程引起熵的增加，称为熵产生，记作 $\mathrm{d}S_i$；一是与外界交换中流入系统的熵，称为熵流，记作 $\mathrm{d}S_e$。系统熵的增量则为 $\mathrm{d}S=\mathrm{d}S_i+\mathrm{d}S_e$。在适当的条件下，可以造成负熵流而使 $\mathrm{d}S_e<0$，并且 $|\mathrm{d}S_e|>|\mathrm{d}S_i|$，即系统向周围环境流出的熵大于本身产生的熵。这种情况下，系统的熵在变化过程中就会减少。例如，生命系统就是一个高度有序的开放系统，熵愈低就意味着系统愈完善和健全而生命力愈强。早在 20 世纪 40 年代，著名物理学家薛定谔就曾指出：生命系统之所以能够存在，就是因为它从环境中不断地得到“负熵”。生物为什么能够进化？也正是由于它是开放系统，与外界有着充分的物质、能量以及熵的交流，因而从单细胞生物逐渐演化成现在这样丰富多彩的自然界。由于课程要求的限制，有关熵这一极为重要的概念，我们只能简单地介绍这些内容。更深入的了解，则有待于读者进一步学习。

复　习　思　考　题

9.34　系统中分子热运动的无序程度、可能微观态数以及过程的不可逆性等与熵之间有什么联系？

9.35　为什么从统计意义来看，热力学第二定律只适用于大量粒子组成的系统？对于粒子数很少的系统，会有什么情况发生？

9.36　熵增原理适用于哪种系统？有人把它应用于整个宇宙，得出最终宇宙将处于平衡态（即所谓热寂状态）的结论，这对不对？你能说明为什么吗？

*9.12　实际气体的性质

我们知道，实际气体只有在压强不太大、温度不太低时才可以近似地看成理想气体。在许多生产实际问题中，实际气体并不能看成理想气体，它们的性质与理想气体有时相差很大。实验表明，一般气体都不严格地遵守波意耳（R. Boyle）定律和理想气体状态方程，它们的内能也不只与温度有关。因此，必须寻求新的状态方程，使它能够适用于实际气体。19 世纪后半叶以来，人们对实际气体的性质做了大量的理论和实验研究。下面，对这一问题作概略的介绍。

9.12.1　实际气体的等温线

理想气体的等温线是双曲线，而实验测得的实际气体等温线与双曲线有明显的差别。研究实际气体的等温线，就可以了解它的性质。1869 年，安德鲁斯（T. Andrews）首先对 CO_2 的性质进行了实验研究，作出了它的等温线，如图 9.13 所示，可以看出，只有在较高温度（如 48.1℃）或低压（如 13℃线的气态部分）时，CO_2 的性质才与理想气体相近。

在低温或高压下，CO_2 与理想气体的性质差别较大。以 13℃线为例，其 GA 部分近似于理想气体的等温线，比容随压强的增加而减小。在 A 点处，

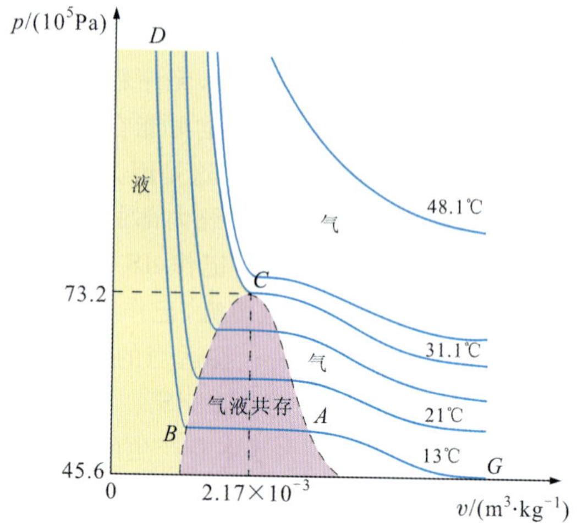

图 9.13

压强约为 49.6×10^5 Pa，CO_2 开始液化。由 A 点到 B 点的液化过程中，比容虽在减小，但蒸气压强保持不变，所以 AB 是一条水平直线。这样的蒸气叫饱和蒸气，相应的压强叫做饱和蒸气压。在 B 点，CO_2 已全部液化，而从 B 到 D 的直线几乎与 p 轴平行，这表示压强虽不断增大但比容却减小极少，反映了液体不易压缩的性质。显然，等温线的 ABD 部分，与理想气体等温线相差甚远，它表明在这样的压强和温度下，CO_2 不遵守理想气体状态方程。

随着温度的升高，等温线中相应于 AB 的平直部分逐渐缩短。当温度升至 31.1℃时，平直线缩为一点，等温线上出现一个拐点 C。当温度高于 31.1℃时，气体在等温压缩下再也不会转变为液体。这个区别气体能否被等温压缩成液体的温度叫临界温度（T_k），相应的等温线则叫临界等温线。临界等温线上的拐点 C 叫临界点，它所表示的状态叫临界状态，与它对应的压强和比容则分别称为临界压强（p_k）和临界比容（v_k）。实验表明，不同气体的临界参量 T_k、p_k、v_k 是各不相同的，如表 9.4 所列。不过对于所有的实际气体来说，它们的等温线都与 CO_2 的等温线大致上相类似。从图 9.13 还可以看出，临界等温线和联结各等温线上液化开始点（如 A 点）及液化终了点（如 B 点）的曲线，把物质的状态分成了四个区域：在临界等温线以上的区域是气态，其性质近似于理想气体；在临界等温线以下、曲线 CA 的右侧也是气态，但由于容易被液化而常被称为蒸气或汽；曲线 ACB 以下是气液共存的状态；而临界等温线和曲线 BC 左侧的区域则是液态。

表 9.4　几种气体的临界数据

气　体	p_k /(10^5 Pa)	T_k /K	ρ_k① /(kg·m^{-3})
He	2.289	5.20	69.3
H_2	12.97	33.23	31.0
Ne	27.25	44.43	483
N_2	33.94	126.25	311
O_2	50.35	154.77	410
CO_2	73.95	304.19	468
SO_2	78.71	430.4	520
H_2S	90.06	273.6	—
H_2O	220.5	647.2	400

① ρ_k 是气体在临界温度时，单位体积的质量，即临界比容的倒数。

在液体等温膨胀过程中，液体的比容将随压强减小而有所增大。待比容增大到 B 点的状态时，液体内将出现饱和蒸气，饱和蒸气压与液体所受的压强相等。如果从这时开始再继续加热液体，则液体将通过在其内部产生气泡而发生气化，这就是沸腾现象。直线 BA 表示了这一加热过程，相应于该等温线的温度，就是液体所受压强（与 BA 对应的压强）下的沸点。从图 9.13 可以明显地看出，液体的沸点与它所受的压强有关，压强愈大，沸点愈高。这一方面可以说明，为什么在高海拔地区或很高的山上要煮熟饭需用高压锅；另一方面也可以说明为了提高热机效率，工业上要采用高压锅炉的原因。

从表 9.4 所列数据可见，有些物质（如 H_2O、SO_2、CO_2）的临界温度高于常温，所以在常温下压缩就可以使它液化；但有些物质（如 O_2、H_2、He）的临界温度很低，所以很难液化，曾被人们称为“永久气体”。只是在认识到物质具有临界温度这一规律以后，才在 19 世纪后半叶到 20 世纪初做到了使所有气体都能被液化。最后一个液化的气体是 He，直到 1908 年才获得成功。液氦在现代科学技术领域中有着重要的应用。

9.12.2　范德瓦耳斯等温线

前面的实验说明，理想气体状态方程不完全符合实际气体的状态变化规律。为了寻求适用于实际气体的状态方程，19 世纪以来，许多物理学家从不同角度提出了各种设想，建立了很多形式的状态方程。其中比较简单而物理意义又较为明显的是范德瓦耳斯(J. D. Waals)方程。对于温度为 T、压强为 p、体积为 v 的 1 mol 气体，范德瓦耳斯方程的形式为

$$\left(p+\frac{a}{v^2}\right)(v-b)=RT \qquad (9.48)$$

式中 R 是摩尔气体常量，对于给定气体，a 和 b 都是常数，可由实验测定。

完全遵守范德瓦耳斯方程的气体，通常称为范德瓦耳斯气体。为了便于比较，可把式(9.48)改写成 v 的多项式，即

$$v^3-\left(\frac{pb+RT}{p}\right)v^2+\frac{a}{p}v-\frac{ab}{p}=0 \qquad (9.49)$$

固定 T 不变，在 p-v 图上即可作出一条表示 p 随 v 变化关系的曲线，称为范德瓦耳斯等温线。对于不同温度，可以作一簇等温线，如图 9.14 所示。

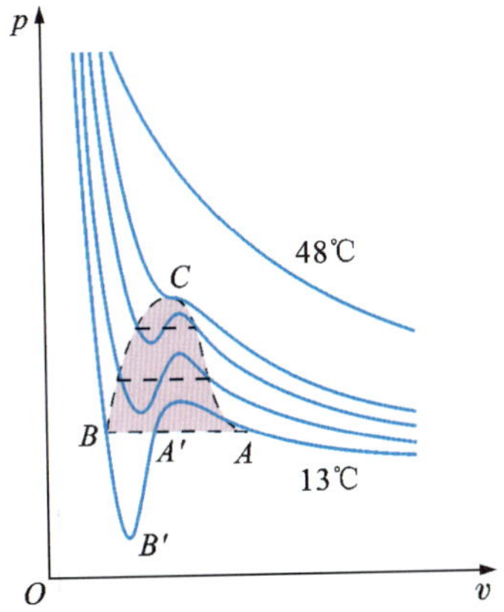

图 9.14

把图 9.14 与图 9.13 相比较，可以看出，范德瓦耳斯等温线与实际气体等温线颇为相似。有拐点 C 的曲线相当于临界等温线。在临界等温线以上，二者很接近，并且温度愈高二者愈趋于一致；但在临界等温线以下，二者却有明显的区别。实际气体有一个体积减小但压强不变的液化(或液体气化)过程，其等温线为一段平直部分 AB。但在范德瓦耳斯等温线上，与之相应的部分不是直线而是曲线 $AA'B'B$。曲线的 AA' 和 $B'B$ 部分是可以实现的，但状态并不稳定。

如果气体很纯净，其中没有尘埃或电荷等存在，则达到 A 点的状态后，可以继续压缩到 A' 点表示的状态而仍然暂不液化。这种可能液化但仍未液化的气体称为过饱和蒸气，其状态由图 9.14 中的 AA' 部分所表示。过饱和蒸气的比容较同一温度下饱和蒸气(A 点)的比容小，因而其密度和压强比较大。当有尘埃或电荷进入过饱和蒸气时，会使蒸气很快以这些微粒为中心而凝结，过饱和蒸气就会过渡到由直线 AB 所表示的气液共存状态。这一现象在近代物理实验中，被用来显示高速粒子的径迹，这种装置称为云室。当高速粒子进入云室中的过饱和水蒸气或酒精蒸气时，与蒸气中的分子相碰，能在沿途产生许多带电离子，蒸气就以这些离子为核心而凝结成一连串很小的液珠，粒子的径迹也就以白色雾珠形成的细线显示出来。

如果液体很纯净，其中完全没有被溶解的气体或尘埃、电荷等存在，当它膨胀到 B 点的状态后，其体积仍可随压强的减小而继续膨胀，但却暂不气化。这时，液体的比容较同一温度下相应于 B 点的液体的比容大，因而其密度和压强比较小。这种可能气化但仍未气化的液体，称为过热液体，其状态由图 9.14 中的 BB' 部分所表示。当外界的小气泡、尘埃或电荷进入过热液体时，会使它们周围邻近的液体很快气化成饱和蒸气，从而过渡到直线 AB 表示的气液共存的饱和状态。发电厂锅炉中的水经过多次煮沸后会变得很纯净，容易过热。过热的水中如果突然加入溶有空气的水，就会产生猛烈的气化(称为暴沸)而使压强突然增大，从而引起锅炉的爆炸。过热液体的气化现象，在近代物理实验中也被用来显示高速粒子的径迹。在容器中使液体(通常是液态氢或丙烷)达到过热状态，当高速粒子射入，粒子在沿途产生的带电离子能使过热液体气化，成为一连串小气泡而显示出粒子的径迹。这种装置称为气泡室。

曲线中 $A'B'$ 部分所表示的状态，实际上是不存在的。此外，在压强过大时，范德瓦耳斯方程与实际气体的偏差也比较大。这些都说明范德瓦耳斯方程并不完善。不过，尽管如此，范德瓦耳斯建立实际气体状态方程的工作曾对这一领域产生过巨大的影响，由他建立的方程，也对气体(特别是氢、氦)的液化理论起了指导作用，并且在现代工程技术问题中仍有一定的指导意义。

复习思考题

9.37 范德瓦耳斯方程中的 p 表示的是理想气体的压强还是实测的压强？

9.38 在一定温度和体积下，由理想气体状态方程和范德瓦耳斯方程算出的压强孰大孰小？为什么？

第 9 章 小 结

分子运动的基本概念

宏观物体由大量粒子(分子和原子等)组成

物体内的分子在永不停息地作无序的热运动

分子之间存在相互作用力

阿伏加德罗常数

$N_A = 6.02214199 \times 10^{23}\ \text{mol}^{-1}$

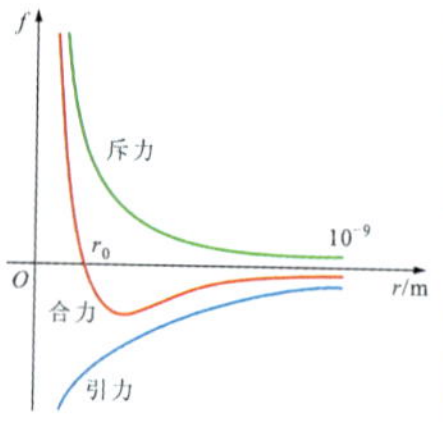

理想气体的压强公式

气体的压强是由大量分子在与器壁的碰撞中不断给器壁以力的作用所引起的,它是一个统计平均量

$$p = \frac{2}{3} n\left(\frac{1}{2}\mu\overline{v^2}\right) = \frac{2}{3} n\bar{\varepsilon}$$

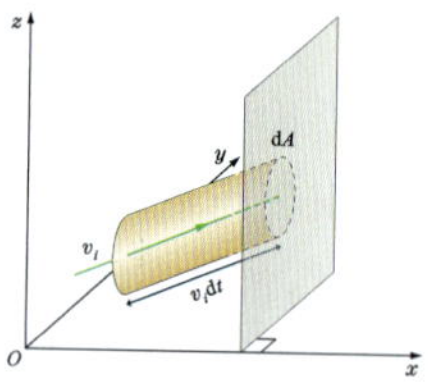

玻耳兹曼分布率

在势场中的分子总是优先占据势能较低的状态

$$n = n_0 \mathrm{e}^{-\frac{\varepsilon_p}{kT}}$$

在重力场中气体的压强随高度按指数规律减小

$$p = p_0 \mathrm{e}^{\frac{\mu g h}{kT}}$$

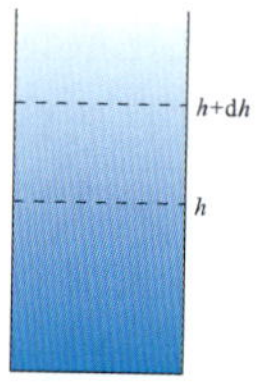

温度的微观本质

温度的本质是物体内部分子热运动剧烈程度的标志

$$\bar{\varepsilon} = \frac{1}{2}\mu\overline{v^2} = \frac{3}{2}kT$$

能量按自由度均分定理

处于平衡态的温度为 T 的理想气体,在分子的每个自由度上的平均动能都相等,并且都等于 $kT/2$

自由度为 i 的分子的平均动能为 $ikT/2$

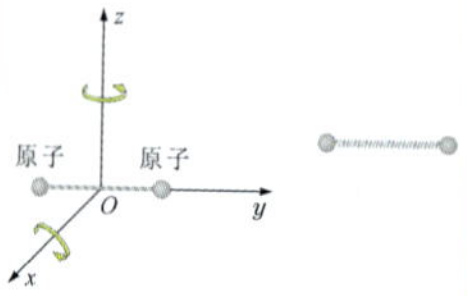

理想气体的内能

理想气体内能是所有分子各种形式动能和分子内原子间谐振动势能的总和。对于给定的理想气体,其内能仅与温度有关

若不考虑振动能量,摩尔数为 ν 的理想气体的内能为

$$E = \frac{m}{M}\frac{i}{2}RT = \nu\frac{i}{2}RT$$

麦克斯韦速率分布定律

速率分布函数

速率分布函数 $f(v)$ 表示分布在速率 v 附近单位速率间隔内的分子数比率。理想气体在平衡态下分子的速率分布函数为

$$f(v) = 4\pi\left(\frac{\mu}{2\pi kT}\right)^{3/2} v^2 \mathrm{e}^{-\frac{\mu v^2}{2kT}}$$

分布在速率间隔内的分子数比率

分布在速率间隔 $v \sim v+\mathrm{d}v$ 内的分子数比率

$$\frac{\mathrm{d}N}{N} = f(v)\mathrm{d}v$$

$$= 4\pi\left(\frac{\mu}{2\pi kT}\right)^{3/2} v^2 \mathrm{e}^{-\frac{\mu v^2}{2kT}}\mathrm{d}v$$

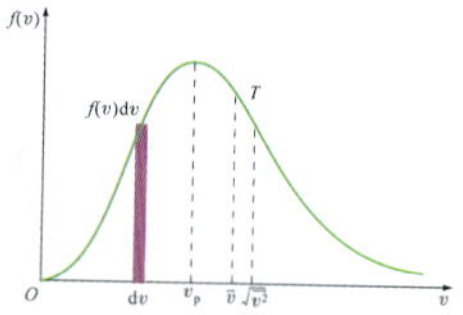

分布在速率间隔 $v_1 \sim v_2$ 内的分子数比率

$$\frac{\Delta N}{N} = \int_{v_1}^{v_2} 4\pi\left(\frac{\mu}{2\pi kT}\right)^{3/2} v^2 \mathrm{e}^{-\frac{\mu v^2}{2kT}}\mathrm{d}v$$

分子速率的三种统计平均值

分子速率的三种统计平均值

$$\bar{v} = \sqrt{\frac{8kT}{\pi\mu}} = 1.59\sqrt{\frac{RT}{M}}$$

$$\sqrt{\overline{v^2}} = \sqrt{\frac{3kT}{\mu}} = 1.73\sqrt{\frac{RT}{M}}$$

$$v_p = \sqrt{\frac{2kT}{\mu}} = 1.41\sqrt{\frac{RT}{M}}$$

分子的平均碰撞频率和平均自由程

一个分子单位时间内与其他分子碰撞的平均次数,称为平均碰撞频率

$$\bar{z} = \sqrt{2}\pi d^2 \bar{v} n$$

分子在连续两次碰撞之间自由运动的平均路程称为平均自由程

$$\bar{\lambda} = \frac{1}{\sqrt{2}\pi d^2 n}$$

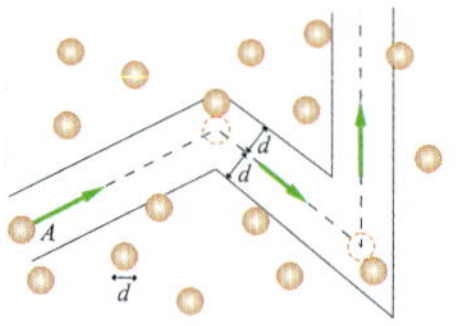

热力学第二定律的统计意义和熵增原理

在一个不受外界影响的孤立系统中发生的一切过程,都是从概率小(微观态数少)的宏观态向概率大(微观态数多)的宏观态进行的

孤立系统的熵永不会减少

$$\mathrm{d}S \geqslant 0 \text{ 或 } \Delta S \geqslant 0$$

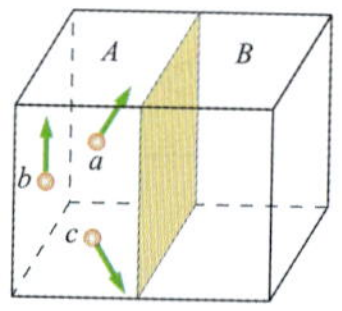

习 题

9.1 选择题

(1)理想气体处于平衡状态,设温度为 T,气体分子的自由度为 i,则每个气体分子所具有的[ ]。

(A)动能为 $\frac{i}{2}kT$ (B)动能为 $\frac{i}{2}RT$

(C)平均动能为 $\frac{i}{2}kT$ (D)平均平动动能为 $\frac{i}{2}RT$

(2)质量为 m、摩尔质量为 M 的理想气体,经历了一个等压过程,温度增量为 ΔT,则内能增量为[ ]。

(A) $\Delta E=\frac{m}{M}C_p\Delta T$ (B) $\Delta E=\frac{m}{M}C_V\Delta T$

(C) $\Delta E=\frac{m}{M}R\Delta T$ (D) $\Delta E=\frac{m}{M}(C_p+R)\Delta T$

(3)处于平衡状态的理想气体,其分子的速率分布曲线如图,设 v_p 表示最概然速率,ΔN_p 表示速率分布在 $v_p\sim v_p+\Delta v$ 之间的分子数占总分子数的百分率,当温度降低时,则[ ]。

(A) v_p 减小,ΔN_p 也减小

(B) v_p 增大,ΔN_p 也增大

(C) v_p 减小,ΔN_p 增大

(D) v_p 增大,ΔN_p 减小

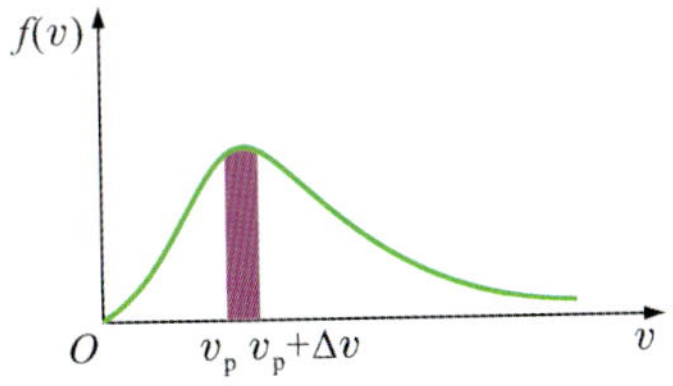

题 9.1(3)图

(4)理想气体绝热地向真空自由膨胀,设初状态气体的温度为 T_1,气体分子的平均自由程为$\overline{\lambda_1}$,末状态为 T_2、$\overline{\lambda_2}$,若气体体积膨胀为原来的 2 倍,则[ ]。

(A) $T_1=T_2$;$\overline{\lambda_1}=\overline{\lambda_2}$ (B) $T_1=T_2$;$\overline{\lambda_1}=\frac{1}{2}\overline{\lambda_2}$

(C) $T_1=2T_2$;$\overline{\lambda_1}=\overline{\lambda_2}$ (D) $T_1=\frac{1}{2}T_2$;$\overline{\lambda_1}=\frac{1}{2}\overline{\lambda_2}$

9.2 填空题

(1)某理想气体处于平衡状态,已知压强为 $p=1.013\times10^3$ Pa,密度为 $\rho=1.24\times10^{-2}$ kg/m^3,则该气体分子的方均根速率为 $\sqrt{\overline{v^2}}=$__________。

(2)已知氧气的压强 $p=2.026$ Pa,体积 $V=3.00\times10^{-2}$ m^3,则其内能 $E=$__________。

(3)某理想气体处于平衡状态,其速率分布函数为 $f(v)$,则速率分布在速率间隔($v_1\sim v_2$)内的气体分子的算术平均速率的计算式为 $\bar{v}=$__________。

(4)容器内贮有刚性多原子分子理想气体,经绝热过程后,压强减为初始压强的一半,则始、末两个状态气体内能之比为 $E_1/E_2=$__________。

9.3 一容器中贮有氧气,其压强为 1.013×10^6 Pa,温度为 27 ℃。试求:(1)每 cm^3 中的分子数;(2)分子间的平均距离,此距离是氧分子直径(3×10^{-10} m)的多少倍?

9.4 试求压强为 1.013×10^5 Pa、质量为 2 g、体积为 1.54 L 的氧气分子的平均平动动能。

9.5 氢气分子的质量为 3.32×10^{-24} kg,如果每秒内有 1.0×10^{23} 个氢分子,以与墙面成 45°角的方向、10^5 cm/s 的速率撞击在面积为2.0 cm^2 的墙面上,试求氢气作用在墙面上的压强。

9.6 假定 N 个粒子的速率分布函数为

$$f(v)=\begin{cases}C, & v_0>v>0\\0, & v>v_0\end{cases}$$

(1)作出速率分布曲线;

(2)由 v_0 求常量 C;

(3)求粒子的平均速率。

9.7 假定 N 个粒子的速率分布曲线如图所示。

(1)由 N 和 v_0 求 a;

(2)求速率在 $1.5v_0$ 到 $2.0v_0$ 之间的粒子数;

(3)求粒子的平均速率。

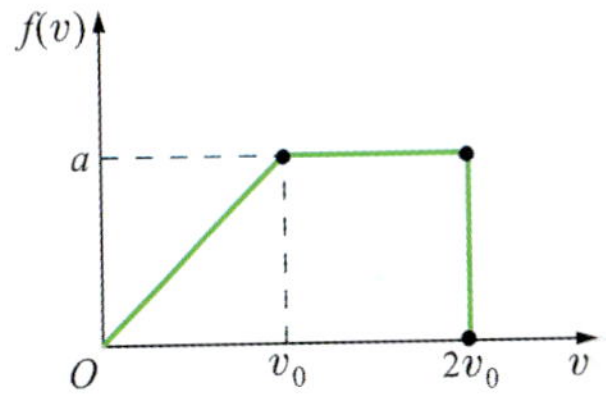

题 9.7 图

9.8 试利用麦克斯韦速率分布函数,推求气体分子的最概然速率 v_p。

9.9 设氢气的温度为 300 K,试求分布在速率间隔3000~3010 m/s内的分子数 ΔN_1 与速率间隔 $v_p\sim v_p+10$ m/s内分布的分子数 ΔN_2 之比。

9.10 证明:麦克斯韦速率分布函数可写成

$$\varphi(x)=\frac{4}{\sqrt{\pi}}x^2e^{-x}$$

其中 $x=\frac{v}{v_p}$。

9.11 在容积为 30×10^{-3} m^3 的容器中,贮有 20×10^{-3} kg 的气体,其压强为 50.7×10^3 Pa。试求该气体分子的最概然速率、平均速率及方均根速率。

9.12 在什么温度下,一个气体分子的平均平动动能,等于一个电子由静止通过 1 V 电势差的加速作用所获得的动能?

9.13 质量为1 kg 的氮气,当压强为 1.013×10^5 Pa,体积为 7700 L,试求此条件下氮分子的平均平动动能。

9.14 一个能量为 10^{12} eV 的宇宙射线粒子,射入氖管中,氖

管中有氖气 0.1 mol。如果宇宙射线粒子的能量全部被氖气分子所吸收而变为分子热运动能量，试问氖气的温度能升高多少度？

9.15 容积为 2.5 L 的容器中，贮有 10^{15} 个氧分子、4×10^{15} 个氮分子和 3.3×10^{-7} g 氩气的混合气体。试求混合气体在温度为 433 K 时的压强。

9.16 温度为 27 ℃时，1 mol 氧气具有多少平动动能？多少转动动能？

9.17 在室温 300 K 时，1 mol 氢气的内能是多少？1 g 氮气的内能是多少？

9.18 试求氧气在压强为 2.026 Pa、体积为 3×10^{-2} m^3 时的内能。

9.19 已知空气分子的平均相对分子质量为 28.97。求在 $T=300$K的等温大气中，分子数密度相差一倍的两处的高度差。

* **9.20** 实验测得常温下距海平面不太高处，每升高 10 m，大气压约降低 133.3 Pa。试用恒温气压公式验证此结果(海平面上大气压按 1.013×10^5 Pa 计，温度取 273 K)。

9.21 氮分子的有效直径为 3.8×10^{-10} m，求它在标准状态下的平均自由程及平均碰撞频率。

9.22 真空管的线度为 10^{-2} m，真空度为 1.333×10^{-3} Pa。设空气分子的有效直径为 3×10^{-10} m，求在 27 ℃时空气的分子数密度、平均碰撞频率和平均自由程。

9.23 氖分子的有效直径为 2.04×10^{-10} m，求温度为 600 K、压强为 1.333×10^2 Pa 时氖分子的平均碰撞频率。

* **9.24** 实验测得标准状态下氧气的扩散系数为 0.19×10^{-4} m^2/s，试由此计算氧分子的有效直径和平均自由程。

封面、封底图片说明

封面：

混沌：相空间中的随机海。图示为在平面电磁波沿垂直于均匀磁场方向传播的空间中，相对论性粒子运动的计算机模拟。

封底：

照片为我国自行设计、研制的，世界上第一个全超导非圆截面托卡马克核聚变实验装置(EAST)。

该装置在 2006 年 9 月 28 日进行的首轮物理放电实验过程中，成功获得电流 200 千安、时间接近 3 秒的高温等离子体放电。由此表明，世界上新一代超导托卡马克核聚变实验装置已经在中国首先建成，并正式投入运行。

EAST 装置集全超导和非圆截面两大特点于一身，同时具有主动冷却结构，它能产生稳态的、具有先进运行模式的等离子体，国际上尚无成功建造的先例。

EAST 装置的关键部件——超导磁体，和某些重要子系统，如国内最大的 2 千瓦液氦低温制冷系统、总功率达到数十兆瓦的直流速流电源、国内最大的超导磁体测试设备等，均由中国科学院等离子体物理研究所自主研发、加工、制造、组装、调试，全部达到或超过设计要求。

EAST 的建设使中国聚变研究向前迈出一大步，受到国际聚变界的高度重视。

2016 年 10 月，EAST 第十一轮物理实验，在纯射频波加热、钨偏滤器等类似国际热核聚变实验堆 ITER 未来运行条件下，获得超过 60 秒的完全非感应电流驱动(稳态)高约束模等离子体。2017 年 7 月 3 日实现了稳定的 101.2 秒稳态长脉冲高约束等离子体运行，成为世界上第一个实现稳态高约束模式运行持续时间达到百秒量级的托卡马克核聚变实验装置。

索 引

B

C

D

F

G

H

J

K

L

M

N

P

Q

R

西安交通大学“大学物理”慕课

西安交通大学工科类大学物理 MOOC 课程已上线“中国大学 MOOC”学习平台，全部课程有五个模块：《力学》《机械振动、波与波动光学》《电磁学》《热学》《量子物理》。这些课程均可上网免费学习。

登录、选课方法：

1. 登录“中国大学 MOOC”网：https://www.icourse163.org/ ，或用手机扫描二维码，下载 App 登录“中国大学 MOOC”；

2. 在“中国大学 MOOC”中搜索“西安交通大学　力学(或其他课程模块名称)”，选中后即进入对应课程。